飲料名稱的審美與
文化效應

顏孜育 著

序

誌謝辭是最難寫的！要感謝的人實在太多，想要說的話，也不是一頁 A4 寫得完。

論文出爐的那一霎那，心中的感動莫名。

自己並非本科系考上語教所。隻身來到「好山、好水、好無聊」的臺東，心中的恐懼難以形容。不知道有多少個夜晚是在噩夢中驚醒，也忘記流過幾次淚水。還好，在指導教授周老爸的大力鼓勵、支持下，陪我度過了幾度的低潮。當我感冒時，周老爸要我不要太累，不但陪我運動，更時常帶我進補，讓我感受到猶如家人般的溫暖。在周老師身上，我感到前所未見的師德，老師無怨無悔的給學生滿滿的愛，也讓我在孤單的研究過程裡，多了一個傾訴、分享的對象。

感謝口試委員博學多聞的楊秀宮教授和知識淵深的簡齊儒教授，在繁忙公務中，撥冗給予本論文鉅細靡遺的指教，使本論文得以更完整的呈現。感謝光明所長、文瓊老師對我的諄諄教誨，更感謝文珍老師循循善誘，引導我報考語教所，沒有文珍老師苦口婆心勸說，就沒有今日的孜育。

還要感謝我的同學煦屏、小柯、于婷等，求學路上相互扶持，共同攜手熬過最難過的適應期。也感謝學妹于寧、靜雯，還好有你們的幫忙，才可以讓我的發表如此順利。更感謝嘉藥的死黨：嘉徵、

佑臻、筱婷等，在我論文寫作期間，聽我發牢騷、訴苦，給我撐下去的力量。

最後當然不會忘記感謝一路陪伴我的媽咪，回首來時路，今年的母親節您應該是最開心的，您的女兒不但拿到碩士文憑，也順利的找到人生的第一份工作。您的至理名言：「報名不一定要考，考了不一定要考上，考上不一定要讀，讀了不一定要讀畢業」。感謝您給我無後顧之憂的全職學生生活，讓我能夠全心全力的學習、寫論文。當然，也得感謝面惡心善的老爸和天真可愛的弟弟，沒有你們，我什麼也不是；沒有你們，我什麼都辦不到！

最後，僅以本論文，獻給我最摯愛的家人以及所有愛我與我愛的人！

玟育 謹誌

目次

圖目次

表目次

第一章　緒論

第一節　研究動機與研究目的

一、研究動機

　　我本身原是位食品加工高職生，後來就讀嘉南藥理科技大學食品科技系，學食品共計七年的時間，此後以應屆畢業生順利地考上臺東大學語文教育研究所。很多人常會問我：「孜育，跨領域耶！你怎麼準備的？論文題目你要寫什麼啊？你對語文教育真的有興趣嗎？」的確，一個問題一個考驗，面對多個問題也正是面對多個考驗。猶記碩一時曾經修過「語文工具書」、「語文研究法」和「多媒體讀物專題討論」，這三門課給我非常大的刺激。我一直在想，是否語文教育所只能侷限地研究語言學、語義學抑或是語文教育相關研究？而研究方法通常見到的也僅是內容分析法或行動研究法。可能因為當了七年的理工學院學生吧，所以並不這麼認為。總希望可以發揮自己七年所學，將語文教育的研究擴大為應用語言學與跨文化系統的結合，畢竟「統整」是未來必然的趨勢；因此我將以學習食品七年時間對食品名稱的理解和現在對語文教育的認知予以連結，盼給未來對於此領域有興趣的研究人員、教師及一般業界等一些有用的建議。

　　中國的文化已有幾千年的歷史，過去的聖賢先輩們在命名時，比現在複雜多了，不但有名字、別名、別字、別號、寶名等，如北

1

宋文藝學家蘇軾[1]；反觀現代人的命名，就比過去簡單多了，不但沒有字和號，更沒有別字、別號、寶名等，但是不論是今或昔，替孩子們命名都隱藏著長輩們的期待，如在過去農業社會時代，不少女生的名字為「昭弟、根弟」，也有不少男生名字為「阿富、阿壽、阿福」，從這些命名中也可以看出那個貧困的時代農民認為俗語反而易保命、長壽、福氣的心理，而生女孩後急著想要來一個或多個男孩解決勞動力不足的問題，因此就有「招來、跟來」，養兒防老的傳統願望。其實我也曾經改過名字，回憶過往，年少輕狂的歲月，對於讀書總是抱持著「為什麼要讀書」，這一點也讓家人十分操心，自己本身的家庭背景屬於書香世家，父母親都在教育界服務多年，也成功教育出不少優秀的學生，但是對於自己的女兒卻是一籌莫展。我也曾經是個拒絕聯考的小孩，總是認為聯考塗鴉式的填寫怎麼可能會培養出「健全的小孩」，難道成績好，考了個好學校就代表這個孩子十項全能嗎？難道成績高，代表未來人生路途順遂嗎？一直不斷地和世俗挑戰，學校規定不能帶手機，我偏偏要帶；學校規定不能染頭髮，我偏偏要染，因為我認為這些「外顯行為」並不足以影響「內在因子」。家人無計可施的情況下，又是求神拜佛又是尋找心理專家，家人也不只一次和我提及希望我改個名字，換個運氣；我怎麼可能相信這種「怪力亂神」，對於這種沒有科學根據的事情也不相信，直到奶奶過世前交代我，希望我改名字，我終於聽了！也真的改了名字。故事到這裡你一定會問，改名字後真的有影響嗎？口說無憑，看看自己求學的歷程似乎直到改名後開始變得順遂，成績也明顯的扶搖直上，就科學的觀點，雖然不能肯定的論

---

[1]　北宋文藝學家蘇軾：字子瞻，號東坡居士，四川眉山人，當過和林學士，逝世後追諡「文忠」。是「唐宋八大家」蘇洵的長子，蘇轍的兄長，並且與南宋大詞家辛棄疾並稱「蘇辛」。（潘文國，2007：3）

斷為「改名字的功勞」，但是風水和老一輩的智慧確實是無法解釋的神奇，也因此更加深我想要揭開命名的神秘面紗的信心。

另外，碩一時曾經修讀「閱讀教學與評量」，有機會再次細細品嚐《紅樓夢》，在精讀完畢後，突然對文章中人物的命名有很多的好奇和疑問，究竟文學作品中人物的命名是根據什麼？根據作者的一時興起？還是根據時代潮流變遷的喜惡？後來又再看了多本文學作品，大量閱讀後，發現文學作品命名的原則不外乎幾點：人物名字直接反應人物的思想性格，例如曹禺《雷雨》一書中的魯大海，一看名字就大概可以猜出文章中的職業應該是工人，為人就像海一樣地海派，有著像大海般的力氣和氣勢，另外也安排他姓魯，魯者，魯莽也，可見他有幼稚魯莽的性格；人物的名字隱藏著人物的命運，例如《紅樓夢》中林黛玉，林黛玉就是山林中的一塊黑色寶玉，黑色寶玉象徵珍貴、罕見，可見她的名字在文章中應該是孤獨卻美麗；人物名字折射了人物的身分、地位、年齡、外貌特徵，例如《紅樓夢》中算命先生劉鐵嘴、王半仙、《茶館》中的王利發，一看就知道是個商人；人物名字體現了鮮明的時代背景，例如：〈藥〉裡的華大媽，傳統社會中的女人是需要隨夫姓的。（林旺業，2007）根據以上幾點，也更讓我認為不論在虛擬的文學作品中甚或是現實的生活中，我們無時無刻不受到「命名」的控制。

記得求學時期，由於我所就讀的是一般人眼中的「放牛班」，特別愛玩，也不喜歡在書本中鑽研，但卻是各項競賽中的常客，也時常替學校奪得佳績，舉凡作文比賽、朗讀比賽、即席演講，甚至於科展（我曾經獲得 2002 學年度臺臺北高中職科展比賽佳作），因此對於學習總是抱持著「應用」的態度，倘若學習不能應用，那所謂何學？我深信像我這般「求學歷程」的研究生畢竟不多，對於食品內容有一定的專業程度，倘若加上語文的基礎，必定可以為語文

界、食品界甚至管理行銷界等做些微薄的跨領域貢獻。畢竟誠如本研究的題目，這樣的題目應該算是食品科學研究所的領域還是語文教育研究所的領域？抑或是大眾傳播研究所或管理行銷研究所的領域？如果像現階段各所都不承認在它們的領域內，那是否代表不重要？但是「命名」真的不重要嗎？我不這麼認為，因為哪一樣販售品的上市是不需要名稱的？哪一樣販售品的上市是不需要經過縝密的命名過程？甚至於品牌的誕生基礎也來自於成功的命名。（陳放，2005）另外，每次走進超商飲料冰箱時，就會思考到為什麼可口可樂要叫做可口可樂？是因為翻譯嗎？那應該是叫「口卡口辣」，後來翻閱書籍，才知道原來可口可樂[2]（Coca-cola）也是經過命名的改革，因此這就更加強化我對於命名作更詳盡研究的動機。

因緣際會，在 2008 年暑期我有幸參與臺灣某大廣告公司的廣告研習營，在研習營中，我們探討到商品的販售、行銷技巧與策略等。這包含了策略和創意：要達到完全的行銷，必須要有精確的策略與高明的創意；倘若沒有好的策略，單有好的創意也無法達到完全的行銷，相反也是如此。同樣的，有好的行銷除了必須商品本身的品質優良外，更是不得不重視有個好的名字。在國外，替商品取個好名字也等同於替商品作了一個好的包裝。美國市場營銷專家 Philip Kotler 認為，品牌是一個名字、稱謂、符號或設計，或是其總和，其目的就是區別於其他競爭對手的產品或服務。（陳放，2005：128）俗話也有「名不正則言不順，言不順則事不成」、「要

---

[2] 可口可樂（Coca-cola）最初進入中國時，曾經被直接音譯成「口渴口辣」，乍看名字，「口渴」就要喝飲料，還能體現飲料的用途，但是喝了就會「口辣」，就不太受歡迎了。而且這樣子的命名並沒有明確的點出產品的特色，於是有了「可口可樂」這個既保留原文押頭韻的響亮發音，又完全拋棄原文的意思，而是從喝飲料的感受和好處打攻防戰，手段相當高明。（劉娟，2006）

想好酒好價錢，先取個好名字、掛個好招牌是必須的」等說法。所以對於現在的企業經營，替品牌甚至商品取個好名字，是首要任務也是產品是否熱銷的關鍵點。近幾年來，語言學被應用在商業傳播，而語言學的人才也不再只是默默的鑽泥於說文解字，反而發揮所長於商業經濟裡，但是唯獨品牌命名研究，相較於國外的情況仍嫌不足，因此本研究也盼能將語言學理論及其他文化學、美學等研究方法，融合而建構出一套理論架構，透過語言學理論解決與語言有關的實際問題，讓語言學研究在經濟上有些許的貢獻。

「飢求食，渴求飲」，這是人之常情，也是做為動物的人的本能。對於當今文明社會的我們，飲食不再只是單純的飲食，消費也不再只是單純的消費，飲食的背後藏有深厚的文化。而在眾多的飲料命名中，在這裡只挑取臺灣市面上常見的飲料作產品名稱的審美、文化探究。在語文教育的領域中，「命名的藝術」更是應用語言學的核心課題，畢竟打從我們一出生面對的第一件事情就是「命名」。至於命名難不難？重不重要？是否是門學問？根據 Quensis 創辦人 Ba He-Yai 說法：「命名對小公司來說問題不大，但對全球品牌來說，就是個大問題。以前命名像攀登喜馬拉雅山。」（福康設計公司網站，2008）也凸顯出命名的重要性。

既然命名重要，那在眾多商品中哪一個物品是我們每天都會碰到的？那一個商品是我們不用花很多錢就可以擁有的？我在學習食品的過程中，雖然已經熟悉食品的名稱，但從未思考過命名的過程與方式，有幸在研究所時跨足到語文教育的領域，才發現「命名」的學問高深卻至今仍未有人作透徹的研究；有些只探討語言部分卻沒考慮文化與審美，有些考慮文化與審美卻忽略語言學。所以決定先以「飲料命名」作為本次的研究對象。飲料佔臺灣每年數百億的市場，如此龐大的商機也成為眾家業者必搶食的大餅。既然有如此

大的市場，如此大的商機，但是廠商們卻仍然不願意正視「命名」的問題！有的廠商仍一意孤行，只願意相信傳統文化的「算命命名學」，他們深信產品的名字倘若與負責人名字相合，則產品銷售一定會好；產品名稱倘若與負責人名字相剋，則產品必定賣不好。另外，近年來大陸市場偌大的消費人口數，使得臺商急進卡位，但是卻忘記文化背景的不同，執著的相信同樣的商品名稱、同樣的廣告、同樣的銷售手法在臺灣銷售成績亮眼，在大陸必也定會銷售呈現紅盤。由於廠商不願意另外再多花一筆小錢請專業的語言學家或語文學家來命名，將「臺灣模式」原封不動直接轉移成「大陸模式」，所以也鬧出不少笑話。例如：臺灣統一集團為其方便作廣告曾經借用《倩女幽魂》影片中的創意，將「道道道，人間道」的句式改為「面面面，非常面」，在臺灣大受歡迎的廣告，業者直接轉換到大陸播放。然而在北京時卻大大出了洋相，原來在北京方言中，麵代表軟弱、無能的形容詞，一般北京人在罵人時，可以說：「你這人真麵！」等於臺灣話中，你這個人真菜的意思！這也成為兩岸在互換廣告或命名時的一大笑話與借鏡。因為業者的「不注意」直接轉換成「大陸模式」，「面，面，面，非常麵——統一面，非常面」殊不知在大陸對「面[3]」的解讀，不但產品滯銷，連帶也賠上了企業形象，這樣的情形，不勝枚舉。在此，並不針對海峽兩岸的文化差異作為研究目標，而單就臺灣現有的「飲料市場」作深入的「命名審美」與「命名文化」探討。另外，Montgomery 說：「假如要推出的是一個時尚系列，命名就非常費工夫。需要找到一個名字，傳達

---

[3] 面：為麵的簡體字。根據現代漢語詞典，麵為方言，形容某些食物纖維少而柔軟。根據北京朋友轉述，麵在北京的用法是形容一個人軟弱到不形，所以當這支廣告播出時，把他們都嚇壞了，因為廣告意思就像在告訴他們，吃完這碗麵後，就會變得軟弱。（中國社會科學院語言研究所辭典編輯社，2005：945）

這個品牌希望代表的創意或生活風格。」美學相關的產業必須「激發情緒」，這是比一般產業更複雜的地方。（福康設計公司網站，2008）因此，在審美經驗的領域裡，所接受的心理歷程絕對不只是單憑主體隨心所欲的過程，而是對直接感受進行研究，此種研究是以本研究建構的動機和發出的訊號為參考，另外也可以經由語言學加以描述。

二、研究目的

命名是中國老祖先傳下來的智慧結晶，在命名這塊領域，更是已有千百年的歷史，但是在國內卻沒有人願意替商業命名再細鑽研。我看到許多的文獻仍然停留在企業識別系統。企業識別系統（Corporate Identity System，簡稱 CIS）的概念在企業界和學術界於 1950 年代興起蔚為潮流，對於其定義和內涵也有眾多學派。但即使如此，企業識別系統在臺灣仍不受全盤的重視。（圖 1-1-1）

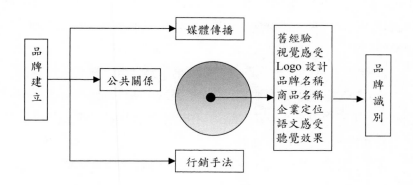

圖 1-1-1　品牌識別與品牌建立關係圖

（修改自 Alycia Perry, David Wisnom III，2004：4）

　　Olins（1994）定義企業識別識組織如何表現企業本身，和其所屬員工及其相關人員如何看待，在公司所有活動中，也可以明確於各層次、面向正確的傳達出「你是誰？」（企業名稱）、「你在做什麼？」（商品／服務項目）及「如何做的？」（產銷方式）的管理訊息。

　　品牌識別系統在本研究中僅探究其語文感受這部分，而語文感受包含了：品牌名稱、商業名稱、定位標語、專用名詞、描述文字、企業聲音／語調等，但礙於時間與心力等現實因素，所以在本研究中僅探討商業名稱與品牌名稱。另外，在品牌識別中又以文字的力量為最大，文字的重要性並沒有隨著網路興盛而消失，反而更加重要；企業也為了能夠更正確地傳達該公司的經營目標、理念等，因此更加重語文感受，尤其是品牌名稱或是商品名稱。

　　目前，美國已經有些品牌命名公司已經把目光瞄向亞洲市場，開始著手研究亞洲各國家的語言、文化、品牌命名現況和市場調查。這對於我們並不是件好事情，因為西方人利用科學的方法來命名使得產品不用經歷「試驗期」，因為在上市前就已經有個好名字了，這對於我們的語言學家更是一大挑戰。也因為如此，所以更讓我認為我們必須加快品牌命名研究的腳步，進而發展、利用於各項經濟建設中，這也是我選此一論文題目的主要目的。

　　有鑑於此，本研究的目的主要在建構一套理解飲料名稱的審美與文化效應的理論；而分別在第三章至第八章處理相關的層面及相互關係。第三章先談飲料在食品工業中的特殊性。飲料在食品工業中的特殊性，大體來說不外乎品牌多、需求量大、容易激發消費慾望、廣告面特廣。也因為飲料為大多數人每日難以不接觸的「必需品」，所以更引發我將飲料的命名作深入的研究。第四章談飲料命名的商業考慮及其附帶效應。這部分也就是要探討到飲料的商業層面和非商業層面。我們知道，各國的商標設計、名稱設計等都必須

考慮到當地的文化背景、社會因素等。從外包裝來看，比如在泰國想要推出宗教性飲料，你在設計外圍的包裝就絕對不能將一個少女的手放在小沙彌的頭上，泰國畢竟是個佛教國家，泰國的文化背景認為男生一生中至少必須出家過一次，而每個人的頭上都有一個靈，所以出家的和尚是嚴禁別人摸他們的頭部，尤其又是女生。從顏色來看，比如可口可樂在世界各地都以紅色為外包裝，唯獨在阿拉伯國家地區是以綠色作為外包裝，這是因為伊斯蘭教徒特別討厭紅色，因為紅色象徵死亡；喜歡綠色，認為它能驅病除邪。相同的，大陸青島所製造的「青島啤酒」出口到歐洲卻將商標顏色改為綠色，因為歐洲人環保意識強，綠色也代表著環保，出口到南美洲市場時選擇藍色，因為南美人對於綠色不認同，但特別喜歡藍色。（吳漢江、曹煒，2005：114）從數字來看，在命名時，倘若需要運用到數字的話，在臺灣及中國文化，4[4]給人的感覺就是不吉利；在日本則忌諱 4 和 9 這兩個數字，因此出口日本的產品，就不能以「4」為包裝單位，像 4 個盤子一組，在日本都將不受歡迎；歐美人則忌諱 13，這也是文化不同所造成的。從命名方面來看，最有名的例子莫過於雪佛蘭星辰（Cheverolet Nova），在美國販售時命名依照星相，頗受好評；在墨西哥市場，也希望複製相同的成功，但是他們卻忘記「文化語言」的差異，在西班牙文裡，雪佛蘭星辰意味著「不會跑」，這是忽略了文化語言差異的例子。（Alcia Perry & David Wisnom Ⅲ，2004：26）因此本章節會從現實層面的經濟利益、創意品牌高格化討論到抽象的審美和文化心靈象徵。

談到飲料的命名，當然也不能不從語言學的層面來探究，因此在第五章就深入探討飲料命名的方式與類型。也因為文化不同會造

---

[4]　4 就是死的諧音，在傳統中國與臺灣文化中，給人感覺較不好，因此在商品設計時或是其他命名時會避開。

成飲料命名的方式歧異，因此先將飲料分為本土性飲料與外來性飲料，比較、統計在臺灣的本土飲料與在臺灣所見到的外來性飲料的命名是否一致？尤其外來飲料是否會因為販售地區不同，而有過另一層次的轉換？還是只是照本來原產地的名稱？甚至只是將原產地名稱改成英文或翻譯成中文？談完飲料命名方式後，再談飲料命名的類型。另外，隨著時代的變遷，資訊化的腳步飛快，在網路時代來臨的今日，是否會造成飲料命名類型的改變？這也是要一併探討的。最後再將飲料命名的方式與類型作系聯。

　　第六章會探討飲料名稱內蘊的修辭技巧與審美感興。而修辭技巧方面也會針對飲料中常出現的幾種修辭格作探究，例如：直敘、譬喻、象徵和其他。分別要追問在使用直敘技巧時會有怎樣的感受？在使用譬喻技巧時又是怎樣的感受？在使用象徵技巧時又會是怎樣的感受？最後在使用其他修飾技巧時又是如何的感受？　第七章接著再從文化學的角度看飲料名稱命名時背後的集體意識和文化因緣。分別從氣化觀型文化背景、創造觀型文化背景和緣起觀型文化背景著手研究。從文化學的角度探討完後，第八章再反思飲料名稱的命名究竟能不能在語文教育上產生運用、連結？在傳統中國的命名雖然只能從書籍中找尋，但是經過時代的變遷，其實現在也可以將命名視為一種專門的學問。而在飲料的命名中，可以將本研究成果類推強化對整體食品命名的認知，也可以引導參與創意品牌的行列，更可以轉為設計／廣告人才的借鏡。

　　為了達到上述的研究目的，本研究先以理論建構的方式架構，而後再輔以實際的案例說明，讓本研究的整個脈絡更加清楚。在這裡所提到的理論建構，周慶華在《語文研究法》中有扼要的提點：

> 理論建構，講究創新。大致上從概念的設定開始，經由命題的建立到命題的演繹及其相關條件的配置等程序而完成一套具體系且有創意的論說。（周慶華，2004:329）

據於此，進行研究之前，必須先設定相關的概念，才能達到研究的目的，確定所要研究的問題。試就本論述中的「概念設定」、「命題建立」及「命題演繹」的發展進程，圖示如下（圖 1-1-2）：

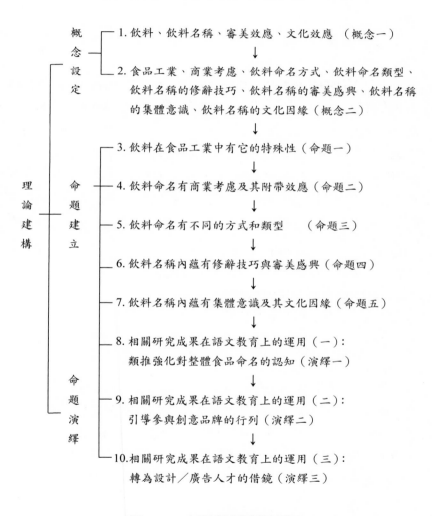

圖 1-1-2　本論述理論建構示意圖

第二節　研究問題與研究方法

一、研究問題

　　在品牌命名的這個領域中，雖然已經有人付出心血耕耘，但是仍然沒有備受重視；很多人總認為產品品質好就禁得起所有考驗，命名與包裝等外在因素都不重要。但實際上我透過側面了解，有些廠商產品賣得不如預期，不過卻對產品內容物卻仍有相當的信心，則換個包裝、換個名字再重新販售，結果有時候竟然造成轟動，這也代表命名對於產品有相當影響力。有鑑於此，並從目的來談問題，本研究要探討的問題如下：

　　（一）飲料在食品工業中的特殊性？

　　（二）飲料命名的商業考慮及其附帶效應？

　　（三）飲料命名的方式與類型？

　　（四）飲料名稱內蘊的修辭技巧與審美感興？

　　（五）飲料名稱內蘊的集體意識及其文化因緣？

　　（六）相關研究成果在語文教育上的運用？

　　建構一套理解飲料名稱的審美與文化效應，為了達到此目的，分別處理各問題，並且有系統的依序處理。另外，我也希望可以總結西方外來飲料與臺灣本土性飲料命名的技巧和藝術，為當今社會在命名上提供借鏡；而會看我的論述的讀者也非常的明確，就是對於當代社會命名有需要、有興趣的企業、管理者，或者想要替自己的商品、品牌取個好名字甚或是希望將商品打入國際市場的企業

等。另外，對於中外語言學、應用語言學或文化語言學有興趣的學者，也可以從本研究中得到一些啟發。

二、研究方法

為了解決上述的問題而完成此次的理論建構目的，必須選用相應的方法。而由於各個問題涉及的內容有別，所以也得有不同的方法考慮。茲依所需順次整理並敘述如下：

（一）現象主義方法

第二章文獻探討是用「現象主義方法」，現象主義方法是指研究意識所及的對象的方法（周慶華，2004：95），包括相關的人、事和飲料名稱，及彼此之間互動的複雜關係。以現象主義方法探討可經驗的對象（文獻），無經驗部分礙於我初次寫長篇論文、能力不足與時間上的限制，這些都有待未來再多作加強。而文獻部分可分為直接文獻和間接文獻。在臺灣有關商業命名的直接文獻並不多，大陸的文獻與西方文獻較多，由此也可以知道國外對於商業命名的重視。在臺灣的文獻以間接文獻為主，另外也詳見部分國外的直接與間接文獻。文獻部分在本論述中是要用來檢視相關研究的成效。

（二）符號學方法

「符號學方法」，是指研究符號的物質性及其被使用的情況，或者就符號的表義過程及資訊交流等層面加以研究的方法。（周慶華，2004：61-66）符號學也是從語言學發展出來的一門研究符號及符號如何運作的學問。（John Fiske，2002）對於符號如何產生意義、意義如何在環境中流通、演變，及意義所依止的文化如何發揮

13

影響力，都有深刻的揭發。（王桂沰，2005：25）這分別在第三章第一節和第五章用到。例如「蠻牛」，透過這樣的名稱讓人意識到、猜測到這個飲品可能是與機能性飲料有關，讓人喝了可以精神百倍，像頭牛。因此，將飲料名稱視為表意符號，再從它們的「意指」方面深入探討（圖1-2-1）：

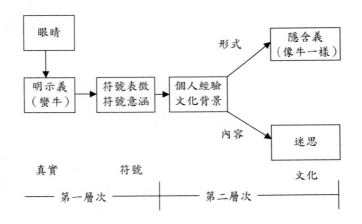

圖 1-2-1　Roland Barthes 的二層次意義結構[5]

（研究者修改並引自張錦華譯，2002：119）

---

[5] Roland Barthes 將符號與真實世界的關係定為意義產製的第一層次，稱為明示義（denotation），在明示義層次之下透過符號的表徵、符號意涵、個人經驗及文化背景等相關轉換後，會有第二層次的涵義，也就是隱含義。（王桂沰，2005：31）例如：我們眼睛先看到「蠻牛」，如果是識字但卻不了解字意的外國朋友們，可能就直接認定這只是單純的商業名稱（符號），或者透過「牛」這個符號認定為體積大、四隻腳的動物。但是如果是本地的朋友們，就會透過本身的文化背景與個人經驗，將單純的符號（蠻牛），直接轉換變成「野蠻的牛」，再進行轉換就可知道該產品可能是機能性飲料。廠商命名為蠻牛的目的，可能是希望飲用者飲用完畢後可以變成一頭野蠻的牛，外延意涵即為隱含意，在 Roland Barthes 的解釋中，也將「迷思」與「象徵」放置在第二層意義範圍，是視覺或文學研究的重要對象，也是本研究所要探究的問題。

　　第三章第一節要處理的是符號如何生產運作？意思就是飲料名稱（符號）是如何產生運用的？第五章主要是指對物質性（語言、符號）有所了解，透過飲料名稱作有條理的掌握。

（三）發生學方法

　　「發生學方法」，是透過分析語文現象或以語文形式存在的事物的發生及其發展過程，來認識語文現象或以語文形式存在的事物的規律性的方法。（周慶華，2004：51）在傳統農業社會中，飲料的形式並不多，這是因為那時的經濟不允許有其他額外或多餘的支出。傳統的人們總認為喝水就好了，為什麼要喝飲料？反正還不是都是解渴！就因為需求不大，所以品牌並不多，相對的廣告也不多；反觀當今社會，飲料的廣告隨處可見，舉凡在戶外廣告、電子媒體廣告、平面廣告或是廣播等，相對於其他食品的廣告，飲料的廣告時段範圍廣，應用的方式多。這是因為人們只要沒有在休息，幾乎隨時都可以喝飲料，當然這也正代表飲料的廣告面特廣。也因為廣告出現頻率高，所以也特別容易激發消費慾望；同樣的廣告不停的在你眼前重複播送，播送多次後，想當然爾你也會禁不起「傳播」的誘惑。另外，會有如此多的廣告，緣由也來自於有那樣子的經濟效應與需求，廠商也才會不顧一切的投資大筆資金在傳播方面。據此，在本研究第三章第二、三、四節會採用發生學方法，藉此對於飲料的需求量大、容易激發消費慾望及廣告面特廣加以探討。

（四）美學方法

　　「美學方法」，是評估語文現象或以語文形式存在的事物所具有的美感成分（價值）的方法。（周慶華，2004：132）「現在也可以確定：凡是基於求『美』的前提而論說語文現象或以語文形式

存在的事物的意見，都可以把它歸到審美取向的方法論類型這一綱目下來理解」（同上：134）、「顯然地，一個作家是把他的美感隱寓於喜怒哀樂的意象中用語言或其他記號來表達；而欣賞者就相反，從那記號上用心去還原那喜怒哀樂的意象……文學的極致價值雖關係於美的經驗、美的感情，但那感情的品質又跟所經驗的材料息息相關。」（王夢鷗，1976：249-251）第四章第三節和第六章將採用美學方法，透過審美的方式探究飲料命名的審美消費以及飲料名稱中的修辭技巧。從「美」談起，「美」是一種衝動與感動的融合體，衝動為外顯行為，一種不知不覺的動作；而感動為價值的判斷，意義的認定，屬於心理的好惡，就是內顯行為，所以本研究在關於審美消費及修辭技巧的部分，要藉美學的方法來探討。

（五）文化學方法

「文化學方法」，是評估語文現象或以語文形式存在的事物所具有的文化特徵（價值）的方法。（周慶華，2004：120）文化一詞因學派不同而有見解的差異，而我所採用的文化是一種涉及時間的演變以及有歷史的脈絡：

> 文化是一種歷史性的生活團體，表現它的創造力的歷程和結果的整體，當中包含了終極信仰、觀念系統、規範系統、表現系統和行動系統等（沈清松，1986：24）

任何一個文化系統所顯現的就是一個價值系統，而文化系統和文化系統之間的差異也就是價值系統的差異。（周慶華，1997：5）商業形式所產生的符號，自然也可以用文化學方法加以剖析，藉以了解不同的文化背景所會產生的不同的意義符碼（如圖 1-2-2）。這是第七章所要嘗試的。

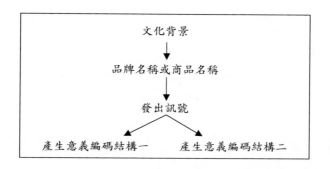

文化背景

品牌名稱或商品名稱

發出訊號

產生意義編碼結構一　　產生意義編碼結構二

圖1-2-2　文化背景與商品訊息結構圖

（六）社會學方法

　　「社會學的方法」，指的是社會學研究的指導思想和各派社會學的專門理論框架。它給予社會學研究者以立場和觀點，在認識路線和思想路線上指導著研究的全過程……社會學的研究方式和具體方法，是社會學蒐集研究資料的過程和手段。「但這在探討語文現象或以語文形式存在的事物所內蘊的社會背景上也無法全數轉移，而得改為綜採社會學方法中對於社會和社會關係以及社會規律的重視方式而有點『冒用』似的自稱是『社會學方法』。這種方法的運用……是靠『解析』的功力及其取證的依據。」（周慶華，2004：87-88）本研究的「場域」課題，涉及到地理空間及社會空間的探討，所以必須採用社會學的方法來進行研究。另外也因自己可以觀察的場域有限，所以在飲料的取樣方面，以臺灣常見的市售飲料為主。周慶華在《語文研究法》中指出，這種相關語文現象或以語文形式存在的事物所內蘊的社會背景的解析，大體有兩個層面：一個是解析語文現象或以語文形式存在的事物是如何的被社會現實所促成；一個是解析語文現象或以語文形式存在的事物又是如何的反

映了社會現實。(同上，89)在本研究第四章第一、二節和第八章
將利用此方法，綜合探討飲料命名的經濟利益優先和創意品牌高格
化等商業考慮，以及相關研究成果可以發揮的如類推強化對整體食
品命名的認知、引導參與創意品牌的行列和轉為設計／廣告人才的
借鏡等功效。

　　同時，品牌命名又是社會語言學和語言經濟學的研究範疇，及
如何制定出合適的品牌名稱已獲得最佳經濟效應；品牌命名英
語（English in Branding）是一種特殊用途英語，屬於社會語言
學的研究範疇，是語言在社會經濟領域中的直接運用，利用社
會語言學的研究，根據商品目標消費者的社會分層確定品牌名
稱風格，如性別差異、社會階層差異、年齡差異、地理分布、
消費者心理等對品牌名稱的影響，因為一個品牌名稱的地位首
先需要確定產品的性能特點和目標消費者以及要確定產品名
稱的類別和要傳達什麼樣的產品訊息。(任海棠，2006)

第三節　研究範圍及其限制

一、研究範圍

　　本研究的範圍，分別從研究內容、資料蒐集地區與對象方面說
明如下：

（一）研究內容方面

　　本研究內容，在文獻方面是以食品命名的競爭、飲料命名的邊
際效益、飲料命名的現象、飲料名稱的審美與文化意涵為主。另外

研究的飲料樣本中，主要針對飲料商品名稱作討論，並不涉及品牌名稱；但是當商品名稱與品牌名稱一致時，則列為討論範圍。

（二）資料蒐集地區與對象方面

本研究搜集地區以臺灣境內的便利超商為主。在宗教飲料方面則細分為中國傳統宗教與外來宗教；中國傳統宗教則以佛光山、中臺禪寺等著名販售的飲品為主，在外來宗教方面則以臺灣地區常見的飲品為主。

二、研究限制

本研究於研究方法、過程及設計上，雖力求嚴謹完整，為基於研究時間、心力，以及其他主、客觀因素的影響，仍有未盡周延之處。茲就研究範圍、研究地區、研究對象等方面的限制，分述如下：

（一）研究範圍的限制

1. 飲料名稱的命名可能涵括企業的文化背景及其他不為外人知的命名過程，因此本研究僅就現有的飲料名稱採內容分析並建構出理論架構。另外，一個完整的商品必定含有品牌名稱與商品名稱，在此主要會針對商品名稱作探討，但是當商品名稱與品牌名稱一致時，則也列為探討範圍內。

2. 產品命名過程因地域、發展時期的不同，且產品有生命週期等限制，歷久不衰的產品與曇花一現的產品都有許多，但在本研究所界定的則是以現今市售的飲料為主。

3. 由於語言因素，探究分析的文獻以繁體中文、簡體中文以及譯自日文等語言學、應用語言學及行銷、企畫相關研究著作為主。

（二）研究地區的限制

本研究所探究的飲料名稱都是臺灣目前所常見販售於便利商店的飲品為主，如欲將本研究的結論推至臺灣地區以外，還得謹慎評估。

（三）研究對象的限制

本研究的對象為飲料，飲品在我的定義為「可以解渴，且以口飲的方式並不經過咀嚼」，因此又可以細分為酒精性飲料與非酒精性飲料。如欲將本研究結論推至其他各種食品的命名方式，還必須加以考量各種食品的特性。

第四節　名詞釋義

本研究所涵括的重要名詞說明如下：

一、飲料

飲料（Beverages）：是一種液態的食物，具有解渴、提供營養的嗜好食品。根據臺灣國家標準 CNS 定義如下：「清涼飲料是一種不含酒精的提神飲料」。根據美國清涼飲料的法規定義為：「清涼飲料是指任何液體在稀釋或不加稀釋後賣給消費者」。

表 1-4-1　2006 年整體飲料市場銷售值（元富投顧，2007）

	市值（億元）	比重	成長率
茶飲料	210.75	36.6%	5.6%
果蔬汁	74.53	13.0%	1.7%
咖啡飲料	66.13	11.5%	5.4%
水飲料	56.26	9.8%	8.8%
炭酸飲料	53.3	9.3%	-8.0%
運動飲料	32.57	5.7%	-2.8%

　　根據上表暫且不論飲料項目的銷售值，只就飲料類別來說，Masterlink 將飲料分為六大類別，分別是茶飲料、果蔬汁、咖啡飲料、水飲料、碳酸飲料和運動飲料。

　　又根據全球華文行銷資料庫，邱高生（2007）在〈飲料的分類〉一文中，將飲料分為飲品和飲料。在 E-ICP 行銷資料庫中有關喝的東西，根據「清涼解渴」這項法則判斷，比較典型的飲料應該有下列這 10 種：（一）茶飲料；（二）包裝水（礦泉水／加味水）；（三）果汁／果菜汁；（四）運動飲料；（五）碳酸飲料；（六）乳酸飲料；（七）機能性飲料；（八）即飲咖啡；（九）中式傳統飲料；（十）汽泡式水果酒、啤酒。而在此之外，其他很多也是喝的，就將它們歸為飲品；雖然也是喝的，但是不像飲料那樣具有解渴的功效（如圖 1-4-1）。

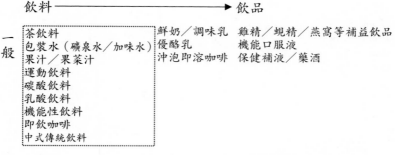

圖 1-4-1　E-ICP 飲料研究項目圖（引自邱高生，2007）

　　我綜合眾多學者的分類且根據臺灣本地飲料實際現況，在此將飲料定義包含酒精性飲料與非酒精性飲料兩大類。酒精性飲料可以分成本土酒精性飲料和外來酒精性飲料；非酒精性飲料可以再細分為八大類別，分別是乳製品飲料、茶飲料、果蔬汁飲料、咖啡飲料、水飲料、碳酸飲料、機能性飲料和運動飲料，因此共計十類（如圖1-4-2）。

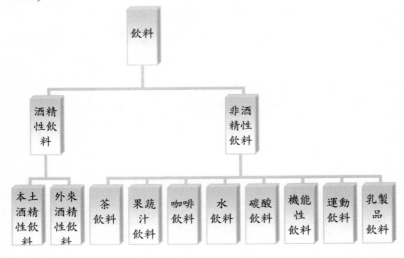

圖 1-4-2　　飲料分類圖

二、飲料名稱

（一）品牌名稱

　　根據教育部（1994）《教育部重編國語辭典修訂本》的解釋，品牌為能代表產品品質水準的名號，可藉以傳達企業形象與精神。又 David Aaker 是在品牌策略的相關研究中最常被引述的美國學者之一，他從法律保障的觀點來定義品牌，認為品牌是一個用來識別

某些產品或服務，並與競爭者有所區隔的特殊名字與（或象徵符號）。因此，品牌名稱可以保護經營者與顧客免於仿冒之苦。（引自王桂沰，2005：2）而品牌名字也不單純只是用來區隔製造商的標籤，更是複雜的象徵符號，代表多元的構想與特質；而它的結果更是一種大眾的形象，一種比起產品本身創造出的實體成果（如行銷）更重要的個性或特質。（Gardner and Levy，1955：34）據此，為該產品的發售廠商的名稱，就是品牌名稱。

（二）商品名稱

商品名稱，為該品牌下發售的商品的名稱。它跟品牌名稱有時相同，有時不相同，如圖 1-4-3：

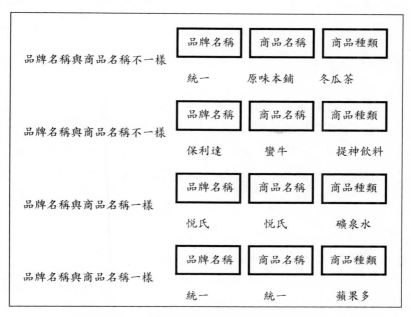

圖 1-4-3　飲料品牌名稱與商品名稱對照表

（三）商標

商標（Trademark）或商品的牌子，是生產者或經營者為了使自己的商品與他人的商品有所區隔而使用的特徵標誌。這種標誌通常以文字、圖形單獨構成，或者也可以組合構成。（李冬梅，2005）

三、審美效應

指飲料名稱內蘊的修辭技巧與審美感興，包括直敘技巧與優美感興、譬喻技巧與優美／崇高感興、象徵技巧與崇高／悲壯／滑稽／怪誕感興和其他修飾技巧與類屬審美感興等。因為它是既成的事實，所以稱為效應，特指它所產生的效果和所給人的感應。

四、文化效應

文化指飲料名稱內蘊的集體意識及其文化因緣，包括「動之以情」及其氣化觀型文化背景、「聳之以理」及其創造觀型文化背景和「誘之以法」及其緣起觀型文化背景。因為它也是既成的事實，所以也稱為效應，也特指它所產生的效果和所給人的感應。

第二章　文獻探討

第一節　食品命名的競爭

　　本節主要探討的是食品命名的競爭，並針對相關的研究成果進一步探討食品經過競爭的歷程，最終如何呈現其命名的表徵方式。

　　品牌名稱與商品名稱的命名在國內是鮮少被研究、探索的領域，有關品牌與商品品名命名的相關研究，經文獻回顧後發現，大部分都將「品牌」、「商品」、「商標」等合併討論，也就是所謂的企業識別系統(CI)。我在 2008 年 10 月於全國博碩士論文網(ETDS)，以「品牌」、「商品」和「命名」等關鍵字搜尋，整理如下表：

表 2-1-1　關鍵字為品牌、命名的相關研究

關鍵字：品牌　命名	研究者	學校	年份
《「意難忘、情難診」：以語言學之觀點探討品牌命名與品牌利益聯想之關係》	陳莉玫	國立中正大學企業管理研究所	2002
《消費者對於英文與數字性品牌名稱的知覺》	張嘉豪	國立政治大學國際貿易研究所	2005
《英語品牌和商品名稱之命名與漢譯──以女性保養品為例》	林裕欽	國立臺東大學語文教育學系碩士班	2006

　　根據上列的國內有關命名的研究論文，可歸納出國內在命名的研究還是落在品牌命名為主，並且以訪談法及行動研究居多，大多

探討不同的命名方式給消費者的觀感和聯想，但是並未考量到消費者購買產品時所注意的並不完全僅有品牌名稱，更重要的是商品的名稱，因此本研究所要加入的是商品的命名過程，這也是在眾多研究中所缺乏的。

　　上述文獻幾乎都只談到品牌，只有第三篇稍有碰觸到商品的名稱。品牌固然是一個商品中最上階的概念系統，但是當我們在選購商品時難道只會顧及品牌一項嗎？換句話說，在選購商品時又有多少人會去注意出廠的公司品牌？好比有多少人知道「蠻牛」是哪一個品牌？「舒跑」又是哪一個品牌？「美妍社」又是哪一個品牌？也因為如此，所以研究者下個論斷：在選購商品時，商品名稱還是遠比品牌名稱來的重要，畢竟消費者只有短短的數秒鐘到數分鐘決定購買商品；也因為如此短暫的時間，所以眼睛停留的視覺焦點也僅只有較為顯著的商品名稱。以下將分述各項文獻：

　　《「意難忘、情難診」：以語言學之觀點探討品牌命名與品牌利益聯想之關係》：利用深度訪談研究法，將品牌名稱分為語言面、文化面、心理面和其他因素，又將品牌聯想區分為功能性、象徵性和經驗性品牌聯想。驗證命名準則對消費者面對該產品所產生的聯想外，並聯結學者所歸結中國品牌命名的準則與品牌聯想的類型。（陳莉玫，2002）作者雖然將品牌區分為語言面、文化面、心理面和其他因素，但是在文化背後的象徵意涵卻沒有碰觸到，在語言背後的差異性也沒有交代清楚。這一篇的研究目的主要在了解品牌名稱對於消費者內心的真正意義，以及對品牌所產生的感覺和態度，因此使用深度訪談法，但是僅僅選擇了不同科系十位學生，且均為國立中正大學學生，並以女性佔大多數，這十位學生必須針對六十二件樣品案例進行分析。就消費族群之年齡層來看，僅選擇某一階段，這樣的研究結果是否客觀？就單一受訪者必須一次訪談完六十

二件案例，是否也會對其造成負擔，導致結果有所偏差？這些都是我認為可以再斟酌的。另外在使用深度訪談研究方法也必須相當謹慎，因為受訪者中是否已經有些品牌是他所聽過的？如此是否會有先入為主的不客觀因素摻雜在研究中？另外，還有廣告等外界因素所塑造的形象是否深植消費者的心，造成不可改變的預設立場？此外綜觀本篇，他所研究的並非品牌名稱，而是商品名稱，例如「茶裏王」，這一瓶飲料的品牌名稱應該為「統一」，商品名稱為「茶裏王」，研究範圍界定不清楚也是可以改進的地方。另外這一篇文章並沒有針對各類目作簡單的歸類，導致閱讀者在閱讀時的不易。我認為不論研究商品品牌名稱或是商品名稱都應該逐步分類，因為隨著每一種商品類目不同會產生不同的命名方式和效果，所使用的修辭和審美背後的文化制約等自然也會不一樣，這些也都會在我後面的章節中逐一論述。

　　《消費者對於英文與數字性品牌名稱的知覺》：主要透過焦點團體訪談研究法，研究結果發現消費者對於數字性品牌名稱不同的呈現方式有不同的認知與看法。（張嘉豪，2005）焦點團體討論共舉辦兩場，第一場為十人，第二場為八人，在使用這種研究法必須考量的變數實在太多，這都可能造成研究結果的正確性；此外所選擇研究產品類別分為高科技性產品和低科技性產品，但是如何判別高科技性產品與低科技性產品？就商品品牌名稱可以判別嗎？這些都還有待更詳盡的研究。另外在訪談過程中也發現，數字性品牌的呈現方式，數字部分可能不僅止於阿拉伯數字和英文的書寫方式，例如：SK II 在消費者心中比較高雅嗎？可以從這十八個訪談對象中得到這樣的結論嗎？假使如此，是否也意味 KS II 也會同樣的受到歡迎？再就數字性的品牌名稱來說，數量畢竟不多，而臺灣

也非拉丁語系國家，因此以臺灣的英文與數字性品牌名稱來探究仍有需要考量的地方。

《英語品牌和商品名稱之命名與漢譯——以女性保養品為例》：這一篇主要研究目的在比較英語品牌產品名以及漢語品牌產品譯名所具備的語言學特徵。研究方法為內容分析法。以女性保養品的品牌名與產品名為語料對象，分別從語音、詞法、語義三項語言學基本層面進行探討。（林裕欽，2006）這一篇完全用語言學加以解析目前市售的女性化粧品是如何命名與漢譯過程的方式為模本，它也是三篇中唯一涉及商品命名的，而非僅膚淺的探究於品牌名稱中，一些有關「愛美是世界女性共通的特點，並不會因為地區之隔而有所差異，因此在翻譯的過程中自然也必須格外的小心」的課題，但是語料全部都是英文，在數量上和種類上會不會有偏差的情形？還有它並沒有涉及本土品牌的產品命名，無法進一步對照比較。另外它也忽略了保養品命名的過程裡是否摻雜了文化因素，及相關聯的審美特性。而這可以取法國學者 Floch 二元對立的符號語意概念稍微對照出它的不足：Floch 選擇消費價值作為語意端點，並建立分析品牌形象的符號方塊，也運用它來分析卡文克萊香水（CK One & Eternity），如下圖：

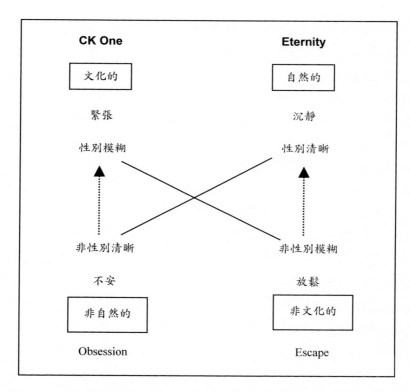

圖 2-1-1 卡文克萊香水（CK One）形象分析圖（引自王桂沰，2005：115）

　　圖 2-1-1Floch 用它來分析知名品牌市場形象定位，並以此模型分析卡文克來的四個不同定位的品牌，並作為競爭品牌形象的定位分析工具。也就是說，上述那一論述倘若可以增加品牌名稱之間所隱藏的特性、文化等因素進行比較，或許可以更深層的發現命名中的審美和文化因素，這也是上述那一論述中所未觸及；以致還有大為發揮或發展的空間。

　　綜觀上面三篇文獻，探討的對象都以品牌名稱、英文與數字性品牌名稱或是女性保養品名稱為主，尚未有針對食品的商品名稱作

研究。另外，上述的研究方法幾乎都以內容分析法、深度訪談研究法或問卷統計研究法為主。針對這兩部分，我希望與前述研究有所區隔。所謂民以食為天，人可以不要有娛樂消費，但是卻不能沒有食物消費，因此也造就品牌眾多、琳瑯滿目。放眼看目前市售的商品，有哪一個商品類別比食品的種類還多？又有哪個商品的汰換率比食品還高？這都是因為人的需求總是不滿足，也喜新厭舊，當一個商品看久了自然會膩，廠商為了迎合市場，也必須定期的更換商品；或許商品的內容物一樣，但是名稱卻改變，也可以造成消費者在購買時產生混淆，自覺已經買了新的商品。還有飲料也是在眾多食品中與消費者的接觸最為緊密的，不論何時都可以享用飲料，不論是否口渴也都可以享用飲料，宣傳的手法也沒有絕對的限制，可以用傳統的紙張作行銷，也可以在電視播送 CF 廣告，更可以用最新的多媒體廣告或戶外廣告。同時飲料也有著品牌多、需求量大、容易激發消費慾望和廣告面特廣等特性，因此在這部分我會先以食品中的飲料為研究對象；另外研究方式則以理論建構來廣涵相關面向，希望可以鏨出一套適合飲料命名的理解架構。

　　命名過程是預設一個競爭的對手，而此預設也設定與他人不一樣，試圖與人造成差異，這都是競爭性的。一個好的命名所創造的經濟效益，更是不容小覷。Rivkin 在 1999 年對全美企業命名產值所作的調查報告顯示，美國地區品牌命名總產值從 1985 年的 2.5 億美元大幅成長到 150 億美元。（賀川生，2003：41）反觀臺灣甚或是亞洲地區的國家，至今似乎仍尚未重視命名。張力（2005）在《超自然信仰與華人品牌季企業命名決策：幸運筆劃數的角色》博士論文中指出，華人地區深受儒家思想，命名過程重視筆劃數、陰陽和諧，華人社會包容迷信行為的程度也高於西方，因此影響決策，也可以證明亞洲地區的命名還是遠遠落後於西方。

　　不論命名是仰賴東方傳統的幸運筆劃數、風水或西方科學的理論分析，命名的過程都是充滿了張力，但是現階段的文獻，都僅止於研究品牌的名稱，卻忽略了商品名稱。消費者在選購商品時，不僅只是消費商品的品牌，最終決定購買與否還是以產品名稱為主。另外，在海峽兩岸的命名上也略有差異。在臺灣有一種市售泡麵名稱為「來一客」，但是到了大陸卻改名為「來一桶」；還有在臺灣有一款飲料名稱為「美粒果」，但是在大陸的名稱卻改為「美汁源」，均為同一個廠商所發行販售的。是怎樣的因素，讓同屬儒家文化的我們，卻造就出不一樣的名稱意涵，這些都有待釐清。

　　因為食品的品牌眾多，產生競爭性，因此更需要找出競爭品牌在機能與形象上與自己商品的差異性，並針對這樣的差異進行市場區隔。區隔的方式很多，可以從包裝、名稱到創意廣告等。日本博報堂品牌諮詢顧問公司在《圖解品牌》一書中就將競爭品牌分析如下圖：

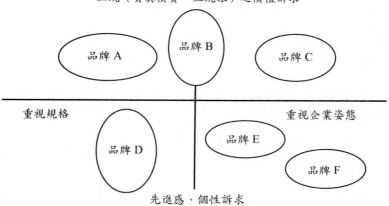

圖 2-1-2　競爭品牌溝通策略分析事例圖

（日本博報堂品牌諮詢顧問公司，2005：83）

可見談食品命名的問題，絕不能忽略它背後的競爭機制；這是相關研究的開端，也是相關研究隨時要去呼應的對照系。

第二節　飲料命名的邊際效應

不論是什麼行業，都必須講求「價值」；學生求學也是為了未來希望可以找到比較好的工作，得到比較好的待遇，而「找到比較好的工作」和「得到比較好的工作」也正是學生求學的「目的」，也可以說是「價值」所在。而命名既然是個產業結構，則必定有它的價值存在。價值（value）是所有經濟行為的起因和動機，而在文化領域中也充斥著價值概念。（David Throsby，2004：24）在經濟學裡探討價值理論適當的起點是 Adam Smith 的《國富論》，他也是第一個區別商品使用價值[1]和交換價值[2]的人。在 Adam Smith 和 Ricardo 及 Karl Heinrich Marx 所提出的勞動理論中，價值是由一個物品所呈現的勞動數量來決定的，也就是說這款商品的命名有沒有價值則可以從商品的銷售量獲得。（同上，25-26）

> 然而在十九世紀末，邊際革命（marginalistion）發生，價值的生產成本理論被取代，代之而起的是以個人效用為基礎的經濟型為模型。傑逢斯（Jevons）、孟格（Menger）與瓦拉斯（Walras）認為，個人及其偏好乃交易過程和市場行為的「終極因素」。他們將交換價值解釋為，消費者對商品的偏好型態，而其能滿足個人慾望。（David Throsby，2004：27-28）

---

[1] 使用價值（value in use）：滿足人們慾望的能力。（David Throsby，2004：26）
[2] 交換價值（value in exchange）：一個人獲得一單位的商品，他所願意放棄其他物品和服務的數量。（David Throsby，2004：26）

所以後來在 19 世紀初，Jeremy Bentham 就利用「效用」加以描述物品的內在特性，並且也將效用的意義轉變為「從商品消費行為中得到的滿足」。（David Throsby，2004：28）這也成為邊際理論的基礎。因此在談論飲料命名的邊際效應前，必須先對其下定義。根據《智庫百科》對邊際效應所下的定義為：邊際效應，有時也稱為邊際貢獻，是指經濟上在最小的成本的情況下達到最大的經濟利潤。（《智庫百科》，2008）舉一個通俗的例子，當你很渴的時候，有人給你拿了一杯飲料，那你一定覺得喝第一杯飲料的感覺是最好的；喝的越多，飲料給你帶來的滿足感就越小，直到你喝撐了，那其他的飲料已經起不到任何效用了。據此，在談論飲料命名的邊際效應時，則與飲料命名的商業考慮及其附帶效應關係緊密。然而一般命名的邊際效應僅止於提到經濟利益優先和創意品牌高格化，鮮少會觸及到其審美消費和文化心靈象徵，而審美消費和文化心靈象徵卻是相當重要的。

　　林濁水在〈美麗的福爾摩沙——創意之島〉一文中提到，他認為臺灣是個創意之島。（夏學理編，2004：181-186）的確，我曾經於 2008 年 9 月底去世貿參觀世界發明大展，由於與會嘉賓和參展人士幾乎都是外國人，因此我很好奇的問了主辦單位為什麼臺灣有機會可以舉辦這樣大的活動？主辦單位用很輕鬆平常的口吻回答我：「你難道不知道臺灣是世界上發明第二大的國家嗎？第一是美國，但是你要想想看，美國人口有多少，臺灣人口有多少？」雖然至今仍不確定這個消息的來源正確與否，但是霎那間還真有種與有榮焉的感覺呢！臺灣在全球化趨勢的衝擊中仍保留有自己的創意產業；最近有名的電影《海角七號》就是在逆境中衝出絕佳的票房，而這也是靠著臺灣電影人的創意與寫實的內容。創意與經濟學在近幾年更是結合成單一學科——創意經濟學，主要也是在研究創意生

成機制和發展規律。而從飲料的外包裝談創意最有名的莫過於可口可樂的曲線瓶。曲線瓶的設計也已經成為該品牌呈現的一部分，而這個也是創意的表現。在談到 logo 的顏色，看到黃色就直接聯想到麥當勞，甚至於不需要劃出形似拱門狀的 M 也可以直接聯想到，這個也是創意的表現。而命名會變得如此複雜，也因為商品名稱充斥，好的商品名稱都被用掉了，在這個時候更需要創意品牌高格化。Alycia Perry & David Wisnom Ⅲ 提出「命名創意簡報」。命名創意簡報分成兩個部分：分別為重新陳述品牌識別的整體定位策略和聚焦在與命名相關的議題上，也就是說先列出競爭商品的商品名稱，然後再針對自己的商品特色作出與他人有所區隔的名稱；倘若只是直接仿效競爭者名稱，不但會造成消費者的視聽混淆，更可能讓自己的商品成為贗品。

> 隨著 1990 年往前邁進，似乎所有人都要變得不一樣，越不一樣越好，「差異化」這個字忽然變成行銷的流行名詞。亞馬遜大概就是命名的最佳模範生，這個名字時髦、酷、而且意想不到，好像所有人都想要一個這樣有異國風情、讓人料想之外的名字。那時候，艾莉西亞和我們的命名人員定期在字典裡查閱不尋常、有異國風情的字。當我們對客戶建議使用這些字時，通常我們得到最好的反應是揚起眉毛，忽然這些怪字就跳出字典而進入美國商標局，但我們那時真是衝過頭了。（Alycia Perry & David Wisnom Ⅲ，2004：134-135）

上述是創意品牌高格化的優良代表，反之當然也有不好的示範，見不得人家好的情形似乎在命名市場裡常見：你取了三個字的商品名稱，我就有兩個字和你一樣，混淆消費者的視聽。例如：你叫健茶到，我就取名叫心茶道；有些還會改成諧音方式，字變音不變；另

外還有，你叫茶裏王，我就取名為茶上茶。從商品名稱也可以發現暗自較勁的意味；直到網路時代來臨後，為了方便消費者可以更容易的記住網域名稱，因此也將自己的商品名稱後面直接加上達康（.com）：首先有了很多 e-品牌，例如 e-Bay，之後又是 b-品牌，甚至最有名的例子就是 Business.com 以 750 萬元的美金賣出，雖然不得而知最後這一家公司有沒有因為這一個網域名稱帶來獲利，但是這也是蠻有趣的現象。（同上，135）

視覺消費是近幾年來產生的新名詞，周憲（2008）在《視覺的文化轉向》一書中有提到視覺導向消費者行為（visual-oriented consumer behavior），視覺影響消費者的行為，也可以說明當代消費行為的傾向性，就是消費者的消費行為受到視覺的控制所產生的行為能力。

> usan Willis 又指出，在發達的消費社會中，消費行為並不需要涉及到經濟上的交換。我們是用自己的眼睛來消費，每當我們推著購物車時或是在看電視或是駕車開過廣告林立的高速公路時，就是在接觸商品了。（轉引自周憲，2008：108）

正因為我們無時無刻都在視覺消費，因此如何讓人在不知不覺中產生消費的意圖就很重要。今天如果在一個髒亂的街道中，你還會有心情去看林立的廣告招牌嗎？相同的，假設今天無法取一個響亮、特別的商品名稱，可能消費者看過之後就會忘記，只會匆匆一瞥，毫無消費行為意義。而取一個特別的名稱也不能忽略掉「美」；一個商品的美可以分成內在美和外在美，就飲料的名稱也可以這樣區分。例如：當我看到了「首席藍帶」，外在美來自於首席藍帶本身的包裝設計；而內在美則是首席藍帶本身散發出一種權貴的象徵，而這種權貴象徵又可以在追溯至「首席」本身的字義，如此一層一

層的往上推論將可以對每一種飲料進行深層的分析，不但顧及到語言學中的語義，也不會忽略審美。

美學是 17 世紀西方文化中進入現代社會的，對事物的本質追求是西方文化形成美學的最早和最重要的基礎，因此 Plato 的美學體現了古代社會的靜態結構，美的本質和美的現象是相對應；Immanuel Kant 用《判斷力批判》將美與心理的關係體系化，Georg Wilhelm Friedrich Hegel 用《美學》把各門藝術的統一性體系化，因此 Immanuel Kant 和 Georg Wilhelm Friedrich Hegel 呈現了近代社會的樣貌，Immanuel Kant 將美學分成兩個範疇：美與崇高；Georg Wilhelm Friedrich Hegel 則將美學發展成三種類型，分別是象徵型、古典型和浪漫型。（張法，2004）

> 西方對美的發展線路：
> Plato（理式）→Aristotle（形式）→Plotin（一的光輝）→Thomas Aquinas →文藝復興（形式）→英國經驗主義（感官快適）……
> Shaftbury（內在感官）→David Hume（心理構造）→Peter Burke（物的感性）Denis Diderot（關係）→Immanuel Kant（和目的形式）→Georg Wilhelm Friedrich Hegel（理念的感性顯現）……（引自張法，2004：35）

「審美學」一詞源自 18 世紀的德國美學家們一系列主張而形成的傳統，也成了美學的代名詞。它的研究以主體的感性能力為主，也是主要涉及對商品名稱的審美體驗，整理成一套有系統的學術體系，重點不在於「藝術」本身，而是在「審美體驗」的性質。（尤煌傑、潘小雪，2000：19）如下表：

表 2-2-1 　審美學的內涵（引自尤煌傑、潘小雪，2000：202）

審美學 {
美感經驗意義
審美的心理要素及其學說
有關審美經驗的學說
}

　　文化是一個涵意很廣的字眼，Keesing 認為廣義的文化是社會組成分子所共享的知識系統（引自葉蓉慧，2005：10），也意味著「何時」、「何地」。然而對社會學家而言，文化是可以有層次的，Olsen 將社會生活分成三個層次，分別為心理學、社會學和人類學的基礎概念：個人次序、社會次序和文化次序，而這三個層次也是內在的認知過程。（同上，10）又 Herbert J.Gans 將文化分成上層文化[3]和通俗文化[4]：上層文化就是高級或精緻文化；通俗文化就是大眾文化。（Herbert J.Gans，1984：2）不論是用什麼方式來解析文化一詞，都不能忽視跨文化系統的比較分析。在周慶華《身體權力學》中提到，包括古希臘時代「神造」世界觀，中古世紀基督教的「神學綜合」世界觀和 18 世紀以來「機械」世界觀統稱為「創造觀」。這種觀念長期支配西方人的心，並在 19 世紀後逐漸蔓延到全世界。至於東方兩種較為可觀的世界觀，分別為流行於中國傳統的「氣化觀」（自然氣化宇宙萬物觀）和印度由佛教所開啟而多重轉折發展的「緣起觀」（因緣和合宇宙萬物觀），透過這三大「世界觀」的衍化，就成三大文化系統：「氣化觀型文化」、「創造觀型文化」、「緣起觀型文化」。（周慶華，2007：95-102）（參圖 2-2-1）而這三大類型文化與美有著分不開的牽連。

---

[3] 上層文化（high culture）也可稱為高雅文化，隨著後現代的時代，上層文化和通俗文化已經逐漸模糊，許多流行的文化並不會「普通」或「低俗」。

[4] 通俗文化（popular culture）也可稱為流行文化，可以說是一般社會中產階級或者目前當代的社會現象所產生的文化。

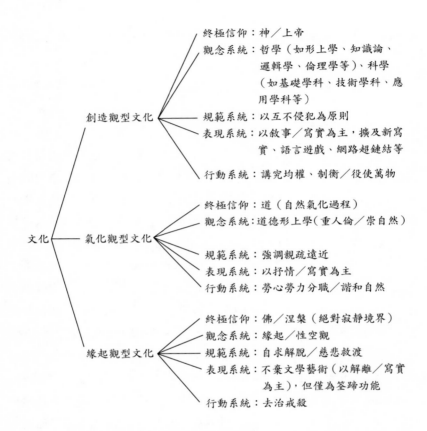

圖 2-2-1　三大文化類型圖（周慶華，2005：226）

　　文化與生活或文化與審美都是不可分開的，生活文化常常是被忽略的文化，因為太普通而不被注意。臺大哲學系教授傅佩榮將文化分成三個層次：由下而上分別是器物的層次、制度的層次和理念的層次。器物是生活的需求，它的特質自然會影響生活。換句話說，因為生活的需要，所以產生器物。也因為這個落在最底層，所以常常導致大家不注重；其實器物的層次才是與我們生活不可脫節。茲用下圖表示：

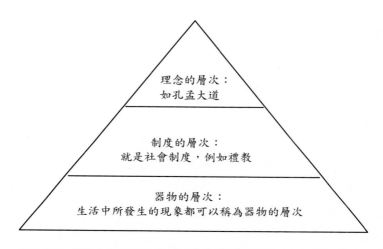

理念的層次：
如孔孟大道

制度的層次：
就是社會制度，例如禮教

器物的層次：
生活中所發生的現象都可以稱為器物的層次

圖 2-2-2　傅佩榮的文化層次圖（整理自漢寶德，1999：25-27）

　　再就生活的觀點來看，審美是基本的素養，如果不知道生活中的美在哪裡，又如何提高生活的美感？例如臺北近幾年來一直在倡導綠色城市，為什麼要如此改變，無不是希望打造一個讓人感覺輕鬆、舒服的美的城市。同樣的，在我們去超商選購飲料時，不單純只是在挑選一個可以讓我們解渴的飲料，而其實也默默的在消費飲料背後的美感，如包裝、商品名稱等。試想：如果今天一個商品名稱讓人看了就覺得噁心，甚至厭惡，你會去買那一份商品嗎？如果商品的外圍包裝讓人感到畏懼，你還會選購那一份商品嗎？這也是我所強調的生活就是一種文化，而文化與審美更是脫離不了關係。

　　前面幾本專書雖然都分別從經濟學的角度看商品文化，也有從經濟學的角度看創意，更有不少專書談論美學或是文化學，但是綜觀市售的專書，卻尚未有專門談論某一個類別的商品，而與我們生活息息相關的飲料也從未有書籍談論命名的意涵，這是我所感到訝異與不解之處。一般人都認為飲料只有商業用途，其實仔細思考，

飲料和時代變遷也有很大的關係；不論飲料的內容物或是飲料的包裝、命名，每一項和時代都緊緊相關。例如：20 世紀 40、50 年代的包裝呈現複雜，命名以簡單或強調意識形態為主，所以才有「東方汽水」、「中薑水」、「三手牌汽水」等；反觀看今日飲料的命名無不強調功能，像當今的人們喜歡瘦身，因此飲料的命名很多都會強調喝了就可以瘦，例如：「油切綠茶」、「健康の油切」。所以飲料的命名不僅只有商業用途，更要考量到審美和文化。在往後的章節中會借用經濟學的概念，將飲料名稱發揮到極致，也就是邊際效應。飲料的邊際效應舉凡經濟利益優先、創意品牌高格化、審美消費和文化心靈象徵等，這些都是上述專書所未全盤考量到。另外，此次我選擇飲料命名作為研究對象，主要是緣於飲料的經濟利益的龐大；再來嘗試從消費者角度探討消費心理中消費者購買飲料時所呈現的心態與矛盾，並將行銷的創意品牌高格化與審美消費結合討論；最後將審美擴展延伸與文化心靈的結合。

第三節　飲料命名的現象

「善始者起於名，善終者成於名」，從這一句簡單的俗話中，了解到產品名稱不只是個名稱，更是企業經營理念、商品特性、市場定位和消費心理的綜合表現，也是文化觀念、心理因素、生理因素、語言學等對應下的語言行為，同時也會表現出流行趨勢和社會觀念的差異。

潘文國（2007）指出在一門學科中，或者必須取名字時，通常都傾向帶書面色彩的詞語，把「取名」正式命名為「命名」。另外，在國外也有「命名學」（Onomastics）這一個學科，是專門研究事

物取名的過程和原因，可見命名的確很重要。這部分由於臺灣的研究成果不多，因此所參考的幾乎來自大陸的相關文獻。大陸經濟崛起，使得品牌命名的觀念更是發展快速，從早期的五行和筆劃命名演變至今的科學專業命名，並且也已經有多位學者專門在研究商標命名，更有專門的命名公司，這些都是值得臺灣加以學習仿效的。還有在此不討論外國的文獻，這是因為本次所研究對象為臺灣現有的飲料，外國不論是拉丁語系或是日耳曼語系等都和我們的漢語語系不一樣，因此命名的類型也不相同；而外國飲料部分討論的則是在外銷進入臺灣飲料市場的外國飲料，它是如何運用原來語言的商品名稱轉換至漢語的？是直接翻譯嗎？還是一半直接翻譯一半義譯？這些都必須參考與我們語言體系一致的相關文獻。因此，我將近幾年來多位學者將產品命名的方式整理如下表：

一、本土品牌命名類型

表 2-3-1　本土品牌命名類型表

作者	出處	年份	歸類方式
彭嘉強	〈商品品名的語言藝術及其規範〉	1996	洋味模糊型 中西合璧型 聲像童趣型 諧音隱趣型 時代風韻型
Susanne Latour	《命名創品牌》	1997	人名 地名 創新科學名詞 象徵社會地位的名字 歷史性暗示的名詞 想像的名字

			仿造的、自由創新 描繪性的名詞 不具意義的創新名字 保存象徵價值的創新名字 包含語意的名字
鄭獻芹	〈品牌命名的方式和技巧〉	2007	借名揚名式 祈祥祝福式 引用借代式 新潮時尚式
劉炳良	《商品起名大全：商名寶典》	2007	美好象徵起名法 自賣自誇起名法 專用慣用起名法 清高文雅起名法 吉祥口彩起名法 俗語口語起名法 姓名一體起名法 深意含蓄起名法 迎合顧客起名法 借喻諧音起名法 別名綽號起名法 產品原料起名法 事物標誌起名法 商標品牌起名法 字形優美起名法
潘文國	《中外命名藝術》	2007	464 種

　　本土品牌命名的類型很多，而大陸的文獻更是將類型細分成多類，甚至在潘文國《中外命名藝術》一書中還將命名細分成各種領域共計 464 種，且分成四個階段[5]：分別是標記型命名藝術[6]、述志

---

[5]　潘文國認為命名的藝術發展經過了四個階段，可以從這四個階段看出來過去是運用哪些命名的技巧，更可以從看出其發展歷程。（潘文國，2007：15）

型命名藝術[7]、藝術型命名藝術[8]和競爭型命名藝術[9]。而這四個階段也正代表著命名的演變。另外該書是眾多專書中唯一分成最多類型的命名類型，共計 464 種，例如：現代公司商號的命名就有求大命名法、通名求大法、求洋命名法、求財命名法、求美命名法、雙關譯名法、求怪命名法等 25 種；也是唯一探討最多類別的研究專書，不單單探究品牌名稱、商標名稱而已，也談論地名、漢語人名、英語人名、中西居所命名、公司命名等。但是卻也仍未針對大眾平日所接觸的飲食文化，考量到其命名技巧，這是該書唯一美中不足之處。我的研究不會針對過多的理論，而會透過實際的產品名稱——解析。在《吉祥品牌》和《商業起名大全：商業寶典》這兩本專書中，也許因為都由中國商業出版社所出版的，所以在商業取名技巧類型上也融入了中國傳統的八字、五行等。八字、五行是我們中華的文化，我並不排斥，畢竟不同的時空背景會造就出不同的文化，也可以從文化內容探究當時的生活背景。不過現今是 21 世紀，我們已到了資訊爆炸的網路時代，是否可以用比較科學的角度來看待命名的過程？因此，這也是本研究與這兩本專書的差異處。

看了這麼多文獻，幾乎都是泛談商標的命名；而在臺灣尚未有人將命名作個統整分析，也尚未有文獻針對飲料作命名的種類分

---

[6]　標記型命名藝術：是最原始的命名方式，可以是寫實的也可以是單純符號性質。（潘文國，2007：15）

[7]　述志型命名藝術：消費者希望透過命名達到自己的願望或是寄託自己的理想，這也是和民族文化和心理聯繫最緊密，更是研究語言與文化關係的好材料。（潘文國，2007：15）

[8]　藝術型命名藝術：消費者不但希望透過命名達到自己的願望外，還希望名字看起來、聽起來也「美」，而這種命名藝術和民族語言的特徵聯繫的最為緊密。（潘文國，2007：15）

[9]　競爭型命名藝術：當今社會的命名現象，競爭型命名藝術也是綜合型的，因此有利於市場競爭。（潘文國，2007：15）

析，所見的絕大部分還是都僅止於探討商標的命名。我認為如果可以將每一個類別屬性均將其作命名類型分析，必定對於往後的命名者有所參考依循的價值。雖說命名是種創意，不應該有一定的規則去範限它，但是如果有所根本，對於初次命名者將會有莫大的幫助，而這也是我處理本課題的主要因素之一。

二、外來品牌命名類型

表 2-3-2　外來品牌命名類型表

作者	出處	年份	歸類方式
湯廷池	《漢語詞法句法續集》	1989	轉借詞 譯音詞 譯義詞 音譯兼用詞 形聲詞
彭嘉強	〈商品品名的語言藝術及其規範〉	1996	全音譯 半音譯 仿義譯
陳光明	〈國中基本學測國文科試題解析（一）〉	2001	譯音 譯音加類名 半譯音半譯義 音義兼譯 借譯 義譯
劉娟	〈如此命名為哪般〉	2006	音譯 意譯 音譯+意譯 直譯 不譯

本次我所談論的飲料僅為臺灣所販賣的市售飲料，臺灣是個島國，是對外運輸的轉運樞紐，也因如此使得我們可以常常接觸到不

少外來的商品；而面對眾多的外來商品，代理商是如何看待商品名稱轉換？又是用怎樣的命名手法？這些也都令我深感好奇。身為語文教育研究所的一分子，更是必須懂得從語言學的角度切入，探究這些代理商的命名背後所隱藏的規則，商業翻譯和普通文學翻譯技巧是不一樣的。正因為如此，所以我就撇開翻譯學方法，僅就一般商品轉譯時所使用的方法、類型談論。

湯廷池（1989）將外來詞分成：轉借詞、譯音詞、譯義詞、音譯兼用詞和形聲詞。

彭嘉強（1996）分成：全音譯、半音譯和仿義譯。全音譯就是意思和商品名稱特點有關聯，這種音譯發音與原本的商品發音類似，又可以凸出產品的特點；半音譯則是部分發音類似；仿義譯則是間接表示原本外國商品名稱的發音透過中文的譯名進行轉換。

陳光明（2001）將外來語分成：譯音、譯音加類名、半譯音半譯義、音義兼譯、借譯和義譯。譯音是用中文的發音來對應外來語的發音；譯音加類名是用中文發音對應外來語發音，不過另外再加一個類別屬性；半譯音半譯義是一半譯音一半譯義；音義兼譯是不但要用中文對應外來語的發音，還要顧全意思相同或相近；借譯也稱仿譯，用中文的語素對譯外來語的語素；義譯是根據外來語的意思，用中文的構詞法產生新的語詞加以翻譯。

劉娟（2006）將外來品牌的命名分為五種：音譯、意譯、音譯+意譯、直譯和不譯。他的命名區分部分類似於陳光明；其中比較特別的是不譯，不譯也就是國外品牌進入臺灣市場時採用原本在國外時的品牌名稱，不進行翻譯。這種在近幾年臺灣的飲料市場也可以常常看見，例如日、韓的飲料很多就直接全部都寫日文或韓文，不再進行特別的翻譯。可能是代理商覺得翻譯困擾，避免翻譯不良產生文化差異；也更可能是想要透過原汁原味的呈現讓消費者明確的知道這樣商品是百分之百的從某地製造。

　　上述的文獻不論是從語詞談論**翻譯**時的類型，或是從商業角度看**翻譯**時的類型，大部分都會採用完全譯音、部分譯音（半譯音半譯義）、音義兼譯、完全義譯、借譯和不譯。在消費市場競爭的臺灣，面對外來飲料的態度也和過去不盡相同，這種命名的過程也會隨著時勢而有所改變。例如最近面對紛紛擾擾的毒奶事件，雖然主要問題來源仍是出現在中國大陸，但是日本也略被波及影響，因此日本的產品也不再是品質保證，反而是臺灣本土製的產品顯得較為安全。因此，過去很多外來產品都直接使用不譯，現在也慢慢的正視到必須經由一層轉換為中文的步驟，至少也可以讓不懂當地外來語的消費者明確的知道該產品的內容，所以外來飲料的命名類型就顯得更為重要了。

三、命名的原則

表 2-3-3　品牌命名原則

作者	出處	年份	歸類方式
李冬梅	〈試論商標命名的文化色彩〉	2005	1. 體現商品的特性 2. 易使人產生美好聯想琅琅上口且便於記憶
劉娟	〈如此命名為哪般〉	2006	1. 簡單易記 2. 不重複 3. 在別國語言不會產生誤解，對宗教信仰不要有侮辱性涵義
馮濤	〈企業品牌名稱命名的藝術性分析〉	2006	1. 語感要好 2. 短小精幹 3. 要有個性或特色 4. 品牌名稱要有強的適應性（時間、空間） 5. 品牌名稱應與商標保持一致
鄭獻芹	〈品牌命名的方式和技巧〉	2007	1. 音節長短適中 2. 濃縮產品訊息

			3. 具有較強的親和力 4. 符合社會倫理道德和審美情趣 5. 新穎獨特
陳永昌	《品牌之價值》	2007	1. 易唸、容易拼寫、記憶、辨認 2. 能夠提示產品類別 3. 能夠提示產品效益、功能 4. 獨特性 5. 需顧及在本國語和外國語中不要有不好的意義
張述任	《吉祥品牌》	2007	1. 可記憶原則 2. 有意義原則 3. 可轉換性原則 4. 可適應性原則 5. 可保護性原則
劉炳良	《商品起名大全：商名寶典》	2007	1. 簡易：易知、易識 2. 變易：與時俱進 3. 不易：核心價值不變

　　品牌命名必定有其原則，由於品牌代表的是該公司的精神和經營理念，因此命名必須更加仔細。上述的文獻全部都僅探討商標命名時的原則，卻未討論商品名稱命名時的原則。例如：字數的範圍等，商品命名的字數就可以比品牌的字數長，但是仍有範圍限制，如下表：

表 2-3-4　各語言數字廣度與語音長度關係表

語文	數字廣度	語音長度（秒）
中文	9.90	0.265
英文	6.55	0.321
威爾斯	5.77	0.385
西班牙	6.37	0.287
希伯萊	6.51	0.309
阿拉伯	5.77	0.370

（引自高尚仁，1998：457）

從上表可以發現中文的數字廣度是 9.90，也顯示了讀音持續時間變量和數字廣度的關聯性很大。阿拉伯語中數字名稱的讀音持續時間最長，數字廣度最短；廣度與 Miller 於 1956 年提出的 $7^{\pm}2$ 短期記憶容量符合。（引自廉潔，2006）中國人對數字記憶存在著優勢，但我們不能由此直接推斷詞彙廣度也存在著相同的優勢，因為普通漢語詞彙不同於數字，漢語的詞彙廣度也不比英文大。（高尚仁，1998：458）有關眼動的研究證明指出，閱讀中文時的跳動廣度比閱讀英文時短。（同上，460）有研究認為，某一中樞加工機制對會呈現的詞彙呈現的信息加工方式，受到某種阻礙或限制，必須透過調整眼動速度來調適這種來自認知機制的限制。（同上，460）因此，我在後面的探討中也會針對字數作簡略的統計分析，希望能從字數中找尋是否飲料不同類別而字數範圍也會有所差異。

第四節　飲料名稱的審美與文化意涵

在本章第二節中已經簡略提到飲料命名的邊際效應，而邊際效應是借用經濟學的術語，邊際效應中雖然也包含審美消費和文化心靈象徵等，但是卻仍未針對審美和文化背後的意涵予以探究，因此在本節中主要探討審美與文化意涵。

談到審美就不得不談修辭，根據 Oxford English Dictionary 的定義，修辭指的是「運用語言來說服或影響別人的藝術」（the art using language so as to persuade or influence others）；而譚永祥也認為修辭是具有審美價值的語言藝術，是語言和美學相互滲透的產物；把理性、情感和美感以最大限度注入載體，就稱為修辭。（引自王桂沅，2005：157）修辭也是美化語言的方法，因此在命名中

是非常重要的;語言表達建構的過程就是修辭主體審美意識的實現過程或符號化過程。(陳汝東,1999:15)過去針對修辭格的相關研究不勝枚舉,從陳望道(1932)《修辭學發凡》分成三十八種修辭格;黃慶萱(2000)《修辭學》分成三十種修辭格;沈謙(1991)《修辭學》分成二十四種修辭格;杜淑貞(2000)《現代實用修辭學》分成二十六種修辭格。而上述將修辭格依據見解不同而分成數種不同類型的修辭格,在本研究中我將會針對飲料名稱中——對照其修辭格,並統計分析是否飲料的類別不同所使用的修辭格也會有所差異。

譬喻是眾多修辭格最常被使用於我們的日常生活,根據黃慶萱在《修辭學》中將譬喻定義為:

> 譬喻是一種「借彼喻此」的修辭法,凡二件或二件以上的事物中有類似之點,說話作文時都運用「那」有類似點的事物來比方說明「這」件事物的就叫譬喻。(黃慶萱,2000:237)

黃慶萱將譬喻的組成結構分成喻體、喻依和喻詞:待說明的事物為喻體;比方說明的事物為喻依;喻詞則是聯結喻體和喻依的語詞,像是「是」、「為」。(同上,237)也就是將隱喻定義為 X 是 Y。X 代表主體,Y 是載體。如下圖:

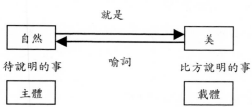

圖 2-4-1　隱喻廣告主體與載體說明圖

　　黃慶萱認為譬喻透過舊經驗引起新經驗，以易知說明難知；以具體說明抽象。（黃慶萱，2000：237）而將譬喻分成四種：明喻、隱喻、略喻和借喻。而王夢鷗將譬喻分成五種：直喻（明喻）、隱喻（暗喻）、借喻（換喻）、提喻（隅喻）和聲喻。（王夢鷗，1976：140）

　　隱喻（metaphor）一直是語言學家所關注的修辭格項目，尤其是運用在商業表徵系統，因為它反映出人類如何認識世界理解周遭事物的方式。吳岳剛、呂庭儀（2007）在抽樣隱喻廣告時發現，三十年前平均 10.2 則廣告才能看到一則使用隱喻的手法，反觀近幾年來，每 5.7 則就有一則廣告使用隱喻手法；檢視近幾年各大廣告獎項，舉凡時報廣告金犢獎、時報廣告金像獎、4A 自由創意獎等，幾乎從每一項得獎作品都可以直接或間接看到隱喻，因此隱喻在廣告是相當重要的。認知語言家也指出隱喻是人類心智運作的基本模式，了解隱喻在這模式中所扮演的角色，將可以勾勒出人類心智複雜的運作過程，也可以反應不同文化間的差異。（張榮興、黃惠華，2005）但是卻又從認知心理學、認知語言學的研究得知，隱喻其實不完全是一種特殊的溝通手法，而是人們日常生活中慣用、甚至不可或缺的思考機制，這代表「隱喻常見，但未必有效」。（吳岳剛，2007）

　　Aristotle《修辭學》第三卷第十章提到：「當追求這三樣東西，即隱喻、對立句子和生動性」，它指出了修辭的基本原則：比喻和對比式修辭技巧，生動是修辭效果。（引自張春榮，2001：11）Aristotle視譬喻為含蓄的比較，由此也可以知道譬喻在修辭上的重要性。修辭在廣告中是經常使用的，尤其是修辭格中的隱喻、象徵等。而在廣告中使用隱喻更必須深入心理模式「類比理論」。類比理論就是隱喻相關的事物，進行投射。這種方法更可以上溯至消費者的心理層面，例如：蠻牛飲料（圖 2-4-2），透過名稱隱喻喝完這一瓶飲料可能就會變成野蠻的牛；再透過野蠻的牛類比成掠食者。另外，也

象徵喝完這瓶飲料,就會變得和牛一樣的苦幹實幹,因此,也從原本的隱喻擴張為象徵。另外,喝此飲料的消費者可能以男性為主或者希望提振精神的人;而從產品名稱中也可以猜測這瓶飲料可能是機能性飲料。

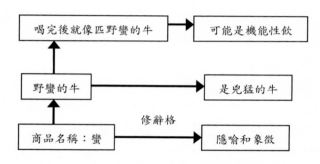

圖 2-4-2 「蠻牛」的語意擴張、修辭運用與類比理論

　　誠如上述的例子「蠻牛」,可能就會有譬喻和象徵的混淆情形。遇到這類的名稱時如何去判定是何種修辭法?根據張春榮的說法借喻和象徵是最容易搞混的;借喻與象徵最大差別有兩點:

> 第一:借喻以「相似性」為基點,旨在解釋說明;象徵以「相關性」為訴求,也就是說借喻比譬喻的意圖較為明顯,而象徵則是重在言外之意的表達。第二:借喻基本上為「字句修辭」,象徵偏重「篇章修辭」;借喻重在作品的局部表現,只有一個意思,而象徵著眼於作品整體表現,與主題緊緊相扣,並有多種意蘊。(張春榮,2001:83-85)

另外張春榮也提出借代、借喻和象徵三者間的涵攝關係,並指出象徵有一類是約定俗成的固定象徵,屬於字句修辭,只象徵一種含義。(同上,87)又沈謙也提到譬喻是以章句為主,象徵卻常常涉及全篇;譬喻的喻體相當明確,象徵的意義卻在言外,較為曖昧;

譬喻只有喻依，要描述的喻體在言外，但多半可以轉換成明喻的標準形式，象徵通常是不能轉換成明喻的形式；譬喻中喻體和喻依是獨立的兩個意象，象徵卻是和意象結合為一；象徵不僅代替象徵意象，另外還多方面的描繪形象，也可能包括多種譬喻的手法。（沈謙，1991：362-364）根據上述學者的說法，可以將「蠻牛」歸類於「象徵」，因為借由「野蠻的牛」來代表「精神百倍」，而「精神百倍」也正是「言外之意」。

談到飲料名稱的修辭美前，先談中國菜餚的名稱。在過去就已有人對中國菜餚作出命名，或依食材命名，例如：蛋包飯（用蛋包著飯）、魩仔魚炒莧菜；或依味道命名，例如：麻婆豆腐、香蒜雞丁；或依質感命名，例如：魚酥、一口酥；或依顏色命名，例如：翠玉白菜；或依烹法命名，例如：竹筍炒肉絲；或依數字命名，例如：八寶飯、千層糕；或依典故命名，例如：文思豆腐；或依人命名，例如：東坡肉；或依地命名，例如：麻豆文旦（此為水果）。由此也可印證命名很早以前就已經很重要了，而命名也不外乎圍繞在修辭技巧。用直敘、比喻、象徵的手法命名菜餚，可以呈現出意趣之雅。（王仁湘，2006：14-16）

在謝諷《食經》中所呈列出的菜名都是當時皇上的御膳，所以名稱也較華麗。由此可知，唐朝時期命名已可以從多角度方向去思考，並具有高度的藝術與審美趣味。到了宋代，菜餚命名慢慢趨向樸質與真實，且多以吉祥祈福方式命名。早在兩千五百多年前古人就已重視修辭。孔子說：「修辭立其誠。」便以誠意為修辭的原則。而修辭學更要打破「古今」成見與「中西隔閡」。所以我會根據黃慶萱《修辭學》的說法將修辭融入命名中。

再者修辭的背後又會隱藏怎樣的美感？根據周慶華的說法將美分成模象美（前現代）、造象美（現代）、語言遊戲美（後現代）

和超鏈結美（網路時代）。而模象美又可以分成優美[10]、崇高[11]和悲壯[12]；造象美可以分成滑稽[13]和怪誕[14]；語言遊戲美可以分成諧擬[15]和拼貼[16]；超鏈結美可以分成多向[17]和互動[18]。（周慶華，2007：252-253）依據上述，可以用下圖來表示：

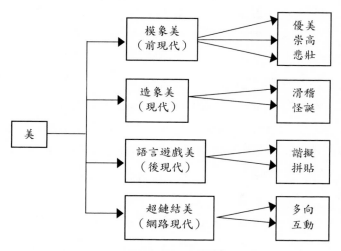

圖 2-4-3　美感類型圖（周慶華，2007：252）

---

[10] 優美：形式結構和諧、圓滿，可以使人產生純淨的快感。（周慶華，2007：252）

[11] 崇高：形式結構龐大、變化劇烈，可以使人的情緒振奮高揚。（周慶華，2007：252）

[12] 悲壯：形式結構包含有正面的人物遭到不應有卻又無法擺脫的痛苦、失敗，可以激起人的憐憫和恐懼。（周慶華，2007：252-253）

[13] 滑稽：行事違背常理或互相矛盾的事物，可以激起喜悅和發笑。（周慶華，2007：252）

[14] 荒誕：形式結構是異質性的事物並置，可以使人有光怪陸離的感覺。（周慶華，2007：252）

[15] 諧擬：形式結構顯現出諧趣模擬的特色，讓人感到顛倒錯亂。（周慶華，2007：253）

[16] 拼貼：形式結構表露高度拼湊異質材料的本事，讓人感到置身多變的地方。（周慶華，2007 253）

[17] 多向：形式結構鏈結文字、圖形和聲音等多媒體，引發延異情思。（周慶華，2007：253）

[18] 互動：接受讀者直接的呼應、批判，引發共同參與的樂趣。（周慶華，2007：253）

　　前面的論著都已經將修辭和審美作了很好的個別解釋與連結。不過，理論依舊是理論，卻未運用在實際的生活場域裡，這真的蠻可惜的！所以我將會根據黃慶萱（2000）的修辭說，搭配周慶華（2007）的美的類型說，將飲料名稱帶入架構中，探究飲料名稱的不同也有其背後的審美意涵，這在第六章中會有更詳盡的說明。

　　修辭可以和審美作非常密切的聯結，而修辭的審美也可以和文化作同樣的聯結。在飲食文化上，如臺灣有些人沒有任何的信仰包袱，卻也不能吃牛肉，追問後才知道原來他家裡曾經是務農，而牛是幫他們工作的好伙伴，怎麼忍心將牠吃進去肚子？另外談到跨系統的宗教比較，我們都知道印度人拒吃牛肉、猶太人和穆斯林拒吃豬肉，從這些細微現象中可以確認飲食和宗教脫離不了關係。宗教的功能就是希望能夠解答一些無法理解的事務，並幫助人們在這汙濁惡世之中求生存；而食物是維持生命所需，因此食物也成為代表宗教特徵的一環。（Kittler・Sucher，2004：23）在西方世界最盛行的莫過於基督教，在東方則是道教、佛教和印度教等。西方宗教來自於中東，信仰唯一的神，而神是創造者也是發號施令者，因此人類的所作所為都要對神負責。（同上，23）東方的印度教和佛教源自於印度，它們認為梵天和佛是宇宙的主宰和本然狀態；而東方的道教，則純為中國所蘊發，認為宇宙為自然氣化而成。這個可以透過周慶華所提出的跨系統文化比較來加以說明：所謂終極信仰是指一個歷史性的生活團體的成員由於對人生和世界的究竟意義的終極關懷而將自己的生命所投向的最後根基。（周慶華，2007：182）西方基督教的終極信仰是造物主、東方所認定的天、天地、道、理也表現漢民族的終極信仰。而觀念系統是指一個歷史性的生活團體的成員認識自己和世界的方式，建構出一套自己的認知方式。而所謂的規範系統是指一個歷史性的生活團體的成員依據他們的終極

信仰和自己對自身及對世界的了解而制定的一套行為規範，並依據
這些規範而產生一套行為模式。而表現系統是指歷史性的生活團體
的成員用感性方式來表現他們的終極信仰、觀念系統和規範系統的
方式；而行動系統是指一個歷史性的生活團體的成員對於自然和人
群所採取的開發和管理的全套辦法。當中行動系統和表現系統是不
一樣卻彼此又有著關聯，因此用虛線來表示。而行動系統和表現系
統分別承載著規範系統、觀念系統和終極信仰。（同上，183-185）
這可以用下圖表示：

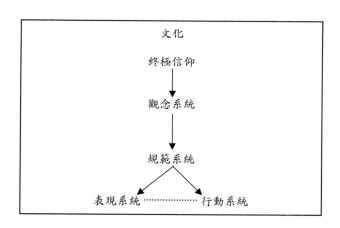

圖 2-4-4　文化五個次系統關係圖（周慶華，2007：184）

　　文化五個次系統間彼此互相緊扣，彼此依賴；飲料的名稱是在
表現系統中，而從表現系統可以往上推及規範系統，再往上追溯就
可以得知觀念系統直到終極信仰。採用異系統進行對比，更可以發
現飲料命名也會因為文化不同而有所差異。例如在西方的文化中，
其終極信仰就是上帝，觀念系統則是創造觀，依此往下推論。而中
國傳統文化中的終極信仰是道或理，觀念系統則是氣化觀。中、西

方的文化五個次系統各自互相牽制、互相依賴而相輔相成，這些在後面會進行比較。

目前的文獻雖然可見相當完整的理論，但是並未將理論與實際的現實生活作聯結。周慶華曾經把許多東西的文化現象取來作對比（周慶華，2005），也運用五個次系統作闡釋，但是針對產品名稱卻還沒有一併涉及；而別人也未見知道採取行動去研究中西方的差異，而這樣的差異背後是否存在某種意識或文化因素？這些都會在我後面的章節中加以處理。

第三章　飲料在食品工業中的特殊性

第一節　品牌多

我們的生活中，每天都必須接觸到數十種的產品，使用電腦打論文、使用電視看棒球、看報紙等，每一件商品都需要有自己的象徵符號，而這個符號也可以用來代表自己；但仔細檢視，有那一類商品的品牌比食品來的多？電腦幾個耳熟能詳的品牌：宏碁、華碩、蘋果、IBM 等；電視：SONY、奇美、歌林、三洋等；報紙：《蘋果日報》、《聯合報》、《自由時報》、《財經日報》等；就連棒球隊也有著自己的名號，自己的品牌，從過去的味全龍、三商虎、時報鷹、俊國熊，至今的統一獅、兄弟象、La new 熊、中信鯨、興農牛和米迪亞暴龍等，你可曾想過為什麼從過去到現在棒球隊都習慣在後面增加一個動物的名稱？或許這也可以從棒球的歷史中找出一些脈絡。除了這些物品外，還有什麼物品是具有歷史？民以食為天，人要活就必須要食，因此就有飲食文化產生，飲食是自有人類開始就有的，所以飲食的品牌是在眾多產品類別中歷史最為悠久的，也具有不少創業的故事。在本節中將檢視飲料符號如何生產運作。

根據《消費文化理論》一書所說，我們可以將商品視為一種語言、一種符號價值，而無意識的將其結構起來；J.Baudrillard 也曾經說過，可將經濟如同語言般地結構起來，因為符號的結構是商品形式的核心所在，所以在這樣的觀點下任何的社會現象都可以成為商品溝通的整體性媒介；另外，消費是指社會體系中另一個完整的

部分，在這一個體系中，個人透過物品的使用、消費而與其他人相互關聯起來，簡單來說就是人們與消費物品的對應關係。（陳坤宏，2005：65；148）在這種情況下，商品的價值就有相當程度是源於它的符號：

> J. Baudrillard 的消費理論中，他認為消費和需求的滿足無關。他主張消費者對商品符號意義的重視程度遠高於基本功能需求，因此消費從商品的意義來界定，而不是將商品視為一種物品。也就是說，所謂的文化商品化（commodification of culture）基本上是一種商品生產的邏輯，而此一邏輯是將消費與商品形式本身對等起來，及商品形式會產生消費的各種符號。（引自陳坤宏，2005：64-65）

據此，我在往後的論述中會將商品視為一種符號現象，並且將商品視為一種語言現象、符號價值，去探究各商品名稱。

　　大家可以想像一下，半夜肚子餓了、渴了，會去哪裡買東西？如果你住家附近有夜生活圈可能就會去那買；像我家對面就有一條不夜街，總是到凌晨五點才陸陸續續打烊，但是有時候基於衛生考量，或是其他因素我還是會選擇到超商購買。臺灣是世界上便利超商密度最高的國家，縱使可能有時單價較高，但是基於方便還是會選擇到就近的超商選購。也因為便利超商與我們的生活如此的緊密，因此我就依便以臺東地區超商內食品類別中的泡麵、餅乾和飲料所陳列的品牌數量來作簡單的統計。這個統計可能和地區消費族群的飲食習慣有關，但是仍然可以作為參考。從表 3-1-1 可以發現，飲料的品牌最多，其次是餅乾，最後是泡麵。這可能跟超商購買族群有關，但是也隱含著飲料與我們日常生活息息相關。又根據 2007年 9 月 3 日《經濟日報》報導，統一企業上半年獲利高達 50 億元，

靠的是統一在大陸飲料市場的高毛利。可見飲料商品早已成為兵家
必爭之地，更是創造獲利的重要途徑。飲料佔便利商店整體銷售業
績高達兩成以上，在夏季期間更可高達三成，想要拉高業績最簡單
的方法，就是推出飲料促銷活動。由於飲料商品的毛利率相當高，
便利商店近年來最喜歡推出飲料促銷活動，經常就是兩瓶八折，從
這些特點也可以看出飲料的特殊性。

　　在臺灣便利超商的銷售排行榜中，能夠和飲料抗衡的莫過於泡
麵和餅乾。而泡麵和餅乾也跟飲料有著相同的性質：方便、無時間
限制，不管肚子餓不餓都可以吃，也不管我是在看電視或是發呆都
可以食用；飲料也是，不管是否口渴都可以喝，也不管你的口味如
何，必然會有符合你所想要的。也因這些特性相同，所以我選擇目
前超商內所有販售的泡麵、餅乾品牌與飲料品牌作對比，比較三者
間哪一個品牌較多（表 3-1-1）。

　　我於 2008 年 11 月 2 日中午在全家超商臺東鐵花店作實際的現
場超商販售物抄寫，其飲料的品牌共計 32 種，分別為：統一、津
津、光泉、味全、福樂、泰山、捷盟、保力達、中美兄弟製藥、全
家、臺鹽、大西洋、葡萄王、維他露、法奇那、悅氏、立頓、優鮮
沛、愛之味、三得利、可果美、貴有恆、真口味、可爾必思、味丹、
臺鹽、可口可樂、金車、久津、立頓、愛鮮家、雀巢；餅乾的品牌
為 22 種，分別為：日清、不二家、萊斯、雅樂斯、明治、樂天、
全家、森永、義美、可口、乖乖、中祥、海太、奧利奧、納貝斯克、
臺灣百事、聯華、維力、多利多滋、模範生、裕榮、寶僑；泡麵的品
牌有 7 種，分別為：味丹、維力、味王、統一、日清、農心、味全。

　　我又在同一天於統一超商臺東東漢店作實際的現場販售物的
抄寫，其飲料的品牌共計 34 種，分別為：味全、味丹、光泉、統
一、福樂、麒麟、悅氏、日本伊藤園、立頓、維他露、泰山、愛之

味、雀巢、德記洋行、可爾必思、久津、真口味、三得利、可口可樂、金車、臺灣比菲多發酵公司、貴有恆、黑松、保力達、葡萄王、中美兄弟制藥公司、大西洋、臺鹽、臺灣啤酒、禾林、捷盟、朝日、青春泉、廷漢；餅乾的品牌為 17 種，分別為：湖池屋、義美、納貝斯、中立食品、統一、宏亞、捷盟、臺灣百事、乖乖、聯華、旺旺、日清、樂天、森永、維力、裕榮、LOTTE；泡麵的品牌有 8 種，分別為：農心、捷盟、能輝、統一、味丹、味王、維力、天恩。

表 3-1-1　飲料與泡麵、餅乾的品牌數量表：取樣時間為 2008 年 11 月

超商名稱	泡麵品牌數量	餅乾品牌數量	飲料品牌數量
全家超商 （臺東鐵花門市）	7	22	32
統一超商 （臺東東漢門市）	8	17	34

　　從上表可以發現不論是全家便利超商或是統一便利超商，飲料的品牌數量依舊遠比餅乾、泡麵的品牌來的多，這意味著什麼？便利超商代表著臺灣人民生活型態的縮影，從表 3-1-1 也可以發現此三類商品中，在便利超商還是以飲料的銷售為主。便利超商顧名思義就是要讓人感覺到便利，因此我們可能走路走累了或者走路走到一半看到超商，縱使沒有非常想要喝飲料的感覺，但是也可以接受喝的動作，也代表著飲料是與我們生活息息相關的；而從這更可以發現飲料在食品工業的特殊性。

　　飲食包含了飲和食，先談食。泡麵也是「食」的代表，近幾年來生活型態的改變，小家庭增多，因此泡麵的銷量直線上升，或許你不知道，泡麵還是臺灣人所發明的呢！其實泡麵的產生也是種創

意的表現，因為有創意所以才會研發這樣的產品；而泡麵在今日的社會中也有很多的品牌，像是：統一、維力、味王、南僑、味丹、味全等。

接者談飲。飲料在眾多的產品中，除了品牌多以外，產品更是五花八門。而在東、西方的飲食文化中，人們在用餐時，總是會選擇一些搭配餐食的食品，這些食品多為液體食品，功能多為解渴、提供液體營養、消脂解膩、增加食慾、放鬆情緒、助興應酬……等，依個人的目的有不同的選擇，我們稱為「嗜好食品」。也就是說，嗜好食品包含飲料。飲料的消費，佔餐食消費的一大部分。下面就針對目前的現況作分析。根據臺灣飲料公會將飲料分成九種，分別為：果蔬汁飲料、碳酸飲料、礦泉水、包裝飲用水、運動飲料、咖啡飲料、茶類飲料、機能性飲料及其他不含酒精性飲料的工業。食品的種類琳瑯滿目，尤以飲料的廠商和品牌是最多的。廠商又會推出各種不同品牌的飲料供消費者選擇；市面上的飲料品牌有集團式也有公司式，像是統一集團或是久津食品公司。臺灣法令對於飲料的廠商也並無嚴格的要求，致使凡是通過衛生安全檢查的飲品即可上市。也因為如此，所以造就飲料的品牌多。

我的母親曾經憶起過往兒時，每回考試考好或是家裡稻米豐收時，外公就會帶著他們到「柑仔店」買小點心或是枝仔冰；也常常在許多路邊攤中看到紅茶冰的蹤影。到了我國中時期，我小時後的回憶已經沒有「柑仔店」，不過卻多了茶坊。記得那時候我最喜歡和三五朋友約在「小歇茶坊」，即使喝的可能是柳橙汁，不過他的店名卻仍取為「茶坊」；到了大學畢業後，也常常和同學約去「喝茶」，但是實際上可能是去喝咖啡，不過我們卻不大會說「喝咖啡」，而比較常會說「喝茶」，這代表什麼意涵？「茶」很生活化，而且和我們的生活息息相關；茶飲料在這幾年來成長的很快，口味不但

增多，品牌更是多到讓人眼花撩亂，這也與飲料的類別中茶飲料的品牌是最多的多少有關係吧！因為茶是中國的文化，有著千百年的歷史；而大家從小就在接觸茶的薰陶，也使得東方黃種人的我們，對茶有著特別的感情與特殊的意義。

在這裡姑且不論飲料品牌多寡代表的意義是好或壞，至少可以確定的是，飲料的品牌的確是在眾多商品類別中最多的。如果要細為分類的話，也可以劃分成多種類別。如果我們要將餅乾劃分類別，可能只能分成：本國製造的餅乾和國外製造的餅乾；泡麵可能也是只能分成：本國製造的泡麵和國外製造的泡麵；但是反觀飲料，我們歸類的方式卻可以分成：乳製品飲料、茶飲料、咖啡飲料、機能性飲料、運動飲料、本土酒精性飲料、外來酒精性飲料、水飲料、碳酸飲料、果蔬汁飲料等。因此，飲料在食品工業中確實有其特殊性。

第二節　需求量大

前一節提到飲料的品牌多，在這一節將更以實際的數據來證明飲料的需求量特大。根據《臺灣飲料公會會訊》創刊號指出：根據食品所調查 50 家飲品（包括不含酒精飲料、液態乳及豆米漿）業者上市新品資料顯示，2007 年共有 32 家推出新品，平均每家約推出 11 支新品。2007 年飲品新品共 361 支，較 2006 年新品 410 支減少 49 支，其中不含酒精飲料 303 支（2006 年 328 支），液態乳及豆米漿共 58 支（2006 年 82 支）。新品數最多的廠家推出 57 支，而推出新品數前五大廠家則佔新品總數 44%（表 3-2-1）。（陳永青、王素梅，2007：2-7）

表 3-2-1　2006-2007 年臺灣各類飲料新產品推出個數

飲料種類	2006 年	2007 年
茶類飲料	119	120
碳酸飲料	15	19
果蔬汁	87	74
咖啡飲料	29	19
運動飲料	8	4
機能飲料	29	11
包裝水	9	16
傳統飲料	15	12
其他飲料	16	28
合計	327	303

（陳永青、王素梅，2007：2-7）

　　由上表可以發現飲料的新品上市率高、汰換率高。但為什麼汰換率和新品上市率會如此高？我推測可能是臺灣人喜新厭舊，而市場有龐大的利益，所以也讓廠商願意依據消費者的需求，改變自己的產品。另外，在臺灣已經有數十年歷史的飲料老品牌，這些也都是在市場上屹立不搖，不需要有太多的廣告宣傳，因為其形象已經深植人心；但是反觀新產品如雨後春筍般的上市，這不啻代表著現在的消費者需求量越來越大，致使廠商不得不積極的推出新產品來滿足消費者的胃口和需求。我曾經問過一位食品企業的高級主管：「XXX 商品為什麼貴公司現在沒有販售了？是銷售成績不好嗎？」那位主管告訴我：「XXX 商品就是現在的 YYY 商品呀！我們公司只是換了商品名稱，但是其實內容物是一樣的。」我又好奇的問他：「那為什麼要換名稱？是因為該產品銷售不如預期才換包裝和商品名稱的嗎？」他又說：「其實銷售成績還過得去，只是我們想趁著現在時下的流行標的，改變策略和方向，換個目標族群所

喜愛的商品名稱。」我又繼續追問：「換商品名稱和包裝後，真的有達到你們的預期效果嗎？」主管笑笑的不回答我了！但是從他的表情和他們公司的產品至今依舊在市場上銷售，我就可以推測他們的策略成功；只是消費者可能不知道他們現在手上拿的 YYY 商品就是兩年前的 XXX 商品。這也是為了迎合消費族群而改變策略的實際例子；而從這個例子中也可以看出市場的需求量有多麼大，倘若沒有經濟利益，廠商何必重新命名、自討沒趣？

根據 Masterlink 將飲料分為六大類別，分別是茶飲料、果蔬汁、咖啡飲料、水飲料、碳酸飲料和運動飲料（詳見第一章第四節）。在 2006 年臺灣地區整體飲料市場總銷售值約 493.55 億元，而銷售成績最好的是茶飲料銷售總額為 210.75 億元，成長率為 5.6%，其餘依序是果蔬汁銷售總額為 74.53 億元，成長率為 1.7%；咖啡飲料銷售總額為 66.14 億元，成長率為 5.4%；水飲料銷售總額為 55.26 億元，成長率為 8.8%；碳酸飲料銷售總額為 53.3 億元，成長率為 -8.0%；銷售總額最差的是運動飲料，其總額為 32.57 億元，成長率為 -2.8%（詳見表 1-4-1 2006 年整體飲料市場銷售值）。這一個現象也可以印證該時期哪一種飲料類別較受到人們的青睞，在統一超商的飲料銷售中，茶飲料的種類是最多的（約 69 種），而運動飲料的種類是最少的（約 7 種）；相對的在全家超商茶飲料的數量也是最多的。我大膽推測，此一現象或許與文化有直接關係，因為茶在中華文化中有久遠的歷史，因此較容易被臺灣地區的消費者所接受，也凸顯出茶飲料命名的特別重要性。

在資訊爆炸的現今社會，網路縮短了距離的隔閡，這也可以很明顯的從飲料中發現。十幾年前（約 1990 年代），印象中每回到超商，引入眼簾的很少是國外進口的商品，就算有國外進口的商品也是寥寥無幾，因為光看價格就令我退避三舍；也由於較難販賣導致

進貨數量不多，以免造成囤貨或滯銷等壓力。不過近幾年網路資訊快速，年輕人與外國商品的連結可以透過網路獲得及時的資訊，這也使得在便利超商中可以看到許多國外商品，很多甚至連商品名稱都沒有翻譯，直接用當地的包裝 100%原裝進口。我想我們不能說那一家進口商懶惰，不重新再想個讓臺灣人們看得懂的商品名稱，因為進口商所以會進口該商品原因就在於為了迎合、滿足消費者的需求，而購買該商品的消費者內心或許隱含著高價位就是好、國外進口的就是好或者是和別人不一樣的就是好，以擁有代替存在的消費心理；或是有其他的心態，我們不得而知。但是可以確認的是，這樣的商品在臺灣的便利超商越來越多，是否也可以說明現在的消費者仍有著崇洋媚外的心理？不過，另一方面，全家便利超商和統一便利超商都是源自於日本體系，以致日本的產品更是多到不可勝數；只是近幾年來，韓劇吹襲市場，也帶動飲料、泡麵、餅乾等商品都以韓文呈現；當然也會有來自於美國、澳洲、泰國等其他國家的商品。但整體上仍以臺灣本國製造的為大宗；從這裡也可以看出國人依舊對國產品有較大的信心和需求。

　　不論從上述的實際數據或是田野調查都可以看出飲料的需求量很大。這種需求量也是其他產業所無法比擬的，像是電子產業，試想：你有可能每天都買電視嗎？你有可能每天都換一隻新的手機嗎？相同的，在藝術產業中，你有可能每天去美術館看展覽嗎？我想就算你有那樣的時間和財力，臺灣也沒有每天新的展覽供你欣賞。但是飲料卻不一樣，你可以選擇在任何的時間、任何的場域飲用，從白天至晚上、從學校（公司）至家裡，你不用花很大筆的金錢，所以你也不必思考過多，只需要幾個銅板就可以滿足你當下的口腹之慾。可能也因為飲用飲料沒有時間和場域的限制，所以也造就飲料的需求量大。雖然飲料沒有像電子產業單價高，但是數百個

銅板也可以變成一張鈔票，重點是數百個銅板可能一個上午就有了，但是電視？一天能賣出一臺就不錯了！所以飲料的需求量大也是飲料在食品工業中的特殊性。

第三節　容易激發消費慾望

　　從前兩節的論述中，可見飲料的品牌多、需求量大是飲料在食品工業中的特殊性所在。而在這一節中，我將從心理學的角度來探究為什麼消費者看到飲料的名字就會激發消費的慾望。而從這裡也可以知道飲料的命名對其銷售是多麼的重要。

　　心理學是探討人類內在的心理和外在的行為現象，研究最終的目的在於認識和了解我們自己，使我們的生活更加美好。生活在現代的人們，沒有一天是不在消費的，無論是與人溝通的消費或是與物溝通的消費。也因為如此，使得我認為消費心理必須在飲料命名的探討中加以處理。

　　一個產品的完成，上市前的前置作業更是重要，前置作業做的好，對於產品必定會有莫大的加持作用；相對的，前置作業倘若是隨隨便便，馬馬虎虎，產品的銷售必會讓你「永生難忘」。以下是我以廠商的上市流程為主，畫就的簡化流程：產品命名→主打口號、產品功效、銷售目的→企畫書與銷售計畫→CF 廣告與平面廣告→產品上市。

　　此外，而當消費者走進去超商選購產品時，也有一個基本的圖：

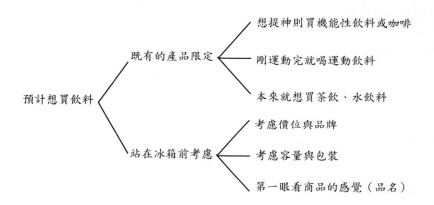

圖 3-3-1 消費者至便利超商選購飲料心理圖

　　倘若你已預設立場要買茶類飲料，五花八門的茶類飲料中，你卻不知道要買哪一瓶，此時不外乎先憑第一眼看商品的感覺。第一眼看商品的感覺就是先看醒目的商品名稱，再仔細看包裝上所寫的功效等。不論你的心態是否與我的想法一樣，你在買商品的同時都不外乎要面對上述的問題；有時候在冰箱前挑三撿四，拿了飲料又放回去、再拿另外一瓶，看看還是本來那一瓶比較好，這也就是我所謂的消費心理。不論你所扮演的角色是廠商或是買家，在你銷售（購買）前，都是先命（看到）產品名稱，所以產品名稱對一個產品有多麼的重要！

　　根據高尚仁將消費者行為分為：概念的構想、概念測驗、市場的認定、產品的發展、品牌的認定、廣告的發展、促銷的策略和行銷策略效果的評估。（高尚仁，1998：348-356）而品牌在此我不作特別深入的研究，我只針對產品的名稱。有些產品名稱會以該品牌命名，但是絕大部分是不會的，而另外再給予新的名稱，這是為什

麼？我推測也許是不希望消費者有太多品牌先入為主的觀念，而以該產品的其他項目為購買依據。例如：有些商品的品牌與商品名稱不一樣，像是統一原味本舖冬瓜茶、保力達蠻牛提神飲料；但是也有一些商品想要透過本身既有的品牌知名度來提升商品的知名度，像是悅氏悅氏礦泉水，前面第一個悅氏是廠商名稱，後面第二個悅氏代表的才是商品的名稱。根據我所蒐集來的飲料名稱發現，幾乎每一家廠商都會將本身廠商名稱置入商品名稱中，但是也會有另外再想其他誘人的商品名稱。這可能是因為一方面希望讓消費者有新鮮的感覺，所以要有其他的商品名稱；但是一方面又希望可以透過商品名稱達到提升公司知名度的效果，進而達到雙贏（及提升廠商知名度與商品知名度）的局面。

在陳莉玫（2003）的《「意難忘、情難診」：以語言學之觀點探討品牌命名與品牌利益聯想之關係》碩士論文就曾經以學生當作消費者，進行產品名稱的深度訪談，而我也透過這一篇文獻加上訪談學校的同學進行簡單的印證。訪談後發現，女生族群如果看到「油切」、「輕活」、「玫瑰」等機能性或是較女性化的象徵物品時會產生購買衝動；相對的男性族群如果看到「蠻牛」、「冷泡茶」等的產品名稱也會產生購買衝動，這是因為男性與女性的需求不一樣。我從各飲料類別中各取兩件產品名稱進行訪談：首先要求這兩件商品會購買哪一件商品，然後再問其原因；另外，希望受訪者以商品名稱思考欲購買的商品，盡量不要有先入為主的觀念。而訪談的程序不像一般研究如此拘謹，訪談地點則幾乎選擇在教室或者吃飯聊天時，因為透過不經意的訪談才能得出消費者較為「真心」、「內心層面」的想法。此次選擇了本校的學生（甲、乙、丙、丁、戊、己），透過學校的縮影推測廣大的社會消費者。也因為所選擇的同學均為在校生，所以其所偏好的飲料的商品名稱或許只能代表部分的消費

族群，另外學生的宗教信仰、生長背景等並沒有詳加調查，受訪者也是隨機取樣，而這個受訪結果也只是作為理論建構的輔助。因此，未來研究可以嘗試多蒐集樣本數或設題作專門的實務研究，讓理論建構更加健全，並將此理論予以印證且大為開展，只是在本論述中仍以理論建構為主，因此訪談就可以留給未來研究者繼續著墨。以下我將我訪談的內容逐一記錄下來。

訪談要點：

※訪談者共計六位，男女性比 1：1

※○代表會購買；X 代表不會購買

一、本土性酒精性飲料

表 3-3-1　本土性酒精性飲料訪談記錄結果表

受訪者（學生） ＼ 飲料名稱	臺灣啤酒	青島啤酒
甲（男）	○	X
乙（男）	X	○
丙（男）	○	X
丁（女）	○	X
戊（女）	X	○
己（女）	○	X

甲：我會選擇臺灣啤酒，因為我臺灣啤酒比較好喝，而且也比較便宜。

乙：我會選擇喝青島啤酒，因為喝臺灣啤酒感覺很像勞工階級在喝的，很低俗。

丙：我會喝臺灣啤酒，去好樂迪唱歌通常都是叫臺灣啤酒，算桶的比較划算。

丁：臺灣啤酒，和朋友出去大部分都會買臺灣啤酒。

戊：只有這兩個可以選嗎？我比較常喝調酒耶，不過如果只有這兩個的話我會喝青島啤酒吧！因為青島啤酒的包裝比臺灣啤酒好看多了。

己：說真的，我不常喝酒耶，不過選個臺啤好了，因為我支持臺啤籃球隊！

很明顯臺灣啤酒遠超過青島啤酒，尤其是黑人陳建州唷！

由上面簡單的訪談，我們可以發現，如果企業有附帶體育方面的相關經營，也可以達到很好的宣傳和行銷，這也是透過消費心理的潛移默化。我本身也很支持統一 7－ELEVEN 獅隊，所以對於它的相關企業也同樣的支持，像是統一超商、星巴克、博客來書局等。另外，選擇臺灣啤酒的共計 4 人，比選擇青島啤酒的 2 人還多，我研判這可能和臺灣啤酒本身就是本土事業有關。最近大陸黑心食品鬧得沸沸揚揚，搞得人心惶惶，因此本土品牌銷售量明顯上升。此外臺灣啤酒長期經營其他相關附帶的體育活動，也可以抓住本身雖然不喝酒但是一旦得喝時的人也會優先選擇其產品，這也是臺灣啤酒的「附帶效應」。這兩個商品都以「國家、地名」為商品命名，代表著這兩個地方都會自行產酒、釀酒，甚至有酒的歷史與文化。再者，會選擇臺灣啤酒的人較多可能還有另一個愛國因素，這一點也必須要考量進去。

二、外來酒精性飲料

表 3-3-2　外來酒精性飲料訪談記錄結果表

受訪者 （學生）	思美洛 smirnoff 檸檬伏特加	冰火 vodka ice fire 檸檬伏特加
甲（男）	X	○
乙（男）	X	○
丙（男）	X	○
丁（女）	○	X
戊（女）	○	X
己（女）	○	X

甲：這兩個很像都是女生在喝的耶，都是調酒吧！我只喝啤酒，但是如果真的非得選一個的話，我想我會選擇冰火吧！思美洛太娘了啦！

乙：我會喝冰火吧！因為我沒有聽過思美洛這個產品，不敢亂嘗試。

丙：冰火，感覺喝這啤酒就是冰冰的，很暢快的感覺，喝完後又會像火一樣，熱熱的，這個取名有意思。

丁：思美洛，你不覺得這個名字聽起來很美嗎？有種公主的感覺。

戊：我會選擇思美洛，反正都是檸檬伏特加，口味一樣就選擇名字好聽一點的吧！

己：這兩個我一定會選擇思美洛呀，因為真的很好喝！

根據上面的外來飲料訪談，男生全部都選擇冰火，女生全部都選擇思美洛，這是蠻值得注意的現象；可能跟「冰火」商品名稱聽起來比陽剛而「思美洛」聽起來比較柔有關。因此可以推測，假使沒有聽過此兩個品牌的人，將商品陳放在冰櫃中，男生選擇冰火的比例會比較高；相同的，女生會選擇思美洛的比例也會比較高。

三、茶飲料

表 3-3-3　茶飲料訪談記錄結果表

受訪者 （學生）	（統一）茶裏王臺灣綠茶	（維他露）每朝健康綠茶
甲（男）	○	X
乙（男）	X	○
丙（男）	○	X
丁（女）	X	○
戊（女）	X	○
己（女）	X	○

甲：我會選擇統一茶裏王，因為它是以王為結尾，感覺很像是所有茶
　　類飲料中最頂級的商品，也有王道的感覺；我覺得這一個廠商命
　　名非常有心機，用商品名稱暗喻其在同類型商品中的地位，我覺
　　得這個商品命名非常不錯。

乙：我會選擇每朝健康綠茶，因為我想要健康。

丙：我會選擇茶裏王耶，因為王就是 KING，還有包裝是以黃色為包
　　裝，就是很茶的感覺。還沒喝到光看包裝，就感覺很好喝了！另
　　外我不選擇每朝健康，因為我覺得怎麼可能喝茶就可以健康，這
　　一定是商業手法。哼！為達目的、不擇手段，不過健康真的會讓
　　一些無知的消費者購買啦！

丁：我當然會選擇每朝健康啊！如果有古道超の油切我就會選擇古道
　　超の油切；我要減肥，我當然會選擇可以把油切掉的，因為沒有
　　這個選項所以我會選擇有「健康」的。

戊：每朝健康吧！我有學日文，每朝的日文是「まぃあさぃ」朝代表
　　早晨、早上，所以我每天如果早上有客我就會去超商買一瓶「（維
　　他露）每朝健康綠茶」喔！我是個很聽話的消費者吧！

己：我要健康，我會選擇有標榜健康的。

　　根據上面的訪談，女生似乎比較強調商品的功能、效果；男生
通常較為務實，會以商品的實際好喝與否為衡量的準則。這也符合
在消費理論中，男生較理性、女生較衝動的論點。（匠英一，2006：
170-171；徐達光，2003：257-267）

四、果蔬汁飲料

表 3-3-4　果蔬汁飲料訪談記錄結果表

受訪者 （學生）　　　飲料名稱	（久津）波蜜一日蔬果 100%蔬果汁	（可爾必思）可爾必思 果樹園之風葡萄汁
甲（男）	○	X
乙（男）	X	○
丙（男）	○	X
丁（女）	X	○
戊（女）	X	○
己（女）	X	○

甲：當然喝波蜜阿！波蜜可是我從小喝到大的，光看到「波蜜」兩個
　　字就很誘人了，波代表波浪、水波；蜜代表甜蜜，看到這個名字
　　我就好喜歡。

乙：可爾必思，感覺這個名字很大氣，果樹園，一整個果樹園，很大
　　氣吧！

丙：波蜜，波蜜很多產品都不錯，牌子很久了！

丁：如果不考慮價格的話，我會選擇可爾必思，因為比較貴，感覺就
　　比較好喝，帶可爾必思也比代波蜜感覺還要有面子。

戊：我當然會買可爾必思，那個好喝多了，而且就名字來看的話，我
　　好喜歡日本啊！

己：可爾必思，但是他有點貴，而且可爾必思的包裝比波蜜包裝還要
　　高格調。

　　根據上面的訪談，可以發現女生學生族群中可能受到近幾年來
東洋風的引響，導致學習日文的人增多，也喜歡日本明星，間接的

對日本的商品也產生好感；反觀男性族群，可能比較喜歡比較本土的商品，對於日系產品不會有太多特別的感覺。

五、咖啡飲料

表 3-3-5　咖啡飲料訪談記錄結果表

飲料名稱／受訪者（學生）	（統一）經典左岸咖啡館法式那堤咖啡	（光泉）咖啡工坊曼特寧
甲（男）	○	X
乙（男）	X	○
丙（男）	○	X
丁（女）	○	X
戊（女）	○	X
己（女）	○	X

甲：我喜歡左岸，每回去便利超商買飲料我就會買左岸，看到左岸這個商品名稱就會感覺到似乎自己在左邊的岸上，往下看搖著船的情侶，有點被廣告牽制。

乙：咖啡工坊感覺很像是專門在作咖啡的地方，所以應該會比較好喝。

丙：沒有特別的想法，因為我不常喝咖啡，但是如果就名稱來考慮的話，我可能會選擇經典左岸，因為經典嘛！而且比較不常喝，所以可能會選擇統一吧！牌子也是我衡量的要素之一。

丁：我會選擇經典左岸咖啡館，因為它的包裝不是一般的鐵罐，感覺比較高尚。

戊：經典左岸，感覺非常有法國味。

己：咖啡工坊感覺很像工廠耶，好不浪漫唷，咖啡館聽起來像是在有冷氣、有音樂的地方，咖啡館比咖啡工坊命名還要好。

　　根據上面的訪談，可以發現女生通常比較浪漫，講求氣氛，所以在挑選飲料時也會選擇商品名稱較為浪漫的。倘若包裝也能搭配飲料名稱，則可以達到更好的效果。

六、水飲料

表 3-3-6　水飲料訪談記錄結果表

受訪者（學生） ＼ 飲料名稱	（悦氏）悦氏礦泉水	（光泉）VOLVIC 富維克礦泉水
甲（男）	○	X
乙（男）	X	○
丙（男）	○	X
丁（女）	X	○
戊（女）	X	○
己（女）	X	○

甲：悦氏比較便宜啊，而且誰說便宜沒有好貨？國產的也比較安心。

乙：富維克，雖然最近在日本似乎有發生不好的新聞，不過那也沒關係，反正是發生在日本，不是臺灣的產品有問題就好了！

丙：悦氏，研討會所附贈的礦泉水幾乎都是悦氏的，我感覺也不會比較差啊，商品名稱簡單、樸實；而且悦氏這家廠商在臺灣也有段時間了，還挺有名的。

丁：富維克礦泉水，如果要出門帶富維克比帶悦氏還要有面子，且富維克的瓶子必較小，方便攜帶。

戊：富維克礦泉水，法國的，感覺比較好！

己：如果不考慮價格的話我會買富維克礦泉水，國外的應該會比國內的還好，坐飛機來的呢！

　　根據上面的訪談，男性比較會以價格或是常見到的為購買的基準點；女性則通常都比較喜歡外來品，包裝也會是女性買水考慮的要素之一，因為小瓶子比較好攜帶。而悅氏的瓶子較大，也比較沒特色。

七、碳酸飲料

表 3-3-7　碳酸飲料訪談記錄結果表

受訪者 （學生）＼飲料名稱	（黑松）黑松沙士	（可口可樂）可口可樂
甲（男）	○	Ｘ
乙（男）	Ｘ	○
丙（男）	○	Ｘ
丁（女）	Ｘ	○
戊（女）	Ｘ	○
己（女）	Ｘ	○

甲：黑松沙士是我從小喝到大的呢！

乙：我比較喜歡可口可樂，光看商品名稱，可口可樂就比黑松還要好聽，不過黑松也挺有意思的，就是很「臺」。

丙：我會選擇黑松沙士，感覺「黑松」這個商品名稱比較平易近人。

丁：可口可樂，廣告作那麼大，且請好多大牌的藝人宣傳，而且全世界都有，多棒，要和世界接軌。

戊：可口可樂，因為 COCA COLA。

己：我大概會選擇可口可樂吧！因為這個商品全世界都有，所以感覺喝起來也比較放心，且我喜歡紅色的包裝，很吸引我！

　　根據上面的訪談，可以知道可口可樂的命名比較符合國際化的標準；但黑松透露出濃濃的臺灣本土味，男性可能比較會喜歡這樣

的商品名稱。女生可能會比較喜歡可口可樂。這也可以臆測，為什麼可口可樂的包裝是以鮮紅色為主，而黑松卻是以咖啡色，這可能和族群有關。

八、機能性飲料

表 3-3-8　機能性飲料訪談記錄結果表

受訪者 （學生）＼飲料名稱	（保力達）蠻牛	（中美兄弟製藥） 老虎牙子
甲（男）	○	X
乙（男）	○	X
丙（男）	○	X
丁（女）	X	○
戊（女）	○	X
己（女）	○	X

甲：要喝都喝蠻牛啊，因為商品名稱感覺就是喝完會和牛一樣，而老虎牙子雖然也有老虎，但是後面接了「牙子」就有點怪，有點虛掉了！

乙：蠻牛，因為蠻牛牌子老，而且從早期的廣告標語「喝蠻牛給你變成一條活龍」、「你累了嗎？」直到現在的電視 CF，由一個女生壓在一個男生的身上，唱著歌，哈哈，我覺得好好笑唷！他們廣告創意作的不錯。

丙：蠻牛，沒有為什麼，就是感覺喝蠻牛比較可以提神。

丁：老虎牙子吧！老虎牙子這個名稱好有趣唷，老虎的牙子，而且包裝是鋁罐，蠻牛好小一瓶，喝起來的感覺又怪怪的，不像老虎牙子喝起來比較順口。

戊：基本上我不怎麼喝這些機能性飲料的，但是如果真的必需熬夜看
　　書的話，我會選擇咖啡或者蠻牛。

己：蠻牛，因為真的非得要喝到提神飲料就必須選擇比較有效的呀，
　　光看商品名稱，蠻牛的效果就比老虎牙子好，和音節或許也有關
　　係吧！兩個字的音節比四個字的音節要輕快。

　　根據上面的訪談，機能性飲料一般取名稱通常都會選擇用「動
物」當成「譬喻」，藉此喻彼；也會有「象徵」之意，象徵喝完後
會成為該動物，帶有言外之意。這個也是飲料所有類別中蠻特別的
命名現象，值得繼續探討其原因。

九、運動飲料

表 3-3-9　　運動飲料訪談記錄結果表

飲料名稱 受訪者 （學生）	（維他露） Super 舒跑	（可口可樂） 水瓶座
甲（男）	○	X
乙（男）	○	X
丙（男）	○	X
丁（女）	○	X
戊（女）	○	X
己（女）	X	○

甲：舒跑吧！舒跑雖然命名有點怪，「輸了就跑」，不過感覺起來那個
　　「跑」的意思很重，因此就是運動飲料。

乙：舒跑，從小就是喝這個了，而且舒跑的取名有「舒」和「跑」，舒
　　代表舒服、跑代表跑步，跑步完就是要喝舒跑才會舒服。

丙：舒跑，包裝就是一個男生流汗跑步，所以運動完當然就是要喝舒跑。

丁：舒跑，包裝是藍色的鋁罐，上面的印刷也是以一個男生跑步為主，
　　就是運動完所要喝的飲料。

戊：舒跑。不知道耶，感覺。

己：水瓶座是可口可樂出廠的唷，那就是水瓶座啊！可口可樂這麼大
　　的公司，而且我剛好是水瓶座的，當然喝水瓶座，不過以前運動
　　完我都是喝舒跑啦！

　　根據上面的訪談可以知道，舒跑的商品名稱取的非常好，因為
單從名稱就可以知道該商品的商品定位，「跑」放在詞彙的後端，也
加強其定位。反觀水瓶座，很難從這個商品名稱獲得其他的資訊；不
過這樣的取名就是無厘頭的，也或許可以獲得某些族群的青睞。

十、乳製品飲料

表 3-3-10　乳製品飲料訪談記錄結果表

受訪者 （學生）　飲料名稱	（光泉） 乳香世家牛奶	（統一） Dr. Milker 純鮮乳
甲（男）	○	X
乙（男）	○	X
丙（男）	○	X
丁（女）	X	○
戊（女）	X	○
己（女）	X	○

甲：我喜歡乳香世家這個命名，感覺就是歷代都是在從事這個行業，
　　有點「書香世家」的感覺。

乙：乳香世家的取名透露出陣陣的乳香味道，單從商品名稱似乎就嗅
　　覺到了！

丙：乳香世家，因為光泉的牛奶是王建民所代言的，我喜歡王建民。

丁：**Dr. Milker** 純鮮乳，因為包裝是玻璃瓶，不像一般是用紙盒，感覺玻璃就比較高級。

戊：我喜歡 **Dr. Milker**，因為 **Dr. Milker** 的 **Dr.**就是博士、專家或是醫生，似乎這個產品有這些專家學者來保證。

己：**Dr. Milker**，因為用英文來表現比較有格調多了；乳香世家，乳香聽起來就很低俗耶！

根據上面的訪談，可以知道牛奶的取名也有分雅和俗，至於歸納的方法詳見第二章第二節內文。Herbert J.Gans 將文化分成上層文化和通俗文化，這些在後面的章節中還會再加以討論。另外，在牛奶的商品取名上很多也會以「地名」或「國名」為依據，這可能和酒精性飲料一樣，希望透過該國家（地區）的特色，來讓消費者作連結或是讓消費者安心，例如：荷蘭王室牛奶、林鳳營鮮奶等。

行銷是一種商業手段，也是創意的表現手法，而商品的取名則正是行銷的手法之一。心理學是非常複雜的學科：一般談及記憶、知識以及印象都是由腦神經細胞相互作用所產生的，特徵在於連結處會產生活性化的「共調」，也就是產生行為。（匠英一，2006：5）M. Douglas and B. Isherwood 認為許多消費的文獻大多指出，人們購買物品有三個目的：物質幸福、精神幸福和表現、誇耀。（引自陳坤宏，1996：31）在消費心理學中，是以顧客心理為開端的行銷心理學，常常會使用「隱喻法」，透過活用比喻表現的隱喻法，使人更加容易了解，在無意識的情況下產生行為。（匠英一，2006：6）

另外在《就是要設計！商品包裝的 50 個暢銷關鍵》一書中，從 50 個商品調查案例也可以獲得消費者購買的原因。（Nikkei Design 包裝向上委員會，2008）雖然研究對象、物品都以日本為主，但是研究的結果和我前面訪談的六位結果大致相同。在這一本書中

挑了不少飲料，包含在日本販售的可口可樂、啤酒等飲料。和我一樣處理手法，找消費者進行訪談、統計、分析；像是水飲料，訪談者中就有人喜歡瓶身小一點的，攜帶方便。這也和該書中第 34-35 頁，日本販售的可口可樂「輕巧瓶」有 9 成回答方便收近包包裡一樣。至於高級感和廉價感，消費者從何處區別？根據書中的調查顯示，63.3%的人會從商標、標語等文字、20.7%會從整體的設計氛圍（色調），這也和我的訪談符合。另外書中也提到暢銷關鍵第七點是：必需看過一眼、聽過一次就能傳達出概念的商品名稱，就像是「舒跑」，看過一次也許你就已經記起商品名稱；或許是從名稱記、或許從包裝上面的印刷設計記，不論用哪一種方法，都已經記起來了！

在這一節，透過訪談可以知道時下年輕人喜歡的產品名稱，可能會有幾種途徑：隱喻或象徵、好玩的命名、國外的命名等。也因為飲料的名稱容易激起消費慾望，所以更值得深入探究名稱背後的意涵。

容易激發購買慾望是成功的推銷，慾望的產生與強化是與人們需要的不平衡密切相關，也就是慾望就是滿足渴望。（黎運漢、李軍，2001：184）然而飲料也是在許多商品中容易讓人產生購買慾望的項目，因為不論渴不渴，是否有需求都可以「喝」。也因為飲料容易激發消費慾望，所以可以證明飲料在食品工業中的特殊性。

第四節　廣告面特廣

從上一節的實際訪談中，可以很明顯的發現，有些消費者選擇消費物品時，仍會被廣告所制約，像是訪談「保力達蠻牛」這一類

的項目，消費者的印象中就完全是該商品的廣告，這也是他們廣告成功的地方，進而增加商品的銷售量。

也因為如此，所以商品行銷都不能忽略透過「廣告」。廣告顧名思義為廣而告知，廣告的定義很多，內容大致相同，而我採用美國市場營銷協會所提供的：廣告是由一個廣告主（作廣告的人），在付費的條件下，對一項商品、一個觀念或一項服務（通稱為商品），所進行的傳播活動。（楊中芳，1992：15）可見廣告是一種傳播工具，也是種行銷手法，最終的目的是希望消費者可以透過這樣的宣傳來行動（購買行為）。廣告的種類很多，根據楊中芳的區分有九種，分別為：以廣告主的性質來分、以利用的傳播媒體來分、以廣告地點來分、以作廣告的對象來分、以廣告分散地來分、以廣告時間長短來分、以廣告本身面積來分、以廣告所想達成的效果來分、以廣告的安排來分等。（同上，18-21）又根據黎運漢、李軍將傳播手段與廣告語言的運用分成：報刊廣告、廣播廣告、電視廣告和戶外廣告。（黎運漢、李軍，2001）近幾年來網路多媒體的興盛，連帶的使得多媒體的網路廣告也增多，而每一種廣告的傳播方式都有其所訂的目標對象，針對該族群的消費對象選擇適合他們的廣告方式，才能以最省力的方式達到最大的效應。

綜觀當前的商品，幾乎樣樣都必須廣告，但都不像食品般的自由，可以採取報刊廣告、廣播廣告、電視廣告、戶外廣告和多媒體廣告，幾乎每一類型的廣告方式都可以。如果今天要銷售電器產品，你可曾經在廣播廣告聽過電器產品銷售的廣告嗎？我想廠商應該不會選擇廣播廣告來行銷電子產品，有種不切實際的感覺，光用聽的怎麼可以評斷該產品的功能？同樣的，你可曾經在戶外看板看過賣衣服的廣告嗎？我想也不會有廠商大手筆的包下戶外看板來行銷衣服，畢竟衣服的類別廣到無法滿足每一位在街上行走的路

人。但是反觀食品廣告，用聽的也可以（傳統廣播都會賣藥、賣飲料等）；用看的當然也可以，像是報刊廣告幾乎各大報每一天都會有飲料、食品的相關廣告，而電視廣告更是主要的行銷方式（如最近的電視 CF 廣告中就有小 S 的鮮切水廣告）。此外，戶外廣告更是在各大活動時常出現在戶外看板中，像是可口可樂就不只一次在各大城市散放；雖然戶外看板的價位較高，但是飲料有其經濟效應，廠商自然願意選擇在人潮多的地方強力廣告。畢竟飲料沒有消費族群的限制，只要達到「宣傳」，讓消費者知道有這一項產品，當他進行購買行為時，就會有印象，進而產生不知不覺的（購買）行為。而近幾年來所流行的多媒體廣告，更是食品廠商所喜愛的，他們運用多媒體的手法，在電腦的視窗與消費者產生繫聯。多媒體的行銷手法與其他行銷較不一樣的是，多媒體廣告是以個人為單位，在電腦的終端設定程式，達到與消費者互動，像是多喝水廣告，就採用「水超人 WATER MAN」這樣虛擬人物在線上與消費者產生互動；也因為效果極佳，所以虛擬的 WATER MAN 化為實際形體，穿著 WATER MAN 的衣服，進行做好事，包含淨灘等，這後來也都上了新聞，使得這一支多喝水 WATER MAN 的廣告手法非常凸出。

　　凱絡媒體朱詣璋曾經於《廣告》雜誌撰文提到 85%的人看電腦比看電視專注，但是電視廣告依舊是各行業中所不能忽視的宣傳手段。在文中還提到，在家看電視的時候，17%的人會把腳翹到另一張椅子上，14%的人會喜歡盤坐在沙發上，9%的人寧可躺著，25%的人會同時吃著零食，更有 40%以上的人，吃飯時電視一定要開著，但不一定會看。（朱詣璋，2008）從這一簡單的敘述中可以知道電視廣告是何其重要；而捫心自問，當我們在使用電腦時，是否看到跳出來的廣告視窗就直接按掉、甚至遇到發送電子郵件的廣告

信也都是直接刪除？但是電視廣告你無法挑剔、無法選擇，你如果不想看廣告，頂多就是轉別臺，但是你依舊要轉回去原本所要看的電視頻道，可能每一回都算的如此精確，都不會遇到廣告時間嗎？也因此，不論科技變得如何發達，電視廣告仍是不可或缺的重要行銷方式，而食品廣告自然也無從「免俗」的多加利用了。

多元識讀時代的來臨，資訊發展快速，廣告能不能在國小學童的語文教育中進行教學，這個也已經有相關的學術論文。例如：楊婉怡（2002）在《國小學童電視廣告識讀課程與教學方案》完成的同年，陳巧燕也完成《國小兒童廣告解讀型態與家庭文化之研究——以全球化廣告為例》，這兩篇學位論文就都是以廣告作為國小學童教學的相關研究對象。Bandera 認為兒童的學習除了學校本身既有的制式教育外，更多來自於直接學習、觀察學習和楷模示範學習等。（引自楊婉怡，2002）又根據 1996 年美國醫學學會（American Medical Association）報告，20 世紀 90 年代兒童每年從媒體中學到的知識是從父母和老師身上加起來的兩倍（同上，2），可見媒體的力量有多麼大。而媒體中又以電視廣告為兒童接觸時間最常、頻率最高，以致電視廣告扮演著不容忽視的引導力量。成人也是，想想自己，不也時常被廣告牽著鼻子走嗎？廣告上說好，就盲從的跟著買，這也是為什麼臺灣有如此多的電視購物頻道。因此，前述的調查數據也就在這裡得到了呼應。

雖然如此，在眾多的商品中還是以食品的廣告面最廣，舉凡電視廣告、戶外廣告、平面廣告、廣播廣告等幾乎都有其蹤影；這也是因為食品的彈性很大，韌性夠強，所以可以用任何「材質」來包裝。另外，食品與我們的接觸時間長，也是每天所必須接觸的（正如我前面所述，你有可能每天都買電視嗎？或者你有可能每天都買房子嗎？然而食品卻是你可以每天買、每天食用）。還有食品的單

價也較其他商品來的低廉，人人幾乎都消費得起，所以處理其廣告也有較多的空間。

根據世新大學在 2007 年所作的媒體行為研究報告指出，遇到廣告時一定會選擇轉臺的有 20%，經常會轉臺的有 29.7%，偶爾會轉臺的有 28.1%，很少會轉臺的有 13.5%，都不會轉臺的有 7.9%，拒答者有 0.9%。也就是說，只有 20%的人是一定會轉臺的，剩下的 80%都是不一定或不會轉臺，因此廣告也才有其作用。（世新大學傳播學院傳播產業研究中心，2007：258）我在 2008 年 11 月 6 日八點至十點看著三立臺灣臺的《真情滿天下》，廣告時段立刻轉到新聞臺，不想浪費任何的時間；不過也常常沒有掌控好時間，轉過來時依舊是廣告，又懶的再轉回去了，所以電視廣告依舊是效果較佳。另外我也特別估算在兩個小時內出現的廣告項目類別比例，食品廣告出現的不多，最多的是麥當勞和 La new 鞋子的廣告，這可能和看該電視的族群有關。不過後來我又轉到新聞臺，我發現同樣八點至十點的時段以食品廣告最多，顯見依據電視頻道和時段不一樣，所播放的廣告也會有所差異。

針對廣告中的修辭也已經有不少相關研究，像是詹弼勝（2005）《內文對隱喻廣告說服效果的影響》和吳玉雯（2003）《廣告標語對消費者態度之研究　修辭格之分類應用》等，都是以修辭格來探討廣告內容或廣告標語。廣告中最常運用的修辭不外乎譬喻、象徵。（Eric Arnould, Linda Price, George Zinkhan，2003：87-89）同樣的，在飲料的名稱中，最常使用的修辭格會是什麼？這些也都是我感到好奇的，也將在後面的論述中進行簡單的數據統計。

Ketel One 是產於荷蘭的伏特加酒，從 1691 年開始造酒販賣，但 Ketel One 從來不作廣告，只靠著酒保和商店經理舉辦的「Ketel One Seminar」教育訓練，使他們了解 Ketel One 歷史與特色，再由

這些人告訴消費者，使消費者願意嘗試，爾後再靠口耳相傳的口碑行銷。不過，在媒體爆炸的年代，Ketel One 終究得面對市場競爭的壓力，他們於 2003 年開始作廣告。可見在這個媒體當道的年代，很少有商品不以廣告作為宣傳手段。（佚名，2008：46）

　　根據尼爾森媒體研究廣告量監測服務於 2008 年 8 月的指標商品有效廣告量中，可以發現在全部商品類別中，海尼根啤酒的廣告量為第九名；在雜誌類前十名飲料也佔了三個名額，分別是：第四名的海尼根啤酒、第六名的麥卡倫 SHERRY OAK 12/18 年威士忌、第九名的格蘭利威威士忌。另外在無線電視商品類中，第四名為金車產品系列、第六名為啤兒綠茶、第七名為保力達蠻牛。（尼爾森市調公司，2008）由上面的名次中不難發現，飲料的廣告面確實很廣，這也是飲料在食品工業中的特殊性。

第四章　飲料命名的商業考慮及其附帶效應

第一節　經濟利益優先

　　我選擇飲料命名作為研究對象，主要是緣於飲料的經濟利益龐大；再來嘗試從消費者角度探討消費心理中消費者購買飲料時所呈現的心態與矛盾，並將行銷的創意品牌高格化與審美消費結合討論；最後將審美擴展延伸與文化心靈的結合。

　　我在眾多的食品中選擇飲料作命名的研究分析，這是根據2007年3月14日《經濟日報》報導指出，飲料市場每年約有400億元的規模（《經濟日報》，2007）；根據2007年8月15日《工商日報》指出國內包裝水市場今年約有六十億元的市場規模，並以每年3%至5%的幅度成長。（《工商日報》，2007）臺灣，一個屬於海島經濟發展的國家，免不了要面對伴隨著經濟成長所帶來的文化衝擊。由這一段讓我深思，在經濟富裕的同時，屬於臺灣原有的味道，是否已逐漸在消失？這在飲料的命名歷程也可以看出時代變遷：從過去的東方汽水、彈珠汽水到現在的可口可樂等。我們還可以從下面這一篇報導看出經濟與文化的不可分割性：臺灣飲料市場屬高度成熟市場，每年市場銷值約在450-500億元之間，2006年銷值約493億元，成長約3.1%。其中以茶類飲料高達36%的市佔率佔大宗；其次則是果汁與咖啡，各佔13%及12%。其中，水飲料比重

雖僅 10%，但它卻是成長幅度最大的飲品；由於健康意識抬頭，消費者需求朝向健康化、機能化或產品回歸自然原味的影響下，碳酸飲料大幅衰退達 8%，未來趨勢將是水飲料、茶和咖啡飲品持續成長，碳酸飲品持續衰退。（元富投顧，2007）

　　商業考慮及其附帶效應，可以分成廠商已自覺的部分和廠商不自覺的部分。廠商已自覺的部分像是商品名稱命名的好壞可能直接與銷售數字呈現關係，以及商品名稱的好壞可能會連帶影響到其品牌的形象、商譽等；而廠商不自覺的部分，包含了飲料名稱所隱藏的審美感興與文化因素。

　　然而在商品的商業考慮可以依據其消費的情況細分為品牌的消費、商品名稱的消費和品牌與商品名稱共同消費。品牌的消費也就是指消費者在購買商品時，直接依據品牌為考慮購買因素，而不考慮其他的外在因素，這也就是經營品牌相當重要的原因之一。誠如最近鬧得沸沸揚揚的毒奶事件，使得金車食品連帶受到影響，但是他們果斷且有誠意的處理方式，可能對其公司影響不會擴大，而使得消費者購買商品時依舊會選擇他們的商品；金車食品公司旗下有相當多的商品，例如：伯朗咖啡、麥根沙士等，但是消費者在購買商品時只會顧及到他心目中的品牌（金車食品）而不會顧及其商品。另外就是商品名稱的消費，這個也就是消費者在購買商品時，根本就不會管是哪一個廠商所出產的，也不會管品牌究竟是好或是壞，直接看商品好與壞決定購買與否，例如你可知道每朝健康綠茶是什麼品牌？你可知道御茶園是什麼品牌？你可知道舒跑是什麼品牌？其實上述的商品全部都是維他露食品公司，但是消費者在購買時根本就不會去管是哪一個品牌。最後還有品牌與商品名稱共同消費，這個也就是互助互利，消費者在購買商品時，不但會去消費品牌也會同時的消費其商品名稱，例如：統一原味本鋪冬瓜茶、統

一飲冰室奶茶、統一伴點巧克力奶茶、統一 Dr.Milker 等。統一本身品牌的名稱就已經有所涵義了，這個可以從其企業經營的觸角看出端倪。我臆測當初之所以會取名為統一，可能就是希望在食品這個諾大的市場中可以統一天下，一統市場，雖然這個不可知道正確與否，但是也不無可能；而看統一的商品，雖說已經有相當好的品牌，但是他們的商品命名依舊相當講究，而且也非常的創新，讓人意想不到。其實統一的食品可以全部都在該商品前面冠上一個統一，例如：統一紅茶、統一奶茶、統一牛奶，但是為什麼他們還是要如此講究？為的就是要給消費者雙重的消費享受，這也是統一所以在食品產業類別中領先群雄的地方。

如上所述，並且擴及到整個食品的產業來探究，根據戴國良（2006：425）可以將品牌模式分成三種策略：家族品牌策略、個別品牌策略和副品牌策略。家族品牌策略指的像是統一企業集團、統一博客來網路書局、統一泡麵、統一棒球隊等，均採用同一個單一化的家族品牌名稱；個別品牌策略指的是每一個商品都賦予它一個獨立且不同的品牌，例如：LVMH 集團，在該集團下又有 Dior 香水、Kenzo 香水、LV（Louis Vuitton）、Celine 甚至還包含了 Hennessy 酒類還有精品零售類 DFS 免稅商店。在還沒看到本分析前，是否在你的印象中 LVMH 集團就只有 LV（Louis Vuitton）？這個也是經營個別品牌相當成功的案例；副品牌策略指的是依附其生存的商品，這個在飲料產業類別中十分常見，例如：光泉乳香世家、愛之味同濟堂百草茶等。

此外，家族或個別品牌的策略又可以細分為四種，分別是個別品牌、全部產品採用整體的家族品牌、分類產品的家族品牌和公司名稱連結個別產品名稱。個別品牌就是每一個產品項目都有代表自己的身分名稱。（同上，426）在飲料產業類別中，其品牌策略的類

型是採用混合的，也就是不論家族或個別品牌都有。另外在家族或個別品牌的四種策略中，經研究後發現，以公司聯結個別商品名稱為最多，例如：統一美妍社玫瑰果茶、愛之味莎莎亞椰奶、保利達啤兒綠茶，不論哪一個品牌幾乎都會有賦予產品新的商品名稱。我認為在飲料的市場中會以公司聯結個別商品名稱為最多，可能的因素是希望透過飲料商品連帶刺激品牌（廠商）的增進，彼此（品牌與商品）互相成長。

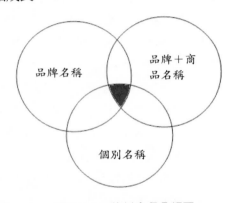

圖 4-1-1　飲料命名分類圖

　　整理上述並繪製成圖 4-1-1，有些飲料是以品牌名稱為命名的依據，像是（立頓）立頓原味奶茶、（泰山）泰山冰鎮紅茶、（可口可樂）可口可樂。而有些飲料則是以品牌名稱加上商品名稱，像是統一美妍社玫瑰果茶、愛之味莎莎亞椰奶、保利達啤兒綠茶。另外還有一類，這一類非常特別，不會受到品牌限制而另外取名，大家也不大會顧慮到其品牌究竟是什麼，像是蠻牛、波蜜果菜汁。而這三種的命名究竟哪一類比較好？根據目前臺灣市售的飲料，我發現品牌名稱加上商品名稱為最多，或許不能因為最多就直接下「最好」的論斷，但是在飲料這樣狹隘的單一類別中，品牌本來就不應該和

商品作切割，因為還是有絕大部分的消費者在購買食品時會顧及到品牌。

　　談到飲料名稱的經濟利益就不得不談到可口可樂。可口可樂創立於 1886 年，在 1892 年艾薩坎得勒以美金 2300 元取得「可口可樂」的配方和所有權，而現在「可口可樂」這四個字在 2006 年代表著 673.94 億美元，更是全球十大品牌中的第一名。（戴國良，2006：24）會有這麼大的躍進也可以說明品牌名稱與經濟密不可分。桂格的創辦人 John Stuart 曾經說過：「如果企業要分產的話，我寧可爭取品牌、商標或是商譽，其他的廠房、大樓、產品，我都可以送給您」（引自戴國良，2006：7）這也說明了無形的資產，比有形的資產更為重要，且更不易買到。

　　心，決定了消費者的行動，也因為消費者的心動產生了行動，而這個行動也就是所謂的「經濟利益」。現代人有不同的壓力來源，因此當在產生購買這個行為時，並不希望還要帶著壓力，因此就會有心靈消費；消費者希望透過消費這個動作，滿足自己些許的夢想或者紓壓，像近幾年來購買外來飲料的消費者越來越多，這可能也是因為希望透過購買外來飲料，來產生自己似乎已經去過那一國的感受。此外，近幾年來女性在社會上的定位越來越重要，因此也慢慢的注意到女性究竟喜歡喝什麼樣類別的飲料。根據 E－ICP 的調查顯示，男性喝過優酪乳的比例只有 29.3%，女性則有 57.7%，所以也可以說優酪乳是女性的飲料。（東方線上，2006）也因為如此，所以廠商在優酪乳的命名則會以「女性化」命名為優先考慮。而在優酪乳女性化的命名又該如何體現？女性會飲用優酪乳時就希望有「效能」，因此廠商命名的傾向也以「效能」為主，例如：味全ABLS 原味優酪乳、味全 LCA506 活菌發酵乳、光泉晶球優酪乳、光泉啤酒酵母優酪乳、統一 AB 優酪乳、統一 LP33，也可以從這樣的命名中發現到優酪乳的命名幾乎都是以效能為命名的導向。

　　相較於優酪乳，碳酸飲料應該可以算是比較男性化的飲料，在 E－ICP 的調查顯示女性喝碳酸飲料的比例遠低於男性。（東方線上，2006）而女性為什麼不喝碳酸飲料？可能是這種飲料加氣，喝起來刺激喉嚨；也可能是喝汽水容易胃脹氣；更可能是女性怕胖，而汽水的甜度卻相當高。（東方線上，2006）因此，在碳酸飲料的命名則可以考慮以較陽剛的命名為主，例如：黑松沙士、大西洋蘋果西打、可口可樂。

　　從優酪乳談到碳酸飲料，其實這背後還可以再細談男性與女性認知差異：女性比較感性、重氣氛，而感性和廣告有關，氣氛則和包裝、命名有關。因此優酪乳的包裝以小瓶販售為主、碳酸飲料則是較大瓶；優酪乳的包裝以女性較喜歡的粉紅色、白色為主，碳酸飲料則以男性較接受的黑色、咖啡色為主；優酪乳的命名以女性注重的效能為主，碳酸飲料則以本土化和創意為主。

　　飲料命名的商業考慮除了有最重要的經濟利益外，其實還有潛在的其他附帶效應，這些附帶效應和經濟利益更是無法切分，必須要一併探討。飲料在命名時，就其經濟利益來探討最重要的就是，替商品取個好名字，如果廠商不承認命名的重要性，而忽略了替商品取個好名字，嚴重的後果甚至會連累到整個品牌。而根據 Jane Cunningham ＆ Philippa Roberts（2007）品牌利益也可以在細分為：終端利益、感性利益、消費者利益、產品利益和產品特色（圖 4-1-2）。但是商品名稱畢竟生命週期較短，無法和品牌名稱用一樣的方式來談利益，因此針對商品名稱的經濟利益，我區分為目標利益（廠商利益）、感動利益（消費者利益）。也就是說，一個商品名稱的經濟利益我認為只需要簡單的區分為廠商利益和消費者利益。這是循環的且雙向的：如何讓消費者感動掏出錢購買商品，最終使得廠商獲得目標的利益（圖 4-1-3）；如果商品名稱的經濟利益

搞得像品牌經濟利益般的複雜，可能會造成在命名時有許多的牽絆，也連帶影響到創意的發揮空間。

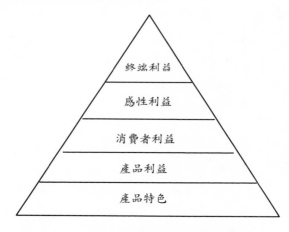

圖 4-1-2　品牌經濟利益金字塔圖

（引自 Jane Cunningham　&　Philippa Roberts，2007：172）

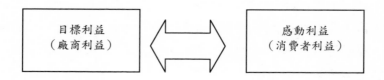

圖 4-1-3　商品經濟利益循環圖

第二節　創意品牌高格化

在這一節我採用 Herbert J.Gans（1984）將文化分成上層文化和通俗文化（詳見第二章第二節），在飲料偌大的市場競爭中，商

品命名除了要具有獨特性外,更重要的是創意。我將創意區分成「雅創意」和「俗創意」:「雅」指的是文雅,有超脫氣質的深度,例如:御茶園、臺灣茶館、荷蘭王室等;這些都屬於雅字號;「俗」指的是俗氣,未經修飾的詞語,例如:蠻牛、威豹、黑面蔡等,這些都屬於俗字號。在雅和俗強烈差異中使人增加印象,產品也方能盛行不衰。換句話說,不論是高雅或是俗氣,只要做得徹底,都能展現很好的效果。

> 在商業命名學中非常講究品牌格調,從這一方面也可以反映出商業經營者的素質和經營方向,商品命名高雅者,顧客往往因心裡的附加價值產生「裂變效果」,自然的財源就滾滾而來。相反,一但商品名稱落入低俗,後果就很難想像。(劉炳良,2007:5)

劉炳良和我的看法略有不同,我認為商品命名的確必須要講究格調,也的確可以反映出經營者的素質和方向,但是我卻不認為命名如果俗氣會導致後果難以想像。當然在飲料的類別中,有些命名算不上雅或俗的,頂多只能稱得上有創意,這樣的商品生命週期往往都較短,像是「水瓶座」。

周紹賢(2000)曾經指出超級品牌成功的六大條件,其中之一便是品味獨特,但他並沒有指出品味的高雅或俗氣,反正就是製造品味的獨特。高橋誠在《暢銷商品命名術》中指出,一個好的商品名稱必須要能表達這項商品感性的一面,也就是必需要有「引人注目」的吸引力(高橋誠,1989:164),而滿足這種命名的課題就是必需「開發新的商品名稱」,而不是直接借用品牌名稱或是廠商名稱。這一點在臺灣目前市售的飲料中做的算是徹底:創造新的名

詞，或是無厘頭的命名也可以展現創意。雖然這樣子的命名方式可能無法受到每一位消費者的認同，但是在新一代的年輕族群卻可以囊括。例如在 1881 年有一個小職員 George Eastman 開了攝影公司，而他將公司名稱取名為「柯達」（Kodak）。在那個年代，這樣的取名是非常特別的，有人問他為什麼取 Kodak，他說這個英文沒有意義，字又短絕對不會拼錯，也不會和其他的商品聯想。（Paul Arden，2006：22）而這樣的命名設計也是種創意的表現。再從飲料的名稱來找創意，符合 Kodak 一樣，不易和其他商品聯想，難以看出屬於哪一類型的飲料，這樣的創意表現也就是無厘頭創意，例如：卡打車、水瓶座。這兩個商品都是運動飲料，這也是運動飲料所呈現的命名特色。

　　所有的當代飲料命名都是一種創意的體現。因此，我將飲料的命名依據創意細分為九種，分別是：以滿足顧客的角度、以商品的特性、以商品的功能、以地名產地、以無厘頭的角度、以自然現象或動植物、以現代時尚的角度、以懷舊感和其他。以下均以商品名稱來討論；在此並不涉及到品牌與商品的種類，因此表 4-2-1 內所寫的是擷取部分飲料的商品名稱，也就是附錄所提到的關鍵字。

　　創意是一種無本生意，融入的僅是想像力，很多廠商在新商品推出時，會與廣告廠商作密切的連結，希望透過廣告人的創意、天馬行空的想像力替商品注入新鮮感。當然也還是有很多廠商，仍一味的堅持自己命名且又執意依據傳統的命名方式來取名稱，常常會連帶影響企業的形象。

　　　　「生活中不缺創意，缺的是把創意變成生意。」再好的創意
　　　　沒有及時變為商品，可能只是稍縱即逝的靈感，或是一時的

> 迴光返照。但如果把握了相關的機遇和條件，其中包括社會
> 脈動、專業經驗、行銷企畫、資金等，才能實現一個好的創
> 意。（蔣敬祖，2007：148）

上面的論點也顯示出創意的重要。還有創意必須連貫其他附帶注意
事項：我在 2008 年暑假有幸參與奧美廣告公司主辦的時報廣告
營，在營隊上課期間，奧美的總經理就曾經說過，必須先了解消費
者需要的是什麼，也就是消費者洞察，再根據這一個點，創造出一
個最好的創意，將這個創意發揮到最大，淋漓盡致，這就是一個好
的創意。因此，好的創意也必須仰賴好的策略，而好的策略也來自
於正確的市場調查（消費者洞察），環環相扣，如此才能展現絕佳
的創造力。

在 2008 年 11 月 8 日年代藍海新聞採訪了奧美集團董事長——
白崇亮，他說創意是可以被激發出來的；創意也可以從閱讀、生活
經驗中培養。在奧美有很多各式各樣的牌子，牌子上寫著：老闆閉
嘴或其他更恐怖的文字。這在其他的公司根本看不到；他們做這個
牌子的目的就是要讓新人或是公司的員工有話大聲說，不要埋沒自
己心中的創意。也因為這樣大膽的鼓勵員工表達，使得奧美集團得
獎不斷。另外，他們也非常重視員工的教育訓練，因為教育訓練可
以使得想法多變，也可以有更多理論的支撐。就緣於有這樣的經營
理念，奧美才能夠在不景氣的大環境中依然維持一定的顧客量。創
意是無價的，奧美的創意不僅只是替顧客「作廣告」，更是替顧客
找出「問題」，進行「解決」。像是味丹集團希望上市礦泉水，全部
從零開始，首先必須先從商品的命名開始策畫，在大家腦力激盪
下，突然有一個小員工說出了，乾脆命名為「多喝水」。因為無聊
時可以多喝水、生病時母親會叫你多喝水、跑步跑完時也要多喝

水，這樣一個平實的商品名稱卻也替味丹帶來了無限的商機，不但商品賣的好，也連帶提升味丹集團的品牌知名度。（余宜芳，2008：81-82）由此也可以看出商品命名時，創意的重要。

　　創意品牌和經濟利益是可以共同被討論的，也就是創意經濟學，其研究的對象涵括所有消費商業行為，當然也包含了商業命名。從創意品牌來談論商業命名可以發現，命名是相當競爭的，像早期優酪乳是從鮮奶演變，因此取名幾乎都仍是以廠牌為主，例如：統一優酪乳、林鳳營優酪乳等。不知道從何時開始，有廠商運用創意以「機能」為命名的導向後，一窩蜂的各家廠商也都以此為命名依據，也造就現在優酪乳的命名幾乎都是以「廠商名稱＋功能＋產品特色＋優酪乳」，例如：味全 ABLS 原味優酪乳、味全 LCA506 活菌蜜柑果粒發酵乳、光泉晶球優酪乳、統一 AB 優酪乳等。不但優酪乳是如此，廣大的茶飲料市場更是如此。一但有商品銷售開出紅盤，必會形成其他眾廠商研究的標的；而研究的開端不是從商品的製造內容物研究，而是從商品的名稱開始探討。最早期開始有統一茶裏王，並且賣得相當好，爾後就有御茶園、茶上茶、絕品好茶等。不難發現，這些都只是換個不同的形容詞，但是意思還是強調他們的茶是茶中第一：「茶裏王」指的就是茶中的王；「御茶園」中的御，也有皇室的感覺，很像是皇室專用茶園種出來的茶，給人高貴的感受；「茶上茶」更不用說了，運用「上」來強調該茶是比其他的茶類更好的茶；「絕品好茶」的「絕品」更是強調稀有、更頂級。從這些茶類的命名中可以看出飲料名稱隱含著商業的角力戰。另外，第一個取名成功的會給大家留下深刻的印象，其餘倘若想要仿效該取名方式的廠商則要相當注意，一但命名不小心，不但會被譏笑為贗品，更容易被指責為「沒創意」，間接影響到品牌形象。

> 由創造的行為或是欣賞被創造的經驗而來，這將會引向在表
> 層意識之外所能立即感知的某種感受，會讓真實的世界顯得
> 更加真切。（李俊明，2005：24）

從上述可以看出創意所扮演的角色，看似簡單、平凡無奇的商品名
稱，有多少人會感受出廠商（連及廣告公司）為提升自我格調背後
的耕耘？奧美白崇亮董事長也曾經說過，不少創意的廣告或是創意
的行銷、商品命名，很多都是從創意人自己生活的經驗中提取，像
是張君雅小妹妹的廣告，就是某位廣告創意人回憶起孩提時期，奶
奶叫他去吃泡麵的情景。因此，生活越是精采的人，所能展現出的
創意也就越多變。還有一個好的創意，也可以讓閱聽者的生活變得
有趣多了；從而為這個不景氣、緊張的大環境注入一股活力，讓人
發出會心一笑。從這裡也顯出創意所連結的「社會的需求」，廠商
不盡都是「唯利是圖」。

表 4-2-1　飲料名稱創意類型表

	滿足顧客的角度（包含當責）	商品的特性	商品的功能	地名產地	無畫面的角度	自然現象或動植物	現代時尚的角度	懷舊感	其他
本土酒精性飲料									
外來酒精性飲料	美樂	一番榨		臺灣	三寶樂、駱斯樂	麒麟、冰火、雪山、麒麟霸	金牌、可樂那、海尼根、思美洛		
茶飲料	生活、心茶道、心茶園、茶裏王、茶上茶、午後時光	竹碳、麥香、純喫茶、冷泡茶、分解茶、青茶、午藤、茉莉茶園、果茶物語	美妍社、每朝健康	泰山、阿薩姆、臺灣回味、臺灣茶館	沙沙亞		威廉、御茶園、伊藤園、絕品好茶	古道、伴點、同濟堂、飲水堂、翠茶集	悅氏、立頓、愛之味
果蔬汁飲料		鮮剖、多果汁、園之鮮果園、多鮮果園、纖果實、味本舖、自然果力、原味果感、蔬果579	超美形		波蜜、津津、黑面蔡		可果美、每日C、雪碧沛、可爾必思		光泉、愛之味、三得利
咖啡飲料	誠意小品	書香、咖啡館、咖啡工坊	油切	藍山、左岸、曼特寧、曼仕德			優品風味、UCC、36法郎	伯朗	
水飲料	多喝水、有水準	竹碳、麥飯石	深命力	鹽鹽、勞沃、凍		海洋鹼性	美達、雷碧氏		悅氏
碳酸飲料				洲有機			可口可樂	黑松	三得利
機能性飲料					威龍	電牛、威豹、老虎牙子、Red Bull	農買特		
運動飲料	寶鍵、健酪		舒跑		卡打車、水瓶座		寶礦力水得		三得利、維他露P
乳製品飲料	首席藍帶	牧場、一番鮮、富維他	營養強化鈣、高鐵鈣、鈣強化	瑞穗、林鳳營、產地嚴選	多多		大好喝、優品限定、荷蘭王室、Dr.Milker	乳香世家	統一、一味、全、光泉

第三節　審美消費

　　已經有學者將品牌視為一種經濟力，運用經濟學的原理和方法來研究品牌的內在與外在因素，尋求對品牌經營的最佳效能。（孫曰瑤，2005）要如何能夠打造一個成功的品牌也是各家廠商所設定的目標，也會將終極理想設定在打入國際市場。但在臺灣卻鮮少有品牌可以打入國際市場，其原因眾多，當中之一便是缺乏美學的概念。我們試想，臺灣從 OEM 到 ODM，從幫別人代工到如今的可以建立自己的品牌，一路走來艱辛坎坷，深究其原因可能和早期臺灣是傳統的農業社會有關；在貧窮的務農的社會中，人人只求溫飽、有東西用就好了，哪能容許奢求品質的好壞？商品的美醜？我父親曾聊起他們那個年代，書包都只是用不要的破布胡亂包一包，便當能吃到「太陽便當」（也叫做日本便當）就可以凸顯家中的富有程度。那段時間離現在也僅只有數十年而已，數十年的光陰讓整個社會結構改變、家庭結構改變，也慢慢帶動審美觀念的重視。

　　但是企業的改變，領導者（負責人）的個性、思維，哪能說變就變？像是王永慶這樣傑出卻又傳統的企業領導人，依舊是將商品維持在「實用」的階段，不大會去顧及到商品的美觀。可是一旦當商品必須銷售到歐美等其他國家時，卻忘記在他們傳統文化世界觀下所蘊藏的意識，這也常常導致商品銷售無法與其競爭。耐用、好用、實用是我們商品的特性，但是美觀、漂亮、設計卻也是時常被忽略的環節。舉個例子來說：宏碁電腦應該可以算是國內著名的品牌，可是在國際上能不能排到名次？反觀 IBM 電腦？再拿飲料來比較，黑松企業可以算是國內具有歷史的著名廠商，但是有辦法和

國際的飲料競爭嗎？再反觀，可口可樂的誕生遠比黑松汽水還要晚，但是它卻輕而易舉的佔據臺灣、世界的市場。這是為什麼？細看其原因，就是國內的廠商較不會注重「美」。

　　我們在購買飲料的同時，也已經在消費產品命名的美感、消費包裝設計美、消費品牌企業美，只是我們並不知道。在購買實現過程與語言運用中很重要的一點就是吸引注意。注意的產生受到兩個因素的影響，分別是刺激的強度和需要的驅動。刺激的強度是指必須直接的、明確的、強烈的引起消費者的助益，包括在商品名稱、包裝材質、產品色彩、商標等，透過文字或圖像讓消費者可以感受到該商品的特色，並且巧妙的運用語言組織讓消費者感受到獨特性與差異性；另外是需要的驅動，注意在絕大部分受到心理因素的影響，符合顧客需求的物品是主要購買因素，因此在產品的宣傳活動可以設計故事化，讓消費者有身歷其境的感受，例如：看到味丹多喝水可能就會直接聯想到網路的水超人，看到蠻牛可能就會直接聯想到一個胖的女人壓在一個瘦的男人身上，透過類似這樣的連結，強調產品的功能與美感效果。當然，也可以透過促銷活動或是減價來引起消費者的注意。（黎運漢、李軍，2001：182）而我將題目命名為「審美」與「文化效應」的目的是因為飲料被購買除了命名的重要，更深層在於消費美與消費文化。「美」有很多種，舉凡原始美、猙獰美、浪漫美。從山頂洞人原始的巫術禮儀延續與符號圖像化時就已經開始有超抽象與超現實的成分，那時審美意識和藝術創作就已奠定；到了青銅器時期，開始有甲骨文，成為中國獨有的審美對象；到春秋戰國時期，又有孔子為代表的儒家、老子、莊子為代表的道家，儒家和道家之間互相激盪更是創造中國美學思想。而西方的美則是以巫術禮儀神力魔法的舞蹈、歌唱、咒語為美的起源，所見的一元化的思想邏輯，則是上帝創造了世界萬物，因此上帝為最偉大、最崇高的代表，也隱含著另一種脫俗的美。

近幾年來，美學成為流行的議題，從微風廣場的美麗廁所到鑽石手機，很多人開始因為自己無法審美而焦慮，但是究竟什麼才是美？從很多臺灣目前的現狀來看，可以發現不論是在生產端還是在消費端，都已經進入一個美學的經濟體的新社會。（詹偉雄，2005：28）仔細回想，當我們在購買物品時，有多少次是因為商品的使用功能而購買？又有多少次是因為商品的「好美麗」、「好特別」而購買？

Weller 曾經告誡「要推銷那種咂摸[1]的滋味，不是牛排本身」。哈佛商學院教授 Theodore Levitt 也說過「人們購買希望的前景，並不是實物」。（引自黎運漢、李軍，2001：186）因此，必須用多角度來強調商品本身的獨特性與差異化。

漢字是世界上最複雜的符號之一，而漢字的美更是從悠悠五千多年以來談都談不完。不論是品牌名稱還是商品名稱，都必須用符號來表達。臺灣屬於漢語語系，所用的符號是漢字，而品牌的命名和商品名稱也都必須符合漢字的原理及美好的聯想。而符合漢字的美又可以分別從音律、字義、字形等方面來談論。張逑任（2007）指出漢字的原理必須講求字義健康、有時尚感等，取一個好的商品名稱就必須三者兼顧。在音律方面，語音的標記可以透過意涵的普遍性來探討，而在中國的語音更是與平仄共構形式。平仄是中國詩中用字的聲調，平調[2]可以分成陰平[3]和陽平[4]，仄調可以分成上聲[5]、去聲[6]和入聲[7]。除了詩可以用平仄來討論外，飲料名稱也可以從平

---

1 咂摸：根據教育部重編國語辭典解釋為思索、尋思。或作「咂摩」。（教育部，1994）

2 平調：分兩種，基本上是平緩輕柔的聲調。

3 陰平：音調較高且可延長。

4 陽平：音調較低且可延長。

5 上聲：高昂明亮。

6 去聲：尖細哀柔。

7 入聲：短促，韻尾為 p（b）、t（d）、k（g, h）。

仄中找出些規律。我嚐試將飲料名稱帶入，看看在不同類別的飲料名稱中，是否會有不一樣的音律（表 4-3-1）。在本土酒精性飲料中分別有：臺灣（平平）、青島（平仄）、麥格（仄平）；外來酒精性飲料分別有：麒麟（平平）、冰火（平仄）、雪山（仄平）、美樂（仄仄）、朝日（平仄）；茶飲料分別有：泰山（仄平）、古道（仄仄）、竹碳（平仄）、悅氏（仄仄）、生活（平平）、麥香（仄平）、立頓（仄仄）、伴點（仄仄）、威廉（平平）；果蔬汁飲料分別有：波蜜（平仄）、鮮剖（平仄）、津津（平平）、光泉（平平）；咖啡飲料分別有：伯朗（平仄）、藍山（平平）、左岸（仄仄）、醇品（平仄）、油切（平仄）；水飲料分別有：臺鹽（平平）、竹碳（平仄）、芙達（平仄）、斐濟（仄仄）、悅氏（仄仄）；碳酸飲料分別有：雪碧（仄仄）；機能性飲料分別有：蠻牛（平平）、威豹（平仄）、威德（平仄）；運動飲料分別有：寶健（仄仄）、健酪（仄仄）、舒跑（平仄）；乳製品飲料分別有：瑞穗（仄仄）、植醇（平平）、統一（仄平）、多多（平平）、味全（仄平）、光泉（平平）。

表 4-3-1　飲料商品名稱平仄表，以兩個字為例

商品關鍵字： 兩個字	平平	平仄	仄平	仄仄
本土酒精性飲料	1	1	1	0
外來酒精性飲料	1	2	1	1
茶飲料	2	1	2	4
果蔬汁飲料	2	2	0	0
咖啡飲料	1	2	0	1
水飲料	1	2	0	2
碳酸飲料	0	0	0	1
機能性飲料	1	2	0	0
運動飲料	0	1	0	2
乳製品飲料	3	0	2	1
總計	12	13	6	12

從表 4-3-1 可以很明顯的看出，在國內飲料市場，以兩個字的商品為例，使用仄平的為最少，其餘的都相當平均分配。因為平調的特色是平緩輕柔，仄聲的特色是聲音較重且硬，如果商品名稱設計為平平，則聽起來較溫柔，無攻擊性，感覺會比較親切；但是倘若是仄平，則會變得開頭有力，結尾無力，也較不好唸，例如：味全（仄平）、光泉（平平），哪一個唸起來比較順？聽起來比較好聽？

字義美就是不論字的型態，只論字的現況的意思。這個也不會深掘到字的歷史的來源，只會針對當前字的意思，像是（光泉）有水準礦泉水，有水準是指這個人具有高格調，品味高尚等，剛好「水」就可以被借用到商品「礦泉水」，讓消費者可以輕鬆的知道該商品就是在販售「水」，但是商品卻沒有直接點名它在賣水，這樣就蘊藏著一鼓神秘美。另外，像是（金車）伯朗咖啡，金車食品公司旗下有眾多的商品，而伯朗算是蠻早期的商品，當初就是靠著電視廣告「Mr.Brown 咖啡」打進市場，廣告中以耳熟能詳的簡單旋律搭配令人印象深刻的商標（很可愛的男性老人）。因為商標和廣告巧妙的搭配，所以設定該商品名為「伯朗」咖啡。本來伯朗兩個字是沒有意思的，經過用心的設計，以致伯朗兩個字也透露出男性、老人、可愛、溫柔等感覺，這樣的字義設計也藏有一種設計美。在字形方面，只討論字的形體，這個也和中國的傳統文化有很大的關係。中國傳統有書法，書法有很多門派，包含王羲之、歐陽詢、蘇軾、宋客等，每一個派門也都有自己獨特的寫法；後人在臨帖觀摩時，鮮少對他們下美醜的定論，因為這都是獨一無二的。從書法中也透露出中國字的字形美，像拉丁語系很難從字母間找到美感或獨特性，這也就是漢語語系中獨有的字形美。如果將字形簡單的區分為上下結構和左右結構，可以發現在飲料的名稱中，幾乎都採用混合形式來呈現，例如：鮮果多，左右（鮮）、上下（果）、上下（多）

結構；黑松為上下（黑）、左右（松）結構；當然也會有一致的，例如：植醇，兩個都可以區分為左右結構、茶上茶都為上下結構、健酪都為左右結構。因此，在飲料這個領域中也可以知道其命名是相當具有創意的，不受限制。

　　商品名稱的審美消費除了可以從上述的音律、字義、字形討論外，也可以從包裝設計來討論。商品名稱字數如果過多，商品的包裝面積又不夠大，是想要在如此狹隘的空間中塞滿字，所顯露出的醜態還會讓消費者想購買嗎？而且也給人壓迫感，這樣的設計就相當要不得。人類所以是萬物之靈就在於具有思考和創造的能力，從早期沒有過多的食物到如今的精緻飲食，顯示出人類可以調整自己的生存空間，也懂得經營生活方式，使得生活品質更美、更好。早期中國以男性為主的傳統觀念，到如今兩性平等，女權高漲，從這樣生活型態的改變也可以發現商品名稱也跟著「時代的潮流而進化」。因此，既然談到「美」，那麼又可以將飲料名稱細分為「女性飲料」與「男性飲料」。

一、女性飲料

　　近幾年來主張兩性平等的人比往年更多。在美國，女性幾乎是所有消費品採購的決策者，內容五花八門，包含了電腦 66% 由女性採購、60% 以上的購車者也是女性等，從各種方面顯示出女性影響力不容小覷。（Jane Cunningham ＆ Philippa Roberts，2007：7）廠商也注意到社會結構的巨大改變，因此開始重視女性的市場。女性和男性的生理構成不一樣，男性喜歡分析、線性邏輯的觀點；女性屬於全腦式的觀點；男性基本反應是動作，女性則是感覺；男性天生對事充滿興趣，女性則是對人有興趣；男性心態趨向為動不動就

系統化，女性則是動不動就同理化。(同上，12)因此，對女性最好的行銷就是「說故事」；這個故事可以是感人的、好笑的、可憐的、需要同情的等，總之就是透過說故事讓女性產生同理心，進而產生消費行為。

科學新知中曾經發表過〈1976年大腦半球的臨床即實驗證據〉，對大腦左、右兩半球進行分析，女性較偏向以全腦式，男性則是偏大腦左半球；女性的後腦橋比男性肥厚，顯示出女性的神經傳達能力比男性高，也更可以連接兩腦解決問題；女性也比較容易溝通、偏直覺、容易學習及消化各種資訊刺激。另外也可以從大腦結構中知道男性是行動派、女性是感覺派。(同上，11-34)

有這樣理論支撐，我可以大膽的用來分析飲料的名稱：早期的飲料幾乎都偏向男性命名為主，這是因為早期農村生活，女性較無地位，家中的經濟大權也掌握在男性手中，因此廠商僅會針對「決策者」進行「行銷」。但是現在男女平等後，女性也是「共同決策者」，甚至可能是「唯一決策者」，因此廠商所行銷的對象也有所修正，像是最近當紅小S廣告——油切綠茶，就是以女性的愛美為策略。現在的世俗美為「瘦」，因此商品主打「瘦」或「健康」當然可以增加銷售，而光看「油切」這個商品名稱，我就感覺到流行美，因為用「切」，而不是用「甩油」或「去油」。切，早期並不會使用這樣的文字，所以從商品名稱中也可以看出時代的潮流。

還有較為著名的幾個商品名稱，例如：美妍社、心茶道、心茶園、每朝健康、果茶物語、午後時光等都是以女性為主要消費者設計。從這些名稱中也可以發現女性喜歡美、喜歡健康、喜歡有貴婦般的下午茶時光、喜歡聊天八卦等；而這些名稱也較易讓女性購買者心動。

二、男性飲料

　　我的母親本身是國小教師，翻開國小學生的美勞畫作，小男孩幾乎畫的都是汽車、機器人等，小女孩幾乎都畫太陽、全家人、洋娃娃、花、草等。這也隱藏著男性從小就是對冰冷的機器、3C 有較高的興趣；男性也喜歡從這些機器中追求競爭、建立階級制度；男性還喜歡比賽、玩遊戲，尤其是打打殺殺或者有破關的遊戲，也因此任天堂等遊戲的命名幾乎都以男性為主的命名方式取名。

　　男性的市場是傳統的既有市場，非女性般的新興市場，因此命名也有相當的歷史脈絡可循，像是早期的黑松沙士、黑面蔡到現在的威豹、蠻牛等，這些命名也相當有趣，幾乎都會藉由動物或人進行某些的象徵、譬喻。這也可能和男性是以線性思考有關：男性對自己的身體健康也不像女性注重，強調實用、好吃好喝就好，因此在啤酒的名稱方面，男性喜歡用產地作為選擇的依據，像是臺灣啤酒、青島啤酒、朝日啤酒等；女性就不會這樣了，女性比較偏向思美洛、冰火這樣子的名稱。

　　審美消費也可以透過修辭來探討，根據圖 2-4-3 美感類型圖將飲料名稱以修辭來討論審美，要將修辭轉移到審美經驗必須要從中獲得感受，這種感受又得從現實的喜怒哀樂混合釀成。根據周慶華《語文教學方法》將美分為模象美（前現代）、造象美（現代）、語言遊戲美（後現代）與超鏈結美（網路時代）。而從模象美可衍生出優美、崇高和悲壯；從造象美可衍生出滑稽和怪誕。（周慶華，2007：250）優美指的是結構和諧、圓滿，可以使人產生純淨的快感，例如：優鮮沛蔓越莓汁、雪山冰釀啤酒（雪山給人白淨的感覺）；崇高指的是形式的結構龐大、變化劇烈，可以使人的情緒振奮高

揚，例如：荷蘭王室巧克力調味乳（給人有種品嚐荷蘭王室御用牛奶）；滑稽指的是形式的結構含有違背常理或矛盾互相衝突的事物，可以引起人的喜悅和發笑，例如：卡打車身體補給水（卡打車會讓人有發笑的感覺）。

審美消費可以從很多不同面向進行討論，當然性別也是其中一個值得討論的要項，但是不論是從哪個面向談美，都足以證明美的命名在飲料中是相當重要的。飲料命名的商業考慮通常都只被討論到經濟利益和創意品牌高格化，其實潛藏的審美消費和文化心靈象徵更是重要，下一節我會針對文化心靈象徵進行討論。

第四節　文化心靈象徵

文化在我們的生活中不斷地內化與顯出它的制約力，也不斷地在改變表面的向度。而東西方的文化不同，所呈現的生活型態也就不同；當中文化與社會、文化與家庭、文化與國家，每一個都是息息相關的。例如中國有神話（如中國民間故事），西方卻沒有神話只有童話（如格林童話），二者之間是互不相干卻也不會互相遷就的。這裡指的文化包含了民族文化與社會文化。不論是哪種文化，也都必定與宗教脫離不了關係。因此，在文化變遷時各民族適應的程度有所差異，這是因為與民族的價值觀、宇宙觀、生活態度、宗教信仰和傳說神話等投射體系有關的文化不易變遷。（李亦園，2004：48）

從前文化與經濟是對立的：文化屬於精神領域，目的是讓人精神有所寄託；而經濟屬於物質領域，目的是讓人賺錢。然而在現今多元的二十一世紀中，經濟與文化早已相輔相成。因此，在探討飲料命名的商業考慮除了經濟外，也不能忽視附帶效應——文化心靈象徵。

　　談到文化，我先從具體的飲食文化談起。飲食的作用可從多方面呈現出來，從祭祖、禮神、敦親、睦鄰、外交、社交、養性、晤友等統統可以透過飲食達到；尤其在現今的社會中，常常會見老友時，就順口一說：「走吧！改天去喝杯『茶』。」為什麼要說喝杯「茶」？而不說喝杯「咖啡」？這也呈現出東西方文化的不同（參見第三章第一節）。而女生相約時會以「喝下午茶後去逛街」，但男生卻以「晚上喝完酒之後去爽一下」，這也呈現出男女性別不同時的差異。這些都顯示出飲料命名時該將它們列入考慮。比如說，替茶類飲料命名時，可先將消費族群淺略劃分為男性和女性。男性則可以採取較陽剛的命名，例如：御茶園、茶裏王；而鎖定女性消費族群時，則可取為午後的午茶、美妍社玫瑰果茶、Le tee 法式果茶。但是倘若是要替酒精性飲料命名時？深受過去的包袱，傳統社會女性往往被定位在「不能喝酒、不能抽菸」，所以菸酒商當然在產品命名時通常會以較多族群者命名，較不會以女性角度命名。有時候為了銷售，除了原本的字面取名外，更需要借由廣告、多媒體的多元識讀來增加人們的印象。這點在廣告中也相當明顯，例如：臺灣啤酒廣告詞中，主打「啊！最青的臺灣ㄅㄧㄝˋㄉㄨㄟˋ」。在此用「最青」給人新鮮的感覺，「ㄅㄧㄝˋㄉㄨㄟˋ」則是臺灣本土語，給人親切感，讓喝酒的人不會再把酒當作冷冰冰的東西。麒麟啤酒也是陽剛味十足（「麒麟」在《現代漢語詞典》中意思是指古代傳說中的一種動物，形狀像鹿，頭上有角，全身有麟甲，有尾。古人拿它象徵祥瑞，簡稱麟）。（中國社會科學院語言研究所詞典編輯室，2006：1073）但近年來文化價值觀的轉變，女性地位提升，所以慢慢也有以女性命名的酒類。例如：思美洛、冰火、可樂那。從茶文化談到酒文化，可以發現傳統的文化價值給女性朋友多麼大的包袱，過去沒有任何一款酒是專門為女性設計的，因為女性根本就不能喝酒。而泡茶也

是男性的權利，親朋好友來家裡時，女主人就會將茶具放好、燒好熱水等待男主人來泡茶接待，女性充其量只是幫忙燒水、放茶具，所以在過去的茶類飲料命名也是以男性為主。

但是反觀在西方社會中被用來當飲料的咖啡，咖啡的英文是coffee，屬於全音譯，咖啡是外國人的主要飲料，而咖啡的命名也有頗妙的法則。通常咖啡的命名不像酒精性飲料會考慮性別，因為在西方的社會中男、女性都可以喝咖啡。咖啡命名法則分為三大類：（一）以生產國家為名（巴西、哥倫比亞、肯亞、葉門、坦尚尼亞）；（二）以山脈為名（藍山、水晶山、吉利馬札羅、安地斯山）；（三）以出港港口為名（摩卡）。從咖啡的命名中就可以發現在西方社會中男性與女性的地位早已平等，或者是差距不多。雖說我們的茶類飲料也有不少是以地名為取名依據，但是畢竟在作為商品名稱時，也頂多成為「附屬性的名稱」，很少是成為直接的商品名稱，例如：御茶園冷山烏龍茶、茶裏王阿里山珠露等。在地名前面還是會冠上一個商品名稱，不像我們去買咖啡，直接就說，我要買摩卡咖啡、卡布奇諾、黑咖啡等。這不啻凸顯出中國重男輕女的觀念與西方男女平等的觀念差異性。

從具體的飲食文化接著談到較為抽象的消費文化，先試問自己，當你在購買商品時，你總是在購買真正必須買的商品？還是只是為了滿足自己一時的情緒？消費者購買非必需品，有時候也是為了達到安撫情緒。（Pamela Danziger，2005：126）有時候其實我們並不渴，也並非十分想要喝飲料，但是就是看到一樣很可愛、很特別、很溫馨的商品，希望達到情緒上的滿足而買來喝。也因此在情緒不好時我們可能會去喝酒或喝茶；在情緒好時可能會喝汽水，而商品的命名的精華也就在於與消費者建立起情感上的連結。Pamela Danziger 曾經提到可口可樂的酸度與甜度剛好，而這個商品品牌也

已經不屬於生產公司，而是屬於消費者，因為消費者以一種發自內心的、情感的方式來擁有這個品牌。(同上，127) 從消費商品名稱中也可以知道該時期的文化現象，像是在數十年前，啤酒就從未有過女性化的名稱，所以可見得那時的女性還是被定位為「不能喝酒」；還有像最近女性熱愛的油切綠茶，這在十年前也從沒有這樣的命名方式，也可以知道現在的女性重視身材的苗條。

從上面的例子可以獲得「商品的名稱就是文化的縮影」，商品的組成包含了當代文化，人們的消費不單純只是商品的使用價值，更重要的是交換價值，當然也包含了複雜的文化心靈象徵。你可曾經仔細想過為什麼 LV 價格如此高卻依舊供不應求？為什麼景氣不好但是去杜拜的人數卻不減反增？除了 M 型消費型態外，還有一個因素就是「炫耀性消費」。炫耀性消費的目的，就是為了滿足自己的心靈，也往往是消費給別人看。這樣的消費型態，也可以從廣告中嗅出端睨：像是洋酒的廣告和本土酒精性飲料廣告兩相比較，很明顯外來酒精性飲料就是給人較崇高的感受，而本土酒精性飲料就比較廉價、親民 (以王建民最近代言的約翰走路和陳昭榮代言的臺灣龍泉啤酒為例)。如約翰走路整支廣告都是在美國的酒吧所拍攝，廣告給人的感覺很時尚、崇高；相較之下，臺灣龍泉啤酒從廣告配樂到代言人，都選擇較親民的陳昭榮。廣告中可以看出炫耀性的消費，那從商品的名稱中也可以看出炫耀性的消費，而這個就是要透過文化的五個次系統作解釋。

根據沈清松的說法，文化是一個歷史性的團體表現其創造力的歷程和結果的整體，當中包含了終極信仰、觀念系統、規範系統、表現系統和行動系統。(沈清松，1986：24) 再透過圖 2-4-4 來解釋飲料的文化現象：先將文化區分為創造觀型文化、氣化觀型文化和緣起觀型文化三大系統；而在各自五個次系統中，飲料的名稱屬於行動系統，必須往上推方可獲知最終的終極信仰。以三種礦泉水

為例，分別是：芙達天然礦泉水、多喝水和佛光山的大悲咒水，光從商品名稱就可以臆測三種分屬於哪個文化系統，因為不同文化系統會透露出不同的命名方式。在中國氣化觀型文化，氣是疏淡流通的，人們看商品名稱就是儘可能的簡單就好，往往不喜歡太複雜的東西，所以既然是礦泉水，那就取名叫多喝水吧！反正本來就應該多喝水，這樣的命名方式，可以很清楚的知道商品類別。而西方創造觀型文化，強調創造，因此商品的命名重視創意，不希望讓消費者直接看名稱就猜出類別，所以會有專門的命名公司；他們深信，將商品穿上一件華麗的外衣（名稱）可以增加附加價值。然而在緣起觀型文化中，凡事都以解脫為尚，涅槃的思想也造就眾多虔誠的信徒，對食品不會有什麼奢求。也因為這樣，所以緣起觀型文化的飲料商品不多。我在佛光山蒐集到「大悲咒水」，大悲咒水是觀世音菩薩加持過後供信徒裝罐，可以喝平安；由於佛光山並非營利機構，因此命名完全沒有從商業考量，而是讓信徒隨意添香油錢。

是怎樣的因素造成東西方在飲料的命名有如此大的差異？旅美人類學家許烺光認為美國人鼓勵個人行為的獨特表現，並以個人為中心的社會；中國人注重於個人行為的順從習俗，以處境為中心的社會，因此美國人的人格結構較適於變動的環境，對於新的變動有絕大的適應力；反之中國人傳統對個人規範要求極嚴，容許的行為差異極小。（引自李亦園，2004：67）根據許烺光的論點，更可以再從其背後的文化因素深掘探究，例如：美國傳統的社會就是小家庭，所以在家中每個人的地位都相等，吃飯時大家共同吃飯；反觀中國傳統文化，婦女在吃飯前就必須張羅飯菜，又只能在大家都快要吃飽時才開始享用，等到吃飽後又得收拾殘局，這些都是在西方社會難以見到的，而其背後也和終極信仰相關。這在第七章會將飲料帶入三大文化系統，作更詳盡的論述。

第五章　飲料命名的方式與類型

第一節　本土飲料命名的方式

　　這一部分主要針對本土飲料命名的方式、外來飲料命名的方式、飲料命名的類型和飲料命名的方式與類型的系聯等加以探討。不論是本土的命名方式或是外來語命名方式都隱藏著不同美感與文化特性；當中飲料命名的方式又細分成數種不同的類型及其相對應的審美感興和文化意涵。

　　「善始者起於名，善終者成於名」，從這一句簡單的俗諺中，了解到產品名稱不只是個名稱，更是企業經營理念、商品特性、市場定位和消費心理的綜合表現，也是思想觀念、心理因素、生理因素、語言學等對應下的言語行為，也會表現出流行趨勢和社會觀念的差異。本土飲料與外來飲料的命名方式會因為社會背景因素不同而有所差異，這個在我所收集來的飲料樣本中很明顯可以看出。因此，在這一節中，會先針對本土飲料命名的方式作深入的探討。

　　在第二章第三節文獻探討中，已經針對目前學者們有關漢語語系的品牌研究作歸類（詳見表 2-3-1），只是商品名稱的命名方式和品牌不一樣，而且飲料這個大眾又親民的物品，在命名時又有其獨有的特色，而這在目前卻未找到任何相關文獻，這是蠻可惜的，所以在這裡我先作初步的探討。

　　所有的飲料商品名稱幾乎都是由字或詞彙所構成，鮮少會以句來表示：一來字數多，版面看起來就不美觀；二來也不符合命名的

原則——易記、易唸。因此我將所有可見的飲料當作樣本,依據劉月華(2007)的詞彙學分類作分析。

　　詞彙學內涵的學問高深複雜,一個好的詞彙可以加速人的印象,這牽涉的審美有:詞彙給人怎樣的感覺?是怎樣的美?不同的詞彙會呈現不同的美嗎?而這得從詞彙的分類方式談起。根據劉月華《實用現代漢語語法》中的說法,漢語的詞從構造上可以分為三類:單純詞、合成詞和縮合詞。(劉月華,2007:10-16)可先將其依字數不同作區分,兩個字數的與兩個字數的相比,三個字數的與三個字數的相比,依此類推,而飲料名稱既然也是採用語言符號,那麼它的命名自然不脫使用單純詞、合成詞和縮合詞等構詞方式的範圍(詳見圖 5-1-1)。

一、使用單純詞的方式

　　單純詞是由一個語素構成的,在語音上以單音節居多,例如:「天」、「地」等。但單純詞也有雙音節的,例如:「葡萄」、「咖啡」。三音節以上的單純詞很多都來自於外來詞,也叫譯音詞。(劉月華,2007:10-11)在這類中先將外來飲料以翻譯成中文部分加以討論,本章第二節會再針對如何從外文轉換為中文的方式進行探究。而單純詞的飲料有:康貝特飲料,「康」、「貝」、「特」三個字將其拆為單字,則不具意義,當三個字合併組成後,還是不具任何的意義。在商品命名中蠻常使用這樣子的方式命名,因為可以增加商品命名時的創意;另外新創詞也有很多使用這種方式,例如:「卡打車」身體補給水。此外,地名、國名、人名和外來詞也都歸為單純詞,這是因為將其字詞拆開後,可能不具有原本要表達的意思,例如:「臺灣啤酒」,臺灣拆開後不具有意義、「威廉奶茶」威和廉拆開後也不具有意義,因此也為單純詞。

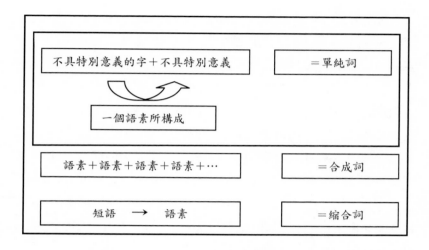

圖 5-1-1 單純詞、合成詞和縮合詞的示意圖

二、使用合成詞的方式

　　合成詞是由兩個或兩個以上的語素構成的。構詞法就是研究語素構成合成詞的方法。漢語的合成詞由三種方式構成：分別為重疊方式、派生方式和複合方式。（同上，11-12）重疊方式是指使用重疊來構成詞，這類在飲料的名稱中，也會給人童言童語或擬聲的感覺；重疊部分除了原本的意思外，通常都會有新的延伸義，並且可以當作新的詞彙使用。像是「津津」蘆筍汁、「多多」；另外在大陸也有「哇哈哈」。而在飲料以外的其他食品產品中也很常見，像是「旺旺」仙貝。可以從「津津」、「多多」、「哇哈哈」、「旺旺」、「乖乖」中感受到童言童語或擬聲。在食品工業，尤其是一般的休閒食品中時常使用這樣的命名手法。這是因為該商品可能將目標消費族群鎖定為幼童；而不論是否識字的幼童，也都會感到好玩、有趣、甚至於該商品和他們是「同一國」。

　　派生方式，也稱為附加法。在合成詞中，是由詞根語素[1]加詞綴語素[2]所構成詞的方式。以派生法構成詞叫派生詞。派生詞的詞義是由詞根語素和詞綴語素所合成的。也就是說，詞綴語素在詞中，不但有抽象的語法意義，通常更會具有一定限制和補充詞根語素意義的作用。漢語派生詞構詞方式可分為三種：分別為前綴式構詞、後綴式構詞和前綴和後綴合用的複雜構詞方式。前綴式構詞，是指在詞根語素前面的詞綴稱為前綴，這一種在漢語飲料命名中並不多。（劉月華，2007：12-13）常見的有「阿」、「老」、「第」、「初」、「小」等，例如：「阿薩姆」奶茶。後綴式構詞，是指在詞根語素後面的語素叫後綴。常見的後綴有「子」、「實」、「者」、「化」、「然」等。在飲料中屬於這一類的命名，例如：「悅氏」礦泉水。前綴和後綴合用的複雜構詞方式，又可以再細分為三種：分別為（詞根＋詞根）＋詞綴，如「奈奈子」蜂蜜檸檬飲料、「茶裏王」茶類飲料；詞根＋（詞根＋詞綴），如「可樂那」啤酒、「超美形」蔬果汁；詞綴＋〔（詞根＋詞綴）＋詞綴〕，如「三葉茗茶」茶類飲料、「老虎牙子」機能性飲料、「乳香世家」鮮乳。

　　複合方式，也稱為複合法，是指由兩個或兩個以上的詞根語素構成詞的方式。用複合方式所構成的詞叫複合詞。複合詞又可以根據詞根語素之間的關係分為並列複合詞、偏正複合詞、動補複合詞、動賓複合詞、主謂複合詞以及複雜複合詞等。在飲料產品中，絕大多數都屬於並列複合詞或偏正複合詞。並列複合詞也稱為聯合複合詞，指的是根據兩個意義相同、相反或是相對的語素並列在一起所構成的。在這類複合詞中，各個語素是平等的、沒有分主次的。（同上，13-15）例如：「朝日」啤酒，根據《教育部重編國語辭典》，

---

[1]　詞根語素是含有詞彙意義的。
[2]　詞綴語素又稱為附加語素，指不具有實際的詞彙意義而只用來構詞。

朝有三個意思：早晨、日或天和姓氏（教育部，1997），白天，在這裡指的是日或天，用法等同於「有朝一日」，所以朝和日是為並列複合詞，因為朝和日兩個語素是平等的並且也沒有分主次。又如「麒麟」啤酒，根據《教育部重編國語辭典》，麒麟是一種傳說中罕見的神獸，形似鹿，但體積大，牛尾、馬蹄，頭上有獨角，背上有五彩毛紋，腹部有黃色毛，雄者稱為「麟」，雌者稱為「麒」，統稱為「麒麟」。（教育部，1994）所以麒麟兩個語素也是平等的，沒有分主次，因此也是並列複合詞。又如「古早」仙草寒天，古和早類似於昔和今，雖是反義詞，但是兩個語素也是平等的，所以也是並列複合詞。偏正複合詞是指組成的兩個語素中，前一個語素修飾後一個語素，後者是中心成分。例如：「蠻牛」機能性飲料，前面的「蠻」可以解釋為野蠻、兇蠻、蠻力等，用來修飾後面的中心成分牛，所以可以解釋為野蠻的牛，因此為偏正複合詞。又如「古道」梅子綠茶，古解釋為古老或舊的，用來形容後面的道，到解釋為道路，因此古道就成為古老的道路，所以也是偏正複合詞。又如「雪山」冰釀啤酒，雪指雪白的，用來形容後面的山，也就解釋為雪白的山。又如「金車沙士」，金解釋為金色的，用來修飾後面的中心成分車，車為車子，所以可以解釋為金色的車子，因此金車的商標就是一臺金色的車子（詳見金車股份有限公司商標）。動補複合詞也稱為補充式複合詞或後補複合詞，是指由一個動素或形素後面再加上一個補語性語素共同構成的。按照動補複合詞的兩個語素之間的關係又可以分為：結果動補複合詞，例如「鮮剖」香椰原汁；趨向動補複合詞，此類複合詞用在飲料中未見。動賓複合詞通常由一個動詞語素和一個動詞語素具有動賓關係的名素構成的，例如：「舒跑」運動飲料，跑是一個動詞語素，而舒和動詞語素具有動賓關係，因此可以歸類為動賓複合詞。主謂複合詞的兩個詞根語素的結構關

係類似句法的主語和謂語關係，例如：「波蜜」果菜汁，波為主語，蜜為謂語，波和蜜都可以當作詞根語素，因此為主謂複合詞。最後一種是複雜複合詞，複合詞大部分是由兩個語素組成的，但是也有一些是由三個字和三個字以上的語素組成的，而不是由兩個語素所構成的複合詞均稱為複雜複合詞。複雜複合詞結構關係和雙音節複合詞的結構關係差異不大，並且也包含並列式、偏正式、動賓式、主謂式，差別在於其各語素間的排列和組合關係，可先將語素細分為動素、名素和形素，再將各語素排列組合進行替換，因此又可以再分為八種關係：分別為形素＋〔名素＋名素〕；〔形素＋名素〕＋名素；〔動素＋動素〕＋名素；〔動素＋形素〕＋名素；〔動素＋形素（動補關係）〕＋名素；〔動素＋名素（動賓關係）〕＋名素；〔名素＋動素〕＋名素；〔名素＋名素〕＋名素。（劉月華，2007：15）這些在此就不再細論，這是因為商品在命名時，或許只能假設、臆測廠商命名時的依據、想法、理由、來源等，但是未必正確。像是「美妍社」，廠商或許把美定義為美麗的，妍定義為豔麗、美好，社定義為廠所、公司，但是是否也可以將當中的美從形素轉為名素，解釋為漂亮的女子，改成動素變成誇獎、讚美，因此在這裡就不再細談，只就大項歸結。

三、使用縮合詞的方式

這種方式是把短語縮減過語素，按照原來的次序組合成詞。這類在品牌名稱中較常看到，而在商品名稱中則很少見。這是因為商品必須用全銜讓人明瞭，倘若用縮合的方式，則可能會有些消費者看不懂；不過在品牌中卻時常可以看到這樣的運用，像是 3M、LV、Bens。畢竟倘若每一回都要使用全銜，不但不符合命名原則

中的易記、易唸，更不符合讓人易聯想；不過因為品牌做大了，所以久而久之大家也就習慣使用縮合的方式。這在飲料中我僅只發現兩例，分別是「可口可樂」和「JT」。「可口可樂」這是全銜，但是有多少人會每一回都說我要買「可口可樂」？幾乎都會說我要買「可樂」，所以這也可以為縮合詞中最佳的例子。不過我並不會將可口可樂歸類在下表中的縮合詞中，這是因為可口可樂是外來的飲料，因此將會在本章第二節的表 5-2-3 中呈現。一般而言，要使用成為縮合詞的商品名稱，幾乎都要有段歷史，或是成為該類飲品中的代名詞，像是可口可樂就成為可樂的代名詞，講到可樂應該不會有人在第一時間直接聯想到百事可樂或是其他廠牌。因此，也可以說，能夠使用這類型的飲料名稱都是銷售亮眼且獨霸該類別市場。

　　針對上述，我就將飲料命名的方式固定為三類：使用單純詞的方式、使用合成詞的方式和使用縮合詞的方式（如表 5-1-1）。而這將會扣除外來飲料名稱的命名方式，只針對本土的飲料名稱命名方式進行分類（外來飲料名稱命名方式的分類則會在本章第二節詳論。）然而，有些飲料是本土自製的飲料，非進口的，但是卻以外來的名稱來命名或是在表中飲料商品名稱旁邊加＊，則代表可能是臺灣廠商進口外國飲料或是臺灣廠商仿傚外國命名方式，也就是說我不確定是否單純的為本土自製飲料，此類也將會在本節表中和下節表中一起呈現。畢竟，我們都不是員工，所以無法正確得知商品究竟真的是本土自製還是透過第三國進口？因此，單就本土飲料商品名稱以詞彙學為依據分類為下表：

表 5-1-1　本土飲料名稱的命名方式類型

飲料名稱的命名方式　飲料種類	使用單純詞的方式	使用合成詞的方式	使用縮合詞的方式
本土酒精性飲料	臺灣、青島	龍泉	0
外來酒精性飲料	0	0	0
茶飲料	泰山、悅氏、立頓*、威廉*、阿薩姆*	古道、竹碳、生活、麥香、伴點、健茶到、心茶園、心茶道、茶裏王、美妍社、冷泡茶、茶上茶、分解茶、同濟堂、莎莎亞、清茶館、三葉茗茶、臺灣茶館、絕品好茶、每朝健康、茉莉茶園、光泉茶飲、果茶物語、午後的時光*、飲冰室茶集、純喫茶、愛之味*	0
果蔬汁飲料	波蜜	鮮剖、津津、黑面蔡、每日 C*、超美形*、多果汁、園之味、鮮果多、鮮果園、原味本舖、纖果食感、自然果粒、原味果感、蔬果 579、可果美、愛之味*、光泉、美粒果*	0
咖啡飲料	伯朗*、曼特寧*、曼仕德*、貝納頌*	藍山*、左岸、醇品*、極品風味、輕鬆小品、咖啡廣場、咖啡工坊、36 法郎*、油切*	0
水飲料	斐濟*、悅氏	竹碳、多喝水、麥飯石、有水準、深命力、臺鹽	0
碳酸飲料	無	黑松、蘋果西打	0
機能性飲料	康貝特、威德-in	威豹、蠻牛、老虎牙子	0
運動飲料	健酪、卡打車、	寶健、舒跑、維他露 P、寶礦力水得	0
乳製品飲料	瑞穗、統一、植醇、林鳳營、LP33、ABLS、LCA506	光泉、味全、多多、首席藍帶*、極品限定、荷蘭王室、乳香世家、產地嚴選*、啤酒酵母、蜜豆奶	0
總計	25	81	0

　　從上表可以知道，絕大部分的飲料商品名稱還是以合成詞的方式命名居多。由於合成詞又可以細分為許多類型，像是重疊方式、派生方式和複合方式；而派生方式也可以再細分為多種類型（見前）頗多變化，所以商品名稱以此取名的為多。此外在複合方式部分，

又以偏正複合詞的方式取名為多，這是因為用形容詞（中心修飾詞）加上名詞中心語，這樣的組構更可以強化商品的特色。例如：「蠻牛」機能性飲料，用蠻來形容牛，就是野蠻的牛；「金車」沙士，用金色形容車，代表金色的車。

在表 5-1-1 是以詞彙學的角度對本土飲料命名的方式進行分類，藉以方便理解統攝，但是我也不排除還有其他分類的可能性，例如：透過語言學的角度對語音、字頻等分類方式。不過商品名稱畢竟是由詞所構成，而詞又是由字所組成，因此我選擇以詞彙學的構詞原則來進行分類。當然，有興趣的研究者可以再形成另外一套架構；只是詞彙是最基本的，捨此很難找到可以用來恰切指稱的概念。

在臺灣的市售飲料，也有很多四個字或更多字的商品名稱是由多個詞彙所構成的，而將其拆開來檢視後可以發現，各個詞彙也都在中央研究院的現代漢語平衡語料庫中，代表是常用的詞彙。這也足以證明，飲料命名時，廠商還是會選擇較平實簡單的詞彙。例如：「極品限定富士蘋果牛奶」雖然長達十個字，但是仔細拆開後可以變成「極品」＋「限定」＋「富士」＋「蘋果」＋「牛奶」，而且都在漢語平衡語料庫中可以搜尋到，屬於常用詞彙。因此也可以說，飲料商品名稱源於常用的語料庫。在漢語中，每一個字都有意義，各個字組合起來的詞彙又會有不同的意義，所以在命名時必須用字小心。

外來飲料先不論其從外語如何轉換成中文的過程，先僅以其中文名稱來探討。很多外來飲料的名稱都是「單純詞」，單就詞面來看，是無法看出任何的意義，這是因為西方不希望產品名稱受到制約。也有些外來飲料的命名會以合成詞方式取名，像是首席藍帶、英式墨菲等，用兩個有各自意義的詞結合成為另外新的詞，這樣的命名方式也很特別；而在臺灣近幾年來，也陸續有不少飲料採取這樣的命名方式。De Klerk & Bosch 認為英語名字絕大多數都是毫無

意義的。(引自黃月圓、陳潔光、衛志強，2003)因此，這也可以說明英文的商品名稱很多都是新創詞，獨特的。

臺灣已經加入世界貿易組織，又現在是強調國際化的地球村時代，所有的商業行為都是全球化的競爭，而不像過去一樣的單純；不但價格競爭、成本競爭、技術競爭，連最重要的商品名稱也都在競爭。所以從上面的探討也可以明白，漢語的商品名稱是非常獨特的應用語言學領域，臺灣的市售飲料以偏正複合詞為多，了解此一特點，對於未來企業在命名時更有所依據。

第二節　外來飲料命名的方式

隨著經濟全球化不斷進步，把自己的品牌推向世界是每一個廠商的最終目標，然而各式飲料的原產國來自於世界各地，可能會因當地的文化不同、語言差異而有不同的命名；然而在出口至第三國時，又該如何進行語言的轉換？過去幾十年來，美國的語言系統是大家所共同認定的世界語言，英語更是被視為國際語言，因此不論在出口時的出口單上或是進口到第三國的報關單大部分都需要有英文品名，也因為如此，英文就成為新型的商業宣傳方式。臺灣是屬於海島型國家，四面環海，也是世界海運的重要樞紐，因此在臺灣可以看見世界各地的各式各樣商品；但是當商品一旦輸入到臺灣時，該如何替商品進行語言的轉換？是該維持它原本的商品名稱嗎？抑或是重新取個適合臺灣人口味的商品名稱？不論商品名稱是否有進行轉換，都必須要有一個中文的商品名稱，儘管該商品的包裝外圍上沒有中文名稱，但是在報關單上也必須註明清楚。

倘若商品本身就是從英語系國家輸入，則會面臨到在轉換成中文時是採用怎樣的轉換法；另外，英文在命名時不但要考慮英文本

身語意，更要注意英文在轉譯成中文時該如何轉換的問題。根據趙元任在〈借語舉例〉中說：「一種語言摻雜外國話跟真正的借語完全是兩回事。前者純粹用外國音的外國話，後者是遷就本國的音系來借用外國的語詞。」（引自陳光明，2001）按照這個定義，我們就可以把 LCA 發酵乳等排除在外了。又湯廷池《漢語詞法句法續集》，將外來詞分成「轉借詞」、「譯音詞」、「譯義詞」、「音譯兼用詞」、「形聲詞」五種。「轉借詞」指將外國語詞彙直接借入而不作任何音或義上的修正，如英文的「KTV」、日文的「元氣」；「譯音詞」是利用本國語的音去譯成外國語的義，如理則學（logic）；「音譯兼用詞」指音譯義二者混用的情形，如蘋果派（apple pie）；「形聲詞」指利用部首偏旁的形符或聲符來翻譯外國語詞彙，如氧（oxygen）。（湯廷池，1989：96-99）此外，在陳光明則將外來詞的分類性質進一步彙整為「譯音」、「譯音加類名」、「半譯音半譯義」、「音義兼譯」、「借譯」和「義譯」。（陳光明，2001）有關外來商品如何進行語言的轉換在第二章第三節均有探討過，根據陳光明（2001）將外來語的分類方式是以中文對照至英文；而劉娟（2006）則是以外來語如何轉換至中文的方式。因此，倘若是要看臺灣飲料外銷至國外時，如何從中文轉換為英文，則必須參見其歸類方式；然而如果是以國外飲料進口至臺灣，則不妨用劉娟的分類方式。本論述主要研究對象為在臺灣市面上所見的市售飲料，因此不考慮外銷至國外的臺灣飲料是如何進行英語轉換的。

表 5-2-1　陳光明中文轉換至英文與劉娟英文轉換至中文對照表

陳光明	譯音	譯音加類名	半譯音半譯義	音義兼譯	借譯	義譯		
劉娟	音譯		音譯+意譯			意譯	直譯	不譯

上表是中文轉換至外來語和外來語轉換至中文的對照表，當中格子反黑並且未填上任何的字，表示無法對應。劉娟主要針對品牌的譯法，而陳光明為針對外來語的類型，因此劉娟可能分類會稍有缺失，畢竟品牌語言不足以代表全部的語言類型；不過仍可以用此表加以對照。且本論述主要探究的是目前臺灣市售飲料中的外來飲料是如何進行語言的轉換，因此以品牌語言為較接近的研究標的。另外，再依據飲料的性質與命名特性，我將採用劉娟〈如此命名為哪般〉中的分類方式，分成五種：分別為音譯、意譯、音譯+意譯、直譯和不譯。

一、音譯

以中文的角度轉換成英文時，稱為譯音，是只單純用漢字翻譯為外來語的語音，完全不顧及意思，此類商品是從臺灣外銷至國外時所必須考慮的。臺灣外銷的飲料較少，因此這類型的商品不多，例如：黑松音譯為 HEY-SONG。而從英文的角度轉換為中文時則稱為音譯，通常是不具有任何意義，只因為聲音與中文接近，因此如此取名，通常也會以英文的原名出現。（劉娟，2006）例如：麒麟的原產國是日本，英文為 Kirin，直接音譯為麒麟；Smirnoff 音譯為思美洛；VODA 音譯為芙達；VOLVIC 音譯為富維克；Miller 音譯為美樂。不論思美洛或是芙達、富維克或美樂都不具有任何的意義。

二、意譯

用中文的角度轉換成英文時，稱為義譯，根據原本中文商品名稱的意義，用漢語的原本的構詞法所產生新造詞加以翻譯，像是多

喝水的義譯為 more water；而從英文轉換為中文時則稱為意譯。例如：ICE FIRE 就沒有音譯維艾絲法爾，而意譯為冰火；Red-Bull 也沒有音譯成蕊貝爾，而意譯為紅牛。這樣直接翻譯的方式通常也是最省事的。

三、音譯+意譯

這也稱為音義兼譯，用中文的音對譯英文，或用英文對譯中文，具有內部結構，可以展現、表達出原本的中文或英文欲表達的意思，並且音也接近。例如：COCA-COLA 音譯+意譯為可口可樂，其實該商品最早是叫做可口可辣，後來因為名稱不好聽，感覺喝完之後就會辣，或者是喝該商品會辣，所以才又改名為可口可樂（詳見第一章第一節）；另外還有 DailyC 音譯+意譯為每日 C，後來廠商也曾經一度將其稱為每日吸，C 與吸為音譯，而 Daily 意譯為每日、每天。這樣的命名類型可以展現商品的特色，又可以保留聲音的美感，也是種不錯的選擇。

四、直譯

通常為不好翻譯，也無法從中文字面意思找到該商品的相關訊息，在臺灣市售的飲料鮮少會以此為命名方式，因為飲料是親民的，倘若使用太過艱深、難懂的中文則會變得不親民；而直譯和意譯的差別在於直譯較艱澀、難翻譯，意譯則容易找到相對應的中文字進行翻譯。直譯的商品名稱有 Microsoft 直譯為微軟，本來在臺灣是沒有微軟這個詞彙，但是因為 Microsoft 也不容易進行音譯，所以後來才又取直譯為微軟，從字面上可以看出是販售電腦或軟體

相關的商品。此種商品也可以被認定為是新義詞,也就是原本沒有這個詞彙,因為外來詞而賦予其中文新產生的意思。

五、不譯

　　很多歐美品牌是十分有個性的,可能會覺得我要保留我自己本身品牌的特性、名稱,不希望因為改變販售地點而改變商品的名稱。由於近幾年來日劇、韓劇吹襲臺灣,也連帶影響消費習慣,在過去總以為舶來品就是歐洲、美國來的才算是,覺得日本與韓國離我們似乎距離不遠,所以稱不算是外來飲料;又臺灣的便利超商,許多都是日商為主的經營體系,因此日本飲料、韓國飲料也陸續的喜歡使用這樣子的取名方式。例如:大好き活菌多,此商品就沒有改變成為最喜歡的活菌多,而保留原產國的命名方式;JT 維他命飲料原產國為日本,其在日本銷售時就已經命名為 JT,並沒有因為外銷至臺灣而再重新替該商品取新的中文名稱,因此也為不譯。此外在其他商品還有像是 3M、BMW、LV 等,或許消費者知道全稱是什麼,但是通常往往不會說全稱只會用縮寫,此為不譯。

　　另外,隨著時代變遷,現代人講求創意,因此有了新造詞。這一類和直譯的差別,在於直譯還可能從字面看出販售物品或其他訊息,然而新造詞則是完全無法從字面得知。通常這類在飲料顯現雖有創意,但是前面說過了,飲料必須要親民,倘若太過於難懂、艱澀,則失去飲料的定位。只不過仍有商品名稱以此為命名的方式,例如:Orangina 法奇那,Orangina 有人會認為是音譯,但是 Or 應該發為歐,所以倘若是音譯則為歐奇那。這種現象也或許是未來飲料市場中可以加以嘗試,畢竟消費者可能隨著時代不同而改變其消費的習慣、特性。另外,我將其整理為表 5-2-1。

表 5-2-2　臺灣市售常見外來飲料命名轉譯類型

轉譯方式 飲料種類	音譯	意譯	音譯+意譯	直譯	不譯
茶類 飲料	AriZona （亞利桑那）	無	無	無	果茶物語、十六茶、La tee、油切、燃燒系、伊藤園 DAKARA
碳酸 飲料	カルピス （可爾必思）	無	COCA-COLA （可口可樂）	無	無
果蔬汁 飲料	無	無	DailyC （每日 C） ocean spray （優鮮沛）	無	Qoo、奈奈子野菜と果實、C.C.Lemon
乳製品 飲料	無	Dr.Milker （鮮奶專家）	無	無	大好き活菌多、一番鮮
咖啡飲料	無	無	無	無	UCC、Boss、ASAHI WONDA、
運動 飲料	Supau （舒跑）	Aquarius （水瓶座）	無	無	無
機能 飲料	無	Red-Bull （紅牛）	無	無	JT 維他命飲料
水飲料	VODA（芙達） VOLVIC（富維克）	無	無	無	VOSSA、UNI、超の油切、Evia evian
外來酒精性 飲料	Kirin（麒麟）、Smirnoff（思美洛）、Miller（美樂）、Heineken（海尼根）、Budweiser（百威）	ICE FIRE （冰火）	無	無	朝日
本土酒精性 飲料	無	無	無	無	無
合計	10	4	3	0	22

　　由上表可知，進口至臺灣的飲料，還是以不譯為最多，音譯為次多，直譯最少（無），這可能是因為飲料不需要使用過度難理解的字彙讓消費者不易理解，這樣會導致反效果。另外，不譯最多則

可以方便海外的布局，不至於在各個國家都使用不同的名稱。現在出國十分方便，倘若使用不同名稱，則你到了原產國可能就不知道其實手上拿的飲料在臺灣你已經喝過了。也就是說，倘若使用不譯，可以增加商品的曝光度，這也就是外來酒精性飲料幾乎以此為命名的方式。

近幾年來，日劇、韓劇陸續的席捲臺灣市場，使得國人對這些國家產生了憧憬與幻想，連帶影響消費者的行為。又因為臺灣很多的便利超商都有日資，舉凡全家、統一超商等；另外在臺灣也有相當多的日本食品廠商，例如：可果美、朝日、三得利、麒麟等，所以日本的商品在臺灣十分常見。日文有平假名、片假名和漢字，而該漢字和中文更有幾分雷同，畢竟歷史的包袱、地理的關係等，也讓彼此產生好奇。日本人每年來臺人數超過一百萬人，而國人出國到日本的人數也相當多，所以如果在飲料的市場中可以統一名稱，也可以讓彼此出國對於陌生的飲料少些擔憂，可以選擇自己較有信心且認識的來飲用。目前臺灣市售飲料，分布最多的外來語就是日文符號和漢字。（佚名，2005）雖然衛生署有明文規定食品都必須附上中文標示，但是像「油切」是中文卻也是日文的情況諸多，油切這個詞彙和臺語中的「去油」意思相近，但是如果要就審美的效果來審視，油切絕對比去油好聽且好唸；外加油切也是日本近幾年來興起的健康風潮，像是「油切綠茶」、「燃燒系」、「一番鮮」、「一番榨」、「元氣の飲」和「每朝」等，這些飲料都未經過日文轉換到英文再轉換到中文的階段，或是日文轉換到中文的階段，保留原汁原味，或許這也是廠商相中臺灣人崇洋媚日的心態吧！我也將日本的飲料在進口至臺灣的名稱類型，大致上分成四種：

（一）日文→英文→中文

　　如：サントリ→ Suntory→三得利。

（二）日文→英文→日文＋英文

　　　如：朝日→Asahi→朝日＋Asahi。

（三）日文→中文

　　　如：午后の紅茶→午后的紅茶。

（四）保留原有日文不進行轉換

　　　如：伊藤園、大好き、麒麟一番榨り、燃燒系、一番鮮、油
　　　　　切、每朝健康。

　　從日本的飲料來看，以保留原有的日文不進行轉換為最多。這與臺灣消費者行為有關：從小的教育就告訴我們，日本很有錢、消費很高、有迪士尼樂園等，因此根深蒂固的觀念不自覺產生哈日或媚日的心態，總會感覺商品如果直接用日文呈現，似乎可以比較高尚；也因為這些因素，所以省去廠商再重新命名的麻煩與困擾，乾脆把原產國的設計、包裝、名稱直接拿來臺灣沿用。不只飲料，很多日本進口至臺灣的商品均是如此。這樣的特殊情形不能責怪廠商不負責，因為消費者導向影響廠商的決定權。不過臺灣市售飲料還有另外一種特殊現象，就是該商品根本就不是或成分不全部從商品名稱著名的地方進口，但是卻以該地或該國為商品名稱，例如：一番鮮北海道優質特農鮮乳、荷蘭王室巧克力調味乳、產地嚴選富士蘋果、極品限定富士蘋果牛奶，難道真的鮮乳每天都千里迢迢的從荷蘭、北海道運送？這些現象也足以說明臺灣消費者「盲目」媚外的特殊心態。

　　外來飲料命名的方式其實可以根據原產國不同進行不同的歸類方式，好比如果是從日本進口至臺灣或是從美國、英國進口來的命名方式就可能會略有差距；另外像是韓國，在過去很少在臺灣看到韓國貨，但最近卻也有增加的趨勢，韓國貨品也幾乎都會以原本的文字呈現，鮮少會從韓文轉換成英文再轉換成中文。不過，綜觀

所有的外來飲料商品名稱，我還是覺得「COCA-COLA」在臺灣雖然音譯+意譯變成「可口可樂」，但是在包裝上仍會以英文來呈現，這使得全世界的人不論走到哪一個國家都可以看到該商品，並且名稱也都一樣，並不會因為你在印度「COCA-COLA」就換了個名稱。因此，我認為這樣的命名是最理想的，也可以提供其他廠商倘若要外銷至其他各國時可以以此為例；而進口至臺灣的日本飲料，我建議可以將商品名稱改成較富有吸引力的中文名稱，但是旁邊外圍的包裝設計仍可以維持日文呈現。畢竟在臺灣仍不是每位消費者都懂日文，倘若可以將名稱命名得有趣、好聽，外加設計等特色維持為日文，這樣消費者不但可以明瞭商品的販售內容物，更不會忘記他手中拿的是舶來品（日本貨）。不過韓國的商品我仍建議維持目前的命名方式，保留原本的韓文，因為韓國進口至臺灣的飲料畢竟不像日本一樣歷史悠久，所以可以詳見日本模式，先以韓文呈現，約莫再過數年後，才考慮轉換成中文，旁邊設計仍維持韓文，原理與日本的相同。

　　雖然外來飲料命名的轉譯類型可以因為語言系統的不同而再作細分，像是日本與臺灣地理位置較接近外加上許多歷史等外在影響因素而導致商業命名可能會跟英語系統有所差異，但是仍可以將其分類（見表 5-2-2），而再細分為音譯、意譯、音譯+意譯、直譯和不譯之後必須還要再將外來飲料的中文名稱再一次的進行詞彙學的對應，也就是本章第一節針對語言學的分類方式（見表 5-1-1），將中文分成使用單純詞的方式、使用合成詞的方式和使用縮合詞的方式。而在這一部分中就不再探討外來飲料是如何進行語言的轉換，單純的只針對其「中文名稱」進行「中文分類」。外來飲料商品名稱中會遇到商品名稱以不譯的方式呈現，這樣在中文的詞彙學分類中，我會將其歸類為使用單純詞的方式。因為單純詞是

詞彙單獨拆開後不具任何意義的，例如：FIN，FIN 不是縮合詞，將其拆開後成為 F、I、N 後，也不具有個別的意義，因此歸類為單純詞。但是另外像是 JT，JT 是日本企業 JT 株式會社的簡稱，它是直接以品牌作為商品名稱，因此歸類為使用縮合詞的方式。此外，還有像是三寶樂、酷斯樂、海尼根、可樂那等新創詞，這些都是漢語本來沒有的詞彙，因此會針對詞彙的特性進行分類，像是三寶樂可拆解為三寶＋樂，因此歸類為使用合成詞的方式。但是酷斯樂則無法像三寶樂一樣進行解析，而是各自有其字義而合在一起後卻沒有特別的意思，因此歸類為使用單純詞的方式。同樣的，海尼根也是無法拆解為海尼＋根或是海＋尼根，因此也為使用單純詞的方式。可樂那可拆解為可樂＋那，歸類為使用合成詞的方式。以上整理成表 5-2-3。

表 5-2-3　外來飲料名稱的命名方式類型

飲料名稱的命名方式　飲料種類	使用單純詞的方式	使用合成詞的方式	使用縮合詞的方式
本土酒精性飲料	0	0	0
外來酒精性飲料	麥格、酷斯樂、海尼根、思美洛、百威	冰火、雪山、美樂、朝日、麒麟霸、英式墨菲、麒麟、三寶樂、可樂那	0
茶飲料	立頓、威廉、阿薩姆	莎莎亞、每朝健康、果茶物語、午後的時光、愛之味、伊藤園	0
果蔬汁飲料	可爾必思、Qoo	每日 C、可果美、優鮮沛、愛之味、三得利、奈奈子、美粒果	0
咖啡飲料	曼特寧、曼仕德、UCC、伯朗、貝納頌、DyDoD-1、韋恩	藍山、左岸、36 法郎、三得利、油切	0

	芙達、斐濟、UNI、VOSSI、PLUS	富維克	JT
水飲料			
碳酸飲料	無	雪碧、三得利、蘋果西打	可口可樂
機能性飲料	康貝特	威德-in、Red Bull	0
運動飲料	FIN、DAKARA、	O$_2$PLUS、水瓶座	0
乳製品飲料	0	極品限定、產地嚴選、一番鮮、Dr.Milker、大好き	0
總計	25	40	2

　　極品限定和產地嚴選中的「限定」和「嚴選」可能是從日文漢字不譯逕行上市，或者是本土國內自製商品但借用日文的漢字。不論是前者或是後者，都是可能藉用日文漢字。另外還有像是一番鮮、每朝、油切也都是借用日文漢字。

　　臺灣的市場結構有別於其他的亞洲國家，就地理位置而言，我們四面環海；就歷史包袱而言，臺灣有著和日本、大陸糾葛不輕的複雜過往；就國際化而言，臺灣是船隻來往的必經之地，因此國際化的程度深；就經貿而言，臺灣早在過去就是亞洲四小龍之一；就政治而言，臺灣稱得上是民主的社會。這足以說明臺灣的消費者接受外來商品的程度高，所以外來飲料在命名時可以侷限較小。此外，隨著消費者文化層次的提高，越來越不喜歡枯燥、平淡的命名方式，反而喜歡有創意、活潑生動的命名方式，最好是猛一見就會受到吸引，這對於進口商而言也可以是個忠告。還有進口商在命名時千萬要記得臺灣既有的文化傳統，例如：臺灣目前和大陸的關係最好不要扯來商品名稱中，應該也不會有廠商如此的愚昧取個「紅衛兵茶」或是「天安門紀念酒」。畢竟臺灣雖然政治民主，但是仍有些歷史因素非朝夕可改變，這也是進口商不得不注意的事項。

第三節　飲料命名的類型

　　品牌命名的原則就是易記、易唸、易聯想等，而商品名稱的命名原則也是如此，但是商品的壽命遠比品牌短，因此不像品牌名稱命名時要注意的細節一樣多，反而需要更多的創意和特殊性，這也就是這一節所要討論的命名類型。其實臺灣市售的飲料中，不論是本土自製的飲料或是外來進口的飲料，對於命名的原則都不外乎下列五項：

（一）展現商品的特性與功能

　　直接標明商品的功能、特性，可以很快的從名稱中知道該販售的飲料是什麼類別。例如：「晶球優酪乳」、「啤兒綠茶」（商品的特性）、「每朝健康綠茶」、「統一高纖營養強化牛奶」（商品的功能）。很多飲料都會注意到此原則，這也是本論述不斷要強調的重點之一：飲料是親民的商品，不希望讓消費者使用過多的腦筋去思考到底葫蘆裡賣的是什麼藥。另外，飲料也是速選購的商品，通常消費者在進入便利超商或是大賣場選購飲料總不會花費過多的時間，因此廠商注意此原則是很重要的。還有從商品名稱中展現商品的功能也相當重要。近幾年來人們對於飲食的健康觀念普遍提升，有機食品或素食、輕食主義者明顯增多，因此強調「健康」、「無負擔」也相當重要。根據東方消費者行銷資料庫 E-ICP 調查顯示，消費者十分喜歡健康導向的茶飲料，例如：寒天系列、油切系列、消脂系列等，尤其又以女性消費者為多。（東方線上，2008）因此，商品名

稱倘若使用此原則命名，往往是最不容易出差錯的，但是也比較無法凸顯創意。

（二）容易使人產生好的聯想

不論品牌名稱或是商品名稱都必須讓人產生聯想，而且是好的聯想。這是五個原則中蠻難實現的；它不僅有字面義，更要讓人透過字面想到延伸的背後意涵。在飲料商品中像是「首席藍帶新鮮乳」、「荷蘭王室巧克力調味乳」，消費者在選購這類型的飲料的心態，可能是希望喝到飲料名稱的格調，也可能是滿足自己某些無法達到的慾望，藉由飲料滿足幻想。又像是選購牛奶時，同樣貨架上有眾多鮮乳，但是可能莫名的就會覺得首席藍帶和荷蘭王室比同樣的鮮乳來的高級。儘管可能該商品也不是從荷蘭來的，但是消費者有時候要的並不是「真實的事實」，買飲料填補、滿足自己無法達到的慾望和理想不也很好？另外，像是同濟堂百草茶也是使用這樣的原則。同濟堂創立於 1988 年，也在美國上市，它是以藥草起家，因此倘若使用其名號來取名，也可以增加消費者的信心，更可以讓消費者產生「喝這個可以健康」或是「喝這個就像去同濟堂抓藥回來自己熬」一樣的想法。總之，讓消費者透過商品名稱產生聯想也是相當重要的。

（三）容易唸也容易記憶

一般的飲料商品名稱的字數都得長短適中；但有部分飲料商品名稱卻過長，導致語感欠佳。舉個例子：「光泉營養強化高鈣麥芽調味乳」和「統一植醇牛奶」哪一個聽起來、看起來會比較舒服？

但是商品的名稱內含廠商的競爭，因此統一也有類似的商品，拿相同差不多的進行比較：「統一高纖營養強化牛奶」和「光泉營養強化高鈣麥芽調味乳」哪一個比較好唸、好記？難道你會因為光泉比統一多了幾個「功能性的字」而選購嗎？還是會因為統一商品名稱短小精悍而選購？乳製品飲料雖然掌握了命名原則以展現商品的特性與功能，但是卻忽略了必須也要易記、易唸，這兩個原則其實不會互相衝突。同樣拿鮮乳來說，「統一 Dr.Milker 純鮮乳」、「光泉乳香世家」、「味全林鳳營鮮乳」這樣的名稱是否不會像「統一高纖營養強化牛奶」和「光泉營養強化高鈣麥芽調味乳」一樣的冗贅？而銷售成績我也臆測前者不會輸給後者。因此，語感要好、唸起來要好聽也是相當重要的原則。

（四）要有個性或特色

這個也是五個原則中蠻難做到的。講到個性、特色，就必須和創意連結。現在仍有許多廠商不願意正視商品命名的重要性，總認為賣不好再換名稱，換到好為止，反正商品本來就有生命週期；但是他們卻忘記了，重新開一個生產線的成本遠比請一個專業的命名家所耗費的成本還要高。因此，在臺灣市面上所見到的飲料商品名稱，鮮少是有特色或個性的。倒是在餅乾市場最近有「張君雅小妹妹」此一商品名稱，我就認為相當有個性；透過人名進行無厘頭的命名，誰叫張君雅？是命名者？是企畫者？真有其人嗎？其實這都是廣告公司的創意顯現。在飲料中雖然不常見，但是也有使用此原則的，例如：「卡打車」、「水管你」、「水瓶座」。你很難從「卡打車」、「水管你」、「水瓶座」中看出來銷售的飲料類別，這是廠商別有用心的個性和創作，也可以說無厘頭；命名的手法類似於「張君雅小

妹妹」：「卡打車」就是臺語腳踏車的語音，透過中文來呈現臺語的音，別有一番趣味；「水管你」也是如此，有點臺灣國語，感覺更親民，有點好笑、好玩，也有點臺味。這樣的命名技巧同樣的要相當的高超，一不小心可能就會造成反效果，像是高凌風代言的「火鳥咖啡」，可能是想要用火鳥來凸顯某些產品的特性，也可能是廠商的創意發想，不過卻讓消費者感覺到似乎不是每個人都可以喝、似乎是男性專用的咖啡、似乎喝完精力會充沛，所以導致該商品銷售不如預期。

（五）符合社會倫理道德和審美情趣

這項原則是最重要的，也是最基本的。倘若你取了一個難聽、不符合社會倫理道德的商品名稱，對商品必定造成負效果。在臺灣市售的飲料目前尚未看到有任何一項飲料名稱不符合社會倫理道德；不過我可以舉大陸的例子，德國 WARSTEINER 啤酒銷售到大陸，WARSTEINER 是德國的老牌子，具有 200 多年的歷史，但進口到大陸後卻取名為：沃斯樂。大家是否注意到了？沃斯樂的諧音為「我死了」，每每喝這款洋酒的人都毛骨悚然，覺得是否喝完這瓶酒就會「死了」。這也就是商品名稱不符合社會倫理道德；也因為不符合社會倫理標準，所以導致商品壽命短。至於審美情趣，在飲料中也可以看到，像是「心茶園」、「貝納頌」等都有種美感在其中。至於這種美感是什麼，細細體會，旁人無法說個清楚，畢竟每個人的領會不竟相同。像我就覺得心茶園有種很像到了一大片的茶園，把兩手攤開，喝著茶，喝完後心裡透徹舒暢；而貝納頌我就聯想到法國的小河邊，有著街頭藝人拉著大提琴，顯示出有點孤單、淒涼的美。不論你的看法和我是否相同，總之只要你對該商品名稱有感覺，就代表該商品名稱內蘊一種美感。

　　前面談完了飲料名稱命名時該注意的原則，接下來我要針對飲料命名的類型進行探討。先有原則才有類型，類型是跟著原則走，所以從原則中延伸出類型。

　　根據彭嘉強〈商品品名的語言藝術及其規範〉將商品的命名規範類型分為四大類別：分別為因物規範命名的類型、因地規範命名的類型、因人規範命名的類型、因形規範命名的類型。（彭嘉強，1996）我認為此為商品的分類，套用在飲料中需要增加三類並減少一類：減少因形規範命名的類型。因為我覺得商品的形狀可以歸納在因物規範命名的類型：它一起是商品的外觀、形狀、性質、原物料或是商品的功能、效果等的延伸義。另外增加三項：分別為因品牌規範命名的類型、因動物規範命名的類型和其他規範命名的類型。我要讓所有的飲料名稱都可以符合這裡面的任何一個規範，而且具有排他性（只能符合其中一項）。這樣的分類方式是根據食品的生產機制：食品的特色來自其生產機制，生產機制包含了取材來源、實際的生產過程、包裝和行銷等，所以可以用生產機制為依據作區分。而每一個類別又都有屬於各自的依據標準，因此符合一般分類的要求，也符合單一區分的標準。

（一）因物規範命名的類型

　　這是以商品本身原物料和功能或是產品包裝設計材質等替飲料取名，讓人快速理解商品的特性或以商品的形狀命名，凸顯出商品的外部形象。例如：透明系（光看字面就可以直接聯想到產品與「透明」有關）、彈珠汽水（光看字面就可以直接聯想到產品內有彈珠）、輕體瞬間（很快就理解到可能是有關燃燒或低卡路里的飲料）、絕品好茶（很明白告訴消費者，我的茶是無可取代的）。

（二）因地規範命名的類型

這是以商品最著名的出產地命名，給人貨真價實、品質保證的感覺。例如：阿薩姆奶茶（阿薩姆是印度的一個省）、林鳳營鮮奶（林鳳營位於臺南縣下營鄉，林鳳營產地的鮮奶，無污染的保證）、Vossi 加拿大冰河水 i-water（加拿大為國家名稱）。

（三）因人規範命名的類型

這是以商品發明者或對此產品有貢獻或影響力的人作為命名，或是以名人的著作、工作的頭銜等來取名。例如：Mr.伯朗咖啡、韋恩咖啡、飲冰室奶香綠茶（飲冰室出自梁實秋〈書房〉）、首席藍帶（首席象徵著該領域的最高職權）。

（四）因品牌規範命名的類型

這是以商品品牌名稱直接轉變為商品品名。品牌的命名有另外的規範法，而特徵需語感好、短小精悍、有個性或特色。品牌名稱和產品命名還是有些微的差距，倘若以品牌名稱直接或間接當成產品名稱，則命名時需要更小心，也須兼顧彼此。例如：泰山冰鎮紅茶（泰山是品牌也是品名）、悅氏茶品（悅氏是品牌也是品名）。

（五）因動物規範命名的類型

主要是以自然界中的動物為主，新增此一類目發現，透過這類型命名的飲料幾乎都屬於機能性飲料，可能是機能性飲料強調精力

充沛、體力旺盛，因此常以牛、豹作為隱喻或象徵的對象：牛是臺灣農業社會中的耕種動物，給人們的感受是憨厚、任勞任怨、體力旺盛等；豹是西方人的兇猛動物代表，給人的感覺是兇猛、恐怖、精力充沛，因此在機能性飲料中，時常用牛和豹。例如：威豹、蠻牛。

（六）其他規範命名的類型

由詩、詞、文章中衍生意義或是不規則無厘頭的都列在此類。例如：卡打車（無法直接聯想到是身體補給水）。

以下我將各飲料種類所屬的飲料名稱命名的類型，作成下表：

表 5-3-1　飲料名稱命名的類型

飲料種類 ＼ 飲料名稱命名的種類	因物規範命名的類型	因地(店)規範命名的類型	因人規範命名的類型	因品牌規範命名的類型	因動物規範命名的類型	其他規範命名的類型
茶類飲料	竹碳、麥香、純喫茶、健茶到、心茶道、心茶園、御茶園、茶裏王、冷泡茶、茶上茶、分解茶、美妍社、清茶館、三葉茗茶、絕品好茶、茉莉茶園、光泉茶飲、果茶物語、每朝健康	泰山阿薩姆同濟堂臺灣回味臺灣茶館中華茶館	威廉伊藤園飲冰室茶集	悅氏立頓愛之味光泉		生活伴點莎莎亞午后時光古道
碳酸飲料	雪碧蘋果西打			三得利可口可樂		Le tea黑松沙士
果蔬汁飲料	纖果食感、自然果力、每日 C、優鮮沛、原味本舖、鮮剖、超美形、多果汁、園之味、鮮果多、鮮果園、蔬果 579、原味果感、美粒果		黑面蔡	可果美可爾必思光泉愛之味三得利		波蜜津津Qoo奈奈子

飲料名稱命名的種類 飲料種類	因物規範命名的類型	因地(店)規範命名的類型	因人規範命名的類型	因品牌規範命名的類型	因動物規範命名的類型	其他規範命名的類型
乳製品飲料	富維他、一番鮮、營養強化高鈣、高纖營養強化、LP33、ABLS、啤酒酵母、產地嚴選、大好き、蜜豆奶、植醇、極品限定、乳香世家、LCA506	瑞穗 林鳳營 荷蘭王室	Dr. Milker 首席藍帶	統一 味全 光泉		多多
咖啡飲料	極品風味、咖啡廣場、咖啡工坊、油切、醇品、輕鬆小品	藍山 曼特寧 36 法郎 曼仕德	伯朗 韋恩	三得利		左岸 貝納頌 UCC DyDoD-1
運動飲料	寶健、健酪、舒跑、寶礦力水得、O2PLUS			維他露 P		卡打車、水瓶座、FIN
機能飲料	威德-in				威豹、蠻牛、老虎牙子、Red Bull	康貝特
水飲料	竹碳、有水準、深命力、多喝水、麥飯石、i-water、More water、富維克、海洋鹼性	臺鹽 斐濟 澳洲		芙達 悅氏		VOSSI plus UNI
外來酒精性飲料	冰火	青島 英式墨菲 雪山		美樂 海尼根 百威	麒麟 麒麟霸	思美洛 朝日 可樂那 三寶樂 酷斯樂
本土酒精性飲料	麥格	臺灣、金牌臺灣			龍泉	
合計	72	21	7	21	7	20

　　從 148 個飲料商品名稱中，可以發現以因物規範命名的類型為最多，共計 72 項，佔全部樣品的 48.6%。因物規範包含了商品原物料、特性、功能等，這裡我並沒有將商品的實際材料與抽象意涵分成兩類各自探討，這是因為很多商品名稱都是原物料＋功能合併命名，為了符合類別的排他性，因此將此一類別設定為一大類。而最少的是因人規範命名的類型，有 7 項，佔全部樣品的 4.7%。此次收集的樣本中並沒有涉及到高價位的洋酒，全部以中低價位的飲料為研究對象，因此也可以證明臺灣的廠商在命名時還是不像外國人一樣的「大膽」。在西方洋酒市場中，很多都是以創辦人、有名的人或酒窖的主人來作為命名，像 Jonny Walker（約翰走路）、Hennessy（軒尼詩）、Courvoisier（拿破崙）、Martell（馬爹利）等；而我所蒐集到的樣品中，除了黑面蔡本土的飲料外，其他也幾乎都是借用外國人民來命名，像是伯朗、威廉、伊藤等，這也和傳統的文化價值觀重集體不重個人脫離不了關係（詳見第七章）。另外，像是 Dr. Milker，我並沒有放在乳製品飲料中，因為 Dr. 代表博士、醫生或教授等意思，而 Milker 也加了 er，擬人化後可以翻譯為「牛奶專家」或「鮮乳博士」等。

　　在品類特多的茶類飲料方面，以因物規範為最多，這個也和商品命名的原則第一條不謀而合，就是展現商品的特性或功能。因為飲料是個消費循環性高的商品，所以購買時倘若名稱還需要讓消費者想半天，可能會減少購買慾；相對的，讓消費者一目了然，清楚知道商品是什麼原物料？有什麼特色？有什麼功效？如何製作？這樣或許會更能打動消費者。除此之外，在茶類飲料有個很明顯的特色，就是都會強調自己是「茶」；這和咖啡有很大的差別，咖啡很少會強調自己是咖啡。此外，紅茶的原料來自於大麥，因此也有廠商取名為「麥香」，希望傳達給消費者它的原物料是最好的。茶

類飲料還有另外一個特色，取名時非常容易看出具體的原物料加上抽象的功能意涵，例如：「健茶到」，從字面解釋為健康的茶來到，這就是抽象功能＋具體原物料。廠商命名的過程內藏競爭，也可以從茶類飲料的名稱中看出端倪，像是「御茶園」、「心茶園」、「茉莉茶園」有的是強調抽象的尊貴、有的則是強調實際的原物料；還有像是「茶裏王」、「茶上茶」、「分解茶」、「冷泡茶」、「三葉茗茶」、「絕品好茶」、「純喫茶」，廠商各自從商品名稱中強調自己的特色，凸顯出自己與他產品的差異。另外，可能是本土意識抬頭，使得有些廠商特地主打本土牌，強調「臺灣」二字，像是「臺灣回味」、「臺灣茶館」，這也是隨著時代而改變的命名方式。在過去，有些消費者會認為，喝臺灣的飲料並不特別，甚至有些人會感到俗氣，因此廠商也會估量消費者的行為模式而改變命名的方式；不過隨著社會風氣流轉，加上前些日子有些政黨要求正名，因此廠商順勢而為，也跟著推出了「真的本土化飲料」，單從商品名稱就可以確定是本土自製的，這代表著本土意識抬頭。也就是說，假以時日這個商品下架，或者是其他廠商並未跟進以同樣手法命名，當中就可能隱含著社會潮流的改變。

　碳酸飲料的命名包含三種，因物規範命名的類型、因品牌規範命名的類型和其他規範命名的類型。我會將雪碧列在因物規範命名的類型，是因為該商品本身是透明的，因此廠商在設計名稱時，應該就是想要透露出它的商品像雪一樣的潔白、透徹。碧也有碧海藍天的意思，雪和碧兩個字都有潔白、乾淨的涵義，所以可以被認為是抽象的因物規範命名類型。Le tea 根據其廠商在網路上資料顯示，Le tea 翻譯為樂堤，並沒有其他的涵義，純粹是音譯而產生的新創詞，所以歸類為其他規範命名的類型。

　果蔬汁飲料需要強調原汁、新鮮、自然，因此發現有許多商品都會凸顯這些特性，像是「自然果力」、「鮮果園」、「鮮果多」、「鮮

剖」、「原味本舖」、「園之味」、「多果汁」等；當然也有些會凸顯喝果汁的好處、功用，像是「纖果食感」、「每日Ｃ」、「超美形」等。另外，果汁也需要強調品牌、出處的飲料，好的品牌可以增加消費者購買的信心，因此也有不少商品會直接以品牌作為該商品的名稱。

　　從商品名稱中可以發現，乳製品飲料非常強調抽象的功能、效用，像是「富維他」、「營養強化高鈣」、「高纖營養強化」、「LP33」、「ABLS」、「LCA506」等；當然也有些是直接從商品名稱中傳達給消費者內涵的原物料，像是「蜜豆奶」、「啤酒酵母」、「植醇」等；也會有廠商以保證式的命名方式來增加消費者購買信心，像是「一番鮮」、「產地嚴選」、「大好き」、「極品限定」、「乳香世家」。在臺灣乳製品市場銷售非常好的林鳳營鮮奶，就是以地名作為商品名稱，看中的是林鳳營乾淨、無污染，隱含著要告訴消費者，他們的牛奶沒有被污染。

　　咖啡是西方人的飲料，正如同茶是東方人的飲料。咖啡通常適用於同屬性產品不同品種的分類方式。從這裡也可以感受到文化的不同；在臺灣，我們就不大可能會將飲料命名取為「彰化茶」、「臺南綠茶」，這也是文化的差異。咖啡有可以因產地不同加以區分，例如：藍山咖啡，也是因其所在的山得名。藍山是牙買加島上的一座山。摩卡咖啡，也是以地名命名的。摩卡是阿拉伯共和國的一個港口。另外，在咖啡中也可以發現有幾個其他規範命名的類型，像是左岸、貝納頌、UCC、DyDoD-1。可能有些涵義是外人所無法得知其真正命名的意思是什麼，但是也因為我們不容易輕易的臆測，所以凸顯其創意。

　　運動飲料的命名是以因物規範命名的類型為最多，幾乎都會用「健」、「礦」，像是「寶健」、「健酪」、「寶礦力水得」；而舒跑則是強調舒服的跑，因此舒跑屬於抽象的因物規範命名的類型。另外，

像是卡打車，就屬於無厘頭，雖然無法臆測是否是近幾年來慢活、樂活以及自行車市場增大有關，因此取了「卡打車」，希望藉此吸引腳踏車族群的目光。

　　機能飲料非常特別，有不少機能性飲料都會用動物作為隱喻或象徵，像是「威豹」、「蠻牛」、「老虎牙子」、「Red Bull」等。因為會選擇飲用這類型飲料，可能都是精神不振、體力不佳時，因此廠商會以動物來命名就是希望傳達給消費者知道，你只要喝完我這一瓶飲料，你就會和「動物」一樣。當然這個也和文化有關，在臺灣牛可以作為苦力、蠻力、憨厚的代表，但是在西方豹才是威武、雄壯的代表。

　　水飲料的市場逐年提升，水和乳製品飲料的性質、特色有幾分雷同。水就是必須強調是「水」，另外是什麼水？來自哪裡？有什麼特色？喝了會怎樣？絕大部分的水飲料都在這樣子的條件下進行命名，例如：「麥飯石」、「竹碳」（原物料）；「斐濟」、「澳洲」（來自哪裡）；「海洋鹼性」、「富維克」（有什麼特色）；「有水準」、「深命力」（喝了會怎樣）。此外，也會有看似平反卻也是最基本的命名，像是「多喝水」、「i-water」，看似平凡的商品名稱，仔細想想，還真的是重要；多喝水從商品名稱中就間接告訴消費者「你要多喝水」，還有另外一個涵義就是「你要多喝我們的水」。

　　很特別的現象是，在臺灣市售的酒精性飲料竟然比外來酒精性飲料少，樣本數不夠多以至於無法下論斷；但是可以從表中發現，外來酒精性飲料和本土酒精性飲料命名的類型差別很大，前者幾乎都屬於其他類型，而後者則以地名為主要命名類型，也凸顯出外來酒精性飲料在命名時的創意。或許也有部分的因素源自於音譯的關係，不過像是「冰火」、「酷斯樂」卻是本土酒精性飲料不會命名的類型；本土的飲料總是命名得過於嚴肅，這也是可以改進的地方。畢竟如果要搶攻年輕族群的市場，則不能再用傳統的命名方式；甚

至於可以仿效外來酒精性飲料專門為女性設計的酒，如：「思美洛」，女性如果不了解酒類商品，幾乎看到這樣的名稱就會購買了。另外，像「可樂那」，給人的感覺有點像是可樂酒，這也是種命名的類型，臺灣的廠商也可以參考。

此外，也可以依據產地來源進行分類。產地來源分類法是根據飲料命名規範中的因地命名法所延伸出來的。在產地來源分類中，我又區分為三類：東洋來源、西洋來源和臺灣味來源。不同的來源會有不同的文化意涵，在審美中也會有不同的味道（詳見第六、七章）。

（一）東洋來源

東洋如韓國、日本。日本的文化通常會把「最棒」、「最新鮮」的日文（一番鮮）放在品名中，但是臺灣的命名卻不會如此白話，還會再經過修辭技巧，這個和文化背景或許也有些相關！例如：「一番鮮北海道優質特濃鮮奶」（一番是日文いちばん意思是指非常、最好、最棒的）、「每朝健康」（每朝是日文まいあさ意思是每天早晨）。

（二）西洋來源

西洋如美國、歐洲、法國等等。歐美國家的文化背景較自由開放與民主，這一點在命名中也可以看出端倪。因為他們的命名方式很混亂，找不出任何的規則，有點無厘頭、也有點好笑。例如：「冰火」、「美粒果」、「水瓶座」。

（三）臺灣味來源

當然這就是臺灣本土。以往以中國當品名的飲料也都紛紛去中國化，由這一點不但看得出文化的歷史變遷，更可以看得到政治生

態。例如:「臺灣回味」、「中華茶館」、「黑面蔡」、「卡打車」(此為臺灣本土語,給人親切感)。

　　飲料命名的類型隨著學者不同而分類有所差異,而這延伸開來是否進口的飲料對命名的類型也會有所不同?西方人以自我為中心,強調個性、尊崇英雄、紀念偉人等,因此有許多商品也會從人名或姓氏作為名稱。(李冬梅,2005)例如:Hennessy(軒尼詩),是以 Richard Hennessy[3]為命名;另外還有像是 Matisse(馬諦氏),是以法國知名畫家 Henri Matisse[4]為命名。而臺灣人受到傳統儒家文化的影響,不喜歡彰顯自己的功勞,但是會以自己的居住地為榮,喜歡用地名來取名,例如:惠泉酒——使用太湖畔無錫惠山麓的名泉——惠泉的水釀造而成;還有像是魏晉南北朝時期的「關中落桑酒」;唐朝的「蘭陵美酒」;宋元的「建章酒」;明代的「金華酒」;清代的「紹興酒」、「茅臺酒」、「劍南春」、「西鳳酒」、「大麴酒」、「汾酒」等。(奇摩知識,2005)可見飲料命名的類型也會隨著文化因緣不同而有所差異,這部分會在第七章中加以詳論。

　　這一節的飲料命名的類型是我所歸結出來,一般廠商鮮少會去注意到。在下一節中,會再進一步針對命名的方式和類型進行系聯予以理則化,藉以回饋給廠商,進而構成一套具有認知作用的知識系統,這也是本論述所可以貢獻的。

---

[3]　軒尼詩(Hennessy),是以李察‧軒尼詩(Richard Hennessy)為命名,Richard Hennessy 出生於愛爾蘭,1945 年到法國當兵,於 1750 年擔任路易 13 御林軍,由於時常品嚐白蘭地,因此知道白蘭地如何鑑賞,並選購分送給親友,親友們對於他所選購的白蘭地也都相當滿意,也成為後來他經營酒業的重要因素,並以自己的名字當作商品名稱。(香港酒辦專門店,2008)

[4]　Matisse(馬諦氏)是以法國知名畫家 Henri Matisse 為命名,Henri Matisse 在繪畫史上融合東西技法,打破傳統畫風,他為了讓更多威士忌同好能有更多的選擇,因此創造符合美學品味與現代口感的蘇格蘭威士忌。(馬諦氏官方網站,2008)

第四節　飲料命名的方式與類型的系聯

　　在這一節中會根據前面三節進行系聯，檢視飲料命名的方式和飲料命名的類型彼此間有怎樣的關係？進一步的將其理則化，回饋給廠商，成為一套具有價值的知識系統。

　　前面第一、二節飲料命名的方式中主要運用了詞彙學的分類，將命名的方式分成三類：使用單純詞的方式、使用合成詞的方式和使用縮合詞的方式。第三節以食品的生產機制進行分類，分為六類：分別為因物規範命名的類型、因地規範命名的類型、因人規範命名的類型、因品牌規範命名的類型、因動物規範命名的類型和其他規範命名的類型。而在理論上，彼此間的關係可以圖示如下：

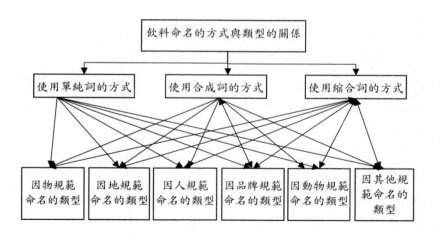

圖 5-4-1　飲料命名的方式與類型關係圖

　　依據上圖的架構來檢視臺灣目前市售的飲料，不論是本土飲料或外來飲料命名的方式與類型關係共計有 14 種：分別為使用單純詞的方式搭配因物規範命名的類型、使用單純詞的方式搭配因地規範命名的類型、使用單純詞的方式搭配因人規範命名的類型、使用單純詞的方式搭配因品牌規範命名的類型、使用單純詞的方式搭配因動物規範命名的類型、使用單純詞的方式搭配因其他規範命名的類型、使用合成詞的方式搭配因物規範命名的類型、使用合成詞的方式搭配因地規範命名的類型、使用合成詞的方式搭配因人規範命名的類型、使用合成詞的方式搭配因品牌規範命名的類型、使用合成詞的方式搭配因動物規範命名的類型、使用合成詞的方式搭配因其他規範命名的類型和使用縮合詞的方式搭配因物規範命名的類型和使用縮合詞的方式搭配因品牌規範命名的類型。不過依據劃分方式，實際上有 18 種類型，缺少了使用縮合詞的方式搭配因地規範命名的類型、使用縮合詞的方式搭配因人規範命名的類型、使用縮合詞的方式搭配因動物規範命名的類型和使用縮合詞的方式搭配其他規範命名的類型。這也顯示出目前廠商較不常使用縮合詞。這本章第一節有說明過，縮合詞並非每一個商品名稱都可以使用，因為縮合詞必須是該商品類別中的佼佼者或是已經成為約定俗成的使用方式。也就是說，儘管使用縮寫也不會混亂消費者的視聽、甚至看不懂，像是可口可樂，不論是中文或是英文（COCA-COLA）縮寫為可樂或是 COLA，消費者都已經知道代表的是可口可樂（COCA-COLA）。另外還有一種情形，就是使用廠商名稱或品牌名稱的縮寫，在時尚精品界中時常可以發現使用縮合詞的方式，像是 LV（Louis Vuitton）、BENS（Mercedes-Benz），當有人說 LV、BENS 時，大家也都知道要表達的是什麼。但是並非每一種企業、品牌都可以使用這樣大膽的命名方式。因為倘若處理不好，可能會

導致消費者對該商品無所適從，完全不知道那是什麼商品，像是老虎牙子就不能縮寫為老牙，啤酒酵母就不能縮寫為啤酵。如果商品名稱取為「老牙」、「啤酵」，你認為會有多少人知道該商品究竟是要販售什麼？又有多少人看得懂？但是一旦當該商品已經成熟到可以使用縮合詞時，那就恭喜了，因為它正代表你們的商品已經被廣大的消費族群認識、認同、接受！以下就暫且針對實際可見的各類加以系聯並略作說明：

（一）使用單純詞的方式搭配因物規範命名的類型

例如：麥格（本土酒精性飲料）、健酪（運動飲料）。麥格為單純詞而且屬於因物規範，這是因為麥格屬於本土酒精性飲料，強調酒來自於大麥，因此從商品名稱中強調麥格，我臆測可能是希望有格調，因此在麥的後面加格。健酪在《教育部重編國語辭典》中無法找到詞義，屬於新創詞，但是「健」含有「健康」的意思，因此為飲料的功能。

（二）使用單純詞的方式搭配因地規範命名的類型

例如：臺灣（本土酒精性飲料）、青島（本土酒精性飲料）、泰山（茶飲料）、阿薩姆（茶飲料）、曼特寧（咖啡飲料）、曼仕德（咖啡飲料）、斐濟（水飲料）、澳洲（水飲料）、瑞穗（乳製品）、林鳳營（乳製品）。以上均為國名或地名，而地名和國名幾乎都是單純詞，因為屬於特定專門的用法。

（三）使用單純詞的方式搭配因人規範命名的類型

例如：威廉（茶飲料）、伯朗（咖啡飲料）、韋恩（咖啡飲料）。在臺灣市售飲料鮮少會以人名當作命名的依據；就算使用了人名，

也都是臺灣廠商藉用外文名字，像是威廉、伯朗、韋恩，這些都是英文名字。我覺得很特別，為什麼臺灣廠商不能直接用臺灣當前有名的人或是過去歷史曾經留名的人當作商品命名的依據？在國外就有拿破崙、路易十三等洋酒。2008 總統選舉過後，曾經有「馬英九總統紀念酒」，但是畢竟那不是常規的銷售，也並非在一般便利超商隨處可見。在過去的歷史中，胡適之、蔣經國、甚至到現代的李遠哲等都可算是名人，為什麼廠商不以此命名？不然也可以設虛擬人物，就像威廉、伯朗、韋恩這樣的英文虛擬人名。目前在臺灣的食品中我只發現有「張君雅小妹妹」，至於飲料則尚未發現，臺灣的飲料廠商或許可以考慮試試。

（四）使用單純詞的方式搭配因品牌規範命名的類型

例如：海尼根（外來酒精性飲料）、可爾必思（蔬果汁飲料）、芬達（水飲料）、統一（乳製品）、悅氏（水飲料）、立頓（茶飲料）。海尼根是荷蘭海尼根公司；可爾必思是日本飲料製造商可爾必思株式會社的主要飲料產品。日文為「カルピス」，羅馬字標記為「CALPIS」。在英語國家發售時的名稱則為「Calpico」。（維基百科，2009）

（五）使用單純詞的方式搭配因動物規範命名的類型

例如：麒麟（外來酒精性飲料）。

（六）使用單純詞的方式搭配因其他規範命名的類型

例如：酷斯樂（外來酒精性飲料）、思美洛（外來酒精性飲料）、波蜜（蔬果汁飲料）、貝納頌（咖啡飲料）、UCC（咖啡飲料）、DyDoD-1

（咖啡飲料）、康貝特（機能性飲料）、威德-in（機能性飲料）、UNI（水飲料）、PLUS（水飲料）、VOSSI（水飲料）、富維克（水飲料）、卡打車（運動飲料）、FIN（運動飲料）、DAKARA（運動飲料）、Qoo（蔬果汁飲料）。這些詞彙有些是新創詞，有些則是要合併後才會有意思，像 Qoo、UCC、DyDoD-1 就不具有任何的意義。但是一般廠商都會賦予這些商品名稱一個故事，而這個故事可能以廣告或是其他的行銷手法呈現，像是貝納頌就是透過廣告賦予其在一個有大提琴的環境下喝著咖啡的故事。其他的食品中也有這種現象，像是張君雅小妹妹，也是透過廣告賦予其故事，讓商品名稱變得「有價值」。

（七）使用合成詞的方式搭配因物規範命名的類型

　　例如：冰火（外來酒精性飲料）、竹碳（茶飲料）、麥香（茶飲料）、健茶到（茶飲料）、心茶園（茶飲料）、心茶道（茶飲料）、茶裏王（茶飲料）、美妍社（茶飲料）、超の油切（茶飲料）、冷泡茶（茶飲料）、茶上茶（茶飲料）、分解茶（茶飲料）、清茶館（茶飲料）、三葉茗茶（茶飲料）、絕品好茶（茶飲料）、每朝健康（茶飲料）、茉莉茶園（茶飲料）、果茶物語（茶飲料）、純喫茶（茶飲料）、鮮剖（蔬果汁飲料）、每日C（蔬果汁飲料）、優鮮沛（蔬果汁飲料）、超美形（蔬果汁飲料）、多果汁（蔬果汁飲料）、園之味（蔬果汁飲料）、美粒果（蔬果汁飲料）、鮮果多（蔬果汁飲料）、鮮果園（蔬果汁飲料）、原味本舖（蔬果汁飲料）、纖食感（蔬果汁飲料）、自然果粒（蔬果汁飲料）、原味果感（蔬果汁飲料）、蔬果579（蔬果汁飲料）、醇品（咖啡飲料）、極品風味（咖啡飲料）、輕鬆小品（咖啡飲料）、咖啡廣場（咖啡飲料）、咖啡工坊（咖啡飲料）、油

切（咖啡飲料）、多喝水（水飲料）、麥飯石（水飲料）、有水準（水飲料）、深命力（水飲料）、海洋鹼性（水飲料）、i-water（水飲料）、蘋果西打（碳酸飲料）、雪碧（碳酸飲料）、寶健（運動飲料）、舒跑（運動飲料）、O₂PLUS（運動飲料）、寶礦力水得（運動飲料）、極品限定（乳製品）、乳香世家（乳製品）、富維他（乳製品）、一番鮮（乳製品）、營養強化高鈣（乳製品）、高纖營養強化（乳製品）、大好き（乳製品）、啤酒酵母（乳製品）、產地嚴選（乳製品）、蜜豆奶（乳製品）。這類型是最多的，在臺灣目前的市售飲料中，絕大部分都是合成詞，尤其又以二字詞彙加上二字詞彙或純二字詞彙為常見。另外，臺灣仍屬於稍嫌保守的社會，這可以從商品名稱看出端倪，因為商品還是不敢大膽的突破「強調功能、效用或是產品本身的原物料、特性等」的舊型觀念。我們檢視外國飲料，像是可口可樂的命名就十分具有特色；又像是水瓶座、Qoo 等也是。還有這類型的命名方式以茶類飲料為最多。茶飲料本來每年就有超過100 億的市場，佔飲料市場的 42%以上，因此選擇的類別也是最多的：各家廠商不會只推出一款茶飲料，時常會推出數十種種類，供消費者作選擇。這也是茶飲料和其他類別的飲料很大的差異處；其他類別的飲料，很少廠商會願意推出多款種類供消費者選擇，就是不希望造成「自相殘殺」的局面，而茶飲料又幾乎以這類型的方式作為命名。我認為可以改變命名的方式與類型，進而有所突破。另外，也有很多是以諧音的方式呈現，像是「深命力」、「i-water」、「美粒果」等，其實消費者可以很直接就聯想到「生命力」、「愛-water」、「美麗果」，這也是廠商用心之處，透過諧音方式增加消費者的印象與連結，實在不容易。

（八）使用合成詞的方式搭配因地規範命名的類型

　　例如：英式墨菲（外來酒精性飲料）、金牌臺灣（本土酒精性飲料）、同濟堂（茶飲料）、臺灣茶館（茶飲料）、伊藤園（茶飲料）、藍山（咖啡飲料）、36 法郎（咖啡飲料）、雪山（外來酒精性飲料）、荷蘭王室（乳製品）。當中雪山可能是指臺灣的雪山山脈或是單純的指雪山，但是不論廠商的命名出發點是哪一個，都屬於地點。另外 36 法郎因為有牽涉到法郎，因此也歸類為地區（國名）。

（九）使用合成詞的方式搭配因人規範命名的類型

　　例如：黑面蔡（茶飲料）、Dr.Milker（乳製品）。當中黑面蔡或許並無其人，蔡，是百家姓中的一姓，前面加了黑面兩個字，用來修飾後面的蔡，合併起來可以解釋為蔡先生（小姐）臉是黑的，姑且不論是否有此人的存在，但是可以確定的是它是在形容人。

（十）使用合成詞的方式搭配因品牌規範命名的類型

　　例如：光泉（茶飲料、乳製品飲料）、愛之味（蔬果汁飲料、茶飲料）、可果美、三得利（蔬果汁飲料、外來酒精性飲料、茶飲料）、美樂、維他露 P（碳酸飲料）、味全（乳製品）、福樂（乳製品）。當中光泉是用光修飾後面的泉，也就是光亮的泉水，或是光明的泉水，因此光泉公司的商標也是以三條菊色的流動線條來表示，就像是泉水般，而顏色卻不適用一般的藍色，而改成以明亮的橘色表示。而味全是以後面全部的修飾前面的味道，變成全部的味

道；由於味全是以鮮乳起家，而鮮乳的味道最好的呈現方式莫過於牛，但是如果直接用牛來當成商標又稍嫌複雜，牛有五個胃，因此就用五個圓圈來代表味全的商標。

（十一）使用合成詞的方式搭配因動物規範命名類型

例如：龍泉（本土酒精性飲料）、麒麟霸（外來酒精性飲料）、威豹（機能性飲料）、蠻牛（機能性飲料）、老虎牙子（機能性飲料）、Red Bull（機能性飲料）。從這裡也可以發現機能性飲料幾乎都以合成詞搭配動物規範命名的方式來命名。無庸置疑麒麟、豹、牛、老虎都是動物，而龍算不算動物？在中國傳統的文化中，龍是非常重要的吉祥動物的代表。或許世界上從來沒有過龍這種動物，但是因為過去的文化關係，所以我也將它歸類在動物。而取名龍泉，可能是指龍的泉水，給人有帝王的感覺。

（十二）使用合成詞的方式搭配因其他規範命名的類型

例如：朝日（外來酒精性飲料）、三寶樂（外來酒精性飲料）、可樂那（外來酒精性飲料）、古道（茶飲料）、生活（茶飲料）、伴點（茶飲料）、莎莎亞（茶飲料）、午后的時光（茶飲料）、飲冰室茶集（茶飲料）、津津（蔬果汁飲料）、奈奈子（蔬果汁飲料）、左岸（咖啡飲料）、黑松（碳酸飲料）、水瓶座（運動飲料）、首席藍帶（乳製品）、多多（乳製品）。其中三寶樂可以拆為三寶＋樂，雖然無法得知是哪三寶，或許是指原物料的三寶，也或許是指喝酒快樂的三寶，但從詞彙學的觀點可以視為合成詞。另外，由於這種命名沒有確定的種類，畢竟單從商品名稱是完全看不出來的，因此歸

為其他規範命名的類型。古道可能是出自於劉明儀在〈送別〉裡提到的「長亭外，古道邊，芳草碧連天」，用古道象徵久遠的過去，因此也屬於其他規範命名的類型。也因為意思是指古老的道路，所以用古修飾道，屬於偏正複合詞，就是合成詞。還有像是可樂那，可樂後面加了那，因為音譯的緣故，所以翻譯中文後，並無相對應的類別，屬於其他規範命名的類型。這類的組合方式無法說其好壞與否，但是就創意的角度而言，因為讓人無法理解、猜透，因此是有吸引力的。像是水瓶座，從字面來看應該是賣水飲料的，其實賣的是運動飲料，因此不屬於因物規範命名的類型，而屬於其他規範命名的類型。類似這樣展現出無厘頭、使人摸不著頭緒的創意體現，是很特別的。

（十三）使用縮合詞的方式搭配因物規範命名的類型

例如：植醇、LP33、ABLS。植醇、並不能拆開來解釋。它全稱為植物固醇，是一種存在於天然植物中的微量物質，結構類似動物性膽固醇，因此植醇屬於縮合詞。另外，用植醇來命名也屬於強調物品的功能，因此可以判定是縮合詞。還有 LP33 是一種名為 Lactobacillus paracasei 的益生菌種，也是活的微生物，可改善宿主（如動物或人類）腸內微生物間的平衡，促進腸道健康，因此也歸為縮合詞。

（十四）使用縮合詞的方式搭配因品牌規範命名的類型

例如：可口可樂（碳酸飲料）、JT（水飲料）、臺鹽（水飲料）。可口可樂通常都會被簡稱為可樂，因此也為縮合詞。臺鹽就是臺灣

鹽類股份有限公司，縮寫為臺鹽，因此也為縮合詞。而可口可樂、JT 和臺鹽都屬於縮合詞，且均為品牌，它們是透過品牌當作商品名稱，因此屬於使用縮合詞的方式搭配因品牌規範命名的類型。

表 5-4-1 臺灣市售飲料命名方式與類型系聯表

飲料名稱的命名方式 / 飲料名稱的命名類型	使用單純詞的方式	使用合成詞的方式	使用縮合詞的方式
因物規範命名的類型	麥格、健酪	冰火、竹碳、麥香、健茶到、心茶園、心茶道、茶裏王、美妍社、超の油切、冷泡茶、茶上茶、分解茶、清茶館、三葉茗茶、絕品好茶、每朝健康、茉莉茶園、果茶物語、純喫茶、鮮剖、每日 C、優鮮沛、超美形、多果汁、園之味、美粒果、鮮果多、鮮果園、原味本舖、纖果食感、自然果粒、原味果感、蔬果 579、醇品、極品風味、輕鬆小品、咖啡廣場、咖啡工坊、油切、多喝水、麥飯石、有水準、深命力、海洋鹼性、i-water、蘋果西打、雪碧、寶健、舒跑、O₂PLUS、寶礦力水得、極品限定、乳香世家、富維他、一番鮮、營養強化高鈣、高纖營養強化、大好き、啤酒酵母、產地嚴選、蜜豆奶	植醇、LP33、ABLS、
因地（店）規範命名的類型	臺灣、青島、泰山、阿薩姆、曼特寧、曼仕德、斐濟、澳洲、瑞穗、林鳳營	英式墨菲、金牌臺灣、同濟堂、臺灣茶館、伊藤園、藍山、36 法郎、雪山、荷蘭王室、	
因人規範命名的類型	威廉、伯朗、韋恩	黑面蔡、Dr.Milker、	
因品牌規範命名的類型	海尼根、可爾必思、芙達、統一、悅氏、立頓、	光泉、愛之味、可果美、三得利、美樂、維他露 P、味全、福樂	可口可樂、JT、臺鹽
因動物規範命名的類型	麒麟	龍泉、麒麟霸、威豹、蠻牛、老虎牙子、Red Bull、	
因其他規範命名的類型	酷斯樂、思美洛、波蜜、貝納頌、UCC、	朝日、三寶樂、可樂那、古道、生活、伴點、莎莎亞、午后的時光、飲冰室茶集、津津、奈奈子、左岸、黑松、水瓶座、首	

	DyDoD-1、康貝特、威德-in、UNI、PLUS、VOSSI、富維克、卡打車、FIN、DAKARA、Qoo、	席藍帶、多多、	
總計	38	102	6

上表將所有的飲料名稱均帶入飲料命名的方式與類型的系聯架構表，而有重覆的商品名稱則省略為一個，像是愛之味有茶類飲料也有蔬果汁飲料，就以一個呈現。而從上表可以發現，以使用合成詞的方式搭配因物規範命名的類型為最多。這也無異透露出了文化消費現象：臺灣人喜歡簡單、易懂的名稱，不喜歡太複雜、甚至於需要思考的名稱，最好可以將商品的功用或是原物料直接表達在名稱上。

此外，也可以發現在目前臺灣市售飲料中，使用縮合詞的方式僅出現和品牌或因物規範命名的類型作系聯。縮合詞本身在命名時就不易運用，但是一旦可以運用則也代表該商品是該類別中的佼佼者或大家都清楚明瞭。我建議未來廠商可以考慮將自家的商品名稱運用至使用縮合詞的方式，進而推廣到國際，誠如 3M、LV 等，可以讓國際的消費者都清楚知道所要表達的內容。雖然在分類中並沒有使用縮合詞的方式搭配因地規範、因人規範、因動物規範和其他規範命名的類型，但是這並不代表未來命名中不可以出現，更不代表這樣的命名是不好的。反而我認為未來可以嘗試，因為縮合詞本身能夠使用的詞彙就不多，要用簡單的字、詞濃縮而成，很不容易，這也是命名的難處。不過我還是建議，未來的廠商仍可以考慮嘗試使用；但是要小心使用，以免遭到反效果（消費者看不懂）。

　　從上表中還有另外一個現象，就是諧音的使用。這也是在廣告中時常運用的，透過雙關、諧音讓讀者明白；有時甚至於改成諧音，更會有意想不到的隱含義。我認為這也是不錯的命名方式，像是「貝納頌」聽起來也有「被納頌」的感覺；「深命力」也隱含著「生命力」的意思，這都產生很好的命名效果。

第六章　飲料名稱內蘊的修辭技巧與審美感興

第一節　直敘技巧與優美感興

　　人類自古有七情六慾、喜怒哀樂，生存於宇宙自然，仰望人生世相。然需要將這些感受表達出來必須仰賴語言文字，因此就有了體裁出現，包含記敘文、說明文、抒情文、議論文、詩歌、小說等。記敘寫實、說明寫理、抒情寫情。而將體裁濃縮就是修辭。修辭可以依據黃慶萱（2000）《修辭學》分成兩大類型修辭技巧，分別為：表意方法的調整和優美型式的設計。表意方法的調整包含了感嘆、設問、摹寫、仿擬、引用、藏詞、飛白、析字、轉品、婉曲、誇飾、譬喻、借代、轉化、映襯、雙關、倒反、象徵、示現、呼告，共計二十種。優美形式的設計包含了鑲嵌、類疊、對偶、排比、層遞、頂真、回文、錯綜、倒裝、跳脫，共計十種。表意方法的調整和優美形式的設計合計共三十種修辭格。但在現今的社會裡，鮮少會涉及到如此多的修辭格，且商品的名稱字數介於五到九個字，大部分都以二字、四字等偶數字為多，而二字成詞彙，四字幾乎也是詞彙加上詞彙所構成。黃慶萱（2000）書裡的有些修辭格必須以句或短語為單位，像是排比、鑲嵌、頂真等。扣除了這類型的修辭格，並根據飲料商品名稱的特性，加以濃縮、修改成四種，分別為：直敘、譬喻、象徵和其他修辭技巧。

修辭（Rhetoric）是針對說話的學問或技術，在西方源自於公元前五世紀的希臘。亞里斯多德對修辭所下的定義為：在任何特殊的情況，可以尋找到說服別人有效的方法技能。（張榮顯，1998）在東方，早在兩千五百多年前孔子就曾經說過：「修辭立其誠。」而近代也有黃慶萱（2000：9）對修辭的定義為：修辭學是研究如何調整語文表意的方法，設計語文優美的形式，使精確而生動地表達出說話者或作者的意象，希望可以借此引發讀者共鳴的藝術。

在過去就已有人對中國菜餚作出命名，例如：蛋包飯、魩仔魚炒莧菜、麻婆豆腐、香蒜雞丁、魚酥、一口酥、翠玉白菜、竹筍炒肉絲、八寶飯、千層糕、文思豆腐、東坡肉等。（王仁湘，2006：14）從上述的菜餚名稱中，不難看出其修辭技巧的運用。像是蛋包飯很明顯的可以看出使用直敘的修辭法，因為從菜餚很明白知道該飯是以蛋包著，並且也沒有言外之意；同樣的魩仔魚炒莧菜、香蒜雞丁也是都可以直接從菜餚名稱知道菜色或是其原物料，且都沒有特別的象徵或是借代等修辭，而這樣的菜餚名稱聽起來，也顯得有種說不出的優美感。雖然名稱平凡、沒有使用譬喻、象徵等其他修辭技巧，但是沒有過多華麗的名稱包裝反倒顯示出命名的審美價值。像是蛋包飯，如果改成蛋包著飯或是蛋皮飯，就沒有蛋包飯來得優美；而魩仔魚炒莧菜，也一定不只使用到魩仔魚和莧菜兩樣原物料，可能還有蒜頭、蔥等，但是卻沒有用魩仔魚炒蒜頭莧菜或是魩仔魚炒蔥莧菜，因為魩仔魚炒莧菜是以兩個原物料的名詞組中間加上一個動詞，這樣的命名方式也可以讓人感到輕鬆，不累贅。這在飲料名稱中也時常出現，像是「冷泡茶」可以拆成冷＋泡＋茶，就會變成形容詞加上動詞加上名詞的構成。千層糕、翠玉白菜則是使用了譬喻，千層糕一定沒有千層，但是用千層可以比喻糕點的特色猶如千層。翠玉白菜則是形容白菜像翠玉一樣的晶瑩剔透，因此

使用「翠玉」。而當看到千層糕、翠玉白菜這兩個菜餚名稱時，是否心中產生莫名的崇高感受？是否覺得自己是個皇上正在品嚐御用佳餚？這也就是命名的修辭技巧所體現的審美感興。然而，像是竹筍炒肉絲、八寶飯等，其實本來屬於直敘的修辭技巧，不過被後人借用和重新解讀後，竹筍炒肉絲象徵被父母或師長鞭打或是被公司開除；八寶飯則象徵富貴、榮華。這種象徵意涵通常會因社會文化的變遷、地域區別或是因人而產生差異。也就是說，如果你不是生活在臺灣，如果你沒有這樣的文化背景認知，你就不會知道竹筍炒肉絲和八寶飯的隱含義。不過，當有人說竹筍炒肉絲時，你的感受可能就和鰣仔魚炒莧菜不一樣，因為和鰣仔魚、莧菜比較之下，竹筍、肉絲屬於較便宜的食材，因此可能給人的審美感受也會不一樣；尤其近幾年來鰣仔魚數量銳減，政府還限定捕撈量，更是讓人的審美感受大大提高，因此鰣仔魚炒莧菜可以歸在審美感興中的優美類型。雖然如此，竹筍炒肉絲卻給我悲壯的感受，因為象徵的延伸義讓我對它感到莫名的同情；而八寶飯縱然也同屬象徵，也有言外之意，但是卻給我了滑稽的感受，因為八寶和飯的結合真的很怪，一般來說飯通常都是搭配鹹的，例如：滷肉飯、肉排飯，但是卻搭配甜的，卻可以搭配的如此巧妙，所以就產生了相互矛盾處。

　　用直敘、比喻、象徵的手法命名菜餚，可以呈現出意趣之雅。（王仁湘，2006：14-16）在謝諷《食經》中所呈列出的菜名都是當時皇上的御膳，菜餚名稱也較顯華麗。由此可知，唐朝時期的菜餚命名，已經可以從多角度去思考：如何使菜餚名稱讓皇上在菜餚還未入口前就垂涎三尺？如何使菜餚名稱讓皇上聽了心花怒放？如何使菜餚名稱更顯菜餚價值？因此，這也就具有高度的藝術與審美趣味。到了宋代，菜餚命名慢慢趨向樸質與真實，且多以吉祥祈福方式命名。由此可知，古人早就重視修辭。如前面所引孔子的說

法，就以誠意為修辭的原則。而修辭學更要打破「古今」成見與「中西隔閡」。

> 修辭學不能滿足僅僅是描述已經出現的東西，還應當研究可
> 能的潛在的修辭現象，和可能出現的修辭範式。這就將修辭
> 現象和修辭範式分為兩大類：一是經驗已形成的；二是可能
> 的、潛在的將來可能形成的，這二者同樣都是修辭學的研究
> 對象。因此修辭學的定義中包含了潛修辭現象和潛修辭範
> 式。（引自鍾玖英，2004：30）

所以必須處理此一課題，是因為所有的飲料名稱都是用文字所組
成，文字和文字成為詞彙之後勢必會牽涉到修辭。我感到好奇的
是，當前臺灣市售的飲料是以哪種修辭為命名的依據？臺灣目前的
文獻中，修辭雖然已經談論到廣告中的修辭技巧，但是跨越、忽略
了基本的商品名稱，是否會感覺無所基礎、無所本？其實，商品的
包裝、設計乃至於廣告的表現手法，樣樣的蘊涵著修辭技巧；當然，
顯示給消費者的感受也都囊括了審美。或許你沒有感受到，其實在
購買商品的同時，從商品的名稱（可能是譬喻）、商品的包裝（如
以紅色為主，象徵熱血、熱情）、廣告操作手法（可能是隱喻，像
蠻牛廣告中一個較肥的女生壓在一個較瘦的男生身上）等都有修辭
在內。這也是修辭背後的潛修辭現象。不過，由於目前臺灣對於修
辭在廣告、包裝（商業設計）等的研究已經相當多，所以這一部分
我主要針對飲料品名的修辭技巧作探討，並不會深論到廣告的修辭
或是整體包裝的設計等。

> 視覺消費這個概念不但傳達視覺導向消費者行為，例如：逛
> 街時瀏覽商店櫥窗，而且還意指一種探討消費、視覺和文化

關係的理論方法，包括視覺形象是如何被消費者研究。視覺消費是以注意力為核心的體驗型經濟核心要素。我們生活在一個數字化的電子世界上，它以形象為基礎，在吸引人們的眼球、建立品牌、創造心理上的共享共知，設計出成功的產品和服務。（Jonathan E. Schroeder，2002：4）

既然修辭涵蓋範圍如此廣，更應該深入到修辭背後的審美感興進行檢視。如果只是泛泛歸類市售的飲料名稱屬於哪一類修辭，我想這次論述的價值就顯得較為欠缺。況且倘若只針對字面的修辭進行解釋、分析而沒有深入背後的美學因緣，則會顯得論述單薄，畢竟名稱是不具任何價值，價值是因為消費者感到開心、愉悅、快樂、難過、悲傷等而賦予產品的附加效益。但是美何處尋？可以說美無所不在，每一件物品都有其專屬的美，只是依據其物品不同，會各自顯露出不同的美罷了。因此，我嘗試將修辭和審美進行系聯。但是如何系聯？顯然這也是門學問。鍾玖英提到和諧是古老的美學命題，和諧是美的重要特徵。而我們身受儒家思想追求和諧的人倫之美，和諧觀更顯重要。鍾玖英強調和諧觀可以從六方面來討論，分別為：詞語和詞語的和諧組合；詞與義的和諧組合；話語與場景的相互協調；話語與交際對象相互協調；話語與文體的諧和；言語主體、話語、主旨和交際對象多種因素的協調一致。（鍾玖英，2004：57-58）以致如何透過修辭組合出最和諧的商品名稱就顯得相當重要。試想：假如你購買蠻牛，但是蠻牛卻以黑色的鋁箔包、廣告是以兩個小女孩等來呈現，這樣就顯得不和諧；同樣的，如果生活泡沫紅茶用紫色玻璃裝、廣告是以一個瘦男生被一個胖女生壓著，你是否會感到怪怪的？的確，我們可以視修辭為一個整體，例如：我的產品是蠻牛，既然名稱採用譬喻修辭，我的包裝、廣告也應該與譬喻連貫，這樣較為和諧。

　　和諧的另外一種說法就是均衡，均衡也是漢民族修辭活動中的一種情趣。（陳炯，2001：93）均衡的思維影響我們相當深遠，從語音、詞彙、語法都顯示出均衡美，包含古詩的平仄押韻都透露出均衡美的重要。另外文化的因素也影響著我們對修辭的使用，像是臺灣人受到傳統大家族文化的影響，人人有話都悶在心裡，因此我們有含蓄的審美心裡；西方人則不是如此，小家庭造就他們無話不說的個性，因此他們重視直接表達情感。也就是說，臺灣的市售飲料命名還是會使用修辭技巧，而西方人的命名幾乎採取較直接、簡單的修辭方式。因此，修辭、審美和文化三者是不可分割的，並且彼此也互相牽動。

　　修辭對應到審美必須從特定的形式結構的角度出發，找出語言文字中所具有的可以使人感發的美的形式，而「審美取向的飲料名稱命名」所著力的對象就是相對於美的形式。也就是說，文字凡是變成詞彙、短語或是句、段後，都具備一定的形式；這一定的形式的構成，一般稱為美的形式。由於不是一切的形式都是美的形式，而是符合某種條件的形式才是美的形式，所以對於這一美的條件的探討就屬於美學的範疇。（周慶華，2007：247）

　　在這一章中，將先以修辭和審美進行系聯。要將修辭轉移到審美性經驗必須要從中獲得感受，這種感受又得從現實的喜怒哀樂混合釀成。根據周慶華《語文教學方法》將美分為模象美（前現代）、造象美（現代）、語言遊戲美（後現代）與超鏈結美（網路時代）。而從模象美可衍生出優美、崇高和悲壯；從造象美可衍生出滑稽和怪誕；語言遊戲美可衍生出諧擬和拼貼；超鏈結美可以衍生出多向和互動。（同上，250）審美的相關論述詳見第二章第四節，由於美感特徵具有多樣性，所以可以使飲料名稱命名的轉向使力得以進行（詳見圖 2-4-3）。

　　將商品進行命名、包裝等增值效應是現代或後現代商品文化的特色，這都是人們所賦予其價值。也就是說，如果商品還沒有命名時，它只是一個原物料、一個物品，當印上商品名稱時，這就是一個完整的商品，可以供人挑選。而商品即使有了名稱，但是閱聽人沒有相對的認知，則商品還是商品，名稱也只是名稱，所以必須要在同樣的認知基礎上才能夠展現商品的價值和美感。例如：竹碳本來只是一個植物、礦物的結合，而竹碳礦泉水則是借用竹碳譬喻商品的原物料是很純淨的，因此也可以說，人是寄情於物也移情於物，不但要吸收物的精華更要模仿物的形象，所以美感的經驗有陶冶性情的功效。竹不過是種植物、碳不過是種礦物，只因為蘇東坡說：「寧可食無肉，不可居無竹；無肉令人瘦，無竹令人俗。」詩人賦予竹一種優雅的美感，因此竹也被借用為商品名稱。但是如果此一商品至非洲命名可能就不會有效果了，因為非洲人沒有蘇東坡說過這一席話，也沒有同樣的社會、文化背景，這也就是在不同的國家要有不同的行銷手法的道理所在。

　　一般的修辭格中通常都沒有將直敘歸納在其中，這是因為看似平凡的修辭技巧反而讓人忽略了它的存在和重要性。直敘是直接成敘，也就是不透過太多華麗的修辭技巧予以直接說明。通常這類型在飲料名稱中是很常見的，這是因為在選購飲料往往只會花幾秒鐘或是短短的一兩分鐘，如何讓消費者在如此短的時間立刻作出選擇，就顯得相當重要。因此，廠商通常會使用直敘，直接將內容物、原物料、功效等直接表達出來，不讓消費者花太多的腦筋思考。不過這類型的命名修辭，也通常很難看到創意的展現。在直敘修辭技巧中，僅能看到優美的審美感興，而根據周慶華（2007）優美指形式的結構和諧、圓滿，可以使人產生純淨的快感。因此，直敘相對應的審美感興是優美，因為它直接表明所要表達的目的，讓人不用

進行思考而展現簡單的優美感。這種優美指的是形式的結構和諧、圓滿，可以讓人產生純淨的快感。（周慶華，2007：252）我們試想，如果直接在商品名稱中傳達訊息讓消費者知道，是否可以省卻思考的時間？甚至可能在同樣的時間內多購買幾瓶。因此，我將飲料的商品名稱，屬於直敘的歸納如下表：

表 6-1-1　飲料名稱的直敘修辭與優美類型表

飲料名稱的修辭與審美類型　飲料類型	直敘	審美類型
茶類飲料	冷泡茶（直敘）	優美
	果茶物語（直敘、象徵）	優美、怪誕
	*超の油切（直敘、象徵）	優美、怪誕
	茶上茶（直敘）	優美
碳酸飲料	*蘋果西打（直敘）	優美
	*Le tea（直敘）	優美
	*三得利（直敘、借喻）	優美、悲壯
	*可口可樂（直敘、借代）	優美、崇高
果蔬汁飲料	*可爾必思（直敘）	優美
	*Qoo（直敘）	優美
	*每日 C（直敘、雙關）	優美、滑稽
	*三得利（直敘、借喻）	優美、悲壯
乳製品飲料	*一番鮮（直敘）	優美
	*大好き（直敘）	優美
	極品限定（直敘、象徵）	優美、崇高
	營養強化高鈣（直敘）	優美
	高纖營養強化（直敘）	優美
	LP33（直敘）	優美
	ABLS（直敘）	優美
	啤酒酵母（直敘）	優美
	植醇（直敘）	優美
	LCA506（直敘）	優美
咖啡飲料	*UCC（直敘）	優美
	*DyDoD-1（直敘）	優美
	*藍山（直敘、借喻）	優美、崇高

	*曼特寧（直敘、借喻）	優美、崇高
	*曼仕德（直敘、借喻）	優美、崇高
	*油切（直敘、象徵）	優美、崇高
	*三得利（直敘、借喻）	優美、崇高
運動飲料	*FIN（直敘）	優美
	*O2PLUS（直敘）	優美
機能飲料	康貝特（直敘）	優美
	*Red Bull（直敘、象徵）	優美、滑稽
水飲料	*More water（直敘、象徵）	優美、滑稽
	海洋鹼性（直敘）	優美
	*芙達（直敘）	優美
	*VOSSI（直敘）	優美
	*plus（直敘）	優美
	*UNI（直敘）	優美
	*i-water（直敘、雙關）	優美、滑稽
	富維克（直敘）	優美
外來酒精性飲料	*海尼根（直敘）	優美
	*百威（直敘）	優美
	*思美洛（直敘）	優美
	*朝日（直敘、象徵）	優美、滑稽
	*可樂那（直敘）	優美、滑稽
	*三寶樂（直敘）	優美、優美
	*酷斯樂（直敘）	優美
	*冰火（直敘、象徵）	優美、怪誕
	*美樂（直敘、雙關）	優美、滑稽
本土酒精性飲料	無	

（＊表示兼有他類修辭格）

　　但是有關外來飲料的商品名稱，原屬於混合修辭，因為涉及轉譯的問題（詳見第五章第二節）可能造成判別上的誤差，因此將所有外來飲料的名稱都暫歸為直敘，並依據其轉譯為中文或原本英文名稱再給予適當的修辭格。像超の油切本身是從日文不譯，使用的是直敘技巧，但是另外也可以解讀為象徵喝完之後就會把油都切掉，因此又屬於象徵技巧。果茶物語的物語也是日文漢字直接不譯，也

是屬於直敘技巧，但是另外物語在日文中有故事的意思，因此也可以解讀為這瓶飲料的故事，象徵喝完這瓶飲料的同時，你也分享了它的故事。每日 C 因為夾雜有中文和英文，也是屬於直敘，但是 C 諧音為吸，因此也屬於雙關；可口可樂、三得利都是用品牌名稱當作商品名稱，都屬於借喻，但是由於也涉及轉譯的問題，所以也屬於直敘。

　　簡單來說，只要不能從商品名稱中直接看出商品的類別或是要賣的是什麼，就都不屬於直敘。茶類飲料有很多都會使用直敘，例如：冷泡茶、海洋鹼性、LP33、

　　ABLS、啤酒酵母、植醇、營養強化高鈣、高纖營養強化等。這也可以顯示出部分命名者希望藉由平鋪直敘的方式，讓消費者簡單了解商品的原物料或功效，不使用過多華麗的修辭加以包裝。像是冷泡茶，冷冷的泡這瓶茶，就是很簡單的告訴消費者該瓶飲料的製作過程，而且沒有任何的隱喻或是象徵意涵，因為冷泡茶並沒有任何的抽象概念，只是直敘。但是像生活泡沫紅茶，生活兩個字看似直敘，其實也隱含了希望消費者可以將這一瓶飲料當成生活般的天天飲用。因此，生活就字面修辭是直敘技巧，但是背後卻又有象徵。又像麥香可以解釋為大麥的香味，單純的從字面解讀是直敘，但是背後卻隱藏有借喻技巧，借由大麥的香味來隱喻該瓶飲料的香氣。因此，把麥香歸借喻技巧。

　　審美必須要深層次的去體會、去思考才能感受，而美學也是近幾年來不論任何產業都不斷強調融入的，這是因為各行各業中，倘若沒有美的概念、美的應用，則商品可能就會「不美」，「不美」就會造成「滯銷」。因此，這是一環扣著一環的。在這裡就結合第五章第四節的論述與圖 5-4-1，而將修辭與審美進一步系聯如下圖：

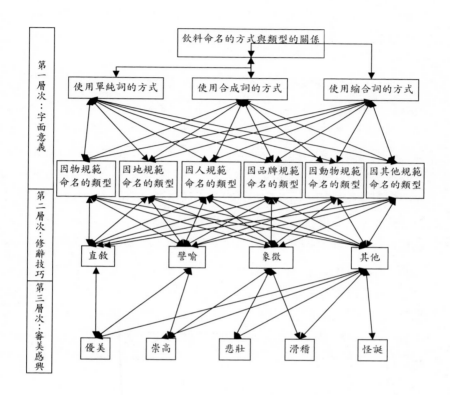

圖 6-1-1　修辭技巧與審美感興系聯圖

　　從上圖可以清楚的看出來各修辭技巧對應的審美感興。或許有人會很納悶，難道直敘修辭技巧所對應的審美感興除了優美類型，難道就沒有悲壯類型？沒有滑稽類型？沒有怪誕類型？這大致上是如此。不妨舉幾個例子來討論，如「營養強化高鈣」、「冷泡茶」、「LCA506」等商品名稱，你看到後會覺得悲壯？滑稽？怪誕？還是會覺得簡單俐落般的優美？不過，也有少數例外，就是擁有多重修辭格的部分，它兼含譬喻或擬人，則可能會有多重的審美感興，

像是「可口可樂」、「超の油切」等這種除了直敘外另有象徵、擬人、借喻等,則其審美感興也會隨著修辭技巧的「變化」而有所易動。

圖 6-1-1 是接續第五章飲料命名的方式與類型的系聯,因為必須建立一個理論架構。換句話說,我們可以視飲料名稱為一個文本或一個整體,而建立一個理論架構來理解它,就可以把個別的飲料名稱都納入這個架構而予以安置。而接續第五章第四節的圖,還可以分層次概念:字面意思僅停留在第一層次,而要進入第二層次則必須運用修辭技巧。也就是說,如果不懂修辭技巧的人或是沒有相關生活背景、文化背景等的人都不會或不易進入第二層次。而我們也可以這樣解釋:沒有通過第二層次認知的人是不可能進入第三層次的,而進入第三層次就是審美層次。這裡的審美是必須緣修辭而來,例如:直敘技巧透露了優美的感受;譬喻技巧隱藏著優美、崇高等感受;諧音雙關技巧蘊含著滑稽的感受。舉個例子:「水管你」中的「水」取字諧音「誰」,諧音雙關的衝突感到些許的矛盾。因此,每一種修辭技巧都可以對應到不同的審美感受。

縱是如此,蘋果與香蕉還是各自有人喜愛,以致美與不美在某種程度上就權在個人的感覺,而不免顯得有些主觀:或許我認定冷泡茶具有「優美」性,你卻覺得冷冷的有種淒涼的「怪誕」。這也就是柏拉圖早就預言的「美是難的」原因。不過,後人並沒有因為美很難判定而放棄追尋美。因此,我也僅能依我自己的認知進行判別,而往後倘若有人對美有不同的分類方式或是判斷標準,那麼所產生的對美的不同看法,也是「理所當然」而必須予以尊重。

第二節　譬喻技巧與優美／崇高感興

　　最近電視廣告不斷在播放孫芸芸所代言的 LG 變頻冰箱，也在廣告的結尾強調生活就是種美學，在各行各業如此競爭的環境裡，要如何創造出與競爭對手不一樣的格調，就顯得相當重要。像 LG 變頻冰箱就是主打「美學」，強調他們的冰箱除了有和別人的冰箱一樣的功能外，更有別人所沒有的「美」；他們的冰箱用艷紅色的外觀，有些把手為隱藏設計，強調整體感，因此美、艷、動、人（為 LG　Scarlet 的美、艷、動、人，紅色情人風靡全球）。承上例，LG 在創造一個和別人不一樣的產品，而這種差異就是創意的展現；創意是企業發展和競爭力的重要指標。然而，在當今美學當道的時代中，展現創意的同時也不能忽略美學，以致要將美學如何融入就成了相當重要的課題。

　　有人指出創意美學的經營必需考慮四個策略因素，分別為：創意美學無法脫離時代美學與專業美學的範疇而獨立思考；創意需配合品牌的價值象徵來作表現，過猶不及；以創意美學作為文化符碼的代言，能增加創意的深度和美學的壽命；創意美學應成為系統活性的一部分，倘若能不斷更新，將長期維持形象的活力。（王桂沰，2005：227-228）而創意和譬喻密不可分。像直敘就沒有什麼創意可言，因為直接使用商品的內容物當作名稱或是直接使用飲料的類別當作名稱，哪有創意？但是一旦使用譬喻修辭技巧，則可以由簡單的表意擴及較深的「蘊意」境界，並且還可以凸顯創意。

　　飲料是一種相當特別的商品，它的商品種類遠比其他商品多，而且也是隨處可見；即使在佛門勝地中也能見到水飲料——「大悲

水」。因此，飲料名稱使用難一點的修辭技巧（在飲料的名稱中也時常可以看到使用多重修辭技巧，不只一個修辭格），這樣才能讓購買的人有比較多些的「不只喝飲料」的感受。

譬喻是我們在日常生活中常見的修辭格，舉凡「美若天仙」、「自然就是美」等，這些話都時常聽見。而譬喻也有很多人做過應用語言學相關的研究，像在廣告中就有許多文獻。（吳岳剛，2007；吳岳剛、呂庭儀，2007；吳玉雯，2003；詹弼勝，2005）不過，當大家一窩蜂的研究廣告的譬喻、隱喻時，有沒有人想過，在廣告之下的商品名稱，其實有很多也都使用了譬喻技巧，是否應該先從最小單位研究？畢竟是先有商品名稱，才有廣告。因此，我與其他論著的差異在於，本節談論「飲料名稱」中的譬喻技巧，而不談論「廣告的譬喻使用」。

譬喻是一種「借彼喻此」的修辭法。也就是說，凡（含）兩件以上的事物具有相同的特性，就可以使用「那」有類似點的事物來比方說明「這」件事物。（黃慶萱，2000：227）就像是「美若天仙」，使用了 B≒（接近、類似）A。說話者意指對象就像是仙女般的美麗，也就是說話者意指對象≒仙女。而譬喻的理論是建立在心理學類化作用的基礎上——利用舊經驗引起新經驗，而通常會使用簡單說明難懂；具體說明抽象。（同上，227-230）如同上例，「美若天仙」就是利用具體的人形容抽象的仙女。這在飲料的商品名稱中也很常見，像是「茶裏王」、「御茶園」、「茉莉茶園」等就是使用了 B≒A。當看到茶裏王時，初次的感受由字面直接表達出來的只有茶裏面的王者，因此用該瓶飲料來譬喻這就是茶中之王；而到了深一點的理解層次就會進而讓消費者解讀為「喝了我這一瓶飲料，你就會變得有格調」（因為只有有格調、會茗茶的人才會懂得選擇我這瓶）；進而延伸到更深的審美層次，也就是崇高感受，因為「茶裏

王」名字有雄偉、壯觀、崇高，可以從名稱中感受到飲用者的格調、命名者的雄心。因此，我也再修改了 Roland Barthes 的二層次意義結構，並轉變為三層次的意義審美結構。畢竟如果僅依據單層次的理解，則屬於表層的內容分析，但是名稱最終必須深入消費者的內心，因此一定得跨入第二層次的理解；而第二層次的理解就必須仰賴個人的生活經驗、文化背景等才能加以解讀。如果你的認知和廠商有所差異，則你可能無法解讀進入第二層次。近幾年來美學當道，因此可以再將層次拉高一層，變為三層次。第三層次是根據商品名稱透露出的意涵進而歸納其審美類別。我的第二層次是指修辭技巧，而第三層次則是指審美感興。綜合修辭和審美則可以進入第四層次，也就是文化層次，這部分在第七章會有詳論。在此僅先以飲料名稱的三個層次圖示：

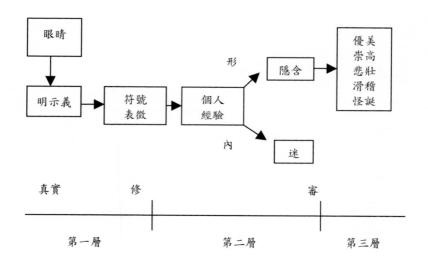

圖 6-2-1　商品名稱三層次結構圖

　　現有商品名稱的命名仍屬於前現代、現代的範疇。雖然目前已經進入網路時代，但是命名的手法卻仍沒有因為網路的發達而改變，反而會因為政治因素、社會話題等而流行「正名風」或「復古風」。因此，第三層次的審美感興通常只圍繞優美、崇高、悲壯、滑稽和怪誕。從第一層次必須循序漸進進入第二層次最後才能進入第三層次，但是缺乏個人經驗或是沒有文化背景則無法進入第二層次。也就是說，如果是外國人或是沒有與廠商（設計者）有相同認知的消費者，則對命名的認知僅停留在第一層次；同樣的，如果沒有審美涵養、美學認知的人，他也無法進入第三層次，因此也僅會停留在第二層次。廠商當然希望消費者可以進入高層次境界，因為命名者通常考慮的範圍較廣；倘若無法同樣的獲得消費者的接受或理解，則會枉費命名者的用心。

　　譬喻是由喻體、喻依和喻詞所構成，喻體是要說明的主體（A）；喻依適用來比喻、輔助說主體的另一個事物（B）；喻詞則是連接喻體和喻依的語詞。（黃慶萱，2000：231）因此，可以用下圖來輔助說明：

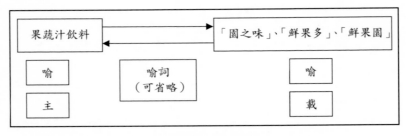

圖 6-2-2　譬喻修辭技巧說明圖

　　從上圖知道在飲料的商品名稱中，很多都省略喻詞，這是因為商品名稱通常都比較短，無法像標語、廣告詞一樣的使用喻詞：像

是「自然就是美」（1982 年 1961 年自然美廣告標語）、「一年買兩件好衣服是道德的」（1993 年瑞聯建設廣告標語）、「一家烤肉萬家香」（萬家香廣告標語）等，第一句的「就是」和第二句的「是」也就是喻詞；自然、一年買兩件好衣服是喻體；美、道德的是喻依。

　　譬喻是相當特別的修辭格，它又可以依據譬喻的使用方式細分成多種譬喻。宋代陳騤《文則》將譬喻分成十類，分別為：直喻、隱喻、類喻、詰喻、對喻、博喻、簡喻、詳喻、引喻、虛喻。（引自黃慶萱，2000：238-239）《修辭類說》將譬喻簡單分成三類，分別是：明喻、隱喻和借喻。（文史哲編輯部，1980）黃慶萱（2000）將譬喻分成五種，分別是：明喻、隱喻、略喻、借諭和假喻。蘇慧霜（2007）將譬喻分成四種，分別是：明喻、隱喻、略喻和借諭。表列如下：

表 6-2-1　譬喻技巧分類表

著作	譬喻技巧的分類
陳騤《文則》	直喻、隱喻、類喻、詰喻、對喻、博喻、簡喻、詳喻、引喻、虛喻
文史哲編輯部《修辭類說》	明喻、隱喻和借喻
黃慶萱《修辭學》	明喻、隱喻、略喻、借諭和假喻
蘇慧霜《應用語文：文學的應用、應用的文學》	明喻、隱喻、略喻、借諭

　　飲料商品命名時都會採用修辭技巧，而運用到譬喻技巧的機會在相對上比其他修辭多（包括採直敘技巧會兼譬喻技巧的在內），因為透過譬喻可以讓消費者更容易進入廠商所要表達的內容。而譬喻技巧的運用，通常也會採較「簡單」的方式，如隱喻和借喻之類（其他較「複雜」的方式就用不到了）。當然，有些譬喻很難判別

屬於哪一類型，這時我就僅以*字號作為標記，代表可能因為立場不同、解讀不同而會造成判別的差異。以下針對兩種不同的譬喻修辭技巧分別進行說明：

一、隱喻

也稱為暗喻，這是比明喻更進一層的譬喻。（文史哲編輯部，1980：81）它具備喻體、喻依，而喻詞是由繫詞如「是」、「為」等充當。（黃慶萱，2000：233）明喻和隱喻的差別在於，明喻的形式是「A如（像、若、猶、似）B」；隱喻的形式則為「A就是（為）B」。也就是說，明喻在形式上是相類的關係，隱喻在形式上卻是相合的關係。（文史哲編輯部，1980：81）

隱喻的一般公式為：

　　甲（喻體、主詞）＋「是」、「為」（喻詞）＋乙（喻依）。

如楊喚的〈詩〉「詩，是不凋的花朵／但，必須植根於生活的土壤裡」。（引自蘇慧霖，2007：79）

在飲料的名稱中使用隱喻技巧的只有「就是茶」，喻體被省略。雖然省略了喻體，卻還是很容易讓消費者知道，因為省略的喻體正是你現在所拿在手中的飲料。也就是說：飲料（省略的喻體）就是（喻詞）茶（喻依）。這也就是用來隱喻這一瓶就是茶，而是什麼茶，則留給消費者想像的空間──你買了就知道。

符號要產生隱含的意義，是一種二層次的指意作用，第二層次的隱含義必須建立在符徵指涉符旨的第一層次指意作用。（王桂沰，2005：158-159）可以用下圖來說明：

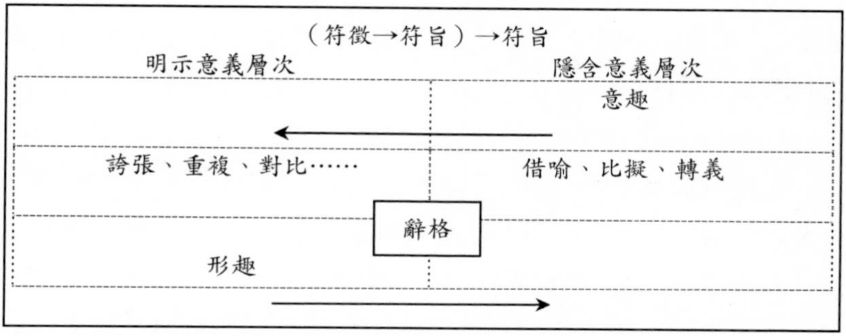

圖 6-2-3　符號隱喻過程的修辭內涵（引自王桂沰，2005：159）

上圖左邊明示意義層次是指第一層次，右邊隱含意義層次是指第二層次。第一層次的形趣包含了誇張、重複、對比等，透過文字的形變造成讀者感到有趣；而轉換到第二層次也就是進入消費者的心理層面，透過文字的借喻、比擬、轉義等形成另一種意思的解讀。（同上，159）但是在飲料的命名中鮮少會用明示，因為很難透過文字呈現跨張、重複、對比等的形趣感（這些通常都使用在包裝設計或是廣告方面），因此飲料的命名幾乎都會往隱含意義層次方面著眼。王桂沰認為第一層次的閱讀是屬於淺層的知覺層次、有相對的整體性印象、包含符旨的取得與經驗語境的比對、就社會語境探詢指意。（同上，159）

二、借喻

借喻是比隱喻更深一層，在借喻裡，正文和譬喻的更密切，所以就全部都不寫正文，而把譬喻當作正文的代表。（文史哲編輯部，1980：82）借喻的一般公式為：甲（省略喻體）直接用乙（喻依）來表現。省略喻體、喻詞，只剩下乙（喻依）。簡單來說，借喻就

是用一個簡單、明確、易懂的事物來說明另一個抽象、不具體、難懂的事物；而且在形式上並不會出現被比喻的事物，只出現用來比喻者，也就是形象意指的符徵。（王桂沰，2005：160）在飲料的命名中有很多都是使用借喻，像是竹碳，就是運用竹子和碳來借喻那瓶礦泉水中的清澈程度；也可以說那瓶礦泉水經過竹子和碳的過濾後，消費者可以絕對安心的飲用。另外，像是伊藤園、臺灣茶館、中華茶館也都是借用園地名稱、茶館名稱來當成符旨；縱使伊藤園、臺灣茶館、中華茶館是虛無的、沒有實體的店舖，但是透過借喻可以讓消費者感受到茶飲料的品質保證。飲料的命名幾乎都以借喻為主，這是因為借喻比較沒有嚴苛的條件限制，不一定需要完整的喻依或喻詞。只是借喻和借代的差別卻很難分。一般來說，國名、地名、店名、人名等在飲料商品中，通常都會具備借喻和借代。這是因為單純就字面來看，僅是借代，但是若是消費者透過認知進入第二層次後，則會產生不同的符旨，就會變成借喻。像「林鳳營鮮奶」單純看名稱則屬於借代，借用林鳳營（地名）當成商品名稱，但是進入第二層次之後，林鳳營這個名稱是廠商要告訴消費者，林鳳營這個地方乾淨、無污染，所以所生產的鮮奶也是純淨，消費者可以放心的飲用。換句話說，當消費者因為認知而產生的第二層次理解系統，就會變成借喻，借用林鳳營（地名）來隱喻鮮奶的乾淨、無污染。

　　「卡打車」、「水瓶座」、「麒麟」和「麒麟霸」，可以用卡打車借喻騎腳踏車的人所飲用的飲料；水瓶座原本只是星座的名稱，在此也是用來借喻水瓶座的人喝的飲料，另外也可以解釋為是水做的，這類型的名稱很難完全的解釋，因為展現了幽默和命名者的創意在飲料的名稱中；麒麟是種特別的動物，可以借喻為中國特別的酒。

　　「多果汁」、「鮮果多」，這樣的飲料名稱看起來也像是直敘（直接闡述商品的特性、特色），但是因為加了修飾詞（多）後，則從直敘轉變為譬喻。如果只是「果汁」、「鮮果」則是運用直敘修辭技巧，但是加了「多」後，則可以解讀成「很多的果汁」、「新鮮水果很多」。而是什麼東西含有很多的果汁？新鮮的水果？什麼東西代表喻體，果汁、鮮果則代表喻依，省略喻詞。廠商通常在命名時，都會希望消費者至少可以進入第二層次的理解境界，這樣才不會枉費辛苦命名。因此，辨識符徵的目的在於產生符旨所代表的心理概念。（同上，159）然而，像是利用國名、地名、店名等當作商品名稱，在此都一併視為借喻，因為商品名稱是借用該國名、地名、店名，因此並不能算是直敘；但是倘若商品還想進一步的傳達給消費者其意象，則屬於象徵。例如：「臺灣茶館」世界用臺灣（國名）當作商品名稱，並沒有特別的傳達事情，因此屬於借喻；但是像是林鳳營、初鹿、北海道等，透過該地區所體現的乾淨、純淨，傳達給消費者的不僅是我的商品是從荷蘭、林鳳營、同濟堂來的，而是希望藉由各個名號傳達給消費者「我的商品是有保證的」。像是乳製品飲料幾乎都會強調地區，無非也是在告訴消費者：我的鮮乳是從無污染的荷蘭、林鳳營、瑞穗等地方運送來的（不論是否為真）。顯然廠商將它當成名號，就已經要告訴消費者希望他能夠進入另一層次的理解境界。因此我將部分的國名、地名、店名的借用納入借喻的範疇。現在我將飲料商品名稱屬於譬喻技巧的歸納如下表：

表 6-2-2　飲料商品名稱的譬喻修辭與優美／崇高審美類型表

飲料名稱的修辭與審美類型　飲料類型	譬喻	審美類型
茶類飲料	泰山（借喻）	崇高
	阿薩姆（借喻）	崇高
	同濟堂（借喻）	崇高
	悅氏（借喻）	優美
	飲冰室茶集（借喻）	崇高
	立頓（借喻）	優美
	三葉茗茶（借喻）	崇高
	古道（借喻）	崇高
	茉莉茶園（借喻）	優美
	光泉茶飲（借喻）	優美
	竹碳（借喻）	優美
	麥香（借喻）	優美
	御茶園（借喻）	崇高
	茶裏王（借喻）	崇高
	絕品好茶（借喻）	優美
	臺灣回味（借喻）	崇高
	臺灣茶館（借喻）	崇高
	中華茶館（借喻）	崇高
	伊藤園（借喻）	優美
	愛之味（借喻）	優美
	光泉（借喻）	優美
	純喫茶（借喻））	優美
	清茶館（借喻	崇高
	就是茶（隱喻）	崇高
碳酸飲料	雪碧（借喻）	崇高
	黑松沙士（借喻）	崇高
	*三得利（直敘、借喻）	優美、崇高
果蔬汁飲料	波蜜（借喻）	優美
	多果汁（借喻）	優美
	鮮果多（借喻）	優美
	蔬果 579（借喻）	優美
	原味本舖（借喻）	優美
	鮮果園（借喻）	優美

	可果美（借喻）	優美
	光泉（借喻）	優美
	愛之味（借喻）	優美
	*三得利（直敘、借喻）	優美、崇高
乳製品飲料	蜜豆奶（借喻）、	優美
	乳香世家（借喻）	崇高
	統一（借喻）	優美
	味全（借喻）	優美
	光泉（借喻）	優美
	富維他（借喻）	崇高
咖啡飲料	咖啡廣場（借喻）	崇高
	左岸（借喻）	崇高
	36法郎（借喻）	崇高
	咖啡工坊（借喻）	崇高
	*藍山（直敘、借喻）	崇高
	*曼特寧（直敘、借喻）	崇高
	*曼仕德（直敘、借喻）	崇高
	*三得利（直敘、借喻）	崇高
	輕鬆小品（借喻）	優美
運動飲料	卡打車（借喻）	滑稽
	水瓶座（借喻）	滑稽
機能飲料	威德-in（借喻）	崇高
水飲料	竹碳（借喻）	優美
	麥飯石（借喻）	優美
	悅氏（直敘）	優美
	臺鹽（借喻）	崇高
	斐濟（借喻）	崇高
	澳洲（借喻）	崇高
	富維克（借喻）	崇高
外來酒精性飲料	英式墨菲雪山（借喻）	崇高
	青島（借喻）	崇高
	麒麟（借喻）	崇高
	麒麟霸（借喻）	崇高
本土酒精性飲料	金牌臺灣（借喻）	崇高
	龍泉（借喻）	崇高
	臺灣（借喻）	崇高

（*表示兼有他類修辭格）

　　修辭本身不具任何價值的（它只是文字表達的方式），它的價值在於它所蘊含的審美性。因此，不論是隱喻或借喻都藏著優美、崇高的審美價值。根據周慶華（2007：252）對崇高的解釋是「指形式結構龐大、變化劇烈，可以使人的情緒振奮高揚」。因此，像是「蜜豆奶」，就是採借喻技巧，用蜜來形容豆奶，解讀為甜蜜的豆奶，也就是消費者拿在手上的是甜蜜的豆奶（消費者聽到蜜豆奶時，心中會感覺到甜甜的）。而這所給人的無異就是優美的感受。而像是「乳香世家」，借用書香世家中的世家，前面主語雖然是乳香，但後面的修飾語用的是世家，因此給人崇高的感受。這些就像一幅畢卡索或達利的抽象畫，在還沒有經過藝術的眼光審美之前，儘管畫作的意境已經被解讀了，但畫作還只是畫作。

　　在飲料的名稱中，由於字數較少，且幾乎都是短語或是新創詞，完全沒有以句當作商品名稱的，因此很少會有喻詞，畢竟喻詞的出現立即就會被察覺而成了商品名稱中的累贅。另外，譬喻中又幾乎都以借喻為主，這是因為商品的命名本身就是創意的體現，如果要在展現創意時使用了很直接、膚淺的方式告訴消費者「我這瓶飲料就像是……一樣」，消費者可能心中存疑，並不會感到特別、有趣；如果借用其他的物品、地區、名號等來比喻商品的特性、功效，則反而會讓消費者感到會心一笑。

　　　　在西方的美學中，優美和崇高經常被拿來作對比談論，第一
　　　　個提出這一組的是英國哲學家 Edmund Burke。他認為，美
　　　　的對象是引起愛或類似情感的對象，他對人具有顯而易見的
　　　　吸引力，所產生的是一種愉悅的體驗。它通常的性質是：小
　　　　的、柔和的、明亮的、嬌弱的、柔美的、輕盈的、圓潤的等，
　　　　而崇高則是引起恐懼或是體積巨大、空無、壯麗、無限、突
　　　　然性等。（周憲，2002：65）

由於優美指的是對象的完美，和諧，並且具有靜態的感覺，以致我可以說冷泡茶感覺是靜態的活動，對象也是中國傳統極具優雅高格調典範的茶，因此屬於優美的範疇。至於崇高的對象常常都是巨大、粗獷的，並且可以是靜態和動態交融的感覺，就像是「茶裏王」，從名稱中可以感到產品的地位，讓人不禁起尊敬、畏懼的心。另外，茶本是靜態的活動，而王有物化成動態感。因此，倘若名稱改為茶裏園或是茶裏茶，就不會讓人有相同的感覺，因此屬於崇高的範疇。

　　審美的表現不單只在字義延伸層次，它在聲音的音律上也可以看出端倪，像是三得利與可口可樂，三得利簡潔、鏗鏘有力，感覺較為崇高；而可口可樂為可口＋可樂，兩兩詞彙減少力道，感覺就較為親切、優美。

　　使用隱喻修辭技巧的「就是茶」屬於優美，直接表達產品，它省略喻體，喻詞為就是，喻依則是茶，因此屬於隱喻。臺灣目前市售的飲料商品名稱，舉凡使用譬喻修辭技巧的，幾乎在第三層次也都是優美或崇高。這可能是譬喻技巧能夠展現的審美感興較窄：譬喻屬於引導式思考邏輯，廠商想引導消費者朝向他所設計名稱的思維方向，因此思考的進行方向比直敘多一種。但是也僅有二種，如果消費者思考的方向有別於命名者，則無法達到商品名稱的最佳效果，因此審美的感受必須來自於生活體驗或特殊的契會。

第三節　象徵技巧與崇高／悲壯／滑稽／怪誕感興

　　記憶猶新，小時候自己就讀的國小正好在松山機場旁邊，每次只要老師發給大家小國旗，不用言說，也都知道下節不用上課，大

家迅速著裝整齊到外面排隊。每位就讀這所學校的同學們都知道為什麼，但是你，知道嗎？因為我們必須拿著國旗走路到對面的軍機場去迎接他國總統。老師發給每位學生一隻小國旗，這個就是透過具體的物體（媒介），產生抽象的概念，不予以直接指明，由某種意向的媒介，間接加以陳述的表達方式。（黃慶萱，2000：337）國旗象徵國家，國家屬於一種觀念，而國旗對於這所學校的學生而言，卻象徵著不用上課、迎接元首等的隱藏意象；而非本校的學生看到老師發的國旗，卻不會有這樣的感觸。所以也可以說象徵是需要在一定文化背景、生活環境或者已經有約定俗成的觀念下，大家共同認定的感受。

　　黃慶萱（2000）指出，象徵的媒介是某種意象，所謂意象，是指由作者的意識所組合的形相[1]。向前述例子，國旗是具體的實體，背後所隱藏或潛在的涵義卻是不用上課、迎接元首等。象徵的構成必須出於理性的關連，社會的約定。（同上，337）也就是說，牛在傳統中國的文化背景中，象徵著埋頭苦幹、忠厚老實、憨厚直率等意思。因此，廠商便借用「牛」的特性，加上機能性飲料的特性，綜合取名為「蠻牛」。「蠻牛」是借喻牛的的特性，象徵喝完之後會變得和牛一樣，於是也從原本的借喻提升層次為象徵。這也可以用下圖來表示借喻和象徵的差異：

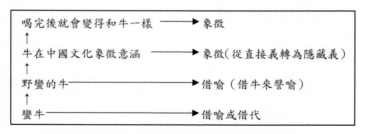

圖 6-3-1　借喻語義擴張為象徵圖

---

[1]　形相是指物體本身具體的意義。

　　從上圖中可以知道，借喻是經由社會約定俗成或是語義擴張進而轉成象徵，因此也可以說，借喻是經由他物（實體）譬喻成某樣、某物、某情態等（實體或虛體）。然而，象徵卻是除了譬喻成為某樣、某物、某情態外，更重要的是，它還代表另外的某樣、某物、某情態，而這樣的象徵是經由文化、約定俗成或是理性的關聯。例如：「健茶到」可以解釋為健康的茶來到，所以僅只有譬喻這瓶茶是健康的茶；「每朝健康」雖然沒有理性的關聯，也沒有約定俗成的媒介，但在飲料的名稱中卻隱藏著喝完之後會每天都很健康。我們無法說，健茶到是喝完後會很健康，只能解釋成健康的茶來到了。因此，如果是解釋為前者，則為象徵；如果是解釋為後者，則僅能歸其為譬喻。

　　借喻和象徵的差別可以從「層次」來解釋。也就是說，借喻僅只有單層次的意思，象徵卻可以轉變為多層次的意思。在仿間出版的文獻中對譬喻和象徵的討論並不多，甚至有些學者並沒有將象徵納為修辭格。像文史哲編輯群（1980）將修辭分為 38 格，卻從中沒有看到象徵。《世說新語》中的象徵也不大多見。例如〈寵禮篇〉王公說：「使『太陽』與萬物同暉，臣下何以瞻仰？」（引自何永青，2000：108）可以將太陽解釋為象徵著帝王之意，但是無法將太陽借喻成帝王。又黃慶萱（2000：357）也認為象徵很像譬喻，尤其和借喻更像，他認為象徵和意象結合為一；而借喻是省略喻體、喻詞的喻依，喻體和喻依都是單獨的兩個意象。因此，縱使譬喻和象徵往往只是一線之隔，但是可以用很簡單的公式來說明：

> 譬喻：以甲比乙，意義在乙。
> 象徵：以甲比乙，甲乙都有意義，甚至還可以擴及丙、丁、戊……等等。

圖 6-3-2　譬喻與象徵差別示意圖

　　譬喻是用甲來比乙，意義在乙；象徵是用甲來比乙，但是甲、乙都可以帶有意義。也就是說，用雪來比喻飲料是和雪一樣呈白色的，又用碧強調雪的美麗，因此可以將「雪碧」解釋成像雪一樣的美麗，意義只有單層次，並沒有象徵喝完後的意義；「荷蘭王室」看似簡單平鋪直敘的短語，除了隱喻該飲料是荷蘭王室在飲用的外，還象徵喝完後，你的層次也會和他們一樣，利用人總是崇洋媚外、追求名人望族的心態，達到銷售的佳績。

　　黃慶萱將象徵的原則歸為六點，分別為：結合異象，使象徵有足夠的可信度；濃縮文字，納深廣題旨於短幅之中；超越時空，呈現普遍而永恆的價值；要有重心，一篇之中象徵不可太多；避免淺俗，不可直接揭示作者的用意；要求自然，創作欣賞切忌機械附會。黃慶萱是以篇章或短句為單位來檢視修辭技巧，但是飲料名稱畢竟不是篇章語言。（黃慶萱，2000：356-363）因此在使用象徵的飲料名稱中，也有幾點原則，分別為：

一、不論是以借喻或直敘為基礎，都要有意象，要有延伸層次

　　不論是借用動物、植物或是其他實體物品作為譬喻外，均需要象徵喝完後會像該物（不論是形體、精神、樣貌、外觀、內在）等一樣，需要有一致性，倘若沒有延伸多層次的意思，則不能稱之為象徵，僅能將其歸類為譬喻中的借喻。例如：「竹碳」礦泉水，世界用竹碳的乾淨、過濾雜質的意涵而借用來隱喻水的乾淨、清潔，但是無法將它解釋為「喝完後你就會變的像竹碳一樣」，或是「喝完後你會變得很乾淨」，不論前者或後者的解釋都怪，因此僅能稱之為借喻。然而，為什麼會借用竹碳？而不借用石頭、紫水晶、玉

石？因為石頭、紫水晶、玉石都沒有可以讓水變得乾淨、清潔、純淨的作用，廠商當然不會借用石頭、紫水晶、玉石作為礦泉水的名稱。

　　同樣的，「麥香紅茶」是借用大麥的香味來隱喻紅茶的香醇可口，而會借用大麥，不借用稻，是因為大麥是紅茶的原物料，稻米和紅茶毫無關係。因此，麥香也僅只能解釋為該瓶飲料是具有「大麥的香味」，卻不能延伸成為「喝完飲料你就會變得和大麥一樣」，或是「喝完之後你就會有大麥的香味」，前後二者的解釋都怪，因此也只能歸納為借喻。

　　但是像是「威豹」、「蠻牛」一樣是利用實體的動物當作飲料名稱，卻不是借喻，而是象徵。這是因為除了藉用豹、牛動物的形體作為象徵外，更重要的是，廠商（命名者）希望傳達給消費者：喝完這瓶飲料後你就會像豹、牛一樣，所以並非只是單純的借喻，而是已經延伸到象徵意涵。

二、濃縮文字，將意象納藏於實體（象徵物）中

　　飲料的命名本來就和其他商品名稱有很大的差異，它可以體現創意卻要講求文字精簡、扼要，畢竟版面就只那麼大，倘若名稱過長，則無法有良好的視覺呈現。另外，今日的社會已非昔日農村社會，人們生活腳步的加快，連帶挑選物品時間縮短，美國最大物流公司 UPS 的管理秘訣就在於「快」。UPS 要求旗下的運送司機將車鑰匙掛在尾指，這是因為在取、拿鑰匙的時間是可以省幾秒的時間，甚至連上車要左腳先上，還是右腳先上都做過非常精準的實驗。（Vincent Ferng，2005）因此，省時變成各行各業所追求，因為省時的背後也隱藏著經濟效益，所以象徵就成為相當重要的一種省時手法，海明威說過，*好的短篇像座冰山，十之七八浸在水裡，*

露出水面不超過十之二三。（引自黃慶萱，2000：358）意思就是，好的文章不需要講得太明白，反而需要留些空間供讀者自由想像、臆測，而這個想像和臆測最好是能夠和作者的預期是一樣的，沒有誤差的。因此，象徵的使用就相當重要了，因為象徵是可以濃縮文字，並且也可以讓閱聽者和命名者之間有個聯繫的橋樑。

在飲料中，時常將意象放在某種實務中，透過該實務隱藏的意思，提升至「希望消費者喝完可以……」，命名者不需要很直接的命名為威猛的豹，或者提振精神等毫無創意的文字，僅以「威豹」兩個字簡單、扼要的就可以傳達給消費者，喝完後會和豹一樣；而豹的意象則是兇猛、精力充沛等，這些是不需要再加以說明的，它是理性的關聯、合理的說法。

三、約定俗成，在此一地區中，需要有多人共同認定的意涵

象徵很重要的定義就是媒介物必須要是由理性的關聯或是約定俗成的概念，不能僅是單方面的認知。也就是說，牛，或許在西方就沒有苦幹、實幹的隱藏意思，這是因為我們傳統的農業社會裡，牛是幫忙耕種、犁田的動物，從不會埋怨、從不會罷工，所以對於我們牛是具有憨厚、苦幹、實幹的象徵意涵。也可以這樣說，「蠻牛」同樣的商品到西方社會銷售，可能西方人們的體悟和我們的認知就會產生落差，所以象徵的媒介物必須是約定俗成，或是理性的關聯，這是相當重要的。

民族的文化和民族的族性在命名的過程中是不可忽視的環節，因此命名者必須是有強烈的民族觀念或是文化概念的人，才能在此一地區命名出符合該地區文化背景的名稱。他也必須了解認識各地的人類特性後，才可以發現本地人們和外地的差異，進而取用

一個產品有創意的名稱。而需要發現這樣內心特性，又必須使用具體的形象呈現，這也是象徵的特性。而在文學作品中多屬象徵，因為超過時空的限制，織出永恆的價值。（黃慶萱，2000：359）飲料的名稱中，舉凡只要有喝完後會變得……而空白處也是大家所認定的，則可以歸納為象徵。

四、飲料名稱的象徵實體不可有過多重象徵意，以免混淆

顏元叔曾經在〈短篇小說談〉中提到：一個短篇不可以有太多的意象或象徵，太多雖看似辭藻豐富，但是實際上卻是阻礙故事的呈現與發展。（引自黃慶萱，2000：359）因此在飲料使用象徵的過程中，媒介物最好只有單一的意象；如果超過兩層，則並非最好的媒介物。尤其當媒介物為正反兩種不同的意象，則必須更審慎評估該媒介物合適性，因為這樣無法正確的評估閱聽者（消費者）是往正向思考或是反向思考，最嚴重可能會導致產品的銷售。

國名、地名、店名、人名等雖然部分被歸納在譬喻裡，但也有部分被歸為象徵，差別在於有無延伸意義。像是「臺灣茶館」只是借用臺灣的國名希望凝聚消費者的視聽，並沒有任何特別的延伸意涵，頂多只能說，讓消費者可以喝到懷舊的感覺，因為是「茶館」的關係，不過這樣的解釋略顯勉強；但是像是「林鳳營鮮乳」、「初鹿鮮乳」、「一番鮮北海道優質特濃鮮乳」等，同樣的使用了林鳳營、初鹿、北海道等地名（省名），這樣的用法卻不能僅稱為借代或是借喻，因為它已經提升至另外一個層次，成了象徵。飲料的修辭技巧和其他商品畢竟不一樣，它有屬於自己獨特的語言風格，因此林鳳營、初鹿、北海道這三個地方，給人的感覺是否都是乾淨、無污染、清潔等的意象？而這三個地名也不會有給人另外的象徵意，因

此對於鮮乳都是相當好的象徵取名地區。反過來試想，有可能命名者在替鮮乳命名時，會取名叫做臺北、萬華或是東京的嗎？相較之下，林鳳營、初鹿、北海道有更強烈的產品象徵保證意象。

還有像是東京、臺北等就屬於有較多重意涵的媒介物，因此在飲料的商品名稱中就鮮少會以這些當作命名媒介，因為多重的象徵意可能最終會導致消費者的思考方向，並且也耗費時間，不能直接傳達命名者所要表達的意思。嚴格來說，也不符合第二項原則。

五、運用創意，將命名者的創意藏於名稱中，並不直接揭示命名者的用意。

馬拉梅：「說出是破壞，暗示才是創造。」（引自黃慶萱，2000：360）男人看女人，有時候並非全裸才是美麗，反而若隱若現更顯撩人，文章也是如此，飲料的命名更是如此。使用創意的精神，將媒介物的特性結合創意，像是「Dr.Milker」按照英文翻譯為鮮乳專家、鮮乳醫生、鮮乳教授。雖然並非真有其人，但是透過 Dr 強烈的字義，則也可以隱喻該產品的品質，進而象徵喝完該鮮乳後身體會變得健康，因為有「Dr」作保證。而這樣並非使用實體的植物、動物或人名等去象徵產品的意象，但卻體現出相當大的創意，這樣的使用是相當好的。

對象徵的規則、原則了解後，必須深入第二層次的審美層次。象徵相較於直敘和譬喻更顯得複雜，我們可以用圖 6-3-3 來說明：直敘就像是一條直線，直接的承繼命名者命名時的想法；譬喻，則是中間有停頓，停頓這個點也就是被比喻的物品、人或是其他的中間物，但是並沒有任何象徵的意思，僅有將飲料的實體內容物比喻

成譬喻物；而象徵則更為複雜，中間停留兩次，第一次的停留是和譬喻相同，以借喻的物品（媒介物）來隱喻商品的特性、特點外，再以媒介物的特性作為象徵產品的意象。因此，象徵的停留點為兩次，也屬於較複雜的修辭。高行健將象徵用以下的話加以析論：「象徵」往往是以一個比較複雜的內涵，豐富的形象作為基礎，作家在運用這一形象時又揉合了自己的種種理解。因此，「象徵」不僅是形象的，同時又是觀念的……（高行健，1981）

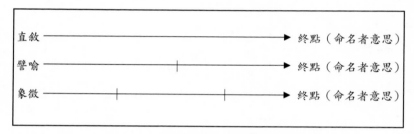

圖 6-3-3　直敘、譬喻和象徵示意圖

　　而既然象徵屬於較為複雜的修辭技巧，則其審美必定也會屬於較為多樣式的，前面幾節已經針對直敘技巧搭配優美、譬喻技巧搭配優美和崇高作過細論，而象徵則是搭配悲壯、滑稽和怪誕的審美感興。我將目前臺灣市售飲料中屬於象徵意涵的商品名稱歸納如下表：

表 6-3-1　飲料商品名稱的象徵修辭與崇高／悲壯／怪誕審美類型表

飲料名稱的修辭與審美類型　　飲料類型	象徵	審美類型
茶類飲料	*超の油切（直敘、象徵）	悲壯
	果茶物語（直敘、象徵）	滑稽
	每朝健康（象徵）	滑稽
	生活（象徵）	滑稽
	伴點（象徵）	滑稽
	午后時光（象徵）	滑稽
	分解茶（象徵）	悲壯
	美妍社（象徵）	崇高
碳酸飲料	（缺）	（缺）
果蔬汁飲料	鮮剖（象徵）	悲壯
	超美形（象徵）	崇高
	原味果感（象徵）	滑稽
乳製品飲料	極品限定（直敘、象徵）	崇高
	瑞穗（象徵）	滑稽
	林鳳營（象徵）	滑稽
	荷蘭王室（象徵）	崇高
	產地嚴選（象徵）	崇高
	首席藍帶（象徵）	崇高
咖啡飲料	*油切（直敘、象徵）	悲壯
	極品風味（象徵）	崇高
	醇品（象徵）	崇高
運動飲料	健酪（象徵）	崇高
	維他露（象徵）	崇高
	寶礦力水得（象徵）	崇高
	舒跑（象徵）	滑稽
機能飲料	*Red Bull（直敘、象徵）	滑稽
	老虎牙子（象徵）	滑稽
	蠻牛（象徵）	滑稽
	威豹（象徵）	滑稽
水飲料	*More water（直敘、象徵）	滑稽
	多喝水（象徵）	滑稽
	有水準（象徵、雙關）	滑稽
外來酒精性飲料	*冰火（直敘、象徵）	怪誕
	*朝日（直敘、象徵）	滑稽
本土酒精性飲料	麥格（象徵）	滑稽

（*表示兼有他類修辭格）

象徵的審美中，以滑稽為最多，這可能是因為透過媒介物呈現其意象，就已經產生了矛盾的感受，為什麼非得要透過牛來表達埋頭苦幹？為什麼要用豹來表現精神百倍？為什麼要用老虎來表達雄壯威武？為什麼要用林鳳營來表達乾淨？為什麼要用朝日象徵日日夜夜都要喝？為什麼要用生活來表達將此飲料當成生活般的享用？總之，這些媒介物不論是實體或是虛擬的，既然被拿來當作媒介物，就會有好笑、令人納悶或是矛盾的感覺。

滑稽分成兩種：一種為好笑；另一解釋則為矛盾之意。「老虎牙子」、「Red Bull」看到這樣的商品名稱時，我感到相當的好笑，老虎的牙齒就叫老虎的牙齒，為什麼要用牙子？我可以了解命名者取老虎的牙子可能是希望象徵飲用完後會像老虎一樣，但是後面搭配了「牙子」就額外感到不解，因此有種滑稽的納悶美感；「Red Bull」直譯為「紅牛」，通常在我們的觀念裡黃色的是水牛、黑白交間的是乳牛，那紅色的？在臺灣似乎很難得看到紅色的牛，甚至沒有，然而紅色卻又顯示著熱情、熱血，牛又有苦幹、憨厚等特性，結合紅色，就變得熱情、熱血沸騰的牛，如此一解釋後，就可以明白命名者希望傳達給消費者喝完後會有精神、熱血沸騰等的意思了。

「*一番鮮」、「*超の油切」和「果茶物語」除了原本日文直譯的優美感興外，也有使用象徵技巧，像是一番鮮就是希望傳達給消費者，我的酒是非常新鮮的，喝完後絕對不會拉肚子，因此會覺得將自己的特點寫出來，是否有「老王賣瓜，自賣自誇」？因此感到好笑。「油切」日文的漢字直譯過來，而在臺語的說法為「去油」，然在臺灣為什麼我們不用去油而要使用外來的油切？這是可以討論的。但是不論是「油切」或是「去油」都有種恐怖、驚悚的感覺，似乎是拿著刀子將油一滴一滴的瀝下，因此我會將油切、去油這樣的詞彙歸在悲壯的審美感覺，因此「超の油切」也屬於悲壯。「鮮

剖」的剖也是讓人感到拿刀剖下去，舉凡拿刀、拿槍、拿武器的，都會使人感到寒毛直立，因此均歸為悲壯的感受。而「果茶物語」中的物語，用日文可以解釋成為故事，果茶為什麼會有故事？果茶會說話？這個不合常理！因此屬於滑稽。

這裡面最特別的就是「冰火」，冰火是借用「冰」、「火」來表達兩種自然現象交融、結合的樣態，象徵喝完後會有「冰冰的火」的感受，喝酒不就是有種「冰冰的火」的感覺嗎？臉發熱但是卻會打冷戰，這就是怪誕的感受啊！怪誕是指形式結構有異質性的事物並置，可以使人有光怪陸離的感覺。而喝酒後的感覺不就是如此嗎？然而命名者巧妙的使用這樣的感覺將其直接表達在名稱中，不但創意，更令人感到會心一笑。

「有水準」此為雙關，但是也有象徵意涵，象徵飲用完該瓶礦泉水的消費者會變得「有水準」，因此感到滑稽。而「多喝水」更是令人感到納悶、好奇、好玩，「多喝水」本來就是大家熟知的道理，為什麼還要將其當成名稱？命名者直接將約定俗成的觀念帶入飲料名稱，讓人看到就直接想到我應該要「多喝」這瓶「多喝水」，不也表達出強烈的滑稽感？

機能性飲料幾乎都藉用動物特性作為象徵來取名稱，像是：蠻牛、威豹、老虎牙子等，其實漢語中借用動、植物作為象徵大部分都是因為具有特定形象或特點，透過消費者認知系統中所能接受的動植物特點，將商品名稱進而活潑化。另外，在茶類飲料也時常使用植物名稱，這和機能性飲料就有些不同，機能性飲料是透過動物的特點象徵飲用完後的現象；然茶類飲料借用植物名稱當作商品名稱有時候卻只是單純的使用該原物料，因此並不能稱之為象徵，例如：茉莉茶園，該瓶飲料中的茉莉只是單純的因為是採用茉莉作為茶類飲料的材料而已，因此，不能歸為象徵。

　　就社會心理學的角度而言，象徵的本質是意識潛藏的潛意識。
（陳淑彬，2001：222）生活中也時常都在使用象徵，例如：用竹
子來形容人的真率、堅貞、擇善固執等志節，但是倘若用竹碳當作
飲料名稱，則並不屬於象徵技巧，這是因為飲料的語言風格是相當
特別的，必須設想命名者所要傳達給消費者的超層次意思（非字義
本身意思），才能稱之為象徵。因此，我在作判讀飲料名稱歸屬象
徵技巧時，時常使用「喝完後會變得……」，如果可以套用此一公
式的解釋且非本來所屬的具體媒介物意思，則通常都屬於象徵。象
徵的美感也必須以象徵的角度審視，這樣我們將會發現：象徵就像
滑稽般的矛盾、好玩、有趣。

第四節　其他修辭技巧與類屬審美感興

　　修辭是針對說話的學問和技術而發的，而修辭在飲料名稱中的
重要性也從前面三節中可知。然而，修辭技巧當然不僅直敘、譬喻
和象徵三種。依據學者分類的不同、定義的不同，會產生不同的分
類方式。這一節中，就針對其他的修辭技巧來對應其類屬審美感
興。另外，飲料的名稱由於字數較短，最少的甚至僅有二個字所構
成的辭彙，因此我僅能使用眾多學者的觀念，但是卻無法直接套用
在飲料的名稱中；如果要檢視飲料名稱的修辭技巧，則必須要使用
飲料專屬的語言風格。

　　無庸置疑，目前臺灣市售的飲料名稱中，仍是以直敘、譬喻和
象徵為最多，除了因為這三種修辭格本身的普遍使用性外，更重要
的是因為這三種修辭技巧與人們的生活較為貼近，不論是命名者的
命名習慣或是消費者的閱聽習慣。這也和傳統的文化有關，在西方

社會時常使用簡單的直敘方式，因為在西方的社會價值裡會覺得予人溝通必須講求效率，簡單、直接、明瞭。但是這樣的觀念，在臺灣的文化裡卻是背道而馳。這又必須回溯至中西方家庭結構的差異性來談論。西方是以小家庭所組成，人與人的溝通不需要隱瞞，也因為組成成員僅只有四、五位，因此所做的事情也幾乎都是可以很坦然的。但是中國的家庭組成結構卻是多人的大家族，上有父母、下有子女，甚至曾祖父母等，三合院的設計更是讓兄弟姐妹住在一塊，因此倘若有稍微風吹草動的事情，立刻會傳遍大街小巷。也因為如此，所以在中國文化裡，習慣講話略帶保留，甚至使用較多的修辭技巧，這是用來暗諷、隱喻、誇飾或是讚歎、象徵、隱射等。在傳統的觀念中，畢竟不可能對父母直接陳述，必須婉轉的表達自己的看法；而對待子女，更是時常透過比較、暗諷、隱喻等作為管教言語的方式。我無法評論孰是孰非、孰好孰壞，但是可以確定的是：因為這樣的文化背景，造就命名者根深蒂固的命名方式，也讓在這塊土地的消費者習慣了這樣的商品命名方式。因此，在目前臺灣市售的飲料中，也還有很多不屬於直敘、譬喻、象徵的修辭技巧，像是類疊、擬人、雙關、借代等。或許還有其他的修辭技巧，但是目前僅能依超商所販售較普遍的飲料中，加以說明：

一、類疊

同一個字詞句中，反覆的使用相同的文字，可以稱之為「類疊」。在食品的名稱中，使用類疊有很特別的現象，就是擬聲。針對該產品消費族群的特性，模擬他們的語言、聲音，進而取屬於他們的商品名稱，像是：旺旺、乖乖、多多、津津、奈奈子、莎莎亞。我們可以很容易的從這些商品名稱中知道該商品的消費族群屬於

哪一類。例如：旺旺就是逢年過節或拜拜不可或缺的商品，沒有特別的原因，而是因為它有個響亮、好記又好聽的商品名稱，因此至今多年仍是屹立不搖。而乖乖、多多鎖定的消費族群就是小孩子：乖乖取名時的出發點，可能是因為希望出一款餅乾是可以讓小孩子吃完之後會變乖或者是乖乖的才能吃，同樣的這款餅乾銷售至今已多年，成績也相當的亮眼；而多多的廣告歌更是令人耳熟能詳，「多多磨來磨去……」多多也是利用小孩子的擬聲，畢竟年幼的小孩可能無法記住較難記的商品名稱，因此取一款易記、易唸的名稱是相當重要的。

　　類疊在心理學和美學也有所依據。心理學關於學習的理論，有一種叫做聯結論[2]（Connectionism）。美國心理學家 E. L. Thorndike 最有名的學習三定律分別是：練習律、準備律和效果律。而這三個定律就是強調感應節的強度與練習的次數成正比。因此，將此學說轉移到修辭技巧上，可以知道一個字詞句反覆出現，會比單次出現更容易打動讀者或聽者。（引自黃慶萱，2000：411）所以在飲料中也常使用類疊作為命名的方式。除了上述的擬聲外，還有像是津津、奈奈子、莎莎亞，不屬於擬聲為目的的類疊修辭技巧，也可能來自於希望透過字的重疊、重複，讓消費者容易記、容易唸，同時也透過不停的重複，刺激消費者腦部間的聯結，達到商品宣傳、銷售的終極目的。

　　從美學的角度來談論類疊，類疊因為重複字的關係，會讓人覺得「數多便是美」的感覺，因為視網膜不斷的受到相同的刺激，造

---

[2]　聯結論：主張此學說的是美國心理學家 E. L. Thorndike。他認為刺激和反應間的聯結就是學習，聯結也受到練習的多寡等其他因素，因此透過不停的重複播送，則可以增加記憶。（黃慶萱，2000：411）

成消費者對於接受相同的信號變成習慣，久而久之，也就會無意、直覺對該商品產生認同感。

　　根據黃慶萱（2000）的說法，類疊可以分為疊字、類字、疊句、類句等四種。因為飲料商品名稱字數通常較短，所以以疊字為主，而字間隔離的類疊，通常需要以短語或是句為單位來檢視，因此在此並不詳論。在《詩經》時代，就已經知道使用疊字了，顧炎武在《日知錄》中也表示（引自黃慶萱，2000：413），詩最難用疊字來表示：

> 青青河畔草，鬱鬱園中柳。盈盈樓上女，皎皎當窗牖。娥娥
> 紅粉妝，纖纖出素手。（無名氏）

上面的詩共有六個疊字變成詞，而這六個疊詞讓單調的事件加注了豐富的錯落變化，甚為難得。可見疊字古人已喜歡使用。而現今的社會中，因為構詞較自由的關係，更是常常使用疊字，尤其在孩子嬰幼兒時期，牙牙學語對聲音的敏銳度是從疊字開始。也因為如此，所以許多孩童商品都會使用疊字，以拉進與他們之間的距離。類疊在生活中也時常使用，像「遠遠」、「處處」、「每每」、「明明」，或是「冷清清」、「熱騰騰」、「香噴噴」、「黑漆漆」等都是。由此可見，類疊修辭技巧也是和我們的生活如此的緊密關聯。

　　類疊的使用也得相當小心，必須配合其聲調、字型等；倘若聲調不適合作為重複而使用將其當作商品名稱，可能會導致唸起來不順或是不易唸等負面效果。黃慶萱也針對類疊歸納出幾個原則，分別是：類疊應利用其形式而再現宇宙人生的綿延、類疊應憑藉其數多來傳達渾然和諧的美感、類疊應突破其單調以避免枯燥固定的弊病。（黃慶萱，2000：411-413）至於針對使用類疊的飲料商品名稱，我也歸納出幾點原則：

（一）疊字的音必須符合聲調、音律、音頻

有些字不適合作為重複使用，像是：「猖猖」唸起來就不順的必須避免，所以疊字必須注重聲調、音律和音頻等國音學要點。

（二）疊字的字型必須特別、美學效果

疊字則必須注重字型，畢竟重複連續的兩個字，如果字數太多，可能會對消費者的視覺造成負擔，像是「垚垚」、「姦姦」、「鑫鑫」這類型筆劃過多，可能就不適合作為重複使用。因此在飲料中，像是「津津」、「奈奈子」等，字數不多，較不會對消費者造成視覺壓力。

（三）應避免字義單調

類疊顧名思義就是重複的，在飲料名稱中幾乎都以疊字為主；如果僅用一個字的字義來表達商品特色，會顯得相當困難。因此，選擇能夠清楚表達字義的字就相當重要，像是「津津」就是津津有味、津津樂道的濃縮，因此津可以代表津津，也等同於津津有味、津津樂道等的意思。

在飲料商品中，舉凡所有使用類疊的審美全部都屬於優美感。這是因為重複字的使用展現了連音接續的和諧美感。這是根據類疊在心理學及美學上的基礎而得到的總則，類疊必須借聲音的同一擴大語調的和諧、借聲音的反覆增加語勢的延續。（黃慶萱，2000：442）因此，使用了類疊技巧的命名者，幾乎都是希望展現字音、字形等的和諧感，所以和直敘技巧所對應的審美感興如出一轍，均可以展現和諧的優美。

表 6-4-1　飲料商品名稱的類疊修辭與優美審美類型表

飲料名稱的修辭與審美類型 飲料類型	類疊	審美類型
茶類飲料	莎莎亞	優美
碳酸飲料	（缺）	（缺）
果蔬汁飲料	津津	優美
	奈奈子	優美
乳製品飲料	多多	優美
咖啡飲料	（缺）	（缺）
運動飲料	（缺）	（缺）
機能飲料	（缺）	（缺）
水飲料	（缺）	（缺）
外來酒精性飲料	（缺）	（缺）
本土酒精性飲料	（缺）	（缺）

二、比擬

　　將人擬物（以物比人）或是將物擬人（以人比物）都是比擬。（文史哲編輯群，1980：121）比擬在生活中時常使用，像是「春天的腳步近了」、「太陽公公」等，春天沒有腳步、太陽也不是公公，但是透過腳步、公公可以增進與我們之間的關係，讓人感覺到與春天、太陽更為貼近。

　　在飲料中使用比擬技巧的，幾乎都是以虛擬的人為比擬對象。而虛擬的人名也來自於廣告的宣傳、行銷。當然，使用此類虛擬的人名也無異是希望透過該虛擬人名可以讓消費者有所聯結。像是「伯朗」、「韋恩」並沒有真的伯朗、韋恩這兩個人，但是透過廣告效果，讓這兩個人物有如真實存在，這類型的運用還有像是肯德基爺爺、麥當勞叔叔，虛擬的人物拉近了與消費者的距離。好比早期

金車集團有波爾礦泉水，波爾的廣告主打就是「鼻子尖尖、鬍子翹翹、手裡還拿著釣竿的人」，近期也有「張君雅小妹妹」等。不論是肯德基爺爺、麥當勞叔叔、波爾或是張君雅小妹妹等，透過商品的擬人化後，可以注入產品生命力。

飲料中比擬的運用無異是為了拉近與消費者的距離，或是增加消費者對商品的信賴感，因此相對應的審美就會是滑稽或是崇高。前者是為了營造出好笑、矛盾的效果；後者則是為了製造讓消費者產生信賴感，像是「威廉」、「Dr. Milker」、就是為了讓商品產生信賴、認同感。威廉是取名來自於當時相當熱門的新聞焦點人物——英國威廉王子，讓消費者感覺到，似乎與王子喝的同款的飲料，在飲用的同時，也會產生莫名的崇高感受；而「Dr. Milker」將鮮乳擬人化，成為醫生、教授、專家等，可以解釋為鮮乳專家、鮮乳教授、鮮乳醫生等，無論是何種解釋都已經展現「Dr. Milker」地位崇高，也可以進而讓消費者對該商品產生安心的感覺。因此，命名真的很重要。

另外，「黑面蔡」雖然沒有正式點出全名，但是並不影響整體名稱給人的感受。黑面，似乎是早期用來形容兇狠或是形容臉黑的人，該瓶飲料也是經由廣告的搭配、設計，產生了「黑面蔡」這個商品名稱，整體給消費者的感覺就是：黑面蔡是個果汁達人，很明顯的也是要讓消費者產生認同感。不過，這樣的名稱也顯示出「滑稽」的矛盾、好笑感，因為通常賣果汁的人都會是乾乾淨淨的，怎麼會找個「黑面」的人來賣果汁？這之間的衝突凸顯了命名者的巧思與創意。

表 6-4-2 飲料商品名稱的比擬修辭與崇高／滑稽審美類型表

飲料類型 ＼ 飲料名稱的修辭與審美類型	比擬	審美類型
茶類飲料	威廉	崇高
碳酸飲料	（缺）	（缺）
果蔬汁飲料	黑面蔡	滑稽
乳製品飲料	Dr. Milker	崇高
咖啡飲料	*伯朗	崇高
	*韋恩	崇高
運動飲料	（缺）	（缺）
機能飲料	（缺）	（缺）
水飲料	（缺）	（缺）
外來酒精性飲料	（缺）	（缺）
本土酒精性飲料	（缺）	（缺）

（*表示兼有他類修辭格）

三、雙關

　　漢字的特點就是「多音」、「多義」。所以只要字或詞兼有兩種意義的修辭方式就是雙關，包含字音雙關、詞義雙關和句義雙關。（黃慶萱，2000：308-317）因為飲料名稱較短，所以僅以前面二者加以說明。

（一）字音雙關

　　字音雙關也稱為諧音雙關。飲料的命名時常使用字音雙關，這是因為希望透過幽默、詼諧的方式達到品質高級的效果，像是「園之味」、「自然果力」，「園」的諧音為「原」；「力」的諧音為「粒」，使用園不使用原可以讓產品增加雙重意思，不但有原本的味道，更

多了果園裡的味道；自然果「力」而不用自然果「粒」，可以增加商品的好笑感，並且很像也表達出它們的飲料是充滿了果實的力氣，代表很新鮮的感覺。

（二）詞義雙關

　　飲料命名時不常可以看到詞義雙關，這是因為如果詞義具有雙重意思，則很難掌控消費者的思考脈絡；倘若消費者與命名者的思考脈絡不為同樣，則可能會造成商品的反效果，除非該商品的詞義即使具有雙關，但是二者意思都可以增加商品的優點。像是「心茶道」、「心茶園」的「心」代表內心，也代表心裡面的；也可以用「新」來解釋，成為「新的茶道」、「新的茶園」，隱含著該商品異於其他商品，因為它是「新的」。

　　在飲料的雙關命名中，幾乎都會採用諧音和詞義雙關混合，增加商品的幽默、趣味。雙關的運用也可以展現命名者的創意，像是「美粒果」、「貝納頌」，美粒果採用諧音「美麗果」，感覺喝完之後就會變得美麗，也可以解釋為美麗的果實，更可以用「粒」加以解釋為裡面有顆粒；貝納頌也是取諧音「被納頌」，感覺該商品似乎被納頌。英文名稱中也可以發現，像是 i-water 除了有原本的直敘外，也使用了諧音雙關，i 的諧音為「愛」，因此可以解釋成「愛－喝水」。此外像是「美樂」諧音為「沒了」，感覺似乎是喝完了，沒了。「纖果食感」的「纖」代表著纖維素，但是也可以替換為「鮮」，代表新鮮的水果。

　　雙關在史傳、戲劇、民歌、山歌中普遍，也正代表著人類天真活潑的語言型態。（黃慶萱，2000：317）有些文學家雖然認定雙關為低級的趣味，但是卻可以增加緊張、嚴肅的氣氛，也就是以雙關為諧趣的表現法。因此，雙關的審美以滑稽居多，其次是崇高。心茶道、心茶園為崇高，是因為心感覺喝到心坎裡，因此有超脫不俗的風俗。其餘的雙關，讓人看了都能會心一笑。

表 6-4-3　飲料商品名稱的雙關修辭與滑稽／崇高審美類型表

飲料名稱的修辭與審美類型　　飲料類型	雙關	審美類型
茶類飲料	心茶道（雙關）	崇高
	心茶園（雙關）	崇高
碳酸飲料	（缺）	（缺）
果蔬汁飲料	纖果食感（雙關）	滑稽
	自然果力（雙關）	滑稽
	園之味（雙關）	滑稽
	美粒果（雙關）	滑稽
乳製品飲料	（缺）	（缺）
咖啡飲料	貝納頌	滑稽
運動飲料	寶健	滑稽
機能飲料	（缺）	（缺）
水飲料	深命力（雙關）	滑稽
	*i-water（直敘、雙關）	滑稽
外來酒精性飲料	*美樂（直敘、雙關）	滑稽
本土酒精性飲料	（缺）	（缺）

（＊表示兼有他類修辭格）

　　臺灣人的個性保守、含蓄，因此諧音的使用可以間接的、含蓄的傳遞給消費者，一來可以達到命名者的意思，二來也可以有幽默、好笑的感覺，由諧音所創造的社會風俗，更是包含了創意的展現。

四、借代

　　借代是指在談話或行文中，放棄通常使用的本名或語句，而找其他的名稱或是語句來替代。（黃慶萱，2000：251）借代和借喻很相近，差別在於借代是以甲代替乙；而借喻是以甲來譬喻乙。借代可以歸為譬喻中的略喻，但是在飲料名稱中，卻和文學的定義有所

差異，可以用很簡單判別方式為：如果該商品可以用該商品名稱直接作為連結，則可以稱為借代；但是倘若該物品與該商品有更深層次的隱涵意或是象徵意，則得分別再探究是屬於借喻還是象徵。

魏應璩〈答韓文憲書〉說：「*足下之年，甫在不惑。*」張居正〈與李太僕漸庵論治體書〉說：「*乞骨還山，此區區之微志也。*」前面用不惑借代為四十歲；後者則用骨還山借代為辭官還鄉。（何永清，2000：42）這都可以佐證。

　　例如：說到可樂大家直接聯想的就是「可口可樂」，應該很少人會聯想到「百事可樂」或是「健怡可樂」吧！借代和第五章所討論的縮合詞也有某程度的關係，所以可以說可口可樂是可樂的借代。也因為可口可樂可以直接用來借代、代表可樂，所以隱藏的審美無異就是種崇高的表現。

表 6-4-4　飲料商品名稱的借代修辭與審美類型表

飲料名稱的修辭與審美類型　　飲料類型	借代	審美類型
茶類飲料	（缺）	（缺）
碳酸飲料	*可口可樂（直敘、借代）	優美、崇高
果蔬汁飲料	（缺）	（缺）
乳製品飲料	（缺）	（缺）
咖啡飲料	（缺）	（缺）
運動飲料	（缺）	（缺）
機能飲料	（缺）	（缺）
水飲料	（缺）	（缺）
外來酒精性飲料	（缺）	（缺）
本土酒精性飲料	（缺）	（缺）

（*表示兼有他類修辭格）

　　談到此處，已經可以將臺灣市售所有的飲料名稱的修辭技巧交代完畢，但是有人一定會很納悶：在眾多的修辭格中，難道就只有上述幾項的修辭技巧嗎？其實不盡然，修辭格的劃分是可以依據學者分類不同、定義不同而有所差距，另外也會因為商品性質不同而產生修辭的定義延伸，像是外來飲料可能涉及到翻譯的問題，因此就只好先姑且將它們全部納為直敘技巧。此外，我將直敘技巧和優美感興作連結；譬喻技巧和優美／崇高感興作聯結；象徵技巧和崇高／悲壯／滑稽／怪誕作聯結。這是因為直敘屬於直接陳述，沒有利用任何的話與包裝加以修飾，直接將商品所要傳達的東西告訴消費者，因此整體比較少了累贅而多了和諧性。也可以說，直敘的審美感興較為侷限，因為整體的成分和和諧性都偏向優美。賈希茲（原名未詳）認為修辭學在於「繁簡得當……句式得體……詞語恰當」。（引自鍾玖英，2004：66-67）由此可見，他十分重視不論是詞語間的和諧還是語句間的和諧等。而在正面發展的美學中，優美是很重要的項目，也和質感佔有同樣重要的地位。（林吉峰，1993：93）和諧也是古阿拉伯民族語言的核心價值，並可以和崇尚自然美的中國道家、重視倫理一致和諧的儒家作系聯，因此和諧價值的內涵非常豐富，反映了民族崇尚和諧的審美取向。至於譬喻則多了一層轉折，因此其審美的複雜性也就增加一層。不過，譬喻的形式是以甲比乙，意義在乙，因此也只會有一層意義。也就是說，用絕品好茶來比喻最好的茶；用就是茶來隱喻就是茶；用雪碧來借喻飲料像雪一樣的潔白等，這些都只會有一個意義，因此它的審美取向大多只會在優美和崇高之間。然而，象徵可能就會具有多重的意義，象徵的形式是以甲比乙，甲乙都有意義、甚至還可以擴及丙、丁、戊……等等（詳見前節），可能會產生多層意義，因此它的審美取向又更為複雜，也很難從中看出優美的感覺。畢竟優美強調和諧，經過如

此多層的轉折，很難看出和諧美。不過，在象徵中卻可以依據象徵的情況不同、層次差異，而產生崇高／悲壯／滑稽／怪誕等的審美感興。好比在機能性飲料中，常常可以看到商品名稱透過動物來象徵飲用完後會變得和該動物一樣，這並不是借喻，也不是借代，而是該動物讓一般大眾都有相同的認知或是理性的關聯、社會的約定俗成，因而選取該動物為飲料名稱，希望可以透過動物的意象，讓消費者產生感同身受的聯想。此外，其他的修飾技巧也會因為特性、屬性的差異，產生不同的類屬審美感興。修辭技巧中並沒有孰好孰壞，審美的類型也沒有孰是孰非；只是飲料的命名的確體現了臺灣人的民族心理和審美情趣，可以加以留意（詳見第八章）。

在第二章第四節曾經探討過審美類型，透過周慶華（2007：252-253）的分類準則將美分成模象美（前現代）、造象美（現代）、語言遊戲美（後現代）和超鏈結美（網路時代）。而模象美又可以分成優美、崇高和悲壯；造象美可以分成滑稽和怪誕；語言遊戲美可以分成諧擬和拼貼；超鏈結美可以分成多向和互動（參見圖2-4-3）。然而，在此卻都沒有討論到語言遊戲美和超鏈結美，這是因為語言遊戲美屬於後現代美，超鏈結美屬於網路時代美，後現代美在觀念上屬於反美學的美學，而反美學主要是指解構美後並製造新的美。目前臺灣的飲料商品名稱還無法跨越到解構美，因為每個人對美的認知、定義畢竟不一樣，倘若消費者只因為與命名者對美的標準、定義差距，進而對商品名稱進行自我重組，如此一來就把原本所擁有的美解構了。而語言遊戲美包含諧擬和拼貼。諧擬是指形式結構顯現出諧趣模擬的特色，讓人感到顛倒錯亂。（周慶華，2007：253）在目前臺灣飲料市場，消費者還無法「進化」到可以接受讓人感到顛倒錯亂的飲料名稱；拼貼是指形式結構表露高度拼湊異質材料的本事，讓人感到置身多變的地方。（同上，253）試想

倘若將不同屬性的高度異質性材料放入同樣的飲料樣本中會產生多麼令人無法理解的現象。飲料的名稱固然是創意的體現，但是也必須符合目前臺灣消費族群所能接受的範圍；倘若為了標新立異、趕潮流等，而忽略了消費者的文化背景或是族群特色，則可能會導致商品的反效果。商品名稱畢竟是為了提昇銷售成績，而非使銷售下滑，因此這也都是命名者不得不注意的細節。最後在網路現代的超鏈結美包含了多向和互動。多向是指形式結構鏈結文字、圖形和聲音等多媒體，引發延異情思。（同上，253）多向主要必須搭配超鏈結、多媒體，目前的飲料還無法做到如此高科技，因此在名稱中也無法展現出來。不過，近幾年來科技的快速提升，也使得有二維條碼使用漸廣，倘若未來的飲料名稱中，可以透過二維條碼再結合消費者的手機，可以觀看到飲料原物料的生產履歷，或是聲音多媒體效果（例如廣告歌曲、代言人資料、桌布等下載），或許可能再行討論其審美感興。互動是指接受讀者直接的呼應、批判，引發共同參與的樂趣。（同上，253）互動主要是讀者反應理論或是消費者導向理論，目前市售的飲料中，也還無法做到消費者不滿意商品名稱，可以直接替該商品取個自己喜歡、接受的名稱，甚至於直接將市場中所有該飲料的名稱直接替換為該消費者屬意的商品名稱。倘若真有可以這麼做的一天，命名固然可以天馬行空的體現創意，但是命名的市場也會顯得紊亂無秩序，因為可能今天在市場看到的商品名稱為「A」，明天商品名稱改成「B」，後天又變成「C」。如此很難讓消費者直接產生印象和連結。雖然在文學作品中傾向讀者反應理論，但是飲料畢竟是商業屬性的物品，並不屬於文學作品，因此我認為互動在未來也較不可能發生。

　　審美態度是人對審美對象產生的心理傾向，有些美學家將審美態度定義為主體和對象的特殊心理距離，而我則是透過修辭技巧與

審美進行系聯。舉凡文字的構成都有修辭技巧，飲料的名稱當然也不例外，即使有新創詞但也都有屬於自己的修辭格。而透過這樣的修辭技巧再深入談論對應的審美感興，相信頗具有可以提供給未來命名者參考的價值。

　　不過，美的轉化與美的發現間也包含了美的鑑賞，而每個人對美的定義不同，對美的鑑賞能力也就會產生差異。例如在臺東看山看海的求學日子裡，很多人充滿了羨慕的眼神，覺得臺東的好山、好水，充滿了自然美、和諧美，但對正在汲取學問而鮮少出門看山看水的我卻無法感同身受。每次坐南迴鐵路，只要太平洋映入我的眼簾，心中就產生莫名沉重的壓力。因此，臺東的美很難令我感受。因此，未來倘若有人對修辭有不同的分類方式，對美有不同的定義，進而對判讀結果產生誤差，這些我也都會予以尊重，畢竟美是沒有絕對的。

　　言語修辭活動是外化為言語行為、言語作品的過程，而言語修辭行為的目的就是「說服」和「認同」。（張宗正，2004：381）Kenneth Burke 認為修辭的本質是認同；黃慶萱認為修辭目的是使讀者產生共鳴。因此，修辭就成為交際的手段。命名者透過修辭將名稱命的讓消費者產生共鳴就是門學問，而且必須要有正效果，不能有反效果，儘可能的讓命名者的意圖能夠和消費者的聯想一致。試想如果有人將機能性飲料名稱命名為「生活」或是將茶類飲料命名為「蠻牛」，是否會有顛倒錯亂的感覺？即使二者都使用了修辭技巧，但是卻沒有用對飲料的類別屬性下功夫，也會造成反效果。

第七章　飲料名稱內蘊的集體意識及其文化因緣

第一節　「動之以情」及其氣化觀型文化背景

　　第五章從語言學的角度，比較本土飲料和外來飲料命名的方式和類型的不同，第六章以修辭學的角度談論修辭技巧所對應的審美類型。但是單就語言學、修辭學、美學仍無法透徹了解飲料名稱的命名架構。即使已經從字面現象談論到背後的審美意涵，但是倘若要了解飲料的整體，單談論到審美層次仍嫌不足，必須再深論到背後的因緣（按：命名、修辭和審美等都為文化所包含，為了理論分疏，才權宜的把它們「分說」再「合觀」；這主要是因為文化要在觀念系統的世界觀中才能顯出它「互不相屬」的系統特徵，在進行和文化相連結時就姑且說是命名／修辭／審美的文化因緣）。

　　文化在我們的生活中不斷地出現，也不斷地在改變，而東西方的文化不同所呈現的生活型態也就不同；文化與社會、文化與家庭、文化與國家，每一個都是息息相關的。例如中國有神話傳說但沒有童話，而西方不但有神話傳說還有童話，二者之間是互不相干（即使是那神話傳說，彼此的內質也不大相同）也不會互相遷就的。（周慶華，2007：113-115）這裡指的文化包含了民族文化與社會文化。語言學所展現的是語言現象和社會關係，修辭學所展現的是思想和表現關係的探討，因此兩個都算是一般的原則設定。然而，修辭背後所隱藏的審美更是重要。

修辭和文化密不可分，透過修辭可以了解當地的風俗、文化甚至民族個性等，風俗是指該地所表現的自然環境和人民的生活方式。飲食的作用可從多方面呈現出來。從祭祖、禮神、敦親、睦鄰、外交、社交、養性、晤友等都可以透過飲食達到；尤其在現今的社會中，常常會見老友時，就順口一說：「走吧！改天去喝杯『茶』。」為什麼要說喝杯「茶」？而不說喝杯「咖啡」？這也呈現出東西方文化的不同。而女生相約時會以「喝下午茶後去逛街」，但男生卻以「晚上喝完酒之後去爽一下」，這也呈現出男女性別不同時的差異（詳見第四章第四節）。這些都顯示出飲料命名時該列入考慮。比如說，替茶類飲料命名時，可先將消費族群淺略劃分為男性和女性，男性則可以採取較陽剛的命名，例如：御茶園、生活泡沫紅茶；而鎖定女性消費族群時，則可取為午後的午茶、美妍社玫瑰果茶、Le tee 法式果茶。但是倘若是要替酒精性飲料命名時？深受過去的包袱，傳統社會女性往往被定位在「不能喝酒、不能抽菸」，所以菸酒商當然在產品命名時通常會以較多族群者命名，較不會以女性角度命名。有時候為了銷售，除了原本的字面取名外，更需要借由廣告、多媒體的多元識讀來增加人們的印象，這點在廣告中也相當明顯。例如：臺灣啤酒廣告詞中，主打「啊！最青的臺灣ㄅㄧˋㄌㄨˋ」。在此用「最青」給人新鮮的感覺，「ㄅㄧˋㄌㄨˋ」則是臺灣本土語，給人親切感，讓喝酒的人不會再把酒當作冷冰冰的東西。麒麟[1]啤酒也是陽剛味十足。（中國社會科學院語言研究所詞典編輯室，2006：1073）但近年來文化價值觀的轉變，女性地位提升，

1 「麒麟」在《現代漢語詞典》中的解釋，是指古代傳說中的一種動物，形狀像鹿，頭上有角，全身有鱗甲，有尾。古人拿它象徵祥瑞，簡稱麟。（中國社會科學院語言研究所詞典編輯室，2006：1073）

所以慢慢也有以女性命名的酒類。例如：思美洛、可樂那。因此，從上面的幾個實例，也可以發現，商品名稱與文化、性別密不可分。

　　至於修辭、審美和文化又有怎樣關係？這又可以從生活中的瑣事發現，西方人一般粗獷奔放、直來直往，所以言語交談也較為直接、簡單、講求速率，而這個又可以上溯到家庭的組構；中國人一般有禮保守、含蓄避免直言，因此言語交談所使用到的修辭技巧也較為複雜，同樣的也可能來自於大家庭的組成影響。中國人含蓄的心態也和傳統文化的影響有關，以孔子為首的儒家思想講禮、講仁愛、講求自我克制；而西方文化背景是以人為世界的中心，崇尚個人主義。（陳炯，2001：96）因此，臺灣目前市售的飲料名稱中，充滿了各種修辭技巧，有直述的、譬喻的、象徵的、雙關的、比擬的等，知道了東西方文化差異後，也就不難了解為什麼飲料名稱的修辭技巧可以如此多樣。

　　在第六章第二節已經進行到第三層次的審美層次，然而僅知道第三層次的審美感興仍嫌不足，因此必須再跨越進入第四層次：文化層次。所以也可以這樣說，從第一層次必須循序漸進進入第二層次、第三層次，最後才能進入第四層次。但是缺乏個人經驗或是沒有文化背景則無法進入第二層次。也就是說，如果是外國人或是沒有與廠商（設計者）有相同認知的消費者，則對命名的認知僅停留在第一層次；同樣的，如果沒有審美涵養、美學認知的人，他也無法進入第三層次，因此也僅會停留在第二層次。最後，如果沒有同屬文化背景，則命名者與消費者無法產生溝通。從飲料的名稱中也可以了解、臆測商品是進口還是本土製；命名者是留學還是本國畢業。廠商當然希望消費者可以進入高層次境界，因為命名者通常考慮的範圍較廣；倘若無法同樣的獲得消費者的接受或理解，則會枉費命名者的用心。

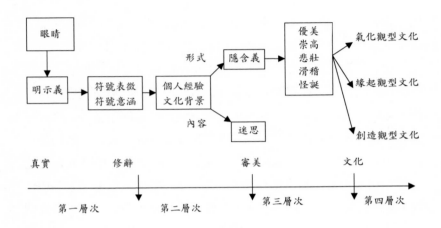

圖 7-1-1　商品名稱四層次結構圖

　　宗教也是種文化，由於特殊所以以專章來談論。世界上有三大宗教文化，包含基督教文化、儒家／道家文化（儒家／道家有類似其他宗教的教主、教義、儀式、器物等，已經宗教化了）、佛教文化（換稱為創造觀型文化、氣化觀型文化、緣起觀型文化）。臺灣雖然四面環海，與各國接觸頻繁，因此除了傳統延續的以外，外來的也一併在此地流行，使得三大宗教文化都可見它們的影響力。

　　在比較東西方文化，東亞受到儒家、道家與佛教的影響最深；西方受到基督教影響特多。（陳國明，2003：106）因此，我們可以先簡單的比較東西方文化差異：從東方人信仰的宗教來看，主要是天人合一（拜拜都是拜神明，而神明許多是由人過世後所變成的），講求自然；西方人卻信仰天人隔離，上帝給人的感覺似乎較遠。東方信仰的宗教講求心與體合一、人與自然和諧；西方卻深信上帝創造宇宙萬物，因此上帝有絕對的權力主宰人類，另一方面也對「上帝所以創造人類就是希望他可以征服自然、掌控一切」一點深信不

疑。也因為東方的信仰認為凡事講求自然，因此認定科技的進步是擾亂人心的根源；而西方卻深信科技帶給人們生活的便利、品質的提升。東方的佛教有坐禪，相信經由冥思禪坐可以淨化心靈進而和宇宙合一；西方的基督教卻認為人是無法和上帝直接溝通，但可以透過禮拜等活動讓教友間溝通。也可以說東方講求靜，西方講求動。犯錯時，東方人會跪在神明面前請求原諒，西方人卻是關在小房間內和神父告解、懺悔。雖然都是為了向神明／上帝道歉，但是所採用的方式一個是公開，一個偏向私下。我們可以從上述的幾點對比了解東西方宗教文化的差異。正如錢穆所說的：

> 中國思想有與西方態度相異處，乃在其不主向外覓理，而認為真理及內在於人生界之本身，僅只其在人生界中之普遍者共同者而言，此可謂之內向覓理。（引自季羨林，2003：156）

從上述一席話，可以感受到中西方文化的「細微」差異。再以換稱的三大文化系統來說，它們各自的不同點在於：創造觀型文化根源於建構者相信宇宙萬物受造於某一主宰（上帝）。（周慶華，2007：185）因此受造意識保障了每個人的獨立性，每個人都是獨立的個體，而每個獨立的個體都必須服從上帝、遵從上帝。氣化觀型文化根源於建構者相信宇宙萬物為精氣化生而成，當中儒家義理注重集體秩序的經營，道家義理注重個體生命的安頓。緣起觀型文化根源於建構者相信宇宙萬物為因緣和合而成。（同上，185）因此，三大文化系統也可以用相關的類型圖進行對照說明（參見圖 2-2-1）。沈清松（1986）將文化定義為：一個歷史性的生活團體表現他們的創造力的歷程和結果的整體。因此，這五個次系統是根據文化的詞意解釋而據理歸納而成。在文化架構中包含有終極信仰、觀念系統、規範系統、表現系統和行動系統（參見圖 2-4-4）。文化的五個次系

統間的關係緊密，飲料名稱屬於表現系統中，表現系統就是展示歷史性的生活團體中的成員用來表示他們的終極信仰、觀念系統和規範系統等產生的文學作品、生活物品等。（周慶華，2007：183）因此從商品所表現出來的特性、特點可以先行以平行系聯到行動系統（藉命名以管理物品），行動系統和表現系統是以互通的關係彼此扣合，因此以虛線加以表示（同上，185）。換句話說，飲料名稱所表現出來的特性、風格讓消費者產生購買行動，如此一來，表現系統和行動系統的互通性也就不難理解。所以可以說，飲料名稱所體現的就是希望讓消費者達到購買的行動，如果飲料名稱無法讓消費者達到購買的行動，則該商品名稱就需要進行改變和調整。不過，在此一章節中，不再針對飲料名稱命名的好壞進行評論，只單就飲料所表現的規範系統、觀念系統和終極信仰進行談論。

從表現系統中可以上溯到規範系統，這是根據該地成員對於自己的終極信仰和對世界的理解而自行訂立的規範或行為模式。像是「大悲咒水」所要表達的規範系統，無異就是解脫眾生、佛法慈悲；在解脫眾生、佛法慈悲的規範體系下，因此命名為「大悲咒水」。規範系統再上溯到觀念系統，也就是所謂的世界觀，通常都僅只研究到此，因為終極信仰已內蘊在世界觀中，而觀念系統是該地區人們對於認識自己和世界的方式，產生延續、發展屬於他們自己獨有的認知體系的方法。（同上，183）像是「大悲咒水」就是佛教強調慈悲為懷、救渡解脫。也可以從這裡推論出，東方式集體主義，強調人人都是在同一個團體中生活、運作。再上溯可抵達最深層的終極信仰，終極信仰代表該地人們對於人生和世界所產生的意義的終極關懷而將生命所投向的最後目的。（同上，182）「大悲咒水」就可以從名稱中發現，所投向的目的為佛教的佛境界。因此，我將上述的例子以五個次系統的關係圖來檢視，就可以清楚它的「來龍去脈」：

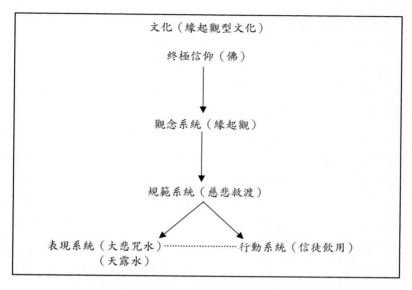

文化（緣起觀型文化）

終極信仰（佛）

觀念系統（緣起觀）

規範系統（慈悲救渡）

表現系統（大悲咒水）‥‥‥‥‥‥‥‥行動系統（信徒飲用）
　　　　（天露水）

圖 7-1-2　緣起觀型文化五個次系統關係圖（大悲咒水）

　　在本章我採用「動之以情」與「氣化觀型文化」；「聳之以理」與「創造觀型文化」；「誘之以法」與「緣起觀型文化」作為連結討論。這是因為氣化觀型文化講求精氣化身成為人，社會主要是以家族組成的，家族比家庭大，家族成員彼此間的相處看似和諧，實際上可能是波濤洶湧，而為了真正的和諧就是要靠情感維繫。因此，消費者在選購氣化觀型所屬的飲料時，感受到的是它所運用的修辭技巧較為豐富，這是因為氣化觀型文化講求人與人間必須禮數周到、講話重視修飾包裝的「普遍效應」所致。換句話說，氣化觀型文化所屬飲料運用豐富的修辭技巧來命名，目的就不外乎是要對消費者「動之以情」，透過修辭「強化」的手段，牽動起消費者購買的心。西方人小家庭所組成的家庭文化，強調人人都是獨立的個體，人人都在規則內可以充分的享受言論權，家人之間彼此擁抱。

另外，不拘禮節也是西方人的主要文化之一。（陳國明，2003：108）
因此，時常可以看到西方人說「Make yourself at home」，親友屬性
也不像東方人分別那麼細。這樣獨特的民族特性也可以和所發行的
飲料名稱有些關係，像是在替飲料名稱命名時，往往就是直接呈現
研發者、研發地的名稱，或者以直接陳述的方式將內容物表達出
來，鮮少用到複雜多變的修辭技巧，因為在創造觀型文化底下，相
關的受造意識，促成西方人凡事獨立、凡事直接、凡事坦率的個性
和行事風格。然而，創造觀型文化的飲料也有涉及到象徵、譬喻等
現代美，現代美本身就是由創造觀型文化發展而來。西方的直敘更
能顯示出優美，而優美也是創造觀型文化的保障。但這整體上都是
強調以理性為出發點，讓消費者產生購買的行為。因此，「聳之以
理」讓創造觀型文化中的人可以產生相應的消費行為。最後是緣起
觀型文化，緣起觀型文化以佛教為主軸，它製造了佛／涅槃的兩面
性：世俗諦和聖義諦。世俗諦強調慈悲為懷；聖義諦強調逆緣起解
脫。不論是世俗諦還是聖義諦，都是為了讓信徒知道佛法的趨向。
因此，緣起觀型文化所屬的飲料名稱並非以商業目的讓消費者產生
購買行為，純粹是以佛法讓消費者體悟，進而認同，並產生購買、
飲用等行為。因此，緣起觀型文化所屬的飲料名稱，主要體現了「誘
之以法」的用心。

　　大陸和臺灣的歷史淵源在本論述中並不涉及，自從 1949 年海
峽兩岸分隔後，大陸引進西方社會（集權）主義，而臺灣則是引進
西方民主（資本）主義。然而受到外來文化的影響，導致本同屬於
氣化觀型文化系統內部產生歧異。例如：大陸飲料名稱为「陽光寶
寶」，這種商品在臺灣就不大可能會出現，因為大陸引進西方集權
主義並實施一胎化政策，原本就有 13 億人口的國家，要在強權、
共產領導中強制不能生第二個寶寶，因此就使用寶寶來強化飲料商

品的特殊性。然而在臺灣民主主義下，怎麼可能會去抑制民眾生幾胎，因此寶寶就不足以成為飲料的賣點。另外，大陸也有飲料取名為「農夫果園」，這樣的飲料名稱在臺灣可能就不具有賣點，甚至會讓臺灣的消費者感到俗氣，而大陸卻以「農夫果園」強化果汁飲料的純正、農夫種果樹的辛苦等背後意涵，這也許是社會主義打破階級觀念，強調農工至上的影響所致。

還有大陸很多飲料名稱都會在名稱後頭加「源」，像是「美汁源」、「本草源」等，尤其可口可樂公司所出產的「美汁源」在臺灣卻轉換名稱為「美粒果」，同屬氣化觀型文化系統，卻產生商品名稱的差異，這也是因為引進不同的西方文化，外加時代的改變等外力因素所造成。而在商品名稱後頭加「源」，臆測可能是集權主義強調「飲水思源」的觀念，而在臺灣則以「創意」為主，因此同樣的公司出產、同樣的包裝，卻有不同的商品名稱，則是呈現海峽兩岸略微不同的系統內部差異最好的說明。

簡單歸結，情主要表達的是感性；理主要表達的是理性；法主要強調的是佛法。不論是情還是理或是法，命名者的目的無非都是希望能引發消費者購買飲用的衝動，只是飲料名稱命名產生的文化背景不同，所鎖定的消費族群也有差異。

本節主要探討的是「動之以情」及其氣化觀型文化背景。臺灣過去是以農業社會起家，歷經工業時代到今日繁華的科技業為首。過去務農時期，家家總是靠天吃飯，天不降甘霖，則無法有好的農作收成，因此幾乎各家都有所信奉的神明。如今雖然已非農業家庭，但還是以儒家／道家為首的信仰居大多數，可見儒家／道家的影響甚深。也就是說，目前在市面上所見到的國內自製飲料或是國內自行設計、命名的飲料名稱，幾乎都屬於氣化觀型文化所影響的命名結果。

臺灣的地理位置、歷史包袱，也讓我們歷經了葡萄牙、日本、荷蘭等國家的統治，每被統治一回，社會文化就被改變一點，所以在臺灣也很常可以看到各國有特色的建築。觀看欣賞建築並嘆為觀止的同時，其實也在掀開歷史的陰影和糾葛。直到工業改革成功，臺灣電子業興起，增加與其他國家的互動關係，因此可以在臺灣發現不少各國的食品、商品。過去臺灣沒有自己的品牌，主要是以代工為主，而英文就成為溝通語言，跨文化衝擊著原本寧靜的生活，因此也產生了認知文化的差異、認同文化背景和適應文化習性等的時期。臺灣民族個性其實是很難接受外來的文化，但是為了經濟利益、商業考量，因此慢慢也接受了各地所引進的非本地文化。另外，廣告業許多人才均是由國外學成後返國貢獻，而廣告奇葩更是主要的命名者；他們可能自小就在異地求學，也可能接受所處地域的文化，因此將那些原本不屬於我們的在地文化帶回臺灣，並展現在命名策略上。

> 中國思想，認為天地中有萬物，萬物中有人類，人類中有我。
> 由我而言，我不啻為人類中心，人類不啻為天地萬物之中
> 心，而我又為其中心之中心。而我之與人群與物與天，尋本
> 而言，則渾然一體，既非相對，亦非絕對。（引自季羨林，
> 2003：156）

由上述這段話，可見天人合一對傳統國人影響至深。在中國思想中，「天」和「人」並沒有很明顯的區分。氣化觀型文化也將我與物融為一體，因此在命名時往往都是將最真實、最原本的訴求，透過「修飾」將語言進行「包裝」。雖說道家講求逍遙自在，但是因為大多為儒家所規範而講求禮儀，所以最後與人的互動總是會將語言進行修飾，進而產生如此繽紛的「飲料名稱」的修飾技巧。

將氣化觀型文化所屬飲料名稱帶入五個次系統中進行比較,「絕品好茶」、「茶上茶」可以發現,此二項飲料都是要強調該茶是最好的,無可比擬、取代。且深受傳統氣化觀型文化氣節糾纏和氣的純度有關,因此氣化觀型文化底下的人們具有多重的人性,善於交際,喜歡和平。即使商品名稱內涵角力,但是表現上卻相安無事。如下圖所示:

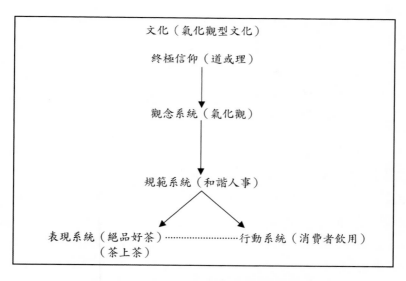

文化(氣化觀型文化)

終極信仰(道或理)

觀念系統(氣化觀)

規範系統(和諧人事)

表現系統(絕品好茶)‧‧‧‧‧‧‧‧‧‧‧‧‧‧‧‧‧‧‧‧‧‧‧行動系統(消費者飲用)
　　　(茶上茶)

圖 7-1-3　氣化觀型文化五個次系統關係圖

　　氣化觀型文化不單只包含道家的無為而治、崇尚自然,另外也包含儒家的謙恭有禮、博學多問。儒家最重要的就是展現「敬」與「禮」,儒學既然被當作內聖外王之學,就是因為重視人的內在精神和修養,將人的道德修養(內聖)視為推行理想政治、完善的外部世界(外王)的前提和基礎,所以《大學》以修身為治國平天下之本。(高峰、業露華,1999:176)因此,可以判定儒家重視人的

主觀精神純淨與否，而儒家和道家也在時間的演變中結合為中國最大的「儒道思想」，也有不少人將儒家與道家視為原本一家，也是「達其天地萬物一體之用」人求道成聖。

乍聽之下可能會覺得氣化觀型文化似乎是古人的事，離我們很遠。卻又不然！這可以用王文華採訪科技新貴張明正的一席話來佐證，其實不論是過去、現在，我們都深受著氣化觀型文化的影響：

> 王文華：我覺得雖然你是個科技人，卻有非常感性的一面，因為你經常會出現一種「自省造成頓悟」的表現。
>
> 張明正：反省是很重要的。從事後的經驗來看，我想每個人偶爾都會有頓悟的經驗。即使我們進入夢想的桃花源，人在園中時腦海中卻依然會出現問號，會思考「這是我想要的嗎」，這時就要以行動去改變。（引自李世暉，2008：248-249）

從上述的對話中可以發現，張明正雖然貴為科技新貴，但是心中也仍保有反省、省思的韌性，而這正是來自於傳統的儒道精神。因此，不論社會如何的變遷，時代如何的改變，飲料名稱依舊保有固有的文化特性，另外也可以從飲料名稱中看測出其文化因緣為縮節人情；縱使受到外來文化的衝擊，但是在每個人的內心中卻都已深植自我所屬文化的因子而難以改變，而這也使得飲料名稱所使用的修飾技巧看來較為多樣化。

第二節　「聳之以理」及其創造觀型文化背景

文化的比較方式有很多種，包含了東西方文化的差異，甚至也可以用文化的屬性進行劃分，像是高級文化、通俗文化。人類學家

把每一個民族或社會的文化當作是一個有系統而整合的叢體，彼此間也是互相牽引。（李亦園，2004：48）因此，商業物品所要販售的名稱，必須與該民族的價值觀、宇宙觀、世界觀、生活習慣、文化背景、宗教信仰、歷史因素等相關聯。

　　文化也可以分成本國文化和外來文化，當然也可以分成亞洲文化和西方文化。各國的文化都會受到傳統的歷史、統治者、地理、氣候等的影響，像是西方，地理、氣候因素導致稻米產量不多，大麥卻是主要糧食，因此利用大麥所做成的麵包、漢堡就成為西方人飲食的重點；而身處亞洲的我們，以稻米為主食，老一輩的人甚至沒吃到米飯就會感覺到沒吃飯一樣，因此這也造就「漢堡與飯」的差異。然而西方人在享用大型麵包、漢堡時，總會用刀子割然後再用叉子慢慢夾起來吃，或是直接用手抓起來大快朵頤；但在臺灣的飲食文化中，吃米飯卻是用筷子，難道吃大型麵包、漢堡不能用筷子夾？吃米飯不能用叉子叉嗎？這個問題也可以追溯到發明筷子、刀子與叉子的人，因為發明刀子（叉子）的是西方人，而發明筷子的是東方人，因此刀子（叉子）配上大型麵包、漢堡和筷子配上米飯就各自成為絕佳的組合。

　　除了上述的飲食外，西方人還有許多別於東方人的習慣。像是衣著，中國自古以來喜歡長袍馬褂，然而西方卻喜歡短版衣服。就顏色而言，中國自古以來喜歡紅色，覺得紅色代表喜氣的象徵，然而西方卻認為紅色是危險的代表，因為血是紅色的。因此，在股市中，東方人會以紅色代表漲、綠色代表跌；西方則是以綠色代表漲、紅色代表跌。紅綠燈是從西方發源至全世界，因此現在所見到的紅燈停、綠燈行也正代表西方人對顏色的觀念。

　　從上述的飲食到顏色認知，樣樣都顯示出東西方的文化差異，更別說是對宗教的看法，東西方的差異更大。東方以儒家、道家和

佛教為主，西方卻是以基督教為主。儒家、道家和佛教都闡釋仁愛和慈悲，基督教卻始終強調愛神與愛人的倫理。佛教有佛經、儒家和道家有經書，而基督教則有聖經。宗教是人們心靈的慰藉，更是與當時的社會有很大的關係，因此從西方的宗教也可以看出飲料名稱命名的特殊性。

在文化比較研究學中，因為時間和空間等的複雜因子干擾，也會產生不同的研究方法。而我在這一章的論述中，主要是以飲料名稱的命名來探討背後的文化因素關聯，因此自然使用文化學的方法較為恰當。另外，飲料名稱樣本都來自於臺灣目前市售的飲料，鮮少是以不譯，因為在翻譯的過程中可能也會有命名者的命名考量，這些或許都會導致探討其宗教因素的結果。不過，也可以從這些飲料樣本中發現，不同的文化體系下會導致不同的命名策略、命名結果。

佛教和儒家強調慈悲和仁愛，並且沒有原罪的觀念，但是基督教就有原罪思想，而支配罪的概念、面對上帝的範疇最簡單的就是直接「立約」，這種現象呈現出上帝與門徒的關係較另外兩系來的冰冷卻也較為有制度。所謂「原罪論」，來自《舊約》的〈創世紀〉，這種觀念可增加民族的凝聚力，受到他人欺負時，也可以化憤怒為忍耐，明白得失都只是一時的，也只有如此才能在死後進天國。

> 耶穌說：「凡不背負自己的十字架而來隨從我後的人，就不能作我的一個門徒」。（路加 14：27）又說：「若人願隨我，他當捨己，日進一日，背負其十字架以跟隨我」。（路加 9：23）古時門徒蒙召為目的，為要執行耶穌一樣的職責：推行上帝國的運動於人間。因此門徒就得接受教育，並且心靈和悟性方面的訓練，這樣上帝才能藉賴他們的宣揚而進入世人的生活中。教會救贖的工作，乃是基督救贖的延續。（董芳苑，1994：327）

從上述耶穌的言談中可以看出耶穌對於門徒的要求。而這樣的宗教表現也可以從飲料名稱中看出。因此，倘若是信徒在替飲料命名時，也會秉持著耶穌基督的要求，展現宣揚的精神。

> 咖啡最早進入義大利時，許多神父認為咖啡是異教徒的飲料是罪惡的產品，教皇應該下令禁止。但當教皇克雷蒙八世嘗試過這種飲料之後，結果卻出人意料，教皇讚嘆道：為何撒旦的飲品如此美味！如果讓異教徒獨享美妙，豈不可悲。咱們不妨賜咖啡一個聖名，讓它成為基督教飲料。當然，克雷蒙八世和很多歐洲正統的基督徒一樣，在很長一段時間裏並不知道，早在咖啡成為異教徒的時髦產品之前，衣索比亞的基督徒就已經開始廣泛地享用咖啡了，就像人們在很長時間裏，一直以為咖啡最早的發源地是葉門而不是衣索比亞一樣。克雷蒙八世於 1650 年去世，但咖啡在他的強烈推崇下，很快就廣泛地被基督教世界接受。（中國經濟網，2008）

上述的故事可以知道咖啡是基督教的飲料，所以咖啡飲料的命名也成為基督教的表現。不過由於飲料的樣本取自於臺灣市售，國外進口至臺灣的飲料往往還會經過轉換、修飾、改變，命名者還是會依臺灣的風土民情取一個最適合居民的飲料名稱。因此，這部分的樣本無法體現出宗教的特性。不過，卻也可以發現，西方的咖啡幾乎都會以「地名」作為命名的依據，像是藍山、西雅圖、曼特寧等，類似於牛奶命名（如：林鳳營、瑞穗、初鹿等）。

　　將創造觀型文化所屬飲料名稱帶入五個次系統中進行比較，「可口可樂」、「美粒果」可以發現，此二項飲料都展現優美感。即使並非單純的僅使用一種修辭技巧，但是卻也不會過於的花俏，利用諧音的方式，巧妙的傳達命名者所要傳達的想法。創造觀型文化

通常沒有過多的修辭技巧，強調是給「個人」欣賞，因此時常也為了展現創意，巧妙的使用很多可能只有「有些人」才會理解的。像是「卡打車」身體補給水，光看這個飲料名稱很難想像到該飲料是賣什麼？賣腳踏車嗎？還是賣水？其實是在賣「運動」。這些創意不盡然是每位消費者都能了解，但是在西方的創造觀型文化下強調的也並非是讓「每個人」都理解，耶穌祂相信自己的直覺，所以命名者在這樣的文化影響下，命名時也總會特別相信自己的直覺。耶穌曾說：「我渴了」（約翰福音 19：28）。其實祂不盡然只是單純的口渴，而是在口渴時大聲說出自己的感覺。因此，創造觀型文化底下命名時常使用直敘也是原因之一：直接表述、個人主義。

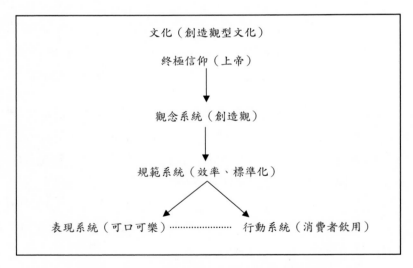

圖 7-2-1　創造觀型文化五個次系統關係圖

　　雖然說創造觀型文化是以直接程序、優美來表現命名的特色，但是卻並非每一樣飲料都僅使用直敘。耶穌曾經用明喻、暗喻來教

育人們，藉以達到溝通真理的目的，他曾說過天國就像農夫（馬太福音 13：24）、芥菜種（馬太福音 13：31）、麵酵（馬太福音 13：33）、寶藏（馬太福音 13：44）、買賣人（馬太福音 13：45）等。（引自 Laurie Beth Jones，1998：36）也曾將律法學者和法利賽人比喻為粉飾的墳墓，裡面裝滿死人的骨頭（馬太福音 23：27）、毒蛇之種類（馬太福音 13：33）等。（同上，37）所以可以證明耶穌會以「明喻」或「暗喻」來告訴信徒祂所要表達的，而不是以行動來表示。因此，在西方的飲料也會有些是以諧音或是隱喻、借喻等。或許目前臺灣所能接受外國的「創意」程度還有限，導致外來飲料至今仍非全部都「不譯」直接上架，所以這部分可能需要未來更多的外來飲料加以佐證。

相較於中國氣化觀型文化，創造觀型文化的飲料多了些優美，雖說直接成敘無法賣弄修辭技巧，少了讓消費者動腦筋、會心一笑的機會；不過飲料有別於其他商品就在於它的「速效性」，因此在飲料的命名體現過多的修辭技巧，有時候可能會導致反效果，甚至會讓人覺得冗贅、沉重，所以這一方面創造觀型文化就表現出較其他兩大文化系統多一點的簡單、優美。

白人世界基本上是被創造觀籠罩，這種世界觀預設了一位造物主，而所有的受造者（人）必須服從造物主的旨意（而不像氣化觀型文化，各層關係糾葛在一起），彼此以「分居」、「個人」為單位，互不侵犯。（周慶華，2007：82）創造觀型文化崇尚天國，強調他世，導致人們對今世物質世界無限掠奪，而背叛上帝的旨意也是褻瀆行動，因此飲料在命名時雖然經常使用直敘，但是必須在直接成敘間還要賣弄點創意，藉以達到與其他品牌競爭，所以西方人的飲料命名看似簡單，其實更是複雜。

> 所謂美感類型的跨域升沉和同域互轉，大抵就像上述（略）那樣「翻來覆去」。它除了可以「豐富」我們的審美見聞，

> 還可以重新「洗鍊」我們的美學涵養……現代造象美在二十
> 世紀透過各流派的塑造發皇，當時還匯成了一股「聲勢浩大」
> 的前衛運動。（周慶華，2007：267）

現代美從創造觀型文化創發出來，而西方的直敘顯示出的優美是創造觀型文化的保障。也就是說，西方人的個性可以從外顯行為（命名者的思維）和宗教文化（基督教）等作為系聯。而飲料名稱背後更是由「理性」作為操控因子。造象美是創造新的美感，也是由理性支撐著，因此對滑稽、怪誕等不會被感動，只會感到好笑、光怪陸離，也是種理性的表現。

西方不譯的飲料還有像是「可口可樂」（Coca-Cola）、「海尼根」（Heineken）、「酷斯樂」（Cruiser）等，都顯示出受造意識底下是個人，大家都是獨立個體，為上帝所創造的，因此保留讓對方想像空間，讓對方思考後再決定是否接受，所以創造觀型文化的飲料是很理性的將飲料的特性、功能以直敘或是優美的方式，告訴給消費者，不會偽裝，也不會讓消費者感覺到你在吹噓。另外也不用拐彎抹角，把要感動對方的情緒降到最低，因為替對方設想太多，可能會造成別人的壓力。創造觀型文化訴之理性，不用過多的修飾來顯示，而是否需要另外再添加修飾詞則由消費者自行決定。

此外，也可以說西方創造觀型文化的創受意識是為了保障個人的獨立性，產品實實在在的直接傳達告訴消費者即可，不需要過多的修飾加以包裝。而傳統中國文化觀念中，說話總覺得需要「包裝」，否則可能會「禍從口出」，即使要罵人也必須「不帶髒字」。因此，在西方可以很直接的罵人「狗屎」（shit）、「屌」（fuck），在我們的觀念中，即使說狗屎或是屌也不會被認為是髒話；然中國的髒話卻是透過借喻，像是「幹」、「幹你娘」、「他媽的」等，這些無

異不單純只在罵「本人」，也進而在罵你的家人。從髒話到飲料名稱，樣樣都顯示中西方文化的差異。

> 一個人初學外國語的時候，必須先把一句外國語翻成一句本國話，然後才能理解。他學說外國語的時候，也必須把他要說的一句話，先用本國語想好，然後再翻成外國話。他的話是用外國話說的，可是他的思想是用本國話想的，所以必須經過這些翻譯程序。（引自金秉洙，2001：222）

馮友蘭說明格義現象的必要性，也可以確認文化互融中格義的必然性。在轉譯的過程中，轉譯者的想法和原始命名者的想法是否有一致性？另外，就詮釋學的角度來談論，三大因素「作者－文本－讀者」，在飲料中轉換為「命名者（廠商）－飲料名稱（樣本）－消費者（閱聽人）」。主張格義的過於重視讀者，而忽略命名者和飲料樣本。因此，如何在命名者、飲料樣本和消費者中間達到平衡，就顯得相當重要。有時候命名者可能有很好的想法與創意，但是仍必須回歸到市場機制──消費者可否接受？因此，往往會壓抑了創意的展現。

有人指出人類的歷史中有兩大成就──宗教和科學。而宗教是人類敬拜神所表現的方式包括對唯一神或是多神進行各種宗教儀式、活動所產生的行為。（林建中，2002：136）在《創世紀》內文中記載，上帝在六天內創造了宇宙萬物，當然包括人類。因此，神創造了人類始祖，神也足夠引領人類到神的面前，蒙稱義而且和神同行。（同上，54）因此，《聖經》說：「神創造萬物按其時成為美好；又將永遠的生命安置於世人心裏。」

綜觀上述，因此我將這一節標題訂為「『詧之以理』及其創造觀型文化背景」，因為西方創造觀型文化的集體意識是講求效率和

秩序、更講求標準化及個人主義，造就連命名者思維都備受牽制，所以其命名會以「快」、「狠」、「準」，明確、直接、簡單卻不失優美的特色展現。「聳」是為「動」，根據教育部《重編國語辭典》，聳動有勸誘、鼓動的意思。（教育部，1994）聳單字也有讚揚的意思，因此聳之以理也就是讚揚理性。創造觀型文化的飲料名稱所表現出來的幾乎都是以讚揚理性為主，畢竟在西方人的文化中，無不處處都以「讚美主」或「神愛世人」為精神標語。因此，如果說東方人講話較為包裝、西方人講話較為直接，倒不如說東方人訴諸感性、西方人訴諸理性，這些文化、宗教等影響也造就命名者的作品導向。

創造觀型文化是有別於另外兩個文化系統，擁有著獨立和特殊性，目前臺灣市售的飲料中，即使是國外進口，但是通常為了符合本地的消費習慣，會進行「改名」、「譯名」，往往失去最原先的英文本意，因此目前沒有蒐集到像緣起觀型文化「純正」的飲料樣本，這往後可以再加強。不過，從轉譯過後的國外進口飲料樣本中，還是不難發現，西方人雖然說沒有使用過多的修辭技巧，但是也並非完全沒有使用，而是會巧妙的使用「雙關」、「借喻」等修辭學源自於西方，但是中國人反而遠比西方人靈活運用在生活中，這也許和生活背景、背後的文化價值差異有關。

第三節 「誘之以法」及其緣起觀型文化背景

「緣起」是佛教的術語，「緣起觀型文化」是佛教的文化。佛教的代表人物是佛陀，他的自由思想有別於當時的婆羅門教，因此佛教以「苦行」為原則。佛陀（Buddha）是覺者的意思，代表自覺、覺他和圓滿之意。（釋聖嚴，1993：326-328）這也是佛教的最大特色。

> 孔漢思曾經質疑，道德和禮教的儒學，多神和煉丹的道教，虔誠和神祕的佛教，中國是否真的有這三個不同的宗教？之後他自己回答說，儒學和道教來自同一精神淵源，有不少相似的信念、價值觀念，二者是同一個中國宗教傳統的不同體現；而佛教他還是視為外來宗教。（金秉洙，2001：150）

早在東漢時期，就已經有儒教、道教和佛教（前二者為儒家、道家的衍化），這三種不同的宗教牽動著當時的社會、文化、生活環境，因此信仰儒教的人們道德心很重，也會處處講禮、禮數周到；而信奉道教的居民，對天神、社稷崇拜和祖先祭拜，因此其信仰主要是敬天法祖；而佛教更是以慈悲為懷、解脫超度為主。中華民族雖然歷史悠久，歷經多種宗教的洗禮與衝突、磨合，但是許多文化卻也都是衝突中匯結而成，因此對於一個中國人而言，不必像西方人一神主義，他可以同時信奉三教。例如：對於家庭、事業承擔社會、家庭責任，屬於儒教思想；遇到逢年過節需要祭拜祖先、神明時，準備三牲四果感謝神明，休閒時也可以到大自然享受寧靜時光，這些都是道教哲理；而心情紊亂、煩悶不勘時，就到佛寺中尋求神明的精神慰藉，這些都是在中國多元文化的特點，和西方創造觀型文化所集結的一神主義有極大的差距。

> 在其他文明中，各個宗教若非競爭關係就是互相排斥關係，然而在中國各教派卻盤根錯節地結合在一起，並且相互合作。（金秉洙，2001：157）

從上述一席話中得知，三教之間雖可能有些競爭關係，但是卻也都是巧妙的緊密扣合，互相扶持。像是玉皇大帝、土地公等神明，可能有些人會將其歸在道家，也有人將香燭紙錢認為是信仰佛教的標

誌，事實上佛教雖主張以燈明供佛，卻沒有說需要用蠟燭，而紙錢也是佛教所反對的，因為佛教不認為人死皆有鬼，因此鬼也不能用貨幣。（釋聖嚴，1993：147）因此，從三個教義中反而可以看到和諧、調和的精神，這是西方所不及。歷史學家范文瀾認為：儒家、佛教、道教的關係，大體上儒家對佛教排斥多於調和。佛教對儒家，調和多於排斥。佛教和道教互相排斥，不相調合。儒家對道教不排斥也不調和。道教對儒家有調和無排斥。（引自金秉洙，2001：159）。緣於此，蔡仁厚用三角圖來解釋三教：

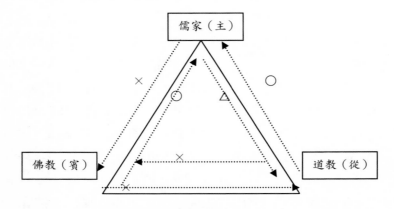

圖 7-3-1　蔡仁厚的儒釋道三教關係圖（引自金秉洙，2001：159）

　　根據蔡仁厚、周慶華、釋聖嚴等眾多學者的說法，因此將儒、道視為一家，就是「氣化觀型文化」；而佛教因為和儒家與道教並無直接關連，且佛教由印度傳來，因此佛教為「緣起觀型文化」。

　　佛教的教義相當廣大，條理卻很簡單。佛陀教化的對象是人間大眾，因此不作形而上的哲理玄談，他告訴大家，苦果來自於苦因的造作。明白苦果的現象後，在教導信徒如何從現實中改善並實踐解脫此苦的方法。（釋聖嚴，1993：337）由於佛陀是位苦行僧，因

此他不賣弄玄虛，更不喜歡告訴信徒天堂與上帝的神聖，很切實的告訴信徒，從實際生活中，達到解脫的目的。因此他所宣揚的基本教義——四聖諦、十二因緣、三法印和八正道也就此產生。（同上，338）

諦是真諦，也是真理的意思。四聖諦也稱為三轉四諦，藉佛法的力量可以破壞任何的邪念，因此四聖諦指的就是苦、集、滅、道。三轉是謂示轉、勸轉和證轉。樣樣都說明了要滅除苦的根源，就必須進入解脫的境界，即稱為涅槃。涅槃滅除了煩惱之苦，心境也超越了煩惱進而不受外界物質誘惑的影響。佛陀三十五歲成道時，就見證了涅槃，此後廣度眾生，跋涉教化，直到八十歲才入滅渡。（同上，338-339）

因此，緣起觀型文化也根據佛教的思想進而醞釀產生。緣起觀型文化在臺灣目前市售的飲料中，並不常見，我所蒐集到臺灣各大廟宇的飲料樣本不多。像是中臺禪寺、法鼓山、佛光山的「大悲咒水」。所謂大悲咒水是在佛菩薩前經由觀世音菩薩加持過後，供信徒免費取用，許多信徒前往拜奉神明時，總是在祭拜過後會盛裝一小瓶大悲咒水飲用。據廟方人員轉述，喝了可以平安，或者回家也可以在門前灑淨，保整家人的平安。單從大悲咒水這一名稱中也可以發現菩薩的慈悲。根據教育部《重編國語辭典》，對大悲咒的解釋為：佛教咒語之一。代表千手千眼觀世音菩薩的內證功德的真言，此咒是漢地佛教徒最常持念的咒語之一。（教育部，1994）可以知道佛菩薩就連泉水也都經由加持過後讓信徒無償取用。

由於臺灣佛教廟宇並非以營利為目的，因此鮮少有飲料或其他食品對外販售。不過有些宗教性商業公司也會為了服務信徒，推出宗教性飲料，雖然為數不多，但是其銷售族群以佛教徒為主，因此在飲料的命名更是下了一番功夫，例如：天露實業有限公司就推出「天露水」，強調「用好水，滋潤深心。生命中的幸福好水，天露

水。」另外，在 2004 年時，也有飲料廠商感受到政局、社會動盪不安，因此推出一款外包裝上印有藏文和佛教六字大明咒「唵嘛呢叭美吽」的飲料。廠商也捨棄傳統的辣妹促銷手法，請來西藏喇嘛跳金剛舞，希望民眾喝飲料不但解渴，還能獲得祝福。喝飲料，保平安，這也是透過宗教行銷，更是臺灣的頭一遭。（大慧集網，2004）我用上述緣起觀型文化的宗教飲料帶入五個次系統：

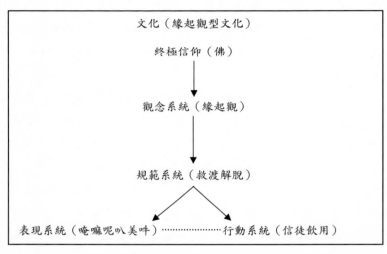

圖 7-3-2 緣起觀型文化五個次系統關係圖（唵嘛呢叭美吽）

不論是「唵嘛呢叭美吽」或是「天露水」甚或是「大悲咒水」，前者是觀世音菩薩願力與加持的結晶，所以又稱為觀世音的心咒。美籍佛學家 Donald Lopez 認為，六字真言可解譯為「妙哉蓮花生」，但是又有一派說法稱「Ma Ni Pe Me」應為觀音菩薩的稱謂，意即「持有珍寶蓮花者」，全句應作「向持有珍寶蓮花的聖者敬禮祈請，摧破煩惱。」（維基百科，2009）不論是哪一派的說法，都可以解釋為拋除煩惱，道諦乃是滅除煩惱之苦的方法，因此強調救渡解

脫。而後二者正是強調菩薩的慈悲為懷，感覺喝完該飲料後，心變清靜了。而佛學的要領來自於從內心做起，因此喝飲料淨化內心，就可以感受到與世無爭，國土就是淨土。

十二因緣法的緣起觀是佛陀獨發的宇宙創造論。所謂的涅槃寂靜指的是解脫的境界，這必須回溯到菩薩慈悲為懷，寧願捨己救人、廣度眾生，因此入涅槃也稱為無住處涅槃，所以佛教的目的在於積極化世，深入而普遍的面對現實。（釋聖嚴，1993：343）而佛教徒的飲食生活更是簡單：素食、不殺生、不飲酒。而佛教不殺生和素食飲食的原因來自於輪迴的觀念和孝道的精神，認為自己的祖先可能會輪迴為動物，為了避免吃到自己的祖先，因此不殺生並且以素食飲食為主。（金秉洙，2001：169）

所謂「誘」之以「法」，就是從飲料名稱中，循循善誘信徒導向佛法此一條路，或許你並非信徒，你可能只是一般無信仰的消費者，但是倘若看到「大悲咒水」、「天露水」等，你就會感受到內心莫名的清靜與感動，或許你不會立即信奉，但是也絕對不可能當下做壞事，因為佛法已經悄悄地入住你的心中。而弘法居士們，也會透過奉茶、獻水等「潛移默化」讓信徒知道因果輪迴、佛祖慈悲為懷的精神。

前一節中曾經提到「咖啡」與西方「創造觀型文化」的關係，這一節中就不得不提到「茶」與「緣起觀型文化」的關係。

> 茶早在我國的周代即已出現，不過在晉代以前多用作藥品或煮茶粥。魏晉以後，一些佛教禪師發現茶有提神益思解乏的作用，正好解決因午後不食及夜晚參禪出現的精力不夠的問題，因而多方搜求或四處種植，大量飲用，推動了社會上飲茶風氣的形成。尤其在唐代禪宗創立之後，許多禪寺奉行農

禪並重，種植、培育、制作了一些茶葉精品，久而久之成為了名茶。由于佛教戒酒，因此茶就成為了佛寺最重要的飲料。佛寺對茶的提倡、種植和需求，自然也影響到廣大在家信眾及各界人士，在長期的品茗、交流過程中，人們發現茶還能預防或治療許多疾病，能生津止渴，解酒去膩，利多弊少，老少咸宜，於是爭相飲用，創造出豐富多彩的茶文化，使茶成為了老百姓家中的必備飲料。 值得一提的是，通過「茶馬互市」和各國間的交往，茶流傳到了各少數民族地區和世界各國，成為了世界三大飲料之一。尤其在日本，僧人們將飲茶與修心養性、人際交往等結合起來，創造了舉世聞名的「茶道」，體現了「茶」與「佛教」特有的血緣關係。（新華網，2005）

戒、定、慧是佛教的修行方法。戒，是僧人不飲酒，非時食（過午不食），戒葷吃素。定、慧，就是僧人要坐禪修行。為符合佛教戒律，且減輕坐禪帶來的疲勞。「茶」就成為僧人提神益思、生津止渴最理想的飲料。

另唐代劉貞亮提出飲茶「十德」：以茶散鬱氣、以茶驅睡氣，以茶養生氣、以茶驅病氣、以茶樹禮仁、以茶表敬意、以茶嘗滋味、以茶養身體、以茶可道、以茶可雅志。唐宋期間，佛教盛行，禪宗強調以坐禪方式，徹悟心性，因此，寺廟飲茶風尚更加推崇。（臺灣茶訊，2009）

由歷史的脈絡或是宗教的作法都可以看出茶飲受到佛教禪宗的重視。因此，在臺灣的寺廟裡，都會設有專門招待上客的茶寮或茶室，也就是法器。一些法會活動也都與茶有關，例如：普茶、施茶等。

而在佛殿、法堂的鐘、鼓，一般都設在南面，左鐘石鼓，倘若是設有兩鼓，就將兩鼓分設在北面的牆角；設在東北角的，叫「法鼓」，設在西北角的，就稱「茶鼓」。這些與茶有關的作為和稱呼，更證明佛教相當重視茶。（臺灣茶訊，2009）

　　所以在臺灣目前市售的茶類飲料中也不少受到佛教的影響，雖說幾乎都已商業化命名為主，但是為了符合此地區居民絕大部分的信仰，有些還是會稍微碰觸到「緣起觀型文化」。像是「清茶館」、「古道」等，這都已夾雜了商業化形式和氣化觀型文化、緣起觀型文化的三者融合表徵。清茶館使用「清」而非使用「青」，有青茶但並沒有清茶，清感覺是清靜、清幽、清爽等，符合緣起觀型文化的「抑制性欲和平心靜氣」；而館有道館之意，又符合氣化觀型文化中氣的流通，練道習武。因此，這樣的命名中夾雜了所有的商業、宗教考量，站在信徒或是一般消費者立場而言，均能接受這類的飲料，也可以增加商品的競爭力。

　　朱貽庭認為中國文化和佛教的相容性在於佛教教義和儒家思想的一致性、不違背忠君、孝親的中國傳統道德規範，佛教不違背名教綱常和儒佛最終目標一致。（朱貽庭，1989：277）而佛教思想強調「一切眾生悉有佛性」，和西方創造觀型文化的「信上帝創世」、「基督救人」甚至承認有地域的存在等相比，顯得較為慈悲。

　　要將飲料名稱作完整的研究，除了要研究字面意義、字面修辭外更必須要跨越到背後的審美與文化意涵，因此我在這章論述中嘗試將飲料名稱的審美、文化均帶入，成為四個層次的架構系聯圖：

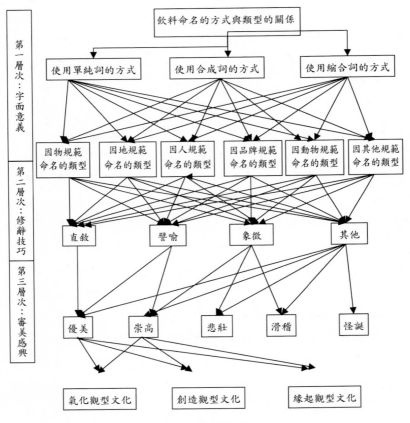

第一層次：字面意義　第二層次：修辭技巧　第三層次：審美感興

圖 7-3-3　飲料名稱四層次系聯圖

　　因為宗教的目的是要凸顯其神聖、崇高的一面，不大可能會希望顯示出悲壯、滑稽，更不可能會有違反常理的怪誕，因此不論是氣化觀型文化還是創造觀型文化或是緣起觀型文化，無不表徵其宗教的崇高地位。不論在現實的社會環境中，或是小到飲料名稱中，其實各宗教間暗自競爭的情況也不輸給商業性質的飲料名稱，因為從飲料名稱中必須要教化世人甚至要開導信徒，或要引導門徒進入

神／佛的殿堂／領域中，都必須仰賴好的名稱來作為闡述或象徵。而優美也是所有宗教性飲料的共同特徵，宗教性飲料向來不會運用過多的修辭技巧，簡單而明確的命名方式是它們的特色，畢竟宗教還是給人較為嚴肅的感覺。因此，飲料的命名就必須要僵化冰冷而嚴肅的距離感，它在命名時會考慮如何增進與信徒／門徒的交流情誼。宗教性飲料的命名必須在簡單明確中表明教義，所以都會使用優美的詞彙加以命名，像是「絕品好茶」、「茶上茶」（氣化觀型文化）；「可口可樂」、「美粒果」（創造觀型文化）；「大悲咒水」、「天露水」（緣起觀型文化）幾乎都以優美為命名策略。

此外，不論是「動」之以情還是「聳」之以理或是「誘」之以法，也不論是訴諸感性、理性或是佛法，目的都是要打動消費者或是信徒。訴之感性的產品可能會使用較多的修辭技巧，也會除了優美外更添加其他的審美感受，但是優美仍是其中心依據。而理性和佛法就不需要過多的修辭技巧，以直敘為主，而背後的審美更是以優美為切要。這是因為不論是西方的創造觀型文化或是東方的緣起觀型文化都有各自的門徒／信徒，必須要強化宗教地位的崇高，而崇高與優美是可以並行的，但是卻無法和滑稽、悲壯、怪誕等畫上等號，所以這也是這兩種文化所隱含的飲料命名特色。

最後，我也必須再次強調，目前臺灣市售的飲料鮮少「純正」的「創造觀型文化」系統飲料，因此研究的樣本僅能盡量以西方進口「不譯」為主的飲料作為研究樣本，但是事實上可能還是會與道地的「基督教」飲料有些許衝突，這也是未來研究可以再努力的指標。除此之外，臺灣市售的飲料部分仍偏屬「氣化觀型文化」，但是許多命名者均為廣告創意人才，且絕大部分為留學回國服務的，因此命名時可能會有些許干擾因子。像是命名者在西方接受教育時的影響、展現創意、商業考量等其他因素，雖說不完全是純正的「氣

化觀型文化」，但是仍屬於較偏向「氣化觀型文化」。而緣起觀型文化的飲料在市面上所見不多，但是命名的系統就「純正」多了，也較無其他干擾命名的因素，因此在緣起觀型文化集體意識及其文化因緣的飲料名稱均可看見世俗諦的慈悲救渡或是聖義諦的逆緣起解脫。

第八章 相關研究成果在語文教育上的運用

第一節 類推強化對整體食品命名的認知

　　語文顧名思義就是語言和文字，這包含了聽、說、讀、寫四項重要能力。各個國家、學者對語文教育的定義會因國情、學派不同產生差異，像是大陸的課程標準在課程理念中明確提出「正確把握語文教育的特點」；臺灣本國語文課程綱要基本理念為「旨在培養學生正確理解和靈活應用本國語言文字的能力」。培養學生語文科的能力又細分為十項，包括：了解自我與發展潛能、欣賞表現與創新、生涯規畫與終身學習、表達溝通與分享、尊重關懷與團隊合作、文化學習與國際了解、規畫組織與實踐、運用科技與資訊、主動探索與研究和獨立思考與解決問題等十項能力。這十項能力也圍繞語文教育的特點。（教育部，2003：5）語文教育也不單只有文字的書寫和表達，在分段能力指標中也又細分為注音符號應用能力、聆聽能力、說話能力、識字與寫字能力、閱讀能力和寫作能力。各能力下又有能力指標的學習內涵，例如：寫作能力的學習內涵又有能經由觀摩、分享與欣賞，培養良好的寫作態度與興趣，能認識各種文體的寫作要點，並練習寫作、能擴充詞彙，正確的遣辭造句，並練習常用的基本句型等多項。

　　語言和文字是人類歷史上最偉大的發明，有了語言後，人類變成了萬物之靈；有了文字，人類的文化得以被完整的保存。語文和

我們的生活密不可分，舉凡世事樣樣都必須仰賴語文作為聯繫的溝通，因此語文教育的重要性也就不言可喻。

生活在資訊爆炸、電腦充斥的世界的年輕學子們，溝通幾近都用「電腦」取代「紙筆」，也造成閱讀紙本能力低落、語文造詣下降，甚至作文下筆困難等。2009 年大學學測也史無前例，作文無人拿滿分，這些都顯示出語文教育必須要跟著時代的變遷，進行改革。孔子曾說：「因材施教」。而身為孔子的代言人，教導教育的老師們，是否也該隨時代的替換、環境的改變，而轉換自己的教學方式？很多學生對於學習多種語言會恐懼、寫作文會惶恐，就是來自於平日閱讀量不夠導致其信心不足。而教師如何增進學生的信心、學習慾望就顯得相當重要。如果教師只是一再的故步自封，自己也不肯跟著時代的腳步，學習融入學子們的生活，可能也會造成師生間的鴻溝；除此之外，更嚴重的可能還會讓學生們害怕面對一切與語文相關的學習項目。

孫志文（1979）認為小學教育最重要。的確，如果語文教育不能從小紮根，培養興趣，到了長大後，如何補救？語文和一般學科差異相當大，並非朝夕就可以學習、補救。如果說教育是長時間的過程，那語文教育更是需要從小教導的一門「重要學科」。曾經有一位國小老師與我分享：有一個小學生數學不會寫，並非不會算數學而是因為看不懂題目意思。聽完後，我內心百感交集，語文為其他學科學習的基礎，倘若連「題目」都無法「閱讀」，如何答題？因此，也足以證明語文教育的重要性。

當前許多家長看到孩子的成績單，可能絕大部分的學生數學差，國文好，就讓孩子去補數學。洪蘭曾經說過，這是一種錯誤的迷思，為什麼孩子數學不好補數學、英文不好補英文但卻不是補好的那一學科？洪蘭又指出，孩子國文好應該就讓孩子繼續補國文，

讓孩子可以擁有一個特強的學科，而並非讓孩子去硬學一個沒興趣的學科。當然，上述的問題可能又會回歸到當前教育的爭議，在此不針對此問題多作詳述。

　　教育部在 2002 年公布了《媒體素養教育政策白皮書》，就指出了媒體資訊的影響力大且和時下學子們的生活緊密相連，儼然已成為學童們除了學校制式教育外的第二教育課程。所以在內文中也建議行政院要落實電視節目、網站、電玩、遊戲軟體等分級制度，並將媒體素養教育視為終身學習，融入國中小學九年一貫課程，高中以上學校也鼓勵開設相關課程。（教育部，2003）

　　提到媒體素養必須先對多元識讀有所了解，多元識讀是近幾年來受到熱烈的討論。「識讀」是指認識媒體的特質與編輯運用手法，進而解讀媒體所傳遞出來的訊息和內容（符號）；「媒體」是指大眾傳播媒體，例如：電視、廣播、報紙、網路等，也就是閱聽人接收訊息（符號）的管道。媒體本身就各有其不同的特質，譬如電視兼具聲音和影像、報紙和雜誌則以文字敘述為主。媒體識讀這個詞彙是 1980 年在英國開始流行，從事媒體教育與媒體研究的學者將教育推廣進入高等學府，成為傳播教育研究的重要領域，並在 1989 年開始實施國定課程中，明文賦予媒體教育，教導閱聽人相關的概念、教授辨識事實與意見、討論大眾文化的小說與戲劇、發展廣告、宣傳與勸服內容的教學方法等任務。（吳翠珍，1996）

　　臺灣對於媒體識讀教育至今仍未受正視，但我透過文獻認為，應該將媒體識讀教育成為終身教育的核心課程，因為從小到大，媒體就不斷在我們的周圍出現，如果缺乏媒體的識讀能力，如何與外界產生系聯與溝通？識讀就是透過符號產生認知與辨讀，缺乏指導，會不會造成學生對符號的誤判？當然，我也認為，媒體識讀不單只落在編輯、採訪、美編、文編等技術性行為，而必須轉移到認

識媒體與解讀內容上，現在的學生，缺乏自主的認知和看法，因此有必要學習如何透過媒體，創造獨立批判性的眼光，分析媒體資訊，並反省所接收的資訊與自身的關係，從而展開接受或拒絕相信的行動，畢竟媒體種類眾多，如何挑選優質的媒體並培養學生獨立思考與創造力，這才是當前教育更應著重的首要任務。

老師曾經問我們，在現在資訊的社會，學校需不需要教導小朋友除了文字、文本以外的識讀能力？我的答案是肯定的！因為現在孩子缺乏獨立思考判斷力，總是人云亦云，無法自己篩選出優質的媒材。最近看到一則新聞，是針對國小學童對於報紙的喜愛度，令人訝異的是，《蘋果日報》竟然在小朋友心中是最好的報紙！我認為學校要教導的是如何使用媒體，而不是受限於媒體，媒體說的，並不一定是正確的；也因為現在的教育並不重視多元識讀的能力，造成小朋友總覺得，報紙就是對的！另外，《蘋果日報》常常會有色情、血腥的版面，這些難道都適合小朋友嗎？因此，當前教育的方向是否應該隨著時代有所改變？值得省思！

Sony 的總裁曾經說過：我們正在告別資訊的時代。因為資訊充斥著社會，「擁有」資訊是不夠的，更重要的是如何「選擇」和「利用」資訊。（引自陳皓薇，2002）所以透過教育工作者的努力，讓我們的下一代更加耳聰目明的面對媒體，讓臺灣擁有更優質的觀眾、媒體和社會風氣。

在本論述中，我將飲料分成十大類，針對不同類別的飲料作了名稱的研究與分析，可以發現飲料名稱會因為類別不同而有些「獨特性」，這些可以類推強化對整體食品命名的認知。在過去，尚未有任何研究是針對食品命名的方式探討，也沒有人對平日最常接觸的「飲料」名稱作命名方式的歸類。目前仿間的文獻，幾乎都僅只針對「品牌」作研究，但是「品牌」畢竟是大的總稱，品牌所涵蓋

的商品項目可能跨足多種類別，例如：「統一」企業集團包含了多項事業、品牌。事業涵蓋了食品、飼料、農產品、電池、網路書局、購物中心、棒球隊等；就品牌而言包括了 7-Eleven（臺灣、菲律賓）、星巴克（臺灣以及中國大陸部分地區）、家樂福（臺灣）、無印良品（臺灣）、康是美藥妝店、速邁樂加油中心、二十一世紀風味館、博客來網路書店、統一渡假村、伊士邦健身館、博客來網路書店、夢時代購物中心、統一獅職棒棒球隊等。因此，倘若只研究「統一」或許不夠貼切的發現其命名內涵。但是倘若針對統一的某一商品項目加以研究，則可以歸結出較完整、較貼切的研究結果。誠如本論述以「飲料」作為研究對象，而不以「飲料品牌」最為研究對象一樣，因為飲料品牌可能涵蓋了不只飲料這項商品項目，這樣的研究結果可能也會有所偏差。

　　語文教育和其他學科不一樣，它著重創新，而定義也可以很廣泛。我將語文教育定義為「所有和語言、文字有關的教育都可以稱為語文教育」。因此，「飲料命名的審美與文化效應」當然可以歸納為「應用語言學」的範疇。應用語言學是研究語言在各個領域中實際應用的語言學分支，它研究語言如何能夠得到最佳利用的問題，且應用語言學注重解決現實當中的問題，一般不接觸語言的歷史形態，因此應用語言學可以看成是各種語言學理論的試驗場。（維基百科，2008）

　　語文教育既然可以廣泛的定義，因此可以將此論述的研究成果歸結在語文教育上的應用，包含了三項：類推強化對整體食品命名的認知、引導參與創意品牌的行列和轉為設計／廣告人才的借鏡。這都是本論述可以回饋給語文教師、廠商業界和創意產業的地方。平常所接觸的種種名稱中，曾幾何時身為消費者的我們會細細觀看商品名稱？其實這些商品名稱無異是廠商辛苦討論的結晶、創意、

設計和廣告人才的辯白中的成品，商品名稱也包含了廠商、命名者所要傳達給消費者的訊息，身為消費者的我們，有多少次「用心」體會？

　　我所回饋的三方面對象和飲料名稱存在相當緊密的關連性，透過飲料名稱可以讓語文教師以新鮮、活潑的方式教導學生們修辭技巧甚至文化差異，現代的教育方式已非往昔可比，不能停留在傳統的「死記」、「死背」階段，而必須隨著時代的潮流，改變授課方式；音樂教師也可以透過飲料廣告中的音樂讓學生進行音調的練習，刺激學生對聲音的敏銳度；數學教師也可以透過飲料價格，讓學生進行成本的估算、本益比的計算等；歷史老師也可以透過不同時代的飲料，讓學生知道從名稱中透露出該時代的文化背景，讓學生學會觀察力的培養等，這些都可以轉換為教師授課的教材，讓教學不再只是單純的「課本授課」。在本論述中，最主要還是回饋給語文科的授課老師，內文中所提及的命名方式、修辭技巧等，都可以進行轉換為學生的學習內容。另外，本論述也可以回饋給命名者，在臺灣目前沒有像美國有專門命名的命名公司，因此命名者通常都由廣告公司或行銷公司直接連同系列行銷企畫、廣告創意進行命名，像是奧美公司就承接了「多喝水」的命名、行銷企畫、廣告創意等。或許命名成果無法像專門的命名公司一樣細膩，但是卻也有不少廣告人才突發創意，這些都有如天外飛來的一筆般的珍貴。最後，也回饋給廠商。其實命名可以有所根據，即使是飲料，也可以根據飲料性質的不同（茶類飲料、咖啡飲料、果蔬汁飲料、水飲料等）進行不同的命名。隨著消費族群的差異，商品名稱所要吸引的對象歧異，自然命名的方式也就有所不同。我將所回饋的三方面整理如圖示：

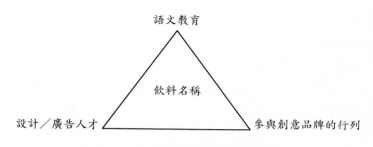

圖 8-1-1　飲料名稱回饋三方面示意圖

　　在此節中所說的類推「強化」整體食品命名的認知，強化指的就是平常消費者對命名的認識很淺，頂多看了商品名稱會不會激起購買慾外，很少會思考到修辭、審美和文化特徵，其實商品名稱的命名必會包含修辭、審美、文化等不同的層次。像是緣起觀型文化的商品名稱就不可能用過於誇張的修辭，其審美也會用較為簡單的優美或是崇高，讓消費者看到商品名稱就莫名的產生和諧感或是肅然起敬。可以用下圖來表示本研究示意圖：

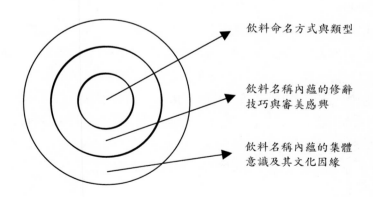

飲料命名方式與類型

飲料名稱內蘊的修辭
技巧與審美感興

飲料名稱內蘊的集體
意識及其文化因緣

圖 8-1-2　飲料名稱示意圖

　　從上圖中可以發現，飲料名稱的中心是以命名的方式與類型為中心點延伸至修辭、審美和文化等，也就是說，研究飲料名稱必須從語言學、修辭學、美學、文化學等都必須涵蓋。而本論述的模式也可以作為其他食品命名的延伸樣本。也就是說，透過這樣的研究方法可以延伸研究至其他的食品，諸如：餅乾、泡麵、糖果等。各個不同的食品類別，自然會顯示出不同的命名風格，像是糖果可能就比較會偏小孩子，在命名時所呈現的風格自然會和飲料有所差異，但是不變的命名要點是：名稱必須激起消費者的購買慾。透過本論述的方法，可以延伸研究其他食品，甚至其他商品。首先針對商品性質、屬性不同先加以歸類，然後針對語言學作前置分析，分析其語言學的命名方式，然後再透過修辭學，探論其修辭是否會因產品屬性不同而有所差異，接者以修辭內蘊所隱涵的審美再行討論，最後再跨到文化學的角度，如此一來，研究則更加完整。

　　將語文教育定義廣泛則可以具體展開進一步的認知。周慶華（2008）指出所有的語文教育中以文學教育是最複雜、難度最高的一環。如果將飲料名稱視為文學的子項目，則可以了解，飲料名稱是一個多重存有的存在體（包含消費者心理存有、社會存有、廠商存有、藝術存有）。消費者心理存有意即看到商品名稱後的心理層面感觸，主要是以思想情感為主；社會存有是指飲料名稱所敘述或抒情的對象；廠商存有正是所謂廠商意圖；藝術存有包含所有修辭技巧來縮合題材或是表達名稱所隱藏的超層次意涵。這可以予以細緻化並以圖繪陳列方式來檢視其複雜度和關聯性：

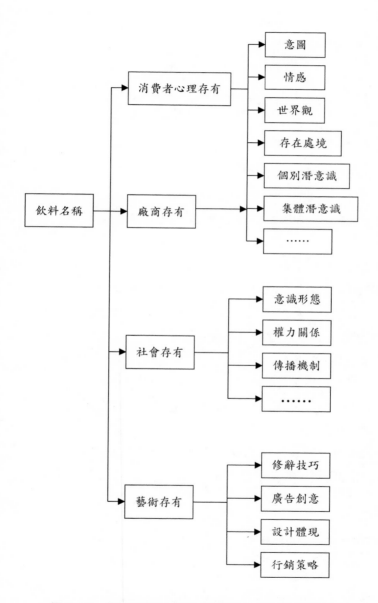

圖 8-1-3　飲料名稱與語文教育關聯圖（修改自周慶華，2008：2）

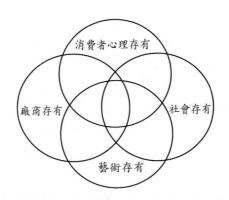

圖 8-1-4　飲料名稱與語文教育關聯圖（修改自周慶華，2008：3）

　　圖中交集處也就是飲料名稱最優質的命名方式，顧及了各個層面：廠商意圖、消費者心理、藝術層面、社會觀感等。雖然這樣的命名方式是最好的命名方式，但是卻沒有針對某一個族群去設計，相對的缺乏特色。宗教性飲料可能會顧及到消費者（信徒）、社會、藝術，但是可能廠商這部分就較為缺乏；而臺灣目前市售的飲料所呈現出來的很多都只顧及到消費者心理層面和廠商存有，另外由於命名者以廣告人進行命名居多，因此藝術層面也相對提高，但是社會存有有時就相對降低了。社會要負有一些責任，像是「蠻牛」有怎樣的意識形態？又有怎樣的權力關係？或許這也是飲料名稱特別之處，不需要有過多的社會嚴肅成分，因此社會存有這部分很少。

第二節　引導參與創意品牌的行列

　　資訊蓬勃創新、社會結構快速改變加上多元化時代的來臨，各行各業的技術都希望以「機器」取代「人力」，節省人力資源成本。

然而，人的管理和創意卻是無法用機器取代的，因此各企業也都希望可以聘請到具有「創意的人才」。創意是可以和各產業作結合的，例如：創意加上傳統產業可以開創出新的產業結構。

　　講到創意必須先對其作界定，根據教育部《重編國語辭典》：創，當形容詞可以解釋為獨特的；意，當名詞可以解釋為意思、情感、感情、意念等，也就是一種人類特有的精神活動，將外在所得的表象、概念經由分析、綜合、判斷、推理等步驟的認識活動的過程，就是思維。（教育部，1994）因此，創意是指獨特的思維。而創意涵蓋的範圍也相當廣泛，舉凡生活、科技、教學、文化、工作等。創意和生活結合就會成為創意生活、創意和廣告結合就成為創意廣告、而創意和品牌結合就會成為創意品牌。創意和創造力的差異在哪？

> 「創意指的是點子、可以訓練；創造力是創造表現的能力，涉及到思考行為，所以也以創造思考能力稱呼，可以是一種發明表現、生產思考能力、擴散性思考能力，也可以是想像力。」（引自林璧玉，2009：64）

用創意貫穿品牌的經營過程，必須結合語言文字創意、文化創意、審美創意等，但最終還是必須回歸到經營創意、藝術創意、推廣創意和銷售創意等。也正因為有諸多創意，才能讓品牌茁壯，增加消費者購買信心。

　　在本論述中，主要針對商品名稱的命名作為研究分析的對象，然而在仿間已有不少書籍針對品牌命名作深入的探討，但是我認為研究一件事物或是理論架構，都必須從最小單位進行研究，最後乃擴及至大目標。因此，必須先從商品名稱研究發展最後成為品牌名稱。

　　創意有諸多特點，諸如：創意的不可複製性、創意型人才的渴求等。創意產業與物質產品差異在於人們對物質產品的需求有限，

但是對精神產品的需求是無限的。也就是說，當消費者在購買商品時，除了在消費商品物質本身外，同時也在消費商品的名稱、商品的包裝、商品的廣告、商品的品牌等。這些都可以說是商品的創意，也就是商品給消費者的精神需求層次。而從商品的命名、設計、生產、運輸等銷售，每個環節都是創意的體現，一個好的創意將可以節省成本、增加銷售。

從商品的名稱中如何看出創意？這可以從修辭技巧與審美感興系聯圖（詳見圖 6-1-1）看出。命名者在命名時往往都不具備有「語言學」的觀念，但是卻有極深厚的創意發想，經過研究後也可以發現，這些創意人雖說沒有正統的語言學概念，卻也可以歸納出幾點相同的命名策略。像是命名時幾乎都使用合成詞的方式，鮮少使用單純詞和縮合詞。外來飲料命名時幾乎都以不譯為主，保留原產國的原汁原味，這些都是創意人在命名時所不去注意卻相當重要的細節。因為如果沒有好的語音組構，可能會造成不好唸、不好記，因此除了要有好的創意發想外，更重要的仍是回歸命名的原則：易記、易唸。

飲料的消費族群相當廣泛，舉凡上班族、學生、工人、農夫等，也可以分成男人、女人，更可以用年紀加以細分，因此飲料的命名策略是相當複雜的。要在同樣類型的飲料中找到自己的獨特性，就顯得很重要。像「茶裏王」、「御茶園」、「茶上茶」，這三個看似想傳達給消費者的訊息都是一樣的——我的茶是最好的！但是所呈現的文字不一樣，也成功的區隔了所飲用的市場族群。單從創意來看，茶裏王和茶上茶二者較為接近，前者要表達，該茶是茶中之王；後者要表達，該茶是比所有的茶還要再好的茶。這樣來比較，就可以很明顯的發現其較勁的意味。而御茶園就可以算是比較含蓄的表達，御本身就是古代皇室所用之詞，因此使用了「御」就會給人莫

名的尊貴、高尚的感受。反觀進口的外來飲料命名方式:「亞利桑那」、「La tee 法式果茶」,幾乎都會採用原產國的命名,但是如果轉譯的話,就會符合臺灣人的風俗民情,變得較為簡單。在本土自製飲料和外來飲料兩相比較之下,很明顯的可以發現,本土自製飲料的創意和進口的外來飲料的創意就是不一樣。因此,也可以說,西方人感覺有創意的,東方人未必感覺有創意;東方人感覺有創意的,西方人也未必感覺有創意。

可見「創意是具有文化性」。創意品牌比飲料或食品來得廣,而用我這一套理論架構則可以簡單、明確的套用「創意」,雖然創意本不該受任何的限制和拘束,但是我已經將絕大部分臺灣目前市售的飲料歸納、整理出其創意點,因此可以用四層次系聯圖(詳見圖 7-3-3)來釐出飲料的創意命名法。

文化在我們的生活中不斷地出現,也不斷地在改變,而東西方的文化不同所呈現的生活型態也就不同。宗教也是種文化,世界上有三大宗教文化,包含基督教文化、儒家╱道家文化(儒家╱道家有類似其他宗教的教主、教義、儀式、器物等,已經宗教化了)、佛教文化(換稱為創造觀型文化、氣化觀型文化、緣起觀型文化)。臺灣雖然四面環海,與各國接觸頻繁,因此除了傳統的延續,外來的也一併在此地流行,使得三大宗教文化都可見它們的影響力。

至於在文化與創意間要如何取得平衡點?這就必須先從文化的差異來探討。東方的社會保守、團體居住、集體行動,各層關係糾葛在一起;西方的白人社會基本上是被創造觀籠罩,這種世界觀預設了一位造物主,而所有的受造者(人)必須服從造物主的旨意。因此,相較於中國氣化觀型文化,創造觀型文化的飲料多了些優美,雖說直接成敘無法賣弄修辭技巧,少了讓消費者動腦筋、會心一笑的機會;不過飲料有別於其他商品就在於它的「速效性」,因

此在飲料的命名體現過多的修辭技巧，有時候可能會導致反效果，甚至會讓人覺得冗贅、沉重，所以這一方面創造觀型文化就表現出較其他兩大文化系統多一點的簡單、優美。

西方不譯的飲料像是「可口可樂」（Coca-Cola）、「海尼根」（Heineken）、「酷斯樂」（Cruiser）等，都顯示出受造意識底下是個人，大家都是獨立個體，為上帝所創造的，因此保留讓對方想像空間，讓對方思考後再決定是否接受，所以創造觀型文化的飲料是很理性的將飲料的特性、功能以直敘或是優美的方式，告訴給消費者。因此，創造觀型文化訴之理性，不用過多的修飾來顯示，而是否需要另外再添加修飾詞則由消費者自行決定。

> 富勒有一種說法：「在我創造某些事情時，我會根據直覺和研究來想出消費者要什麼。但是說到消費者，你別忘了你不能只照著他們說的去做。他們不總是想要他們想要的東西。他們無法想像下一個更好的東西可能是什麼。當然，你得聆聽他們的需求，但他們沒辦法告訴你要怎麼滿足他們的需求。」（Noah Kerner & Gene Pressman，2008：46）

從上述富勒的話中也可以知道，作為一個命名者必須替消費者設想到「消費者需求」，不但要先作市場調查，了解喝該飲料的族群特性、喜好等消費者寫真外，更要預想他們想要的商品名稱。也因為如此，所以在本論述第三章第三節，我也從心理學的角度來探究為什麼消費者看到飲料的名字就會激發消費的慾望。而從這裡也可以知道飲料的命名對其銷售是多麼的重要。

引導參與創意品牌的行列，必須從用創新的觀念來培養創意的人才開始。創意目的在於破壞原有舊觀念，建立新觀念、新想法、新目標，因此在建立上往往是艱難的過程。臺灣目前沒有專門的命

名公司也顯得創意人才的缺乏，或許你可能會認為廣告公司就是創意的發源地，但是畢竟「術業有專攻」，如果廣告和命名可以劃上等號的話，那廣告和命名的區隔在哪？又如何凸顯廣告的特別、命名的重要？因此，「破舊立新」是創意人才缺乏的心理因素。（郭輝勤，2008：240）

　　要如何培養創意的人才，則必須從生活中養成枝微末節的觀察習慣，要先構思（想）販售物的內容物屬性是什麼？例如：茶類飲料、水飲料、提神飲料、酒精性飲料等。再從構思中立意勾勒出飲料名稱的雛形。立意也就是確立飲料的主題、特色。例如：同樣是茶類飲料，可是我的茶是添加維生素或是玫瑰等，這都可以強調該產品與他產品的差異處。另外有些飲料可能不具有主題，這就必須仰賴命名者賦予飲料一個「故事」，而這個故事是從命名者的大腦倉庫中擷取出來的，當中包含了命名者的生活經驗、個性、思考，當然也包含了創造力等。像是「美妍社」也許就是命名者的生活經驗中傳達出希望有款飲料可以讓女性喝了可以變美，然而喝了美妍社真的可以變美嗎？也許不會吧？但是可以確定的是，命名者賦予該瓶飲料一種新的主題、新的特色、新的名稱、新的生命力。

　　創意必須從「觀察力」培養，用心注意生活的每一個細節。這裡所謂的觀察並不單單只是注意周遭的事物，也包含了對周遭的感應，人與其他動物的差異就在於人是有感情的並且也有意識型態、七情六慾等，而生活在不同環境下也會影響到其觀察判斷力，這些都會經由學習、生活經驗加以累積。

　　　　人類所有的觀察，都染有觀察者的色彩。只是在一般教育的訓練裏，強調將自己（我）抽離出觀察之外，以致於讓我們漸漸淡忘了自己（我）的存在。其實，在觀察上講，能夠改

> 變的是「我看世界的方式」，但卻無法將「我」去除。沒有
> 「我」就沒有觀察這一回事。（淡江大學中國語文能力表達
> 研究室，1997：71）

所以命名者所需要的命名時心態就是必須去除「我」，縱使有時候可能會參雜自己的意見，而好的創意要有其中心思想或核心主張、好的創意是充滿生機。有人說：創意是解決問題的藝術。這也道盡了創意的正面性和實用性。（邱丘，2001：38-39）當然，標新立異可能也會呈現出創意，但是在使用時也得謹慎小心，必須和世俗、文化不可相牴觸，否則可能會光有創意卻失了商機。

> Csiksentmihalyi 指出實施創造力的好處：創造力的成果豐富
> 了我們的文化，間接改善了我們的生活品質。而我們也可以
> 從簡中知識學習怎樣讓生活更有趣、更有生產力；要改善生
> 活品質、過好日子，單單祛除錯誤是不夠的，我們要有積極
> 的目標，問題的解答在於創造力，它為我們提供最精采的生
> 活方式。（引自林璧玉，2009：64）

因此，在業界使用創造力的好處也可以從此得知。政府、業界和語文教育無不推動結合創造力產生新生機。像是語文教育結合創造力則可以啟發孩子無限的想像力與思考能力的培養，提升孩子未來的競爭力。而創造力更是業界所汲汲爭取的人才，不但可以替換舊有的傳統思維，添加有活力、有效率的新元素，更可以增加生產效能。

根據《韋氏大辭典》，創造（create）有「賦予存在」（to bring into existence），具有「無中生有」（make out of nothing）或「首創」（for the first time）的性質。（引自陳龍安、朱湘吉，1993：18）又根據林璧玉將創意定義為無中生有或是製造差異。無中生有指的是一種

原創性、獨創性；製造差異則是指並非全部的創新，可能只是局部差異，也可能只是微幅差異，而有關製造差異的判定，來自於「文本」的相對性。（林璧玉，2009：81）例如：林鳳營、瑞穗、初鹿，三者都是鮮乳，都是用地名當作鮮乳名稱，都是以三個較不受污染的地區當地名當作產品名稱，則這三樣產品就不能看出差異性，甚至可以說較後面推出的商品顯得沒創意，依樣畫葫蘆。但是倘若此時出現「乳香世家」則可以凸顯其產品和其他三樣商品的不一樣，乳香囊括了所有地區的鮮乳香味，世家用來強調世世代代。因此，乳香世家就顯出了與林鳳營、瑞穗、初鹿的差異性。

　　臺灣目前市售的飲料有一種較不好的現象，往往 B 廠商看到 A 廠商販售 a 飲料，結果 a 飲料賣得相當好，B 廠商就會模仿 A 廠商，舉凡命名策略、行銷策略、廣告技巧、傳播方式等，所以導致可能某一個時期命名的現象是一面倒的，像是機能性飲料就幾乎會以「動物」來命名。第一個用動物來命名的機能性飲料已經不可考了，但是無庸置疑的是，有「威豹」、「紅牛」、「蠻牛」、「老虎牙子」等，這雖然是機能性飲料的特色，但是是否可以再行突破、另創高峰？是否可以用鮮乳飲料的名稱「富維他」、「一番鮮」、「大好き」？這樣的命名也許會造成消費者混淆，但是卻也製造與其同款商品的差異，增加消費者的新鮮感，也或許可以開創另一新興市場。

　　透過本論述，希望可以回饋給業界，讓命名者了解命名的來龍去脈，其實是有一套理論架構支撐著他們的命名，或許自己不自覺，但是經由歸納、分析可以釐出一套「規則」。命名背後所影響的可能有語言學、修辭、審美、文化等多項因素，而這些因素都也可以回溯到命的策略。也就是說，以後如果要命名一款乳製品飲料，則可以詳見我整理出的理論架構，嘗試將預想好、設想好的新商品名稱帶入，看看屬於哪種修辭？哪種審美？而對應的文化是否

與我們相容？透過這套理論架構，你將會發現，命名其實也不是件難事，或許創意點還是必須經由專業的創意發想人員較好，但是只要經準地掌握幾項要點，你也可以是位命名高手！

第三節　轉為設計／廣告人才的借鏡

廣告顧名思義就是廣而告知。廠商的目的只有一個，就是增加產品銷售額。然而要如何達到，就得各顯本領了。基本上，一瓶飲料的上市除了需要產品本身的優質性外，還需要「外在的包裝」。何謂外在的包裝？就是產品名稱命名獨特優質、包裝設計差異化、行銷策略符合商品和廣告吸引消費者。這是環環相扣、缺一不可的緊密鎖鏈。

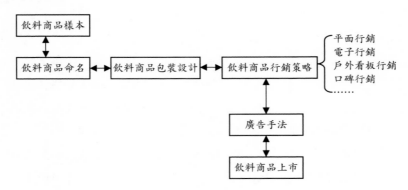

圖 8-3-1　飲料上市圖

上圖是雙向圖，並非單向的。有些廠商可能是先有商品名稱、商品行銷策略、商品包裝設計雛形再進行商品的研發，也有些廠商是先有商品的樣本，再依據商品樣本的性質進行商品命名、商品包

裝設計、商品行銷策略決定等。但是不論事前者或後者的進行方式，不可否認的商品命名、商品包裝設計、商品行銷策略、廣告決定手法等都相當重要。其中飲料的商品命名、包裝設計還是最為重要的，因為在資訊充斥的現代社會，一般消費者很難會去「關注」到全部的廣告，不像過往只有三臺時期，消費者的閱聽是備受限制的，因此商品的命名和包裝設計還是直接決定著消費者購買與否。

所有的行銷策略都可以廣面的歸納為「廣告」，行銷的目的就是在於增加商品的銷售，而廣告的目的也是在於輔助商品的銷售。雖然說現代消費者的閱聽較不被受限，但是廣告卻仍有其重要性。廣告不單只是一般傳統的電視廣告，隨著 3C、Web2.0 時代的來臨，現在的行銷策略已漸漸轉往大型的戶外看板、關鍵字搜尋等。愛因斯坦曾說：我從不盼望未來，因為它來得已經夠快了。可見媒體變遷的快速。

由於寬頻時代的來臨，根據尼爾森調查，2007 年網路媒體使用率已達 75%，僅次於電視媒體。而在網路上最流行的莫過於「關鍵字搜尋」，因此精準的媒體使用就和可以造成的傳播聲勢與行銷效果有著密切的關連：

> 根據 IAMA 提供研究數據顯示，2007 年臺灣整體網路廣告市場規模約新臺幣 49.5 億左右，較 2006 年成長了 33.87%，其中網路廣告佔了 33.56 億，成長了 24.41%，佔整體網路廣告市場總額近七成。關鍵字廣告則成長了 59.4%，達到了 15.94 億元的規模，佔整體網路廣告總額超過三成。（David Verklin & Bernice Kanner，2008：4）

由此也可以知道「新媒體時代」的來臨。過去的媒體廣告，只需要考慮要買電視廣告還是平面廣告；要買 30 秒的廣告，還是買全版

或半版的廣告；要買雜誌的還是報紙的；要買哪個時段。然而現在卻又多了視訊手機、部落格等建構的網路世界。

所以現在的廠商也比過去來得辛苦，為了讓消費者心甘情願的從口袋裡掏出錢來購買其商品，絞盡腦汁，不但要顧及商品本身品質的優異，更要選擇廣告的呈現方式，因為廣告的影響無遠弗屆，如何讓廣告打動消費者的心就相當重要，因此也產生許多有趣的廣告、廣告詞等。

捫心自問，昨天你看了多久的電視？上週你用了多久的電腦？上個月你又看了幾次的報紙？很多人花在電視機前、電腦前的時間遠比所投入的工作時間還長。當我們在看電視時，每每遇到廣告總會拿著遙控器立刻轉臺，當我們在使用電腦時，跳出的視窗顯示著廣告時，也會讓我們立刻關閉視窗。雖說如此，但是廠商卻仍不敢忽視「廣告」的重要性。只能說數位民主的時代來臨了，每個人都有權利選擇想要看的、在何處看的廣告。這也透露廣告要如何做的「吸引人」就更加重要。廣告也成為一門高度的藝術。

然而是否可以將廣告和命名結合？當然是可以的。像「鮮切水」就是透過廣告和命名的巧妙結合，這一支廣告是最近令我印象深刻的，代言人是小Ｓ，小Ｓ的舉手投足，樣樣都表示了「鮮切水」的涵義，不但用手刀樣意指「切」，廣告詞更是表現出鮮切水的特色。也就是說，如果僅只看到廣告的消費者，也可以很直接的知道該商品名稱、商品特色；而如果只有看到商品名稱，也可以透過該飲料的包裝或是商品名稱，臆測出商品的內容物和特色。所以要如何讓商品名稱、商品設計包裝和廣告作巧妙的結合，就是鬥各顯本領的工夫了！

在本論述中，本來還想探討商品的設計包裝和廣告、LOGO等，後來礙於時間因素、人力因素等無法將其廣納，深感可惜。但

是飲料的名稱必定要加上包裝設計才能強化名稱，例如：「大好き」、「每日Ｃ」中的「大」和「Ｃ」，都是需要透過包裝加強凸顯的主要名稱精華，如果只是用一般的字體、顏色，並沒有添加任何的變化，可能就會減弱了商品名稱的效果。

　　飲料有別於其他商品，它的特殊性在於「任何消費者」都是其消費族群、「任何時刻」都可以飲用、「任何價位」都可以設定其飲料商品、「任何廣告媒介」都可以操作等多種特殊性，看似「任何」很大眾，但是卻也凸顯飲料的重要性。也因任何廣告均可以作為其媒介，顯示出廣告面廣，但也必須更小心使用。

　　在第三章第三節曾隨機簡單的訪談幾位消費者的想法，其中有消費者就表示，有時候在選擇消費物品時，是會被廣告制約，像是「保力達蠻牛」，消費者的印象中就完全是該商品的廣告，這也是他們廣告成功的地方，進而增加商品的銷售量。在第三章第四節又針對廣告的面向廣作了說明，可見廣告的重要性不言可喻。

> 舒舒的爆乳廣告電視不准播了，卻登上臺北市 10 條路線，一共 26 輛公車的車體滿街趴趴走，市議員吳思瑤要求立即撤除。吳思瑤指出，「我們以偷跑上路的 235 路線來講，它行經了 4 所大學、2 所高中、2 所國中與 7 所國小，這樣情色的廣告行經這麼多學校的學區，對我們青少年孩童的心靈，實在『殺很大』！」（《今日新聞》，2009a）

廣告究竟能不能作為語文教育的教學內容？這個問題其實已經討論很久，在十幾年前有句廣告詞——只要我喜歡有什麼不可以，吹襲校園，搞得教育部對廣告詞的把關更加嚴謹。直到最近（2009年 4 月）有線上電玩業者請「童顏巨乳」的瑤瑤代言，也引起 NCC 的關切；世新大學舉辦「網路自拍美女票選活動」更是引起教育部

的關切。學生、業者和廣告創意人都紛紛表示,如果要用負面的評價來評論女性的胸部,那是否代表女性內衣也必須要穿著大衣來拍攝廣告?為什麼大胸部就要背負著負面觀感的用詞,也說教育部與NCC官員思想古板,時代已經不同,為什麼不能展現自己的自信。(《今日新聞》,2009b;2009c))

　　因此,符合時代潮流、多元識讀的時代,就必須將時事、廣告等融入語文教育中,將語文教育的面拉廣,並且擴及到食品的命名、設計、廣告等結合教育,讓教育生動化、有趣化,如此不但可以貼近學生心靈,更可以讓教學不再只是死板的單向教學。

　　商品的設計也是相當重要的,要如何讓消費者看過一眼就可以傳達出概念的商品名稱,像是可口可樂的包裝分成數種,其中有艷紅色、黑色,而紅色和黑色就給消費者傳達不同的訊息。在教學上面,也可以教導學生如何透過顏色表達自己的心情或是傳達訊息,這也是多元識讀的概念之一。而這些都可以將本研究的成果運用來發揮「引導」或「模式」化的作用。

第九章　結論

第一節　要點的回顧

　　命名對現在企業的行銷戰略而言是相當重要的，甚至出現了因改變名稱而提高銷售量的現象。（高橋誠，1989：4）因此，不管商品如何好、多便宜，設計多誘人，但是倘若沒有一個好的商品名稱，則商品的魅力立刻減半，尤其現在的商品，都是經由多人共同協力完成，如果想要使更多消費者購買，則必須針對消費族群，取一個廣為該消費族群樂意接受的商品名稱，就成為不可獲缺的條件之一。

　　本研究主要是以臺灣目前市售的飲料作為研究對象，首先將飲料分成十大類別，以便往後探討不同類別中的飲料名稱是否有各自的特色。並將第二章文獻探討中的研究在往後的論述中加以證實、批判。第三章確認飲料在眾多食品中的特殊性和不可取代性，這部分從飲料的品牌多、需求量大、容易激發消費慾望和廣告面特廣等加以佐證。

　　第四章從飲料命名的商業考慮及其附帶效應談起，飲料為什麼要取誘人的商品名稱？其目的不外乎就是希望可以賣的好，因此商業考慮及其附帶效應，可以分成廠商已自覺的部分和廠商不自覺的部分。廠商已自覺的部分，像是商品名稱命名的好壞可能直接與銷售數字呈現關係，這部分我也用多方面的數據加以凸顯飲料市場的龐大，以及商品名稱的好壞可能會連帶影響到其品牌的形象、商譽等；而廠商不自覺的部分，包含了飲料名稱所隱藏的審美感興與文化因素。品牌經濟方面可以分成：終端利益、感性利益、消費者利

益、產品利益和產品特色。（Jane Cunningham ＆ Philippa Roberts，2007）而我認為，一個商品名稱的經濟利益只需要簡單的區分為廠商利益和消費者利益。這是循環的且雙向的：如何讓消費者感動掏出錢購買商品，最終使得廠商獲得目標的利益（詳見圖 4-1-3）；如果商品名稱的經濟利益搞得像品牌經濟利益般的複雜，可能會造成在命名時有許多的牽絆，也連帶影響到創意的發揮空間。

接下來第五章到第七章分別就飲料名稱的命名方式與類型、內蘊的修辭技巧與審美感興和內蘊的集體意識及其文化因緣加以討論。這分別從語言學、修辭學、審美學、文化學等面向加以剖析。

在第五章的重點大致可以歸納出五項，分別為臺灣目前市售本土飲料以使用「合成詞」為最多、臺灣目前市售外來飲料以使用「不譯」為最多、飲料命名的原則主要有五項、飲料名稱命名的類型主要以因物規範命名的類型為最多和臺灣目前市售飲料依地區命名類型可分為三種，其重點分別擷取說明：

（一）臺灣目前市售本土飲料以使用「合成詞」為最多

合成詞是由兩個或兩個以上的語素構成的。構詞法就是研究語素構成合成詞的方法。漢語的合成詞由三種方式構成：分別為重疊方式、派生方式和複合方式。因此，可以推論使用合成詞來作為飲料命名是一般廠商較傾向使用的。而縮合詞的命名必須要具有代表性的該類別飲料，像是「可口可樂」就可以簡稱為「可樂」。

（二）臺灣目前市售外來飲料以使用「不譯」為最多

進口至臺灣的飲料，還是以不譯為最多，音譯為次多，直譯最少（無），這可能是因為飲料不需要使用過度難理解的字彙讓消費

者不易理解，這樣會導致反效果。另外，不譯最多則可以方便海外的布局，不至於在各個國家都使用不同的名稱。現在出國十分方便，倘若使用不同名稱，則你到了原產國可能就不知道其實手上拿的飲料在臺灣你已經喝過了。也就是說，倘若使用不譯，可以增加商品的曝光度，這也就是外來酒精性飲料幾乎以此為命名的方式。

（三）飲料命名的原則主要有五項

飲料命名的原則主要有五項，分別為：展現商品的特性與功能、容易使人產生好的聯想、容易唸也容易記憶、要有個性或特色和符合社會倫理道德和審美情趣。只要掌握這五大項原則，則命名的方針不會有所偏差。

（四）飲料名稱命名的類型主要以因物規範命名的類型為最多

根據彭嘉強〈商品品名的語言藝術及其規範〉將商品的命名規範類型分為四大類別：分別為因物規範命名的類型、因地規範命名的類型、因人規範命名的類型、因形規範命名的類型。（彭嘉強，1996）我認為此為商品的分類，套用在飲料中需要增加三類並減少一類：減少因形規範命名的類型。因為我覺得商品的形狀可以歸納在因物規範命名的類型：它一起是商品的外觀、形狀、性質、原物料或是商品的功能、效果等的延伸義。另外增加三項：分別為因品牌規範命名的類型、因動物規範命名的類型和其他規範命名的類型。我要讓所有的飲料名稱都可以符合這裡面的任何一個規範，而且具有排他性（只能符合其中一項）。臺灣目前市售的飲料從 148

個飲料商品名稱中，可以發現以因物規範命名的類型為最多，共計72項，佔全部樣品的48.6%。而從因物規範命名類型為最多也可以推敲，臺灣的消費者可能還是導向，以商品本身原物料和功能或是產品包裝設計材質等替飲料取名，並且可以讓消費者快速理解商品的特性或以商品的形狀命名，凸顯出商品的外部形象。例如：輕體瞬間（很快就理解到可能是有關燃燒或低卡路里的飲料）、絕品好茶（很明白告訴消費者，我的茶是無可取代的）。

（五）臺灣目前市售飲料依地區命名類型可分為三種

臺灣目前市售飲料依地區命名類型可分為三種：東洋來源、西洋來源和臺灣味來源。臺灣四面環海，也是各國交通的重要樞紐，因此也較能接受各國的文化、宗教等。但是目前市售的飲料仍主要以東洋、西洋為主。東洋主要是日本、泰國、韓國等地；西洋則是美國、歐洲等；而臺灣味則是強調臺灣本土。以往以中國當品名的飲料也都紛紛去中國化，由這一點不但看得出文化的歷史變遷，更可以看得到政治生態。例如：「臺灣回味」、「中華茶館」、「黑面蔡」、「卡打車」（此為臺灣本土語，給人親切感）。

在第六章部分以修辭和審美進行系聯。要將修辭轉移到審美性經驗必須要從中獲得感受，這種感受又得從現實的喜怒哀樂混合釀成。根據周慶華《語文教學方法》將美分為模象美（前現代）、造象美（現代）、語言遊戲美（後現代）與超鏈結美（網路時代）。而從模象美可衍生出優美、崇高和悲壯；從造象美可衍生出滑稽和怪誕；語言遊戲美可衍生出諧擬和拼貼；超鏈結美可以衍生出多向和互動。（周慶華，2007：250）審美的相關論述詳見第二章第四節，由於美感特徵具有多樣性，所以可以使飲料名稱命名的轉向使力得以進行（詳見圖2-4-3）：

（一）飲料名稱中使用直敘修辭技巧都與優美審美感興結合使用

　　優美指形式的結構和諧、圓滿，可以使人產生純淨的快感。因此，直敘相對應的審美感興是優美，因為它直接表明所要表達的目的，讓人不用進行思考而展現簡單的優美感。這種優美指的是形式的結構和諧、圓滿，可以讓人產生純淨的快感。（周慶華，2007：252）因此，如果直接在商品名稱中傳達訊息讓消費者知道，是否可以省卻思考的時間？甚至可能在同樣的時間內多購買幾瓶。另外，外來飲料由於牽涉到轉譯的問題，可能有時候命名已經經過符合臺灣風土民情的另一層轉換，所以有關外來飲料部分，都屬於直敘／優美。

（二）飲料名稱中使用譬喻修辭技巧都與優美／崇高審美感興結合使用

　　譬喻可以分成明喻、隱喻和借喻。臺灣目前市售飲料中以「借喻」為最多，沒有明喻，暗喻也只有「就是茶」一樣。譬喻中以借喻為主，這是因為商品的命名本身就是創意的體現，如果要在展現創意時使用了很直接、膚淺的方式告訴消費者「我這瓶飲料就像是……一樣」，消費者可能心中存疑，並不會感到特別、有趣；如果借用其他的物品、地區、名號等來比喻商品的特性、功效，則反而會讓消費者感到會心一笑。修辭本身不具任何價值的（它只是文字表達的方式），它的價值在於它所蘊含的審美性。譬喻搭配使用的審美感興以優美和崇高為主，像是「蜜豆奶」，就是採借喻技巧，用蜜來形容豆奶，解讀為甜蜜的豆奶，也就是消費者拿在手上的是甜蜜的豆奶（消費者聽到蜜豆奶時，心中會感覺到甜甜的）。而這

所給人的無異就是優美的感受。而像是「乳香世家」，借用書香世家中的世家，前面主語雖然是乳香，但後面的修飾語用的是世家，因此給人崇高的感受。

（三）飲料名稱中使用象徵修辭技巧都與崇高／悲壯／滑稽／怪誕審美感興結合使用

譬喻和象徵的差別在於，譬喻是以甲比乙，意義在乙；象徵則是以甲比乙，甲乙都有意義，甚至還可以擴及丙、丁、戊……等等。在使用象徵的飲料名稱中，也有幾點原則，分別為：不論是以借喻或直敘為基礎，都要有意象，要有延伸層次、濃縮文字，將意象納藏於實體（象徵物）中、約定俗成，在此一地區中，需要有多人共同認定的意涵和飲料名稱的象徵實體不可有過多重象徵意，以免混淆運用創意，將命名者的創意藏於名稱中，並不直接揭示命名者的用意。象徵的審美中，以滑稽為最多，這可能是因為透過媒介物呈現其意象，就已經產生了矛盾的感受，為什麼非得要透過牛來表達埋頭苦幹？

（四）其他修辭技巧與類屬審美感興的使用結合方式

臺灣目前市售的飲料名稱修辭中，除了直敘、譬喻和象徵外還包含了類疊、擬人、雙關、借代。從美學的角度來談論類疊，類疊因為重複字的關係，會讓人覺得「數多便是美」的感覺，因為視網膜不斷地受到相同的刺激，造成消費者對於接受相同的信號變成習慣，久而久之，也就會無意、直覺對該商品產生認同感。像是：莎莎亞、津津、奈奈子和多多等。飲料中比擬的運用無異是為了拉近

與消費者的距離，或是增加消費者對商品的信賴感，因此相對應的審美就會是滑稽或是崇高。前者是為了營造出好笑、矛盾的效果；後者則是為了製造讓消費者產生信賴感，像是「威廉」、「Dr. Milker」、就是為了讓商品產生信賴、認同感。

　　第七章則是從飲料名稱內蘊的集體意識及其文化因緣討論。飲料名稱可以概略分成四個層次，分別是字義層次、修辭層次、審美層次和文化層次。一般消費者看到商品名稱，通常都只會對「字義」產生感覺，較不會去涉及到修辭，更別談審美和文化；而命名者由於幾乎都是廣告創意人，天馬行空的創意也頂多讓命名呈現趣味，停留到審美層次，至於文化也鮮少會去注重。這裡指的文化並非一般基本的各宗教所必須要注意的事項。因此，我將飲料名稱可以整理為商品名稱四層次結構圖（詳見圖 7-1-1）。宗教也是種文化，世界上有三大宗教文化，包含基督教文化、儒家／道家文化（儒家／道家有類似其他宗教的教主、教義、儀式、器物等，已經宗教化了）、佛教文化（換稱為創造觀型文化、氣化觀型文化、緣起觀型文化）。臺灣雖然四面環海，與各國接觸頻繁，因此除了傳統延續的以外，外來的也一併在此地流行，使得三大宗教文化都可見它們的影響力。以下茲就三大文化系統進行歸結：

（一）「動之以情」及其氣化觀型文化背景

　　氣化觀型文化不單只包含道家的無為而治、崇尚自然，另外也包含儒家的謙恭有禮、博學多問。「絕品好茶」、「茶上茶」可以發現，此二項飲料都是要強調該茶是最好的，無可比擬、取代。且深受傳統氣化觀型文化氣的糾纏和氣的純度有關，因此氣化觀型文化底下的人們具有多重的人性，善於交際，喜歡和平。

（二）「聳之以理」及其創造觀型文化背景

「可口可樂」、「美粒果」是屬於創造觀型文化所屬的飲料名稱命名方式，都呈現優美感，即使並非單純的僅使用一種修辭技巧，但是卻也不會過於花俏，利用諧音的方式，巧妙的傳達命名者所要傳達的想法。創造觀型文化通常沒有過多的修辭技巧，強調是給「個人」欣賞，因此時常也為了展現創意，巧妙的使用很多可能只有「有些人」才會理解的。在西方的創造觀型文化下強調的也並非是讓「每個人」都理解，所以命名者在這樣的文化影響下，命名時也總會特別相信自己的直覺。因此，創造觀型文化底下命名時常使用直敘也是原因之一：直接表述、個人主義。西方的飲料也會有些是以諧音或是隱喻、借喻等，或許目前臺灣所能接受外國的「創意」程度還有限，導致外來飲料至今仍非全部都「不譯」直接上架，所以這部分可能需要未來更多的外來飲料加以佐證。

現代美從創造觀型文化創發出來，而西方的直敘顯示出的優美是創造觀型文化的保障。飲料名稱背後更是由「理性」作為操控因子。造象美是創造新的美感，也是由理性支撐著，因此對滑稽、怪誕等不會被感動，只會感到好笑、光怪陸離，也是種理性的表現。另外，西方創造觀型文化的受造意識是為了保障個人的獨立性，產品實實在在的直接傳達告訴消費者即可，不需要過多的修飾加以包裝。

（三）「誘之以法」及其緣起觀型文化背景

佛教的教義相當廣大，條理卻很簡單。佛陀教化的對象是人間大眾，因此不作形而上的哲理玄談，因此所宣揚的基本教義——四

聖諦、十二因緣、三法印和八正道也就此產生。（釋聖嚴，1993：337-338）因此，緣起觀型文化也根據佛教的思想進而醞釀產生。緣起觀型文化在臺灣目前市售的飲料中，並不常見，我所蒐集到臺灣各大廟宇的飲料樣本不多，只有「大悲咒水」、「天露水」和外包裝上印有藏文和佛教六字大明咒「唵嘛呢叭美吽」的飲料，我用上述緣起觀型文化的宗教飲料帶入五個次系統，均可發現世俗諦的慈悲救渡或是聖義諦的逆緣起解脫。

（四）飲料名稱四層次系聯

　　由於本論述是理論架構，志在建構出一套符合飲料名稱的語言學、修辭學、美學和文化學等系聯。因此，依據本論述建構出飲料名稱四層次系聯圖（詳見圖 7-3-3）。也就是說，舉凡使用單純詞構成的商品名稱，其命名方式也可以根據因物規範命名的類型、因地規範命名的類型、因人規範命名的類型、因品牌規範命名的類型、因動物規範命名的類型和因其他規範命名的類型等構成。而這些命名的類型也可以照字面所使用的修辭再系聯成直敘修辭技巧、譬喻修辭技巧、象徵修辭技巧和其他修辭技巧（諸如雙關、比擬、諧音等）。

　　在修辭技巧系聯至審美時，使用直敘修辭技巧會與優美審美感興結合使用，譬喻修辭技巧則會與優美、崇高審美感興結合使用，象徵會和崇高、滑稽、怪誕審美感興結合使用，其他修辭技巧由於範圍較廣，因此可能和優美、悲壯、崇高、滑稽和怪誕審美感興結合使用。這不盡然表示直敘完全不會使用優美感興以外的審美感興、譬喻修辭技巧完全不會使用優美、崇高以外的審美感興，只能表示說現階段臺灣市售的飲料中還沒有看到這樣的現象。當然，美的轉化與美的發現間也包含了美的鑑賞，因此審美的觀感還使會因

人而異，對美的鑑賞能力也會產生差異。因此，未來倘若有人對修辭有不同的分類方式，對美有不同的定義，進而對判讀結果產生誤差，這些我也都會予以尊重，畢竟美是沒有絕對的。

第八章則是結合第五章至第七章的命題進行結合、統整，並嘗試將研究成果和語文教育作連結運用。其實現在的教學已朝向數位化邁進，對於廣告詞、廣告歌曲或是廣告內容結合教學已有不少人作過相關研究，但是仍尚未有人嘗試將飲料名稱與語文科教學實際應用。飲料名稱中內涵不少有關語文方面的知識，倘若可以連結、並列教學，應可增加學生們的學習樂趣。

另外，商品名稱、設計、廣告等結合語文教學是新的嘗試，倘若能有效利用商品的特性納入語文教學中，必能在既有的教學模式中開創新的天地，讓語文教學更加豐富有趣。本論述提供了三種結合的可能，包含類推強化對整體食品命名的認知、引導參與創意品牌的行列和轉為設計／廣告人才的借鏡。分別將研究成果回饋給語文教育工作者、消費者（大眾）和廠商（專業人士）。藉由本論述期待未來有更多人願意將商品名稱作更多不一樣的嘗試，不論在教學或實務運用，都可以去實施連結。用經驗佐證理論的可能性，那麼理論將能更趨完備，也可以供學界、業界和一般民眾廣泛的參考。

第二節　未來研究的展望

商品包羅萬象，不僅只有飲料名稱可以進行研究、分析，而飲料商品名稱更是五花八門，舉凡世界各國的飲料不計其數。因此，未來在研究時可以嘗試將飲料擴及為所有的食品名稱進而再延伸成為所有的商品名稱。而研究樣本此次也並無將雞精、燕窩、保健

（口飲）食品、高單價洋酒等納為飲料範圍。但是雞精、燕窩、保健（口飲）食品、高單價洋酒，價位偏高，在命名時所考慮的也較廣，畢竟針對高單價的食品，廠商是禁不起任何一點閃失。

　　本研究於研究方法、過程及設計上，雖力求嚴謹完整，為基於研究時間、心力，以及其他主、客觀因素的影響，仍有未盡周延之處。但仍可以據為對語文教學者、廠商和消費者作些建議：

一、對語文教學者的建議

　　語文教學是教育的重點項目之一，在所有領域中所佔教學節數也最多。而多元、數位時代的來臨，更是必須改變教師的授課方式、策略。教學者應善加利用時事、流行，把對文學的了解及時事、流行趨勢的脈絡結合在語文教學裡，是種突破與創新。所以從飲料名稱命名的特性談起，找出應用的可能，並提供應用方向與效果評估，建構一套語文教學應用的理論。但是礙於我並非現場的語文教學者，所以無法進行實務現場教學，這點也蠻可惜的。畢竟理論架構必須結合實務的運用，才可以更加健全。因此，也殷切期待未來有教師願意將本理論建構嘗試使用在教學現場上。

　　另外，從本論述中也可以明白修辭教學的重要性，修辭對語文能力、創造能力、審美能力等的培養更是不可或缺，教師應該正視修辭的重要性，在語文科教學時更應該將其列為教學重點。然而語文科結合三大文化系統、五個次系統則必須仰賴未來更多商品名稱樣本，才可以更加正確的建立其相互之間的關連性。

　　檢視目前教學現場的教學活動項目（包含：摘取課文大意、作文教學、認識生字及新詞、朗讀課文、說話教學、寫字教學、深究課文內容及形式、綜合活動）中，難道學生的語文學習僅止於此嗎？

如果語文科教學者願意多付出些時間著重在與時事、時下所流行的廣告詞、廣告或是唾手可得的商品名稱進行語文科整合教學，那麼整個語文教學過程就不會過於機械式的學習，並而達到語文教學的重心與目的。因此，除了本論述所提及的飲料名稱的語言學、修辭學等面向可在各自獨立進行現場教學外，也可以嘗試擴大為電視、電影等與語文科結合教學。或許也可以誘發孩子的學習動力，更可以增加語文科授課趣味和激發學生創造力。

二、對廠商的建議

　　廠商未來在選擇替商品命名的人才時，也許可以考慮多方面嘗試，不要只是拘泥於廣告創意人才，或是喝過洋墨水的廣告人，也許可以試著傾聽一般消費者對於使用過後該商品的想法、意見，進而進行商品名稱命名。一般來說，商品名稱命名過程通常有兩種方式產生：專業人士（廣告公司）一個人單獨進行命名，例如廣告搞撰寫人；另一種則是小組討論，腦筋激盪最後產生「小組成員」都滿意的商品名稱。也就是說，現在大部分的命名都是採用小組創意，但是我建議可以嘗試用公開徵求商品名稱或是提議法。公開徵求商品名稱雖說仍有些風險，例如：倘若是票選，票選結果高的難道真的就是百分之百的合適嗎？一般人都會認為公開徵求名稱目的在於製造話題，然而我卻認為，它的目的在於替商品嘗試注入不同的活力、創意等非專業人士的元素。

　　提議法則是需要先對命名的對象有簡單的了解、概念，首先先整理出「為了什麼而命名？」、「替誰命名？」，再看看現行同類別的商品名稱命名的特性、屬性偏哪方面，並試想該如何在同類別商品中可以與他項商品競爭並製造差異化，而這部分就必須從商品的

特性、用途、包裝、功能、技術、差異化等進行思考。高橋誠（1989）曾整理過概念骨架的整理方法，分別針對課題商品的特性、課題商品的形狀、課題商品的用途和課題商品的形象。而這個圖也可以讓命名者對於商品的特性有較完整的概念，以便正確的替商品進行命名。

```
┌─────────────────────────────────────────────────┐
│           《蠻牛》概念骨架的整理方法                    │
│  ┌──────────────────────┐ ┌──────────────────────┐  │
│  │ 1. 課題商品的特性        │ │ 2. 課題商品的形狀        │  │
│  │   （1）可以零星購買      │ │   （1）小包裝（350ml）  │  │
│  │   （2）份量正確         │ │   （2）玻璃瓶裝         │  │
│  │   （3）1人份           │ │   （3）1人份           │  │
│  └──────────────────────┘ └──────────────────────┘  │
│  ┌──────────────────────┐ ┌──────────────────────────┐ │
│  │ 3. 課題商品的用途        │ │ 4. 課題商品的形象           │ │
│  │   （1）方便攜帶         │ │ （1）flesh 新鮮（消費者信心）  │ │
│  │   （2）機能性飲料       │ │ （2）convenient 方便（消費者心理）│
│  │   （3）喝完立即丟棄      │ │ （3）versatile 多功能（消費者心理）│
│  └──────────────────────┘ └──────────────────────────┘ │
└─────────────────────────────────────────────────┘
```

圖 9-2-1　《蠻牛》概念骨架的整理方法（修改自高橋誠，1989：160）

　　建立好概念骨架後，根據骨架擷取出關鍵字，也就是命名的fiter 要素。從這些關鍵字中去除含有消極、負面的詞彙，以提高關鍵字的品質。然後針對關鍵字進行變化、延伸、創造。一個成功的命名不但需要表達商品的特性，更需要強調商品感性的層次、審美層次來吸引消費者的目光。而命名也必須確實掌握命名的原則——易記、易唸、符合當地人的文化習性等，當然，包裝和廣告更是不容忽視的一環，因為一個完美的商品必須靠好的商品名稱、好的包裝設計、好的廣告、好的行銷策略、好的內容物等的共同結合。高橋誠（1989）也曾經作過名稱的六個分類圖，P 是指商品、C 是指

話題、T 是指氣氛、U 是指使用者、M 是指效用。所以 PT 名稱就是指商品×氣氛、CT 名稱就是指話題×氣氛、UT 名稱就是指使用者×氣氛、PM 名稱就是指商品×效用、CM 名稱就是指話題×效用、UM 名稱就是指使用者×效用。（高橋誠，1989：171）高橋誠認為傑出的名稱可以區分為六點：喚起商品影像的名稱、傳達商品功能的名稱、創造流行話題的名稱、創造潛在需要的名稱、喚起使用者印象的名稱和傳達使用者受益的名稱等六點。

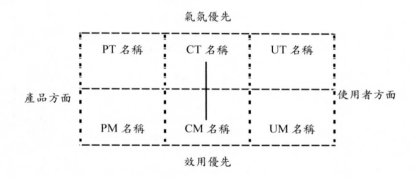

圖 9-2-2　名稱的六個分類圖（引自高橋誠，1989：171）

因此，廠商可以嘗試命名的多項性，不要侷限於一種命名方式，減弱創意的發想。另外在第三章第三節容易激發消費慾望中，我有訪談共計六位，男女性比 1：1。這一個訪談是隨機的，因此未來可以設題作專門的實務討論，也可以將此理論予以印證並大為開展。但是在本論述中仍是以理論建構為主，因此訪談也可以留給未來研究者繼續著墨。

三、對消費者的建議

　　消費者在選購飲料時，往往都會受限於商品名稱、包裝等因素。但是有時消費者的想法和廠商（命名者）的想法並不一致，可能導致消費者對名稱產生與廠商的「認知誤差」。因此，消費者要培養基礎的語言學、修辭學、美學、文化等人文涵養，並將此涵養擴及至生活周遭的人、事、物，將可以對事物有不同的見解、看法，這也是政府極力推廣民眾人文素養的目的。

　　此外，消費者倘若在尚無任何語言學、修辭學、美學和文化學的概念前，可以先行閱讀本論述的理論架構，並嘗試從商品名稱帶入本架構中探討其所屬的語言結構、修辭格、審美感興或是三大文化系統。但是仍然必須再次強調，有關外來飲料因為涉及轉譯問題，可能商品名稱與在原產國的名稱不一致，有些是一致（不譯），因此會涉及到語言學的層面可能相當大，這部分也留待未來給對當國語言、當地文化了解的研究者加以深論。另外，美學的學派很多，而每個人對美的定義、標準也有歧異，因此在歸納審美感興這部分，我也接受任何不一樣的區分方式，畢竟每個人都有對美的觀感，所以未來研究者倘若有不一樣的判定，我也欣然接受。

　　此外，本論述中僅碰觸到飲料商品名稱，未來也可以擴及至整體的食品、商品名稱，也可以再行細分為本土製和進口。另外在三大文化系統中，由於研究樣本不足，所以無法有明確的數據可以界定哪種文化必須使用哪種的命名策略，不過卻可以從本論述中得到三大文化架構的命名依據。因此，未來研究也可以嘗試多蒐集樣本數，讓理論更加健全。而在第三章所討論的消費心理學也是隨機抽樣訪談，藉由隨機抽樣來印證飲料名稱容易激發消費者的購買慾

望。而第三章第四節飲料廣告面廣，由於有關飲料的廣告量相當多且雜，所以無法在此一一探究，不過可以藉由幾個數據中明白飲料的廣告面是相當廣泛的。未來也可以針對飲料的廣告作專門的研究，試為探究飲料名稱與廣告之間的關連性。

在第八章相關研究成果在語文教育上的運用，我僅只列出三項：類推強化對整體食品命名的認知、引導參與創意品牌的行列和轉為設計／廣告人才的借鏡。但是三個層面都是略談，各個層面還可以再深入處理、廣為開展。例如：命名創意人才該如何培訓、廣告如何有效注入商品名稱、商品名稱與包裝、設計的結合等。

最後還是回到飲料的定義，很多人對飲料的定義不一致，導致研究對象會因人而有所不同，更會因學者而對飲料的類別區分有所不一，但是不論何種區分方式，飲料在我的定義為「可以解渴，且以口飲的方式並不經過咀嚼」。另外，本研究所探究的飲料名稱都是臺灣目前所常見販售於便利商店的為主，如欲將本研究的結論推至臺灣以外，還得謹慎評估。

參考文獻

一、中文部分

Alycia Perry, David WisnomⅢ（2004），《品牌優生學》（范文毅譯），臺北：麥格羅・希爾等。

David Throsby（2004），《文化經濟學》（張維倫等譯），臺北：典藏藝術家庭。

David Verklin & Bernice Kanner（2008），《新媒體消費革命：行銷人與消費大眾之間的角力遊戲》（晴天譯），臺北：商周。

Eric Arnould, Linda Price, George Zinkhan（2003），《消費者行為》（陳智凱譯），臺北：麥格羅・希爾。

Herbert J.Gans（1984），《雅俗之間》（韓玉蘭等譯），臺北：允晨。

Jane Cunningham & Philippa Roberts（2007），《W 行銷：全面透視女性消費心理》（梁家均譯），臺北：高寶國際。

John Fiske（2002），《傳播符號學理論》（張錦華譯），臺北：遠流。

Kittler Sucher（2004），《世界飲食文化／傳統與趨勢》（全中妤譯），臺北：湯姆生。

Laurie Beth Jones（1998），《耶穌談生活：熱情與喜樂的處世哲學》（張篤群等譯），臺北：智庫。

Neil J. Smelser（1991），《社會學》（陳光中等譯），臺北：桂冠。

Nikkei Design 包裝向上委員會（2008），《就是要設計！商品包裝的 50 個暢銷關鍵》（博誌文化編譯），臺北：博誌。

Noah Kerner & Gene Pressman（2008），《酷效應：堅持原味：永恆的商品設計法則》（曾沁音譯），臺北：原點。

Susanne Latour（1997），《命名創品牌──公司與產品命名的要訣》（翁幸瑜譯），高雄：春田。

Pamela Danziger（2005），《心靈消費》（李斯毅譯），臺北：華文網。

Paul Arden（2006），《顛倒思考題》（張美惠譯），臺北：商智。

Vincent Ferng（2005），《全球最大物流公司：配送專家 UPS》（馮勇譯），
　　臺北：新翰。

文史哲編輯部（1980），《修辭類說》，臺北：行政院。

大慧集網（2004），〈政局太亂　賣飲料　請高僧念經祈福〉，網址：
http://www.thewisdom.com.tw/Big5/NewsListAForm.phtml?FV_Id=450&FV
　　_Page=70，點閱日期：2008.07.15。

《今日新聞》（2009a），〈爆乳登上公車廣告「瑤瑤、舒舒」開記者會遭消
　　遣〉，網址：http://tw.news.yahoo.com/article/url/d/a/090408/17/　1hgwx.
　　html，點閱日期：2009.04.08。

《今日新聞》（2009b），〈網路露胸照教育部關切　女大生反嗆太古板還要
　　露多〉，網址：http://tw.news.yahoo.com/article/url/d/a/090411/17/
　　1ho4y.html，點閱日期：2009.04.11。

《今日新聞》（2009c），〈NCC 盯上晃乳廣告　瑤瑤服裝尺度恐縮水〉，網
　　址：http://tw.news.yahoo.com/article/url/d/a/090403/17/1h6ap.html，點
　　閱日期：2009.04.03。

日本博報堂品牌諮詢公司作（2005），《圖解品牌》（李永清譯），臺北：
　　中國生產力。

王仁湘（2006），《往古的滋味──中國飲食的歷史與文化》，濟南：山
　　東書報。

王桂沰（2005），《企業‧品牌。識別‧形象：符號思維與設計方法》，臺
　　北：全華。

王夢鷗（1976），《文學概論》，臺北：藝文。

中國社會科學院語言研究所辭典編輯社（2005），《現代漢語詞典第五版》，
　　北京：商務。

中國經濟網（2008），〈咖啡流芳亞歐〉，網址：http://big5.ce.cn/　gate/big5
　　/luxury.ce.cn/main/chunyin/200807/01/t20080701_16016808.shtml，點閱
　　日期：2008.07.01。

元富投顧（2007），〈本業獲利持平，土地資產開發延後〉，網址：
　　http://money.hinet.net/z/zd/zdc/zdcz/zdcz_2BFE5822-F7F0-4C91-8B7E-
　　08BC22B1FC59.djhtm，點閱日期：2007.10.23。

尤煌傑、潘小雪（2000），《美學》，臺北：空大。

世新大學傳播學院傳播產業研究中心（2007），〈媒體使用行為研究報告〉，
　　網址：http://cm.shu.edu.tw/cooperation/porc2007.pdf，點閱日期：2008.11.1。

田毓英（2000），《釋迦牟尼與耶穌基督》，臺北：光啟。

光（2008），〈工業設計　設計的是什麼〉，網址：http://tw.myblog.yahoo.com/ jw!6vOyfdeFFQSwH_SXRcx1X_W4Ep62jCPCSA--/article?mid=20&pk =%E9%98%BF%E6%8B%89%E4%BC%AF%E5%8F%AF%E5%8F% A3%E5%8F%AF%E6%A8%82%E7%B6%A0%E8%89%B2 ，點閱日 期：2008.12.8。

任海棠（2006），〈語言學與品牌命名〉，《唐都學刊》第 22 卷第 206 期，64-67，西安。

朱詣璋（2008），〈廣告詞〉，《廣告雜誌》第 208 期，臺北：滾石。

朱貽庭（1989），《中國倫理思想史》，上海：華東師大。

佚名（2005），〈食品命名日本味語意大考驗〉《食品市場資訊》第 94 卷第 8 期 69，新竹：食品工業發展研究所。

佚名（2008），〈不作廣告照樣大賣〉，《廣告》第 200 期，46，臺北：滾石。

何永清（2000），《修辭漫談》，臺北：商務。

匠英一（2006），《圖解行銷心理學》（石學昌譯）。臺北：世茂。

余宜芳（2008），《奧美創意解密》，臺北：天下遠見。

余陽洲（2008），〈媒體識讀的另一種思考〉，網址：http://www.tvcr.org. tw/life/media/media23.htm，點閱日期：2008.11.19。

李冬梅（2005），〈試論商標命名的文化色彩〉，《紅河學院學報》第 3 卷第 4 期，158-160，泉州。

李世暉（2008），《文化趨勢：臺灣第一國際品牌企業誌》，臺北：御書房。

李亦園（2004），《文化與行為》，臺北：商務。

李俊明（2005），《創意英國》，臺北：木馬。

沈清松（1986），《解除世界魔咒──科技對文化的衝擊與展望》，臺北： 時報。

沈謙（1991），《修辭學》，臺北：空大。

吳玉雯（2003），《廣告標語對消費者態度之研究──修辭格之分類應用》， 淡江大學企業管理學系碩士班碩士論文，未出版，臺北。

吳岳剛（2007），〈隱喻、產品特性的可驗證性、與說服〉，《商業設計 學報》第 11 期，1-17，臺北。

吳岳剛、呂庭儀（2007），〈譬喻平面廣告中譬喻類型與表現形式的轉變： 1974－2003〉，《廣告學研究》第 28 集，29-58，臺北。

吳漢江、曹煒（2005），《商標語言》，上海：漢語大辭典。

吳翠珍（1996），〈媒體教育中的電視素養〉，《新聞學研究》第 53 集，39-60，
　　臺北：政大新研所。

杜淑貞（2000），《現代實用修辭學》，高雄：復文。

東方線上（2006），〈女性的飲料態度〉，網址：http://www.isurvey.com.tw/，
　　點閱日期：2008.11.18。

東方線上（2008），〈茶飲料市場六：健康茶，大人的口味〉，網址：
　　http://www.isurvey.com.tw/cgi-bin/big5/file/pu50?q1=search，點閱日
　　期：2008.12.25。

邱丘（2001），《創意不正經》，臺北：星定石。

邱高生（2007），〈飲料 E-ICP 飲料研究項目〉，網址：
http://www.cyberone.tw/ItemDetailPage/SearchResult/05SearchResultContent
　　.asp?Keyword=E-ICP 飲料研究項目&MMContentNoID=22833，點閱日
　　期：2007.9.23。

金秉洙（2001），《衝突與融合——佛教與天主教的中國本地化》，臺北：
　　光啟。

林吉峰（1993），《生活美學=Living aesthetics》，臺北：美術館。

林旺業（2007），〈文學作品人物名字命名探究〉，《科教視野》第 15
　　期，33，三明。

林裕欽（2006），《英語品牌和商品名稱之命名與漢譯——以女性保養品
　　為例》，臺東大學語文教育學系碩士班碩士論文，未出版，臺東。

林建中（2002），《現代人生哲學——科學、哲學、神學與宗教之旅》，臺
　　北：新文京。

林璧玉（2009），《創造性的場域寫作教學》，臺北：秀威。

季羨林（2003），《禪和文化與文學》，臺北：商務。

周紹賢（2000），《閃亮名牌成功史》，臺北：世茂。

周慶華（1997），《語言文化學》，臺北：生智。

周慶華（2004），《語文研究法》，臺北：洪葉。

周慶華（2005），《身體權力學》，臺北：弘智。

周慶華（2007），《語文教學方法》，臺北：里仁。

周慶華（2008），《從通識教育到語文教育》，臺北：秀威。

周憲（2008），《視覺的文化轉向》，北京：北京大學。

奇摩知識（2005），〈誰知道中國古代有哪些酒？〉，網址：http://tw.knowledge.
　　yahoo.com/question/question?qid=1205080803178，點閱日期：2008.9.23。

香港酒辦專門店（2008），〈軒尼詩〉，網址： http://www.miniaturehk. com/chi/collect/content_3.shtml，點閱日期：2008.12.18。

高尚仁（1998），《心理學新論》，臺北：揚智。

高行健（1981），〈談象徵——文學創作雜記〉，《隨筆》第16期，48-50，廣州：廣東人民。

高峰、業露華（1999），《禪宗十講》，臺北：書林。

高橋誠（1989），《暢銷商品命名術》，臺北：三思堂。

夏學理編（2004），《文化創意產業：向前看·向前看齊》，臺北：藝術館。

徐達光（2003），《消費者心理學》，臺北：東華。

孫曰瑤（2005），《品牌經濟學》，北京：經濟科學。

孫志文（1979），《語文教育改革芻議》，臺北：學生。

馬諦氏官方網站（2008），〈馬諦氏〉，網址：http://www. matissewhisky. com.tw/，點閱日期：2008.9.23。

淡江大學中國語文能力表達研究室（1997），《創意與非創意表達》，臺北：里仁。

教育部（1994），《重編國語辭典（修訂本）》，網址： http://dict.revised. moe.edu.tw/，點閱日期：2008.8.15。

教育部（2003），《國民中小學九年一貫課程綱要：語文學習領域》，臺北：教育部。

陳放（2005），《品牌策略》，北京：藍天。

陳永昌（2007），《品牌之價值》，臺北：經濟部智慧局。

陳永青、王素梅（2007），〈2007年我國飲品新品分析〉，《臺灣區飲料工業同業公會創刊號電子報》，網址：http://www.bia.org.tw/，點閱日期：2008.11.5。

陳巧燕（2002），《國小兒童廣告解讀型態與家庭文化之研究——以全球化廣告為例》，屏東師範學院國民教育研究所碩士論文，未出版，屏東。

陳光明（2001），〈國中基本學測國文科試題解析（一）〉，《中國語文》第3期，47-49，臺北。

陳汝東（1999），《社會心理修辭學導論》，北京：北京大學。

陳坤宏（2005），《消費文化理論》，臺北：揚智。

陳炯（2001），《中國文化修辭學》，南京：江蘇古籍。

陳莉玫（2002），《「意難忘、情難診」：以語言學之觀點探討品牌命名與品牌利益聯想之關係》，中正大學企業管理研究所碩士論文，未出版，嘉義。

陳國明（2003），《文化間的傳播學＝Intercultural communication》，臺北：五南。

陳淑彬（2001），《重讀杜甫：修辭藝術與美學銘刻》，臺北：文津。

陳望道（1932），《修辭學發凡》，上海：大江。

陳皓薇（2002），〈看穿全臺最好看的電視節目〉，《臺灣立報》，1月15日。http://iwebs.url.com.tw/main/html/lipo1/64.shtml，點閱日期：2008.12.29。

陳龍安（2000），《創造思考教學》，臺北：師大書苑。

陳龍安、朱湘吉（1993），《創造與生活》，北縣：空大。

張力（2005），《超自然信仰與華人品牌暨企業命名決策：幸運筆劃數的角色》，淡江大學管理科學研究所博士論文，未出版，臺北。

張法（2004），《美學導論》，臺北：五南。

張宗正（2004），《理論修辭學：宏觀視野下的大修辭學》，北京：中國社會科學。

張金年（2002），《企業識別系統在國民小學應用之研究》，臺北立師範學院國民教育研所碩士論文，未出版，臺北。

張述任（2007），《吉祥品牌》，北京：中國商業。

張春榮（2001），《修辭新思維》，臺北：萬卷樓。

張嘉豪（2005），《消費者對於英文與數字性品牌名稱的知覺》，政治大學國際貿易研究所碩士論文，未出版，臺北。

張榮顯（1998），〈廣告修辭研究初探〉，《1998中華傳播學術研討會》，臺北。

張榮興、黃惠華（2005），〈心理空間理論與「梁祝十八相送」之隱喻研究〉，《語言暨語言學》第6卷第4期，681-705，臺北。

郭輝勤（2008），《創意經濟學》，臺北：我識。

賀川生（2003），〈美國語言新產業調查報告：品牌命名〉，《當代語言學》第1期，41-53，北京。

董芳苑（1994），《臺灣民間宗教信仰》。臺北：長青。

智庫百科（2008），〈邊際效應〉，網址：http://wiki.mbalib.com/w/index.php?title=%E8%BE%B9%E9%99%85%E6%95%88%E5%BA%94&variant=zh-tw，點閱日期：2008.8.12。

馮濤（2006），〈企業品牌名稱命名的藝術性分析〉，《延安教育學院學報》第20卷第4期，73-74，延安。

湯廷池（1989），《漢語詞法句法續集》，臺北：學生。

彭嘉強（1996），〈商品品名的語言藝術及其規範〉《修辭學習》第 2 期，
　　24-25，上海。

黃月圓、陳潔光、衛志強（2003），〈漢語品名的語言特性〉，《語言文字應
　　用》，第 3 期，81-89，臺北。

黃慶萱（2000），《修辭學》，臺北：三民。

楊中芳（1992），《廣告的心理原理》，臺北：遠流。

楊婉怡（2002），《「國小學童電視廣告識讀課程與教學方案」之研究》，
　　臺東師範學院教育研究所碩士論文，未出版，臺東。

葉蓉慧（2005），《跨文化傳播／教育的體驗與實踐》，臺北：五南。

詹偉雄（2005），《美學的經濟》，臺北：風格者。

詹弼勝（2005），《內文對隱喻廣告說服效果的影響》，臺灣科技大學設計
　　研究所碩士論文，未出版，臺北。

新華網（2005），〈佛教對飲食文化的影響〉，網址：http://big5.xinhuanet.com/
　　gate/big5/news.xinhuanet.com/food/2005-07/19/content_3238437.htm ，
　　點閱日期：2009.03.18。

廉潔（2006），〈美英著名品牌名稱的語音特徵辨析〉，《佛山科學技術學院
　　學報》，第 24 期，1-5，佛山。

維基百科（2009），〈六字真言〉，網址：http://zh.wikipedia.org/wiki/
　　%E5%94%B5%E5%98%9B%E5%91%A2%E5%8F%AD%E5%92%AA
　　%E5%90%BD，點閱日期：2009.01.29。

維基百科（2008），〈應用語言學〉，網址：http://zh.wikipedia.org/w/
　　index.php?title=%E6%87%89%E7%94%A8%E8%AA%9E%E8%A8%8
　　0%E5%AD%B8&variant=zh-tw，點閱日期：2008.10.29。

福康設計公司網站（2008），〈產品命名 學問大〉，網址：http://www.vorkon.
　　com/knowledge_main.asp?yy=2008&mm=07&dis_id=00027&kind_id=0
　　0002，點閱日期：2008.10.29。

漢寶德（1999），《審美教育與文化生活》，臺北：洪建全基金會。

臺灣茶訊（2009），〈茶與佛教〉，網址：http://www.tea520. com.tw/
　　tea_life01_info.asp?id=2，點閱日期：2009.02.17。

潘文國（2007），《中外命名藝術》，北京：新世界。

尼爾森市調中心（2008），《廣告 Adm》第 207 期，100-101，臺北：滾石。

蔣敬祖（2007），《Wii 為什麼會 Win》，臺北：意識文學。

劉月華（2007），《實用現代漢語語法》，北京：商務。

劉炳良（2007），《商業起名大全：商名寶典》，北京：中國商業。

劉娟（2006），〈如此命名為哪般？〉，《商場現代化》第 469 期，8-9，北京。

黎運漢、李軍（2001），《商業語言》臺北：商務。

鄭獻芹（2007），〈品牌命名的方式和技巧〉，《河南師範大學學報》第 34 卷第 3 期，184-186，安陽。

鍾玖英（2004），《修辭學：理論新探與現象分析》，北京：中國文聯。

謝高橋（1997），《社會學》，臺北：巨流。

戴國良（2006），《品牌行銷與管理》，臺北：五南。

藍采風（2002），《社會學》，臺北：五南。

釋聖嚴（1993），《比較宗教學》，臺北：東初。

蘇慧霜（2007），《應用語文：文學的應用、應用的文學》，臺北：新學林。

二、外文部分

Burleigh B. Gardner, Sidney J. Levy,（1955），*The product and the brand,* US: Harvard Business Review, March-April, 33-39.

Harle, J.C.（1986），*The Art and Architecture of the Indian Subcontinent,* London:Penguin Books,472.

Jonathan E. Schroeder（2002），*Visual Consumption*，London：Routledge。

Kessing,R（1974），Throries of culture . *Annual Review of Anthrpologr* , 3 , 73-97.

Olins,W.（1994），*Corporate identity:Making business strategy visible through design* （paperback ed.）.London: Thames & Hudson.

Olsen,M.（1978），*The process of social organization*（2nd ed.）.New York:Holt,Rinehart and Winston.

Paul, Ibou edited（1992），*Famous Animal Symbols 1*, Belgium:Interecho Press, 248.

附錄　參考飲料商品一覽表

一、乳製品飲料

（味全） 林鳳營高品質鮮乳	（味全） 荷蘭王室巧克力調味乳	（光泉） 光泉富維他調味乳	（味全） ＡＢＬＳ原味優酪乳
（味全） 味全鮮乳	（味全） 產地嚴選富士蘋果牛乳	（光泉） 光泉營養強化高鈣麥芽調味乳	（味全） LCA506 活菌發酵乳
（光泉） 首席藍帶新鮮乳	（福樂） 福樂巧克力牛乳	（統一） 統一高纖營養強化牛奶	（味全）　LCA506 活菌蜜柑果粒發酵乳
（光泉） 乳香世家牛奶	（統一） 統一蜜豆奶		（光泉）晶球優酪乳
（光泉）鮮奶	（統一） 阿華田牛奶		（光泉）乳香世家 100% 純鮮奶優酪乳
（統一）瑞穗鮮乳	（味全）極品限定 富士蘋果牛奶		（光泉）植物菌優酪乳
（統一）統一鮮奶			（光泉）啤酒酵母優酪乳
（統一）Dr. Milker 純鮮乳			（光泉）大好き活菌多
（統一）植醇牛奶			（統一）AB 優酪乳
（福樂）一番鮮北海道優質特濃鮮乳			（統一）LP33
			（統一）多多
			（統一）瑞穗優酪乳

乳製品飲料關鍵詞

兩個字	三個字	四個字	多個字
瑞穗	一番鮮	首席藍帶	營養強化高鈣
植醇	林鳳營	極品限定	高纖營養強化
統一	富維他	荷蘭王室	Dr. Milker
多多	蜜豆奶	乳香世家	LP33
味全	大好き	產地嚴選	ABLS
光泉		啤酒酵母	LCA506

二、茶飲料

（立頓）烏龍綠茶	（立頓）立頓原味奶茶 6	（ASAHI）朝日十六茶－黑五穀 （七福豆茶）
（光泉）茉莉茶園-蜜茶	（立頓）阿薩姆原味奶茶 7	（光泉）果茶物語 百香綠茶
（光泉）冷泡茶王	（立頓）金色奶茶 4	（保利達）啤兒綠茶
（光泉）冷泡茶后	（立頓）炭培奶茶 4	（亞利桑那）亞利桑那 水蜜桃冰茶
（光泉）冷泡茶	（光泉）午后時光 王室大吉嶺奶茶	（真口味）古道梅子綠茶
（全家）大口喝泡沫綠茶	（統一）飲冰室奶香紅茶	（真口味）古道茉莉青茶
（伊藤園）伊藤園綠茶	（統一）Dr.tea 英式皇家鮮奶茶	（雀巢）蜂蜜檸檬茶
（味丹）臺灣回味青草茶	（統一）麥香嚴選奶茶	（統一）香柚桔茶
（味丹）心茶道青草茶	（統一）伴點巧克力奶茶	（統一）美妍社玫瑰果茶
（味丹）竹碳茶	（愛之味）莎莎亞椰奶	（泰山）冰鎮水果茶
（味全）絕品好茶 百年茶莊鑑賞茶	（維他露）御茶園草莓奶茶	（愛之味）同濟堂百草茶
（悅氏）健茶道油切綠茶	（悅氏）悅氏烏龍綠茶	（愛之味）分解茶
（統一）原味本舖冬瓜茶	（統一）統一冬瓜露	（統一）茶裏王臺灣綠茶
（悅氏）悅氏茶品-綠茶	（統一）生活泡沫紅茶	（統一）純喫茶紅茶
（雀巢）世界茶旅錫蘭紅茶	（統一）麥香紅茶	
（泰山）泰山冰鎮紅茶	（愛之味）三葉茗茶 寒天茶	（愛之味）威廉綠奶茶
（愛之味）兒茶素健康綠茶	（愛之味）中華茶館冬瓜茶	（愛之味）三葉茗茶 日式綠茶
（愛之味）寒天露	（維他露）御茶園冷山烏龍茶	（維他露）每朝健康黑烏龍
（維他露）御茶園清茶館	（維他露）御茶園日式綠茶	（維他露）御茶園每朝健康綠茶
（麒麟）午後的紅茶	（德記洋行）開喜烏龍茶	

茶飲料關鍵詞

二個字	三個字	四個字	五個字
泰山	純喫茶	臺灣回味	飲冰室茶集
古道	健茶到	三葉茗茶	
竹碳	心茶道	臺灣茶館	

悅氏	心茶園	絕品好茶	
生活	御茶園	每朝健康	
麥香	茶裏王	茉莉茶園	
立頓	伊藤園	光泉茶飲	
伴點	阿薩姆	果茶物語	
威廉	美妍社	午后時光	
	冷泡茶		
	茶上茶		
	分解茶		
	同濟堂		
	莎莎亞		
	愛之味		
	清茶館		

三、果蔬汁飲料

（三得利）CC 檸檬	（三得利）奈奈子蜂蜜檸檬清涼飲料	（久津）波蜜一日蔬果 100% 蔬果汁
（久津）波蜜綠色活力野菜	（久津）波蜜菜汁	（愛之味）花青素葡萄籽
（可口可樂）美粒果	（可口可樂）Qoo 酷兒果汁	（可爾必思）可爾必思蔬果乳酸
（可果美）野菜一日	（可爾必思）　果樹園之風葡萄汁	（禾林）津津綠蘆筍汁
（半天水）鮮剖香椰原汁	（光泉）正庄楊桃汁	（光泉）野菜多
（光泉）鮮果多	（光泉）野菜多蔬果汁	（光泉）鮮果園
（味全）DailyC每日 C 柳橙汁	（味全）自然果力元氣葡萄蘆薈汁	（味全）蔬果 579 好精神蔬果汁
（統一）蘋果多	（統一）原味本舖白蘆筍汁	（統一）纖果食感椰子汁
（統一）園之味柳橙汁	（統一）5℃纖果食感	（貴有恆）紅牌速纖
（愛之味）金健康金庫番茄汁	（愛之味）鮮採番茄汁	
（源興）每朝蔬果大王 32in果汁	（臺灣第一生化）紅金健康金庫番茄汁	
黑面蔡楊桃汁	優鮮沛蔓越莓	

果蔬汁飲料關鍵詞

兩個字	三個字	四個字
波蜜	黑面蔡	可爾必思
鮮剖	可果美	原味本舖
津津	每日 C	纖果食感

光泉	優鮮沛	自然果力
	愛之味	原味果感
	三得利	蔬果 579
	超美形	
	多果汁	
	園之味	
	鮮果多	
	鮮果園	

四、咖啡飲料

純咖啡	混合（調味）咖啡
（三得利）BOSS 早晨歐雷咖啡	（光泉）咖啡工坊拿鐵
（光泉）咖啡工坊曼特寧	（味全）貝納頌義式深焙咖啡
（光泉）醇品咖啡	（味全）貝納頌咖啡中的極品
（味全）貝納頌經典藍山	（味全）極品風味——拿鐵
（味全）貝納頌經典曼特寧深培	（味全）極品風味-拿鐵紅茶
（味全）極品風味－嬌糖瑪奇朵	（味全）貝納頌咖啡調味乳
（味全）極品風味－卡布奇諾	（金車）伯朗咖啡
（味全）36 法郎	（統一）曼仕德藍山拿鐵
（金車伯朗）曼特寧低糖咖啡	（統一）DyDoD－1 醇黑咖啡
（金車伯朗）藍山咖啡	（統一）經典左岸咖啡館法式那堤咖啡
（統一）西雅圖極品咖啡	（統一）統一咖啡廣場
（統一）曼仕德黃金曼特寧	輕鬆小品咖啡歐雷
（統一）左岸－法式香頌那堤	UCC 酷炫咖啡
（統一）莊園極品拿提	（愛之味）油切咖啡
（黑松）韋恩濃咖啡	

咖啡飲料關鍵詞

二個字	三個字	四個字	英文
伯朗	曼特寧	極品風味	UCC
藍山	曼仕德	輕鬆小品	DyDoD-1
左岸	貝納頌	咖啡廣場	36 法郎
醇品	三得利	咖啡工坊	
油切			

五、機能性飲料

（JT）JT 維他命飲料	Red-Bull 能量飲料 C
（中美兄弟製藥）老虎牙子	（保力達）蠻牛提神飲料
（葡萄王）康貝特大富飲料	（葡萄王）康貝特 P200 飲料
（維他露）維他露 P	威德-in 能量
威德-in 高纖	威德-in 維他命
威豹提神飲料	

機能性飲料關鍵詞

兩個字	三個字	四個字	五個字	英文
威豹	康貝特	老虎牙子	寶礦力水得	Red Bull
蠻牛				
威德				

六、運動飲料

運動飲料	
（三得利）DAKARA 運動飲料	（光泉）O2 PLUS 柑橘運動飲料
（可口可樂）水瓶座	（金車）健酪含鈣（飲料）
（光泉）勁運動飲料	（統一）7-11 低鈉運動飲料
（金車大塚）寶礦力水得	（統一）寶健運動飲料
（黑松）FIN 深海健康補給水	（愛鮮家）卡打車多重補給運動飲料
（愛鮮家）卡打車身體補給水	（維他露）Super 舒跑 H2O

運動飲料關鍵詞

兩個字	三個字	四個字	五個字	英文
寶健	卡打車	老虎牙子	寶礦力水得	FIN
健酪		維他露 P		Super H2O
舒跑				

七、水飲料

本國礦泉水	外來礦泉水
（大西洋）蒸餾水	（統一）Evia evian 礦泉水
（光泉）有水準礦泉水	JTJT 桃子天然水
（味丹）竹炭礦泉水	VODA VODA 芙達天然礦泉水
（味丹）多喝水	澳洲有機天然礦泉水

（味丹）More water 深層水	（日本全家）霧島之天然水
（味全）VOSSA 加拿大冰河水	（光泉）VOLVIC 富維克礦泉水
（味全）i-water	斐濟天然礦泉水
（悅氏）臺灣 YES100%の深命力	
（悅氏）悅氏礦泉水	
（統一）H2O 純水	
（統一）麥飯石礦泉水	
（統一）UNI-WATER 純水	
（統一）UNIWAT	
（統一）PH9.0 plus 鹼性海洋深層水	
（真口味）古道超の油切鮮切水	
（泰山）泰山純水	
（臺鹽）海洋鹼性離子水	
深命力 100%海洋深層水	
（便利達康）水管你礦泉水	

水飲料關鍵詞

二個字	三個字	四個字	英文
臺鹽	深命力	海洋鹼性	plus
竹碳	多喝水	澳洲有機	More water
芙達	麥飯石		UNI-WATER
斐濟	富維克		VODAVODA
悅氏	有水準		VOSSI
			i-water

八、碳酸飲料

Le tea 櫻桃微發泡蘇打	Le tea 哈密瓜微發泡蘇打
（三得利）CC 檸檬	（大西洋）蘋果西打
（可口可樂）可口可樂	（可口可樂）可口可樂 Zero
（可口可樂） 雪碧	（法奇那）法奇那微氣泡橘子飲料
（黑松）黑松沙士	（黑松）加鹽黑松沙士

碳酸飲料關鍵詞

二個字	三個字	四個字	英文
雪碧	三得利	黑松沙士	Le tea
		可口可樂	
		蘋果西打	

九、本土酒精性飲料與外來酒精性飲料

海峽兩岸啤酒	東洋啤酒	外國啤酒
（臺灣啤酒）臺灣啤酒	（麒麟）霸啤酒	英式墨菲黑啤酒
（臺灣啤酒）金牌臺灣啤酒	三寶樂啤酒	麥格黑啤酒
（臺灣啤酒）臺灣龍泉啤酒	（麒麟）一番榨啤酒	冰火 vodka ice fire
（青島啤酒）青島啤酒	（朝日）朝日餘韻啤酒	思美洛 smirnoff 檸檬伏特加
（臺灣啤酒）麥格黑啤酒		（雪山）雪山冰釀啤酒
		（美樂）美樂啤酒
		（酷斯樂）酷斯樂啤酒
		（海尼根）海尼根啤酒
		（可樂那）可樂那特級啤酒 5
		（百威）百威啤酒

本土與外來酒精性飲料關鍵詞

兩個字	三個字	四個字
臺灣	三寶樂	金牌臺灣
青島	麒麟霸	臺灣龍泉
麒麟	酷斯樂	英式墨菲
麥格	海尼根	
冰火	可樂那	
雪山	思美洛	
美樂		
朝日		

國家圖書館出版品預行編目

飲料名稱的審美與文化效應 / 顏孜育. -- 一版.
-- 臺北市：秀威資訊科技, 2010.08
面；　公分. -- (商業企管類；AI0009)(東
大學術；12)
參考書目:面
ISBN 978-986-221-538-8(平裝)

1. 商品學　2. 飲料　3. 命名　4. 語言學
496.1　　　　　　　　　　　99012912

商業企管類　　AI0009

東大學術⑫

飲料名稱的審美與文化效應

作　　者 / 顏孜育
發 行 人 / 宋政坤
執行編輯 / 胡珮蘭
圖文排版 / 郭雅雯
封面設計 / 蕭玉蘋
數位轉譯 / 徐真玉　沈裕閔
圖書銷售 / 林怡君
法律顧問 / 毛國樑　律師
出版印製 / 秀威資訊科技股份有限公司
　　　　　台北市內湖區瑞光路 583 巷 25 號 1 樓
　　　　　電話：02-2657-9211　　　傳真：02-2657-9106
　　　　　E-mail：service@showwe.com.tw
經 銷 商 / 紅螞蟻圖書有限公司
　　　　　台北市內湖區舊宗路二段 121 巷 28、32 號 4 樓
　　　　　電話：02-2795-3656　　　傳真：02-2795-4100
　　　　　http://www.e-redant.com

2010 年 8 月 BOD 一版
定價：360 元

讀　者　回　函　卡

感謝您購買本書，為提升服務品質，煩請填寫以下問卷，收到您的寶貴意見後，我們會仔細收藏記錄並回贈紀念品，謝謝！

1. 您購買的書名：＿＿＿＿＿＿＿＿＿＿＿＿＿＿＿＿＿＿＿

2. 您從何得知本書的消息？

　　□網路書店　　□部落格　　□資料庫搜尋　　□書訊　　□電子報　　□書店

　　□平面媒體　　□ 朋友推薦　　□網站推薦　□其他＿＿＿＿＿＿

3. 您對本書的評價：(請填代號　1.非常滿意 2.滿意 3.尚可 4.再改進)

　　封面設計＿＿　版面編排＿＿　內容＿＿　文/譯筆＿＿　價格＿＿

4. 讀完書後您覺得：

　　□很有收獲　　□有收獲　　□收獲不多　　□沒收獲

5. 您會推薦本書給朋友嗎？

　　□會　□不會，為什麼？＿＿＿＿＿＿＿＿＿＿＿＿＿＿＿＿＿

6. 其他寶貴的意見：＿＿＿＿＿＿＿＿＿＿＿＿＿＿＿＿＿＿

＿＿＿＿＿＿＿＿＿＿＿＿＿＿＿＿＿＿＿＿＿＿＿＿＿＿

＿＿＿＿＿＿＿＿＿＿＿＿＿＿＿＿＿＿＿＿＿＿＿＿＿＿

＿＿＿＿＿＿＿＿＿＿＿＿＿＿＿＿＿＿＿＿＿＿＿＿＿＿

讀者基本資料

姓名：＿＿＿＿＿＿＿＿＿＿　年齡：＿＿＿＿　性別：□女 □男

聯絡電話：＿＿＿＿＿＿＿＿　E-mail：＿＿＿＿＿＿＿＿＿＿

地址：＿＿＿＿＿＿＿＿＿＿＿＿＿＿＿＿＿＿＿＿＿＿＿＿

學歷：□高中(含)以下　　□高中　　□專科學校　　□大學

　　　□研究所(含)以上 □其他＿＿＿＿＿＿＿＿

職業：□製造業 □金融業 □資訊業 □軍警 □傳播業 □自由業

　　　□服務業 □公務員 □教職　□學生 □其他＿＿＿＿＿

秀威與 BOD

BOD（Books On Demand）是數位出版的大趨勢,秀威資訊率先運用 POD 數位印刷設備來生產書籍,並提供作者全程數位出版服務,致使書籍產銷零庫存,知識傳承不絕版,目前已開闢以下書系:

一、BOD　學術著作—專業論述的閱讀延伸

二、BOD　個人著作—分享生命的心路歷程

三、BOD　旅遊著作—個人深度旅遊文學創作

四、BOD　大陸學者—大陸專業學者學術出版

五、POD　獨家經銷—數位產製的代發行書籍

BOD 秀威網路書店：www.showwe.com.tw

政府出版品網路書店：www.govbooks.com.tw

永不絕版的故事・自己寫・永不休止的音符・自己唱

—— 帶領團隊翻盤爛牌，卓越領導者的智慧 ——

超越管理的
決策遠見

陳樹文　著

【從逆境中學習，轉危為機】

◯全面提升個人與團隊表現
◯強調情緒智慧在團隊管理中的作用
◯培養領導智慧，學習情緒與逆境管理

案例豐富 × 實用策略，快跟著本書提升領導力！

目錄

前言

孟子說得好：「充實之謂美，充實而有光輝之謂大。」具體說，本書有以下特點：

（1）語言精練。話不在多，而在精要；語不在繁，而在精巧。本書力求用最簡潔的語言表達最豐富的內容，承載起最深厚的底蘊。在注意體系完整而具有科學性、內容新穎而凸顯時代感的基礎上，並不解釋太多的基礎概念和道理，而是以簡約的形式演繹深刻的思想和智慧。書中援引了大量古今偉人的名言警句，這些言簡意賅的名言警句精練達意，生動而極具感染力，使人既能夠迅速領悟到至簡的「大道」，又能熟記在心。

（2）通俗易懂。本書以通俗易懂的語言，把最深刻、最沉重的卓越領導智慧問題，透過最平易的表述轉化為輕盈的問題，令人讀起來輕快舒適，能於無形中體會到看似淺顯、實則微妙的「大道理」。

（3）文字幽默。幽默本身就是智慧的象徵。文字生硬，知識僵化，讀起來枯燥乏味，會令人頓生困意，而且刻板的說教也不容易令人信服。本書很多文字和案例較幽默，避免了傳統領導學讀本抽象與枯燥的問題，讀後讓人感到會心的愜意。

（4）突出案例。本書作者精心選擇了大量古今中外卓越領導者的傳奇故事、政界商界的名人軼事，以案例連結的形式，分布在全書的各個章節。這些案例貼切恰當，囊括了領導活動各個方面的理論和知識，展現了領導活動的現實、景象和生動畫面，讓讀者印象深刻、過目不忘。這些案例更在某些方面達到了領導活動領域歷史和未來的智慧深處，並且其智慧光芒穿透歷史，思想價值跨越時空，讓讀者把領導智慧融入心、會於神，回味綿長，獲得無限的智慧啟迪。

本書作者在收集案例時，主要關注案例的啟發性和能夠深化領導者的智慧認知，並不苛求它的絕對真實性。古今中外一些啟人深思的故事，哪怕是演繹，作者也把它納入本書，旨在破題並增強親切感，以引導讀者更

好的領會所在章節的理論和智慧。恰如人們更願意看《三國演義》，而不願看真實的《三國志》，前者因充滿了智慧而引人入勝，後者則拘泥於史實而枯燥乏味。貫穿全書的生動案例為本書增色不少，在此，謹對案例的原創者致以由衷的敬意與謝意！

　　有人說「一本好書就是一個世界」，但是領導活動是一個非常宏大的概念，不可能在一本書裡面面俱到且深入徹底。這本書充其量也只能是打開了領導活動中的一扇啟人心智的窗戶。莎士比亞在《哈姆雷特》中說得好：「天上地下有很多事，在你的哲學想像之外。」誰也不可能把整個海洋煮沸。一切宏偉的大廈都要從「基石」做起，都需要各種各樣的石料。擠出生命中的每一分力氣為「卓越領導者的智慧」這個大廈添加一塊「石料」，這是我最大的心願，為此，我要把永不止息的探索和追求作為自己莫大的快樂和幸福，也為那些見仁見智的同道耕耘者歡欣鼓舞。

陳樹文

Wisdom for Great Leaders

第一章
卓越領導者智慧的觀念

　　人之所以成為統御萬物之靈長，說到底就是因為人有觀念、有思想。真正的領導者不在於事必躬親，而在於他必須為組織指出路來，在於他必須有正確的領導觀念。領導觀念影響和決定了領導活動的起點、方向和成就。領導活動應秉持的核心觀念就是「以人為本」。以人為本就要把握對人性的認知。領導的歷史，就是人性認識和發展的歷史。無論是西方還是東方，所有的領導理論都是以人性的假設作為邏輯起點和思想歸宿的。研究西方的「經濟人」、「社會人」和「複雜人」人性假設理論，概括建立在這些人性假設基礎上的領導模式，才能使我們認知西方的領導理論、領導方式和領導手段，從中汲取領導的智慧。中國上下五千年的文化歷史，也累積沉澱了豐富的「霸道」、「王道」和「雜道」的人性假設的領導思想和領導模式，對此進行深入、系統的挖掘，並與西方的領導理論和模式進行比較研究，我們將會感悟到更多的領導智慧。

一、觀念的重要性

（一）觀念與領導觀念

　　觀念就是人蘊涵在經驗嘗試、理論知識中最一般的思想和看法。觀念是人類支配行為的主觀意識，它給予了人們一切思想和行動的原則、方向和行為軌跡，它起著根本的指導和規範作用。人的行為都是受執行者的觀念支配的。觀念的核心是思維方式。思維方式，即思維的結構和由它決定的行為方式，決定了人最為基本的活動方向和樣式，因此，觀念正確與否直接影響到行為的結果。

　　領導觀念是指領導者對其領導活動過程中領導行為及後果的本質的認識和反映。領導觀念是領導者行為的指導，決定著領導的決策和後果。

　　領導者的任務就是帶領和引導組織及團隊成員前進。「帶領」和「引導」的著力點就在被領導者的觀念上。基本上，領導者的任務就是掌控和引領下屬心靈中的思想觀念。

　　領導者的觀念一旦成了部屬的潛意識，成為內斂於大腦的認知，就會使「帶領」和「引導」工作取得意想不到的突破和成就。因此，領導者必須具有創新的觀念，走在觀念的前線。如同人的胸懷決定人生的尺度，領導者的觀念決定領導事業的高度。領導者沒有與眾不同的觀念，就沒有與眾不同的思路和創造，也就沒有與眾不同的偉大事業。

　　領導觀念的核心就是領導的思維方式。思維及思維方式是人類所特有的一種精神活動，它是在表象、概念的基礎上進行分析、綜合、判斷、推理等認識活動的過程。思維及思維方式代表著人類智慧以及認識世界的一種活動和把握這種活動的能力。領導活動的成功就等於正確的觀念加上百折不撓的意志力。

【案例連結】

　　有一個討飯的人怕被狗咬，就隨身帶了一塊石頭，可是當天他遇到兩條狗同時來咬

他，打跑了一條，另一條卻狠狠的咬了他一口。第二天出門時，他帶了兩塊石頭，誰知三條狗來咬他，打跑了兩條狗，第三條狗還是把他咬了。第三天外出討飯時，他就帶了三塊石頭，結果四條狗來咬他。就這樣每天增加一塊石頭，每天都被狗咬。後來經高人指點，這位討飯人把石頭丟掉，換成一根打狗棒，從此就不再被狗咬了。

石頭由一塊增加到兩塊，由兩塊增加到三塊，石頭還是石頭，沒有質的變化，只是量的增加，只要狗的數量超過石頭的數量，討飯人就避免不了被狗咬的行為結果。把石頭換成打狗棒，這就是質的變化，這就是觀念上的差異，它產生了以一對多的效能，使討飯人擺脫了被狗咬的厄運。

(二) 領導觀念與領導思維和領導過程

領導觀念作為一種領導思維方式，是洞察天賦的精神力量，它能釋放人們內心的巨大潛能，變成實現目標的巨大力量。

領導思維是指在領導活動中領導者為實現領導目標而進行的理性思維活動。思維能力既是領導者的領導力，更是領導者的領導智慧。整個領導活動突出的表現在領導思維上。科學正確的思維方式有助於領導者正確認識世界，把握客觀事物發展的規律和時代的發展要求，有助於領導者提高判斷能力並作出正確的決策和行動。思維在領導活動中的作用，可以概括為以下三點：

1. 領導活動源於思維。領導活動說到底，就是用思考的力量來改造世界。沒有思維就沒有遠見和目標，沒有遠見和目標就沒有領導活動。改變思維定勢、打開思維空間也是以領導智慧提升領導能力的前提和條件。許多有創意的解決方法都來自於看見別人看不見的事物，做到別人做不到的事情。美國前總統尼克森說：「『領導人』這個詞本身的含義是起嚮導作用的能力，在為未來籌劃時能越過眼前看得更遠的能力。」

2. 思維是領導活動中的決定性因素。成功的領導活動是以確定領導觀念和起跑線開始的。領導活動中的決定性因素，不在於領導者擁有多大的權力，也不在於領導者擁有多少追隨者，而在於他能否借助思維這種「神奇的力量」來確立領導觀念、領導宗旨、領導使命、領導目標的預設和定位，在於他能否將這些有意識的東西變成部屬的潛意識，進而變成大家工

作的積極性、主動性、創造性，實現目標，達到預期效果。

3. 思維能力是衡量領導者總體能力和水平的根本標誌。領導者的能力和水平主要不是體現在「做」上，而是體現在「想」上。領導者，作為領導活動中占主導地位的思維主體，必須有良好的思維品質。領導者沒有與眾不同的思維，就沒有與眾不同的思路和與眾不同的創造，因而也就沒有與眾不同的收穫。領導者不要總是滿足於為各種具體事務而忙碌，要做到超脫繁瑣事務，抽出時間坐下來、靜下心來思考「主意」，聰明的去工作。美國作家肯·布蘭查德的看法是：「很多人總想像著在辦公桌上貼一個標籤，寫道『不要總是坐在這裡，做點什麼』。我曾經收到的最好的建議是將這個標籤改寫為『不要光去做事情，坐下來想一想』。如果你不能讓出些時間去思考、制定策略、安排優先順序，你的工作就會變得更加辛苦，同時你將不能享受聰明的去工作所帶來的收益。」

有思路才能有出路，有出路才能有活路。法國作家雨果說：「沒有任何東西比得上一個適時的主意，有時一個小時的思考，勝過幾年的蠻幹。」做大事的人寧可在尋找改變命運的觀念上費盡力量，也不在沒有觀念的指導下去胡幹、亂幹。思想不開竅就找不到解決問題的奧妙。深度的思維獲得的觀念能用頭走通那些用腳走不通的路。

【案例連結】

IBM 公司最早是生產打孔機的，當時只是美國的一個中型企業。後來小華生接管了父親的公司，他曾經參觀過世界上的第一台電腦，雖然那台電腦又大又笨重，但給他留下了深刻的印象。他上台伊始就提出一個響亮的口號：時代是洶湧澎湃的潮流，經營企業萬不可逆時代潮流。他決定轉產做商務電腦。這是一場豪賭，小華生押上了個人與公司的全部前途。事實證明他成功了，因為商務電腦正是發展所趨。IBM 也因此成為了世界上最大的公司，被稱作「藍色巨人」。

小華生一生喜歡探險，企業成功後，他五十幾歲就決定退休，去圓他兒時的夢想——開遊艇去北極探險。但他的下一任埃克斯卻思想保守，觀念陳舊，躺在 IBM 原來的成功上，不能順應變化。當時家用電腦的萌芽已經出現，電腦小型化、家庭化是必然趨勢，但埃克斯卻固執的死守大型商務電腦領域，雖然 IBM 員工仍然苦幹，但是到後來家用電腦普及的時候，IBM 幾乎要破產了。直到郭士納上任後，他知道在家用電腦及其軟體方面 IBM 已失去先機，無法與英特爾和微軟競爭，因此他就一步跳到了網路服務，

敏銳的抓住了「資訊高速公路」的新趨勢，這種新的觀念和思路引領IBM重新強大起來。

（三）觀念決定命運

西方教育心理學有這樣一段至理名言：「播下一種觀念，收穫一種行為；播下一種行為，收穫一種習慣；播下一種習慣，收穫一種性格；播下一種性格，收穫一種命運。」我們把這句話的兩個關鍵字「觀念」和「命運」拿出來，用一個關係詞把這兩個關鍵字連接起來，一個哲學命題就產生了：觀念決定命運。

觀念決定命運，在這種歷史的深度思維中，蘊含著高度發達的領導智慧。觀念決定命運，就是用思維的方式來認識世界，用思維的力量來改造世界。思維是人類特有的一種精神活動，它是在表象概念的基礎上，進行分析綜合、判斷推理來認識活動的過程。人的觀念不僅反映客觀世界，而且創造客觀世界。反映客觀實際和發展趨勢的新觀念一旦形成，就具有未來的導向性，可以走在實踐的前面，指導實踐的行動。「腦中有思路，腳下才有出路。」

德國有人利用兩萬多次實驗的總結材料證明，一定職業的目標不但取決於它所需要的知識、才能、經驗，而且在更大程度上取決於業已形成的、同它有不可分割聯繫的觀念。其實富者和窮人，強者和弱者的區別不在於能力的大小，也不在於動力大小，亦不是機緣福分的區別，兩者的真正區別就在於觀念上的不同。正所謂「貧富之間是一念之差」。人們處在同一起跑線上，不同的觀念，決定不同的成功速度。觀念是一種特殊能力，力量達不到的地方，觀念可能達到。一個靈感就是一個事業的基礎，就是一筆巨大的財富。西方財經學者薛佛說：「真正的財富是一種思維方式。」現在時代的發展不斷提速，更需要以嶄新的觀念來超越舊有極限，用思維的更新、用觀念的改變來創造今天的財富，掌握明天的命運！

社會的改變，人生的改變，都源於觀念。要想改變命運，必須首先改變觀念。觀念變行為就變，行為變習慣就變，習慣變性格就變，性格變命運就變。

習慣於在傳統的或舊有的觀念中打轉，就會失去解決問題有效而簡單的方法和理念。十九世紀美國詩人羅威爾說：「只有蠢人和死人，永遠不改變他們的意見。」觀念最本質的規定性就是不斷更新，與時俱進。世界上的事情，複雜的不是問題，而是看問題的觀念。觀念創新是先導，是一切創新的源泉。觀念不斷更新，人生永不匱乏，社會永遠發展。卓越的領導者有一個顯著的特徵：將觀念變成方法，將方法變成執行力，將執行力變成結果。

愛迪生對觀念有過非常精闢的闡述。現在各種版本的世界名言集中，都引用了愛迪生這樣的一句名言：「所謂天才的成功，也不過是百分之一的靈感，百分之九十九的汗水。」意在強調「天道酬勤」。但是，愛迪生在給他的朋友寫信解釋這句話時，則強調：「如果沒有那百分之一的靈感，百分之九十九的汗水是白費的。」又說：「單一的觀念產生的力量，就可能超過一個世紀以來所有人、動物和引擎所產生的力量。」一千萬元的觀念只能掙一千萬，絕不能掙到一億；一塊錢的觀念只能掙一塊錢，絕不能掙到一百萬。小富豪是做出來的，大富豪是想出來的。一個好觀念的價值頂得上辛苦做一年甚至幾十年。

【案例連結一】

美國在西部大開發時，傳聞加州一帶有金山，於是來自五湖四海的人，抱著各種各樣的目的蜂擁至此，掀起了美國有史以來最大的一股淘金熱。有一個人也隨大流至此，很快他發現，憑一己之力，淘到金子的機率微乎其微，不如在淘金者身上做點生意，於是他開始向淘金的人賣水。結果是，很多變賣家產去淘金的人到頭來落得個兩手空空，而這個人卻靠從淘金者身上賺來的錢發財致富了。

【案例連結二】

第二次世界大戰結束，要建聯合國總部，但需要一大筆資金，各國首腦還在為籌措這筆資金犯難時，洛克菲勒家族在紐約市買了一塊地皮，拿出其中一塊價值八百七十萬美元的地皮捐贈給聯合國。當聯合國大樓拔地而起時，各國紛紛要在聯合國周邊買地建辦事機構，結果四周地價飆升，洛克菲勒家族不知賺了多少個八百七十萬美元。其實，早在洛克菲勒還是一介小民的時候，美國發現了石油，許多實力雄厚的大投資者蜂擁而至，忙於開採石油，但洛克菲勒資金有限，無力與眾多大投資者競投石油開採。洛克菲

勒卻有與眾不同的新觀念，遠遠的避開石油開採地，占領原油的「下游工程」──石油精煉。原油開採出來後，眾多的原油開採行業與獨此一家的石油精煉工業，使洛克菲勒一方形成了絕對優勢，他一舉瓦解了由眾多大投資者組成的石油開採大聯盟，壟斷了美國石油市場，成為舉世聞名的大富豪。

二、領導觀念的基礎──人與人性

（一）人與人性

人是會製造工具並使用工具進行勞動的高等動物。這是對人的高度抽象。從領導活動的角度上看，人應該具體分解為三個界面，即動物中的人、文化中的人和意義中的人。

1. 動物中的人。人是高等靈長類動物，具有自然本性，即靈長類動物表現出來的動物本性。孟子說：「口之於味也，目之於色也，耳之於聲也，鼻之於臭也，四肢之於安佚也，性也。」這種先天性因素就是人的一種本能，這和動物幾乎沒有什麼區別。作為動物中的人，首先作為肉體存在，這種肉體存在與自然界中的其他任何動物一樣，有著本能的物質需要，也就是說人軀體的存在依賴於物質。韓非子說：「人無毛羽，不衣則不犯寒。上不屬天，下不著地，以腸胃為根本，不食則不能活。是以不免於欲利之心。」馬克思說：「人只有解決了衣食住行問題，才能從事社會活動。」馬斯洛說，人只有解決了第一層次的生理需要，才能上升到高層次的社會需要。不講物質利益，只講精神激勵，靠少數先進分子可以，靠廣大人民群眾不行。即使是靠少數先進分子，短時期內行，長時期也不行。為什麼「不行」「也不行」，就是因為物質上的需要是人的第一需要。

2. 文化中的人。人是文化的沉澱。人是懸掛在由他們自己紡織的意義之網上的動物，而這張網就是文化。除自然本性外，人還有另外一種本性，即文化本性。文化本性的神經組織基礎是第二信號系統，這是其他動物所不具備的。正因為如此，文化本性也是人類所獨有的。文化本性是人

們透過第二信號系統認識外部世界、認識自我的一種內驅性活動，主要表現為人們的文化創新力，以及有規劃的對外部世界施加影響。生長在一定文化環境中的人類個體，會受到某種形式的語言、符號、習俗、價值觀念體系的影響。作為文化中的人，用語言和文字來表達心跡和思維，只有人有，動物沒有。文化人類學者認為，理解人類本性及其生存與發展，必須理解他所處的文化環境和他自身具備的文化特質，只有了解和研究他所處的文化條件，全面分析這種文化的基本特性，才能對其有所了解。當動物在自然界中生存和活動時，人則在文化中發展自己，人是「文化存在物」。因此談到人，其前提假設就是一種「文化的人」。人必須處在一定的文化背景下，不能和文化分開，只有在一定文化背景中人才是人。文化層次是人一切思想和行動的基礎和出發點。文化中的人不僅有物質利益的追求，更有精神上的追求。精神指數更是人生的境界，是物質代替不了的。

3. 意義中的人。作為意義中的人，也是人的特有屬性。人要尋求各種有意義的活動，如各種藝文及體育活動、婚喪嫁娶的操辦、同事們吃喝聚會等。在意義活動中，人要滿足精神和物質上的需要。

人軀體的存在依賴於物質，而軀體要具有崇高的價值則依賴於精神，人活著就要滿足物質和精神兩種需要。物質文明和精神文明兩手抓，兩手都要硬，就是領導智慧的要旨。

人性是人區別於其他動物的最本質屬性。大家同在這個現實的世界中生活，這就決定了大家都有一些共同的本性，即人性。人的一舉一動都是受人性支配的。只有參透人性，才能理解和掌握人的活動規律，感悟領導，做好工作。馮友蘭在一九八五年出版的《中國哲學簡史》一書中說：「一切科學對於人性總是或多或少的有些聯繫，任何學科無論似乎與人性離得多遠，它們總是透過這樣或那樣的途徑回到人性。」

從現代領導學的角度看，各種領導活動和領導理論的產生和嬗變，都是以一定社會文化傳統中的人性假設作為其哲學基礎和前提的，不同的人性假設，其領導的理論、方法、過程和模式不同。把握人性，利用人性，正是領導手段、領導方法的源泉。

（二）文化管人——人本管理

人類社會發展史上，曾經有三種管人的方式，即人管人、制度管人和文化管人。1. 人管人。在經驗管理時期，把人看成是必須在監督下才能勞動的工具，由管理者在管理現場直接看管勞動者勞動。人管人，煩死人。最典型的就是奴隸主拿著鞭子在勞動現場驅趕著奴隸工作。奴隸主的鞭子打在奴隸身上會產生兩種意識：一種是奴化意識，怕你的鞭子再抽打我，你讓我做什麼我就忍氣吞聲的做什麼，在這種狀態下，勞動者沒有積極性、主動性和創造性，束縛了生產力的發展；一種是反抗意識，「奪過鞭子抽敵人」，這是不適合生產力狀況的落後生產關係阻礙生產力發展的必然結果。

2. 制度管人。資產階級革命以後實行「依法治國」，相應的，企業也進入了「以制度管行為」的科學管理時期。泰勒提出的「科學管理」理論，本質上就是怎麼讓人把事情做對。他從未向他所研究的工人徵求提高和改善工作的建議，他只是告訴他們應當怎樣做，他所考慮的唯一問題是工人在規定的時間和空間內能做多少個動作，然後來加以制度化管理。制度管人把人僅僅看成是發展生產的手段，實際上人對制度都有天然的挑戰性，誰也不願意被人管。

3. 文化管人。人不僅是手段，而且是目的。文化管人就是以實現人的最大價值為本，以人的全面發展為本。人的發展方向是不斷超越動物界，不斷從自然、社會、精神的必然王國中解放出來，成為全面發展的自由人。文化管人，以實現人的自身價值和全面發展為本。

文化管人，就是人本管理。人本管理之「本」實際上就是「本位」、「根本」和「目的」的意思。人本管理的真諦就是促進人的全面發展，實現個體的價值，增進社會的福祉。華人對人本管理早就有認識。從「企」字來看，上邊是「人」，下邊是「止」，意思是辦企業必「以人為本」，離開了「人」就「止」了。

人本管理，在領導學中就是情境領導。領導者的職責是負責創造一個環境——「場」，讓被領導者在「場」這個客觀環境下產生一種主觀意識——

實現人生的最大價值。然後領導從「場」中央邊緣化，把被領導者推向「場」中心。在這個「場」裡，領導主體和領導客體的角色對立至少在組織方式和形式上已經基本消失。被領導者沒有感到被人管著，而是在實現自身的價值，可實際上他們又時時刻刻都在領導者創造的環境——「場」的管理之中。這個「場」主要包括以下三個方面：

（1）制度的建立。人本管理不是不要制度，而是要以制度為底線。制度，既要「制」又要「度」。制度既是用來制約人的行為，又是給人一個度，制度是對那些違反制度的人而言的。制度像火爐，既暖又燙；不碰不燙，一碰即燙；哪碰哪燙，誰碰誰燙。

（2）文化的塑造。組織文化對一個人的成長來說，看起來不是最直接的因素，但卻是最持久的決定因素。文化塑造就是建立組織成員的共同規範、共同信仰和共同的追求，以此讓員工與企業形成一種心理契約，並透過文化具有的強大的心理激發力、精神感召力和能量誘放力，把個體成員實現人生最大價值的追求行為整合起來，引導他們朝著組織既定的目標奮鬥。

（3）需要的滿足。需要的滿足有兩層意思：一是員工自身和員工家庭成員生存和發展的物質需要的滿足；二是員工實現人生最大價值的工作平台需要的滿足。

人本管理給領導活動帶來了以下嶄新的觀念：

（1）依靠人。一個組織、一個社會的發展能力，不是由機器設備決定的，而是由人擁有的知識、智慧、技能決定的。人是一切資源中最重要的資源，人有活力，組織就有競爭力和生命力。

（2）開發人。人的生命有限，智慧無窮。領導者要創造良好的環境和機制，釋放員工們潛藏著的才智和能力，讓人們滿腔熱忱的投身於事業之中。

（3）尊重人。人都有獨立的人格，都有做人的尊嚴，尊嚴比生命還重要。領導者尊重員工應有的做人權利，員工會對自己有嚴格的要求，會盡最大努力去完成自己承擔的職責。

（4）實現人。領導者為員工的自由、全面發展，實現人生最大價值，創造出廣闊的空間和平台。

人本管理，就是一種發動被管理者管理自己、影響別人的領導模式。歸結為一句話就是：在讓員工實現自我價值的基礎上取得企業的成功。

三、西方的人性假設

（一）「經濟人」假設

「經濟人」假設來自於西方古典學派，主要代表人物是亞當‧斯密。亞當‧斯密認為，人的行為動機來源於經濟誘因，即來源於自身的經濟利益最大化。因此，要用金錢、權力和組織機構的操縱與控制，使員工服從並維持其工作效率。

傳統的「經濟人」概念從「人性本惡」出發，包括以下五個層次的含義：

1.「經濟人」性質（自利本性）。人性是什麼？休謨說：「人性就是自私。」「經濟人」假設的觀點認為，凡生活在社會中的人，無一不心懷自利的打算，即「利己心」和「自愛心」人皆有之，是與生俱來的，唯利是圖是「經濟人」的最本質屬性，也是「經濟人」的主觀追求。因此，透過提供經濟誘因就可促發人的動機。

2.「經濟人」行為目標（自身利益最大化）。人的一切行為都是為了最大限度的滿足自己的私利，生產者的唯利是圖表現為追求利潤最大化，消費者的唯利是圖表現為效用最大化（物美價廉）。

3.「經濟人」行為狀況（理性人）。人們能夠透過計算判斷自己是否獲利，即每個人都透過成本—收益的比較分析為自己謀求最大利益。

4.「經濟人」運作條件（完全競爭市場）。在斯密看來，只有讓「利己心」在自由放任條件下充分發揮作用，才能實現社會普遍福利和社會物質財富的增進。個人並沒有自覺的使個人利益和社會利益相一致。這種相一致

是「看不見的手」作用的結果，這只「看不見的手」就是價值規律。正是「看不見的手」把對個人利益的追求引上了對社會利益的追求，讓「經濟人」在主觀追求自己利益的同時客觀上實現了別人的利益。

5. 透過外部調整和控制誘因，就可以操縱人。人的天性是懶惰並且不願擔負責任。履行職務的行為也是被動的，工作僅僅是為了獲得更好的報酬，如果沒有外在的經濟誘因，人們就不會做出有利於組織的行為。這種行為狀況按照心理學家和人類學家的解釋就是，人類是從動物進化而來的，作為高級動物的人，在人性中還殘留著永遠難以抹去的獸性基因，保留著自利性的本能和一種好吃懶做的原始欲望。建立在「經濟人」假設基礎上的領導模式就是用金錢來刺激工人的生產積極性，同時對消極怠工者採取嚴厲的懲罰措施，即所謂「胡蘿蔔加大棒」政策，強調的是上對下的強力壓制，形成了一種包括命令、統一原則等在內的以力服人的領導觀念和領導原則。

【案例連結】

被稱為西方管理學之父的泰勒就是一位「經濟人」假設的理論倡導者和實踐者。泰勒認為，人是「經濟人」，企業主以「經濟人」的身分追求最大的利潤，工人則以「經濟人」的身分追求最高的工資。泰勒提出了一種刺激性「差別計件制」付酬制度。他研究了工人在工作期間各種活動的時間構成，包括工作日寫實與測時。研究工人在工作時，其身體各部位的動作，經過比較分析之後，去掉多餘的動作，改進必要的動作，從而減少工人的疲勞，提高勞動生產率。泰勒制在使生產率大幅度提高的同時，也使工人的勞動變得異常緊張、單調和勞累，因而引起了工人們的強烈不滿，並導致工人的怠工、罷工以及勞資關係日益緊張等事件的出現。為什麼會出現這些情況呢？因為這種做法僅僅重視技術因素，卻忽視了人的感情需要和人群社會的因素。當時的管理者認為：「鞭子抽得越響，管理效率就越高。」所以，「經濟人」理論和管理模式沒有解決企業管理的根本問題。

（二）「社會人」假設

「社會人」假設來自於行為學派，代表人物是梅奧和馬斯洛。梅奧認為只講求經濟利益的「經濟人」假設是不科學的，他提出，人不僅是一個「經濟人」，且首先是一個「社會人」。人具有社會性的需求，人是一種社會存

在。這種假設起源於梅奧的霍桑試驗。

「社會人」假設的主要內容如下：

1. 人是社會人，除物質因素外，社會心理等因素也影響著人的積極性。霍桑試驗表明：人並不是完全理性的和經濟的、斤斤計較的動物，而是一個有著社會需求的人。在社會生活中，他們不僅要求獲得經濟利益，而且追求友誼、安全和歸屬感，這些心理因素的滿足與否影響著人積極性的發揮程度。

2. 生產效率的高低主要取決於員工的士氣，而員工的士氣主要取決於各方面的社會關係是否協調。「社會人」假設發現了人的社會性這一本質特徵，認為人們的工作動機不只是為了經濟利益，而且更關注社會關係。透過構建管理者與被管理者之間的新型社會關係，就能提升員工的士氣，進而提高生產效率。

3. 在正式組織中存在著非正式群體，他們有其特殊的行為規範，對其成員影響很大。在社會中，人們為維護自身在群體中的地位而協作勞動，組織成員的協作關係和社會需求進而體現為與正式組織對立的非正式組織。在非正式組織中，人們有共同的情感和態度，並作為一種價值標準，是組織成員遵守的團體準則。因此，關注人的感情，認識非正式組織的作用並對之加以引導是領導活動中一個有根本性意義的課題。

4. 領導者要善於了解和傾聽員工的意見和要求，使正式組織的經濟需要和非正式組織的社會需要取得平衡。同「經濟人」假設的觀點相反，「社會人」假設強調人的非合理性和情感的一面，人不是機械的、被動的動物，對工人勞動積極性產生影響的也絕不只是「工資」、「獎金」等經濟報酬，工人還有一系列的社會心理需求，如尊重、良好的人際關係等，而且人是在滿足社會需求時才履行職務。領導者要和員工進行情感溝通和交流，給人們提供經濟需要和社會需要的滿足。

「社會人」假設強調的是人的歸屬感，即社會需求。人在追求社會需求中有著承擔責任的願望，這是「為人」和「人德」；在工作中發揮才智是其

本性使然，這是「人為」。馬斯洛認為，實現人生最大價值是「社會人」的最大需要和最高追求。當個人目標和組織目標沒有衝突時，人們樂於在工作中發揮才智，單純運用外部控制是不恰當的，所以創造關心人、尊重人、滿足人的生存和發展需要的工作環境是領導活動的重點。人是領導的關鍵，領導的根本目的就是為人的利益服務。「人本」、「人德」樹立的是一種以德服人的領導觀念。

從「經濟人」到「社會人」的分析是對人本質認識的進步，使人們對人性的認識更加豐富深刻。人作為「社會人」對感情和情緒的需求是必不可少的，但因此而否定人追求經濟利益的一面是不全面的，畢竟經濟利益所創造的財富是社會生活的根基，亦是人們基本的生活保障，過分否定則不利於經濟效率的提高。

（三）「複雜人」假設

「複雜人」假設是權變學派提出的人性假設理論，代表人物有沙因、史克恩、摩斯、洛希等人。「複雜人」假設認為，無論「經濟人」假設還是「社會人」假設，都有其合理的一面，但都不適用於一切人。人本身是複雜的，在複雜的、不斷變換的環境中會表現出不同的人性來。人性中既有唯利是圖、追求物質利益的一面，也有精神需要、追求社會責任、實現自身最大價值的一面。而且兩者是個權變的過程，在物質基礎很低的情況下，追求物質利益就是第一位的；在物質利益大到一定程度時，追求精神利益就成為主旋律。應該將「經濟人」理論和「社會人」理論結合起來，根據不同的情況靈活運用。因此，第三種假設——「複雜人」假設脫穎而出。

關於「複雜人」的觀點，一九六〇年代，沙因在其《組織心理學》中做了總結和闡述，即：

1. 人的需求是多樣且因人而異、隨發展條件和情況變化而變化的。人不僅具有複雜的需要體系，而且這種需要是隨著人的發展和生活條件的變化而變化的，並且需要因人而異，需要的層次也不斷改變。

2. 人在同一時間內的多種需要和動機相互作用形成複雜的動機模式。人

在同一時間內有各種需要和動機，它們會相互作用，結合為一個統一體，形成複雜的動機模式。

3. 動機模式是內部需要和外部環境共同作用的結果。人是複雜的，要受多種內外因素的交互影響，內部需要和外部環境的相互影響、相互作用的結果產生了動機模式。內部需要是多種多樣的，外部環境是不斷變化的。人在不同的組織、不同的工作部門和崗位可以有不同的動機模式。因此，不存在一個適應任何時代、任何組織和任何個人的普遍有效的動機模式。

4. 不同人對不同的領導模式有不同的反應。由於人的需要不同，能力各異，對同一領導模式不同的人會有不同的反應。「複雜人」假設主張根據不同人的不同情況，因人而異的採取靈活多變的領導模式和領導方式。

5. 在適當的領導策略之下，不同類型的動機模式可以產生高激勵水平。「複雜人」假設含有辯證法因素，它強調根據工作性質、個人特點和外界環境三者合理配置，因人、因地、因事而異，採取靈活機動的領導方法。

總之，由於歷史的發展和社會的複雜性也必然反映在人的心理活動和行為上，因此，人不只是單純的「經濟人」，也不可能是純粹的「社會人」，而是因人、因時、因地、因各種情況不同，採取相應反應的「複雜人」。人的價值取向是多種多樣的，沒有統一的追求，即使同一個人，又會因環境和條件的變化而變化。今天可能是追求經濟利益的「經濟人」，明天可能是追求良好人際關係的「社會人」，還可能是兩者兼而有之的「複雜人」。

【案例連結】

石油大王洛克菲勒曾經的名言是：「當紅色的薔薇含苞待放時，唯有剪除四周的枝葉，才能在日後一枝獨秀，綻放成豔麗的花朵。」洛克菲勒靠他劊子手般的壟斷手法斂積了大量的財富，建成了一個龐大的跨國公司。但美國人都恨他，稱他為「劊子手」。

在他五十四歲那年，美國實施反托拉斯法，為了避免壟斷公司太強大影響公平競爭，要肢解他的公司。那段時間他整天生活在焦慮之中，頭髮掉了，人也越來越神經質，失眠，焦慮，活著感覺不到一絲快樂。醫生告訴他，再這樣下去他會活不了多久。但他仍然放不下他的公司，那是他一生的心血。

一天他遇見了一位牧師。牧師對他講：「你認為人生真正的幸福快樂是什麼？你用

盡心血將企業辦得這麼大，但美國人還是恨你，你這樣生活有什麼意義？」

洛克菲勒聽了後，思想上發生了變化，他改變了自己的價值觀，認為幫助別人才是最大的快樂，於是他決定提前退休。此後他開始大量做善事，隨著他慈善事業的進行，「愛」又重新回到了他的心中，他的心胸也開始寬闊起來，活著也越來越有滋味。洛克菲勒終於明白了「施比受更有福」的道理。

洛克菲勒後來又活了四十一年，九十五歲才去世，成為了美國最大的慈善家。他在傳記中說，他的後半生才是真正快樂的人生，因為他又贏得了美國人的尊敬。

洛克菲勒改變了他的價值觀，於是就改變了他的人生。

（四）西方的人性假設與領導模式

西方領導模式建立在「經濟人」、「社會人」和「複雜人」三種人性假設的基礎上，主要有以下三種類型：

1. 專制型。這是建立在「經濟人」假設基礎上的一種強勢領導模式，權力的形態是獨裁與專制。領導者採用集權管理，個人做單邊決策。專制型領導在必須快速做決策或者不需要團體意見的情境下運作最好。但是，專制型領導者做所有的決策，都假定下屬將毫無疑問的完成它。對下屬既嚴厲又充滿要求，用命令的方式告知下屬做什麼，不得做什麼，要求他們立即服從。下屬沒有參與決策的權利，只有執行的義務，違背領導的行為將受到嚴厲制裁。專制型的領導者只注重工作的目標，僅僅關心工作的任務和工作的效率，但他們對團隊的成員不夠關心，被領導者與領導者之間的社會心理距離比較大，領導者對被領導者缺乏敏感性，被領導者對領導者存有戒心和敵意，容易使群體成員產生挫折感和機械化的行為傾向。

2. 民主型。這是建立在「社會人」假設基礎上的一種參與領導模式，權力的形態是參與和分享。一個民主型的領導者是能和領導團隊分享決策權力的人。這種模式實施授權領導，比較民主，它讓下屬參與工作方法和工作目標的決策，領導者在決策時也要充分考慮下屬的利益，在決策前舉行投票，或者透過授權，讓下屬自己決策，按他們認為合適的方式完成工作，領導依靠的是部屬們主動進取、接受挑戰、追求價值實現的自動自發的心靈動力並透過反饋加以指導。民主型的領導者注重對團體成員的工作

加以鼓勵和協助，關心並滿足團體成員的需要，營造一種民主與平等的氛圍。民主型領導者在工作環境中主要從事溝通活動，領導者與被領導者之間的社會心理距離比較近。在民主型的領導風格下，團體成員有較強的工作動機，責任心也比較強，團體成員自己決定工作的方式和進度，工作效率比較高。

3. 權變型。這是建立在「複雜人」假設基礎上的一種權變領導模式，權力的形態是民主與法治。民主是對「社會人」的一面，法治是對「經濟人」的一面。這種領導模式是規制人與激勵人有機結合，是最好的領導模式。德國的心理學家勒溫等研究者最初認為，民主型的領導風格似乎會帶來良好的工作質量和效率，同時，群體成員的工作滿意度也較高，因此，民主型的領導風格可能是最有效的領導風格。但不幸的是，研究者們後來發現了更為複雜的結果。民主型的領導風格在有些情況下會比專制型的領導風格產生更好的工作績效，而在另外一些情況下，民主型領導風格所帶來的工作績效可能比專制型領導風格所帶來的工作績效低或者僅僅與專制型領導風格所產生的工作績效相當。在實際的領導活動中，很少有極端型的領導，大多數領導都是界於專制型、民主型之間的領導。

勒溫的理論也存在一定的侷限：這一理論僅僅注重了領導者本身的風格，沒有充分考慮到領導者實際所處的情境因素，因為領導者的行為是否有效不僅取決於其自身的領導風格，還受到被領導者和周邊環境因素的影響。權變型領導模式就較好的解決了這一問題。領導的智慧是人性化領導，而不是人情化領導。它的秩序是「法理情」，而不是「情理法」。法律和制度是維護領導活動下限的關係，誰觸犯了這個底線，領導者必須毫不猶豫地進行規制。領導者必須守住這個底線，不能設法外情，更不能循法外情。「揮淚斬馬謖」就是諸葛亮領導智慧上的體現。但是，領導活動也絕不是排斥人情化，因為人不僅有趨利避害的本能，也有利他的善舉。我們在堅守住法的底線不動搖的前提下，也應該弘揚人情化的精神。這也是權變型領導的風格。領導的智慧是在民主與法制、人性化與人情化之間找到一個最佳的平衡點。歌德講：「帶來安定的是兩種力量——『法律和禮

貌』。」

四、古代的「霸道」、「王道」和「雜道」

歷史上的有識之士早已認識到，要把國家治理好，其根本問題在於「人」。上至國君和各級官吏，下至黎民百姓，都有共同的本性，怎樣從整體上對人的本性作出一個價值判斷，更有利於規範人的行為，以達到「求治去亂」的目的呢？歷史上就有了「性善論」、「性惡論」、「善惡兼論」等認識，不同的人性認定導致了以「霸道」、「王道」和「雜道」為模式的「法治」、「人治」、「人法兼治」的差異。

「霸道」、「王道」、「雜道」作為古代政治文明發展的重要成果，有著十分豐富的內涵，與西方的人性假設說有著異曲同工之妙。

歷史上「霸道」、「王道」、「雜道」學說，有著極為豐富的內容和重要的價值，值得深入研究發掘。儘管「霸道」、「王道」、「雜道」主張各異，但是它們卻有共同的出發點，就是認為治國之道必須依據對人性的認識，只有符合人性的治國之道才是正確的，這反映出以人為本的特點。在學習和借鑑西方領導思想的同時，還要看到傳統領導文化的偉大，我們既不能對西方的東西盲崇和盲拒，也不能對東方的東西盲貶和盲棄。科學的分析「霸道」、「王道」、「雜道」的特點及其現代價值，吸收其精華，古為今用，再將這些精深的理論與西方系統的領導思想、方法和經驗更好的結合起來，這種中西合璧必將會大大增益領導智慧的光華。

（一）「霸道」

「霸道」來自於法家的理論，理論代表人物是韓非子等人，實踐的代表人物是商鞅等人。

韓非子從現實利害關係出發，認為人性是自私的，好利惡害是人的本能，人與人之間的關係就是赤裸裸的利害關係。在韓非子眼裡，君有權勢

和利祿，臣有心計和智慧，君以權勢和利祿使臣下向自己盡忠，臣以自己的心計和智慧換取君主的官位與利祿，兩者就是一種利害關係，哪裡有什麼道德情誼可言？韓非子還舉親情關係為例，說父母生男孩則相賀，生女孩就殺掉，並不是因為父母對子仁對女暴，而是出於一種利害關係的考慮。父母子女骨肉至親都是一種利害關係，社會上的一般人際關係就更是如此了。利害關係為韓非子的「霸道」理論提供了人性論的根據。

　　法家認為人性「善者偽也」，因為人的欲望是先天的，有欲望必然生淫亂，所以「惡」是人的本性。既然人性是惡的，要求社會的平治，就不能順其人性之自然而發展，必須要「化性起偽」，起法正以治之，重刑罰以禁止。法家以「性惡」為起點，強調「道之以政，齊之以刑」的領導觀念，並針對人的心理特點以法、術、勢作為三位一體的領導力量，重視的是組織的領導權威、領導者和被領導者的外在權利因素和約束力，著重於從外部強迫、控制和利用被領導者來實現其領導目標。那種不顧一切賺錢的欲念，可以誘發出人性中最冷漠、最殘忍、最陰暗的部分。

　　韓非子為君主設計的治國之道的基本原則是用法之相忍，不用德之相愛。法包括賞和罰兩個方面，違法必罰，守法必賞。賞和罰的基礎是人性，是對人性的滿足。以「法」治國就叫做「法治」。韓非子提出了以「法」為中心的法、術、勢三者合一的封建君主統治術。韓非子認為三者必須並用，並以「法」為中心。認為君主光靠法令治國不行，還要靠君主的權勢來推行法令，作為行法的力量，運用法令來統一思想。有了權，有了法，即使一個平凡的君主也可以「抱法處事」、「無為而治天下」。後來歷史上的包拯也講：「法今即行，紀律自至，則無不治之國，無不化之民。」法家的這套「霸道」理論有利於實現和加強君主專制統治，因此，此法經過韓非子的發揮，就為秦王所採納，在秦王的施政中一度占了主導地位。

　　從領導特徵的角度，可以將個體領導者分為能人型領導者與仁人型領導者兩種類型。能人型領導者——崇尚「霸道」，過分重視「力服」，依賴其高超的能力培植其權威的基礎，往往威有餘而寬不足。「霸道」的領導模式的外部特徵就是嚴刑峻法的統治。

【案例連結】

歷史上第一個踐行「霸道」理論的人物就是商鞅。春秋戰國時期商鞅在變法時，太子衝撞了商鞅，「刑不上大夫」，更不敢上太子，就讓太子的兩個老師代過，一個剁掉了一隻腳，一個削掉了鼻子。太子的老師都受到如此的懲罰，其他百姓犯了法該受到什麼樣的懲罰，可想而知。秦國自商鞅變法後，國力日益強盛，至秦王嬴政繼位後，秦國憑著強大的軍事實力一舉吞並六國，統一天下。然而秦朝統治者推行暴政，徭役賦稅繁重，窮奢極欲，濫用民力，建阿房宮，修驪山墓，加之刑罰嚴苛、手段殘忍，導致民怨四起，天下百姓紛紛起來造反，使歷史上貢獻最大的朝代演變成為歷史上最短命的朝代。這種基於「性惡論」的「霸道」理論和治理模式，根本性的錯誤就是否定了社會存在著愛，存在著相互信任。愛和相互信任是社會和諧發展的基礎，法家的理論和政策破壞了社會和諧發展這一基礎。

（二）「王道」

「王道」來自於儒家學派，主要代表人物是孔子和孟子。儒家學說作為一種治理社會、治理國家的比較完備的理論，也十分重視人性的問題，但是儒家的人性論代表了一種與法家相反的傾向。孔子推行「仁政」，將「仁者愛人」用於治國。《大戴禮記》記載，哀公曰：「敢問人道誰為大？」孔子曰：「人道政為大。古之為政，愛人為大。」孟子主張「王政」。「王政」與「仁政」在本質上是一樣的，都是主張將「仁」的觀念與政治相結合，用仁德來治理國家。孟子之所以提出「王政」的概念，就是相對於戰國時期的「霸政」，是在與「霸政」比較與區別上提出來的。孟子認為「霸政」是以力服人，即用武力與刑罰服人，而非心服，服得不徹底。「王政」則以心服人，用德化教育服人，使天下人心悅誠服。「王政」也被人們稱為「王道」。

「王道」隱含著「人性善」的前提。孟子明確提出「性善論」的人性假設，來作為他的「仁政」理論基礎。孟子認為人的本性是「仁、義、禮、智」，而且「非由外鑠我也，我固有之也」。那麼為什麼後來「性相近，習相遠」了呢？原因是「苟不教，性乃遷」。孔孟還把「善」作為社會和諧、安定的重要基礎，致力於教人們為善。因此，「王道」思想主張以「性善」為起點，要求「懷柔」，透過「德化教育」長善救失。

「王道」論者極力反對「霸道」論用刑罰統治百姓、用武力征討天下的

統治方式，主張「以不忍仁之心，行不忍仁之政」。那麼如何實現「仁政」？孟子認為，就是要「存其心，養其性」，「以善養人，然後能服天下。天下不心服而王者，未之有也」。而且特別強調「以不仁而得國家者，古來有之；以不仁而得天下者，古來沒有之」，提出了「仁政」、「禮制」的領導管理思想。「仁政」的「仁」，是儒家思想的核心理念和價值觀，孔子是以「愛」來釋「仁」的。孟子的認識也與孔子完全一致：「仁者愛人，有禮者敬人。」領導者把下屬當成了牛，下屬就會把自己當成人；領導者把下屬當成了人，下屬就會把自己當成牛。「王道」的主張就是以仁愛為基礎，以和諧的秩序為目的，以倫理控制為手段，用「德」和「禮」來補充「政」和「刑」的不足。重視的是發揮人格內在的管理力量，如道德的約束力、向善性、資力、傳統等，透過內省、修煉、揚善等方式在實現人生價值和社會價值的同時實現領導的管理目標。

儒家思想立足於人「性本善」，主張「道之以德，齊之以禮」。在這種思想的影響下，傳統社會存在著一種「王道仁政」的「以德治國」的領導觀念。歷史上德治興邦的範例也很多，西漢初期的漢文帝，在執政期間推行休養生息國策，免收全國田賦十二年，提倡農耕，加速農業發展，解放奴隸，免宮奴為庶人，廢連坐、除肉刑，對匈奴採取和親政策以安撫邊境，營造出了生產發展、社會安定的局面。但是，「王道」假設也有偏頗，認為領導者是提出希望的人而不是命令者，是給人幫助的人而不是統治者，於是他們都不太重視「法」在治理中的作用，認為要從「性本善」出發，達到善的目標（仁政）。但是如何解釋社會上的邪惡與犯罪，以及如何規制邪惡與犯罪？「王道」假設沒有給予明確的回答和相應的處置方略，因而，被人批評為「迂闊而不切於實用」。

仁人型領導者崇尚「王道」，過分注重「德服」，權威的基礎在於其高尚的人格。在無章可循的情況下，往往「仁有餘而嚴不足」。仁人型領導者注重以身作則，認為禁令如果能夠約束自身，就能行之於民眾，但這往往只能是仁人型領導者的主觀願望而已。鏡花水月，難以求得。

（三）「雜道」

　　法家和儒家提出的「霸道」和「王道」理論都是建立在人性的基礎上，都是為了尋找領導管理的根據來提出他們的思想，作為他們的邏輯起點和思想歸宿。法家的「人性惡」和儒家的「人性善」雖說是對立的，但是它們其實是一枚硬幣的兩面。「王道」從事的是揚善事業，「霸道」從事的就是抑惡事業。不像「霸道」和「王道」人性假設那樣有明顯的學派和代表人物，「雜道」是從古代各種學派的論述中概括出來的。

　　「雜道」人性假設的邏輯起點和思想歸宿是「人性有善有惡」的「善惡兼論」。歷史上的告子就非常有見識的說過：「性猶湍水也，決諸東方則東流，決諸西方則西流。人性之無分善與不善也，猶如水無分於東西也。」這就是說人性不是固定不變的，善可以轉化為惡，惡可以轉化為善。告子又進一步指出：「性可以為善，可以為不善；是故文武興，則民好善；幽厲興，則民好暴。」告子不執於性必為善惡一端而不變，較之人性必為善或為惡之說，又高了一個層次。但令人遺憾的是告子雖然認識到了人性有善有惡，善惡可以相互轉化，卻沒有指出善惡轉化的途徑，以及建立在「有善有惡」人性假設基礎上的領導模式。

　　光講德治不講法治，是治不好政的。講了一輩子仁義道德的孔子，當上魯國的司寇僅僅七天，就下令殺了一個少正卯。孔子請魯哀公出兵討伐弒君亂臣的陳成子，這也是以「霸道」手段護衛「王道」。可見，道德必須以法律為後盾、為底線，因為「徒善不足以為政」。

　　光講法治不講德治，同樣也是治不好政的。秦嚴刑酷法，迅速滅亡，因為「法不足以自行」。

　　董仲舒總結了歷史上的經驗教訓，將兩者加以整合，提出「雜道」人性假設。這一假設的前提就是人性「有善有惡」。其核心內容就是德刑並重，注重德教的領導觀念。採用德主刑輔、禮法並用的「剛柔相濟，以柔克剛」的手段。

　　「雜道」既體現了法家思想和法治手段，又體現了儒家思想和德治手

段，同時，也體現了道家的思想和精華，將法治和德治融為一體，又做了主輔上的功能定位。透過法治「強制力」預防和減少「性惡」行為的發生，並在發生後給予公正的裁斷和懲處；透過德治的「說服力」，鍛鍊人的素養，引人向善，逐漸除掉惡的因素，實現人生的價值。這裡要特別重視德治的主旋律作用，因為「道之以政，齊之以刑，民免而無恥；道之以德，齊之以禮，有恥且格」。

【案例連結】

　　漢宣帝時期，一方面，國家政治結構與社會秩序之間的上下通道較為通暢，這時社會秩序的主導力量已由漢初時的地方豪強轉而逐步士族化。另一方面，中央皇權保持著很強的控制力，漢皇朝奉行儒法並用，史稱「宣帝所用多文法吏，以刑名繩下」，國家法制很嚴，但又不純任酷吏，皇權政治積極推行「霸王道雜之」的所謂漢家制度「雜道」。漢武帝曾孫漢宣帝，為了教訓太子「柔仁好儒」之弊，曾一語道破天機：「漢家自有制度，本以霸王道雜之，奈何純任德教，用周政乎！」所以宣帝時期政治清明，吏治循良，史稱「漢世良吏，於是為盛」。這是整個西漢時期政治結構最為順暢、政治效率最高、社會也最安定的一段時期。

Wisdom for Great Leaders

第二章
卓越領導者的基本素養

　　經濟學是源於研究資源稀缺的學問，它的原理告訴人們：最稀缺的東西最值錢。智商、情商、逆商是一個人最稀缺的資源，也是最珍貴的資源。智商、情商、逆商，是卓越領導者必須具備的三大資源。

　　卓越的領導者必須具有學識十分豐富，經驗十分成熟，天資十分聰穎，反應十分靈敏的智商；具有控制自己的情緒，控制別人的情緒，以建立良好人脈關係的情商；具有在關鍵時刻、在真正艱難困苦過程中堅韌不拔、堅持奮鬥的逆商。

一、領導者的智商

（一）智商的概念

　　智商（Intelligence Quotient, IQ）這一概念最早是由德國心理學家斯特恩提出的。智商是衡量一個人掌握知識、技能程度的量度指標。它是從經驗中學習新知識的能力及適應環境的能力。智商是以腦的神經活動為基礎的偏重於認知方面的潛在能力，記憶力、思維力、想像力、判斷力、創造力、注意力、觀察力、研究力、表達力等諸多的力構成了智商系統，其中，思維能力是核心。

　　在領導活動中，智商主要表現為領導者的思維能力，包括理性思維能力和超理性思維能力。理性思維能力就是領導者符合邏輯的判斷、推理能力，它幫助領導者把領導實踐中獲得的經驗理論化，使之具有普遍的適用性；超理性思維能力是指領導者的直覺、想像、靈感等非邏輯思維能力，它能幫助領導者在重要關頭茅塞頓開。偉大的哲學家斯賓諾莎說：「智慧不是死的默念，而是生的深思。」

　　「智商」的「智」，從拆字法上講，上邊是個「知」字，下邊是個「日」字，意味著由「知」入「智」就在於「日日知道一些」的積累。「知」是知識的「知」，左邊是箭頭的「矢」，右邊是個「口」，「口」是靶心，用箭頭射中靶心才是知識。領導者只能看到事物的表面現象不叫有知識，能夠透過現象看到本質聯繫和發展規律才是知識，才是智慧。愛默生說：「智慧的可靠標誌就是能夠在平凡中發現奇蹟。」

　　智商有兩種衡量方式：一種是比率智商，另一種是離差智商。用比率智商來衡量智商高低是由特曼提出的，某個體的比率智商用公式表示就是：智力商數 ＝ 智力年齡 ÷ 實際年齡。即智力年齡越高，實際年齡越小，就越聰明；反之，智商就越低。

　　離差智商是由韋克斯勒提出的，即把一個人的測驗分數與同齡組正常

人的智力平均數之比作為智商。他的基本思想就是將一個人放到同儕的群體中，以群體的平均智力為準則，透過測定這個人離開群體準則的位置來確定這個人的智力。根據這些原則，智商測試形成了一套測試題，共有一百五十個點，也叫一百五十分，每道題看起來是雜亂無章的排列，其實是非常有秩序和規則的。根據一個人的答題結果，能判斷出他的智商水平。多年追蹤調查表明，在人類總人口中，智力水平的分布是一個以一百分為中數的正態分布，其中，百分之九十～一百分為中常者，占總人口的百分之四十六；一百～一百一十九分為中上者，占百分之十六；八十～八十九分為中下者，占百分之十六；一百二十～一百三十九分為優秀者，占百分之十；一百四十分以上者（即所謂天才），只占百分之一；而七十～七十九分為臨界智力者，占百分之八；七十分以下為愚鈍，占百分之三。成功領導者的智商一般在一百二十分以上，卓越領導者的智商則更高。

【案例連結】

美國第十六任總統林肯其貌不揚，但他從不忌諱這一點，相反，他常常詼諧的拿自己的長相開玩笑。在競選總統時，他的對手攻擊他兩面三刀，搞陰謀詭計。林肯聽了指著自己的臉說：「讓公眾來評判吧。如果我還有另一張臉的話，我會用現在這一張嗎？」

這種幽默、含蓄的反駁，閃爍出智慧的光芒，也正是這樣一位智慧超群的人，留下了許多值得後人銘記的業績。由此可見，高超的智力水平，對於領導者應對意想不到的事件起到了關鍵的作用。相反，一個領導者如果胸無點墨、智弱心拙，臨陣搜尋枯腸，結果就會大相徑庭。

（二）智商在領導活動中的作用

智商打造領導活動的成就，智商為領導活動升值。

1. 智商是領導者領導思想的源泉。領導思想是領導活動的基礎，智商會孕育出具有時代意義的創新思想。巴爾札克說：「聰明才智是撥動社會的槓桿。」今天是知識經濟和市場經濟競合的時代，有兩個顯著特徵：一是市場經濟「優勝劣汰」的競爭機制雖然沒有變，但是競爭的資源變了，以前的資源主要是土地、工業產品，今天競爭的資源主要是知識，知識演變成了價值的主要來源，知識的作用和社會角色越來越重要；二是市場經濟競

爭規律沒有變，但是競爭模式變了，過去是大魚吃小魚，現在是快魚吃慢魚、快魚吃大魚。這是因為知識處於爆炸時代，更新週期加快了，兩三年就增加一倍。知識含量大、更新速度快就是競爭力。作為這個時代領頭羊的領導者，必須具有一定的知識儲備、專業素養，而且還必須以前所未有的速度更新知識，用盡量多的新知識培養心智，高智商才能帶來高質量的領導思想。高智商的領導者就是那些在方法技術和思想上適應時代變化、用創意改變世界的人。

2. 智商是領導者贏得下屬敬佩的元素。領導者手裡擁有的絕不只是大印與令旗。領導力的真正內涵，是能夠征服部下的心。這就要靠領導者的高智商元素來說話。諸葛亮被劉備請為軍師，關羽和張飛極為不滿，稱其為山野「儒生」。後來諸葛亮充分展示文韜武略，「白河用水」、「博望用火」用兵如神，以少勝多，打得曹兵大敗。令關、張二人另眼相看，佩服得五體投地，從此後他倆對諸葛亮言聽計從。諸葛亮也贏得了「智慧的化身」的美譽。具有高超智慧的領導者能夠看透事物的本質，想透關聯要素，具有策略眼光，這樣在領導活動中才能把握妙道，出神入化。

3. 智商是領導者施展才能的力量。那些傑出人物和成功者之所以受到歷史的偏愛，根本原因在於他們具有豐富的知識。知識能夠誘發智慧，是打開智慧大門的鑰匙。古人講：「氣血虛弱謂之身窮，學問虛弱謂之心窮。」領導者知識匱乏，或者領導者短時間知識滯後，智慧必然低下，其社會地位就要貶值，就會導致領導影響力的降低。如果領導者知識的增長趕不上所在領域總知識的增長，就極有可能被淘汰出局。德國著名詩人歌德說：「無知是成功的大礙，其嚴重性遠非我們想像所及。」又說：「一切才能都要靠知識來營養，這樣才會有施展才能的力量。」

4. 智商是領導者發現問題和解決問題的「慧眼」和「慧心」。現象—問題—對策，這是領導工作的正確路徑。無論從操作上看，還是從意識上看，現象中的問題始終是工作的起點和關鍵，領導活動就是從研究問題開始，圍繞問題展開，以解決問題結束。日本著名企業家土光敏夫就說過：「如果沒有問題，組織就會僵化。」發現不了問題本身就是問題。發現問題

拿不出解決問題的對策是最大的問題。發現工作中的問題需要領導者的「慧眼」，拿出解決問題的正確對策需要領導者的「慧心」，後者比前者更具有決定性意義。智商低的下屬向領導匯報工作時，講完問題，就問領導應該怎麼辦，讓領導給「出主意」；智商高的下屬向領導匯報工作時，把問題和解決問題的方案「打包」，讓領導給「選主意」。聰明的下級領導總是讓上級領導做選擇題，而不是讓上級領導做解答題。總讓領導做解答題的下級領導，將面臨著被解雇的結局。

（三）智商的提升

智商有先天的基因因素，但更主要的是透過後天綜合時務來提升。提升智商的途徑是：多讀、多見、多思、多悟。

1.多讀。讀書是一種清高的心靈活動。成功不可無智，成長不可無書，讀書益智。讀書學習是領導者獲得智商提升的主要途徑，很早以前，古人就提出了「書猶藥也，善讀之可以醫愚」的真知灼見。中文中，「智」與「知」是可以通用的，知識本身就是智慧和才幹，「無知」當然就不可能「有智」，大智慧必然與豐富的知識聯繫在一起。書籍是知識的載體，是一個人不可欠缺的知識來源。讀書充實知識儲備，優化知識結構，更新觀念，提高思想品質。閱讀得越廣泛，基礎知識就越寬厚，思路就越能打得開，也就越能產生理論與實踐融會貫通的新認識。

領導活動過程就是先知先覺的人領導後知後覺的人，再開發不知不覺的人。一個領導者對自己不知，對領導活動領域的事情和規律知之不多或知之不明，就不稱職。日本著名企業家松下幸之助曾說：「有先見之明，想法和創造都先於他人，做不到這一點，就不能成為經營者。」並不是每個人都能達到先知先覺的境界，但不斷學習就能讓人更向上一層。領導者一定要解決讀書不飽和的瓶頸問題。古人講：「善學者如鬧市求前，摩肩踵足，得一步便緊一步。」強調一個「緊」字，這正是由知入智的讀書精神。如果我們每個人都把讀書當成一種不可割捨的嗜好，那麼，我們的人生將會變得充實、豐富而又多彩。

2. 多見。足智必先多知。智商高的領導者是個有思想的人，從拆字法上「思想」二字的解釋是，「思」是心中的「田」，「田」大「思」就大；「想」是心中的「相」，見過的東西心中才能成「相」。井底之蛙和井外之蛙心中的「田」和心中的「相」是不可同日而語的。所以，領導者必須在增廣見識上下工夫來提升自己的智商。

多見，最忌諱對觀察對象和觀察環境蜻蜓點水般掃視和淺嘗輒止的理解。靠走馬看花見到的東西，就認為自己這個也清楚、那個也明白，以為什麼都了然於胸了，就一定會犯只知其一、不知其二的以偏概全的片面性錯誤。

「聖人無常師」，「世事洞明皆學問」，全世界任何一個角落都可以取得知識。要不斷的從社會的不同空間、不同層面、眾多資源中增廣自己的見聞，在多見中練就浪裡淘沙的本事，在平凡中觀察出不平凡的東西；借鑑他山之石，提升自己的總體「價值」，這都是成就事業的可貴財富。

3. 多思。沒有知識就愚昧，凡事不去思考的人，永遠處在混沌中。不加思考的隨意行事就是魯莽，國外有句諺語：「用一天好好思考，勝過一週的蠻幹徒勞。」人類的優勢是思考，人類的偉大業績也是思考創造的，透過思考，人類才能不斷的實現自我超越。智商的真正價值就存在於領導者的思考能力中。思考能豐富知識底蘊和優化知識結構。領導者學會多思，就能激發思維能力，開發創造性思維，提升智商。

偉大的人物不僅在他們的偉大實踐中對思考情有獨鍾，而且留下了許多至理名言。孔子說：「學而不思則罔，思而不學則殆。」意思是說：只讀書不思考，後果是糊塗；只思考不讀書，後果是危險。有人問牛頓是怎樣提出他的著名定律的，他回答說：「我只不過是無時無刻不在思考它。」俄羅斯神經學專家巴夫洛夫說：「鍥而不捨的思考是取得重大成就的前提。」美國心理學家丹尼·高曼說：「要想在事業上有所成就，將以有無創造性思維的力量來論成敗。」亨利·福特說：「思考是最艱難的工作，這也就是為何很少有人願意去做的原因。」西方有句古諺和福特的說法意思相近：百分之五的人主動思考，百分之五的人自認在思考，百分之五的人被迫進

行思考，而其餘的人一生都討厭思考。美國著名的成功大師拿破崙‧希爾說：「思考能夠拯救一個人的命運。」但是，從根本上說，思考又支配著人類。德國哲學家叔本華說：「只有我們獨立自主的思考，才真正具有真理和生命。」

拉丁美洲諺語：「不會思考的人是白痴，不敢思考的人是懶漢，不能思考的人是奴隸。」顯然，不會思考、不敢思考、不能思考的人是決然當不了領導的，就是當等而下之的部屬也不夠格。愛迪生說過，不下決心培養思考習慣的人，便失去了生活中最大的樂趣。高爾基曾說：「懶於思索，不願意鑽研和深入理解，自滿或滿足於微不足道的知識，都是智力貧乏的原因。這種貧乏通常用一個詞語來稱呼，這就是『愚蠢』。」

生活中最可怕的事情不是暫時的不成功，而是不能從失敗中思考出成功的智慧。很多失敗，就是缺乏思考的必然結果。領導者探索未知的領域，必須不停的提出有意義的問題。進行深度思考，不僅可以避免很多失敗，還可以把逆境轉化為等量或更大的利益。

領導者不能只在一個方向上積累自己的思考才能，還要提高自己思考的發散能力。這就要改變平常思考問題的習慣，學會運用移植法，從「不相關」的事物中尋找啟示和線索，跳出「只緣身在此山中」的封閉視野，識得「廬山真面目」。「思考」是智囊團的專業，「出主意」是他們的職責。領導不僅要從他們那裡得到出類拔萃的見解和實用有效的辦法，還要和自己身邊的智囊團或智囊人物進行運籌帷幄中的較量，來加深和發展自己的思考，來肯定或否定自己的決斷。

【案例連結】

拿破崙‧希爾有一次去見一個專門以出售主意為職業的教授，結果被教授的祕書擋駕。拿破崙‧希爾覺得很奇怪：「像我這樣有名望的人來見教授，也要擋駕嗎？」

祕書回答：「無論誰，即使美國總統現在來，也要等兩個小時。」

拿破崙‧希爾猶豫了一陣，他很忙，但仍決定等兩個小時。

兩個小時後，教授出來了，希爾問他：「你為什麼要讓我等兩個小時？」教授告訴希爾：他有一個特製的房間，裡面漆黑一片，空空蕩蕩，唯有一張躺椅，他每天都要躺

在椅子上默想兩個小時，此時的兩個小時，他創造力最旺盛，很多優秀的主意都來自此時，所以這時他誰也不見。

拿破崙・希爾聽著教授的講述，內心突然湧起了一股意念：運用思考才是人生成功的要訣。由此寫下了使他名揚世界的著作《思考致富》。

4. 多悟。漢朝劉向說：「智者始於悟。」多悟就是讀「無字句書」，透過領導實踐活動來提升智商。領導活動本身是一種沒有終結答案可尋的理論，更沒有完美有效的公式或方法。領導實踐活動中積累的經驗和教訓，從正反兩個方面凝聚著豐富的智商。所以，領導者提升智商，最好的經書是領導實踐活動這部「無字真經」。「無字真經」不能讀，必須「悟」，用心靈來感應。「悟」是知識和經驗吸收、消化、儲存、轉化和創造的過程，是對人的智慧和潛能、創造力和競爭力的挖掘和昇華。

人的思維，分為抽象思維、形象思維和靈感思維。三種思維方式對於加工知識、形成一定的知識結構，均有不可相互代替的作用。靈感，是對問題豁然開朗的頓悟。它是抽象思維和形象思維的昇華，是一種非邏輯過程，是一種高層次的創造活動。靈感思維是集中抽象思維和形象思維的凸透鏡，可將抽象思維和形象思維發揮到最大的功效。

人的智商是由悟性提升的，有價值的解決問題的方案不是來自書本，而是實踐中的感悟。用人體悟自然、領悟社會，又用自然體悟人、用社會領悟人，這種「天人合一」的思考問題的模式，把世界整體收入內心的思維方式，透過「多悟」探尋外在世界的真實道理，去解決用書本知識、用一般經驗、用邏輯推理和用手用腳也解決不了的問題。

悟性是每個人的財富，是每個人最可貴的才智。你的悟性無疑是你最有價值的財產。你可能喪失物質上的財富，但悟性卻是誰也奪不走的。一個人的悟性往往決定了他成功的機率。

知識是靈感的根基。思維靈感是一個人長期刻苦磨練、積累知識和經驗的報酬。經驗是來自挫折和成功的啟示，知識是對經驗的梳理和昇華。積累的過程是量變，靈感的到來是質變。靈感到來的方式雖然是「頓然」、「豁然」、「突然」的，但其前提則是連續的苦苦思維的過程。領導要給自己

的靈感一個等待、成熟的時間，等待客觀事物的呈現和滲透，等待由新的
訊息與潛意識溝通時的悟性的出現。

【案例連結】

偉大的人物在其輝煌成就的背後，有一個共同的身分——讀者，他們都是一輩子手
不釋卷的讀書人。尼克森一生勤奮好學，喜好讀書，在他的自傳體著作《在角鬥場上》
曾說：「閱讀是我人生的最大嗜好。」閱讀的良習與他的母親有很大關係。尼克森的母親
知書達禮，文化素養較高，在尼克森上學之前，她就在家裡提前教會了他一些課程，並
引導他去閱讀書籍。受母親的影響，尼克森上小學時就特別喜歡看書，每天做完作業和
家務勞動後他便獨自坐在壁爐邊，沉浸於書的世界中。到中學時他就被稱為「博學的小
百科」。廣泛的閱讀不僅使尼克森增長了知識與才幹，而且使他養成了良好的意志力和
自我約束能力，這為他以後步入社會取得成功打下了堅實的基礎。

二、領導者的情商

（一）情商的概念

情商（Emotional Quotient, EQ）也被稱為非智力因素，是「心理智商」、
「情緒智慧」。情商是指人類了解、控制自我情緒，理解、疏導他人情緒，
以處理良好的人際關係能力程度的指標。領導者的情商，就是衡量一位領
導者掌控自己的情緒和掌控別人的情緒，以處理良好的人際關係的商數。
領導幹部的個人情商修養，同樣是衡量其領導力強弱和自身素養高低的重
要標誌。縱觀古今中外，大凡功業卓著、對歷史起到重大推動作用、智慧
高明的領導者，無不得益於其自身的高情商。

情商概念最早是由美國耶魯大學教授彼得·沙洛維和新罕布什爾大學
教授約翰·梅耶於一九九〇年提出來的。情商的構成因子有以下幾個：

1. 動機。動機就是人內心的衝動。行為科學認為，它是推動人們進行
各種活動的願望，是驅使和誘發人們從事某種行為的直接動因。在情商活
動鏈中，動機是激勵人們獲取智慧的內在動力。

2. 興趣。興趣是人的認識傾向和情感狀態，是一種無形的強大心理驅動力。人光靠智商是做不好工作的，光靠別人強迫也是做不好工作的，要做好工作必須自己愛做。問比爾‧蓋茲成功的祕訣，他回答：做你所愛，愛你所做。因為有興趣，就有熱情；有熱情，做事就能全身心的投入，這才最能使一個人的品格和長處得到充分發揮。

3. 情感。情感是人對客觀事物或對象所持態度的體驗。情感心理研究說明，人是被情緒激發的動物，情感不僅會激起人的一連串生理反應，更會影響人的想法和決定。情感能轉化人的認識，情感能調節人的行為。不同的情感狀態，必然會導致不同的學習和工作成效。情商高的領導者，懂得情感服從領導行為的道理，絕不讓感情的升騰代替理智的思索，能夠把自身的情感調控到這樣的狀態：該義憤時有怒火，該體貼時有真情，該冷靜時有理智，該等待時有耐心。絕不能因感情衝動而喪失理智，導致行為的失調。

4. 性格。性格是人對客觀現實的穩定態度和行為方式。一個人的性格特點往往透過自身的言談舉止、表情等流露出來。性格有敏感型：精神飽滿、反應迅速、好動不好靜；有感情型：感情豐富、直率熱情、喜歡交往、喜怒哀樂溢於言表；急躁型：快言快語、舉止簡捷、眼神鋒利、情緒易衝動；思考型：表情細膩、眼神穩定、說話慢條斯理、舉止注意分寸，邏輯思維發達，善於思考，一經作出決定，就能持之以恆；想像型：想像力豐富，善於夢想，不太注意小節；謙虛謹慎型：懂禮貌、講信義、實事求是、心平氣和、尊重別人；驕傲自負型：口出狂言、自吹自擂、好為人師；孤僻型：安靜、憂鬱、不苟言笑、喜歡獨處、不善交往。智力上的成就，基本上依賴於性格的偉大。銀行家摩根面對一位記者「決定你成功的條件是什麼？」的提問時，毫不掩飾的說：「性格。」一九九八年五月，華倫‧巴菲特和比爾‧蓋茲在華盛頓大學演講，學生們問：「你們怎麼變得比上帝還富有？」華倫‧巴菲特說：「這個問題非常簡單，原因不在於智商，為什麼聰明人會做一些阻礙自己發揮全部功效的事情呢？原因在於性格、習慣和脾氣。」蓋茲贊同的說：「我認為華倫的話完全正確。」心理學家研究發現，

不良的性格組合是導致人生失敗的重要原因。卓越的性格，造就具有卓越能力的人。法國啟蒙思想家伏爾泰說：「造就政治家的，絕不是超凡出眾的洞察力，而是他們的性格。」

5. 氣質。氣質是人的個性心理特徵之一，它是指在人的認識、情感、言語行動中，心理活動發生時力量的強弱、變化的快慢和均衡程度等穩定的動力特徵。氣質是在人生理素養的基礎上，透過生活實踐，在後天條件影響下形成的，並受到人的世界觀和性格等控制。

（二）情商的能力

情商是來自於心靈深處的力量。一九九五年十月，美國《紐約時報》專欄作家丹尼爾·戈爾曼出版了《情感智商》一書，提出了情商的五種能力。

1. 了解自己情緒的能力。能立刻覺察自己的情緒，了解情緒產生的原因。了解自己真實情緒就是正確認識自己。古人有句話叫做「吾日三省吾身，反躬自省」講的就是要自我認知，包括認知自己的情緒、自己的情感，這裡講的就是情商能力。德國哲學家尼采曾經說過：「聰明的人只要能認識自己，便什麼也不會失去。」英國《泰晤士報》書評中指出：「情商是開啟心智的鑰匙，激發潛能的要訣，它像一面魔鏡，令你時刻反省自己，調整自己，激勵自己，是你人生獲得成功的力量源泉。」

2. 控制自己情緒的能力。領導者總在自己的下屬面前表露自己的情緒好惡，乃是最愚蠢的領導方法。卓越的領導者必須能夠安撫自己，擺脫強烈的焦慮憂鬱以及控制刺熱情緒的根源。焦慮憂鬱是一種心理疾病，情商高的領導者，能夠「慧劍斬情絲」，不讓自己的思緒陷入焦慮憂鬱的泥淖。一個人在焦慮憂鬱面前很容易失去自己，情緒化的人最沒有前程。評價一個人，只要看他臨危臨難的涵養和行事的風格，就知其是否是可塑之才，是否有大將之風。因此，除了常識與能力之外，全視其能否將情緒操控得當。可塑之才就是處在憤怒、興奮、自暴自棄等感情狀態下，能平靜客觀的審視事態的發展，對於已失去的，或未能入手的事都能淡然視之。

3. 激勵自己的能力。能夠調整情緒，讓自己朝著一定的目標努力，增

強注意力與創造力。激勵自己是人生不竭的動力，有了充足的激勵就有了向前衝的力量。海倫說過：「當你感到激勵自己的力量推動你去翱翔時，你是不應該爬行的。」成功其實就是激勵自己不斷向前，從而實現自我超越。

4. 了解別人情緒的能力。理解別人的感覺，察覺別人的真正需要，具有同情心。「不會察言觀色」，「沒有眼力」，「聽不懂弦外之音」都是情商中識別他人能力不強的表現。準確察覺、評價和表達別人的情緒，把握他人的心理，進而管理別人的情緒，是領導者必備的情商能力。

5. 維繫融洽人際關係的能力。能夠理解並適應別人的情緒。如果你能理解和適應別人的情緒，別人就會接近你並產生感情，抱以合作的態度；如果你只強調自己的情緒感受，人際關係注定不善，別人就會和你對抗。溝通大師吉拉德說：「當你認為別人的感受和你自己的一樣重要時，才會出現融洽的氣氛。」

任何一個偉大的領導者都是管好自己情緒、掌控別人情緒的典範，管好自己的情緒和掌控別人的情緒是成功的動力源，是偉人的基本品格之一。美國歷史上一些傑出的總統就具備恢弘的氣度和掌控情緒的力量，他們善於調整自己和別人大腦的興奮和抑制狀態，在良好的人際關係中展現自己獨特的才華，泰然自若的面對各種刁難，減少摩擦，化解衝突，像磁鐵一樣把人才引到自己的身邊，使他們殫精竭慮、屢建奇功，從而實現自己的目標。

【案例連結】

一個人在生活中經常會遇到各種挫折或不如意的事，情商低的人容易因此而一蹶不振，甚至做出極端之舉。日本一家著名企業在一次高級管理人員的公開應徵中，發生了這樣一件事情：有一個平時成績優異、對未來充滿自信的大學畢業生，因為未被錄取而自殺了。三天後，應徵結束了。當企業負責人查詢電腦整理資料時，竟意外的發現，那個自殺的應徵者其實是成績最好的，只是由於電腦的失誤，才導致他落榜。這的確是一件令人深深為之惋惜的不幸事件。而更令人深思的，還是那位企業負責人在真相大白後說的一段話：「我為電腦操作失誤甚表歉疚，為這位大學生的不幸感到惋惜。但從企業發展的角度，我卻感謝這次事件和這場特殊的考試。我為我的公司慶幸。」一個不懂管理自己情緒或管不住自己情緒的人，是不會得到命運的眷顧和垂青的，更不配做高級管

理者，一點小的刺激和挫折都承受不住，面對大的刺激和挫折必深陷其中。

（三）情商在領導智慧活動中的動力功能

情商是認知活動中的心理傾向性，屬於意向活動的範疇，情商諸因素不直接參與智慧活動，而是為智慧活動提供動力源，讓智商發揮更大的效應。情商在領導智慧活動中的功能主要有以下幾個：

1. 激發和啟動智慧行為。這是情商在智慧活動中的始發功能。情商中的動機等要素，是激勵人們獲取智慧的內在動因和激發創造者從事智慧活動的一種無形的強大心理驅動力。這種內在的動因和驅動力啟動和激發整個智慧活動過程，讓智商發揮著更大的效應。心理學家曾經調查了四十多名諾貝爾獎獲得者，經研究證明：他們當中並不是所有的人從小就有很高的智商，其成功得益於他們積極利用正面情緒，克制、舒緩負面情緒的情商品質。心理學家也曾調查了一些在小時候有較高智商的天才兒童，調查一直追蹤到他們五十歲，得出的結論表明：並不是每個天才兒童都能成功，只有那些情商高的天才兒童才能獲得成功。如果把智商看成是一個人的「學業成就」，把成功看成是「社會成就」，那麼，情商就是兩者之間的發動機和助推器。

2. 定向和引導智慧活動。這是情商對智慧活動目標的選擇和路徑的導引功能。在智慧活動中，不存在沒有目標的動機和興趣，沒有意向的情感和意志。動機的目的、興趣的目標、情感和意志的對象，引導著智慧活動的過程和方向。主宰自己的命運，不能有僥倖心理，人的命運不是機遇和「抽牌算命」所能決定的。領導者必須學會用情緒的智慧主宰自己的命運。古希臘有句名言：「真正的智者是明白自己能夠做什麼，並且腳踏實的去做的人。」心理學家霍華·嘉納說：「一個人最後在社會上占據什麼位置，絕大部分取決於非智力因素。」無數事例證明：情商左右了人類無數的決定和行為，把領導者的智慧活動注釋為成功或失敗。

3. 維持和調節智慧活動。這是情商對智慧活動的推動和調節功能。維持和調節智慧活動的旨意，就是讓智慧或智慧活動既閃耀出瞬間的光芒，又

保持恆久的魅力，這就要仰賴情商的作用，最主要體現在低調做人做事上。

低調，就是用平常的心態來看待世間的一切。在卑微時安貧樂道、豁達大度，在顯赫時持盈若虧、不驕不狂。低調，是一種品格，一種姿態，一種風度，一種修養，一種胸襟，一種謀略，是智慧的最佳姿態。凡事總想奪得頭冠，每時每刻都想超過別人，必然會遭到別人的嫉妒和排擠。

低調做人做事是最老到的匍匐前進智慧，是最絕妙的明哲保身智慧，是最沉穩的中庸平和智慧。無論是伊斯蘭教的聖人、基督教的聖人，還是佛教的聖人，無不認為：低調是最接近智慧的，在通往智慧的道路上，低調是必須經過的道路。佛家的禪語中有這樣一句話：「高高山頂立，深深海底行。」英國十九世紀的政治家查士得菲爾爵士曾對他的兒子做過這樣的教導：「要比別人聰明，但不要告訴人家你比他更聰明。」蘇格拉底也在雅典一再的告誡他的門徒：「你只要知道一件事，就是你一無所知。」深藏不露不僅可以保護自己、融入人群，與人們和諧相處，也可以讓人暗蓄力量、悄然潛行，在匍匐中出其不意的接近目標，在不顯山不露水中成就事業。

即使你認為自己滿腹才華，能力比別人強，也要學會藏鋒芒，保持低調。威嚴的老虎從來不翹著尾巴走路。炫耀自己不是虛榮就是淺薄，鋒芒太露是一種喧鬧、一種矯揉、一種造作、一種故作呻吟，容易遭人嫉恨，更容易樹敵。作為一個有才華的領導者，做到不露鋒芒，才能有效的保護自我，充分發揮自己的才華。品味洪應明在《菜根譚》中再三強調的君子「不可太露鋒芒」的思想，就能領會其中的奧妙。

【案例連結】

低調做人既可處逆又可處順，既可韜晦又可精進，實可為圓熟睿智的處世哲學。美國總統富蘭克林年輕時，去拜訪一位老前輩，他昂首挺胸走進這位長者一座低矮的小茅屋，一進門，「碰」的一聲，他的額頭撞在門框上，青腫了一大塊。老前輩笑著出來迎接說：「很痛嗎？你知道嗎？這是你今天來拜訪我的最大收穫。一個人要想洞明世事，練達人情，就必須時刻記住低頭。」富蘭克林記住了，他的低調決定了他日後的成功。

（四）情緒的調控

　　情緒是人成功、成就的最重要影響因素。正面情緒有愉快、滿足、鎮靜、喜悅；負面情緒有憤怒、暴躁、嫉妒、焦慮、恐懼、緊張、猜疑。正面情緒像陽光，負面情緒像泥沼。對於自己的情緒一定要把握和控制；能否把握與控制自己的情緒，不但決定一個人的事業成敗，甚至會決定人生的命運。唐太宗也認為，領導者的情緒控制是十分重要的。他說：「自古帝王多任情喜怒，喜則濫賞無功，怒則濫殺無罪。是以天下喪亂，莫不由此。」情緒的調控，主要有以下幾條：

　　1. 認知憤怒情緒的危害。易怒是情商高的反面。易怒是領導者一種卑賤的素養，受它擺布的往往是生活中的弱者。憤怒情緒的危害最主要的是，對內，傷害自己的心、肝、肺；對外，傷害人際關係。

　　著名文學家薄伽丘說：「憤怒暴躁是人們在感到不如意的時候，還來不及想一想就突然爆發的情緒。它排斥一切理性，蒙蔽了我們理性的慧眼，叫我們的靈魂在昏天暗地中噴射著猛烈的火焰。」人因憤怒的情緒而失去理智，就特別容易作出過於偏激的行為。揭別人的傷疤，怎麼狠怎麼說，置人於沒面子的窘態，「千年穀子萬年糠一齊抖」就是常見的一種偏激行為。這種偏激行為就是一種非理智的發洩，它釋放出損傷人際關係的破壞性力量。俗話說：「一碗飯填不飽肚子，一口氣能把人撐死。」

　　讓怒火左右情感的領導者會為之付出代價。情緒衝動就不會思考，不會謀定而後動。因為人在激怒時，智謀就離開了。有些狡猾的對手，往往故意用激怒的方法，使你大發脾氣，讓你在憤怒的狀態下作出種種不合理的決策，其結果無異使你自投圈套，自討苦吃。一個人讓憤怒之火來燃燒自己，偶爾一次，不過一次的損失；若一貫如此，災難就會臨頭。十六世紀的法國散文家孟達尼曾說：「剛愎與衝動，就是愚蠢的證明。」

　　2. 控制憤怒的衝動。憤怒的衝動是人受到外界的強烈刺激後，言語和行為出現非理智化的一種心理狀態。人在失去理智的情況下，很難作出正確決定。衝動之下，成事者少，壞事者多。憤怒往往是人經歷挫折的一種後天性反應。美國研究應激反應的專家理查‧卡爾森說：「我們的惱怒有百分之八十是自己造成的。」憤怒既然是後天反應，就能得到控制。控制衝動

就是控制憤怒的情緒，不讓情緒脫離理智的韁繩。憤怒的情緒必須得到有效控制，身體健康、人脈資源、工作成效、事業成功才有保障。當憤怒不已的思緒在你的腦海中翻騰時，請提醒自己，保持理性。理性的克制，理性的回歸，乃為人的一大智慧，它有助於領導者在領導活動中，消除情感世界不可避免的潛在危機。林則徐在自己房間裡掛有「制怒」的條幅，提醒和約束自己，不讓怒氣左右自己的情緒。

領導工作責任重、困難多，遭遇外界強烈的刺激是一種必然發生的現象，需要領導具有較高的情商，控制情緒，控制住衝動，保持冷靜和理智。良好的自制能力是領導者重要的意志品質，也是衡量領導者涵養氣度的尺度。領導者在任何時候都要保持冷靜和清醒的頭腦，善於調節和控制自己的情緒和行為。建立在感情基礎之上的腦袋一熱作出的決定很少有客觀價值。凡事不能感情衝動、意氣用事，以免遭受失敗的後果。孫子曾言：「主不可怒而興師，將不可慍而致戰。」

理性的自制能使領導樹立良好的典範，並將培養出更多的智慧。米開朗基羅也曾經提醒過人們：「被約束的力才是美的。」無法控制自己的人，將永遠無法控制他人。拒絕或忽視理性自制的領導者，實際上是把贏的機會輸掉了。領導活動的實踐清楚的表明：成功者的自我控制是最主動的，而失敗者的自我控制則是最被動的。

控制憤怒的衝動，就要達到「氣定」、「心定」。「氣，乃神也；氣定則心定，心定則事圓。」「氣定」、「心定」是一種心法，是一種涵養，是一種大智慧；「氣定」、「心定」是一種內在的自信、自制、自尊；「氣定」、「心定」是以靜制動、後發制人的韜略。

【案例連結】

據說麥金利任美國總統時，特派某人為重要官員，但為許多政客所反對，他們派遣代表晉謁總統，要求總統說出派那個人為要員的理由。為首的是一國會議員，他身材矮小，脾氣暴躁，說話粗聲惡氣，開口就給總統一頓難堪的謾罵。如果當時總統換成別人，也許早已氣得暴跳如雷，但是麥金利卻視若無睹，不吭一聲，任憑他罵得聲嘶力竭，然後才用極溫和的口氣說：「你現在怒氣應該可以平和了吧？照理你是沒有權力

這樣責罵我的，但是，現在我仍願詳細解釋給你聽。」這幾句話把那位議員說得羞慚萬分，但是總統不等他道歉，便和顏悅色的說：「其實我也不能怪你。因為我想任何不明究竟的人，都會大怒若狂。」接著把任命理由解釋清楚了。不等麥金利總統解釋完，那位議員已被總統的大度所折服，懊悔自己剛才不該用這樣惡劣的態度責備一位和善的總統，他滿腦子都在想自己的錯。因此，當他回去報告抗議的經過時，他只搖搖頭說：「我記不清總統的全盤解釋，只有一點可以報告，那就是——總統並沒有錯。」

　　無疑，在這次交鋒中，麥金利占據了上風。為什麼他能占據上風？就是因為他的「氣定」、「心定」。在事業上建功立業、取得成就的，絕非是那些心浮氣躁、一觸即跳之人，而是那些如麥金利般「氣定」、「心定」，能夠掌控憤怒情緒的豁達大度者。

　　3. 抑制得意的能力。得意是勝利感的一個極端的情緒。勝利時得意忘形，頭腦發熱，行為發狂，是最膚淺、最卑賤的一種情緒。它既是害己的，也是害事業的。西方有句名言：「上帝要讓你滅亡，先叫你發狂。」抑制得意的能力表現在，有了好事、取得成就時，不情緒化，不因一時的成功而忘乎所以。這才是一種最佳的情緒狀態，才會做得更好。當讚譽之聲鵲起時，領導者一定要會「正面文章反面看」。世界富豪、美國著名投資家華倫‧巴菲特在談到自己成功的原因時說：「我的成功並非源於高智商，最重要的是理性。」

【案例連結】

　　情緒穩定者才能擔當大任。渤海國宰相去世，國王想再選一位新宰相，從幾位大臣中挑來挑去，選出兩位優秀大臣，但是究竟用哪一個，國王還拿不定主意。一天傍晚，國王吩咐人祕密的將二人叫到宮中，以小道消息的形式告訴他們：「明天國王宣布你做宰相」，然後留他們在宮中，領到各自房間睡覺。一位內心激動，徹夜難眠，就想著明天任宰相的好事；一位鼾聲如雷，第二天不叫不醒。第二天國王就把後者任命為新宰相。國王的解釋是，一聽說要當宰相就激動得睡不著覺，說明他情緒不穩定，心裡放不下事。拿得起、放得下才是宰相的度量。

　　4. 保持良性意識。良性意識是情商中必不可少的基因，是對抗憤怒情緒這種心理病毒、維持身心健康的免疫系統。良性意識是一個高情商領導者的成熟標誌。良性意識能讓一個人的頭腦經常保持冷靜，產生內在的控制力。人都有七情六欲，都會有不穩定的情緒低潮期，有了良性意識，即

使在情緒的低潮期，也不會精神錯亂。這對你避免衝動和短視，恢復理智和遠見大有好處。保持良性意識，就是把自己的情緒調節到積極的狀態，以樂觀的精神看待世界，營造平穩愉快的心境。

憂鬱是良性意識的最常見的一個反面，憂鬱使人生活在一個自閉的「蠶繭」裡面，周圍由自己吐出來的絲包裹著，連翻身的空間都沒有。有憂鬱意識的領導者神經特別敏感，失望與無助總是纏繞心頭，情緒就會變得十分低落，也容易導致另一種極端情緒——狂躁，從而影響工作氛圍，更影響工作效果。

心理學研究表明：誰若能自我控制情緒，他就具有特別的智慧。在成功的道路上，最大的敵人其實並不是缺少機會或是資歷淺薄，而是缺乏對自己情緒的控制。憤怒時，不能制怒，使周圍的合作者望而卻步；消沉時，放縱自己的萎靡，把許多稍縱即逝的機會白白浪費。在某種程度上，能控制自己的情緒就意味著可以主宰自己的命運。一個放任自己情緒的人看上去似乎奔放自由，實際上是情緒的奴隸。一個不能控制好自己情緒的人，必定很容易受到情緒的左右，表現出衝動的行為，因而破壞人際關係。如果與身邊的人不能融洽相處，不論在家庭、學校還是工作環境中都存在不滿的情緒，覺得大家都對不起他，認為一切都是別人的錯，當然活得不快樂，人際關係會變得越來越惡劣，身體也會受到某種程度的傷害。《黃帝內經》說：「憂則氣結，喜則百脈舒和。」卓越的領導者都會擺脫消極情緒，培養自己的積極情緒，以熱情的心態、開放的心態、成就感的心態，自己找樂趣。聖經中有這樣一句話：如有人打你左臉，你把右臉也給他！這句話就道出了情商的基礎與靈魂——積極的心態。當然，這樣的領導者活得就快樂，身心也健康，人際關係也會變得越來越好。

【案例連結】

陸軍部長斯坦頓來到林肯總統辦公室，氣呼呼的說：「有位少將太可惡了，竟然說我的壞話。」林肯對他說：「你可以寫一封信給那傢伙，教訓他一頓！」斯坦頓問林肯：「信中可以罵他嗎？」林肯說：「當然可以，寫完了拿來我幫你看看！」

斯坦頓回去寫了一封很長的信，拿來讓林肯看。信中的語言很尖銳，林肯看了，拍

手說道：「好，罵得好！要的就是這個效果。」

斯坦頓把信疊好，裝進信封裡準備寄出去的時候，林肯叫住了他。林肯問：「做什麼去？」斯坦頓說：「把信寄給那位該死的少將啊！」林肯說：「這信不能寄出去！」並隨手從斯坦頓手中把信奪過來，扔進了身邊的火爐中，那封信隨著爐火化成了灰燼。

斯坦頓問：「你這是做什麼？」林肯說：「生氣的時候寫的信，我一般都是這麼處理的！你在寫這封信的時候，氣就已經消得差不多了吧，既然都已經發洩完了，為什麼還要把它寄出去再讓別人生氣呢？」斯坦頓覺得林肯的話很有道理，也就消氣了。

（五）智商與情商的關係

智商與情商之間有四種組合，相應的劃分出四種類型的人。

1. 智商高情商高的人。這種人思維敏捷，特別是創新性、策略性的思維能力很強，又善於掌控自己和別人的情緒，能夠用理性控制衝動，從容豁達、寵辱不驚，能夠贏得別人的敬重與信賴，擁有良好的人際關係。這種人是能做出一番事業的偉人。

【案例連結】

美國總統林肯在一次演講中，有人遞上一張紙條，林肯看了一眼，剛要發火，但馬上就抑制住了，笑著對聽眾說：「我今天非常高興，因為我曾經說過，在我演講的時候你們可以隨時遞紙條上來，提意見署名不署名都可以。但是我以往接到的紙條只有意見沒有署名，我今天之所以高興，是接到的這張紙條只有署名沒有意見，這個署名叫『混蛋！』」林肯把別人罵他的話又罵回去了，並以自己的睿智和幽默引來一片哄堂大笑。那個「混蛋」還沒有勇氣站起來爭論一番，就只有在下邊受那個窩囊氣了！

2. 情商高智商低的人。這種人雖然學識累積沉澱得不深厚，智商也很平常，但是這種人掌控自己和掌控別人情緒的能力很強，有良好的人際關係，要做事業時很容易在自己周圍形成一個關係網絡，各種人才群體和各種社會資源都會沿著人脈網絡匯聚到他的身邊，成就其偉業。美國心理學家荷爾姆斯運用情商理論，對美國諸位總統做了一番測試，他認為，富蘭克林、羅斯福都是二流智商、一流情商的政治家，完成了高智商人士所不能完成的偉業，被公認是美國歷史上卓越的總統。而尼克森總統雖然具有一流的智商，但控制自己情緒的能力卻很差，經常在工作中和下屬發脾

氣，最後黯然下台。柯林頓總統就非常善於運用情感的影響力來影響國民，他經常在與民眾的互動活動中動情吹奏薩克斯，踏歌而舞，讓民眾感受到總統的情感豐富和平易近人，他的總統當得也堪稱卓越。

【案例連結】

劉邦就是智商低情商高的人。楚漢戰爭期間，沒有一次計謀是出自於劉邦，沒有一次戰役是劉邦親自指揮的，一到關鍵時刻，劉邦就兩手一攤問部下：「為之奈何？」劉邦人緣好，就有人給他出謀劃策，有人為他衝鋒陷陣，有人給他提供後勤保障。

西元前二○二年二月，楚漢戰爭結束，劉邦在洛陽東面要塞汜水（成皋）稱帝，他就是西漢開國皇帝漢高祖。不久，漢高祖全師西入洛陽，以洛陽為漢都。漢高祖劉邦在洛陽南宮擺酒宴，說：「各位王侯將領不要隱瞞我，都說出真實的情況。我得天下的原因是什麼呢？項羽失天下的原因是什麼呢？」高起、王陵回答說：「陛下讓人攻取城池取得土地，就把它賜給他們，與天下的利益相同；項羽卻不是這樣，殺害有功績的人，懷疑有才能的人，這就是失天下的原因啊。」劉邦說：「你只知道那一個方面，卻不知道另一個方面。在大帳內出謀劃策，在千里以外一決勝負，我不如張良；平定國家，安撫百姓，供給軍餉，不斷絕運糧食的道路，我不如蕭何；聯合眾多的士兵，打仗一定勝利，攻占一定取得，我不如韓信，這三個人都是人中豪傑，我能夠利用他們，這是我取得天下的原因。項羽有一位范增而不利用他，這就是被我捉拿的原因。」眾大臣都被說服了。

3. 智商低情商低的人。這種人由於知識貧乏，心智質量很差，沒有思想，沒有思路，沒有智慧，即使有成功的機會，也成就不了任何事業。正如南丁・格爾所說：「如果機會來了你卻沒有足夠的知識去把握它，只會讓自己看起來像個笨蛋而已。」這種人不能理解和控制自己及他人的情緒，也沒有感受他人感覺的能力，凡事都情緒化，任由情緒發展，喜怒無常，經常為一些小事而發火，平時也很容易受到一些微不足道的諸如憂慮、恐懼、煩惱和自憐等情緒的困擾。這種人一生只能在失敗、不幸和失落的平庸中度過。

4. 智商高情商低的人。這種人有兩種類型：一種是自恃智商高，孤傲任性，難與別人相處，往往陷入孤立的境地，施展不了自己的才幹，懷才不遇；另一類是死氣沉沉的書呆子，吸引不了別人的注意力和欽佩，使其高智商無用武之地。據專家分析：高智商的人患心理障礙的比率相對較高，主要原因在於他們一般都比較爭強好勝，對名利看得很重，有的竟然到了

愛名如命的地步。為了博得所謂的「功名」和為了爭取到「蠅頭小利」，不管必要或不必要，不管適合不適合，一味的強出頭，總是和大家拼得死去活來，人際關係必然很差。沒有人際關係的支撐，就沒有自己才華表現的舞台。懷才不遇的感覺越強烈，越會把自己孤立在小圈子裡，無法參與社會的大圈子，就更沒有施展自己才華的環境。有的人因為才幹得不到發揮和承認而苦悶孤獨，甚至釀成社會悲劇。

三、領導者的逆商

（一）逆商的概念

逆商（Adversity Quotient, AQ）是衡量一個人身處逆境時的自信心和堅韌不拔的奮鬥意志力的指標。人生的高度、事業的高度都是由逆商決定的。常言道：「人生如意事十之有一，不如意事十之八九。」史托茲教授曾對惠普、朗訊等一百多家世界知名的大型企業的十多萬人進行調查，結果顯示：一個人平均每天面對的「逆境」數量已經從十年前的每人每天遇到七個大小不同的逆境，增長到現在的二十三個。因此，研究人的逆境商數就顯得更加重要了。逆商包括以下構成元素：

1. 意志。意志是內生於心的自我組織行動，並與克服困難相聯繫的心理過程。意志是一個人的心理素養，同時也是一種品格。意志的張揚，是人對必然的追求，是人類力量的體現。意志並不是一種抽象、看不見的東西，它蘊藏於心並體現在行動上，意志是一種執著於目標、信仰的力量。意志使人的能力之水達到熱的頂點。意志產生的奮進力量是一切聰明才智的基礎。一個人的持久的意志力越強，成功的機率就越大。偉大的領導者大都具備非凡的意志，正是出色的意志力，才保障了其遠大目標的實現。生活中不可能沒有挫折，但是追求目標的意志不能動搖。意志力強的人，深知「難得」一詞的含義，「得」從「難」中求，不「難」怎麼「得」，懂得培養自己的恆心和毅力，並將它們變成一種習慣，無論遭受多少挫折，仍

不畏勞苦的在邁向成功的崎嶇道路上前行，向著成功的頂峰邁進，直至抵達目的地。

【案例連結】

羅斯福下肢癱瘓，但他用意志向一切困難挑戰，當他決定參加第四次總統競選時，遭到了共和黨的激烈反對，共和黨散布謠言，說他年老體弱，不能勝任工作。為了表明自己精力充沛，羅斯福冒雨開敞篷車在紐約市繞行四個小時，可見其意志力之頑強。

2. 膽量。膽量是促使人們積極尋求新奇事物的一種心理傾向，是引起、推進乃至完成創造性活動的心理動力因素。第一個吃螃蟹的人所獲得的最有價值的東西不是螃蟹的營養，而是膽量，是核心素養的提高。逆境中的壓力可以成就有膽量的人，但也可能摧毀過度自卑的人。自卑的人最怕風險，最怕失敗，最經受不住挫折和打擊，但是沒有風險，沒有失敗，沒有挫折，就無法成就偉大的事業。有一句至理名言：「現實中的恐怖，遠比不上想像中的恐怖那麼可怕。」內心的膽量元素展開活動，內心的恐怖元素自然就會偃旗息鼓。跌倒以後，立刻站立起來，向失敗奪取勝利，這是自古以來偉大人物的成功祕訣。人生所缺者不是才幹，而是膽量；成功者不是比別人會做，而是比別人敢做。兩智相爭勇者勝，向常規發出挑戰，特別是在事業發展的抉擇關頭，膽識比見識更重要。

3. 韌性。秉性堅韌，是成大事立大業者的特徵。韌性在成功者的足跡中也起著無堅不摧的作用，可以幫助領導活動中的行為主體在成才過程中找準方向，排除內外因素干擾，義無反顧的向著既定目標前行。情商高的領導者就是「咬定」目標不放鬆，用理性與不肯服輸的心態，務實、拚搏的去實現追求。情商高的領導者透過維持積極的人生態度，能將自己有限的天賦發揮到極致。

堅持力就是韌性的具體表現。堅持是解決一切困難的鑰匙，它可以使人們在面臨大災禍、大困苦時把萬分之一的希望變成現實。歌德這樣描述堅持的意義：「不苟且的堅持下去，嚴厲的驅策自己繼續下去，就是我們之中最微小的人這樣去做，也很少不會達到目標。因為堅持的無聲力量會隨著時間而增長到沒有人能抗拒的程度。」世界上最容易的事是堅持，最難的

事也是堅持。許多不起眼的小事情，誰都知道應該怎樣做，問題在於誰能堅持做下去。一個人如果沒有堅持力，就會在困難面前退縮，在挫折中消沉。一個人讓自己的心理處於「朝秦暮楚」、「三天打魚兩天晒網」的狀態，在超越時就會淺嘗輒止，必然因此失去擁有成功的機會。莎士比亞說得好：「千萬人的失敗，都失敗在做事不徹底，往往做到離成功還差一步，便終止不做了。」

【案例連結】

蘇格拉底給新入學的學生留作業，每天用力向前甩手再用力向後甩手三百次。一個月後問學生堅持這樣做的舉手，百分之百的學生都舉手了；三個月後再問堅持做的舉手，不到百分之五十；半年以後再問堅持做的舉手，不到三分之一；一年後再問堅持做的舉手，就剩一個人，這個人就是柏拉圖。柏拉圖透過堅持完成老師蘇格拉底每天用力向前甩手再用力向後甩手三百次的作業，培育了堅持精神，登上了世界智慧的高峰，成為偉大的哲學家，也留下了名言：「耐心是一切聰明才智的基礎。」

4. 執著。困難的環境下，最具有考驗力的就是執著。成功的難點在於執著。偉大人物最明顯的標誌，就是他的執著，不管環境如何惡劣，他的初衷與希望不會有絲毫的改變，能夠自發持久的面對困難，經歷每一次失敗的同時也獲得了一粒成功的種子，最終能把絕望變成希望，達到所企望的目的。世界上沒有一蹴而就的事情，有了長期的目標，只有將「不放棄」堅持到底的人，才會到達輝煌的頂點。

勤奮就是執著的一種行動。勤奮是精明的孿生姐妹，「勤能補拙」；勤奮是幸福和成功的基礎。愛因斯坦曾經說：「在天才和勤奮之間，我毫不遲疑的選擇勤奮，它幾乎是世界上一切成就的催生婆。」行為學認為，勤奮可以使人的觀察力、記憶力、思維力與想像力得到經常的鍛鍊和運用，從而促進智力的發展。領導者培養出勤奮的心態，鍛鍊了心智和體能，機會和緣分就隨之而生。勤奮就是要做得比要求的先走「一里路」，多走「一里路」，一勤天下無難事。惰性使許多人喪失了追求的動力，雖然只要多付出一點點努力，就可以有一個更高的起點，但是有些人就是不願付出。這個世界上再也沒有什麼比做起事來磨磨蹭蹭更能阻礙一個人成功的了。勤奮

使平凡變得偉大，使庸人變成豪傑。那些出類拔萃的成功者，無一不是將勤奮當作金科玉律的人。

【案例連結】

古代文學家司馬光以一段圓木做枕頭，給它取名「警枕」，用來提醒自己按時起床繼續寫作。魯迅先生也說過：「哪裡有天才，我是把別人喝咖啡的工夫都用在工作上的。」勤奮是一種人生態度，更是一種能獲得不斷成功的執著精神，只有勤勉不懈的付出心血，才會換來真正的人生不敗。

（二）卓越領導者的逆商心理特徵

領導者的逆商心理特點，是他有能力發展自己、取得更大成功的向上力量。成功領導者逆商的心理特徵有以下幾點：

1. 自信心。自信是希望和韌性的體現，這正是逆商的最基本元素。一項科學研究發現，對逆境持樂觀態度的人表現出更具主動進取的精神，會冒更大的風險對待生命和事業中的挑戰和挫折；而對逆境持悲觀反應的人則會消極和冷漠。反映在自信心方面，自信的人的逆商較高，在逆境中往往更容易保持樂觀，自然也就容易達到成功的目標；缺乏自信的人逆商低，表現不積極，容易對前途喪失信心，不去努力爭取，這當然也就只能與失敗結緣。

在我們的生活中，自暴自棄都是沒有存在理由的，往往是人們對自己缺乏信心而造成的。成功的大敵就是猶豫不決、懷疑及恐懼。當你被疑慮和憂懼纏身，對自己沒有信心時，成功的機遇也就會與你失之交臂。屠格涅夫說：「先相信你自己，別人才能相信你。」高逆商的領導者即使在面對困難時，也會表現出高昂的情緒，不畏懼困難、不恐慌，進而化逆境為順境。

凱薩一次乘船外出時，突然海上起了風暴，艄公驚惶失措、滿臉恐懼。凱薩卻安慰他說：「你擔心什麼呢，要知道你現在是和凱薩在一起。」一句話消除了艄公的驚慌和恐懼，結果大家都平安無事。

自信是一個人很重要的心理狀態，在潛意識裡認為自己是什麼樣的

人，那麼，他很快就會知道自己應該成為什麼樣的人，並且最終也會按照自己的想像去塑造自己，這就叫「心儀成像」。優秀的領導者往往從他內心深處覺得社會很需要自己，自己也有能力為社會作出應有的貢獻，這種感覺會從他的肌體裡產生一種內驅力，戰勝事業發展道路上的一個個「攔路虎」，很好的推動自己邁向成功。所以，逆商高的人都帶有一些強烈的自信色彩。

　　領導者的自信是從哪裡來的呢？（1）領導的自信來自於強烈的使命感。一個沒有使命感的領導者，一定是一個缺乏遠大志向的人和缺乏自信心而畏懼困難的人。優秀的領導者有著強烈的事業心，他們把國家、組織的興亡與個人的命運緊緊的聯繫在一起。領導者不僅自己具有為使命而獻身的崇高精神，而且能夠使自己的部屬也同樣具有這樣的使命感。有了這種使命感，領導者就會尊崇勇氣和膽量，對未來充滿希望和信心。（2）領導者的自信來自於對事業的熱愛。總是抱怨領導工作太難、太苦、太累的人是無法成為偉大的領導者的。不熱心的事情即使去做，也很難指望取得成功。相反，在他人看來非常辛苦的事情，你卻樂此不疲，這是作為一個領導者必不可少的素養。古人講「勞心者苦」，領導工作就是勞心費神的。（3）領導者的自信來自於對事業成功的追求。成功需要勇氣和專心致志。沒有退路，才會有出路。愛默生講「自信是成功的第一祕訣。」林肯也講：「保持一種不屈不撓力爭勝利的信心和態度，實為做人之本，成功之本。」

【案例連結】

　　美國政治家約翰‧卡爾霍恩就讀耶魯大學時，生活艱難卻廢寢忘食、勤奮學習，一些同學常常以此譏諷他。他回答道：「這有什麼奇怪的。我必須抓緊時間去學習，這樣我才能在全國有所作為。」聽了這些話後，對方抱以大笑，卡爾霍恩卻認真的說：「你不相信？我只要三年的時間就可以當國會議員，如果我不是因為知道自己有這樣的能力，我還會在這裡讀書嗎？」三年後，約翰‧卡爾霍恩真的當上了國會議員，這就是成功者所表現的自信。

　　2. 進取心。進取心就是主動去做應該做的事情。進取心這種內心的推動力是我們生命中最神奇和最有趣的東西。美國成功學大師拿破崙‧希爾

告訴我們，進取心是一種極為難得的美德，它能驅使一個人在不被吩咐應該去做什麼事之前，就能主動的去做應該做的事。胡巴特說：「這個世界只願對一件事情贈予大獎，那就是『進取心』。」

對一個普通人來說，生命中最大的推動力往往就是要在社會上安身立命、出人頭地的進取心。當一個人不去努力培養和開發自己的進取心，拒絕這種來自內心的向上力量，那就是在退化。正是有了進取心——這種像被磁化的指針那樣顯示出矢志不移的神祕力量對人產生的永不停息的自我推動，才激勵著人們向自己的目標前進。進取心是一種人生贏家的積極心態，也是一個人成功最重要的因素之一。美國成功學大師拿破崙‧希爾研究了美國最成功的五百個人的生平，還結識了其中許多人，他發現這些人的成功故事中都有一個不可缺少的元素，這就是強烈的進取心。

進取心是領導者為了戰勝失望而必須培養的品質之一。世上沒有絕境，只有內心的絕望。機遇到處都有，只要你有足夠靈活的頭腦、足夠靈活的慧眼和靈活把握機會的意識。遭遇逆境時，將注意力集中於負面的方式是很危險的，這會強化人們對挫折的印象，加劇對困難的恐懼感，使自己陷入失敗的泥淖中不能自拔。保持積極進取的心態，對身處逆境的人將大有裨益。高逆商者會觀察和評定自己所處的環境中積極的方面，發現最有建設性的維度，仔細的體會、認識自我，而這一點正是高逆商者與低逆商者的不同之處。逆境往往正隱含著更大的成功因素，逆商高的領導者在事業上不會有「天花板」，他們想的就是對問題的解決，就是用「永不放棄」的進取心，不斷的超越自我，不斷的挑戰人類的自我極限，使領導的潛能發揮至極致，把侷限變成無限。成功只垂青那些執著追求、奮鬥不止的人。堅持是射向成功之門的最後一腳，無論做什麼事情堅持到最後總是贏家。耶穌基督曾說過：「走你自己的路，然後事情會和你相信的一樣。」

【案例連結】

英國首相邱吉爾十分推崇面對逆境堅持不懈的精神。他生命中的最後一次演講是在一所大學的結業典禮上，演講的全過程他只講了兩句話，而且都是相同的：「堅持到底！永不放棄！堅持到底！永不放棄！」奇異電氣公司總裁威爾許講：「一旦你產生一個簡單

而堅定的想法，只要你不停的重複它，終會使之成為現實。」提煉、堅持、重複，這是你成功的法寶，持之以恆，最終會達到臨界值。

3. 平常心。逆商高的領導有一顆平常心，「窮不滅志，富不癲狂」，失敗了不氣餒，勝利了不衝昏頭腦。如蜘蛛和蜜蜂一樣：蜘蛛不管網破多少次，仍孜孜不倦的用牠纖細的絲去織補；蜜蜂不管人們稱讚如何，仍孜孜不倦的釀蜜。一個有平常心的領導者，不會因境地的改變而有所動搖。經濟上的損失、事業上的失敗，艱難困苦都不能使他失去常態。同樣，事業上的繁榮與成功，也不會使他驕傲輕狂、盛氣凌人、忘乎所以，因為他安身立命的基礎是牢靠的平常心。當今社會，競爭激烈，物欲橫流，誘惑無處不在。「自靜其心延壽命，無求於物長精神。」領導者要從內心告誡自己：要知足，不困於名韁，不縛於利鎖，從從容容是為上，平平淡淡才是真。做人不應該太複雜，不可工於心計，而應以一顆平常心去期盼，去對待，去體諒，去關懷，真誠、善良的為人處事，才能贏得人生的至樂。

（三）逆商與卓越領導者的關係

卓越領導者的智商、情商固然重要，但其成功在更大程度上取決於逆商。這是因為：

1. 逆商是卓越領導者的基本素養中不可缺少的組成部分。領導者在其領導活動中，有風和日麗、陽光明媚的順境，也有寸步難行、十分難熬的逆境，而且逆境是領導活動中一種必不可少的元素。處於逆境，也能自我激勵，保持情緒平靜和快樂，擁有一個自信與積極的心態，永遠相信自己能做到任何事情並且始終不屈不撓，這就是卓越領導者過硬的心理素養和意志品質。這種對待逆境的態度和擺脫逆境推動工作發展的能力，就是高逆商的體現。

2. 逆商制約著卓越領導者智商和情商作用的發揮。一個領導者掌握的知識、技能再多，調控自己的情緒和調控他人的情緒、處理人際關係的能力再強，如果逆商很低，遇到困境就意志軟弱，缺乏應有的膽識和永不悲觀、百折不撓的堅持力，就不可能把自己的智慧和人脈的潛能最大限度的

挖掘出來。也就是說，一個領導者的智商、情商能力的發揮會受到他的抗挫能力等逆商因素的制約。承受挫折能力是一個卓越領導者必備的品格。挫折感是領導者在領導活動中遭遇困難或失敗後的一種情緒狀態。遭受挫折的打擊後，人們往往容易出現情緒低落抑或一蹶不振的心理反應，憂鬱而不能自救。「悲哀則心動，心動則五臟六腑皆搖！」但是逆商高的領導者，能對挫折的情感、情緒進行自我調節，並使其恢復或保持在最佳狀態，很快走出命運的低谷，重新啟動人生的起點。正如一位哲人所說：「為什麼在智力、資本和機遇相同的條件下，有的人能走向成功，而有的人卻一敗塗地呢？歸根到底在於他們迎接挑戰、克服困難的能力，即逆商的不同。」

3. 逆商決定卓越領導者成功的高度。領導者都希望自己的工作順風順水，但是這永遠只是一個美好的願望。在領導活動的歷程中，不可能不遇到逆境，而且往往是逆境大於順境。關鍵是領導者有沒有接受逆境挑戰的心理準備，駕馭逆境、改造逆境的非凡勇氣和意志力，以及能否用智慧和能力克服逆境帶來的困難，把逆境轉化為有利於自己發展的順境。不錯，逆境是領導工作的障礙，但是你超越和克服了一個逆境，工作就前進了一步，離成功就近了一步。卓越領導者成功的高度，就取決於他戰勝逆境的數量。領導者的逆商越高，越能以彈性面對逆境，越挫越勇，而終究表現卓越。逆商高的領導者，絕不會輕易放棄機會，在那崎嶇的山路上攀登，爬上去的次數只比跌下來多一次，就比別人站得高了。相反，逆商低的領導者，遇到逆境則會感到沮喪、迷失、處處抱怨，逃避挑戰，缺乏進取，因而往往半途而廢、自暴自棄，終究一事無成。法國大作家巴爾札克說過：「苦難對於天才是一塊墊腳石，對於能幹的人是一筆財富，而對於弱者是一個萬丈深淵。」遍閱古今中外的偉大領導者，不難看出這樣一個規律：一帆風順而又成就卓著的人鳳毛麟角；歷經坎坷的人，出類拔萃者眾多。這就是滄海橫流，方顯英雄本色。權威資料也表明：EQ 比 IQ 高的人更容易獲得成功，而攀登到巔峰的，卻是 AQ 高的人。

4. 逆商決定卓越領導者的自我激勵能力。自我激勵就是自己激勵自己。

水不激不奮，人不激不躍。希望不斷接受挑戰，渴望取得更多成就，具有這種特徵的高情商領導者，不願意墨守成規，他們將戰勝困難的過程看成一種莫大的榮譽。鼓勵和激發自己的活動，能產生強大而持久的內驅力，強化自己對工作成功的信念。掌控住自己的情緒，才能有效的進行自我激勵。一個卓越的領導者總能掌控住自己的情緒，滿懷熱情的投入工作。善於自我激勵，追求工作成就的人通常都能在失敗或者挫折面前保持樂觀精神。他們鬥志昂揚，他們的樂天精神和明快風格閃耀在每次交談當中，照亮每個社交場合。這樣的人自然而然會有很好的人緣，沒有人喜歡跟愁眉苦臉的人打交道。善於自我激勵的人無論遇到怎樣的艱難，陷入怎樣的困境，總能鼓動自己振作精神、奮發向上，始終保持高度熱忱、樂觀的驅動力。能夠自我激勵，是一種生存智慧。凡能自我激勵的人做任何事成功率都比較高。自我激勵既是一個人事業成功的推動力，也是逆商的心靈動力。高逆商者做一切事情的動力來自於內部，有很強的自覺性、主動性和自發性。善於自我激勵、自我鞭策、自我肯定、自我強化、自我管理的人容易獲得成功。挑戰越大，就越要樂觀迎戰。卓越領導人即使身陷困境，也能激發希望和信心，這正是我們需要卓越領導人的原因。相反，低逆商者做事的動力主要靠外界的推動，靠外部的督促和壓力，即使這種人有高智商，但卻不能持久，最終也就難以成功。

5. 逆商高是領導者的偉大人格。著名成功學大師卡內基說：「苦難是人生最好的教育。」古今中外大量事實說明，偉大的人格無法在平庸中養成，只有經歷熔煉和磨難，願景才會激發，視野才會開闊，靈魂才會昇華，人格才能完善。一個人吃常人不能吃的苦，必然能做常人不能做的事。從這個意義上來說，人生吃苦就是吃補，是補意志、補知識、補才能、補靈魂。李嘉誠說，一個人只有面對和忍受逆境的痛苦，個人成功的機遇才能表現出來。這就是所謂的「寶劍鋒從磨礪出，梅花香自苦寒來」。美國的《成功》雜誌每年都會報導當年最偉大的東山再起者和創業者，他們都有一個相同的人格，那就是他們在遇到強大的困難和逆境時始終保持樂觀的態度，從不輕言放棄，而是風雨兼程，奮發向上。

6. 逆商與願景的實現。願景是領導者永遠為之奮鬥希望達到的圖景，它是一種意願的表達，概括了組織的未來目標、使命及核心價值。《聖經》中說：「沒有願景，人就會消亡。」海倫‧凱勒說：「一個人看不見東西，不是悲劇；一個人看不見願景，就是個大悲劇！」領導才能就是把願景轉化為現實的能力。願景的實現其實就是領導者憑藉自信、熱情、毅力，憑藉各種外部力量和智慧的支撐，貫穿始終的一種執著追求。

實現不了目標的人就實現不了願景。願景為領導者建立了一個高遠的目標，目標是領導工作的起點，也是階段性工作的終點。領導總是圍繞組織的某種目標而開展工作的。逆商水平的高低取決於才能與欲望的相輔相成。一個才華橫溢的人，如果無欲無求，最終只能一事無成或其才能根本不被人了解；而有著強烈成功欲望的人，如果沒有才能作基礎，也不會有什麼成就。人生最沉重的負擔就是沒有任何負擔。《克服逆境》一書告訴人們，首先，要培養自己的勇氣。遇事不要驚慌失措，也不要過於「深思熟慮」。一位將軍說，勇敢是即使嚇得半死時，仍能泰然處之。有時候，「初生之犢不怕虎」的勇氣就會助你成就大業。其次，永遠不要為了階段性的困境而放棄目標，不要奢望目標立馬就能實現，嘗試為自己的大目標分階段的設置數個小目標。這樣可以在陷入困頓時，不至於盲目而不知所措，可用小目標的實現來鼓勵自己堅持到終點。

困難是實現願景的切入點和機遇。願景標出了成功之路，領導者就是領導人們迎著困難朝著願景的方向前進，把困難看作實現願景的切入點和機遇。困難不是領導過程中偶然出現的，與困難打交道就是領導工作。要培養無限的包容力，不要理會別人說的無法做到的事情。從工作中那些似乎完全不可能中去尋覓轉變的可能性。付出得多，獲得的也會多。美國心理學博士雷米的一項研究發現，最忙碌、最緊張的人的壽齡通常比普通人高出百分之二十九。摩爾定律：你永遠不能休息，否則你將永遠休息。

願景的實現需要鍥而不捨的精神。十九世紀法國作家福樓拜說得好：「頑強的毅力可以征服世界上任何一座高峰。」不錯，只要拿出頑強的毅力，持之以恆，堅持到底，事業的成功必將成為一種必然。比爾‧蓋茲說：

「你能夠使成功成為你生活中的組成部分，你能夠使昨日的理想成為今天的現實。但是，靠願望和祈禱是不行的，必須動手去做才能讓你的理想實現。天下沒有免費的午餐。」著名成功學大師中島薰說，不要煩惱「失敗了怎麼辦」，試著去煩惱「成功了怎麼辦」，「苦難是人生最好的教育」。古今中外，成功的經典人物和故事說明：偉大的人格無法在平庸中養成，只有經歷無數磨難，願景才會激發，視野才會開闊，靈魂才能昇華，才會最終走向終極目標。

願景本身不能帶來成功，只有付諸實施才有價值。鍥而不捨這種內心的推動力是我們生命中最神奇和最有趣的東西。失敗產生於承認失敗之後。對任何一個人而言，信心是開啟成功的鑰匙。日本著名企業家土光敏夫說過，一旦把要做的事情決定下來，就一定要以必勝的信念，以堅韌不拔的精神做到底。人沒有努力的界限，所欠缺的往往是堅定不移的意志……面前遇到牆壁，就要決心穿過去，即使失敗了，只要緊緊盯住目標，最終就不會倒下去。即使倒下去，爬也要往前爬。

【案例連結】

司馬遷在遭受極為不人道的宮刑後，本可以選擇以死來證明自己的清白，贏得後人的讚譽。選擇死，是一種解脫，但是為了《史記》，為了兩代人的心願，為了崇高的精神信仰，司馬遷在自己人生的十字路上來了個急轉彎，他選擇忍辱負重的活下去。之後的他雖然官至中書令，但這個通常由宦官擔任的職務對其來說無疑是莫大的恥辱。他承受著朋友的誤解、各界的嘲笑侮辱，承受著生理和心理的巨大痛苦。他立志繼承父業，頂著極大的壓力和痛楚完成《史記》。他懂得，人可以創造價值，只要不死，腳下便有路。憑著偉大的思想和滿腹的文才，只要奮鬥，就能夠創造非凡的人生價值，可以反卑微為偉大，使生命「重於泰山」！在這一思想的支配下，現實中的煩惱、苦悶、淒涼、孤獨、痛楚、絕望等，都不能擾亂他內心深處的寧靜。在強大的精神支撐下，司馬遷完成了氣勢恢弘的歷史巨著《史記》，他用意志與信仰的力量，譜寫了英雄的詩篇。

（四）逆商的塑造

塑造逆商有很多通道可走，其中「魔鬼訓練」就是一條重要的路徑。「魔鬼訓練」有以下三個方面：

1. 折磨死你。古人所說的「苦其心志，勞其筋骨，餓其體膚，空乏其身，行拂亂其所為，所以動心忍性，曾益其所不能」就是這個意思。古人有這樣的楹聯：「能守苦方為志士，肯吃虧不是痴人。」宋人楊萬里也有這樣的詩篇：「篙師只管信船流，不作前灘水面謀；卻被驚濤旋三轉，倒把船尾作船頭。」人生之旅就是順境和逆境的交錯反覆：曾經擁有，曾經失去；時而風平，時而浪起。在這條路上，不經過痛苦和失敗不能成熟；不經過徹底的大悲大喜和大起大落不能堅強。經過無數次艱難困苦的歷練，才能對世道人情的冷暖有更全面、更深刻的體驗，才能更加珍惜生命，更加探索人生的要義。達文西曾說：「不經受巨大的痛苦，就得不到完美的才能。」基督教講，沒有蒙難就沒有復活。這同周易「否極泰來」有相同的意思。松下幸之助的口號是：祈求七難八苦，因為逆境孕育著成功。

就像鳳凰必須在烈焰中涅槃一樣，卓越的領導者都曾經歷過殘酷的身心考驗。羅曼‧羅蘭說過：「痛苦這把利刃一方面割破了你的心，一方面掘出了生命的新的水源。」傑出的成功總是在困苦與執著追求中不斷滋長而最後誕生的。歷史的每一頁都記載著那些在挫折與逆境中英勇不屈的英雄故事。在成功者的意識中，「困難」就是「挑戰」。在他們的實踐裡，有挑戰就應戰。挑戰不斷出現，應戰屢屢告捷，這就是他們成功的階梯。看看「美國名人榜」的名人生平就知道，這些功業彪炳史冊的偉人，都受過一連串的無情打擊，只是因為他們都敢於接受挑戰並堅持到底，才獲得了令世人矚目的輝煌成果。

2. 侮辱死你。侮辱是對人心靈的負面刺激，它能擴張人的靈魂，鍛鍊人的品格。受侮辱的最大好處是，可以讓我們的頭腦清醒，能使我們認識到在榮耀狀態下不可能認識到的深刻道理。對我們總結經驗教訓，進行自我認識、自我反省和自我更新大有裨益。

經受住侮辱考驗的領導者，心理上才能產生承受侮辱的能力。面對各種各樣的侮辱，領導者要以良性意識、寧靜歡快之心尋求心理上的平衡和健康，不要把外因性挫折變成內因性挫折，以免造成心理創傷和身體損害。世界衛生組織給健康下的定義是：身體上、精神上的一種完全平

衡狀態。

「忍人之所不能忍，方能為人所不能為。」遭受屈辱的，要把屈辱當作動力，千萬不要自暴自棄。韓信青年時期，落魄鄉裡，有人奚落、嘲弄他，致受胯下之辱，少年時這一特殊的經歷鍛鍊了韓信百折不撓、虛懷若谷的性格和「得失何當寵辱驚」的大智若愚的非凡氣度，是他日後成為將領的潛在條件，使他最終成為「將略兵機命世雄」，榮膺漢代開國功臣之一。歷史上也不乏經受不住侮辱而沉淪的例子，項羽堪稱典型。項羽兵敗垓下，「力拔山兮氣蓋世」的英雄蒙受了一生中極大的屈辱，他承受不了這一屈辱而走上自殺的絕路。唐代詩人杜牧對此寫下了頗為精闢的詩句：「勝負兵家事不期，包羞忍恥是男兒。」兵家勝敗難以預料，即使失敗，含垢受辱，忍小就大，也是英雄本色，何苦悲觀絕望，自刎烏江？孔子曰：「小不忍則亂大謀。」因一時意氣身敗名裂者，今天也是大有人在。

【案例連結】

春秋時期，吳國和越國發生了戰爭。越國被吳國打敗，越王勾踐被吳王夫差俘虜。夫差把勾踐夫婦押解到吳國，並把他們關在闔閭墓旁的石屋裡，為他的父親看墓、養馬。勾踐不僅要給夫差餵馬，還要給夫差脫鞋，服侍夫差上廁所。夫差出去遊獵時，勾踐要跪伏在馬下，讓夫差踩著他的脊梁上馬。勾踐在吳國受盡了嘲笑和凌辱，但是為了復國大計，他頑強的忍耐著夫差對他的精神和肉體折磨，對吳王夫差表現得畢恭畢敬。這樣過了三年，吳王夫差認為勾踐是真心歸順了他，就放勾踐回到越國。勾踐回到越國後，立志一定要報仇雪恥。他把國都遷到會稽以時刻提醒自己、激勵自己。他怕自己貪圖眼前的安逸生活、消磨報仇的意志，於是特意把自己安排在一個艱苦的環境裡生活。晚上他睡在稻草堆上，還在屋子裡掛著一顆苦膽，吃飯的時候先嘗嘗它。為的也是不忘過去的恥辱。

勾踐不僅「臥薪嘗膽」，還常常扛著鋤頭掌著犁，下田勞動，他告訴自己，要使國家富強起來，就要親力親為。他還叫妻子也親自織布，以此來鼓勵生產，增加國家的財富。因為戰爭，越國的人口大大減少，於是勾踐訂出獎勵生育的制度。他叫文仲管理國家大事，叫范蠡訓練人馬，自己還虛心聽取別人的意見，救濟貧苦的百姓。經過長期艱苦奮鬥，上下一心，越國終於轉弱為強，實力也越發雄厚。

為了不使吳王夫差起疑心，勾踐經常派使者到吳國去朝見進貢，而且貢品有增無減，夫差非常滿意，更加喜歡勾踐的「忠誠」。這樣經過九年的精心準備，勾踐終於羽翼豐滿，利用時機起兵滅了吳國，一雪前恥。

3. 歸零。生活中最難的就是把取得的一切歸零，讓你一無所有，重新再來。人生和領導活動都是由無數個起點和終點轉換而成的。任何事物的發展規律都是波浪式前進、螺旋式上升、週期性變化的。英國文學家莎士比亞說過：「最肥沃的土壤最容易生長莠草。」貧窮困苦能夠磨練一個人的心態和能力。歸零後，個人筋骨與心志都經過了一番世事的洗禮。

歸零就不背精神包袱，不會對隨時而來的失敗產生恐懼感。有歸零心態，才能「陷於死地而後生」，快速解決生存和發展問題。有許多企業家在市場競爭中敗北，傾家蕩產，有的人懷憂喪志，一蹶不振，結果一落千丈；有的人就能痛定思痛，從零奮起，發掘重生的契機，又創造了新的輝煌。歸零這把鎬，能刨出事業的新輝煌。美國曾經有人做過一次調查，發現在所有成功的企業家中，平均每位都有破產的記錄。即使是世界頂尖級的企業家，失敗的次數並不遜色於成功的次數。「歸零」是對人生歷練後的一種沉澱，時時都能歸零才能時時躍升。在第一百次歸零後，第一百零一次躍升起來，這就是領導者的卓越逆商。

美國成功學宗師拿破崙‧希爾說：「幸運之神要贈給你成功的冠冕之前，往往會用逆境嚴峻的考驗你，看看你的耐力與勇氣是否足夠。」人們最出色的工作就是在逆境中做出的。文王拘而演《周易》，仲尼厄而作《春秋》，屈原放逐乃賦《離騷》，孫子臏腳而述《兵法》，不韋遷蜀而世傳《呂覽》，韓非辦秦而有《說難》，乃至詩三百。領導者塑造出逆商，就儲存了內在的無形能量，也就成就了自己的未來。

【案例連結一】

歷史上的晉國公子重耳，四十三歲那年遭受後母的追殺，逃到其他國，歷經艱難，幾次想死以求解脫，但死又死不成，活又活不起，在苦難受煎熬中磨練出了堅強的意志力。六十一歲那年在秦國的幫助下，回晉國任國王，勵精圖治，僅幾年就成為繼齊桓公之後的五霸之首。宋太祖趙匡胤年輕時流浪過兩三年，飽嚐人生艱辛。明太祖朱元璋出生最苦，童年時給地主放牛，十七歲時，全家老少餓死病死，自己只好削髮為僧，化緣度日。華盛頓少年多磨難，童年喪父，母親是個潑婦，連兒子的才華都嫉妒。華盛頓談戀愛時，總是失敗，第一次指揮打仗也一敗塗地。但華盛頓能有意識的克制自己，並能忍受艱苦和挫折，成就了堅韌不拔的性格，擁有了領袖的非凡能力。有人向一位哲人請

教成功的祕訣，哲人叫他拿來一個花生捏一捏，捏碎了花生殼，哲人再讓他搓一搓，搓去花生皮，屢受捏搓的磨難，失去了很多東西，但最後剩了一顆花生仁，結果再也捏不動，再也搓不動了。哲人說，像花生一樣，不管經受多少磨難始終擁有一顆堅強不屈的心，你就成熟了。

【案例連結二】

英國前首相喬治有一個很奇怪的習慣——隨手關上身後的門。有一天，喬治和朋友在院子裡散步，他們每走過一扇門，喬治總是隨手把門關上。「你有必要把這些門都關上嗎？」朋友很是納悶。

「哦，當然有。」喬治微笑著說，「我這一生都在關我身後的門。你知道嗎？這是必須做的事。當你關上門的時候，也將過去的一切留在了後面，不管是美好的成就，還是讓人懊惱的失誤，然後，你才可以重新開始。」

四、智商、情商、逆商與成功的關係

智商、情商、逆商的比重關係決定成功的大小。傳統上人們總是按照智商高低來論述人的聰明程度和事業成功的條件。隨著人類對自身能力認識的深入，以及無數事例和實驗的證明，人們越來越對智商的高低與人的成功的必然聯繫產生了質疑。相反，人們越來越肯定來自心靈深處的情緒力量是決定成功的主要因素。美國哈佛大學心理學博士丹尼·戈爾曼在他的《情商能力比智商能力重要》一書中認為，推斷一個人是否會取得成功的時候，如今關於智力商數的測驗遠不如人們以前通稱為「感情」的那些品質的評價更重要。他斷言，情商的高低才是決定人們事業成功和生活幸福的關鍵。戈爾曼在他的《情感智力》一書中進一步指出：「過去人們在教育和培訓過程中，往往只重視訓練和提高人的智商，而對情商沒有給予應有的重視。事實上，對於一名領導者更重要的是他的情商，而不是智商。」現在西方流傳著一句話：「智商決定錄用，情商決定提升。」

那麼，情商和智商在人的成功中各占多大比例呢？美國的鋼鐵家、演說家卡內基說，人的成功百分之十五是知識、技能，百分之八十五是做人。戈爾曼認為，一個人事業能否成功，百分之二十取決於他的智商，百

分之八十取決於他的情商。

　　卡內基和戈爾曼都認為在取得成功的過程中情商的作用大於智商，大於的比例略有差距，但是他們都沒有提到逆商在人的成功中所占的比重。雖然從嚴格意義上說，逆商也是情商的一種，但是逆商不僅在理論上有特殊的質的規定性，而且在成功的人生和事業中也有特殊的作用。我的觀點是：一個人的成功必須建立在三商基礎上，即智商、情商和逆商。三商對人的成功的作用力是：智商占百分之二十，情商占百分之三十，逆商占百分之五十。在逆境中如何把握命運，是決定你能否成功的最為關鍵的因素。

　　人生的高度和事業的高度，說到底是由逆商決定的。一個優秀的領導者，不僅智商、情商高，逆商更高。不去研究偉大人物成功的結果，而只研究他們成功的過程，你就會發現，所有成功的偉人都以非凡的逆商面對逆境。幾乎所有偉大的人和偉大的事業都是從同逆境的角鬥中產生的。因為在那崎嶇山路的攀登中，只有不畏勞苦和艱險的人才有希望到達光輝的頂點。否則，即使是你的智商和情商再高，但就是不願同艱難挫折拚搏，還要想成就偉大的事業，那就只能是天方夜譚。做了不一定成功，但至少為下一次衝擊積累了經驗，增大了成功的機率；而不做永遠不會成功。有人把 IQ、EQ、AQ 比作是人生事業的一座山的三個層次。如果一個人有起碼的智商（IQ），一定的情商（EQ），那麼就可以說，這個人有了登山的基礎，但是假如這個人沒有具備在逆境中前進的能力，也就是沒有具備良好的逆商（AQ），結果要麼在山腳下不走了，要麼在半山坡上得過且過，他不可能到達山的頂峰。這就是許多人將 AQ 稱之為世界性指標的原因。

　　越在最艱難的時候，領導活動越能磨練領導者的意志，檢驗領導者的道德和良知。歷史上偉大的事業大都是在大多數人想要「向後轉」的時候所成就的。成功者不是沒有眼淚的人，而是含著眼淚向前跑的人。在偉人受人敬仰的背後是許多不為人知的辛酸淚水和血水。

　　一個逆商高的領導者沒有悲觀的權利。因為樂觀能使人幸福、健康，容易取得成功；相反，悲觀常導致絕望、病態及失敗，悲觀常常和沮喪、孤獨連在一起。要想做一個成功人士，首先要做一個樂觀的人。樂觀的

人，有一顆曠達、歡暢、自信、安詳的心。受到內心這種力量的有力牽引，能夠笑對逆境，不管遇到任何苦難和挫敗，仍然腳踏實的向前走，使逆境成為他們走向成功的奠基石。相反，在逆境中，消極的心態只會起到雪上加霜的作用。

【案例連結】

　　曹操一生中贏過許多次，如官渡之戰；也輸過許多次，如赤壁之戰。但是，曹操逆商很高，不論多大的失敗，他從不氣餒，大不了重頭再來。赤壁之戰，曹操的戰艦和軍營全部著火，二十萬大軍死的死、傷的傷，敗得一塌糊塗。可是面對徹徹底底的失敗，曹操依然英雄氣概不減。據《山陽公載記》記載：曹操從華容道上逃出去後，竟然哈哈大笑，好像未曾經歷大敗一場似的，灰頭土臉的眾將面面相覷，搞不清他葫蘆裡賣的什麼藥，甚至懷疑他是否因失敗而發瘋。笑完之後，曹操極其冷靜的分析了眼前的地形，他說如果劉備在這個地方堵住並放一把火，我們就連骨頭渣子都找不到了。沒過多久，劉備真的跑過來放火，但曹操已經跑了。當年曹操已經五十四歲，這次大敗後又活了十二年，其間還三次南征孫權，有一次還差點要了孫權的小命。還西征馬超，連帶拿下漢中。到了六十六歲，才壽終正寢。

　　章武二年，劉備為報關羽被殺之仇，起兵伐吳，結果在夷陵之戰中，被陸遜指揮的吳軍火燒七百里連營。劉備總共兵力才四萬人，就是全軍覆沒也比赤壁之戰曹操的損失小得多。而且他回到益州，還是有資源可以再振雄風的，後來諸葛亮六出祁山，北伐中原就得到證明。可是劉備逆商很低，面對挫敗一蹶不振，大病不起，好不容易挺到了次年四月二十四日就一命嗚呼了，留下一個不成氣候的阿斗，由諸葛亮拉扯成人。劉備與曹操最大的差距不是智商和情商，而是逆商。一個領袖智力缺失可以由大臣彌補，逆商缺失是任何人也彌補不了的。

Wisdom for Great Leaders

第三章
卓越領導的基本原理

　　卓越領導者考慮問題不應該和普通人一樣目光短淺，而要站在一個更高的高度。領導活動的基本原理，是領導活動自身發展特有的規律，是卓越領導者思維的基礎、行動的指南。對領導基本原理的認知深度，決定領導活動能夠達到的高度。領導活動的基本原理和領導智慧之間，可以比作產能和產出的關係。領導基本原理是領導智慧的土壤，領導智慧是領導基本原理的碩果。領導智慧是火花，領導活動的基本原理是火炬，火炬支撐著火花，火花閃耀著火炬。要獲得更多的領導智慧，也必須深化對領導原理的認識。如果不掌握領導活動的基本原理，那麼總是有一層不透明的膜阻隔著你對領導智慧的頓悟。掌握了領導活動的基本原理，並在領導實踐中嫻熟的運用，就會內生出各種領導智慧，使領導活動的實踐效果事半功倍。

　　領導活動應遵循的基本原理是：善用資源，人人可用；量才適位，高能為核；和而不同，差異互補；文化凝聚，領導使命；激勵強化，調動情緒；執經達變，系統思考；天地人和，各有其責。

一、善用資源，人人可用

（一）善用資源

「資源」是能夠投入到生產、經營和服務活動中的要素，如設備、資金、技術、訊息、人力等生產要素就是資源。其中最重要的就是人力資源，其他資源在生產、經營、服務活動中只有經過人力資源的推動才能運行起來；其他資源在運營過程中只轉移價值，不增加價值，而人力資源在運營過程中不僅轉移價值，還能帶來價值的增值。一九七〇年代，世界著名管理學家、美國的彼得·杜拉克就提出了「人是唯一能擴大的資源」的著名論斷。又說：「企業或事業唯一真正的資源就是人，管理者就是充分開發人力資源而做好工作。」

人力資源的形成來自於兩個方面：一是基因，即先天的遺傳，這部分資源不用成本，在父母賦予你生命的時候也就賦予了你這部分資源。二是變異，即由後天的學習和實踐獲得，這部分資源是要付出成本的，學習與實踐使人由自然人過渡到社會人。

智力、想像力及知識，都是人的重要的資源。但是，資源本身是有一定侷限性的，只有透過領導者卓有成效的工作，才能將這些資源轉化為成果，知識才能變成成就。

人從生到死是一個生命過程，也是資源的形成和運用過程。生命是有限的，沒有來生，沒有轉世，沒有輪迴，而要把資源用盡。

人力資源是領導者進行領導活動必備的一個前提條件，缺少人力資源，領導活動就會變成空談。一個天賦極佳的領導者不能成功的領導，一個很重要的原因是他們不能獲取、開發或利用好人力資源，而是讓它們沉澱或閒置，甚至成為自己行動的累贅。奧利夫·溫德爾·哈默斯曾經說過：「美國最大的悲劇不是自然資源的浪費，雖然那也是很嚴重的，而是人力資源的浪費。」

　　據科學研究證明：人的一生只用了自身潛能的百分之二～百分之五。最成功的人也只運用了自身潛力的百分之五。潛能就是每個人本身已經擁有，而自己卻不知道、沒有用上的能力。俄羅斯的一個學者打了一個比方，正常人如若發揮自身潛藏能力的一半，那將掌握一百四十多種外語，學完幾十門大學的課程，可將疊加起來幾人厚的百科全書背得滾瓜爛熟。愛因斯坦也曾經說過，他只發揮了他全部智慧和力量的百分之十，他發現了影響人類社會發展史的相對論。因此說，每個人身上都蘊藏著巨大的能量，它們是領導者獲得成功的源泉。然而，沒有被使用的人力資源，就如同未經開發的能源一般，是沒有用途的。

　　巴斯德說：人最重要的不在於地位有多高，而在於善用自己的才能，用到最高限度。領導者一定要記住：自己的潛能還遠遠沒有發揮出來，所擁有的人力資源的潛能也遠遠沒有發揮出來。開發好、利用好人力資源，是領導活動永恆的主題。

【案例連結一】

　　杜拉克有句名言：「人力不是成本，而是資源。」人的長處就是資源。在普通的管理者眼中，人力就是一種成本，而且是企業最主要的成本，在危機中不但毫無用處，而且還要搭進大筆資金去維持。當遇到經濟危機時，他們首先想到的就是裁員。但是松下幸之助卻有著與眾不同的觀點，他認為人力不是成本而是比其他資源更為珍貴的資源。他說經濟危機之中不裁員，不僅包含著仁慈的元素，更包含著科學的管理理念：無論多麼大規模的經濟危機都是暫時性的，危機到來時一旦辭掉那些技能優秀的員工，當危機過去的時候，很難找到非常合適的員工來工作。培訓新人既需要時間成本，又需要資金成本。企業會出現開工不足的狀態，更不利於公司的發展。

【案例連結二】

　　電視劇《大宅門》裡有這樣一個故事：清末年間，「白家老號」（藥店）被查封後，白家陷入了困境。無法行醫，對白家來說意味著沒有了收入來源。但主人公「二奶奶」卻沒有把藥鋪的伙計遣散，依然給他們發工資，即使不工作，也養著他們。為此，「三爺」和「二奶奶」之間發生了很多爭執。「三爺」認為，自己連肉都吃不上了，養著這些伙計根本沒有用；而「二奶奶」卻認為這些伙計都是未來白家再次崛起的骨幹，留著這些人，白家才有東山再起的希望。事實證明「二奶奶」的判斷是正確的，「大宅門」因為保留了這些骨幹人物而得以東山再起。

（二）人人可用

　　哈佛大學有句名言：只有無能的管理，沒有無用的人才。在杜拉克的眼裡，「沒有一個人是無趣的」。領導者用生產力的觀點來用人，就是人人可用。

　　1. 人人可用，就要用人所長，不為短處操心。杜拉克《有效的管理者》書中講：倘若要你所用的人沒有短處，其結果至多是一個平平凡凡的組織。人各有所長，也各有所短，事事精通、樣樣能幹的人是不存在的。所謂樣樣都是，必然一無是處，有高峰必有低谷，誰也不可能十項全能。與人類現有知識、經驗、能力相比，任何個人都不可能掌握全部內容。當領導的你可以不知道下屬的短處，但你一定要知道他的長處，並將下屬的長處最大限度的變為己用。抓住下屬的短處是做不成任何事的，而且你越是抓住下屬的短處，下屬的工作就越難以進步。你越是用下屬的長處，就越用越長，以至於到後來他的短處已經無關緊要了，這裡有個反彈琵琶的道理。聰明的領導者為實現目標，會盡可能的放大下屬的長處，使潛力發揮出來。在《聖經》裡有個「馬太定律」：「讓富有的更富有，讓窮的更窮。」人力資源的優勢也遵循著這句「馬太定律」。有效的領導善於利用長處，包括自己的長處、上司的長處與下屬的長處。在關鍵點上發揮自己的長處，人生才能增值，發揮下屬的長處，就更容易取得成功。人類歷史上卓越領導者的光環閃耀在世界各處，而斟酌起來，無論是哪行哪業的成功者，他們之所以出類拔萃，就是因為自身的長處獲得了最大限度的發揮，並把所領導的人力資源的長處揮灑到極致，從而達到事半功倍的效果。

【案例連結】

　　魏 去世後，唐太宗感嘆到：「用銅作鏡子，可以使我衣帽端正；用歷史作鏡子，可以了解興衰；用人作鏡子，可以明白得與失。我曾經保持這三面鏡子，謹防自己的過失。如今魏 逝世，我的一面鏡子失掉了！最近我派人到他家去，得到了一份手稿，才寫半頁，稿子中能認清的部分說：『天下的事情有善有惡。任用善人國家就平安，任用壞人國家就衰敗。公卿之中，在感情上有喜愛有憎惡。對於憎惡的人，只看到他的缺點；對於喜愛的人，又只看到他的長處。喜愛和憎惡是應當全面而慎重的。如果喜愛一

個人而能了解他的缺點，憎惡一個人而能了解他的長處；撤免邪惡的人而不猶豫，任用賢能的人而不猜疑，那麼國家就可以興盛了。』稿子的內容大致是這樣。我仔細的想了想，在這方面我恐怕免不了有過失。公卿和侍臣們可把魏 的話寫在笏板上，知我有這種情況，一定要向我進諫。」

唐太宗曾讓封德彝舉薦有才能的人，他過了好久也沒有推薦一個人。太宗責問他，他回答說：「不是我不盡心去做，只是當今沒有傑出的人才啊！」太宗說：「用人跟用器物一樣，每一種東西都要選用它的長處。古來能使國家達到大治的帝王，難道是向別的朝代去借人才來用的嗎？我們只是擔心自己不能識人，怎麼可以冤枉當今一世的人呢？」

2. 人人可用，就要用優點，不苛求缺點。十全十美的人固然沒有，一無是處的人也不存在。任何人都有優缺點，但比例如何，除了客觀的標準外，更重要的是觀察者的角度。有人專看陰影，見到的自然是倒四六乃至倒三七，缺點多於優點；有人在陽光下看人，見到的是正四六乃至正三七，優點多於缺點。卓越的領導者看他的屬下最起碼都是七分優點、三分缺點的。用優點，不苛求缺點，這不僅顯示了領導者的善良和寬宏，同時也是一種高明的領導智慧。領導者必須明白，才幹高的人，其缺點往往也越明顯。林肯說：「沒有突出缺點的人，也沒有突出的優點。」領導者絕不能因為下級有缺點，就徹底否定他。一味盯著下級缺點的領導者最吃虧。一是一味盯著下級缺點，消除下屬的缺點，那就只能在制約因素上下工夫，就缺少拉動力量了，是實現不了工作任務和目標的。蒙哥馬利說：「一位整天除草的園丁，絕不會培植出芬芳的花木來。」二是一味盯著下級缺點容易引起下級的反感和對抗。缺點總是在發揮優點的同時得到克服和改正的。領導工作的捷徑就是領導者將下屬的優點最大限度的變為己用。「人貴適用，慎勿多苛求。」人的某些缺點、弱點只要不礙其用，可以不予考慮。因苛求一個人的缺點而影響了用他的優點，進而影響了事業的發展，那才是最不合算的。因此，領導者要舉大道，赦小過，「有大略不問其短，有厚德不非小疵」，在優點上下工夫，這樣才能站得更高、看得更遠，缺點也就能相對解決得更好一些。連蕭伯納也曾說過：「成功，網絡著大量的過失。」

3. 人人可用，就要用偏才，不求全才。人才並非全才。古人講，「全才」即是「人」中之「王」，但世間並沒有「全才」，「全」去掉「王」就只剩下

「人」才，可見人才並不是能大包大攬的全能之輩。在一個團隊裡，有人專業技術好，有人社交能力強。能力有差異很正常，偏長之才一旦被用對了地方，優勢可以互補，每個人都把自己的優勢發揮出來，會作出讓人意想不到的成績。所以，領導者用人時要發現的是在某個主要領域中有卓越才能的人，而不是找在各方面都不錯的人。這就要容得下下屬的差異，切莫要求把專業人才變為通才，要求一般人員也成為專業人才。人才搭配的妙處在於讓不同類型的人才扮演不同的角色，而不是讓所有的人共有一張面孔。各顯其才，各循其道是非常重要的。

【案例連結】

拿破崙在眾多征戰中屢屢獲勝，原因就是他善於發現手下將士的優勢，而不為短處操心，並盡量用其所長來為自己服務。例如他選用貝赫爾作為他的參謀長時，他很清楚貝赫爾缺乏果斷力，完全不適於完成指揮任務。但他知道貝赫爾善於分析地圖，了解很多種搜尋軍事情報的方法，並且做事細心周密，具有參謀長的一切素養。後來的實際證明貝赫爾是拿破崙的一位最理想的參謀長。

4. 人人可用，就要用對位置，不怕「庸才」。庸才不過是放錯了位置的人才。張良手無縛雞之力，劉邦如果用他取代韓信，去帶兵打仗，衝鋒陷陣，他肯定是個蠢材，可他的長處是會決斷、有謀略，劉邦就讓他做軍師，當作外腦使用，結果成就了一位彪炳千秋的名相。放對了位置，他就是「能人」；反之，放錯了位置，他就是「庸人」了。就是身體患有殘疾的人放對了位置也是人才。清朝武將楊時齋說：「軍中無人不可用，就連身患殘疾的士兵也可審其能而用之，聾者宜左右使喚，啞者宜令送密信，跛者宜令守炮座，瞽者宜令伏遠。」這就如同槓桿原理，槓桿的力量在支點，如果找準了支點的位置，即使只有很小的力也能產生巨大的力量。最有效的槓桿，總是放在最恰當的支點上。最有效的人才就是放在最合適的位置上的人。一個卓越的領導者要善於借助他人的力量開創宏圖偉業。

【案例連結】

去過寺廟的人都知道，一進廟門，首先是彌勒佛，笑臉迎客，而在他的北面，則是黑口黑臉的韋陀。但相傳在很久以前，他們並不在同一個廟裡，而是分別掌管不同的

廟。彌勒佛熱情快樂，所以來的人非常多，但他什麼都不在乎，丟三落四，沒有好好的管理帳務，所以依然入不敷出。而韋陀雖然管帳是一把好手，但整天陰著個臉，太過嚴肅，搞得人越來越少，最後香火斷絕。

　　佛祖在查香火的時候發現了這個問題，就將他們倆放在同一個廟裡，由彌勒佛負責公關，笑迎八方客，於是香火大旺；而韋陀鐵面無私，錙銖必較，則讓他負責財務，嚴格把關。在兩人的分工合作中，廟裡一派欣欣向榮的景象。

二、量才適位，高能為核

（一）量才適位

　　量才適位就是根據一個人才能的高低給予適當的工作崗位，讓人得其事，事得其人，人盡其才，事盡其功。古人所講的「用人必考其終，授任必求其當」，就是這個道理。摩托羅拉就很注重遵循量才適位的用人之道：在最恰當的時間將最好的人放到最恰當的位置上。

　　1. 量才適位，就要注意避免兩種傾向。一種是人才高消費；另一種是縱容能力不足的人。人才高消費，就是高層次人才低崗位配置，這種人才配置方式一方面造成了「高位」無人才和「低位」人才堆積的情況，造成人才的浪費；另一方面也挫傷了「大材小用」人才的積極性和能力的發揮。努爾哈赤對侍臣講：「有善於征戰者，即定用之征戰，不可私事驅使。若機密之地，必擇謹慎端方者處。辭命之任，必擇言論敏達者委之。凡有任使，俱因人擇用可也。」意思是：不可以亂用人，而應擇其所長，量才適用，才盡其用，不能大材小用，也不能小材大用。大材小用或有才不用都是人力資源的浪費。所謂「才盡其用」，把人擺對位置是很重要的，這是考驗領導者用人的智慧，也是人力資源管理的最高指導原則。李嘉誠也曾說過：「知人善任，大多數人都會有一些長處和一些短處，好像大象食量以斗計，而螞蟻一小勺便足夠，各盡其能，各得所需，以量材而用為原則。」最好的未必適合自己，只有適合的才是最好的。達爾文是生物進化論的奠基人，可是他卻對化學一竅不通；諸葛亮神機妙算，善於在幕後運籌帷幄，可是他

不能到陣前交戰。陳景潤在數學研究上出類拔萃，卓有成就，可他不善講演，當中學教師時，差點被哄下台。讓「李逵繡花」、「林黛玉掛帥」都是錯位用人。顯然，無論是企業用人，還是人才尋職，做到人適其崗，崗能匹配就是最好的。歷史上的王安石就有這樣的睿智，他認為：人才無論大小、長短、強弱，只要給以適當的職務，則愚笨粗俗、淺薄之人皆能盡力而為的做些小事，至於聰穎賢達的人更會傾其智囊，努力行事。

【案例連結】

宋太祖趙匡胤用「活」敗軍之將陳承昭的事例就是對「量才適位」這一原理的最好詮釋。陳承昭本是南唐的大將，官至南唐保義節度使，在南唐的地位非常顯赫。在趙匡胤率後周的先鋒部隊與南唐統帥的軍隊的交戰中，陳承昭作戰無能，敗逃之中為趙匡胤生擒活捉。從此，陳承昭身敗名裂，在後周只作了個右監門衛將軍的小官，再不能用兵。宋朝初建，趙匡胤打算興治水利。這回趙匡胤誰都沒看上，只選中了陳承昭。陳承昭雖然打仗不行，但對水卻很有研究。如此，陳承昭重振雄風。惠民河的順利疏通使趙匡胤大用陳承昭於國家的治水之事，在日後黃河潰堤的治理問題上，陳承昭更是不負宋太祖之望，在黃河兩岸廣植根系較密的榆樹，以防黃河決堤。趙匡胤欲平南唐時，忌江南水軍之利。正在無計可施之時，陳承昭建議建立一支能打水仗的水師。於是在京城朱明門外鑿挖水池，引惠民河之水灌入大池之中，操練水軍。宋朝既有水軍，水又能通匯江淮，很快平定了南唐。這都是緣於趙匡胤用人之功。陳承昭帶兵打仗是庸才，用於治水就是良才，這就是量才適位用人的奧妙。

2. 量才適位，不僅要量人之智，還要量人之力。只有謀士之才，不能任為將軍；只有縣令之能，不能作宰相；只知衝鋒陷陣的，不可以統帥全軍。「駿馬能歷險，耕田不如牛，堅車能載重，渡河不如舟。舍長而就短，智者難為謀。」三國時期的馬謖是一位頗富才氣的軍事參謀，在運用謀略上，出了不少好主意，連謀略大師孔明也特別賞識他。但馬謖的才能，不在實戰能力上，而在運籌能力上。他不適合做征戰沙場的將軍，實戰能力雖與運籌能力密切相關，但畢竟是兩種能力。諸葛亮忽略了這一區別，用他作大將，讓他帶兵守軍事要地街亭，結果被曹兵打得大敗，被諸葛亮揮淚給斬了，而蜀軍也從此一蹶不振。企業用人也應該有智和力的差別之分。企業的人才智慧不盡相同，有高有低，能力也是不盡相同，有大有小。企業的崗位也有差別，用人之前的比較分析是非常必要的。什麼類型的人才做什

麼類型的事，千萬不要張冠李戴。只有各就其位、各謀其職，各項工作才
會有條不紊和卓有成效的展開，從而將每一個人才所具備的最優秀的品質
和潛能充分發揮出來。

　　3. 量才適用，就要用好不好用的人才。一個人的長處與短處都是相對
存在的。人才不僅有才華出眾、勝任工作的能力，大都還有個人意識強，
不怎麼服從領導的毛病。美國麥克阿瑟將軍曾希望有這樣的部下，他們唯
命是從，個個忠實，但他們勝任不了工作，所以富於創造力和極強工作能
力的人難找。他感嘆道：「人才有用不好用，奴才好用沒有用。」不好用的
人才，得不到重用，組織目標就會受挫。給不好用的人才最適合的崗位，
是量才適位深層次的本質的要求。領導者的過人之處就是拋開自己的喜好
與志趣，以整體利益為重，不講「人情」，不重「感情」，不報「恩情」，
忍痛捨棄那些令自己「喜愛」的奴才、媚才，果斷發掘那些令自己「討厭」
的高才、不好用的人才，並創造發展和約束條件，激發他們超出別人的長
處，爆發出驚人的工作潛能，又改善它們的心理定勢，讓他們修正自我。

【案例連結】

　　美國 IBM 公司的總裁小華生用人的特點就是「用人才不用奴才」。

　　有一天，一位中年人闖入小華生的辦公室，大聲嚷嚷道：「我還有什麼希望！銷售
總經理的差事丟了，現在做著因人設事的閒差，有什麼意思？」

　　這個人叫伯肯斯托克，是 IBM 公司「未來需求部」的負責人，他是剛剛去世不久的
IBM 公司二把手柯克的好友。由於柯克與小華生是對頭，所以伯肯斯托克認為，柯克一
死，小華生定會收拾他，於是決定破罐破摔，打算辭職。

　　華生父子以脾氣暴躁而聞名，但面對故意找麻煩的伯肯斯托克，小華生並沒有發
火，他了解他的心理。小華生覺得，伯肯斯托克是個難得的人才，甚至比剛去世的柯克
還精明。雖說此人是已故對手的下屬，性格又桀驁不馴，但為了公司的前途，小華生決
定盡力挽留他。

　　小華生對伯肯斯托克說：「如果你真行，那麼，不僅在柯克手下，在我、我父親手
下都能成功。如果你認為我不公平，那你就走，否則，你應該留下，因為這裡有許多的
機遇。」

　　後來，事實證明留下伯肯斯托克是極其正確的，因為在促使 IBM 做電腦生意方面，
伯肯斯托克貢獻最大。當小華生極力勸說老華生及其他高級負責人盡快投入電腦行業

時，公司總部響應者很少，而伯肯斯托克卻全力支持他。正是由於他們倆的攜手努力，才使 IBM 免於滅頂之災，並走向了更輝煌的成功之路。

後來，小華生在他的回憶錄中，說了這樣一句話：「在柯克死後挽留伯肯斯托克，是我有史以來所採取的最出色的行動之一。」

小華生不僅挽留了伯肯斯托克，而且提拔了一批他並不喜歡，但卻有真才實學的人。他在回憶錄中寫到：「我總是毫不猶豫的提拔我不喜歡的人。那種討人喜歡的助手，喜歡與你一道外出釣魚的好友，則是管理中的陷阱。相反，我總是尋找精明能幹、愛挑毛病、語言尖刻、幾乎令人生厭的人，他們能對你推心置腹。如果你能把這些人安排在你周圍工作，耐心聽取他們的意見，那麼，你能取得的成就將是無限的。」

（二）以能力高的人為組織中的領導核心

按照質量互變規律，任何布局必須有一個，並且只能有一個維繫全局的核心。以能力高的人為組織中的領導核心，是量才適位原理的深化和必然要求。

1. 領導活動必須有主帥。三軍以帥為主。領導團體的結構是要有核心的，沒有核心的班子結構是不穩定的。領導學有一個基本原則，就是領導必須是唯一的，即不能被分散。在集體領導核心不能形成的情況下，這個核心也就只能由個人來承擔。任何一個領導團隊都必須把責任落實在個人頭上，即實行個人負責制。而全責就要由主帥來承擔。如果沒有這個全部責任的具體承擔者，那麼，這個領導團隊就不會有效率、效能可言。集中意見，協調事項也必須有一個人牽頭。否則，在意見分歧的情況下，沒有一個權威人物出面，就無法集中了；出現問題沒有人協調，連最基本的穩定也保證不了。整個領導團隊就要圍繞那個最有威望、最有能力、最富犧牲精神的核心人物，凝聚起精神，建立起個性。這樣才能形成一個如大腦控制四肢、如心臟控制血液一樣收放自如、穩定和諧的、高度智慧的領導結構。列寧講過這樣一句話：「歷史必然性的思想也絲毫不損害個人在歷史上的作用，因為全部歷史正是由那些無疑是活動家的個人行動構成的。」

2. 主帥必須是高能者。領導團體要形成圍繞核心的結構，就必須以品德和能力高的人為主帥。主帥處在全局、策略、統領的位置，必須具有較

一般人更為長遠的視野和眼光；要經歷過比常人多得多的風風雨雨，必須具有超過常人的心理和意志品質；要長時間的從事具體的領導工作，必須知道在什麼時候、什麼地點、要做什麼樣的事情，經驗也要比一般人多；手中掌握很大的權力，要避免權力濫用和以權謀私，必須具有良好的道德意識和道德水準。孔子說：「為政以德，譬如北辰，居其所而眾星拱之。」北辰就是北極星，眾星拱之，就是北極星不動，北極星外面的北斗七星圍繞著北極星旋轉。領導團體的核心人物就是北極星。劉邦就是自己軍事集團的北極星，蕭何、張良、陳平、樊噲、周勃、曹參這些人就是圍繞他轉的北斗七星，這就是劉邦成功的一個原因。中文在造字上，也洋溢著「高能為核」的智慧思想，「三個人在一起，就得有個人上人（眾）」，「兩個人在一起，也得有個人走在前面（從）」。這個「人上人」和「走在前面的人」，必須是個高能者，否則，這種結構就不能維持。不想當將軍的士兵不是好士兵，帶不出將軍的元帥不是好元帥。強將手下無弱兵，強兵上面有強將。

3. 主帥能夠決定一個組織的整體功能。主帥是一個組織的舵手，是一個團隊的靈魂人物。領導者在組織和建設領導團體時，必須防止「核心低能」。因為核心常常能夠決定一個群體的整體功能。「兵熊熊一個，將熊熊一窩。」拿破崙說：「一隻綿羊領著一批雄獅的部隊，打不過一隻雄獅領著一群綿羊的部隊。」對一個組織或企業而言，一旦低能者被推到不稱職的核心職位，就會造成組織效率低下、發展停滯的狀況。平庸者出人頭地，也是用人機制的死結。人才往往是有特性的，寧給好漢子牽馬墜鐙，也不給賴漢子當祖宗。你在領導核心的崗位上錯用一個庸才，就會氣傷一批人才，甚至氣跑一批人才。

三、和而不同，差異互補

（一）和而不同

「和而不同」的思想最早來自於西周末年的史伯，他認為「和實生物，

同則不繼。」所謂「和而不同」，是指不同的因素在一定條件下相輔相濟，相補相平，相生相滅，相反相成，匯成了一個統一的整體，能生成新的事物。「和而不同」的對立面就是「同而不和」。「同而不和」就是單一因素的簡單疊加，數量增多了，但無法合成一個有機統一整體，導致事物滅絕。

1.「和而不同」是「天人合一」的思想體現。如自然界中只有單一一種生物存在，這一物種就會因為沒有其他物種的互補與制約而衰退和死亡。單調的顏色使人乏目，顏色搭配就會好看；單調的聲音令人心煩，七種音調相互配合就能奏出美妙的音樂；單一的味道使人反胃，各種佐料調和才能做出美味佳餚。所以，「和」才會產生萬物，「同」就會因失去了差別和對立從而什麼也產生不了。人類社會也是如此，人類社會也是「和而不同」的複雜結構。各國歷史文化、社會制度、管理體制和發展模式都是多元化的。這就是人類世界的真實存在。如果世界是一元化的，只有一種文化、一種社會制度、一種管理體制、一個發展模式，那人類社會就失去了豐富多彩，失去了發展的生機和活力，就會滅亡。人類社會的發展選擇了多元化，「和而不同」的原理正是這種多元化的真實反映。

2.「和而不同」是成就事業的基礎。漢高祖劉邦之所以能夠戰勝不可一世的「西楚霸王」項羽而得了天下，主要原因之一就是在他的領導集團中，「夫運籌帷幄之中，決勝於千里之外，吾不如子房；鎮國家，撫百姓，輸糧餉，不絕糧道，吾不如蕭何；連百萬之軍戰必勝，攻必取，吾不如韓信。此三者，皆人傑也，吾能用之，此吾所以取天下也。項羽有一范增而不能用，此其所經為我擒也。」劉邦的這段話講出了「和而不同」的原理和作用。這裡的「和」，就是三傑都為劉邦打天下所用；這裡的「不同」，就是三傑之間不可替代的才能貢獻。張良深通謀略，是一個策略策劃家；蕭何深通經濟，是一個理財治邦能手；韓信是個善於調兵遣將、戰無不勝、攻無不克的帥才。很顯然，僅憑藉其中任何一個人的力量都是不可能幫助劉邦登上皇帝寶座的，而劉邦卻把三人都吸引到自己的身邊，使其差異組合，達到了超越三個人本身能力的效能，終於打敗項羽，一統天下。

反過來「同而不和」，就做不了一番事業，甚至還可能葬送事業。如果

劉邦手下的「三傑」全是韓信類型的，只有帶兵打仗，衝鋒陷陣的，沒有出謀劃策的人，也沒有建設根據地提供後勤保障的，這個仗不能打，更打不贏。如果都是張良這種類型的，雖然有決勝千里的計謀，但沒有前線指揮官的執行，沒有根據地的依託，沒有糧草的接濟，再多的計謀也無濟於事。假如都是蕭何類型的結果也是不行。再假若這「三傑」雖然是三種類型的人，但沒有「和」在劉邦周圍而是各立山頭，儘管個人的能力再大也是單項突出，在綜合較量的歷史舞台上，很容易就被項羽各個擊破，連施展才幹的機會都沒有，更不要說成就事業了。

3.「和而不同」是領導組織架構建立和領導成員配備的基點。領導組織架構是產生領導效能的組織基礎。「和而不同」是構建領導組織架構的原理。按照「和而不同」的原理，可以根據成員知識結構、能力結構、年齡結構、性格結構等「不同」的特點，進行「和」的組合，使「和而不同」的人才群體緊密聯繫在一起，綜合使用、取長補短，提高領導效能。

4.「和而不同」是暢所欲言的條件。「和」強調的是事物的「異中之同」，即存在著對立和差異的兩個事物之間的統一。「和」的要義是差別和對立，是無限多樣和豐富多彩的事物的存在。《國語・鄭語》中「聲一無聽，物一無文，味一無果，物一不講」，說的就是這個意思。領導者工作中過分追求同質化就會壓制不同意見，扼殺創新觀念和意識。要承認「不同」，只有在不同基礎上形成的「和」，才能使言路暢通，避免「同而不和」的局面，使事物得到發展。有差異才有碰撞，才有思想的火花，才有正確與錯誤、先進與落後的比較，才有競爭，才有生動活潑的創新局面。愛提意見的人有時可能擁有真理，而互相探討和啟示會有創新的思維。領導正是透過對差異的引導、調劑與妥善處理，使不同向量的作用力向著大體一致的方向產生巨大的合力，而使自己的團體產生「一加一大於二」的效應。

5.「和而不同」是君子的處世風範。孔子說：「君子和而不同，小人同而不和。」「君子周而不比，小人比而不周。」意思是說君子講和，但要保持原則，在「和」的前提下君子會用自己正確的思想從正面去匡正他人的缺失，君子是諍友。小人則不然，他們只是盲目的講「同」，一味的附和

他人，而不敢當面申明自己的正確主張，背後又心懷鬼胎，是口蜜腹劍的人。因此，小人只是勾結，君子則是團結。古人提出「和而不同」的思想，在政治上主要是勸君聽取不同意見，反對「君可臣可，君否臣否」那種不負責任的「小人」作風。

【案例連結】

劉邦有蕭何、韓信、張良三傑的輔佐，建立了漢朝的基業。這三傑各有不同的才幹，韓信善於帶兵打仗、衝鋒陷陣，當大將；張良善於出謀劃策，當軍師；蕭何善於管理錢財、不絕糧道，當後勤部長。但是，如果他們三個都是一個類型的，仗就無法打下去。都是韓信類型的，誰給你運籌帷幄、決勝千里，誰給你建立根據地，提供後勤保障，而且弄不好，他們還會各自爭功顯能，相互拆台。如果都是張良類型的人，腦子太好，有良謀計策，可是沒有前線指揮官的實施，沒有根據地的依託，就是有再好的計謀也不行。如果都是蕭何類型的人，沒有縱觀大局制定出的正確策略，沒有帶兵衝鋒陷陣的執行將領，恐怕再多的糧草也無濟於事。再假如這「三傑」不歸附劉邦的團隊，而是各立山頭，單打獨鬥行不行？顯然，只是單幹，能力再大也是單項突出，在綜合較量的歷史舞台上，很容易就被項羽各個擊破，連施展才幹的機會都沒有。

（二）差異互補

差異互補，即差異化的優勢優化組合。差異互補才能增值。

1.差異互補是領導團體結構優化的重要原理。領導團體必須形成結構的優勢和合力。有人主張領導團體搭配應該是「木桶理論」，無論其他木條多高，只要有一個木條是短板，水就順著短板流出來，其他木條再高也是浪費。因此，搭配班子必須以短板為標準去找齊。其實你永遠也找不齊。搭配領導團體應該是「釘耙理論」，就是那種五尺耙，一個長齒，兩個中齒，兩個後齒。長齒先著地，中齒再著地，後齒最後著地，從不同的角度、不同的方面，共同配合發揮耙地的作用。就如同營養本身是不能保證身體健康的，只有透過合理的營養搭配才能達到健康的目的一樣，領導團體成員個人即使素養再高能力再強，沒有合理的互補結構，也無濟於事，甚至是危險的。領導團體成員互補可以形成科學的、能夠發揮更大作用的群體結構，提高決策質量，避免造成大的失誤；可以充分的吸收更廣泛的

意見，反映各方面的利益，利於整體局面的穩定。領導團體的成員都有知識就配備一些有經驗的人，都有能力就配備一些人際關係好的人。性格、性別、年齡、民族都應該互補。其中以性格為例，如果領導團體的成員都是性格溫和的，往往缺少生氣，就應該配備一些性格剛烈的人；如果領導團體的成員都是性格剛烈的，就容易增加摩擦和不寧，應該配備一些溫和性格的人。

【案例連結】

唐太宗登基後，因開國不久，整個朝廷的結構都在建設與調整之中，把手下的有才之人分別放在什麼位置上才能夠成為一個最合理、最有效的組織結構呢？

房玄齡處理國事總是孜孜不倦，知道了就沒有不辦的，於是太宗任用房玄齡為中書令。

中書令的職責是：掌管國家的軍令、政令，闡明帝事，調和天人。入宮稟告皇帝，出宮侍奉皇帝，管理萬邦，處理百事，輔佐天子而執大政，這正適合房玄齡「孜孜不倦」的特性。

魏 常把諫諍之事放在心中，恥於國君趕不上堯舜，於是唐太宗任用魏 為諫議大夫。諫議大夫的職責是專門向皇帝提意見，這是個很奇特的官，其既無足輕重，又重要無比；其既無尺寸之柄，但又權力很大，而這一切都取決於諫議大夫的意見皇帝是聽還是不聽，像魏 這樣敢於直諫的人是再合適不過了。

李靖文才武略兼備，出去能帶兵，入朝能為相，太宗就任用李靖為刑部尚書兼檢校中書令。刑部尚書的職責是：掌管全國刑法和徒隸、勾覆、關禁的政令，這些都正適合李靖才能的發揮。

房玄齡、魏 、李靖共同主持朝政，取長補短，發揮了各自的優勢，共同構建起大唐的上層組織。

除此之外，唐太宗還把房玄齡和杜如晦合理的搭配起來。李世民發現房玄齡能提出許多精闢的見解和具體的辦法來治國安邦，但房玄齡對自己的想法和建議卻不善於整理，他有許多精闢見解，很難決定頒布哪一條；而杜如晦，雖不善於想事，但卻善於對別人提出的意見做周密的分析，精於決斷，什麼事經他一審視，很快就能變成一項決策、律令提到唐太宗面前。於是，唐太宗就重用他二人，把他們倆搭配起來，密切合作，組成合力，輔佐自己，從而形成了歷史上著名的「房（玄齡）謀杜（如晦）斷」的人才結構。

2. 差異互補是團隊建設的重要原理。團隊有三個特徵，其一由很多人

構成，其二不同的人有不同的才華和個性，其三才華和個性互補。由於智慧結構與思維習慣的不同，心理素養的差異，生活和工作環境的差別，每個人都互有長短，各有千秋，任何人也不能是「十項全能」。知識加經驗等於能力；能力加人與人之間的關係等於成績。因此，人的知識和經驗要互補，能力和關係要互補。團隊建設中每個成員的知識結構、技術技能、工作經驗按比例配置，達到合理的互補，構成了這個團隊的基本要素。個人總有自己的缺陷，總需要別人的補充，在與他人相處，或者在確定自己工作位置的時候，要注意到相互間的互補，而不能抵觸。團隊是一個多元化的共同體。幾乎每個團隊成員都有自己的個性。人沒個性是沒有希望的，連立足社會也不可能。但是個性抵觸會讓每一個人吃盡苦頭，大部分個性悲劇都是因人際結構不合理引出來的。個性互補會把人們結合成很有成效的群體，尊重差異，容納別人的個性和缺點，諒解對方的一些不經意的小過錯。促使人們相互切磋、相互啟發、互相激勵，產生一種較強的「親和力」。

3. 差異互補也是領導用人的重要原理。領導者在使用人才時，應重視發揮人才的集體能量。即根據組織或企業的經營目標，把所在群體的人才之間的各種專業、知識、經驗、能力、氣質、年齡、心理、性格特徵等「和而用之」，組成一個充滿生機的整體優化的人才群體結構。有的擅統全局，有綜合能力，可為統帥之才；有的工於心計，擅長出謀劃策，可為參謀之才；有的能說會道，有經濟頭腦，可為推銷之才；有的形象思維能力強，可搞藝術性的工作；有的抽象思維能力很強，可搞科技性的工作。猶如象棋中各個棋子可透過差異互補的整合相互依託、相互倚重，結合成整體的人才優勢。可見，差異互補的原理運用得越好，人才開發就越深，人力資源的利用率就越高，就越能把潛在的人才資源變為現實的優勢。列寧就曾經說過，一個偉大的人物雖然很重要，但是「千百萬創造者的智慧卻會創造出一種比最偉大的天才預見都還要高明得多的東西。」

【案例連結】

南唐中主李璟最大的錯誤是所使用的人才不合理。他自己工於辭賦，便把這一點作為選拔人才的唯一標準。他任用最久的宰相馮延巳就是因為在寫詩詞上有獨到的工夫而官運亨通。還有他繼位後任用的陳覺、馮延魯、查文徽、魏岑等人，都在文學上有造詣，但在治國上卻是平庸之輩，當時人們稱他們為「五鬼」。如查文徽在打了勝仗後，不約束軍隊，士兵們無惡不作。陳覺和馮延魯指揮大軍打仗，本來勝利在即，但馮延魯突然想出一個莫名其妙的主意，讓自己的軍隊後撤半里，陳覺立即同意，使自己的軍隊前後受敵，最終慘敗，士卒死了兩萬多人。葬送了南唐江山。

當然不是說擅於辭賦的人在政治上都是庸才，在歷史，很多優秀的政治家都擅於辭賦，如曹操、王安石等人。李璟最大的錯誤是把工於辭賦作為選拔人才的標準。從領導群體的結構上來說，領導者的知識結構嚴重雷同，一旦遇到危機或意想不到的情況，領導者就會六神無主，最終失去自己的領導地位。南唐在後周的強大攻勢下只有屈辱稱臣，這說明領導群體結構的差異互補在領導過程中十分重要。

四、文化凝聚，領導使命

（一）文化凝聚

文化是人類社會歷史實踐過程中所創造的物質財富和精神財富的總和。從社會心理學的角度說，文化就是在群體中的歷史所累積沉澱成的不用思考、潛意識就會表現出來的一種思維模式和行為模式。用通俗的話講，文化就是人的、社會的思想和行為環境。人們怎樣思考，怎樣生活，怎樣工作，這就是文化。

組織文化是一隻看不見的手，猶如水中之鹽，看不到，但品嘗得出，是無形勝有形的最強有力的競爭手段，具有凝聚功能。張瑞敏曾說：「所有成功的企業，必須有非常強烈的企業文化，用這個企業文化把所有的人凝聚在一起。」文化的凝聚功能體現在以下幾方面：

1. 定位作用。文化中最為重要的是價值觀念，也就是價值取向、價值追求。文化是以價值觀念為核心的思想方式、思維方式和行為方式。文化透過它的核心價值觀將組織追求的目標與社會價值聯繫起來，為組織在整個社會中定位；將員工個人的追求與組織目標聯繫起來，為個人在組織中

定位。一個沒有價值觀的人或組織，就像一個人沒有大腦一樣，既沒有選擇，也沒有方向，更沒有聚合力。美國海軍陸戰隊也建立了自己的價值觀，主要包括忠誠、職責、尊敬、奉獻、榮譽、正直和勇氣七個方面。美國海軍陸戰隊認為這樣才能使新兵由無紀律到自覺接受紀律約束，由個人單獨作戰到團隊作戰，由不情願到忠實為美國利益服務。

2. 決定作用。文化是人們在特定的生活和生產方式中產生的，具有鮮明的個性，它決定著組織的基本特徵和每個員工的行為取向。文化是無處不在的。做任何工作的時候，都需要把文化因素考慮進去。對企業來說，它的組織、人員、設備、技術和產品，這所有的一切，都被融合在文化之中，都體現著文化，也被文化所左右。我們看到，許許多多的企業在經歷了轟轟烈烈的創業階段之後，沒有幾年就銷聲匿跡了，一個很重要的原因就是沒有基本的文化思想和文化建設。華為集團的認知是：「資源是會枯竭的，唯有文化才會生生不息。」

3. 激勵作用。在正面激勵因素中，文化最具有培養道德良知、增強人格魅力和提升成長力量的激勵作用。文化是組織最重要的精神支柱，是支撐著部屬向上的信念，激勵部屬積極去實現這些信念。文化使精神統一在一起，形成力量。文化決定了企業全體員工在所有重大問題上能有共同的追求，共同的價值取向，共同的理想，共同奮鬥的事業心。沒有文化這個根本的東西，你再激勵他，他也不會真正按你的要求行事。

4. 整合作用。文化是組織進行整合的一條無形紐帶，它透過弘揚「感恩」和「包容」精神，彌合人際關係裂痕，凝聚各種資源。用好文化的凝聚機理，特別是用好「感恩」和「包容」文化的凝聚效用，就能把組織整合成有凝聚力、向心力、戰鬥力的集體。感恩是一種生活態度，一種處世哲學，一種境界，一種智慧品德。無論生活還是生命，人們都需要擁有一顆感恩的心。一個不知感恩的人，是素養不全面的人；一個缺乏感恩的集體，是沒有凝聚力、向心力、戰鬥力的集體。感恩之心驅使下的人有別於常人，他們執著而無私，博愛而善良，敬業而忠誠，富有責任感和使命感。歷史上一些「無能而能」的領導者如劉備、宋江就是精通感恩之道的高手。

他們以施恩的文化，贏得了部屬的心，凝聚了領導力。「包容」意味著善待別人，孟子說過「君子莫大乎與人為善」，「為善最樂」。《聖經》上也說：「充滿善意的粗茶淡飯勝過仇恨的山珍海味。」有許多用智慧千方百計也得不到的東西，憑著與人為善卻輕而易舉就得到了。在當今這樣一個需要合作的社會中，人與人之間更是一種互動的關係。只有我們去善待別人、幫助別人，才能處理好人際關係，從而獲得他人的愉快合作。那些慷慨付出、不求回報的人，往往更容易獲得成功。

(二) 領導使命

文化層次是領導者一切思想和行動的基礎和出發點。二十一世紀的領導越來越顯示出柔性化和隱性化的趨勢，它主要依靠引導和疏導，依靠非權力的影響力即依靠組織文化中的價值觀、願景和使命來達到領導的目的。

文化包括三大部分，即願景、使命和核心價值觀。

願景確定的是組織主體的本源，未來的圖景。願景是在變化無窮的環境中組織發展的方向舵。一個組織有了美好的願景，才能夠讓組織成員得到一種更好的發展設想和空間。有位心理學家指出：「不平凡的人生源於一幅畫，它駐留於你的想像之中。那是一幅你想去描繪，想去實現的畫。」個人想實現的那個「畫」，就是個人願景；組織想實現的那個「畫」，就是組織願景。組織願景是潛藏在組織成員心中的一股感召力、內驅力和創造力。卓越領導者的一項重要職責，就是為組織和組織成員提供形成組織的凝聚力的願景，並率領組織成員為願景的實現而奮鬥、實踐。

使命，是願景的展開，是一個組織存在和發展的理由，是一個組織行動的原動力，也是一個組織的靈魂和神經中樞。使命不是空洞的，而是具有實際的內容。例如一個股份公司的使命應該是「四為」，即為股東，讓股東的投資保值增值；為客戶，滿足客戶的需要與客戶共贏是永遠的追求；為員工，發展事業成就員工；為社會，向社會提供優質產品與服務、安排就業、提供稅收、向社會義捐等。領導者的核心任務，就是要幫助組織成員認清組織存在的使命，並以這種使命感激發自身以及組織成員的潛力。

有使命才會點燃下屬的工作熱忱之火，為之傾心努力。我們將這種行為稱為「賦予動機」。只有樹立明確的使命感，才能滿足組織成員自我實現的需要，持續的激發他們的創造熱情，才能贏得公眾更普遍更持久的支持、理解和信賴，才能夠保證一個組織生生不息、可持續的發展。

核心價值觀，是組織最基本和持久的信仰，是組織的願景和使命要求下的組織成員的具體行為規範。組織的願景和使命只有變成組織成員最基本和持久的信仰，變成組織成員日常行為規範，才能得到最好的實現和體現。價值觀作為價值的觀念，是理性的最高表現。沒有統一核心價值觀的企業文化是沒有核心靈魂的文化，多元的外來文化加上多元的價值觀，必定會使企業的利益目標與員工的利益目標貌合神離。而文化的多樣化與價值觀的一元化，卻能使不同文化背景的員工朝著企業同一個利益目標方向前進，達到形散而神不散的境界。美國系統管理學派的代表人物，被稱為現代管理理論之父的巴納德認為，領導的作用是駕馭組織的社會力量去形成和指導價值觀念。價值觀，生活的意識、精神準繩，是自己的道路，自己的取向，自己的態度，自己的追求。對一個組織來說，領導是點，組織是線，員工是面，核心價值觀是紐帶，它把領導、組織、員工連接成為實現願景和使命的共同體。

領導文化就是領導使命。文化是無形勝有形的東西，老子講「無中求有」是最大的有，文化就具有這樣的屬性。它以看不見的形式操縱著組織的領導活動。優秀的企業領導者都不是領導利潤，而是領導使命。微軟公司的使命是「讓每台桌子上都擺上一台電腦」。當每台桌子上都擺上一台電腦時，微軟公司的市場該多大啊！還能沒有利潤嗎？日本松下公司的使命是「消滅貧窮」，說：「讓我們的家電產品像自來水一樣流進每個家庭，為他們消滅貧窮服務。」美國福特公司領導的使命是「讓馬從馬路上走開」。使命是人生奮鬥的目標，是人的力量源泉，是人精神上的支柱。

領導使命就是領導文化的最高境界。組織的使命是組織取得成功的「金科玉律」。使命是在共同的價值觀的基礎上，不是透過權力而是透過其價值對員工做出理性的約束。真正的企業使命，必須融入到員工的心田裡，如

春風化雨，而不是寫在手冊中讓人壓抑。

領導文化和領導使命，就是領導常青的基業。人的體能雖然有限，但人類的文化卻是無限的。文化具有永恆的魅力，人死了，歷史沒有死，靠什麼把幾千年的歷史傳承下來？就是靠文化。屈原死了，但《離騷》沒有死；李白死了，但詩歌沒有死。抓住了組織文化就抓住了組織永續發展的常青點。世界上著名的長壽公司都有一個共同的特徵：它們都有一套堅持不懈的核心價值觀，有獨特的、不斷豐富和發展的優秀企業文化。約翰·科特認為：「惠普公司成功的根本原因在於建立了一整套強有力且策略適應的文化體系。」

五、激勵強化，調動情緒

(一) 激勵的原理與著力點

領導的真諦就在於努力把人激發，發揮每個人的潛力。激勵就是激發鼓勵的意思。激勵是有效的實現人才價值的「軟體工程」。激勵的運行過程是一個完整的關係鏈，在這個關係鏈中，需要是基礎和出發點；有需要才能產生一種行動的意圖，這就是動機，動機是驅動人們去行動的直接動力和原因；在動機的驅使下就會實施滿足需要的行為。行為是人或動物所表現的和生理、心理活動緊密相關聯的外顯的運動、動作或活動。目標是需要、動機、行為的指向，又是需要滿足的結果。有了目標，才能集中注意力和行動，才能使激勵的關係鏈形成一個循環整體。亞里斯多德說：「所有的事物都是為著一個目的而具有某種秩序。」

激勵原理提示領導者實施激勵的著力點有以下幾個：

1. 提升下屬的需要。人是一種需要的動物。人的本性就有一種滿足自己需要的欲望。一旦需要落在了具體的對象上，就會轉化為動機，從而激發人們去行動。所以，需要才是人的行為的原動力，需要的不滿足才是激

勵的根源。從人的需要出發探索人的激勵和研究人的行為，抓住了激勵問題的關鍵。但人的需要是個不斷提高的過程，滿足需要是一個步步趨高的過程，「喝足井水者離井而去」，因此，不能一次全部滿足下屬的需要，必須不斷提升下屬的需要。人的需要又分為生理需要和精神需要，在一定程度上，精神需要是人的更優勢的需要。一旦弱化了精神需要，人的潛能與智慧就得不到開發。只有滿足下屬的優勢需要，才能產生最大的激發力量。世界上各種偉大事業沒有一件是只想「填飽肚子」的人，或者「得過且過」的人幹成的，偉大的事業是由有精神追求、意志堅定、不畏艱苦、充滿熱忱的人做出來的。因此，領導者可以用人的精神需要或者願望作為目標去激發下屬，這往往要比用生理需要去激發他有更為明顯的效果，也很容易從被激勵者身上得到你所需要的東西並贏得用人的無限能力。

2. 激發下屬的動機。動機是一種行動的意圖和驅動力，它推動人們為滿足一定的需要而採取某種行動。人的超越的行動及過程都是由動機產生的。領導者應注意使部屬的興趣、愛好與從事的職業相適應，使他們感到滿意、愉悅，受到內在激勵，有意無意中超越力量和衝動會自然而然的爆發出來，提高工作效率。一個卓有成效的領導人知道，領導最主要的任務是創造人的能力。管理學界有個公式：績效 =F（能力 × 激勵）。公式表明激勵和能力的成績大小，決定著工作績效的高低。而激勵理論認為，一個人的能力發揮得如何，又取決於激勵人的動機的程度。哈佛教授威廉·詹姆斯發現，按時計酬的員工僅能發揮其能力的百分之二十～百分之三十，受到充分激勵的員工其能力可發揮為百分之八十～百分之九十。領導者運用激勵藝術手段的真諦就在於努力把人的動機激發，發揮每個人的潛能。

3. 強化下屬的行為。行為是動機的外在表現，動機必須轉化為各種具體的行動，任何目標都需要行為來實現。沒有下屬的行動與作為，那就什麼事情也做不成。激勵具有強化行為的特殊作用：一句鼓勵的話可以改變一個人的觀念與行為，甚至改變一個人的命運；一句負面的話，可以刺傷一個人的心靈與身體，甚至毀滅一個人的未來。強化下屬的行為，就是透過正面的激勵來強化下屬實現目標的行為。優秀的領導者必須具有持久的

鼓動能力，激勵和鼓舞部屬堅定信心，釋放潛能，保持熱情與興趣，讓平凡的人以不平凡的行為做出不平凡的業績。

4.引導下屬的奮鬥目標。人總是為著某種目標而生活。有了目標，人生就有了意義，有了方向，有了追求。需要只有與某種具體目標相結合，才能轉化為動機和行為。目標是行為的結果，這些結果「拉動」人們努力去付出。人的一生中，會遇到各式各樣的困難和挫折，如果沒有一個遠大的目標，遇到一點風浪和波折，就會產生動搖，就會搖擺不定，就會失去勇氣和信心，想堅持也堅持不下去。給下屬定出明確的工作目標，並進行考核評比，獎優罰劣就是激勵。下屬看到未來的希望，就會激發出活力和創造力，為實現目標而奮鬥。在通往目標的歷程中遭遇挫折並不可怕，可怕的是因挫折而放棄對目標的追求。

【案例連結】

哈佛大學曾對某一年的大學畢業生做過一項調查，這些畢業生智力、學歷、環境條件相差無幾，但有百分之二十七的人沒有目標，百分之六十的人目標模糊，百分之十的人有清晰但比較短期的目標，百分之三的人有長遠的目標。二十五年後，哈佛大學再次對這些學生進行跟蹤調查，結果顯示：百分之三的人二十五年間朝著一個方向不懈努力，幾乎都成為社會各界的成功人士，百分之十的人他們的短期目標不斷的實現，成為各個領域中的專業人士，大都生活在社會的中上層，剩下的百分之八十七的人，他們的生活沒有目標，總是只關心自己，只關心眼前的一點利益，過得很不如意，並且常常抱怨他人、抱怨社會。由此可見，人生中最重要的就是要樹立遠大的目標。設定一個遠大的目標，可以發揮人的很大潛能。更高的目標將激勵人們發揚更高昂的奮鬥精神，勇於超越自我，全力以赴圓自己心中的夢。沒有生活目標的人，生活的層面十分狹隘，絕然做不出一番事業來。

（二）激勵的元素——心態

心態就是激勵的基礎和動力源頭。一個人首先應該具有的是積極的心態，相信自己一定能成功。只要有了這種心態，成功就不會太遙遠。拿破崙・希爾說：「成功人士的首要標誌，在於他的心態。」莎士比亞說：「如果我們的心預備好了，所有的事都成了。」相反，消極的心態則會摧毀人們的信心，使希望泯滅；消極的心態會消沉人們的意志，讓人失去前進的動力，

因而也就失去了未來的成功。日本企業界曾專門進行過研究，結果發現，一個企業團隊裡，消極心態所帶來的負面影響，竟能達到正面影響的四倍。

心態作為人的內心世界，由以下三個部分組成。

1. 態度。態度是心態的基礎，心態始於態度。從理論上講，態度是對特定對象的情感判斷和價值取向，是指人比較穩定的一套思想方法、目的和主張。態度一旦形成就不容易改變。態度、知識、技巧是影響領導活動的三個重要因素，知識解決是什麼，態度解決願不願意做，技巧解決怎麼做。其中態度尤其扮演著帶動的角色，是決定成敗的重要內容之一。一個持有積極的態度，勇於不斷自我挑戰、自我超越的高效能的人才是卓越的人。真正態度端正的領導者，不但在遇到困難時不怕困難，而且為了事業的發展，在沒有遇到困難時，還積極主動的尋找困難，比常人具有更強的冒險開拓意識和渴求成功的強烈欲望，因而他們更有希望獲得成功。

2. 熱情。熱情是態度處於爆發狀態的表現。熱情是生命的動力，人的行動就是靠熱情來推動的。如果要問哪一種品質是卓越領導者所共有的，我傾向說，他們比別人更具有熱情。我曾經以問卷的方式調查了五十位知名度很高的政府領導者和企業領導者，幾乎所有被調查的領導者通常都表現出非一般的熱情和熱情。沒有熱情，縱使學富五車，德蓋天下，也是做不成任何事的；沒有熱情，人類就不能駕馭自然和控制自然；沒有熱情，音樂就不會悅耳動聽；沒有熱情，軍人就不會上陣忘身；熱情激盪起來，什麼事情都好辦了。美國著名管理學家彼得‧杜拉克說過：「帶動工作熱情是一個領導者的『硬素養』。」當一個領導者決定開創事業時，就注定必須具備感染他人的領袖氣質。在這些重要的氣質中，熱情是最主要的。領導必須用熱情去感染他人，而不是遇事就灰心喪氣、自暴自棄。透過熱情你可以將任何消極表現轉變成積極表現。在許多情況下，人們之所以願意跟隨你去創業，基本上是受了你熱情的感染。熱情是個性的原動力，沒有熱情，只能產生惰性，不論你有什麼樣的能力，都只能靜止不動，注定要在平庸中度過一生。成功的人和失敗的人在技術、能力和智慧上的差別通常並不很大，但是如果兩個人各方面都差不多，具有熱情的人將更能得償所

願。甚至才智略微欠缺但具有熱情的人，往往能夠超過雖有才幹而缺乏熱情的人。奇異的 CEO 威爾許認為，好的人才首先是精力旺盛的人，他充滿活力，能夠調動別人的熱情，調動別人的積極性。

【案例連結】

法國著名將軍狄龍，一次帶領八十步兵團進攻一個城堡，被對方火力壓住無法前行。狄龍喊道：「誰設法炸掉城堡，誰就能得到一千法郎。」儘管一千法郎在當時是個天價，但沒有一個士兵衝向城堡。狄龍責罵手下懦弱，有辱法蘭西國家的軍威。一位軍士長聽罷對他說：「長官，要是你說為了法蘭西，全體士兵都會發起衝鋒。」狄龍於是大聲喊道：「全體士兵，為了法蘭西，前進！」結果，整個步兵團從掩體裡衝出來。最後，全團一千一百九十四名士兵只有九十人生還。軍人就講這個：國家、民族、使命、榮耀和尊嚴，他們不會為天價的一千法郎去流血犧牲，用錢驅使他們作戰，無疑是奇恥大辱。但是當國家需要他們去流血犧牲時，他們就會熱情湧動，赴湯蹈火，流血犧牲在所不惜。

3. 信念。信念是心態的最高層次。熱情一旦昇華為信念，人們短暫的熱情就轉化為持久的行為。黑格爾說過，理性和熱情，交織成世界歷史的經緯線。熱情到了信念的地步，「情」就上升到「理」的境地。信念最具理性色彩。領導首先是嚮導，要把人們引到正確的方向上，這主要是理性解決的問題，亦即信念解決的問題。信念具有抓住人心的巨大魔力。有了信念，就有了獻身精神；有了信念，就會產生持久的執行行為。信念是人的本質力量的自我充分開發。著名的黑人領袖馬丁・路德金有句名言：「這個世界上，沒有人能夠使你倒下。如果你自己的信念還站立的話。」卡內基說：人們成功程度取決於人們的信念程度。歷史上任何偉大的成就都可以稱為信念的勝利，所以，領導者非堅持信念不可。

【案例連結一】

羅傑・羅爾斯出生在美國紐約的一個貧民窟，那裡除了貧困以外還充滿著暴力與晦暗。受環境的影響，那裡成長起來的很多孩子從小就養成了逃課、打架鬥毆、偷竊等不良習慣，那些孩子長大以後，一般也都混跡在不正當的行業中，很少有人從事體面的職業。然而，羅傑・羅爾斯卻是個例外，高中畢業後，他考上了大學，而且後來成為了美國歷史上第一位黑人州長。成功後的羅傑・羅爾斯很少提及自己的奮鬥史，只是人們經常會聽到他提起一個叫皮爾・保羅的人。

原來羅傑‧羅爾斯也曾和大多數生活在貧民窟裡的孩子一樣，有逃課、偷竊等不良習慣。一天正上課的時候他從教室的窗戶裡翻了出來，準備溜走時，卻被校長喊住了，他嚇得戰戰兢兢，然而校長並沒有呵斥他，而是走到他的面前，說：「我一看見你，就有種預感，將來你一定是個成功者，說不定你能當州長，因此，不要浪費了自己的天分。」

羅傑‧羅爾斯頓時大吃一驚，因為一直以來都沒有人說過它能夠做大事，反倒是所有人都覺得他長大了會繼續過他父母那樣的日子。他信了校長的話，而且記住了「你能當州長」。從此以後，他把當州長作為人生的理想和信念，並不斷為此而提升自己。羅傑‧羅爾斯的努力沒有白費，他五十一歲成為紐約州州長。在就職演說中，他說：「信念是什麼？他有的時候是一個善意的謊言，然而你為他而堅持下去了，謊言便是無價之寶。」

【案例連結二】

日本松下電器總裁松下幸之助的領導風格以罵人出名，但是也以最會栽培人才而出名。

有一次，松下幸之助對他公司的一位部門經理說：「我每天要做很多決定，並要批准他人的很多決定。實際上只有百分之四十的決策是我真正認同的，餘下的百分之六十是我有所保留的，或者是我覺得過得去的。」經理覺得很驚訝，假使松下不同意的事，大可一口否決就行了。「你不可以對任何事都說不，對於那些你認為算是過得去的計畫，你大可在實行過程中指導他們，使他們重新回到你所預期的軌跡。我想一個領導人有時應該接受他不喜歡的事，因為任何人都不喜歡被否定。」

作為一名領導，你必須懂得加強人的信心，切不可動不動就打擊你部屬的積極性。應極力避免用「你不行、你不會、你不知道、也許」這些字眼，而要經常對你的下屬說「你行、你一定會、你一定要、你會和你知道」。信心對人的成功極為重要，懂得加強部屬信心的領導，既是在給部屬打氣，更是在幫助自己獲取成功。

(三) 馬斯洛的需要層次理論

美國心理學家亞伯拉罕‧馬斯洛於一九四三年出版了《動機激發論》，提出了人有五種需要，並且是有層次排列的。

1. 生理需要。生理需要是人的衣、食、住、饑、渴、性等基本生理機能產生的需要。生理需要是「活著的個體」的第一需要。人只有解決了衣食住行問題，機體才能有活力，才能從事社會活動。生理需要激發人萌發欲望衝動，形成包括關心和利益的認識。生理欲望是一個人心靈深處的原

始動力。人的第一需要是生活，有生活才有需要；有需要，才有追求，才有成功。馬斯洛曾說過：「一個人如果同時缺少食物、安全、愛情及價值等項，則其最為強烈的渴求，當推對食物的需求。」

【案例連結】

齊國有個叫馮諼的人，因為家境貧窮無法維持生計，便投靠在孟嘗君門下，充當食客。當時，孟嘗君有食客三千，分為三等：吃菜、吃魚、吃肉且可乘車。馮諼是一個卓有才能的人，不願意忍受低人一等的待遇，彈劍而歌抒泄心中的抑鬱：「長劍歸去吧，食無魚。」孟嘗君聽說了，便吩咐左右讓其享受吃魚的待遇。可是沒過多久，馮諼又彈琴而歌：「長劍歸去吧，出無車。」左右人聽了都譏笑他得寸進尺，孟嘗君則吩咐侍者替他駕車，讓他享受頭等待遇。馮諼因此高興了一段時間，向人稱讚孟嘗君給他的禮遇和款待。可是沒多久，他又彈劍而歌：「長劍歸去吧，無以為家。」左右人聽了都認為他貪得無厭而討厭他。孟嘗君則問：「馮公有親眷嗎？」當得知馮諼確實需要贍養老母親後，便派人經常送去食物用品，馮諼於是再不抱怨了。馮諼既然得到了和自己才幹相適應的物質待遇，便把孟嘗君視為知己，決心施展全部才幹來報答他。此後，馮諼多方奔走，來擴大孟嘗君的勢力和影響。孟嘗君擔任齊相數十載，沒有纖介之禍，基本上就是得益於馮諼的輔佐。

2. 安全需要。安全需要泛指廣義的安全，如人身、財產、職業、勞動、心理、環境、福利、身體健康等方面的安全。當一個人的生理需要得到一定滿足後，就必然會產生安全的需要。今天人們吃飽已經沒有問題了，接下來就是怎麼吃好（安全）的問題，例如吃的食品是不是綠色環保，能不能增加血脂、血糖，能不能增加膽固醇。再例如工作的環境能不能產生職業危害等。每個人都有安全的需要，安全的需要也直接影響到人們的工作情緒和態度。

3. 歸屬需要。歸屬需要包括社交、友誼與歸屬感。歸屬需要偏重於人際關係和溝通機會的「圈子效應」。孤家寡人、離群索居是痛苦的，也是做不了事業的。群體是社會的細胞單位，現實生活中，相同認知、相同傾向、相同思想的人往往自覺或不自覺的結成群體。人先歸屬於群體再歸屬於社會。歸屬群體，才能在知識、才幹等方面得到群體的幫助與指導，使自己的工作能力得到更充分的發揮，價值得到更完整的體現，也才能創造出更突出的成績。著名的企業家山姆托伊說：「若能使員工皆有歸屬之心，

這種精神力量將勝於一切，只有靠整體作業人員的徹底向心力，以及企業的興衰為己任，才能使企業臻於成功之境。」

4. 尊重需要。尊重需要包括自我尊重（自信心、自豪感和勝利感）與社會尊重（鼓勵、讚揚、認可和社會地位）。無論地位高低，人格與尊嚴一律平等。互相尊重，對雙方都有好處。因為人的社會性決定了人需要得到他人和社會的承認與肯定，人人具有基於自我著眼點的自尊，渴望別人感到他重要。當人受到社會和人們的尊重時，就會產生一種向心力和合作感，就會與社會和人們保持和諧的行動。但當人的自尊心受到社會和人們的侵犯時就會本能的產生一種離心力和強烈的情緒衝動。過度的刺激和過度的情緒作用，都會對社會和個人產生極為不良的後果。領導要設法讓下屬感到本身很重要，並竭盡所能滿足他們的這項要求。領導對下屬表現恰如其分的給予讚揚，是對下屬熱情的關注、誠摯的友愛、慷慨的給予和由衷的承認，就是對下屬最好的獎賞，必然會起到鼓勵的作用和引發感激的心理效應，甚至會出現「士為知己者死」的報效之舉。馬斯洛的需要層次中，尊重是人的重要需要，人活一輩子活的就是尊嚴（資格），因而也具有強大的激勵作用。尊嚴是一個人最敏銳也是最脆弱的感覺。侵犯尊嚴便等於是對人的侮辱和蔑視。上級領導對尊重的心理需要更強烈。因為尊重是提高領導威望，增強領導控制力和駕馭力，保證工作順利開展的精神力量。抗上者死，這是歷代剛直迂腐之士的悲劇，下級應引以為鑒。尊重也是一種柔韌的領導智慧，平時一提到尊重，人們往往想到的是尊重上級，而忽略了對下級的尊重，這是很片面的。每個人都要求得到承認，都有情感，希望被喜歡、被愛、被尊敬。尊重下級的職權；尊重下級的意見，傾聽他們的呼聲；尊重下級的人格。要樹立信任下級、尊重下級的風範，這樣就能充分調動下級的積極因素，使我們的工作出現生動活潑的局面。古代就有「禮賢下士」之風，國外有的企業家，把尊重人當作是激勵人的智慧、同心同德搞好企業的一條宗旨。美國著名企業家瑪麗·凱有一段經驗之談，他說：「你要是能使一個人感到他十分重要，他就會欣喜若狂，就能發揮衝天的幹勁，小貓就會變成大老虎。」這一點很值得我們思考和踐行。

【案例連結】

　　唐朝女皇武則天，在人才的利用上明察善斷，具有政治家的遠見卓識，還特別注意從被認可被尊重上激勵臣子。她一直尊稱輔政躬勤不怠的狄仁傑為「國老」。狄仁傑年邁行動不便，武則天就免去他上朝行君臣下拜之大禮。有一次，狄仁傑的頭巾被狂風吹落，武則天即命太子拾起，親自為狄仁傑繫上。在等級森嚴、尊卑分明的封建社會裡，武則天能如此待下，實屬難能可貴，而臣下也會因此尊重而感恩戴德、以死相報。

　　5. 自我實現的需要。自我實現的需要指人們發揮潛能、實現社會抱負的需要。自我實現是深深植根於人的內心的為成就而工作的渴望，是最高境界的需要，因而也是最具激勵作用的需要。人活著，人工作，就是為了活出個自我來，實現自身最大價值。自我實現不是自我膨脹和自我異化，自我實現是把為什麼活著、怎樣活著、活著做什麼的價值觀同國家的命運、社會的發展以及人類的進步聯繫起來。所以，自我實現就是人生觀和價值觀的實現，就是尋找生命的價值。人生成就的本質就是滿足需要，這個需要絕不是個人的需要，而是社會需要。實現自身價值就是實現你對於社會存在的意義，只有將社會利益作為目標，才會有持久而強大的動力，也才會得到社會的支持與認同，也才能實現自身的價值。歌德在《格言詩》中曾提到：「如果你喜愛自己的價值，你就應該為這個世界創造價值。」

【案例連結】

　　劉備三顧茅廬，請諸葛亮出山，拜為軍師，以師禮視之，並且對諸葛亮言聽計從，這裡「拜為軍師」滿足了諸葛亮的「歸屬需要」；「以師禮視之」滿足了諸葛亮的尊重需要；「言聽計從」最重要，滿足了諸葛亮實現自己的最大價值的需要。自我價值的實現是最具激勵作用的力量，給諸葛亮激勵得「雖肝腦塗地，也無以報知遇之恩」。那怎麼辦呢？只有「鞠躬盡瘁死而後已」。項羽也有與諸葛亮同量級的人物叫范增，項羽讓范增做軍師，滿足了他的歸屬需要；尊范增為「亞父」，指在自己心中，他的地位僅次於父親相當於叔叔，除了自己的父親，就是范增了，其尊重的程度，比劉備尊重諸葛亮還要深。但是，項羽對范增言不聽計不從，范增實現不了人生最大價值的追求，最後離項羽而去。《水滸傳》裡的山寨之主白衣秀才王倫，就怕部下發展超過了自己，因此，整天打壓部下，不給他們發展的機會和條件。他的部下感到在他的領導下暗無天日、度日如年。就連那個忠義之士林沖也忍受不下去了，拔劍而起，殺了王倫，擁戴晁蓋。

(四)赫茲伯格的二因子論

一九五九年美國心理學家弗雷德里克‧赫茲伯格，在長期研究的基礎上，提出了二因子論。赫茲伯格把傳統的滿意—不滿意的兩極方式（即滿意的對立面是不滿意），調整為不滿意—沒有不滿意、沒有滿意—滿意（即滿意的對立面是沒有滿意，不滿意的對立面是沒有不滿意）。其理論要點是，影響人的行為的需要有下述兩種因素。

1. 保健因素。保健因素主要是對工資、福利、工作條件、安全保障等物質條件的需要。這種需要有個限度，在這個限度以下，人就會不滿意；只要給予一定的物質條件達到了這個限度，人就沒有不滿意，但是，物質條件超出這個限度也只能是解決了沒有不滿意的問題。保健因素需要的滿足，本質上就是解決沒有不滿意的問題。

2. 激勵因素。激勵因素指工作的挑戰性、成就感、上下級的信任、業務的發展和職務上的晉升等方面的需要。這些因素的滿足會使人滿意。激勵因素解決的是滿意的問題。

運用二因子論要知道保健因素和激勵因素的滿足程度具有連續性。首先要滿足保健因素的需要，具備保健因素，才不會使職工產生不滿情緒。在此基礎上要進一步滿足激勵因素的需要，這樣才會調動和保持職工的積極性。

運用二因子論更重要的是把握激勵因素，關注滿足感。人生的追求不僅僅只是滿足生存的需求，還要有更高層次的需求，有更高層次的動力驅使。核心是為下屬提供挑戰性的工作，有挑戰才能使下屬認識到潛在的危機，就不會失去活力。不要忽略人在生理和心理上的需要，讓自己和部屬以一個好心情去迎接挑戰。挖掘潛能，走出侷限，這才是最大的激勵。

運用二因子論應注意避免激勵因素向保健因素轉化。工資、獎金等福利性的東西，領導給了只能解決下屬沒有不滿意的問題，不會產生激勵作用；沒給，或給了又收回，或給了又收回一部分，下屬就會不滿意，就會產生抱怨情緒。

在洛培爾‧史塔琪全球公司一九九〇年代中期對美國人的一項調查

中，大約百分之七十接受調查的人表示，如果他們的家庭收入增加一倍，他們會快樂些，但他們認為，如果從事不能使人全神貫注的工作，不論待遇多麼優厚，做起來也會淡而乏味。而美國的另一項研究工作表明，決定工作滿意度的最重要的是工作自主權，即對工作中出現的問題作出決策和施加影響的程度。在這一點上，一個人對工作滿意的程度並不完全決定於他的收入水平。曼徹斯特指出：「一個人不會把自己的生命出賣給你，但卻會為了一條彩色的綬帶而把生命奉獻給你。」由此可見，精神激勵在激發人的工作積極性方面所能收到的巨大效果。

按照「二因子論」，也可以把人分成兩類：一類是保健因素需要的人，這種人對工資、待遇和工作條件的需要強烈。要使他們滿意，就只能給予工作上的必要條件。追求保健因素需要的人大多是滿足於活著的人，興奮點在生活層面，表現的是責任心；你只要滿足他們的物質、情感需要，他們就會產生相應的責任意識。追求保健因素的人大多以優點履行責任。還有一種是激勵因素需要的人，這種人對物質待遇比較冷淡，需要自己的事業，是做事業的人，興奮點在事業上，表現的是事業心；這種人對成就的追求，超過了金錢。從成就中獲得的樂趣超過了物質獎勵。只要滿足他們想做事和幹成事的欲望，他們就會以自己的長處成就事業。

【案例連結一】

有一天晚上，索尼公司董事長盛田昭夫按照慣例走進職工餐廳與職工一起就餐、聊天。他發現一位員工鬱鬱寡歡，滿腹心事，悶頭吃飯，誰也不理。於是，盛田昭夫就主動坐在這位員工對面，與他攀談。盛田昭夫問他是不是對自己的待遇不滿？他搖搖頭。幾杯酒下肚，這個員工終於開口了：「我畢業於東京大學，對索尼公司崇拜得發狂。可進了索尼才發現完全不是那麼回事，我的科長是個無能之輩，可悲的是，我所有的行動和建議都得科長批准。我自己的一些小發明和改進，科長不僅不支持、不理解，還挖苦我是癩蛤蟆想吃天鵝肉，有野心。我十分洩氣，心灰意冷。這就是索尼？這就是我的索尼？」

這番話令盛田昭夫十分震驚。他想，類似的問題在公司內部員工中恐怕不少。為了激勵員工，公司不僅應該為他們提供好的生活條件，還應該為他們提供富有挑戰性的工作機會，於是產生了改革人事管理制度的想法。之後索尼公司開始每週出版一份內部小報，刊登公司各部門的「求人廣告」，員工可以祕密的前去應徵，他們的上司無權阻止。

另外，索尼原則上每隔兩年就讓員工調換一次工作，特別是對那些精力旺盛、幹勁十足的年輕人，不是讓他們被動的等待工作，而是主動的給他們施展才能的機會。在索尼公司實行內部應徵制度以後，有能力的人才大多能找到自己較中意的崗位，而且人力資源部門也可以由此發現某些部門領導存在的問題。

【案例連結二】

一家 IT 公司的老闆，每年中秋節會給員工每人發放一千元獎金。但幾年下來，老闆發現這筆獎金正在喪失它應有的作用，因為員工在領取這筆獎金時反應相當平和，每個人都像領取自己的薪水一樣自然，並且隨後的工作中也沒有人會為這一千元表現得特別努力。於是，老闆決定停發這一千元獎金，加上行業不景氣，這樣做也可以減少公司的一部分開支。停發後，公司上下幾乎每一個人都在抱怨老闆的決定，有些員工情緒明顯低落，工作效率也受到了不同程度的影響。

【案例連結三】

日本企業的管理者都特別重視精神激勵。日本一家鋼管廠一個工人發明了一種新的焊接方法，使每次焊接時間從五分鐘減至三分鐘，僅此一項創新，每年可為企業節省十億日元。這個工人得到的並不是一大筆獎金，而是最高榮譽獎章，但這一殊榮卻使這位工人感到比得到獎金更為自豪和滿意！這是因為他的自我價值得到了充分的尊重和實現。

（五）弗龍的期望理論

美國心理學家弗龍在一九六四年出版的《工作與激勵》一書中，提出了期望理論。該理論的核心是：一個人被激發出的力量除了與他所追求的目標價值的大小相關外，還和達到目標的可能性有關。

弗龍期望理論的模型：

激發力量 = 目標價值（效價）× 期望機率（期望值）

公式為：$M = V \times E$

式中：M——激發出人的內部潛力的強度或受激勵的程度的大小；V——目標價值（效價），即某項工作或目標對於滿足個人需要的價值，有正、負和大小之分；E——期望機率（期望值），即根據個人的經驗判斷，一定的行為能夠導致某種結果和滿足需要的機率，值為 0 ～ 1。

　　上述公式表明，激勵的力量來自於兩部發動機：一部是目標的價值大小；一部是實現目標可能性的多少。要使被激勵的對象產生較大的激勵力量，目標價值和期望機率必須都高，即目標的效價高且實現的機率又大，激勵的力量就強，只要其中的一項值較低，對被激勵對象就缺乏激勵力量。

　　但是，目標的效價具有主觀感知性，由於個人的需要和特徵不同，目標在他們心中的效價也不同，因而同樣的目標對不同的人的激勵作用力就不一樣。例如：一個人希望透過努力獲得晉升的機會，對晉升的欲望很高，那麼晉升在他心中的效價就很高，就是正值。如果一個人安於現狀，對晉升毫不渴望，於是晉升對他來說，效價就意味著零。相反，如果一個人不但沒有晉升的需要，反而害怕晉升，則晉升的效價在他那裡就是負值。

　　實現目標的可能性就是期望值。期望值與現實之間有三種狀態：一是期望值大大超過未來的現實；二是期望值與未來的現實大體相等；三是未來的現實遠遠超過期望值。

　　目標是現實行動的指南，如果期望值大大超過現實，目標高不可攀，就沒有實現的可能性，或者在一兩年內不能明顯見效，則會挫傷積極性，反而起消極作用。對被激勵者而言，「哀莫過於心死」，不會為了沒指望的事情而白費力量。例如：一個孩子的母親是傑出的舞蹈藝術家，也許這個孩子對自己能夠步母親後塵會有很高的期望。但事實證明這個孩子不適合從事舞蹈藝術，例如沒有很好的形體條件、樂感也不盡如人意等，並沒有從母親那裡繼承舞蹈天賦，無論母親怎樣逼迫他（她）學舞蹈，他（她）也沒有積極性，最終他（她）都會放棄這個目標。如果一味的要部屬賣力，使勁的抽鞭子，而不考慮目標實現的可能性和部屬的具體困難，就會使部屬產生抱怨。相反，如果現實遠遠超過期望值，目標不用費力就能輕而易舉實現，做些低於自己水平和不能發揮自己能力的事情，被激勵對象的潛能得不到釋放，力量也就不能充分發揮。心理學實驗證明，太難和太容易的事，都不容易激起人的興趣和熱情，不具有激勵價值；只有比較難的事，經過艱苦努力卻又能實現的目標才具有一定的挑戰性，才會激發人的熱情行動。這就是第二種狀態，期望值和未來的現實差不多。在這種狀態下，

是要讓下屬跳起來摘桃子，跳跳能夠著，這就是最適度的激勵，也是潛能自然釋放的一種情形。

該理論的智慧是，在領導活動中，應正確處理好三種關係。第一，努力和績效的關係：部屬努力後能產生績效。只有工作才能提供給他們真正需要的東西。從心理學角度看，成績有提升自我評價、增強自信心的作用。第二，績效和組織獎勵的關係：績效的取得必須給予獎賞性回報。部屬們苦幹、奉獻，取得績效，領導者一定要給予回報，建立「苦幹不白幹，奉獻不吃虧」的獎賞機制。第三，組織獎勵與滿足個人需要的關係：獎勵的形式應當是多種多樣的，應採取「自助餐式」的獎勵，滿足個人的需要。組織獎勵與滿足個人需要程度越高，自我激發出來的能力就越強大。在實行物質獎勵的同時，還要實行精神獎勵，在激勵力量產生的過程中心理因素的作用也占有極大的比重。美國作家馬克吐溫說：「一句好的讚美語言，能使我不吃不喝活上兩個月。」

弗龍的期望理論給領導者最大的智慧是：（1）清晰的描述宏偉前景，這一前景將組織的現狀與更美好的未來聯繫在一起，使下屬有一種連續的認識。（2）領導者向下屬傳達高績效期望，並對下屬達到這些期望表現出充分的信心。

（六）亞當斯的公平理論

一九六五年美國學者亞當斯提出激勵的公平理論，該理論側重研究工資報酬分配的合理性問題，該理論認為，職工的工作動機，不僅受其所得的絕對報酬的影響，而且受其相對報酬的影響，即一個人不僅關心自己收入的絕對值（自己的實際收入），而且關心自己收入的相對值，即自己收入與他人收入的比較。

公平理論把公平看作是一個社會比較概念。人們用投入對成果的比例把自己同「參照人」（個人在組織之中或同一組織之外選定的可以比較的一類人）進行比較會產生三種心態：（1）當發現自己的收支比例與「參照人」的收支比例相等，或者現在的收支比例與過去的收支比例相等時他便認為

是應該的、正常的，產生一種公平感，因而心情舒暢，繼續努力工作。（2）如果發現自己的收支比例劣於他人，或者現在的收支比例比過去差時，他就會產生不公平感，從而會有滿腔怨氣，影響繼續工作的積極性。如工作不出力，甚至上班也不到，開病假單，裝病；或者打「參照人」的「臭牌」，設法降低他的收入水平；或者轉換「參照人」，和單位的「倒楣蛋」比，去尋求那種「比上不足比下有餘」的心理慰藉。（3）如果發現自己的收支比例比別人的收支比例好，或者現在的收支比例比過去的收支比例好時，他會產生一種擔憂和不安。擔憂這種有利的態勢能否可持續的保持下去，為同事們會不會另眼看待自己、把自己看成是另類而不安。

　　不公平是工作不滿意的原因之一，個人可透過以下途徑來消除不公平感：（1）改變投入。當自己的收支比例小於「參照人」的收支比例時，增加投入，更努力的工作；當自己的收支比例大於「參照人」的收支比例時，減少投入，降低工作的努力程度。（2）改變成果。要求增加工資或職務晉升來改變投入對成果的比值。（3）調整心理。以自我安慰、自我滿足的心理調整對不公平的感受。（4）改變「參照人」。選擇收支比例比自己高或低的人作為「參照人」。（5）改變環境。面對不公平的待遇，長時間又沒有能力改變這種狀況或改變自己適應的心態，那「山不過來，人就過去」，離開現有的環境，選擇更公平的環境去發展。

　　亞當斯的公平理論對領導者具有智慧上的啟迪意義，實際工作中領導者應注意以下幾點：（1）要引導員工正確認識和對待公平。公平是機會的公平，公平是效率的公平，是激發人們奮發向上的公平，不是絕對的公平，不是平均主義「大鍋飯」的公平。（2）要通盤考慮獎勵方案和報酬待遇。公平不公平的感覺來自於組織內外相同或類似崗位的比較過程。領導要全面考慮組織內各崗位所有成員的狀況、考慮每個人的投入，崗位特點及相關職位和崗位人員的情況以及社會上類似的情況來確定獎勵方案和員工的報酬。（3）正確選定「參照人」，確定合理的參照標準和參照係數。選好「參照人」、參照標準和參照係數，有利於在組織內建立比能力、比投入、比貢獻的風氣。要把每個職工的投入和收入情況量化、公開，以便於員工參照

和比較。（4）體現按勞取酬，按貢獻和業績取酬。對組織內的員工必須一視同仁，按貢獻和業績進行獎勵和評價，給予相應的報酬和待遇。自古以來就是壞的拖累好的，從來也沒有好的拖累壞的，因此絕不能搞相互拉扯的分配，防止壞的拖累好的。

【案例連結】

有七個人曾經住在一起，每天分一大桶粥。要命的是，粥每天都是不夠的。

一開始，他們抓鬮決定誰來分粥，每天輪一個。於是每週下來，他們只有一天是飽的，就是自己分粥的那一天。

後來他們開始推選出一個道德高尚的人出來分粥。強權就會產生腐敗，大家開始挖空心思去討好他，賄賂他，搞得整個小團體烏煙瘴氣。

然後大家開始組成三人的分粥委員會及四人的評選委員會，互相攻擊扯皮下來，粥吃到嘴裡全是涼的。

最後想出一個方法：輪流分粥，但分粥的人要等其他人都挑完後拿剩下的最後一碗。為了不讓自己吃到最少的，每人都盡量分得平均，就算不平均，也只能認了。大家快快樂樂，和和氣氣，日子越過越好。

同樣是七個人，同樣是分粥問題，不同的分配制度，就會有不同的結果。最後的一種分配方式由於體現了完全公平、公正、公開，所以取得了最好的結果。

六、執經達變，系統思考

（一）執經達變

執經達變，事物發展的本質和規律性是「經」，是不輕易改變的，但是「經」的表現形式和作用方式是隨著主客觀條件的變化而變化的。領導的智慧是守住「經」，但又不能形上學，不能僵化的守，要根據主客觀條件和情境的變化而變化，靈活的守，這就是領導的科學性與藝術性。

1. 執經達變就要懂得領導有模式，無定式。古人云：時移則勢異，勢異則情變，情變則法不同。這些話都是執經達變原理的智慧體現。世界上沒有兩個完全一樣的企業，不同的文化傳統，不同國家或地區的企業，不

可能用完全一樣的生成和成長模式，因為領導活動本身就不是一個放諸四海而皆準的終結答案理論。美國人孔茨在《管理學》一書中寫到：「有效的管理是隨機制宜的，因情況而異的管理。管理是一門不怎麼精確的科學。」有人據此得出結論說：「管理學不是科學，管理學沒有魅力。」其實「不怎麼精確」正是管理學的特點，因為管理活動沒有完善有效的形式或方法，必須隨機制宜；透過研究把管理學「不怎麼精確」處找到，並使之逐步精確起來，這正是管理學的魅力所在。大道相通，領導學亦然。領導學是形而上的，是頓悟得到的規律性的認證。領導藝術是靈活變化的，是極富創造性的，它需要感悟，也需要許多非理論的思維融入其中。領導活動過程如棋局：局要穩，棋要活。靈活變化必須同布局的相對穩定性結合起來，在根本性轉變不具備條件之前，調整變化必須保持大局的穩定性。

2. 執經達變就要遵循原則性與靈活性相統一的機變原理。原則是抽象的，靈活是具體的；原則是質，靈活是量。任何原則性都是由靈活性構成的。領導者對大事和原則問題要一絲不苟，不能讓步；說話辦事不堅持原則，丟掉的就是人格和尊嚴；對小事和非原則問題要糊塗些，學會讓步，學會忍耐，受得住委屈。讓步、忍耐是智慧。從某種意義上說，忍耐並不是軟弱，而是一種堅強。這就是原則性與靈活性相統一的多變的策略。除非是涉及原則性的問題要搞清楚是非曲直，對一些無關緊要的事，不能抓住不放，絕不應簡單問題複雜化，本來沒有多大的事，卻非要尋根問底，論出個我是你非。這些人還自以為是堅持原則而固守不動的人，其實早就遠離原則而去了，他們根本不懂原則究竟是什麼。但是一個人如果八面玲瓏、圓滑透頂，總是想讓別人吃虧，自己占便宜，也必將眾叛親離。因此，領導者應採取方圓兼顧的策略。「方」，方方正正，有稜有角，指一個人做人做事有自己的主張和原則，不被人所左右，方為做人之本。「圓」是一種寬厚、融通，是大智若愚，是與人為善，是明察秋毫的成熟老到，圓為處世之道。圓的壓力最小，張力最大，可塑性最強。體現執經達變原理的方圓兼顧策略就是「大方小圓」，「內方外圓」，「有方有圓」。真正的「方圓」領導者是：有忍的精神，有讓的胸懷；有糊塗的清醒，有若愚的聰

明；有微笑的哭，有看似錯的對；有威武不屈的鬥志，有沉靜蘊慧的平和；不因洞察別人的弱點而咄咄逼人，不因自己比別人高明而盛氣凌人，不會因堅持自己的個性和主張使人感到壓迫和懼怕。當然這需要很高的素養和悟性。

3. 執經達變就要留有餘地。一個發展節奏加快，組合形式複雜的社會，不管是什麼事情，都不是必然如此；不管是什麼辦法，都不可能窮盡事物。留有餘地就是承認事物發展的偶然性、多樣性和複雜性，給決策的調整和變化留下空間，給另外的、尤其是新生的事物以生長和生存的可能和權利。凡事總會有意外，留有餘地，就是為了容納這些「意外」。留有餘地，有利於事物的發展。多一扇門就多一分希望，多一種變化的空間就多一種發展機會。

西班牙神父、學者葛拉西安說過一段很深奧的話：保存你的能量。在大多數情況下，才不可露盡，力不可使盡。即若知識，也應適當保留。這樣，你會加倍的完善。永遠保存一些應變的能力。適時救助比全力以赴更值得珍惜。深謀遠慮的人總能穩妥的駕馭航向。從這個意義上說，我們亦可以相信這一辛辣的謬誤：「一半多於全部。」這段話從哲學層面上闡明了留有餘地的意義。講話留有餘地，把話說得有彈性就是境界。展示自己要留有餘地，一點一點的展示。火把越明亮，持續的時間越短。做事留有餘地，就能在事變出現後從容處理。

4. 執經達變就要富有遠見。在同一個方向上，通向目標的路可以有多條；而且，在開始的時候，你很難弄清哪一條路是最好的。構成同一性質和功能的事物，可以有多種組成和結構方式；而且，在開始的時候，你很難判斷哪一種方式更好。從一而終，鍥而不捨是成功的一個方面，但如果目光短淺，看不到事物發展可能出現的情況，不知應變，一味的不撞南牆不回頭，只會離成功越來越遠。杜邦第六任總裁皮爾說：「如果看不到腳尖以前的東西，下一步就該摔跤了。」而應變，不斷的應變，就要富有遠見，看準了前邊狀態的變則能使我們更接近成功的終點。

【案例連結】

關於執經達變，孟子和他的弟子有過一段精彩的對話。孟子的弟子說：「男女授受不親，禮也。」孟子回答：「對，男女授受不親，禮也。」孟子的弟子接著問道：「嫂子掉進了水裡，伸手求救，要不要把她拉上岸來？」孟子回答：「要伸出援助之手，把嫂子救上岸來。」弟子反問：「那不就是非禮了嗎？」孟子說：「男女授受不親，禮也。嫂溺而不援之以手，豺狼也。」「禮」是「經」，「援之以手」是「權」，這就是靈活性和原則性的辯證關係。

（二）權變理論

權變理論認為，不存在一成不變、普遍適用的最佳領導管理理論和方法，領導活動應根據組織所處的內部和外部條件隨機應變。最早對權變理論作出理論性評價的人是心理學家費德勒。他提出：有效的領導行為，依賴於領導者與被領導者相互影響的方式及情境給予領導者的控制和影響程度的一致性。權變理論的基本觀點：把內部和外部環境等因素看成是自變量，把領導管理思想、領導方式和領導管理技術看成是因變量，因變量隨自變量的變化而變化。領導者應根據自變量與因變量之間的函數關係來確定一種最有效的領導方式。

權變思想有深厚的歷史累積沉澱。在古老的《周易》中就有「苟日新，日日新，又日新」的箴言；《詩經》中也有「周雖舊邦，其命維新」的說法；道家也有「與時遷移，應物變化」的主張；至於法家，順應時代變化不斷進取革新的精神更是其主旨之一。如果拋開時間和空間的差異，西方的權變理論同古代著名軍事家孫武的思想很相似。在《孫子兵法》中，孫武較詳細的論述了「五事」、「廟算」、「知五勝」等權變基礎；「七計」、「九變」、「五危」、「九地」等權變情境；因敵而變、因事而變、因人制宜、因地制宜的權變規律；「知己知彼」、「懸權而動」、「奇正相變」、「料敵制勝」的權變方法等。歷史上不僅有豐富的權變思想，還在這種思想的哺育下出現了一大批諸如子產、商鞅、范仲淹、王安石、張居正等一系列彪炳史冊的改革家。

現代社會變化的速度，是歷史上任何一個時代都無法比擬的。生活於這樣一個變化多端的社會，萬事萬物都在變，認識事物、改造事物的方法

也在變。真正的危險不在於生活經驗的缺乏，而在於認識不到變化，或不能把握變化的規律。加速旋轉的社會舞台，可能產生一種離心力，把一些不會權變的人甩出去。從某種意義上可以這樣說，在現代社會中，需要人們具有最靈活、最敏捷的應變能力，審時度勢，縱觀全局，於千萬頭緒之間找出關鍵所在，權衡利弊，及時作出可行、有效的判斷和對策。這種素養已經成為一種新的生存能力。誰能最及時的正確洞察社會變化，並能最迅速作出反應，誰就將走在前面。

人的思維方式容易固定化，工作方式容易模式化，精神狀態也容易老化。人不能只生活在一種環境、一種模式和一種方式下。有這樣一些力量，把既有的事物打破，把凝固的思想打亂，把僵化的模式改善，動搖慣性的秩序，這在許多情況下都是很有必要的，尤其是轉型時期。在任何成功的道路上都沒有一成不變的祕訣和法寶，全憑成功者機敏的探知變化，靈活的以變應變。不管一個人的才能怎樣高，要是他缺乏應有的「機智」和「敏銳」，不能隨機應變的看事做事，則才能雖高也無用處。事物處在變動中，故從事任何工作，都不會有萬全之策。金無足赤，計無萬全，世無完人。

變化是永恆的主題，只有權變才能保持優勢。「條條大路通羅馬！」路走不通就換個方向，也許這一「變通」，新的路就出來了。有位哲人說：「大智者無論怎樣不動，都能促成事物的成功和發展。這是因為他的柔情和餘地中潛藏著足夠的變通。」要善於抓住事物變化的樞紐，把握重要關係的環節，靈活變通是需要慧眼的。

【案例連結】

諸葛亮隨同劉備入主西川之後，劉備要他制定治國的大政要略，諸葛亮主張從嚴治蜀。蜀郡太守法正不以為然，他對諸葛亮說：「從前漢高祖劉邦入關，約法三章，關中百姓無不感激。我希望丞相效法劉邦，從寬治蜀，減輕刑法，放寬監禁，以慰百姓的不滿。」諸葛亮說：「你只知其一，不知其二。秦王朝法律嚴酷暴虐，百姓無法忍受。為此，漢高祖劉邦兵進咸陽之後，將秦朝舊法一律廢除，實行殺人者死，傷人及盜抵罪的三章約法，以示寬大。為此，一人號召，天下響應，成就了偉大事業。而劉璋在川中統治多年，愚昧軟弱，有益百姓的政治措施不能實行，有威嚴的刑罰不受尊重，豪門大戶

專權放縱，君臣綱紀不能維持，上下不思進取，死氣沉沉。在這樣的客觀形勢下治蜀，就要針鋒相對，實行嚴治。唯有如此，法令實行起來，老百姓才會知道實行法令的好處。在這種情況下治蜀，封官賞爵要有所限制。在有所限制的情況下實行封賞，被提升的人會有榮譽感。如此，百姓得益，官吏知榮，上下都會遵循法度。作為治理國家的要略，這一點最重要。」諸葛亮的宏論，當場為法正等人所信服。從嚴治蜀的方略，得到了實踐的證明。在這一方略指導下，蜀地很快強大起來，物富民足，社會安定。

歷史是英雄人物的畫廊。英雄豪傑之所以能夠在動盪不安的環境中立足，在尖銳激烈的社會競爭中取勝，有一條共同的訣竅，就是善於執經達變，順應客觀形勢，遵循歷史的需要，將自己的行為建立在對客觀形勢的冷靜分析的基礎上。「權變理論」講的就是這個意思。

（三）系統思考

系統思考是一切成功領導者的思維特徵。系統思考使領導活動具有了質的變化。

1. 系統思考才能深入和把握領導活動的本質。無論怎樣複雜的事物，透過系統思考可以被提煉出若做條極其清晰的脈絡或輪廓，以最直接的方式深入事物的本質。不管什麼事情，只要是深入到本質之中，我們對這個事情的認識就變得十分簡單了。現象雖然複雜，本質卻是簡單的。每一次新的簡單，都使認識上升到了一個新的高度。越是簡單的就越接近本質，也就越有智慧。有智慧的領導者對待瞬息即變的萬千事物，往往能做到，不僅直視表面的形式，還能迂迴，繞到事物背後看，去發現實質性的東西，抓住事物變化的樞紐，把握重要關係的環節，同時將事物與事物聯繫著進行觀察思考，凡是微觀、具體、定量的東西，必須找到它們後面宏觀、一般、定性的東西，即本源、本質。

2. 系統思考使領導活動具有整體性。領導活動是錯綜複雜的社會因素、政治因素、經濟因素、心理因素和法律因素等，通通糾合在一起所產生的結果。加之領導活動事前、事中、事後，既有層次性，又有連貫性，哪個環節出了問題就會給整個工作造成影響，為了防止顧此失彼，必須系統思考。系統思考就是要把上情與下情、全局與局部、宏觀與微觀連接起來思考，尋求最佳結合點，一個個解決局部問題，去實現全局問題的解決。應

更多的著眼於創造整體效益，發揮綜合效應，達到整體優化。

3. 系統思考使領導活動具有系統性。領導活動從思路的形成、方案的制定，到付諸實施，再到獲得實際效果，構成了一個完整的鏈條。按照系統論的觀點，整個鏈條雖然是由各個環節組成的，但都不是組成它的多個環節的簡單相加，而是由組成它的各個環節的組合方式及其科學性、合理性的程度決定的。如何組合和協調各個組成部分並使之形成一個充滿活力、富有效率的有機整體，就有賴於系統思考。高明的領導者看政績要看經濟指標、社會指標和環境指標，不能是一代人的政績，幾代人的包袱，一地致富，八方遭殃。看當前發展，又看發展的可持續性，不能吃祖宗飯，砸孫子碗。看「顯績」又看「潛績」，看主觀努力，又看客觀條件。在領導過程中都要走一步看三步，採取一個措施要考慮這個措施的連鎖反應，正確估計到它的正、負效應，選擇達到效果最大、負效應最小的步驟實施，以達到以小力成大舉的目的。北宋的王安石變法就沒有系統思考，缺少適當的措施和步驟，一項措施發表，發現有問題，還沒有一個觀察過程，就馬上修正，再出現偏差又進行糾正，結果「新制日下，更改無常，官吏茫然，不能詳記」，變法事業以失敗告終。

4. 系統思考使領導活動具有綜合性。領導活動是錯綜複雜的，事前、事中、事後既有層次性又有連貫性。哪個環節出了問題，就會給整個工作造成影響，為了防止顧此失彼，必須系統思考，即從微觀上考察領導活動所涉及的個別事物、個別對象，既要把具體的領導對象、領導環境及相互關係認識清楚，又要從宏觀上把握事物發展的大格局和總趨勢，處理好個別與一般的關係，上情與下情的關係，全局與局部的關係。亞里斯多德講：整體大於部分之和。全局是由各個局部構成的，但全局系統並不是各局部的簡單相加，尤其是各個要素在孤立狀態下所沒有的新物質、新功能、新行為。

5. 系統思考使領導活動具有全局性。有句名言：「全局在胸才能投下一枚好棋子。」知偏不知全，見樹不見林，侷限於小圈子內，無法統率全局。全局能力首先是一種宏觀思維能力。宏觀思維能力要求我們首先要看到事

物的整體，不能見樹不見林。系統論告訴我們，整體性是系統最重要的性質，對整體性的認識構成了對事物認識的最重要方面。整體性是指當一些要素以某種方式相互聯繫而形成一個系統，就會產生它的要素和要素總和所沒有的新性質。全局能力也是一種把宏觀與微觀有機結合起來的能力。整體性是在全局與局部的關係中體現的，組成整體的各個要素之間、整體與部分之間存在著不可分割的聯繫。

6. 系統思考使領導活動具有中心性。系統思考也是布局中的統籌兼顧，沒有中心成不了局，一枝獨秀也成不了局。不管做什麼工作，都要分清一般和個別，普遍和具體。抓個別，從個別著手是為了解決一般，個別也才真正有效；抓一般，從一般著眼解決個別，個別才有全局性效果。中心是在一個時期或一個大系統占據主導地位，左右全局的因素或力量。重點是這個時期裡不同階段、這個大系統裡不同分系統的中心。可以這樣說，中心是一個時期的重點，重點是一個具體階段、具體對象的中心；中心是一個時期的全局，重點是這個時期中各個具體階段的局部；中心是一，重點是多；中心是策略性的，重點是戰術性的；中心是指導性的，重點是操作性的；中心處在主導地位，重點處在基礎地位；工作要著眼於中心，著手於重點；中心透過重點一點點的推動、帶動、拉動全局，重點圍繞中心一步步的推進、逼近、完善全局。策略目標都涉及全局的諸多方面，而在這諸多方面中總有某一或某些方面對目標的實現有重大影響。只有把握了策略重點，優先保證策略重點的需要，才能「立其大不可奪其小」，奪取全局的勝利。

7. 系統思考使領導活動具有關鍵性。列寧說：「必須善於在每個時機找出鏈條上的一個特殊環節，必須全力抓住這個環節；同時，在歷史事變發展的鏈條中，各個環節的次序，它們的形式，它們的關聯，它們之間的區別，都不能像鐵匠所製成的普通鏈條那樣簡單，那樣笨拙。」工作中，總有一些把整個事物和事物過程連接在一起的環節和這些環節中的關鍵部分，對整個事物，對事物的過程，會起到至關重要的作用，是我們必須抓住、抓好的。最為重要的環節是那些發生在事物過程的主要線索、主要脈絡上

的連接點。所謂關鍵，主要指能夠拉動或制約事物、系統發展的那些因素和成分。如主導因素、優勢、長處、重點；還有起制約作用的破壞性因素、瓶頸成分等。

8.系統思考使領導活動具有有效性。恩格斯曾引用拿破崙的一段格言：兩個馬木留克兵勝過三個法國兵，一百個法國兵與一百個馬木留克兵大體相當（勢均力敵），三百個法國兵大都能戰勝三百個馬木留克兵，一千個法國兵絕對能打過一千五百個馬木留克兵，加、減、乘、除的運算結果應相反，為什麼如此？系統安排部署一個整體的多個部分的力量，使之相互配合、相輔相成，就會產生整體力量大於個體之和的效果，兵不在多，兵精也不是唯一性因素，重要的在於系統化的作用。無論多麼複雜的工作都要學會系統思考，把所有的事都找出來，吃透、核清、弄準，分清輕重緩急；把材料掰開、搗碎，分分類、排排隊；把關係理順、擺正，看哪些事該辦，哪些事不能辦，哪些事重點辦，哪些事一般辦，把措施具體化。

【案例連結】

一九四〇年十一月十二日，德國空軍司令部透過最新、最複雜的通訊密碼作出決定，將於十四～十五日對英國重要的建築、工業名城考文垂進行猛烈轟炸。英國用「超級機密」截獲了這一情報。但是如何應對這次空襲，英國人面臨兩難的選擇：如不採取措施，考文垂城將是一場大災難；若提前做好應急措施和防禦準備，則德國人就會懷疑密碼被破解，可能再換一種新的密碼，這樣英國人費盡心血獲得的「超級機密」就會失去作用。身為首相的邱吉爾面對這種困難抉擇，經過反反覆覆的系統思考，認為「超級機密」的安全和價值要比一個重工業城市的安全和價值更大，因為「超級機密」在未來的戰役中具有不可替代的決定性意義。為了全局利益，為了保證長遠利益，邱吉爾冒著壓力和危險決定丟卒保車，用犧牲考文垂來保全「超級機密」。結果，考文垂城在沒有更多防禦的情況下，痛苦的承受了德國飛機長達十個小時的狂轟濫炸，變成了一片廢墟。但是，後來的結果證明，「超級機密」為英國日後的全局和最終打敗德國法西斯立下了汗馬功勞。

七、天地人和，各有其責

　　內聖外王是古代先哲們所大力推崇的領導模式。內聖，就是修身齊家；外王，就是治國平天下。「王」道的領導架構是「天地人和，各有其責」，最完整的領導系統，也是領導智慧原理的最綜合體現。

（一）高層的職責：洞察力和前瞻力

　　「王」道上邊一橫是高層。高層講天道，天廣闊，有空間，有空間就不要擱淺，就要研究發展，有追求就會產生卓越。發展就要面向未來，所以，高層的執行力表相形態就是洞察力和前瞻力。洞察力，就是分析環境和預測發展時，不被細節纏繞而直接把握本質，比別人更迅速的領悟事物的內在聯繫和發展規律的能力。前瞻力，是策略思維，即根據形勢和任務要求全面掌握局勢，駕馭複雜局面，解決複雜矛盾的指導工作的能力，也就是站在事物發展的制高點上，延伸時間視野，向前探索事物發展的趨勢和方向，站在未來的角度研究現在的發展。

　　高層領導者的未來感和方向感很強，專注於策略性問題的前瞻性思考。美國前總統尼克森說：「領導人這個單字本身的含義是起嚮導作用的能力，在為未來籌劃時能越過眼前看得更遠的能力。」

　　策略在實踐緯度上是關於目標與手段的效用性結構，即要在目標與手段的維度上展開；在空間的緯度上是關於全局與局部的整體性結構，即它要在全局與局部的維度上展開；在時間的緯度上是關於現在與未來的預見性和發展性結構，即要在現在與未來的維度上展開。沿著這三個維度展開策略思維能力，可以概括為：目標與手段維度中的策略謀劃能力、全局與局部維度中的策略全局能力、現在與未來維度中的策略預見和發展能力。

　　高層主要做以下兩個方面的事情：

　　1. 造勢。就是創造出事業和工作發展的態勢、情勢、場勢和形勢，形成發展的氣候和環境，推動和促進事業發展。

　　2. 謀事。就是謀劃出發展策略。謀事是高層領導的職能，其運作方式是「清清楚楚的含含糊糊」，即策略的框架，發展的方向清清楚楚，具體

怎麼做含含糊糊。人的認識，模糊是絕對的，清晰是相對的。模糊數學、模糊邏輯等已經成為解決人類未知系統的得力工具。高層領導謀劃一件事情，只要看到它的發展方向，在這個方向上有什麼樣的規律性，就可以對眼前的事情進行基本的判斷。判斷求準不求精，領導謀事要給下級留下一個模糊度。知道要往什麼地方走，而且確實需要往那個地方走。以此分清哪些是關係長遠的、重要的事情。這樣，對那些雖然在前進方向上，但並不左右事物規律的事情，就可以模糊對待了。

（二）中層的職責：轉化力和應變力

「王」道中間一橫是中層。中層具有承上啟下的職能，能夠發揮承上啟下這種主觀能動性作用的只能是人，所以，中層講人道。中層的執行力形態是：應變力、轉化力。應變力，就是在吃透上級發展策略的基礎上，能因時、因勢、因地、因條件而變通，並能達到既定目標的能力。轉化力，就是按照自己的職能的範圍，將高層發展策略的「含含糊糊」部分具體化，崗位職責化，以便於轉到基層去貫徹落實的行為。

辦事，即中層是領導系統的中間領導層，是職能部門，是辦專項的事，其運作中層是辦事。方式是「清清楚楚的清清楚楚」。其主要職責是將高層領導策略變為實施計畫，作出規定，確定行動方案，具體部署執行。只有「清清楚楚的清清楚楚」，才可能把屬於本職能部門的策略部分劃分到一定的崗位職責、條例之中，變成常規性的、事務性的；才能把上級的政策變成規定，把上級的規定變成辦法，把上級的措施變成方法，落實到基層中去。

（三）基層的職責：落實力和創造力

「王」道下邊一橫是基層。基層講道地，地厚實，又是底，所以，基層的執行力形態是：落實力和創造力。落實力，就是明確自己的法定任務，明確有所為有所不為的界限，把「保證完成任務」的自我意識內化為行動的能力。策略落地靠的就是落實力，因此落實力是成功的行動力，同時也是

將宏觀落實到微觀，將整體落實到細節，將意圖落實到行動的重要能力。創造力，就是解脫束縛心力的枷鎖，換個角度看問題、換個角度解決問題的能力。上有方向，下有方法。做好自己的工作，在方向上要與上級指示保持一致。但一般來說，越是上層的指示，也越具有原則性，不可能十分具體的指導我們的具體工作；而且，越是基層，情況越複雜，個別性、特殊性也越強。在執行層面，就必須有創造力，形成具體的思路、途徑、方式和方法。

基層講做事，運作方式是「含含糊糊的清清楚楚」，對高層的策略含含糊糊，對自己本職工作清清楚楚。上有中心，下有重點。執行不在於知，而在於效。執行本身是沒有多少高深的道理可講的，重點就在於實幹。

（四）上下貫通的領導智慧

「王」道中間一豎是溝通，是貫通。領導活動是講穿透力的，是講上下同欲的。這一豎就承載著穿透力把領導的三個層次上下貫通，融為一體。王道的三橫分別代表了天、地、人，也就是周易上所講的「三材」，三材和是領導活動的最佳狀態，這一狀態的達成，基本上取決於王道中間一豎溝通、貫通作用的發揮。

孫子兵法上講：「上下同欲者勝」。在組織內部就是透過溝透過程來實現「上下同欲者勝」的。高層領導的策略決策需要溝通的過程才能透過中層轉化為基層的執行行為，使策略由「紙面」落到「地面」。高層領導者也透過溝通來影響和激勵組織成員，使他們為實現組織策略決策而努力。組織成員的情感、訊息、資源等都是在相互溝通交流中得到傳遞的。領導也憑藉溝通，從組織成員那裡得到反饋訊息和資料，從而更好的把握發展形勢，制定和修正策略，引領組織變革與發展。

Wisdom for Great Leaders

第四章
卓越領導者的用權智慧

　　權力，是控制力和影響力的集中表現，是構成領導關係的第一因素，是領導者履行職能的重要基礎和前提。領導者需要權力來引導下屬完成領導目標，沒有權力，領導活動就無法進行。從根本上說，是否善於運用權力處理複雜事件、解決複雜矛盾、駕馭複雜局面，是一個領導者成熟與否的重要標誌。

　　領導者有哪些權力可以運用？其中哪些是職位權力（弱權力），哪些是個人權力（強權力）？如何集權，如何分權，如何授權？怎樣達到用權的最高境界？……對這些問題不僅認知程度高，而且運用得駕輕就熟，才能使權力的能量徹底的釋放出來，使領導的事業更加輝煌。

一、領導者的五項權力說

按照領導學的理論，一個領導者應該具有五項權力，即合法權、報酬權、強制權、專家權和典範權（人格魅力）。合法權、報酬權、強制權屬於職位權力，它產生的是權力性領導力；專家權和典範權屬於個人權力，它產生的是非權力性領導力。

法國著名管理學家法約爾認為，在一個領導人身上，人們應把屬於職能規定的權力和由自身的智慧、博學、經驗、精神道德、指揮才能、所做的工作等決定的個人權力區分開來。作為一個出色的領導人，個人權力是規定權力的必要補充。對於領導者為何具有領導權威問題，即影響力的問題，西方傳統管理學的解釋是：來源於職務權力和個人權力。教科書上則更多的使用「職務影響力」和「非職務權力」的說法。其實質內容是一樣的，即把領導影響力劃分為兩大類：職位因素所產生的影響力和個人權力因素所產生的影響力。用公式表示為：

權威領導 = 職位權力 + 個人權力

傳統的領導權力五項說把職位權力看作是領導的強權力，把個人權力看成是領導的弱權力。現代領導權力五項說則相反，把職位權力看成是弱權力，它的核心是權力；把個人權力看成是強權力，它的核心是素養和行為。因為領導者不僅要靠組織上賦予自己的職位權力讓人服從，更要靠專業能力和人格魅力的個人權力引人跟從。權威不僅是職位權力的威望，更是非權力性影響力的威望。典範權和專家權是領導者的內力，柔性領導就是依靠這種內力建立的。

領導者不一定學富五車、才高八斗，但必須具備廣博扎實的科學文化知識，有較高的文化素養，能夠處理別人處理不好的棘手難題，這才能讓下屬產生欽服和崇拜心理。

從領導學的角度說，領導者影響他人的能力，就是他的權力。如果一個領導者具有相當的人格魅力，成為他人敬仰和模仿的對象，他就具有了

影響他人的「參照權」；如果一個領導者擁有豐富的專業知識，他就擁有了影響他人的「專家權」。領導者要影響的不僅是被領導者的具體行為，而且要影響被領導者的價值傾向和思想觀念。這種影響的有效產生，不僅依賴領導者具有的職位權力，如獎酬權、強制權和合法權，而且更依賴他所具有的個人權利。參照權和專家權就是兩種最基本的個人權力。憑藉這種個人權力，領導者不僅可以以組織的名義對被領導者提出工作要求，還可以以個人的名義對被領導者產生積極的影響。但是，當領導者只具有專家權而缺乏參照權時，他對被領導者的個人影響力就會大大減弱。反之，如果領導者深受人們喜愛，那麼即使他在知識方面有所侷限，人們還是會熱心支持他。領導者的德行作風好比風，老百姓的德行作風好比草。風向哪邊吹，草一定向哪邊倒。為政以德，以身作則，是當好領導的首要前提，也是領導者影響下屬和領導下屬最重要的領導力，正如孔子所講：「其身正，不令而行；其身不正，雖令不從。」

領導權力的五項說及其內在的含義，為領導者智慧的運用好權力，實施卓越的領導，找到了支點和槓桿。一個優秀的領導者不僅要用好職位權力（硬體），更要用好個人的權力（軟體）。權力分法定權力和個人權力兩種。任何一個領導者都不可能只使用法定權力，而忽視個人權力，因為沒有個人影響權，法定權力是無效的。古人曾有「恩威並用」一說，其中的「威」當指權力影響力，而「恩」即指非權力的影響力。非權力影響力靠的是領導者良好的形象作用，它使部屬完全自覺而不帶任何強制因素的領會、執行領導的意圖和指示。這樣的領導以自己的人格魅力感染部下，以自己的勇氣、熱情、才智和奉獻精神給部下樹立效仿的榜樣。

（一）合法權

合法權是領導者的五項權力之一，它產生的是權力性領導力。該項合法權具有以下特點：

1. 合法權是按照法定程式獲得的權力。合法權的權力來源是法定的，是一種經過正式認命的權位權力。透過一定的法定程式，依法獲得的在組

織結構中的一定的權力，就是合法權。合法權也包括基於組織的正式授權使某人擁有某一種特定的權力。

2. 合法權是職位權力。合法權來源於法定職位，是一種職位權力。職位權力是由上級或組織對領導者在組織中所處的位置所賦予的權力。職位權力根據在組織中職務的不同具有不同的層次，如高層、中層或低層。人們出於壓力或習慣不得不服從這種職位權力，上級認為影響下級是合法的權力，下級認為接受上級領導的影響是義務。合法權作為職位權力要隨職務的變動而變動，在職位就有權，不在職位就沒權。

3. 合法權是領導者行使權力的法定基礎。合法權是領導者行使報酬權、強制權等職位權力的基礎。合法權的行使方式是行政命令，行使的基礎是服從。領導者透過對下屬的指揮、資源控制、獎賞、調職、減薪、降級或解雇而讓下屬不得不接受其領導的權力基礎就是合法權。即由其合法權所賦予的可以施加於別人的控制力，人們出於壓力和習慣不得不服從這種控制力。權力則是職責範圍內支配和指揮的力量。權力不能自由處置，否則行為人應承擔法律責任，權力的大小受職務大小的限制。你不能超出你的職務行使某種權力，這叫「越位」；你也不能在你的職務範圍內不行使這個權力，這叫「不作為」或叫「缺位」。對合法權用過了叫濫用權力，用少了叫不負責任。

4. 合法權的獲得與領導者個人素養有直接關係。這就是我們常說的「有為才有位」、「有作為才有地位」。領導者要想獲得合法權或者鞏固獲得的合法權，就要「想做事，會做事，幹成事，能和事，別出事」。想做事，就是要有責任心，有使命感，有做出一番事業的雄心壯志，否則，你占據領導職位不想做事，既耽誤自己的發展，還耽誤別人做事。會做事，就是具有專門的知識、技能和專長，懂得領導方法和領導藝術，並會靈活的應用於領導活動的實踐，煥發出智慧和力量。幹成事，如果只是停留在想做事和會做事而沒有幹成事的狀態，這個領導就要被淘汰。市場經濟優勝劣汰的運作機制，是結果的優勝劣汰而不是過程的優勝劣汰，過程中你「日理萬機」累吐血，但沒有取得好的結果，市場經濟照樣淘汰你。市場經濟只承認

功勞，不承認苦勞。只承認巧幹，不承認苦幹。能和事，就是樹立和諧理念，培育和諧精神，形成和諧人際關係，營造和諧氛圍，塑造和諧心態，和班子成員、和上下左右的關係形成親和力，把相關人員組織在一個團結向上的團隊中，使大家朝著一個共同的目標去努力。別出事，就是提高精神境界，加強自律，鑄牢防腐拒變的心理防線，人格上自尊，別在廉潔問題上出事。

　　古代有句老話：「在其位，謀其政。」一切身處領導崗位的領導者，都應嚴格按照其各自崗位和層次，忠於職守，盡心盡責的做好本職工作。只有這樣的心理和精神素養才能體現出合法權的權能。

【案例連結】

　　輔佐齊桓公成為「春秋五霸」之首的管仲，是古代著名的政治家，孔子對他多有讚賞之詞。當初管仲受到齊桓公的重託治理齊國時，特地向齊桓公要了三種權力：第一，要能「臨貴」，就是要有管理達官貴族的權力；第二，要能「使富」，就是要有管理經濟的職權；第三，要能「制近」，就是要有對王公貴戚的制裁權。齊桓公不僅賦予了管仲所要求的權力，還把管仲封為上卿，尊稱其為「仲父」，有了職位上的合法權力和尊貴的地位，管仲就擁有了重要的領導資源，於是，一呼百應，齊國大治，稱霸天下。

（二）報酬權

　　報酬權也叫獎賞權，是指領導透過獎勵的方式（金錢、晉升、培訓學習的機會、工作環境和條件的改善等）來引導下屬去做自己更感興趣的工作，或者獎勵下屬作出工作業績，這些都屬於獎賞權的範疇。如果一個領導者能夠給別人帶來積極的利益和免受消極的影響，那他就是在行使獎賞權。

　　報酬權是領導手中的「奶酪」，有報酬比有道理更重要。報酬權所在之處，便是能量聚集之處，因為人們通常都等待著被獎賞。以報酬的方式來增進領導的功效，是事半功倍的做法。

　　報酬權的行使也要掌握「度」的藝術，不能沒有報酬權，又不能亂用報酬權，要注意報酬權的使用範圍和界限，找出報酬有與無的平衡點。凡事都使用報酬權，會造成這樣一種後遺癥：下屬們時時等待報酬，事事期待

報酬，給多少報酬做多少活，把價值觀扭曲了。

領導者報酬權的行使必須和下屬的功勞和業績緊密聯繫在一起。傻瓜領導者才把報酬給予那些工作努力的人；聰明的領導者是把報酬獎勵給那些有工作業績的人。

【案例連結】

善用報酬權，也是領導者的一種智慧表現。楚漢戰爭最後關頭，劉邦要和項羽在垓下會戰。韓信、彭越、英布卻按兵不動，劉邦問張良，勝利後我準備把天下給分了，你看分給哪些人比較合適？張良說：「分給這三人，彭越、英布本來是在楚漢之間搖擺的，他們現在傾向於漢，韓信本來就是你手下的，現獨當一面。如您願將土地分給他們，他們一定南下來合圍。」劉邦依計行事，果然這三支軍隊全都來了，消滅了項羽。

劉邦把「賞」的報酬權運用得很妙。項羽就相形見絀，不會賞，也捨不得封賞。韓信說：「項王見人恭敬慈愛，言語嘔嘔，人有疾病，涕泣分食飲，致使人有功當封爵者，印刓敝，忍不能予，此所謂婦人之仁也。」劉邦是賞功罰過，項羽則是賞同罰異。項羽在封十八家諸侯時，因為私人恩怨，沒封滅秦有功的田榮、彭越和趙國的陳餘，結果田聯合彭、陳及劉邦反楚攪得天下大亂。所以，報酬權的運用是對領導智慧的檢驗。

（三）強制權

不能濫用強制權。人們習慣於將領導與職位和權力連結在一起，一提領導活動，就很容易想到職位權中的強制性因素。強制權雖然是構成領導力的重要因素，但不是唯一因素。它不過是保障領導活動得以推行的最後一道屏障而已，強制權運用得太過，就是耍權威。輕則容易傷害部屬的自尊心，使人反感，挫傷感情；重則激起部屬的反抗，甚至推翻政權。

濫用強制權是對權力價值的破壞，任何權力都得有一定的限制和範圍，如果硬要突破這種限制和範圍，就會超出度外，形成「權力擴張」的現象，最終會危及組織的利益和葬送自己的前途。提起領導，人們常常把它與職位和權力聯繫起來。誠然，由職責賦予領導者的權力是打開工作局面的需要，是創造領導業績的需要，但如果過於依賴這種權力，將職位權力中的強制性因素發揮得極大，以強制手段束縛下屬，灌輸著「我說怎麼做就怎麼做」的思維定勢，這樣就只把強制權當成領導力的唯一因素，就是耍

權威，不僅會傷害到下屬的自尊心，嚴重時甚至會使下屬直接起來反抗，再加之領導的血腥鎮壓，如此惡性循環無疑會將領導的強制權深深埋葬，並最終導致領導地位的淪喪，亦或是連自己都無法保全。

現代人的思維特別活躍，心態特別開放，與之相關的反抗心理也特別強烈，不服從權威的情緒高漲，領導耍權威、濫用強制權，很難讓其產生恐懼和服從心理，反而很容易激起他們的反抗意識。

【案例連結】

一九八九年是多事之年。羅馬尼亞總統希奧塞古命喪黃泉最出人意料。雖然有多種原因，但是，他行使強制權的方式是造成這種結果的直接誘因。

希奧塞古是羅馬尼亞社會主義國家的創始人之一，在維護國家的獨立和完整、維護國家尊嚴、堅持自己的發展道路方向取得了很大的成就。雖然在經濟上存在很多失誤，希奧塞古仍牢牢的控制著國家政權。但是，他錯誤的估計了自己的實力，把強制權作為治理國家動亂的主要手段。從一九七〇年代後期起，黨內外對希奧塞古的不滿已經相當嚴重，希奧塞古長期以來依靠自己的保安部隊對人民實行高壓統治，祕密警察遍布各地，民眾的自由受到極大的限制。一九八九年十一月發生了「特凱什‧拉斯洛神父事件」，羅馬尼亞當局不聽國際社會的勸告，採取暴力行動，引起全社會的抗議。希奧塞古只有倉皇出逃，最終被抓，經過簡單的審判，被執行槍決。希奧塞古苦心經營多年的政權在瞬間就滅亡了。

行使強制權帶來殺身之禍，這並不是說領導者不應該行使強制權，而是說要用正確的方式行使強制權。

（四）專家權

由知識、技能、專長而獲得的特殊影響力或產生的權威叫專家權。專家權是非權力影響力。權力影響力是外在的，一個人獲得了職權就獲得了權力影響力，而非權力影響力是內在的，是一種思想性和本質的影響力，它比權力影響力要廣泛和穩定。

領導者的專家權主要來源於以下幾個方面：

1. 知識。包括知識的數量、知識的質量、知識的深度、知識的新度和知識的系統化程度，也包括隱性化的經驗知識和活性化的智慧知識。具體

表現為專業技術知識，和專業以外的政治學、經濟學、哲學、法學、管理學、貨幣學、金融學、貿易學、財會學、稅務學、藝術學等。這些學科知識構成了領導者文化積累、沉澱的多維空間。具備廣博扎實的科學文化知識和較高的文化素養，領導者感知、想像和思維活動就豐富和廣闊，就具有了對領導活動中的問題深入思考的深刻性、前瞻性、新穎性和系統性。經驗是經歷告訴給人的體驗，體驗傳遞給人的意識。實踐經驗是指從實踐中總結出來的認識，是得到檢驗的理性認識，它對以後的同類實踐具有指導意義。所以，經驗性知識也是領導者在某些方面「專」的理論憑證。

2.能力。能力，是順利完成某一活動所必需的心理條件，是運用智力、知識、技能的過程中，經過反覆訓練而獲得的。能力是一個人掌控某種活動的心理傾向力。領導者的能力是多方面的，包括駕馭能力、預見能力、創新能力和協調能力等。駕馭能力考驗著領導者全盤掌控之法，預見能力體現領導者做事的前瞻性，協調能力展示著領導者的溝通技巧，創新能力則是領導力經久不衰的保障。站在能力素養的「制高點」上的領導者，不管遇到多麼複雜的問題都能拿出解決的辦法，智慧在眾人之上。

有了豐厚的知識、超凡的能力，就形成了專家權。專家權是一個人寶貴的財富，其本身就是一種強有力的影響力量。這種影響力是科學賦予的力量。無論你是否是領導，只要你有專家權，你就有影響別人的力量。多才多藝本身就是一種影響力。例如：一個人得了病以後，最願意遵醫囑。醫生並不是病人的領導，但是醫生是某種疾病研究的專家，他的話就是一種權威，病人就像遵循領導指示一樣來照辦。人們有高度崇拜專家的傾向，不是領導，擁有了專家權都會產生如此大的影響力，可以斷言，一個領導者具有了專家權，再加上職位權力，一定會有倍增的領導力。所以，領導者因具有某種適合本組織需要的專業知識、特殊技能、管理能力或創新能力等專家權，超越部屬相當程度時，就會吸引下屬心悅誠服的接受其影響和領導。由此可見，專家權運用得好的領導，將會得到下屬長期的、發自內心的敬仰和跟從。

（五）典範權

典範權，即人格的魅力，人格魅力指由一個人的信仰、氣質、性情、品行、智慧、才學和經驗等諸多因素結合體現出來的一種人格凝聚力和感召力。領導者的人格魅力就是領導者在被領導者心目中的威望和信譽，是使被領導者對領導者心悅誠服的一種精神感召力。領導者的人格魅力能對被領導者產生權力難以達到的巨大影響力。

典範權也就是參照性權力。對某一個人有一種崇拜的心理，希望自己成為像他那樣的人，被你崇拜的這個人就獲得了參照性的權力。領導者需要一種統御力。個人魅力是造就統御力的關鍵因素。嚴格說來，個人魅力不是一種權力，但它往往能夠產生出比權力還有效的良好效果。從領導效能的觀點來看，人格魅力、影響力遠勝過權力。領導界有一種說法：成功的領導者，關鍵在於百分之九十九為領導者個人所展現的魅力，以及百分之一的權力行使。這樣比例的確定是否科學我們姑且不談，但是領導，其實就是魅力的極致發揮，影響他人合作和達成目標的一種歷程。

典範權的綜合效應，轉化成為一種影響力、向心力和凝聚力。領導者的統御能力來自於他的人格魅力。人格的操守，是世界上最偉大的力量，有歸心的效應。人格的魅力，能彌補一個領導者工作能力和水平的不足，能熨平工作中失誤造成的影響。人格魅力是一股永恆的領導能量。

美國成功心理學家拿破崙・希爾有句名言：「真正的領導能力來自讓人欽佩的人格。」卓越的領導者都是充滿了獨特的人格魅力的。有人格魅力的領導者身上聚集的是敬仰的目光、崇拜的目光，所以人格就是領導者的本錢。人格優秀的領導者，不僅到處受人歡迎，而且到處能得到別人的扶助。人格不只是提高素養水平的制約因素，而且在群眾眼裡，人格不知要比官格貴重多少倍。所以，人格是領導者的最大資本，人格的透支就是領導力的消逝。

領導者的人格魅力還來自於領導者的表率作用。領導活動是「麵條理論」，是拉動而不是推動，一推麵條就彎了，不會向前，一拉就會筆直的向

前運動。印度聖雄甘的說：「領導就是以身作則來影響他人。」

領導者的人格魅力也來自於他的道德力。俗話說，「做人可以一生不仕，為官不可一日無德」。領導者不僅要經常掂一掂自己手中的權力，做到權為民所用；而且要經常掂一掂自己的道德影響力，善於自警、自省、自勵，擋住美色、錢財、物欲、私欲等種種誘惑，養浩然之氣，樹良好官德。「無私功自高，不矜威益重。」有道是「有麝自來香」，「是真名士自風流」。林則徐也說過：「壁立千仞，無欲則剛。」哈佛非常重視人品人格的塑造，在哈佛校門口寫著一句名言：為增長智慧走進來，為更好的為國和同胞服務走出去。

【案例連結】

秦二世胡亥有個謬論：「堯舜禹這類人過著奴隸、罪犯般的生活，是無能的表現。

皇帝是天下的主人，就有權支配天下的一切。我就是要滿足自己的欲望，如果自己的欲望都不能滿足，又怎麼能治天下呢？」「樂之極」，一日快樂抵千年，結果秦朝存在不到十四年就滅亡了。相反，漢武帝認為當皇帝應「勤勞天下，憂苦萬民」，在生活上則要先民後己。文帝終身廉潔，在位二十三年皇宮財富未增加，還開放了一些園林供百姓謀業。一次要修一座觀景台，造價相當於十萬戶中等收入人家的家產，他便放棄了。他自己穿普通的衣服，不准夫人穿拖地的長裙，宮室內帷帳不刺繡。他把身後的事安排得很簡單，不修墳墓，只趁著山勢挖個洞。陪葬品都是瓷器，不用金銀銅錫，還自謙，生前對百姓沒什麼貢獻，死後如讓百姓長久服喪，影響其正常生活，更對不住百姓。他開創了「文景之治」，司馬遷講：「善人之治國，德至盛也。」

二、領導者的集權智慧

（一）集權的好處

集權，即權力的集中化，是指決策權在組織系統中向上層次職位（多是指最高層次職位）集中的過程。集權的好處是：（1）有利於實現統一指揮、集中領導、果斷決策。在一個組織系統中多頭指揮分散領導容易帶來行動的混亂，「一個蹩腳的指揮勝過兩個高明的指揮」。在集權的條件下，

組織系統的各子系統、各單元都圍繞核心系統的核心單元運轉，這就保證了在集中行動中的統一指揮、集中領導，保證了面對發展機遇時，果斷、及時、迅速的作出應對決策。（2）有利於資源的整合，以保證有限資源的合理利用。組織的資源主要是人、財、物和訊息等，在集權的條件下，能使這些資源集中調度和使用，同時也不會因為調配不動資源而造成資源的閒置。並且權力的集中，意味著領導者對於其所擁有的資源具有絕對的控制權，不僅體現在對於現有各類資源的絕對占有上，更體現在面對未來挑戰時，對各類資源的主動調撥和使用上。（3）有利於實現組織的發展策略和總體目標。組織的發展策略和總體目標具有全局性、長遠性等特徵，它的制定和實施是組織最高領導人的職責，在集權的條件下更有效，更容易辦到。因此，領導者往往會採取一系列的非常規的措施和手段，鞏固自己的集權地位。透過對權力的駕馭，使組織中的大權牢牢的掌控在自己手中，這不僅有利於上令下達，更有利於防止組織體內部枝強乾弱，尾大不掉的情況發生，從而能更有效的完成組織發展策略和總體目標的制定與實施。（4）有利於增強對外競爭力，避免內耗。

（二）領導者的集權藝術

集權，總的來說，是領導者一門「外謀內斷」的藝術，概括起來就是「謀之於眾，斷之於獨」。集權非獨裁、專權，它是指領導權在組織系統中較高層次上一定程度集中的一種組織權力系統，是一種權力的分配方式。領導的決策活動按時間順序可分為決策之前、決策之中、決策之後。在什麼階段上「謀之於眾」，在什麼階段「斷之於獨」，是有領導智慧的。

「謀之於眾」有兩層含義：（1）決策之前謀之於眾。現代社會高度複雜化、整體化，領導者自身認識水平和認識能力是有限的，以一己之智是難以制定出一整套正確的組織發展策略與發展目標的。少數人的意志也越來越不能左右局勢，要使方針、政策正確制定，必須謀之於眾。謀之於眾就是要調查民情，反映民意，從群眾中吸取智慧，聽取各類專家的意見，充分發揮各類諮詢機構的作用，建立民主科學的決策機制。按照決策的民主

化、程式化和科學化的要求，把社會各階層、各方面的各種好的建議和要求收集上來，以使決策更科學，更能反映各方面的利益要求。（2）決策之後謀之於眾。領導在決策之後，在組織決策的實施過程中也要廣泛的發動群眾參與，調動大家的執行力，把領導作出的決策變成千百萬人的自發行動。同時，領導還要和下屬共同解決實施過程中遇到的種種問題，從而獲得大家對決策的認同和歸屬，把決策的實施變成大家的自發行動，形成「一帥掌舵，三軍上陣」的局面，進而保障決策順利的貫徹落實。

「斷之於獨」的含義是：在決策之中，為了防止政出多門、政令不一，領導者一定要把決策權掌握在自己手中，一定要關起門來拍板。拍板權只可集中不可分散，只能獨攬，不能放權。這個權力必要時一定要掌握在一把手手中。領導者在拍板的時候，不論對備選方案支持還是反對，都必須提出自己的一系列明確的看法，當獨斷的結果與大家的意見一致時，便是從善如流；即使最後的想法與大家的意見相左，作為領導者亦應該大膽作出決定，因為有時也需要力排眾議。這也充分體現了民主與集中的辯證統一關係。如果只知道「謀之於眾」而不懂得「斷之於獨」，只懂得民主的重要性，而不懂得集中的重要性，那就是一位平庸的領導者。當然，「斷之於獨」僅對決策權而言，不等於權力可以無限集中和上移。否則，就是集權主義和權威至上論，應為領導者所戒。

雖說「謀之於眾，斷之於獨」在決策三階段各有其責、各有側重。然而，「謀貴眾」與「斷貴獨」是有機的結合體，「謀」為「斷」提供充分依據，「謀」是為了「斷」，同時，「斷」後的執行，又有賴於先前「謀」的參與度，在「謀之於眾」和「斷之於獨」之間找到最佳的結合點，既保證決策的正確性，又能使決策得以順利實施，才是領導者集權智慧的體現。領導者若能拿捏好這樣的「黃金比例」，對整個領導活動都大有益處。

謀之於眾，是謀事之基。能斷不獨斷，走群眾路線；掌權不攬權，借眾人之力。現代社會高度複雜化、整體化，少數人的意志已越來越不能左右局勢，要使方針、政策正確制定與貫徹、落實，必須謀之於眾。謀之於眾是把共識作為決策的基礎。但是卓有成效的決策者往往不求意見一致，

而是十分喜歡聽取不同的想法。

　　斷之於獨，是成事之道。當機立斷的決策魄力是領導者必備的能力。正確的分析、判斷才是當機立斷的首要條件。表現在對訊息的吸收、消化，對知識經濟的綜合運用，對未來的估計、推測，對處理問題的對策和結論性的意見，都能在較短的時間內完成。一事當前，果斷拍板。這種決策的時機千鈞一髮，最能考驗領導者的氣魄和能力。當斷不斷，就會失去機遇，能果斷拍板的領導者最有魄力。

【案例連結】

　　聯想集團董事局主席柳傳志深悟「謀之於眾，斷之於獨」的精髓，他說：「我作決策時，總是徵求多數人意見，與少數人商量，我自己拍板。」柳傳志在與下級交往時，事情怎麼決定也有三個原則：「第一，同事提出的想法，我自己想不清楚，肯定按照人家的想法做。第二，當我和同事都有看法，分不清誰對誰錯時，我採取的辦法是，按你說的做，但是我要把我的忠告告訴你，最後要找後帳，成與否要有個總結。你做對了表揚你；你做錯了，你得給我說明白，當初為什麼不按我說的做。第三，當我把事想清楚了，我就堅決的按照我想的做。第二種情形很重要，不獨斷專行，尊重人家的意見，但是要找後帳。這樣做會大大增加自己的勢能。」柳傳志的三原則恰好體現了「謀之於眾，斷之於獨」的集權智慧的精髓。不論領導者自己持有何種觀點，首先都要傾聽他人的意見，然後再將不同意見相互印證，歸納總結，最後自己拍板決定。而在決策實施過程中允許你做，但要「算後帳」，以此鼓勵各方提出更為精良的備選方案，這既大大的提高了決策質量，又顯著降低了領導者「關門拍板」所承擔的相應風險，從而使整個決策系統處於良性發展循環之中。柳傳志真是斷得痛快，又不獨立極端，拿捏住了「謀之於眾，斷之於獨」之間的分寸。

三、領導者的分權智慧

（一）分權的理論

　　分權是和集權相對的概念，是指組織為了達到透過分層來領導全局的目的，使決策權在組織系統中較低層次職位上分散，讓下級層次有一定程度的自主權，能夠根據具體情況和所面臨的形勢與任務作出決策。

分權是一個組織系統向各機構部門之間進行管理職能、權利和義務的分工，是制度規定的權力分配。分權是決策權在組織系統中較低管理層次的一定程度的分散。分權也就是將整體領導活動加以分解，實行分而治之。分權不是放任，不是撒手不管，要「分而不散」。分而治之，是指領導者將權力根據現實工作的需要，或按一定的組織結構、組織形式分配到各管理層，對領導者來說，是一種「事不躬親」的管理方式。「分而不散」，說明權力雖有所分配，但行事仍依託於領導者這一核心力量。分權的目的是為了更好的實現管理的集中統一和組織的內部協調，進而實現組織目標。管理學家認為，有效的管理措施來源於管理重心的變化，建議從對過程的控制管理轉向對結果的誘導與管理。領導和管理的職能不同，管理注重的是短期行為，主要是經濟學上的效率原則，關注的是結果；領導注重的是長期行為，主要是系統論上的統籌全局原則，關注的是效能。分權是領導活動的重要組成部分，分權是把整體領導活動的系統分為事前——事中——事後。分權的智慧是抓兩頭放中間，重心在事前和事後領導，而將事中的領導活動分權給下屬部門或機構，尋求的是目標、手段、過程和結果的統一。

（二）分權的好處

社會分工的結果是職能的專業化和權力的分散，分權的好處是顯而易見的，主要有以下幾點：

1. 分權可以轉換領導者角色。透過分權，領導者可以從職能管理者轉變成為高層管理者。作為策略家，應更多關注組織目標、策略思想、信仰、價值追求，而將職能性工作、事務性工作分權給下屬去做。

2. 有利於分級決策。單位的規模越大，組織系統層級越多，上層領導與基層的距離越遠，需要處理的事務越複雜，就越需要把更多的決策權分給熟悉情況的下屬，這樣就可以使決策明確化，增強決策的靈活性與及時性，有利於對外部環境的變化作出快速反應，使組織決策更加合理化。

3. 有利於分層負責。在分權的條件下，各下層有自己應有權力的同時

也承擔起相應的責任，既能解決下層「無權少做事」的問題，又促使下層在行使權力的同時各司其職、各盡其責。

4. 有利於提高決策質量。分權後決策具有群體性的特點，各種研究表明，一般情況下，群體決策質量要優於個體決策。

5. 分權是領導者走向成功的「分身術」。領導者受能力、知識、經驗、精力等各個方面條件的限制，能夠實現有效領導的下級人數和組織機構是有限的，超過一定的領導幅度，領導就會顧此失彼，鞭長莫及，其領導效能就要大大降低。分權能減少組織層級，實現組織扁平化，可以使領導者長出「三頭六臂」擴大領導幅度。分權不是沒權了，分權是更有權了，這就是分權的智慧境界。

【案例連結一】

英國大出版家那茨克里夫生平所做的事業極多，如果換成別人，早已忙得不可開交，但是他仍能從容不迫，應付自如。許多朋友對於他這樣的才幹覺得驚奇，他說：「我自己只擔任指揮工作，一切機械式的事情都交給那些能夠勝任的人。我深知要成就事業，最重要的是時時創新的計畫、指揮得法和監督不懈。至於那些凡是助手能夠辦理妥帖的事情，我盡可不必動手。」

【案例連結二】

據《清史稿》記載：「三藩之亂」時，占據臺灣的鄭經也渡過了海峽，占領了泉、漳、溫州等地。消息傳來，康熙皇帝正率諸皇子在暢春園練射。聞報，康熙無動於衷，戰報接二連三傳來，台州也失陷了。皇子和大臣們都很急切的等待皇上降旨，可康熙仍一心射箭。回宮以後，康熙方說出一番道理：福建離京城千里之遙，消息傳報費時，而且我不太了解情況，聖旨一下，前方督撫不遵旨不行，遵旨就難免誤事，倒不如讓他們自己見機行事。

（三）黑箱操作的分權智慧

黑箱操作——只管兩頭不管中間——是領導分權原理的要求，也是領導分權的智慧體現。

「黑箱」又叫閉盒，即技術上不能直接打開觀察，或直接觀察會破壞其

內部結構，失去其本來面目的系統。

控制論創始人維納指出：所有的科學問題都可以作為閉盒，研究的唯一途徑就是利用它的輸入和輸出。維納後來又把「閉盒」稱為「黑箱」，即不打開黑箱，而是利用外部觀測，考察對象與周圍環境的相互聯繫來了解黑箱的特徵和功能，猜測其內部構造和機理。就像中醫一樣將人體看作一個黑箱，不能把內臟打開來探病醫病，但卻可以在不干擾人體本身生理病理的情況下，只管輸入和輸出情況，透過「望、聞、問、切」等手段，獲取黑箱的輸出訊息（即症狀、體徵等病史資料）進行辯證分析，判斷疾病的本質，得出診斷結果，並制定相應的治療方法（輸入訊息），將其輸入到黑箱中，觀察其輸出反應，來推斷診斷與治療的正確與否，達到診病和醫病的目的。

黑箱方法是當代新的思維方法，是解決複雜系統的科學方法。黑箱操作，用於領導活動是指「只管兩頭，不管中間」的領導方法。「兩頭」指輸入和輸出，「中間」指執行部門或執行者。「只管兩頭」就是領導者只給執行部門輸入決策指令和發動他們貫徹決策指令，並了解輸出情況即執行結果；「不管中間」是說執行部門如何去執行及具體執行過程怎樣，由於是執行部門之專責而非領導職責，所以領導者可以不管，領導者管了就屬於管了不該管的事，就會發生越權和侵權行為。

黑箱分權智慧一方面要求「一把手」必須把精力放在正確決策和對執行結果與決策目標進行比較上，使執行操作部門成為黑箱；另一方面也要求領導者必須從外部，即透過輸入和輸出來影響、推動黑箱的運作。操作好黑箱，領導者就會走出「日理萬機——勞而無功」的誤解，走上「不問瑣事——無為而治」的正確領導之路。

（四）相互節制的分權智慧

領導者為了防止下屬越權、擅權、專權，並不是將權力緊緊的抓在自己手中，而是分權力給不同的下屬，但又不能讓哪一個下屬擁有絕對權力，特別是在某個要害部門，或某一個重要領域，為了防止出現一權獨

大、獨攬的局面，就要建立一種既相容又排他，既獨立又統一，既協調合作又互存戒心的一種「相互制約，相互節制」的權力運行機制，使各種分權之間保持平衡牽制的狀態，這樣就可以保持權力間的平衡狀態，防止某個機關或某個人的獨斷專行，從而使領導者的統御力成倍增長。

表面上看，這種相互牽制、相互制約的權力格局有可能使權力分散，降低效率，但實際上，它可以杜絕胡亂決策，避免錯誤決策；即使發生決策錯誤，牽制和制約機制也可以作為一種糾錯機制而起作用。從長期看，在牽制和制約權力格局中能使權力循著合理合法的軌道行使，避免在非法的軌跡上浪費能量，從而保證組織職能實現，保證決策效率更高。古代，宰相權力很大，上聽命於皇帝，下統領百官，為了防止宰相大權在手，野心勃勃，跟主公衝突或者叫板，甚至政變反叛，往往以多設副相來分散相權。在這種「合之則呼吸相通，分之則犬牙相制」的權力結構中，如果一個宰相想謀反，另外兩個宰相反對，他就沒法施行，如果兩個宰相想謀反，另一個宰相不同意，也沒法施行，除非所有的宰相副宰相全部起來謀反，然而這種可能性是極小的。這就相對的提高了權力發揮的能動作用和防止權力的破壞性。

西方的馬基維利主義者有這樣一個理論：一個穩固的領導集團，要有一個一號人物，眾多的三號人物，不能夠在一號人物和三號人物中間再有個二號人物。對於一號人物而言，維持權力的平衡最重要，不能夠讓一個黨派獨大，威脅到自己的地位。而對於下三號人物而言，制衡勢力的存在，才有自己存在的價值，否則，自己就成為一號人物的威脅，等於是引火燒身。

【案例連結】

齊桓公依靠管仲治理國家，管仲是唯一的宰相，擁有很大的權力。有一天管仲外出，齊桓公召集群臣議事，要再給管仲增加一些權力。大臣們默不作聲。齊桓公提議，同意給管仲增加權力的站在右邊，不同意的站在左邊。大多數人走到了右邊，少數人走到左邊，只有一個大臣原地未動。齊桓公問他：「為什麼不作出選擇？」他回答：「我沒有明白大王的意思。」齊桓公說：「很簡單啊，就是給管仲增加點權力。」大臣說：「問

您兩件事：第一，您跟管仲比，在百姓心目中的威望是低還是高？」齊桓公回答：「管仲的威望不比我低。」這位大臣又問：「第二，您跟管仲比，誰的能力強？」齊桓公回答：「管仲的能力不比我差。」大臣說：「管仲的威望不比您低，管仲的能力不比您差，管仲已經有那麼大的權力了，您還要增加他的權力，您是不是準備把您大王的位子也讓出來呢？」

　　大臣的一句話震耳發聵，點醒了齊桓公這個夢中人，他馬上收回了給管仲增加權力的成命，接著又增加了兩名副宰相，把原來由管仲一個人管的國家大事分擔由三個宰相共同管理。齊桓公安慰管仲說：「你管的事情太多，太勞累了，對身體健康很不利。有了兩位副宰相就可以減少很多辛苦，有利於身體健康啊！」齊桓公的理由簡單充分，權力就這樣分開了。

四、領導者的授權智慧

（一）授權的理論基礎

　　授權，就是根據工作的需要，由領導者將自己所擁有的一部分權力委託給被領導者去行使，使其能夠自主的對授權範圍內的工作進行決斷和處理的過程。授權是一種各負其責的民主領導方式，不同於聽命於一個人的獨裁式領導方式。授權的做法在人類社會各項領導活動中都被廣泛的運用，任何有效的領導活動都必須實行適當的授權。授權是領導智慧和能力的擴展與延伸，也是權力運用過程中很難處理而又必須處理好的重要問題。

　　授權應該有三種情況：一是職權的擴大，即授權職權範圍以外的權力，擴大權限；二是委託的權力，委託別人完成本是自己權力範圍內的職責；三是特定授權，在特定情況下，為完成特定任務而授予權力。授權的理論基礎如下：

　　1. 二八法則。十九世紀末義大利經濟學家帕雷托認為，任何國家國民收入分配都存在著一種固定的形態，即擁有高收入的國民僅占全國總人口數的少數，而絕大多數的國民屬於低收入階層——帕雷托法則。將這個法則應用於領導領域，就是重要的少數總是制約著次要的多數。「重要的少

數和瑣碎的多數」中的「重要的少數」決定著群體主要的、大部分的成果和成就。特別是變革時期，這些重要的少數，就更是起到了爆破手、突擊隊和變革者的作用。百分之二十的權力產生百分之八十的領導效能；百分之八十的權力只能產生百分之二十的效能。因此，領導者應該將重要的少數和次要的多數分開，掌握那些只占少數的重要工作，就能獲得大部分的成果，那些眾多瑣碎的工作完全可以授權給下屬去做。

2. 比較利益規律。比較利益規律來自於國際貿易理論中的「比較利益理論」。比較利益表明：如果一個國家輸出本國生產效率最高的產品，輸入本國生產效率最低的產品，那麼這個國家的財富就一定會增加。在領導授權上遵循比較利益規律，就是領導者要將注意力集中於實現組織目標最有利的工作上，而將其他工作委派給下屬去做。把精力集中在那些機會收益最大、機會成本最小的工作上，而將那些機會成本最大、機會收入最小的工作授權給下屬去做。古往今來，許多出色的領導者都是管理自己最擅長的，將自己最不擅長的委託別人去管。用一句通俗的話說就是：「該管的管，不該管的就讓別人去管。」管理就要管住要害，管住命脈，管住進與出的源頭。

3. 二律背反定律。二律背反的理論來自於哲學家康德和黑格爾，意思是事物的發展會走向它的反面，相反相成。激勵機制和約束機制必須對稱。授權是一種權力分工，透過集中和借助下屬的智慧共同完成工作。下屬在一定的監督下有相當的自主權和行動權，按照二律背反的原理，必須建立授權約束機制，以防止權力被濫用。同「分權」的用權不同，授權更側重強調對於下屬個人的具體特徵的了解和掌握，而不是僅僅針對於崗位職責的熟悉。正因為存在較大的授權風險，領導者在授權時，除了要慎重的確定給下屬的授權範圍和授權大小外，特別要注意對被授權者的基本情況的了解，最好是了如指掌。該授權給誰？授予何種權力？預期效果將會怎樣？這些都是領導者在實施授權之前必須解決的問題。如何將這些問題合理有效的加以解決，使最終的結果更加滿足策略整體的發展需要，都體現著領導者用權的藝術。因此，如何找到「授權」與「控權」之間的平衡點，

做到「授控結合」，使授權效果與領導者預期目標相吻合，是領導者授權藝術的集中表現之一。

【案例連結】

孔子有兩個學生，一個叫宓子賤，一個叫巫馬期，先後在魯國的單父當過一把手。宓子賤整天彈琴作樂，身不出室，卻把單父管理得很好；巫馬期則天不亮就外出，天黑才歸來，事事都親自去做，單父也治理好了。巫馬期問宓子賤是什麼原因，宓子賤說，我治理單父主要靠用他人做事，你主要靠事事親自做，你當然很忙，我當然悠閒。人們稱宓子賤是「君子」，而巫馬期「雖治，猶未至也」。也就是說，巫馬期不如宓子賤懂領導的授權藝術。

（二）授權的益處

授權的好處可以概括為以下幾個方面：

1. 能夠減輕領導負擔，集中精力處理重大事項。授權使領導者擺脫了「事必躬親」和「日理萬機」的小農工作方式，減輕了領導者的工作負擔，領導者可以將注意力集中放在全局性、策略性的關鍵問題上。對程式性的問題、具體瑣碎的事務，可以利用授權下屬的方式加以完成，真正「有所為，有所不為」。正因為在一些小事項上「有所不為」，才能集中精力在全局性、策略性、重點關鍵事項上「有所為」。如果領導者熱衷於親自操刀上陣，那就只能把自己搞得焦頭爛額，而下屬又會是一肚子怨恨。曾國藩說過：「做大事以多尋替手為第一要義。」

2. 能增強下屬「自我實現」的效能感，提升下屬士氣。領導者把自己的權力盡可能大的授給下屬，讓下屬充分享有一定程度的自主權，有了發揮才幹、大顯身手的機遇，能夠滿足下屬最高層次「自我實現」的需要，擺脫層層聽機械命令行事的低落和厭倦情緒，有助於解除上下級關係的僵化和緊張，激勵下屬奮發向上的動機和工作熱情，發揮自身的潛力和聰明才智，創造性的完成工作任務，達到自我實現。西方管理學家諾曼‧卡涅斯說過：「如果要我來評價一位領導者的工作質量，我想知道的就只有一點，那就是他的下屬工作得如何。倘若我親眼看到普通員工在不斷改進工作質

量，那我就知道，他們是在一位優秀的領導者手下工作的。」美國一位百貨零售巨頭曾說：身為一個經理人，都該明白想逼死自己最快的方法就是大權一把抓。

3. 能加強團隊建設，改善上下級關係。授權的動機源於上級對下級的信任，授權的效果產生了下級對上級的感激之情和對所賦權力的神聖使命感，為原本色彩單一的直線級別的關係產生了融洽的氣氛；授權也讓下屬學會自我領導，把領導與被領導的類似主僕的關係轉變為合作共事、相互支持、逐級負責的關係，讓團隊成員感到自己是強者，有能力實現他們的目標。領導的過程不是強迫，甚至也不是說服，而是讓團隊成員認識自我和相互依託，形成合作共事、互相支持的組織團隊。

4. 能加快訊息傳遞速度，提高工作效率。無論是在市場經濟的運行過程中，還是在組織的管理活動中，都存在著不可避免的訊息不對稱的現象。領導活動實質上也是個訊息傳遞的過程。由於上下級所處的具體環境差異，導致了上下訊息不對稱。通常情況下上情要下達，下情要上傳。但由於傳遞的經緯線很長，傳遞速度減慢，加之傳遞過程長而導致的訊息失真等原因，就影響了工作效率和質量。透過科學授權，就避免了領導缺乏及時的訊息和訊息失真而導致的工作失誤，同時也充分發揮了下屬訊息掌握比較全面的優勢，從而提高工作效率，有利於具體工作的順利完成。

5. 能發現人才，培養人才。權力集中在一個人手裡，勢必壓制、壓抑了下面幾乎所有的人才，使他們無法發揮自己的作用，無法顯示自己的長處，無法做出自己的業績，領導就難以發現和培養人才。授權不僅停留在「分身」的層面上，合理的授權可以同領導者用人藝術相互結合。「挑擔子的人比空手的人走得快」，透過授權給下屬，往下屬肩上壓擔子，鍛鍊下屬的認識能力、分析能力、判斷能力和單獨處理問題的能力，下屬在獨立處理事情的過程中，竭盡自己的聰明才智來完成任務，就能發現人才和培養人才，使優秀的人才脫穎而出。

【案例連結一】

　　松下幸之助深諳授權的奧妙，也深得授權的益處，他說：「當我的員工有一百名時，我要站在員工最前面指揮部署；當員工增加到一千人時，我必須站在員工的中間，懇求員工鼎力相助；當員工達到萬人時，我只要站在員工的後面，心存感激即可。」

【案例連結二】

　　英國元帥蒙哥馬利在「二戰」的緊急情況下出任第八集團軍司令官，他任命原集團軍作戰情報處處長德‧甘岡為參謀長，並授權說，甘岡的命令與他的命令具有同樣效力。在緊接下來的、決定性的北非戰役中的關鍵時刻，甘岡全權指揮作戰，而蒙哥馬利卻在睡大覺。結果甘岡一舉殲滅了德國的非洲遠征軍，實現了兩軍態勢的歷史性轉變。

（三）從非授權到授權的轉變

　　從非授權到授權的轉變，不僅是單純的領導行為的轉變，而是領導活動的一種質的飛躍，它在領導職責、領導方法和決策方式上都發生了顯著變化。

　　從領導職責上看，非授權狀態下，領導「無所不管」，事無巨細，皆由上級領導來決斷，下級領導只能聽令和服從。下級有事，不管事大事小，必須請示匯報，不經上級領導批准不得擅自行事。領導的「無所不管」，把自己束縛在了具體的戰術層次上。管得越具體矛盾越多，越破壞個人之間的感情聯繫，這絕對沒有好處。授權條件下，領導「有所不管」，把注意力和精力放在制定方針、政策和動員各級組織成員支持落實上。領導「有所不管」，才可居高臨下，處在策略層面。法國古典管理理論的創始人法約爾指出：「沒有一個人有這樣的知識、精力、時間能夠解決一個大企業經營過程中所提出的所有問題。」他進而提出：現代領導者應該有所管，有所不管，不要無所不管，應該管的是重大事情，不該管的是小事，細節交給參謀和部下去做。杜拉克在《卓有成效的管理者》一書中對「重大事情」的解釋是「基本性的決策」、「正確策略，而不是令人眼花繚亂的戰術」。古代軍事家孫子也曾說過「良將無外」，意思是說最高明的領導藝術是，他影響和提攜「全軍」取得越來越多的成就，卻很少做直接出成果、出效益的工作。

　　從領導方法上看，非授權狀態下，領導事必躬親，無論大事小事，都

親自處理，把日理萬機的道德信念當成了領導智慧的信條。辛苦勞頓的結果是「君忙臣閒」。授權條件下，領導不問瑣事，騰出時間和精力顧大局、抓大事，結果是「君閒臣忙」。古人云：「君閒臣忙國必治，君忙臣閒國必亂。」唐太宗李世民說過，隋文帝「喜察」、「事皆自決，不任群臣」，「一日萬機，勞神告形」，這正是隋朝滅亡的原因之一，也是我們今天當領導的應汲取的教訓。古人也有評論，「事不躬親」是「古之能為君者」之法，它「繫於論人，而佚於管事」，是「得其經也」；「事必躬親」是「不能為君者」之法，它「傷形費神愁心勞耳目」，是「不知要故也」。第二次世界大戰時，英軍統帥蒙哥馬利就提出過：身為高級指揮官的人，切不可事必躬親於細節問題的制定。日本索尼公司的創始人之一盛田昭夫說：「日本企業界最成功的領導人不是整天團團轉，事無巨細向下級發號施令的人，而是僅給下級一些總的方針，潛移默化的向他們灌輸信任，幫助他們做好工作的人。」抱著這種態度，就會獲得更多富於創造性的業績和更多的思路。松下幸之助一方面對諸葛亮鞠躬盡瘁、死而後已的精神表示無限的崇敬，認為這是一個領導者具備的難得的敬業精神，值得企業家們學習；但另一方面，對他事必躬親的處事行為也提出了他自己的見解：……工作不是一個人做得完的，而且也不能處處照顧周到，因此要有下屬們分層負責……精明的領導者，其職能已經不再是做事而在於成事，授權乃是成事的分身術。

從決策方式上看，非授權狀態下，領導個人決策，以片面狹隘的認知水平，獨斷決策，一意孤行。在授權條件下，領導按照民主科學的程式徵求各方面的意見和建議，注重外部諮詢，利用專家、諮詢機構的「外腦」碰撞出多維思量的火花，形成腦的疊加或互補，來豐富自己的智慧，作出各種科學決策。

美國企業家查雪爾曾談到授權的重要性，他說：「授權，是一個事業的成功之途。它使每個人感到受重視、被信任，進而使他們有責任心、有參與感，這樣，整個團體同心合作，人人都能發揮所長，組織也才有新鮮的活力，事業方能蒸蒸日上。」

【案例連結】

唐太宗李世民曾和他的大臣房玄齡和蕭禹談到隋文帝「事必躬親」的治國方略時說：「天下如此之大，怎麼能靠一個人的思慮來治理呢？朕正在廣選天下賢才，讓他們來做天下的事情。朕信任他們，同時督責他們，讓他們成功。如果他們能夠各盡其才，天下便可以治理好了。」

（四）授權的藝術

授權作為一種領導方法和領導制度，是領導進行科學決策和提高領導效能的必然選擇，任何一個成功的領導者都離不開合理的授權。領導者的授權，既要符合領導活動的規律，又要有利於實行有效的統帥與指揮，因此，授權必須講究藝術。

1. 視德才授權。同分權的用權不同，授權更側重強調對於下屬個人的具體特徵的了解和掌握，而不是僅僅針對對於崗位職責的熟悉。正因為存在較大的授權風險，領導者在授權時，除了要慎重的確定給下屬的授權範圍、授權大小外，特別要注意對被授權者的德能基本情況進行了解。領導活動不是以領導者為原點的壟斷性活動，而是領導者與被領導者融為一體的參與性活動。領導活動的成敗，往往不僅在於領導者本身才能的高低，而在於他是否發現人才而授之於權。授權給什麼樣的人，是領導授權之前需要考慮好的問題。授給誰合適呢？這所謂的合適又是怎樣一個尺度？

（1）權要授給有責任承擔所授職權的人。領導者在授權之前，必須仔細考察被授權者的思想意識、道德水準、性格特點。有時即使被授權者有相應的能力擔負起被賦予的職責，但由於他缺少對這份工作的職業道德，不去發揮內在的品德，而是被名利金錢欲望所左右，懶、讒、占、貪，就會異化被授予的權力。正如宋朝大政治家司馬光所言：「自古昔以來，國之亂臣，家之敗子，才有餘而德不足，以至於顛覆者多矣。」《易經》有「厚德載物」的警世恆言，其意為：「唯厚德能承載天下之物。」選擇被授權的對象必須強調其內在心性的光明和價值的擔當，就是要把權力授給那些有道

德意識、道德情感、道德意志、道德信念和道德習慣的人。

（2）權要授給有能力承擔起所授職權的人。「職以能授，爵以功授。」授權不是權力和利益分配，不是榮譽照顧，而是把權力授給靠得住的人和有能力承擔這份責任的人。領導者在授權之前，要全面分析被授權者的能力，如知識、經驗、思維、專業特長等，個人的才能只有與其職位相匹配、適宜，這樣授予他的權力應最能刺激他發揮自己的優勢。既不勉為其難，也不會使其無所事事。盡其所能，工作起來自然積極，領導效能也必然提高。

（3）唯有德才兼備者才是權力授予的最佳人選。德和才是可以分開的。有有德無才的人，也有有才無德的人，當然也有無德無才的人。但是，從授權對象的選擇標準上講，德和才不可分開，切不可只顧其一不顧其二。德能正其身，才能稱其職。發現人才，並據德能授之以相應職權，各司其職，各盡其能，可以助領導者成就豐功偉業，是其事業成敗的關鍵。

【案例連結】

美國通用汽車公司總經理斯隆，在聘請了著名管理專家杜拉克擔任公司管理顧問以後，第一天上班就告訴他：「我不知道我們要你研究什麼，要你寫什麼，也不知道該得出什麼結果。這些都應該是你的任務。我唯一的要求，只是希望你把認為正確的東西寫下來。你不必顧慮我們的反應，也不必怕我們不同意，尤其重要的是，你不必為了使你的建議易於我們接受而想到調和和折中。在我們公司裡，人人都會調和和折中，不必勞駕你。」

斯隆對杜拉克採取的領導方式就是授權式。之所以這樣，是因為杜拉克是著名的管理專家，他既有能力，也願意挑重擔。而換了別人，斯隆是不會這麼放手的。

2. 明責授權。授權不是職務上的晉升，而是一種權力委託行為，為了防止授予的權力偏離組織目標的方向或者權力被濫用等問題，必須建立責任的約束機制，向被授權人講清所授權力的責任範圍，並保持必要的監督和控制。如果授權的結果沒有預期的效果理想，那實施授權的領導者將負有不可推卸的責任。領導不是等級、特權、名譽或金錢，而是一種責任。因此，授權一定要講「為治有體，職責分明」。授之以權，負之以責，權責統一。給下屬放出一些權力，讓下屬分擔一些責任，會增強下屬的責任

心，激發其工作熱情，使其才智和能力得到充分發揮。

明確職責是權力不被濫用的保障。有了與權力相伴隨的職責，才能使被授權者明白哪些該為，哪些不該為，哪些不能強為，哪些不能妄為。職責不明確，或光授權不授責任，被授出的權力就可能被濫用。美國管理學家孔茨與奧唐納說：「不規定嚴格的職責就授予職權，是管理失當的一個明顯原因。」

明責授權的「責」，不僅是領導者口頭上的東西，必須建立一套制度和放權不失職、依靠不依賴、寬鬆不放鬆的運行機制。杜拉克曾經說：「大公司的合理不是由一個人指揮千軍萬馬，而是借一套特定的機制來傳遞責任並互相負責的流程。」對領導下屬而言，用制度說話永遠比個人的發號施令更有力度，也更有效率。

明責授權，還應該建立「無為問責」制度。「無為行為」是指不履行或不正確、及時、有效的履行規定職責，導致工作延誤、效率低下的行為；或因為主觀努力不夠，工作能力與所負責任不相適應導致工作效率低、工作質量差和任務完不成的一種工作狀況。無為問責制度把領導重點放到責任上來，問責的主體由「有錯」幹部轉向「無為」幹部。那些抱著「不求有功，但求無過」的惰性思維混日子的官員，頭上就有了一道「緊箍咒」，無作為或碌碌無為，就要受到相應的責罰。有了無為問責制，那些被授予權力的領導者就會視領導為責任，而不是地位和特權，這體現了一種昇華，表明了由權力領導向責任領導的轉變，這種轉變最具深刻意義。

3. 逐級授權。組織機構是分層級的，而現實中不劃分部門的組織也是不存在的。組織的管理層級意味著層級之間權力相互制約。在正常的組織管理和領導活動中，上級領導下級工作，下級服從上級的指示和命令是基本內容。沒有任何一個領導者能包攬所有工作，授權即是在這樣的組織層級中進行的。逐級授權的智慧點是：（1）授權只能對直接下屬，層層往下授予。領導活動中權限分配和運用是層層連結，一級管一級，且只管直接下級。領導是分層次的，對任何領導來說，都是一級有一級的權力，一級有一級的責任。這就要求授權要按層級逐級進行。一個下級只從一個上級那

裡接受分派的職責和授予的權力，並只對這個上級負責。對被授權的下屬來說，他只從一個上級那裡被授予權力和職責，且這個上級就是他的「頂頭上司」，是他的直接領導，而他也只對這位領導負責，有道是「一僕不侍二主」，否則，職責和權力會發生矛盾和衝突。（2）各級做好各級的事，不能越權包辦。領導指揮鏈正常運轉的基本條件是層層銜接，領導做好領導的事，各層做好各層的事，不能越權包辦，除特殊情況外，領導對授權範圍內的事，要不干預、不拆台。下級的權力和責任必須由下級來行使、負責，不能上推，上級也絕不應該接過來。授權之後不再干預，這是一個原則。你可以中止所授予的權力，但不能插手干涉。否則，下級就沒責任了，責任只能由上級來負；下級也沒有壓力了，壓力只能壓在上級身上。美國總統羅斯福講：「一位最佳領導者是一位知人善任者，而在下屬甘心從事於其職守時，領導者要有自我約束的力量，而不可隨意插手干預他們。」領導者一定要懂得，問題屬於哪個層面的，解決問題的對策在哪個層面上，就透過正常的層級程式把權力授到那裡。當然，領導對授權範圍內的事不越權、不插手，不等於不知情。追求最基本、真實的事情，是領導工作的最基本的保證。

4.充分授權。充分授權，就是領導者授權時只向被授權者提出「任務的內容」，不干涉「具體的做法」。領導者只要求被授權者做什麼和達到什麼樣的結果，被授權人可以自由選擇實現目標的方法，取得成果的手段。西方領導界有句行話：「有責無權活地獄。」卓越的領導者都注重對下屬的充分授權。充分授權不同於一般授權，從授權範圍的角度看，充分授權已達到領導者合理授權與失控放權的一個臨界區域，也可以被認為是有效授權的一個極限。單從授權效果角度考慮，由於領導者充分授予了下屬相當大的權力，使得下屬在完成任務的時候，不必按原有程式向上級請示，從而節約了大量的審批時間，並且，在遇到重要的突發事件時，所授予的權力使被授權人暫時具有支配特殊資源的能力，隨時應變，以保證任務的圓滿完成或事件的順利解決。

充分授權的安排與設計必須建立在以下幾個基點上：（1）環境複雜多

變。授權環境複雜，並具有突發性和多變性，就會導致上下級掌握的訊息處於不對稱狀態。不授權或者授權不充分，下屬就缺乏自主權，就會感到「無用武之地」。對下屬充分授權，就能夠避免因上級領導缺乏對訊息的全面了解而進行的「瞎指揮」。（2）授權對象特殊。以能力的大小和信心的強弱作為維度，下屬可以分為四種類型，即能力小信心弱，能力大信心弱，能力小信心強，能力大信心強。能力大且信心強的下屬是適合充分授權的理想對象。領導者對這樣的下屬要具有非凡的認知能力和不同尋常的堅定信心。（3）領導者自身具備運籌帷幄的判斷能力、大膽授權的勇氣和決心。因為充分的授權已經不斷的接近於領導者的失控放權區域，這意味著相應的授權環境已經到了迫使領導者提高授權程度的地步。外界壓力的驟變，引起了領導者對授權效果的期望有所提高，而只有透過充分授權，才能為下屬提供一種實現預期目標的有效手段和途徑。因此，敢於在複雜環境下大膽的進行充分授權，把握好充分授權與失控授權的臨界點，使充分授權起到最大的效果，就是領導者授權智慧的最集中體現。

充分授權除了建立在以上的基點，還要把握以下要點：（1）充分授權最根本的是要信任下屬，猜忌是授權之大忌。授權本身是一種信任下屬的外在表現，如果沒有信任為基礎，授權活動就不能有效進行，也就產生不了預期的領導效果。（2）授權就要授得徹底。就是領導者要「捨」得權力的下授，該授的權要充分的授下去，授了就要授得徹底，有氣魄的讓下屬對職權之下的事說了算，避免授權後仍加以干預的「放碗不放筷」式的非充分授權。（3）將能而君不御。領導者應該記住：凡是你信任的人能代替你去做的事，你自己永遠不要去做；當你忙不過來時，你要深思，你可能是做了下屬應該做的事。（4）寬容下屬的失敗。寬容下屬的失敗是充分授權的實現條件。日本神戶大學教授占部都美在《領導者成功的要訣》中說：「真正的授權是以管理者寬容部下的失敗作為前提的。」

【案例連結】

一九八二年，英國和阿根廷發生了馬島主權之爭，戰爭不可避免。時任英國首相的柴契爾夫人力排眾議，決定起用伍德沃德少將任特遣隊司令。此令一出，大眾譁然。因

伍德沃德時年四十九歲，而且是一次仗都沒有打過的「年輕人」，而在海軍中，光是參加過第二次世界大戰和蘇伊士戰爭的「老將」就可以組成一個連隊，選個特遣隊司令根本不是問題。按照一般人的眼光，這副重擔輪不到伍德沃德來擔。但柴契爾夫人卻認為，衡量一個人的才能不能只看年齡與資歷，而是要看他在崗位上的實際表現。伍德沃德是海軍學院畢業的高材生，在擔任國防部海軍作戰計畫處處長、驅逐艦艦長等職期間所表現出的過人素養，證明他是一位優秀的指揮官。鑑於此，柴契爾夫人果斷拍板：「讓這個人去！」在整個戰爭中，柴契爾夫人使用了「授權式領導」，她給艦隊司令伍德沃德授予了「除了進攻阿根廷本土以外的一切權力」，明確指示完成該項任務的目標就是奪回馬島，至於伍德沃德採取什麼樣的策略部署，她毫不干預。她把一切都寄託在自己對伍德沃德的識人斷人的自信心上。戰端一開始，即引起世界關注，英軍遠涉重洋，孤軍作戰，形勢嚴峻，壓力巨大，但是英國遠征軍在伍德沃德的指揮下卻以意想不到的速度順利的達到了軍事目的。

5. 收斂的問題授權。收斂，匯聚於一點，向某一值靠近。從系統論的角度說，授權是一個由上到下逐級進行的一種收斂的系統。授權，說到底是賦予下屬領導一定的權力，把問題解決在基層。領導活動過程中有些問題透過層級間的交替逐漸匯聚指向基層，對這種收斂的問題越研究，越趨向於答案，越處理越指向基層，於是透過授權就可以解決。所以授權具有向下指向的收斂性。相反，發散的問題是向上指向的，有的問題可以在本層級解決，有的答案就在本領導層。有的問題的解決對策是在本領導層的上級，甚至是上上級，這就不是領導活動中的授權能解決的問題，而是向上級領導「請示」、「匯報」來解決的問題，當然不能授權。

收斂的問題授權，才能夠在領導系統中建立合理的層次系列，掌握適當的領導幅度，正確處理層次之間的關係。

收斂的問題授權，就會使被授權人行起事來通曉職分，不妄行、不妄取，心有準繩。誰敢超越本分而胡作非為，也很容易在收斂的範圍內加以規制和治理。

收斂的問題授權，一般就要一事一授，把權力集中到一個「事」的焦點上，像透鏡一樣，具有辦好「事」的聚和力量。為了防止權力「外溢」，有關任務完成了就應及時收回權力。

6. 授控結合。領導者授予下屬的只是權力的使用權，而非所有權，當

任務結束時，該權力也將被收回。這就好比在天空中放風箏，按照意願扯開去，又可以按照意願收回來。授權與控權總是以相互聯繫又相互制約的矛盾形式，共同存在於高層的領導活動之中。如果放鬆了對其中一方的重視，割裂了兩者之間的內在聯繫，就會出現兩種極端情況，即「棄權」（授而不控）、「專斷」（控而不授）。因此，領導者的授權智慧還體現在「授」與「控」之間的尺度拿捏上。（1）只授可控之權。做任何一件事情都需要控制，這是事情結構、秩序的要求。沒有控制，結構和秩序就亂了。控制是為了全局集中在一個方向上，按照一條基本的路徑向前走。授權就是這樣，權力授到什麼程度，給下級以多大的力度，必須考慮可控程度。必須有有效的控制手段，監督權、知情權、最後處置權，這些是不能不保留的，否則授權就可能失控。授權之後不再進行任何干涉，但你至少得知道情況，不然的話，你連獎懲權都沒法行使。（2）授權不棄權。儘管從某種角度說，領導者能夠授出的權越多越好，但並不是說將所有權都授出去而自己掛了空銜最好。一方面對下屬職責範圍內的工作不大包大攬，不干涉完成任務的具體方法，不強求按自己的模式去辦，不越級下達工作任務；另一方面又要確定好大的原則、方針政策和嚴格控制授權範圍，除特殊情況外，一般不准越權、不准「先斬後奏」，更不准「斬而不奏」。透過這種可控性，把領導與授權者聯繫在一起，使授權者能夠有效的對被授權者實施指揮、監督和檢查。（3）寬鬆但不放鬆。給下屬以寬鬆的權力實施環境，允許下屬在權力操作中有失誤，在失誤中自我矯正，獲得成功。但對下屬的不當思想行為必須加以規範，不能任其泛濫，一味的護短、縱容將會使授予的權力被異化。（4）「分身」又能「收身」。領導既要透過授權向下屬「分身」，又要在發現下屬素養差、經常越權或背離工作原則、工作目標，經過嚴肅批評仍不能奏效時，及時削弱其權力，直至收回授權。不授權，會使領導者陷入繁瑣的事務圈子裡；授權失控，又會造成領導者失責失職，削弱領導。因此，授權與控權的臨界邊際就需要領導者透過實踐找到一個有效調控的參照系，根據該參照系，使「授」與「控」這一槓桿達到相對平衡狀態，從而使領導效果達到最佳。要建立一個授權—控制—支持的內在

機制。授權後領導者要保留指導權、檢查權、監督權、修改權和回收權。覆水難收的授權是失控的授權。有授有控的授權，有放有收，放中有收，收攏的是下屬歸順的心。

授權的控制方式主要有兩種：一是直接控制，即領導者直接出面的控制；二是間接控制，即運用各種手段（如政策、措施、紀律等手段）的控制。局部性控制主要是對重點、關鍵等部位的控制；一級控制是只控制直接下級；多級控制是把下邊各級都控制起來，多級控制不一定都是直接控制，可以在特定條法制約的基礎上，採取視察、檢查、抽查等方式進行。控制的方法主要有：（1）報告。建立工作報告制度。（2）檢查。定期的，不定期的；明察，暗察；全面檢查，抽查；程式的，非程式的等。（3）委派。委派工作組、特派員、督察員、巡視員等。（4）特殊控制。如對特殊事件、重大事項、關鍵大事、嚴重問題、極特殊人物，就要採取特殊的控制辦法。

【案例連結】

韓非子裡有這樣一個故事：魯國有個人叫陽虎，他經常說：「君主如果聖明當臣子的就會盡心效忠，不敢有二心；君主若是昏庸，臣子就敷衍應酬，甚至心懷鬼胎，但表面上虛與委蛇，然而暗中欺君而謀私利。」陽虎這番話觸怒了魯王，陽虎因此被驅逐出境，他跑到齊國，齊王對他不感興趣，他又逃到趙國，趙王十分賞識他的才能，拜他為相。近臣向趙王勸諫說：『聽說陽虎私心頗重，怎能用這種人料理朝政？』趙王答道：「陽虎或許會尋機謀私，但我會小心監視，防止他這樣做，只要我擁有不致被臣子篡權的力量，他豈能得遂所願？」趙王在一定程度上控制著陽虎，使他不敢有所逾越；陽虎則在相位上施展自己的抱負和才能，終使趙國威震四方，稱霸於諸侯。

（五）授權的阻礙

授權阻礙來自多方面的因素，其中既有主觀方面的原因，也有客觀條件的限制；既有授權主體領導者方面的因素，也有被授權主體——下屬方面的因素。其中授權主體帶來的影響，尤其是主觀因素的作用往往更為重要，主要體現在以下幾個方面：

1. 不願授權。領導能力太強，或過分相信自己的能力，不信任下屬，形成一種集權型領導風格。能成為領導者的人通常個人能力都很強，但不

能因為你能幹，就親自去做每一件事。首先，你的精力有限；其次，你的工作重心是管理而不是執行；最後，親力親為也不利於下屬的成長。信任是資本，信任是財富，領導者必須構建信任關係。

2. 不敢授權。不敢授權有兩種心態，一種是擔心授權後「將在外，君命有所不受」，失去對下屬的必要控制，偏離目標軌道。這種領導者由於過於謹慎，淡化了授權的合理性和科學性，而阻礙了授權。另一種是畏懼下屬的潛力，不能接受或不願接受下屬能力比自己強的現實。這種嫉賢妒能，嚴重誤導了授權藝術的運用，導致「武大郎開店」和「帕金森定律」的格局。領導者應改變與能力強者較勁的消極心理，把權力授給能力強的下屬，讓他們發揮自己的作用，顯示自己的長處，做出自己的業績。用一個比喻就是：讓別人的雞為你下蛋。

3. 不會授權。這種領導者知道授權的重要性，也想授權，但是領導藝術和領導水平有問題，不知道把哪些權力授給下屬或如何授予。結果，從策略層轉向戰術層，所有的事情都自己做，陷入事務主義的「老太太式」的領導方式。在美國，有人對幾家最大公司領導人的工作狀況做過調查，結果是「他們為那些部下也能圓滿完成的工作和會議耗費了百分之七十的時間，真正動腦子的工作只占了百分之八的時間」。加拿大的亨利‧明茲伯格進行過調查，他發現一些領導者百分之五十的時間花在九分鐘以內就能解決的瑣碎事務上。還有一個英國的調查說，在一百五十名經理中，每人每兩天只有一次有半小時時間不受干擾的進行工作。整天忙忙碌碌，卻沒有忙在工作的重點和關鍵點上。忙碌的領導辛苦，但不稱職。

4. 忌諱授權。人是一種有著複雜的生理和心理特徵的動物，其思維和行為特徵受到某種心理欲望的影響。不論是什麼欲望，都可能把人帶入某種極端。權力欲望也是這樣，如果一個領導者對工作和權力有一種極度欲望偏好，就會沉湎於對權力的追逐，將權力看成是對下屬進行人身控制的主要手段或者是自己尋租的資本，凡事都想管，都要管，當然不肯授權。滿腹權欲就不可能有授權的胸懷，而且權欲越重，胸襟越小。有時勉強擺出授權的姿態，而沒有授權的心態，造成現實領導活動中缺乏授權的尷尬

局面。有人曾經評論日本前首相田中角榮「簡直是個狂人」，他的權力欲「像風魔一般透過田中的肉體顯示出來」。唐代魏徵說：「做官要謀大事，而不是謀大權。」領導者只有徹底清除「官本位」思維形成的「權力崇拜癥」，才能解決授權的阻礙和影響。

【案例連結】

　　諸葛亮就是一個因不信任而不願授權的典型。諸葛亮可謂是一代英傑，赤壁之戰、空城計等廣為後人傳誦，莫不顯示其超人的智慧和勇氣。然而大舉北伐時，諸葛亮本應將權力下放給魏延，但他對魏延總是存有戒心，後來選了一個只擅謀略不擅帶兵的馬謖當先鋒。即使是這樣，諸葛亮也沒有放權，而是親自在大軍後面監督。軍中大小的事情，他事事親為，乃至「自校簿書」，親自核對帳目，「夙興夜寐，罰二十以上者皆親攬焉」，最後終因操勞過度年僅五十四歲就「星墜五丈原」了。他為蜀漢「鞠躬盡瘁，死而後已」，留給後人諸多感慨。諸葛亮為什麼會這樣呢？用他自己的話來說就是「唯恐他人不似我盡心」。「唯恐他人不似我盡心」就是高度責任感的一種表現。但責任心過強，不信任他人，那麼只好事必躬親，一個人受累，積勞，形疲，神困，以至於不能長久。這就走向了極端，事情就要倒過來演化。試想如果諸葛亮將眾多瑣碎之事合理授權於下屬處理，而只專心致力於軍機大事、治國方略，「運籌帷幄，決勝千里」，又豈能勞累而亡？而若不是諸葛亮「保姆」當得太過「到位」，又豈能導致「蜀中無大將，廖化充先鋒」和阿斗將偉業毀於一旦？諸葛亮的這一教訓，值得領導者深思。

五、運用權力的境界與領導法則

（一）運用權力的境界

　　古代思想家老子曾經把領導運用權力分為四種境界：「侮而恨之」、「懼而畏之」、「親而譽之」、「不知有之」。

　　「侮而恨之」，是強迫命令、簡單粗暴的領導，被領導者當面服從，「背後罵皇帝」。這種外顯的領導方式會造成上下對立。領導者要善於把追隨者培養成領導者。讓員工愛你，不要讓員工恨你。員工怕你，你就破壞了領導場。

　　「懼而畏之」，是領導者靠威嚴，靠命令和懲罰的方式實施領導，被領

導者對領導者敬而遠之，領導績效差。「當面怕你的人，背後一定恨你。」這句簡單的話包含著最豐富的哲學含金量。

「親而譽之」，也是一種外顯領導，領導者與被領導者感情距離小，領導者的口碑好，但這種領導方式還是領導者主導著被領導者。

「不知有之」，與上述領導方式不同，它是一種隱性領導，領導有意識的創造一個領導情境（場），領導者不是在場中央指手畫腳，而是自己邊緣化，把被領導者推向場中心，使其成為領導活動的主體，在「場效應」的作用下，被領導者沒有感覺到領導者在領導自己卻心悅誠服的接受了領導。「不知有之」的領導方式是一種國畫思維。國畫中的領導智慧，著墨處是畫，留白處也是畫。「不知有之」的領導境界是一種「無為而治」的最高領導境界。「無為」不是領導撒手不管，無所作為，而是必須有所作為，作為的形式就是設計和改變領導情境。透過強化「非權力因素」的「隱性」影響和作用，形成領導者與被領導者一種微妙的意識互動，被領導者的內心體驗和感受是沒有人在管我，我是自我管理，我是透過工作在實現自己的最大價值追求。杜拉克講：「最重要的管理理論之一，就是『自我管理』，管理好自己，才能管理好一切，真正的自我管理就是目標管理。」可見，「不知有之」這種領導方式，「形散而神聚」，不僅契合了被領導者的內心需要，而且能發揮他們最大的潛能，也使領導者從「權力迷戀中」超脫出來，從事必躬親中解脫出來。

【案例連結一】

《資治通鑑》記載：唐宣宗大中二年，周墀為相，問同僚韋澳說：「我為相責重，能力有限，你如何幫助我？」韋澳對曰：「願相無權。」周不解其意，韋又釋之，不以相國身分行獎賞，與志士仁人及百姓商量辦事，不要權威，不憑感情辦事，國家一定能治理得好。韋澳的話道出了用權的奧妙。

【案例連結二】

在美國紐澤西的愛迪生鎮上，有一家福特汽車的裝配工廠。這家工廠為了提高汽車裝配的質量，讓下屬執掌權力，在大型的汽車流水裝配線上給每個工人都安裝了能使流水生產線停車的按鈕，以便及時排除質量缺陷。

這是一項很「玄」的管理改革。如果工人隨意按動停車按鈕，工廠生產率就會明顯下降，後果不堪設想。

執行的結果，這條汽車裝配流水生產線每天由於按動按鈕而要停車二、三十次！數量的確不少。但是，每次停車時間，只有十秒鐘左右。工人們充分利用這停車的十秒鐘時間，緊緊鬆動了的螺帽、螺栓，作必要的調整，以保證生產的質量。一次十秒鐘，二、三十次合起來也只有二、三百秒鐘，合計三、五分鐘，對於一個工作班八小時來說，根本不算什麼問題。因此，這家工廠的生產率，沒有因為工人裝了停車按鈕而受到影響，風險不存在了。

與此同時，這項管理改革的目標實現了，成果展示出來：在頭幾個月裡，從裝配生產線上下來的汽車，缺陷從平均每輛十七點一個下降到一點八個，減少了百分之九十五點三；成品汽車中需要返工的數量，比以前減少了百分之九十七。

（二）領導法則

領導用權究竟應該遵循什麼樣的法則，才能達到用權的最高境界，對此西方有許多學者進行了探討，提出了有價值的理論成果。其中最常見的是以領導者運用權力的程度和被領導者自由活動的範圍為標準，將領導法則劃分為三種。

1. 黑金法則。這一法則以專制為特徵。領導者讓被領導者做什麼，被領導者就必須做什麼。只有領導者鐵的意志，沒有被領導者些許權力。按照黑金法則建立起來的領導行為方式是集權型領導方式，也稱為獨裁或專制型領導方式。領導者單獨作決策，然後以命令的方式向下屬或部門布置工作任務及完成任務的程式和方法，下屬不了解或無法了解組織的大目標和最終目的，領導者與被領導者之間就是命令與服從、指揮與執行的關係。

2. 黃金法則。這樣的法則以科學為特徵。領導者希望被領導者怎樣對待自己，自己就怎樣對待被領導者。黃金法則雖然也是以領導者為中心，但比黑金法則「柔軟」得多。按照黃金法則建立起來的領導行為方式是參與型領導方式。領導者與被領導者之間進行雙向溝通，領導者讓下屬以各種方式參與決策，被領導者的意見也能夠影響決策，有利於提高決策的質量和決策的實施與執行。

3. 白金法則。這樣的法則以藝術為特徵。被領導者讓領導者做什麼，

領導者就應該做什麼；被領導者想讓領導者怎樣做，領導者就應該怎樣做。按照白金法則建立起來的領導行為方式是寬容型（授權型）領導方式。領導者向下屬或部門進行高度的授權，只提出工作目標和任務，下屬做什麼，如何做，完全由自己決定。這實際上就是老子所講的「不知有之」的用權境界。

Wisdom for Great Leaders

第五章
卓越領導者的用人智慧

　　人力資源是領導資源中的第一資源，人才又是人力資源中最優秀的群體，是生產力中最先進的群體，是推動經濟和社會發展的決定性因素和關鍵力量。用人智慧是卓越領導者的必修課。小到統御一個團隊、領導一個企業，大到統帥一個民族、領導一個國家，僅憑雄心、膽識、勇氣或機緣是遠遠不夠的，必須有人才相濟、英雄扶助、俊傑輔佐、賢良共謀。古往今來，善不善於用人，都是衡量一個領導者有沒有領導能力、領導方法和領導藝術，具不具備領導智慧，能不能把事業引領到卓越的重要標誌。

　　領導者的用人智慧表現在：（1）能分清人才的類型；（2）能慧眼選拔出優秀的人才；（3）能讓什麼類型的人才做什麼類型的事，能將每一個人才所具備的最優秀的品質和潛能充分發揮出來；（4）能達到用人的最高境界。

一、為政之本在於選賢任能

古人云「政以得賢為本」，「為政之本在於任賢」，「自古有天下者，觀其用人，則政事可知矣」。縱觀幾千年的人類社會發展歷史，無論是東方還是西方，有一個突出的共同現象：人才問題關係到國家的興亡、事業的成敗。因此，卓越的領導者都異常重視人才問題，把識才、選才、用才作為領導謀略的軸心、領導者的第一要務。

一個王朝的興亡更替，與統治階層是否注意收攬和重用人才有著直接的關係。歷史上，秦孝公因重用了商鞅而使秦國迅速崛起，最後統一了。劉邦因重用張良、蕭何、韓信等良才，才能在敗局中有退路，逆境中得超越，越挫越勇，最終建立了延續四百餘年的漢朝基業。唐太宗之所以能夠取得一番偉業，其中很重要的一個原因，就是他善於識才，善於納才，善於用才。唐玄宗天寶年間，發生了安史之亂，在唐朝江山岌岌可危之際，朝廷重用了郭子儀等名將，迅速平息了安祿山的叛亂，保住了大唐的江山。在清王朝幾次關係到國家統一和政權穩定的特殊歷史時刻，都因康熙果斷的使用有爭議的人才而獲得勝利。三藩謀反、察哈爾倒戈，政權出現嚴重危機時，他用了屢屢冒犯聖威，但極富才華和主見的「常敗將軍」周培公使江山得以鞏固；啟用了秉性正直、老得掉渣（康熙語），而且先祖明令終身不得錄用的「怪才」姚啟聖和施琅，使得江山得以大統。

西方的歷史上，因為有了但丁、達文西、哥白尼、伽利略、布魯諾等思想巨人和科學泰斗，義大利才會在十五世紀成為歐洲的文化中心和文藝復興的搖籃。因為牛頓、洛克、湯瑪斯、培根、法蘭西斯等科學巨匠創造了舉世矚目的科學成就，才使得封建社會根基最深厚的英國在十七世紀就爆發了世界上最早的產業革命，成為世界產業革命的領軍國家。因為有了伏爾泰、孟德斯鳩、盧梭、愛爾維修等作出巨大歷史貢獻的傑出人才，法國才在十八世紀開始成為世界舞台的中心。

歷朝歷代也有人把美玉當成頑石，將沙石當成黃金，良莠不分，忠奸不辨，結果禍國殃民的。歷史上的重大陰謀，都是從不識人開始的；社會

中的最大悲劇，都是從用錯了人開端的。這正反兩方面的結果道破了「好
在用人壞亦在用人」、「成在識人敗也在識人」的天機。

　　人才也是企業的生命力，是企業的新血和靈魂，沒有哪個企業能在一
群平庸之輩的手中發展壯大。事實上，當今世上幾乎所有成長快且發展穩
定的企業，都有著重用人才、淘汰劣才、拋棄佞才、遠離奴才、卻退歪才
的用人觀和用人之道，使企業群賢畢至、人盡其才。

　　卓越領導者都具有識才之智、愛才之心、容才之量、用才之藝，並且
在選賢任能上都有經典的話語。這些經典的話語把「為政之本在於選賢任
能」的底蘊揭示得極其精闢。

　　1. 國家統率的傑出領導者。戰國的齊威王曾把人才譽為「國寶」。唐太
宗李世民常說「致安之本，唯在得人」、「能安天下者，唯在用得賢才」。明
太祖朱元璋說：「治國之道，唯在用人。」美國前總統富蘭克林‧羅斯福曾
說過「再富有的國家也浪費不起人力資源」、「總統的責任是為國家廣納英
才。」法國前總統戴高樂說：「救國圖強必須倚重俊才。」李光耀講：「我覺
得我已經做到了我可能做到的，那就是網羅最能幹和最堅強的人來領導新
加坡。」

　　2. 軍事方面的領導人。兩千五百多年前，兵聖孫子就提出「擇人任勢」
的智慧，迄今猶顛撲不破，有其運用價值。現代政府、企業等高層管理
者，尤其要懂得擇人任勢的要義。凱薩說：「士兵有權挑選能打勝仗的指揮
官。」第二次世界大戰的盟軍司令艾森豪說：「為英雄們敞開展現自我的舞
台。」英國元帥蒙哥馬利說：「把知人善任作為終生的研究學問。」

　　3. 企業界的領導者。美國前奇異電氣公司首席執行官傑克‧威爾許說：
「擁有人才是最大的贏家。」又說：「挑選最好的人才是領導者最重要的職
責，領導者的工作，就是每天把全世界各地最優秀的人才延攬過來。」美國
鋼鐵工業之父卡內基則滿懷擁有人才的自信，聲稱「即使將我所有的工廠、
設備、市場、資金全部奪去，但是只要保留我的組織和人員，四年以後，
我仍將是一個鋼鐵大王。」比爾‧蓋茲說：「對我而言，大部分快樂一直來

自我能聘請到有才華的人，與之一道工作。我應徵了許多比我年輕很多的雇員，他們個個才智超群，視野寬廣，必能更進一步。如果能夠利用他們睿智的眼光，同時廣納用戶的進言，那麼我們就還會繼續獨領風騷。」索尼公司創始人盛田昭夫說過：「只有人才能使企業獲得成功。」「只有一流的人才才會造就一流的企業，如何篩選識別和管理人才，證明其最大價值，為企業所用，是企業領導者面臨的頗為頭痛的問題。選取適用的人才，發揮人才的每一分才能，要求企業根據自身情況量身定做，透過各種途徑招納、選聘優秀人才。」

4. 思想和理論界的精英。老子說：「善用人者為天下」。老子還說，一個人做到愛才惜才，那麼「天下樂推而不厭」，都願意接受他的領導。莊子云：「以天下為之籠，則雀無所逃。」這句話表面上論述的是捕雀之術，實則闡述的是延攬人才之道。唐代著名政論家趙蕤在他的《長短經》一書中說：「得人則興，失人則毀。故首簡才，次論政體也。」意思是說：任何事業，得到人才就能興旺，失去人才就會失敗。所以要先注意人才的收攬，其次才能談及制度的建立。《武經七書》中的《黃石公三略》說：「羅其英雄，則敵國窮。」這句權謀之論在現代的市場競爭中仍有著很強的指導意義：如果將競爭對手的人才全部為我所用，那麼對手就會相當狼狽不堪，甚至一敗塗地。反之亦然。彼得・杜拉克認為，沒有任何一項決策像人事決策那樣影響深遠和難以改變。美國的吉姆・柯林斯在其所著的《從優秀到卓越》一書中說：「卓越領導人必須『先人後事』。」

【案例連結】

春秋戰國時期的齊威王和魏惠王在郊外一起打獵。魏惠王說：「齊國有寶貝嗎？」齊威王說：「沒有」。魏惠王說：「我們國家雖小，但有一寸大的珍珠，光輝能夠照亮前後左右十二輛車，這樣的珍珠共有十顆，難道齊國這麼大竟會沒有寶貝？」

齊威王說：「我用來確定寶貝的標準跟您不同。我有個大臣叫擅子，派他守衛南城，楚國人就不敢來侵略，泗水流域各諸侯都得朝拜我國；我有個大臣叫盼子，派他守高唐，趙國人就不敢東來黃河打魚；我有個官吏叫黔夫，派他守衛徐州，燕國人對著徐州的北門祭祀求福，請求從屬齊國的七千多個人家；我有個大臣叫種首，派他警備盜賊，做到了路不拾遺。這四個大臣，他們的光輝將遠照千里，豈止十二輛車哩！」

　　魏惠王聽了，面帶羞愧，自嘆不如。

二、人才的類型

（一）孔子的人才類型觀

　　《荀子‧哀公》篇中，記載了孔子與魯哀公討論辨識人才類型的問題。孔子提出，人可分為五品，即庸人、士、君子、賢人、大聖。

　　1.庸人。何謂庸人？孔子說：我所說的庸人，嘴裡說不出有道理的話，心裡不知思慮，不懂得選擇賢能善良的人來分擔自己的憂困；行動沒有目的，不知道該在什麼地方停下來；每天都在忙於選擇事物，卻不知道什麼東西可貴，盲目跟從外物的驅使，卻不知自己應該有個什麼歸宿，放任利欲損害自己的本性，心情日趨敗壞。像這樣行事，就算得上是庸人了。

　　2.士。何謂士？孔子說：我所說的士，雖然不能窮盡各種道術，但總要有所遵循；雖然不能事事做得盡善盡美，但總要能夠落實。所以士對於知識並不求多，而是追求所掌握的知識達到精的程度。他們對於言語也不求多，而是追求使自己講的話精當。他們還不妄求多做，而是追求用最恰當的方式來做事。所以對於他們，知識既然已經取得了，言語既然說出來了，就好像已經發生了，就好像是性命、肌膚不可改變一樣。因此，富貴並不足以替他增加什麼，卑賤不足以損害他什麼，能夠這樣行事的，就稱得上是士了。

　　3.君子。何謂君子？孔子說：我所說君子，說話講求忠信，但內心並不以道德高人一等自居；行為講求仁義，但並不露出得意的神色；思考問題明白練達，但言辭並不鋒芒畢露，讓人覺得誰都能夠比得上他似的。這就算是君子了。

　　4.賢人。何謂賢人？孔子認為：行動合乎規矩，又不覺得本性受到壓抑，言語足以為天下效法但卻能保證自己不為人言所傷，掌握著天下的財

富，但卻沒有不義之財，恩惠遍及天下而自己又不用為貧困所憂慮，能做到這些，就算得上賢人了。

5. 大聖。何謂大聖？孔子說：我所說的大聖，是通達大道、有無限的應變能力、明了萬物情性的人。所以，他要做的，是辨別天地間的萬物，他對事物的明察洞悉就好比是日月，他還要像風雨一樣普施於萬物。他的態度雖說是平平和和，但他的行為是不可仿效的，就好像是天的兒子，他的行為是人們不可理解的，百姓們淺薄，所以不可能認識到他所從事的事情，這樣的人，就稱為大聖了。

孔子對於人才類型的這種劃分和品評，最基本的一條標準就是看人能不能以及在何種程度上能夠識大體。以此為根據，孔子把人分為庸人、士、君子、賢人、大聖五個類型。應當指出，在這五種類型的人之間表面上看是有精有粗的差別，實質上看是有大道與小道的差別。孔子「識大體」的鑒別人的標準，與一個人自我修養的標準是一致的，堅持這樣的衡量標準，實際上是期望人們對於人生都有一種理性的自覺。

當然，孔子對人才類型的劃分與我們現代領導學的劃分稱謂和標準不完全一致，在這一點上，我們也不能夠苛求距今兩千多年的先人。但是，孔子能夠用一定的標準把不同的人才進行細分，讓人們對每一類人才有更深刻、更細緻的考察和辨別的思想，在今天仍具有指導意義，孔子對每一類人才的品評，對我們今天選人用人仍有可資借鑑的智慧。

【案例連結一】

《三國演義》中的呂布武藝超群，但為人反覆無常，貪戀錢財美色，有奶便是娘。應該說呂布的品德素養很差，人稱「三姓家奴」。他早年投奔丁原，丁原很器重他的武藝，卻忽視了他的德行。結果，董卓用小恩小惠，贈馬送金將呂布收買過去。呂布見利忘義，反手殺害了丁原。同樣，王允了解呂布貪戀美色，將自己的養女貂蟬先許配給董卓，後又許配給他，用反間計挑撥呂布與董卓父子二人的關係。董卓犯了同丁原一樣的錯誤，不識呂布的品德。結果呂布在美色的誘惑下又親手殺了器重他的乾爹董卓。丁原與董卓皆因識人不慎而丟了性命。

【案例連結二】

　　諸葛亮是個用人之長的行家高手。他能用人之長，首先在於他能知人之長。根據自己的摸索、觀察，他曾把手下專長各異的將領分為九類，即仁將、義將、禮將、智將、信將、步將、騎將、猛將和大將。諸葛亮不單能知手下將士的斤兩，了解他們的脾氣、性格、能耐，還能用其才而選擇之，因其能而使用之。例如：楊戲很年輕，二十掛零，但他典刑斷獄，論法決疑，「號為平當」，公允，頗有「信將」之才，諸葛亮任命他為督軍從事。郝芝、董恢兩人能言善辯，機智善變，頗有「智將」之能，是外交能手，諸葛亮就讓他們做說客，出使東吳，以修盟好。姜維兼有「智將」、「仁將」、「猛將」之長，忠勤職守，思慮精密，又通曉軍事，深解兵意，是個擔當重任、指揮全盤的角色，諸葛亮就委以中監軍、征西將軍的重職。諸葛亮撒手歸西前，還留下遺言，讓他承擔北伐中原的重任。可見，諸葛亮取人用人，是揚長避短，取人之長。

（二）按照唯一性與價值標準劃分的人才類型

　　這種方法是按照價值的高低和唯一性的高低的衡量維度，把人才劃分成四種類型。

　　1. 核心人才。這種人才價值高，唯一性也高。核心型人才具有特殊的知識、專長和技能，這些知識、專長和技能是由他長期刻苦鑽研理論和豐富的實踐經驗的積累獲得的，具有很高的智慧價值。這種人才在社會上、在一個組織中與其他人相比顯得出類拔萃，無與倫比，具有很高的唯一性。核心人才是一個組織中的中堅人物，他的核心專長和技能成為其所在組織的核心能力和核心競爭力的主要來源。如三國時代劉備集團中的軍師諸葛亮就是核心人才。

　　2. 獨特人才。這種人才價值低，但唯一性高。獨特型人才在某一領域或某一領域的某一方面具有獨特的專長和技能，這種專長和技能雖然不具有很高的價值，但具有不可替代性。使用獨特型怪才能夠完成特殊使命。如《水滸傳》裡的時遷，就是這種類型的人才。時遷的技能就是會飛檐走壁，善偷，關鍵時刻施展一下絕技，為組織解決了大問題，組織中的其他成員沒人能取代他。

　　3. 通用人才。這種人才價值高，但唯一性低。通用型人才所擁有的知識、專長和技能具有較高的價值，但是這種專長和技能不具有獨特性，別人也可以擁有。如 IT 行業的電腦技術人才，企業中的一般管理人員。

4. 輔助人才。這種人才價值低，唯一性也低。輔助型人才不具有專業特長，或不具有很高價值的專業特長，而且他所從事的專業或工作，一般人都能勝任。例如：建築業中的小工人、市場上的搬運工等。

【案例連結】

齊國貴族公子孟嘗君，門下養了食客幾千人，個個都很有本事，文的能通今博古，武的能斬官奪寨。但也有少數下三爛混在其中，例如做賊的、搞雜耍的，但孟嘗君都能不分貴賤一律平等看待。所以食客們也都認為孟嘗君對自己不錯，願意報答他。孟嘗君曾一度被應徵到秦國去做宰相，後來不做了卻被秦國扣住，不得脫身。幸虧門下食客中有個慣竊，什麼東西都能偷到。他夜晚摸到秦王宮內，把一件價值連城的狐皮大衣偷到手，讓孟嘗君獻給秦王最寵愛的女人，再求這個女人去向秦王說情，孟嘗君這才獲得釋放。為了防止秦王反悔，孟嘗君一夥人連夜出逃，當來到城門口時，由於天還沒有亮，城門還沒開，根本逃不出去。恰好食客中有一個會口技的，於是就學雞叫，惹得四周雄雞都應聲叫喚起來。守關的士兵聽見雞叫，以為天亮了，就把城門打開，孟嘗君趁機逃出了秦國。不久秦王就反悔了，要派人去把孟嘗君追回來，但為時已晚。如果孟嘗君不是依靠雞鳴狗盜這些獨特的人才，恐怕就脫離不了危險。

（三）人才角色八分法

這種分法是根據哈萊管理學院教授梅爾・伯賓的研究，依據人才在組織中所扮演的角色而劃分的。組織中的成員來自四面八方，如同舞台上的各式演員，扮演著各自不同的角色。領導者透過對角色的分析，掌握各自不同的角色特點，在領導和使用人才的時候，就可以將每一個角色安排到最合適的崗位。

1. 領袖型人才。這種類型的人才雖然未必居要職，但卻深具影響力。他們所關切的問題是如何讓工作得以有效的開展。他們對組織的奮鬥目標非常清楚，也深諳每個成員的優缺點；擅長溝通，而且能明確的分清每個人的分工項目。他們個性外向，作風穩健，有強烈的領袖欲，但又不至於專權或濫權；他們的智慧也許並不最高，但見多識廣，什麼事都能侃侃而談。他們在展現領袖的態勢時都以平易近人的方式來表現其領袖氣質，而無須借助咄咄逼人的高姿態來達到目的。

2. 行動型人才。這種類型的人才執行力非常強，他們所關切的是如何速戰速決，獲得成果。他們相當外向，作風比較衝動，耐心也欠佳，雖然信心飽滿，但在受到挫折時就懊惱不已。他們有強烈的領袖欲與旺盛的企圖心，勇於面對挑戰，最不滿紙上談兵。他們桀驚不馴，好生事端，是一股不安定的力量，但是在推動事務時，又是不可或缺的「火車頭」。

3. 理想型人才。這種類型的人才所重視的是那些比較高層面的問題，他們的性格雖然內向，但並不會把自己關在象牙塔裡，也會想表達出自己的領袖欲。對於這類人才必須給予及時適當的讚賞以提升其士氣，而且和他們打交道時要格外小心，才能將其潛能發揮到極致。

4. 新潮型人才。這種類型的人才所講究的是求新、求變，靈感多，他們不但外向，社交也極其活躍，自主性強，因此，作為組織的領導者，需要活用這一類人才，使其能夠不斷的為組織的發展提供新鮮的思路。

5. 實務型人才。這種類型的人才做起事來井井有條，擅長將組織所擬定的計畫或策略轉化為具體的實施步驟。他們做起事來總是按部就班，穩扎穩打，恪守組織紀律，工作效率也是有口皆碑。對於這一類型的人才，領導者要學會因勢利導，對於既定部署的推進執行，使用這樣的人才會起到事半功倍的作用。

6. 保守型人才。這種類型的人才和「理想派」的人才恰好相反，凡事都著重在一些細枝末節的問題上，他們的個性是內向的，優點是做起事來絕無虎頭蛇尾的現象，有時會像鬧鐘一樣，不時的提醒組織需要注意一些容易疏忽的細節。這一類型的人才對於需要在細節上挖潛的組織來說，將起到極其重要的作用。

7. 法家型人才。這種類型的人才的特徵是頭腦異常冷靜。常能為組織提出一套中肯又可觀的情勢分析。他們個性內向，喜歡思考，雖然具有類似法官的冷面孔，但作風相當穩健，也很可靠。對於這一類型人才的使用，領導者應該盡量發揮其客觀思考的優勢，在複雜的環境下，有助於組織找到有利的出路。當然，這類人在待人處世方面，就相對冷漠一些，領導者

就需要調動起團隊合作的積極性，防止單兵作戰。

8. 劣勢型人才。這種類型的人才不喜歡出風頭，凡事以大局為重，最講究組織的士氣與合作默契。一旦團隊面臨分裂瓦解的危機之時，他們的一片赤膽忠心往往就能收到力挽狂瀾的功效。在組織中，若想使團隊能夠獲得長期的高效業績，這樣的人才就應該越多越好。

【案例連結】

在一次宴會上，唐太宗對王珪說：「你善於鑒別人才，尤其善於評論。你不妨從房玄齡等人開始，都一一做些評論，評一下他們的優缺點，同時和他們互相比較一下，你在哪些方面比他們優秀？」

王珪回答說：「孜孜不倦的辦公，一心為國操勞，凡所知道的事沒有不盡心盡力去做，在這方面我比不上房玄齡。常常留心於向皇上直言建議，認為皇上能力德行比不上堯舜很丟面子，這方面我比不上魏徵。文武全才，既可以在外帶兵打仗做將軍，又可以進入朝廷搞管理擔任宰相，在這方面，我比不上李靖。向皇上報告國家公務，詳細明了，宣布皇上的命令或者轉達下屬官員的匯報，能堅持做到公平公正，在這方面我不如溫彥博。處理繁重的事務，解決難題，辦事井井有條，這方面我也比不上戴冑。至於批評貪官汙吏，表揚清正廉署，疾惡如仇，好善喜樂，這方面比起其他幾位能人來說，我也有一技之長。」

唐太宗非常贊同他的話，而大臣們也認為王珪完全道出了他們的心聲，都說這些評論是正確的。從王珪的評論可以看出，每個人的才華雖然高低不同，但一定是各有長短，因此在選拔人才時要看重的是他的優點而不是缺點，利用個人特有的才能再委以相應責任，使各安其職，這樣才會使諸方矛盾趨於平衡，使其能夠發揮自己所長，進而讓整個國家繁榮強盛。

三、人才的識別

（一）《呂氏春秋》中的「八觀」

古往今來，大凡要成就一番事業的統御者，無不為求得「賢臣」、「良臣」而煞費苦心，因為「事之至難，莫如知人」。知人雖難，但也有良方可循，俗話說「相由心生」。人的言行能折射出其內在的品質。察細節可知其

習慣，審習慣可知其修為。德國哲學家斯科芬翰爾說：「人們的臉直接的反映了他的本質，假若我們被欺騙，未能從對方的臉上看穿別人的本質，被欺騙的原因不是由於對方臉沒有反映出他的本質，而是由於我們自己觀察得不夠。」《呂氏春秋》是先秦時期思想總結的一部巨著，在治國問題的論述中，蘊含著豐富的領導思想和領導智慧。其中的「八觀」就是以一種觀察的方法，觀察一個人在特定的境遇中的行為，可識人性，鑒人品，辨忠奸。「八觀」也為今天領導者「知人」和「甄選」人才，提供了精湛的思想和操作的方法。

《呂氏春秋》中「八觀」的具體內容有以下幾方面：

1. 通則觀其所禮。如果他顯達，就看他禮遇什麼人。這句話的精義是，人在顯達時仍能保持禮賢下士的態度和做法，這是最從容、最曠達的行為狀態。古代那些聖明的君主，也經常去向農夫、樵夫請教，不恥下問才使自己更加英明。

2. 貴則觀其所進。如果他尊貴，就看他舉薦什麼人。對一個人的好惡一定要有是非標準，一個人身居尊位，如果仍憑個人的私心得失來舉薦人，就是個有偏私的人；如果能按照事業發展的要求舉賢薦能，就是一個有公心的人。如果富貴之後便貪圖享受，不思進取，那此人便不可重用。

3. 富則觀其所養。富貴對人是一種考驗，能看出一個人的心志高低。如果他富有，就看他贍養什麼人。即對於富有的人要看他的施捨是否慷慨。為富不仁、恃富凌人就是偽君子。富裕受人尊敬，仍然謙恭儉約並能施捨他人，則是真人君子。「富而好禮」是孔子教給人們的處世祕訣。

4. 聽則觀其所行。如果他聽言，就看他採納什麼意見。傾聽民意，善納薦言的表現，不僅是領導者的一種高尚的品質和修養，而且也是領導者治政所需要的韜略和智慧的重要來源。看一個領導者能否從善如流，就能夠知道他的心志和作為程度。

5. 止則觀其所好。如果他閒居，就看他喜好什麼。即看一個人賦閒時所喜樂之事，可以觀察一個人的操守和追求。

6.習則觀其所言。如果他學習，就看他說些什麼。有的人本來沒什麼學問，肚子裡知道的很少，便故意不講話或少講話，以造成一個外表上知道得很多的假象，使人覺得他莫測高深。對這樣的人要仔細明察他的言語，看他美好的事物是否能述說，艱深的道理是否能表達，以甄別出他的學習能力和水平。

7.窮則觀其所不受。如果他困窘潦倒，就看他拒絕什麼。即對於貧窮的人要看他對錢財是否非應得不取。人被逼到死角時，能忍貧安困，是人生修身養性的一種境界。耐得住清貧，才能在發達的時候有所作為。

8.賤則觀其所不為。如果他地位低賤，就看他追求什麼，放棄什麼。即對於地位低下的人要看他是否非禮不為，是否非義不受。如果一個人在貧賤時仍能保持開闊的胸襟，舒展自如的心情，規範的遵守禮和義，人窮志不窮，這也是通泰練達的人。

「八觀」是將實際情境作為測驗情境來認知一個人在顯達、尊貴、富有、貧賤等不同境遇中的價值取向、節操等。例如：人在顯達時，有的是「一闊臉就變」，成為勢利小人；有的人成功後，仍以平常心待人，禮賢下士。又如，人在貧賤時，有人是奮起求變，有人是自暴自棄，可以看出一個人的志向和意志力。再如，透過一個人的談吐，可以了解他的學識、修養、品行，也可以了解到他能否採納正確意見。透過一個人對問題表達的看法、觀點、見解，就能看出他的學習能力和發展的潛力等。「八觀」知人法，也是現代領導者考評人才很有價值的方法。

【案例連結】

周惠王二十一年，晉國發生了驪姬之亂，第二年公子重耳離開晉國，開始了十九年的流亡生活，備受饑餓的煎熬。一次，有人請重耳到家中吃飯，給重耳飯碗裡放塊美玉，重耳把飯吃了，把美玉留在碗中未動。主人對妻子說，重耳是個有大志的人，將來一定能夠成就大業。因為一般規律是：富貴思淫欲，貧窮生盜心。重耳已經淪落到如此艱難的地步仍然不生貪心，非常人所能比。

（二）《呂氏春秋》中的「六驗」

人天生就有內在和外表，有很多人都隱藏自己的真情，以虛偽作掩飾，依賴種種外物，來博取名聲。因此，必須檢驗人才，避免「穿上龍袍不是天子，穿上袈裟不是佛」的問題。「六驗」也是《呂氏春秋》提出的「知人」的考核方法。「八觀」是根據一個人的行為表現來觀察和了解其心理品質，與「八觀」不同的是，「六驗」帶有實驗法的性質，是透過一定的方法誘導出相應感情，並觀察人在這些感情支配下的所作所為。

關於「六驗」的基本內容，《呂氏春秋・季春紀・論人》進行了詳細的闡述。

1. 喜之以觀其守。就是讓他得到喜歡的東西，使他高興，來看他是不是得意忘形，以檢驗其節操；看他是否輕佻，能否堅持一種信念。

2. 樂之以驗其僻。用淫靡的音樂使他快樂，以檢驗其是否心猿意馬，有無邪念，有無怪癖，有無定力。一個人只要本心清淨，不被外物所浸染，雖處於利欲狂流的境界中，也能潔淨其身，自得其樂。

3. 怒之以驗其節。故意激怒他，來看他是否能持重如常，以檢驗其氣度和有無約束力。如果用外物刺激，他勃然變色，以至於讓人很容易就看出來，這就是個氣度不夠和自我約束力很差的人。

4. 懼之以驗其特。使他恐懼，透過觀察他在恐懼狀態下的反應，看他是否動搖心志，以檢驗他有無卓異的品行，有沒有堅強的意志力。用恐懼之事來震懾，可以了解一個人的氣節。臨懼而能固守心志的人，是心志盛大而深邃的人，是有真性情的人。

5. 哀之以驗其人。引他悲哀，來看他身處哀喪時的表現，以檢驗其仁愛之心和忠貞和善的為人品格。

6. 苦之以驗其志。置他於困苦的境地，來看他的勇氣，以檢驗其志向。根據其經歷的苦難，可以知道一個人是否勇敢。不願同艱難挫折拚搏而要想鍛鍊出能耐來，是不可能的。偉人都是從同困苦的角鬥中產生的。一個能把苦難和挫敗作為自己走向成功的奠基石、勇敢面對困苦的人，才能成就大事。

「六驗」之法，就是主動製造各種情況，看其反應。將以上六個方面反應綜合起來，就可以辨奸識忠，分清人的好壞。現代西方心理學家哈特肖恩等人設計了情境測驗法，很受西方人的推崇。哈特肖恩的情境測驗法是設置六種情境，把人放在情境之中，給予一定的刺激，以觀察他的喜、怒、哀、樂、苦、懼的情感體驗和行為反應。透過這六種徵驗，可以全面、真實的了解一個人的某些能力、工作態度以及他的情緒和人格特徵。實際上，《呂氏春秋》的「六驗」與哈特肖恩等人設計的情境測驗法，具有異曲同工之妙。值得一提的是《呂氏春秋》的「六驗」比哈特肖恩等人設計的情境測驗法早了兩千多年。

「六驗」為領導者選拔物色人才提供了智慧的方法。不僅是歷史上的統治者，就是今天的領導者和企業家都將其奉若神明，作為選拔人才的方法和手段。松下幸之助說：「《呂氏春秋・六驗》中的名言，曾經幫我物色了眾多的人才。」

【案例連結一】

周亞夫是漢景帝的重臣，在平定七國之亂時，立下了赫赫戰功，官至丞相，為漢景帝獻言獻策，忠心耿耿。一天漢景帝宴請周亞夫，給他準備了一塊大肉。但是沒有切開，也沒有準備筷子。周亞夫很不高興，就向內侍官員要了雙筷子。漢景帝笑著說：「丞相，我賞你這麼大塊肉吃，你還不滿足嗎？還向內侍要筷子，很講究啊！」周亞夫聞言，急忙跪下謝罪。漢景帝說：「既然丞相不習慣不用筷子吃肉，也就算了，宴席到此結束。」於是，周亞夫只能告退，但心理很鬱悶。

這一切漢景帝都看在眼裡，嘆息到：「周亞夫連我對他的不禮貌都不能忍受，如何能忍受少主年輕氣盛呢。」漢景帝透過吃肉這件小事，試探出周亞夫不適合做太子的輔政大臣。漢景帝認為，周亞夫應把賞他的肉，用手拿著吃下去，才是一個臣子安守本分的品德，周亞夫要筷子是非分的做法。漢景帝依此推斷，周亞夫如果輔佐太子，肯定會生出些非分的要求，趁早放棄了他做太子輔政大臣的打算。

【案例連結二】

漢元帝時期，中山哀王逝世時，太子前往弔唁。中山哀王是漢元帝的小弟弟，與太子同窗讀書，一起長大。漢元帝看見太子，不由又想起弟弟，悲痛得不能自已。他看見太子並不悲喪，心中就十分氣憤，斥責說：「這樣不慈不仁的人，怎能供奉宗廟，作百姓的父母呢？」從此漢元帝不再喜歡太子。

（三）《呂氏春秋》中的「六戚」、「四隱」

《呂氏春秋》中提出的「八觀」、「六驗」和「六戚」、「四隱」是對先秦時期知人法的總結。「八觀六驗」和「六戚四隱」結合在一起，使知人法更為全面。《呂氏春秋・論人篇》中明確指出，「內則用六戚四隱，外則用八觀六驗，人之情偽貪鄙美惡，無所失矣」，「此先聖王之所以知人也」。

「六戚」是指父、母、兄、弟、妻、子。這是考察一個人在處理與這些親人的關係上能否遵守倫理規範。一個人對父母不盡孝道，對兄弟不盡責任，對妻子不盡忠心，在血緣關係和親情關係上不遵守倫理規範，那麼，他對社會、對朋友就更不會有忠心和責任感，千萬不能把他當朋友——關鍵時刻他就會把你踢出去，更不能對他委以工作重任——遇到危難他就會拋棄工作而顧全自己。

「四隱」是指「交友、故舊、邑里、門郭」，即衡量一個人一定要透過熟人、朋友、相鄰、親信四種親近的人。因為只有親近被知者、熟悉被知者的人才能了解被知者的為人和品格。《呂氏春秋》中強調：「論人必先以所親，然後及所疏；必先以所重，而後及所輕。」考察一個人在社會上的交際，可以看出他所交的朋友怎樣，考察他交友時的情形，可以看出他是否以信實和廉潔待人；考察他在鄉親之間的表現，可以看出他對人是否信任和敬畏，看出他待人處世的態度等。

「內則用六戚四隱」是一種間接的社會調查法。對於一個人來說，他周圍的熟人、朋友、鄉鄰、親信形成了一種人際環境，透過對個體在人際環境中的行為來觀測其志向和發展，具有新穎、獨特、精闢、啟人智慧的特點，對今天的領導者仍然具有諸多啟發意義和借鑑價值。當然，要做到知人之明，不能人云亦云，不能簡單的認同或迎合，應該進行慎重的考察，保持自己的獨立思考和辨析能力，即孔子所講的：「眾惡之，必察焉；眾好之，必察焉。」

《呂氏春秋》提出的「六戚四隱」之法，雖然有一定的實用價值，但也存在著一定的侷限性。其中最主要的侷限是，在德、識、才三個維度上，

只注意了「德」，而忽視了「識」和「才」。單用此法來考察人，顯然有失偏狹，這是使用此法要注意的問題。要想全面的了解一個人，除了對其進行「六戚四隱」的考察外，還要結合其他觀人的方法綜合考察，這樣看人才能不走眼。

【案例連結】

在歷史上有位賢明的聖君叫舜，四方諸侯之所以推舉舜，就是因為他能用以德報怨的孝行感化家人，使他們不至於淪於邪惡。虞舜史上記載：虞舜的父親瞽叟，在舜的生母去世後又取了一位後妻。後妻生了舜的同父異母弟象。舜當時的處境非常艱難，父親愚蠢冥頑，繼母不通事理，弟象驕橫無禮。他們經常謀劃要殺死虞舜。但是舜卻能和他們和睦相處，竭盡孝道。瞽叟在舜的感召下，終於變得和順了。在這一時期，唐堯到處尋找德才兼備的人來繼承自己的帝位。群臣都推薦舜。堯也聽說舜竭盡孝道之事，但為了進一步考察他，就把自己的兩個女兒娥皇、女瑛，同時嫁給虞舜做妻子。舜以高尚的道德給二女做出表率，使娥皇、女瑛在舜的影響下，都能遵守為婦之道，不逾規矩。在這裡，四方諸侯是從父母兄弟的角度來觀察舜，唐堯是從妻子的角度來進一步觀察舜。這就是《呂氏春秋‧論人篇》所謂對內使用的「六戚」法。

（四）諸葛亮的識人之道

諸葛亮在長期為相的實踐中，總結出一套閃爍智慧之光的識人之法，該法主要有以下七條：

1. 問之以是非而觀其志。識別一個人是否是人才，應該在大是大非面前看他的志向。

2. 窮之以辭辯而視其變。在步步追問、山窮水盡時看他的對答變通，這既能考察他的知識和機敏，也可以從中發現他的破綻。面對打破砂鍋問到底的詰難，無論你何時發問，問什麼事，依然能對答如流，有理有據，令人信服且言辭絕妙者就具有超人的才智。戰國時期的政治家們多善辭令，如張儀。

3. 咨之以計謀而觀其識。透過詢問一個人的計謀，能看出他的學識。如果一個人在推究人事道理時，能夠歸納出事物的要點，說清楚問題的關鍵，提出精妙而深刻的見解，在各種辦法前作出正確的抉擇，他就是一個

在權計識略方面卓越出眾的人。

4. 告之以禍難而觀其勇。告訴一個人大難將至，透過看他在禍難臨頭時的表現識別他是否勇敢。造就政治家的，絕不是超凡出眾的見識，而是他們無與倫比的膽識。特別是到了最危險的時候，膽識比見識更重要。有一句至理名言：「現實中的恐怖，遠比不上想像中的恐怖那麼可怕。」

5. 醉之以酒而觀其性。在酩酊大醉中能夠看出一個人的品性。酒有乙醚，具有輕度的麻醉作用，能調動人的第二興奮神經系統。這一神經系統平時潛伏著，在酒的作用下就會浮現出來。隨著第二神經系統的外顯，人的一些品性也會較充分的表現出來：見酒嗜好者性饞；滴酒不沾者性毅；勸酒即接者性實；開懷暢飲者性爽；無量強飲者性憨；有量不飲者性獪；扭捏不飲者性隘；左右逢源者性滑；酒後失態者性弱；酒後如常者性慾。

6. 臨之以利而觀其廉。給一個人好處，可以看出他是否清正廉潔。在物欲誘惑面前，能知足常樂，不起貪心，才是清廉的人。一個人見利忘義，利令智昏，就是一個腐敗的人。

7. 期之以事而觀其信。誠信是忠誠老實、遵守信用，是人們的行為的一種模範，是協調人際關係的一種基本要求。誠信從根本上說是一種人品修養，是做人的根本準則。託付一個人一件事情，可以看出他是否可信。不講信譽和沒有信用的人絕不可能成為事業上的成功者。在分配任務後能夠守信用的人才是最可靠的人。講信用不僅是政治家應具有的美德，而且是許多成功者成功的奧祕。

【案例連結】

富士全錄公司以「徵求新事業企劃案」發現人才和發展事業。日本富士全錄公司對公司內部的不足人員，或開發新事業所需要的人才，除按慣例每年錄用大學畢業生或挖牆腳尋求人才外，也在公司內部公開招考，求才層次廣泛，中級幹部、新事業的負責人都有。

除此以外，公司還每年有一次名曰「向新事業挑戰」計畫，以「你就是總經理」為廣告標題，在內部公開徵求新事業企劃案。這也是一種「咨之以計謀而觀其識」的識別人才方法。凡經審核，被認為具體可行的方案，就交由新事業開發部門籌劃，然後以公

司出資百分之九十、原提案人出資百分之十的方式成立新公司，原提案人就理所當然的成為新公司的總經理。

這類真正按照企劃案成立的公司，是由真正的人才領軍。目前非常出名的「富士系統顧問公司」和「機械模型製作公司」就是這樣成立的，為富士全錄公司帶來了巨大的聲譽和利潤。

（五）考察幹部的「八看」法

要正確識別和評價一個領導者，必須多方位、多角度、多層面、多時段的觀察和了解，且「不可以一時之譽斷其為君子，不可以一事之謗斷其為小人」。「八看」是從八個維度來評價和考察幹部，以比較全面的了解和掌握幹部的「德」、「勤」、「績」、「能」、「廉」等情況。

1. 近看業績。業績是一個領導幹部在相應的崗位上，在一定的時間內（通常是一年或任職期間）履行職責取得的政績。看業績，就是看一個領導者有沒有能力承擔起工作職責。

2. 遠看潛力。就是看一個幹部的學習力、決策力和創新力。透過考察這些潛力，可以了解一個領導幹部是否具有發展「後勁」。學習潛力，是一個領導者終身有效的支點，個人的學識畢竟是膚淺的，個人的智慧也是有限的，而書是前人智慧和經驗的結晶。學習欲望和學習能力強的人，透過讀書可以掌握自己畢生也無法一一探知的真理和經驗教訓，從而更有智慧。有決策力就有果斷的拍板能力，能抓住發展機遇，就能使領導活動有極高的成功率。有創新力就不會在過去的圈子裡原地踏步，不會守著往日的成績故步自封。所以，有學習力、決策力和創新力的領導者才具有發展潛力。

3. 上看評論。古人有句老話叫：「知臣莫如君。」上級主管領導或主管部門通常會對所轄領導者有一定的了解。上看評論就是看領導者的主管領導、上級主管機關對他的能力、水平、優點、缺點、平時表現和關鍵時刻的表現的評論。

4. 下看公論。領導者生活和工作在下屬和群眾之中，他的表現如何？老百姓心裡有桿秤。下看公論就是看領導者的下屬和群眾對他的言行、能

力、水平和政績以及各種表現的口碑和看法。

5. 內看齊家。就是看幹部對家庭是不是盡責任，遵不遵守倫理道德。古代對「齊家」看得很重，認為是「治國」、「平天下」的前提條件。「家庭生活」很廣泛，包括子女教育、贍養老人、親屬關係、夫妻關係、經濟收支等內容。幹部對子女教育是否嚴格、能否敬老愛幼、有沒有應親屬要求搞特殊化、夫妻關係是否正常、經濟收支是否合理等，這些都是考察幹部時所要了解的。一個領導者對家庭該盡的責任不盡、該遵守的倫理不遵守，那麼他也不會對組織盡責任，也不會遵守對社會的倫理。

6. 外看交往。在國外交友是個人的隱私，但是看一個領導者選擇什麼樣的朋友交往，以什麼樣的方式交往，是能夠體察出他的思想意識和道德水準的。所以，應該把考察領導者的經緯線延長到八小時以外的生活圈、關係圈。八小時以外考察機制，不僅考察其八小時之內的「能」和「績」，還考察其八小時之外社會交往中的「德」和「廉」、「雅」和「俗」，避免受「兩面人」的矇騙。外看交往重點看領導幹部的社會形象如何，是否具有較強的責任意識，能否遵紀守法，自覺維護社會秩序、道德規範，結交朋友能否堅持立場、注重身分，鄰里關係是否和諧等。

7. 順看節制。就是看領導者在順境時，是得意忘形，還是淡泊超然。人最怕得意後找不到自己的位置。自大多一點，就是「臭」字，能字多四點就是「熊」字。常言說：「天狂遭災，人狂遭禍。」魏徵的「十思」中就有「念高危，則思謙沖而自牧（想到地位高而危險性大時，就應該謙虛和藹）」，「懼滿盈，則思江海下百川（面臨盈滿時，就要考慮到減損）」的警語。得意不忘形，讚譽之聲鵲起時，會「正面文章反面看」，這種平和和內斂即是生活在人性叢林中必須遵守的法則，也是一個成大事者的基本品格。自我表現的人，不算高明。自以為是的人，不能顯著。自我誇大的人，沒有功勞。自滿的人，容易在「驕」字上翻跟頭。盧梭曾經說過：「偉大的人是絕不會濫用他們的優點的，他們能看出他們超出別人的地方，並且能意識到這一點，然而絕不會因此就不謙虛。他們的過人之處越多，他們就越能認識到自己的不足。」

8.逆看堅韌。就是看一個領導者面對逆境時，是心灰意冷、偃旗息鼓、恐懼迴避；還是失意不失態，勇於擔當重任，知難而進，堅韌奮爭。素養好的領導者，當他們處於逆境的時候，固然身心疲憊，卻也活得瀟灑堅強；樸實無華的心靈在逆境中越挫越堅。素養差的領導者在工作中稍微不順意，便會產生不滿情緒，輕則抱怨，重則會消極怠工，甚至會做出一些糟糕的事情來。

四、人才的任用

（一）古代的性格用人說

歷史上把人的性格分為「內向型性格」和「外向型性格」，每類性格有六種特點和表現，提出了相應的用人策略。

1.外向型性格及其用人的智慧

（1）強毅之人。這種人「剛狠不和，材在矯正，失在激訐」。優點是性情硬朗，勇猛頑強，敢於冒險和創新，善於矯正邪惡。缺點是自負於個人之才，易於冒進，喜歡激烈的攻擊對方，喜歡爭權邀功。領導可以使用「強毅之人」做獨當一面的工作，特別是困難多、阻力大的工作，更能發揮其個人力量和智慧。

（2）雄悍之人。這種人「氣在勇決，任在膽烈，失在多忌」。優點是有勇力，講義氣，沒有什麼迴腸彎曲的心機，敢說敢做，忠肝義膽。缺點是性情暴躁、魯莽，服人不服法，對自己敬佩的人言聽計從。《水滸傳》裡的李逵就是這樣性格的人。古人曾經說過：「過分強悍的大將反而是滅家亡國的人。」領導要理智的對待「雄悍之人」，讓其承擔具有開拓性的工作。

（3）強楷之人。這種人「強楷堅勁，失在專固，可以持正，難以附眾」。優點是立場堅定，也有智謀，直言敢諫，可信賴。缺點是為人正統，過於固執，認死理，不擅長權變。領導可用其做出謀劃策和看守崗位

的工作。

（４）周洽之人。這種人「意愛周洽，交往濁雜，可以撫眾，難以屬俗」。優點是圓滑周到，能贏得良好的人脈。缺點是社交複雜，難免魚龍混雜，原則性不強。領導可用「周洽之人」做業務拓展和公關交際工作。

（５）休動之人。這種人「行動磊落，志幕起群，可以進銳，難與持後」。優點是性格開朗外向，志向遠大，雷厲風行，富有首創精神，凡事都想打頭陣，成功欲望強烈。缺點是好大喜功，急於求成，輕率冒進，嫉妒心強，心理容易失態，生理容易失調。領導可用其作急先鋒，但不可作主帥，且要提防這種人因居功自傲、難以馴服、嫉妒心太強而壞事。三國的關羽不但看不起對手，也不把同僚放在眼裡。如果不防止這種「關羽遺風」，就很有可能會使休動之人誤入人生的「麥城」而轉不出身來。

（６）樸露之人。這種人「樸露徑盡，質在中誠，可與立信，難與消息」。優點是胸懷坦蕩，性情質樸敦厚，不玩心機。缺點是太過顯露，沒有內涵，尤其是嘴巴不緊。領導用「樸露之人」做些規範性崗位的工作，不可告之機密，更不能讓其擔任要害崗位。

2. 內向型性格及其用人的智慧

（１）忠恕之人。這種人「善在忠恕，失在少決，故可與循常難以權疑」。優點是性情溫和、善良，處世平和穩重，能夠寬容忍耐他人。缺點是缺乏主見，易人云亦云，不能斷大事。領導可以安排忠恕之人做幕僚工作。

（２）拘謹之人。這種人「善在恭謹，失在多疑，故可與保全，難與立節」。優點是辦事細心，小心謹慎，很謙虛，在力所能及的範圍內能夠圓滿的完成任務。缺點是疑心太重，多謀少成，也不敢承擔責任，在混亂複雜的局面中，很難作出果斷決策。領導可以讓其做辦公室和後勤等例行性工作和突變性少的工作。

（３）詭辯之人。這種人「詭辯理譯，能在釋難，故可與創新，難與規矩」。優點是勤於獨立思考，所知甚博，多有標新立異的見解，善於出謀劃策。缺點是博而不精，專一性不夠，領導可用「詭辯之人」做些泛泛性工

作，不能做精專性的工作。

（4）清介之人。這種人「清介廉潔，淤濁物清，故可與守節，難以變道」。優點是清廉端正，潔身自愛，不貪小民之財，富於同情心和正義感，原則性極強，善惡分明。缺點是拘謹保守，耿直偏激。這種人容易遭奸人忌恨陷害，政治上也難以取得卓越成就，不適合做「聖人」，適合做「仙人」。領導可讓其做參謀、財務和原則性、自律性要求比較強的工作。

（5）察微之人。這種人「精在玄微，失在退縮，放拘於深慮，難捷速」。優點是性格文靜，作風細緻入微，認真執著，有鍥而不捨的鑽研精神。缺點是過於沉靜，行動不敏捷，易喪失發展機會。領導者可讓其專做某一領域的工作，他們易成為這一領域的專家和能手。

（6）智韜之人。這種人「多智韜情，權在謀略，失在依速，可為佐助，則不可專權」。優點是機智多謀，善於掩飾感情，長於權術計謀，深藏不露，善於隨機應變。缺點是常常猶豫不決，容易成為奸人。領導可用其做助手、做智囊，但不能授其重權。

【案例連結一】

北魏節閔帝時期，丞相賀歡執政。行台郎中杜弼認為文武百官貪汙的多，建議賀歡嚴屬法律，以清國政。但賀歡不同意，因為正值亂世，朝廷用人之際，如果打擊貪汙，懲治腐敗，許多人才會流失到對手朱榮那邊去。他讓杜弼耐心等待，一旦天下安定，就嚴肅律治。但杜弼是個拘謹的讀書人，耿直而缺少韜略，一次賀歡準備出兵，他再次請求剪除內賊，清正朝綱。賀歡也不作答，叫軍士拔刀出鞘，矢引在弦，夾道羅列，命杜弼穿行其間。杜弼兩股戰戰，汗生脊背，面如土色。賀歡慢慢對杜弼說：「矢沒有射，刀沒有擊，你卻亡魂失膽。諸將衝鋒陷陣，九死一生，雖有貪汙，倒有大小輕重緩急之別，豈可與常識而論！」杜弼對時勢輕重急緩判斷不清，且貪生怕死，屬拘謹之人中的下者。

【案例連結二】

一次，李鴻章向曾國藩推薦三個人才，恰好曾國藩散步去了，李鴻章示意三人在廳外等候。曾國藩散步回來，李鴻章說明來意，並請曾國藩考察那三個人。曾國藩講：「不必了，面向廳門、站在左邊的那位是個忠厚人，辦事小心，讓人放心，可派他做後勤供應之類的工作；中間那位是個陽奉陰違、兩面三刀的人，不值得信任，只宜分派一些無

足輕重的工作，擔不得大任；右邊那位是個將才，可獨當一面，將來作為不小，應予重用。」李鴻章很吃驚，問曾國藩是何時考察出來的。曾國藩笑著說：「剛才散步回來，見到那三個人，走過他們身邊時，左邊那個低頭不敢仰視，可見是位老實、小心謹慎之人，因此適合做後勤工作一類的事情。中間那位，表面上恭恭敬敬，可等我走過之後，就左顧右盼，可見是個陽奉陰違的人，因此不可重用。右邊那位，始終挺拔而立，如一根棟梁，雙目正視前方，不卑不亢，是一位大將之才。」曾國藩所指的那位「大將之才」，便是淮軍勇將、後來擔任臺灣巡撫的劉銘傳。

（二）不拘一格，唯賢是舉

由於人的複雜性、社會的複雜性，以及由此而來的人才工作的複雜性，確立和貫徹科學的人才評價標準，並非易事。在這個問題上存在的種種偏頗認識和不當做法，往往和確定人才標準的「格」有直接關係。不拘泥於某些「格」，才能使人才脫穎而出。唯賢是舉，正因為這種用人策略非常重要，古今中外大凡明智的政治家都給予高度的重視。

不拘一格、唯賢是舉的領導智慧有以下幾個特點：

1. 不計出處。不拘一格使用人才，就要打破世俗的偏見。英雄不問出處，用他的才能，別管他的出身。出身的貴賤、學歷的高低、資歷的深淺、輩分的長幼，並不能代表一個人的綜合素養和才幹大小，河湖之畔也有棟梁之材，沒有文憑而有能力的奇才古今大有人在，資歷淺、輩分小的英才也比比皆是。要得人才而用之，必須打破出身、學歷、資歷和輩分的「格」，堅持「地無四方，人無異國」，不拘一格，凡天下可用之人，均納為所用。作為領導者，不拘一格把可用之才放在適當的位置上，讓他們最大限度的發揮作用，事業就能成功。

敢於破除出身、輩分、年齡等界限，發現和使用人才，這本身就是一種卓越的領導力。商朝的武丁即位後，「思復興殷，而未得其左」。他便三年不過問朝政，把國事託付給大臣處理，自己專心深入民間，了解民風，尋找人才。他發現一個名為「說」的人德才兼備，可發現時這個人還是一個正被繩子捆著在傅巖築牆的奴隸，武丁從社會的最底層一下子將其「舉以為相」，以致「殷國大治」。

【案例連結】

在劉邦這個集團中，張良是落魄的韓國貴族，陳平是游士，蕭何是縣吏，樊噲是狗屠，灌嬰是布販，婁敬是車夫，彭越是強盜，周勃是吹鼓手，韓信用今天的話來說也就是個待業青年。劉邦將這些出身不是名門、地位不高貴、各具不同才能的人組織起來，是老虎「給一座山」，是猴子「給一棵樹」，使其各就其位，成就了自己稱王天下的偉業。

2. 任賢不唯親不避親。任人唯賢還是用人唯親，這歷來是根本對立的兩條用人標準。用人唯親，就是在選人用人中以親疏和個人的好惡為標準，排斥異己，徇私舞弊，搞「一人得道，雞犬升天」的宗派主義和裙帶關係。用人唯親這種缺乏理智的感情效應，給識別人才和使用人才帶來干擾與障礙，結果會使庸才混入人才隊伍，這既是封建社會難以醫治的社會頑癥，也是今天在選擇和任用人才問題上的一種庸俗惡劣的作風。但是，如果親屬中有賢人，也要大膽使用，不怕閒言碎語，舉賢就是舉賢。

【案例連結】

在西元六二六年唐朝初建、大封功臣時，李世民就命陳叔達當眾宣讀任命名單，並提出，所任命的官爵若有不當，大家可以提意見。結果李世民的叔叔淮安王李神勇就爭起功來，說他南征北戰，應在房玄齡、杜如晦的官爵之上。李世民在論述了房、杜的功勞比他大之後說：「叔叔，國之至親，朕誠無所愛，但不可以恩濫與勛臣同賞爾！」西元六三三年，唐太宗命長孫無忌任司空，長孫無忌是唐太宗的郎舅。在西元六二七年唐太宗任命其當右僕射時，皇后就勸唐太宗以呂、霍、上官為戒，不要任自己的兄長做大官。唐太宗沒有聽，讓長孫無忌當了右僕射。這次又讓他升任司空，長孫無忌推辭不接受，唐太宗說：「君為官擇人，唯才是與。苟不才，雖親不用，如有才，雖仇不棄。今日之舉，非私親也。」李世民作為一代歷史明君，這種舉賢不唯私親和不避私親的做法使群臣皆服。

3. 舉才不念惡不避仇。既不能用人唯親，又不能舉才避仇，即使是自己的仇人，只要具備人才的要求，就應該舉薦任用，舉才就是舉才。

【案例連結】

西元二一一年至二一八年，曹操在討伐群雄的七年間，連續三次下令求賢，強調值此國家尚未安定、亟待用人之際，務必創設一個尊重人才、廣羅人才、優待人才、善用人才的社會環境。對於與自己意見相左、反對過自己乃至從敵對營壘中過來的文臣武將，曹操都不念舊惡，倒屣相迎，予以委任。陳琳原是袁紹手下的書記官，曾遵命寫過

措辭尖刻的討曹檄文，曹操讀後冷汗淋漓。後袁紹被曹操擊敗，陳琳被俘，曹操也只對他說了幾句責備的話；看到他有悔改之意，曹操照例委以重任。曹操在他漫長的政治、軍事生涯中，凡能為其所用者，都納入帳下，量才而用。由於他謙恭待士，重用良才，天下俊傑慕名紛至沓來，致使其鄴下呈現出一派「猛將如雲，謀臣如雨」的「俊才雲蒸」的發達興旺景象，同期的蜀漢劉備、東吳孫權則稍遜一籌。因此，他要比劉備、孫權更擁有人才優勢。

4.唯才不唯德。一般情況下，選擇和任用人才，必須堅持德才兼備的標準，但是對德才兼備，我們也不要絕對化，要做到德看主流，在選拔人才時如果能見其所長、避其所短，就能正確發現人才。使用人才，尤其要特別注意發現那些雖有缺點，但有才能的人。一個人的優點和缺點常常是互相彰昭的，有時，甚至才幹越高的人其缺點可能越注目。在特殊時期，為了達到特殊的目的，對於具有特殊能力的人才，不能因其品德上有瑕疵，或品行不端而拒絕任用。如劉邦對陳平的使用就是唯才不唯德的一個典型事例。宋朝劉克莊說：「未必人間無好漢，誰與寬些尺度？」意思是：並不是人間沒有好漢，只是誰能在使用上把標準、規制放寬一些？不拘一格，就是「把標準、規制放寬一些」，向社會各個階層的人才敞開大門，讓人間好漢具有平等的進身機會，為國家為事業效力。湯王用伊尹、秦穆公用百里奚振興了自己的國家，至今仍為人傳頌。

【案例連結】

曾國藩認為，「求才當如鷹隼擊物，不得不休」。面對武功不凡但目不識丁的鮑超，曾國藩看到的是湘軍教練人才的奇缺和鮑的武功幾千湘軍「無幾人能比」，看中的是鮑乃「有用」之人、「可用」之才。這正是曾國藩堅持唯才是舉的識人用人原則的具體體現。曾國藩清醒的認識到鮑超醉酒賣妻，「人品」不好，並認為他日後保不定「忘恩負義」、「賣友求榮」。但治世重才，曾國藩大膽起用鮑超，真正做到了唯才不唯德，體現了其辯證的看待人才、不「以全舉人」的可貴之處。

（三）因事用人

因事用人，即領導活動中有什麼事要辦，就用與之相適應的人。因事用人是行而上的「道」，只有把「事」具體化，變成行而下的「器」，才具有操作意義。因事用人，領導者必須知道以下幾點：

1.「事」具有什麼事和多少事的質與量的屬性。事在質量上有難事，有容易的事；在數量上有多事，有少事。因此，在事與人之間應保持這樣的配重關係：事難、事多，多用人或用能人；事易、事少，少用人或用常人。事既多又難，既增加人數，又用能人；事既少又容易，既減少人數，又用常人。

2.「事」具有內事和外事的空間屬性。事物在空間的運行過程中，有內事有外事。不同空間條件下的事，與各種不同素養的人之間，應該保持一定的對應關係。辦內事，選用熟悉本單位的情況，了解本單位的縱橫系統的情況，具有較高專業知識、業務能力或管理知識，能夠看清前進方向，能夠獨立處理好內部各種複雜的情況和複雜的人際關係的高智慧人才；辦外事，用熟悉外交政策，懂外語、善交際，具有很強的語言表達能力和溝通能力，能夠從容應對各種意想不到的複雜局面的傑出人才。

【案例連結】

三國時期，孫策臨終前，告訴自己的弟弟孫權：「內事不決，問張昭；外事不決，問周瑜。」為什麼呢？因為張昭輔佐孫堅、孫策兩主，熟悉內部事務的管理，又老成持重，對如何處理江東的內部事務有特定的優勢。周瑜年輕氣盛，有智謀，軍事才能突出，敢於不守舊規而不斷創新，對處理江東的外部事物有獨特的優勢。孫權依計而行，把東吳治理得很有成效。如果把這種安排關係倒過來，「內事不決，問周瑜；外事不決，問張昭」，結果就大相徑庭了。

3.「事」有眼前事和長遠事的時間屬性。事物在時間的運行過程中，有些是當下就要辦的事，有些是在未來時期要辦的事，不同時間條件下的「事」，與各種不同素養的人之間，也應該保持一定的對應關係：做眼前「事」用腳踏實地、埋頭苦幹、果斷、幹練、有創見、能領會領導意圖的人。辦長遠的「事」用志存高遠、有策略眼光，有較強的宏觀思維能力和對事物發展的預見性，有堅韌不拔、百折不撓的意志的人才。

4.「事」有急事和緩事的速度屬性。在領導者需要處理的各種事情中，分緊急而重要、緊急而不重要、既緊急又重要、既不緊急又不重要的事。也就是說，有可以暫時「放一放」的緩事；也有如同火燒眉毛的急事。辦事

的速度和事情的難易程度關係很大，在事與人之間也應保持以下相對應的
關係：辦急「事」用膽大心細、果斷幹練的人才；辦緩事用細緻耐心、穩重
老練的人才。辦急事的人心裡有一條重要的守則：當領導交辦一件事，沒
說具體什麼時間完成時，其潛台詞就是馬上辦。

5.「事」具有公開事和不公開事的保密程度屬性。領導活動中涉及的
「事」，有的是可以公開的事，有的是要求保密或在一定時期、一定範圍內
不能公開的事。在事的保密程度上與用人之間也應保持相對應的關係：公
開的事，用坦蕩光明、心直口快的人；保密的事，要用城府深、嘴巴緊、
不張揚、不露聲色和不輕易亮底牌的人。

「因事用人」的對立面是「因人用事」，其弊端有以下幾個：（1）該做的
事找不到合適的人；（2）一部分「多餘的人」在「做著多餘的事」；（3）無
用之才出不去，有用之才進不來；（4）機構臃腫，人浮於事，內耗叢生。可
見，「因人用事」把「因事用人」倒過來演繹，最終將影響領導目標的實現，
這從反面證明了領導活動中因事用人是一個關鍵智慧。

（四）用人超己

用人不如己，勢必就要靠自己的有限能力來經營，你事業的高度就是
你自己能力限定的高度。用人超己，發現比自己更有才能的人才而用，那
麼別人的才能就等於被自己擁有，事業的高度就會大大超越自己的能力界
限，這是一個凡人皆知的用人策略。

劉備雖然是漢室的遠親，但是他的家族到他那一代已經是窮困潦倒
了，靠賣草席勉強維持生計。但他能夠立志匡扶漢室，最後成為蜀漢皇
帝。原因是他組織了一大批如諸葛亮、關羽、趙雲這樣的在文武方面超過
自己能力的人才。

美國鋼鐵大王卡內基為自己寫下這樣的墓誌銘：這裡埋葬著一個人，
他一生最大的功勞就是帶領才能超過自己的人在一起工作。一個人，縱然
是天才，也不是全能的。尼采鼓吹自己萬能，結果發瘋而死。所以一個人
要想完成自己的事業，就必須利用自己的才智，借助超己者的能力和才幹。

領導者如果功名心和虛榮心十足，容不下別人超過自己，寧願捨棄良才，而重用朽木，壓抑和冷落人才，所用的人都是凡夫俗子、能力比自己差的平庸之輩，要想取得事業的成功那就是不可能的事了。所以，領導者的「注」必須往超己的人才身上押。

領導者用人超己，就是把一群人乃至一代人的成功變成一個人的成功，體現了「站在別人的肩膀上而比別人更高」的領導睿智。用人不如己和用人超己之間的抉擇，方顯出領導者的英雄本色。

用人不如己的結果：領導者不能與下屬共濟增值；領導者與能力超過自己的下屬之間產生內耗；人才離去，剩些唯唯諾諾的順才、庸才。

【案例連結】

奧格爾維定律：如果我們每個人都僱傭比我們更強的人，我們就能成為巨人公司。美國廣告業的創始人奧格爾維在一次董事會上，事先在每位董事的桌前放了一個娃娃玩具。「這就代表你們自己，」他說，「請打開看看。」當董事們打開玩具娃娃時，驚奇的發現裡面還有一個小一號的玩具娃娃；打開它，裡面還有一個更小的……最後一個娃娃上放著奧格爾維寫的字條：「如果你永遠都只起用比你水平低的人，我們的公司將成為侏儒公司。相反，如果你錄用的人比你的水平還高，我們的公司將成為巨人公司。」

（五）正用其長，反用其短

「挽弓當挽強，用人當用長。」人的才能參差不齊，在使用人才時，一方面要把眼球集中在一個人的長處和優點上，用其所長；而不能像醫生檢查身體那樣把注意力集中到病情上，因短廢長。羅斯福曾說過：「不要顧慮此人的弱點，只要告訴我他們能做哪些事。」人的長處，才是真正的機會。領導者要盡量發掘屬下的長處，揚其所長，使人盡其才，才盡其用。即智者取其謀，愚者取其力，勇者取其威，怯者取其慎。

彼得‧杜拉克的用人理論是：用人的基本原則是在於發揮人的長處。要根據「他能為企業做什麼？他能為企業貢獻什麼？」來作為取捨下屬的坐標。有長處的人必定有短處，才華越是出眾的人，其短處越嚴重。勇者必猛，兵者必詐，謀者必忍。世上根本就沒有十全十美的人，看重一個人的

長處，就必須接納其短處。不要指派新人到重要的新職位去任職，要把重要的新職位交給自己熟悉的、有良好表現的人去掌管。彼得‧杜拉克特別強調：一個聰明的經理審查候選人絕不會首先看他的缺點，至關緊要的是看他完成特定任務的能力。一個優秀的領導者不會把時間浪費在自己做不了的事情上，更不會把大把的時間用在對付自己下屬的短處上。他們善於把握有利時機，讓下屬做自己最擅長的事。

另一方面，人才的短處，也是個相對概念，在特定的條件下，反用人才的短處，可以得到意外的效果。人的短處有兩方面：（1）人本身素養的不擅長之處；（2）人所犯的一些過失。領導者要會憑藉組織這種機制，讓人的長處得以充分發揮，並且讓人的個性及缺點受到中和，從而減少其對組織的危害程度。正用其長而棄其短，則常人能變成能人。

反用其短：變缺點為優點，化短處為長處，領導的高明之處，並不僅在用人之長，而更在於能巧用人之短，「金無足赤，人無完人」，有些缺點或毛病就是放錯了位置的優點或長處。「人類能夠取得多大成就與能否巧用缺點有關。」給那些有缺點或短處的人一片施展才能的天地，讓他的缺點變成優點，讓他的短處變成長處，從而充分調動有缺點或有毛病的人的積極性，這正是領導者領導藝術的高超之所在。

【案例連結一】

第二次世界大戰中，盟軍司令艾森豪也是一個善用下屬長處的卓越領導者。美軍名將巴頓有一個不分場合隨便發表意見的毛病。有一次他在英國發表演講時說：「戰爭勝利後，英國和美國需要聯合起來管理世界。」此話一出，國際社會輿論大嘩，導致美國外交工作很被動，因此，巴頓只好提出辭職。艾森豪微笑著對巴頓說：「你不是外交家，你的職責是少說話、多打仗。你還欠我們一些勝仗，請償清它吧。」此後，艾森豪就讓巴頓陷入繁忙的軍務中，使其不再有公開發表講話的機會。不久，巴頓指揮第三集團軍出其不意的在諾曼底登陸，勝利的開闢了歐洲大陸西線戰場，為粉碎法西斯德國做出了重大貢獻。

【案例連結二】

在一次工商界的聚會上，幾個老闆大談自己的經營心得，其中一個說：「我有三個

不成才的員工，我準備找機會將他們炒掉。」另一個老闆問：「他們為什麼不成才？」「一個整天嫌這嫌那，專門吹毛求疵；一個杞人憂天，老是害怕工廠有事；另一個整天在外面閒蕩鬼混。」第二個老闆聽後想了想說：「既然這樣，你就把這三個人讓給我吧。」三個人第二天到新公司報到，新老闆給他們分配工作：喜歡吹毛求疵的人，負責質量管理；害怕出事的，負責安全警衛；整天在外面閒逛的，負責業務及產品宣傳和推銷。三個人大為高興，高高興興走馬上任。過了一段時間，兩個老闆又碰到了一起，第一個老闆問第二個老闆那三個人是不是也讓他頭痛了？他回答：「哪裡，他們都是很出類拔萃的，由於他們的到來，工廠的盈利直線上升。」

（六）信而不疑

「用人不疑，疑人不用」是古往今來領導者奉行的一條用人原則，這條原則凝聚著領導者正確的用人態度、清醒的用人意識和堅定的用人信心。對人才選準了就要「信而不疑」，大膽使用。這是領導者用人的氣度和胸懷。

領導者信任下屬的優勢可以增加與下屬的感情和下屬的責任感。從領導智慧的層面分析，領導者對下屬信任就是最高的獎賞。其實不管哪個企業、集體或個人，他們的人際危機、人際衝突、人際摩擦都源於一個最基本環節的鬆動——信任。

信任是理解的基礎，是建設性人際關係的柱石。信任是一種情感，能鼓動人的內在熱情和才智的情感，能夠激發每個人的自尊心、責任感、積極性和主動性。信任是一種解放，是消除各種顧慮、疑慮心理的思想解放。

猜忌是信任的反面。從心理學角度分析，猜忌心理產生的緣由是「自我安全感的缺乏」，即是由於個人缺乏自信及對他人缺乏信任而造成的。古代三十六計的反間計，猶如撲鼠器原理，專門針對人性中好猜疑的弱點而設計，其結果是加速自身的毀滅。猜忌無端傷害他人的感情，導致人際關係緊張；猜忌者往往靠感覺來評判事情，喜歡感情用事，在缺乏客觀依據的情況下，不經理智思考與分析便憑主觀臆想妄下定論；猜忌也會使猜疑者本身加重心理負擔，造成心理病態，嚴重的猜忌心還會導致心因性狂想癥。

　　信任下屬的領導者是最成熟、最理想的領導者。這種類型的領導人在處理與下屬的關係時，基點總是放在「充分信賴」上。委以要事或重任，盡量放寬下屬的自由度，不統得過死，相信下屬的意志、品德、能力足以完成所交辦的任務。領導要有正確的用人態度，有清醒的用人意識，有堅定的用人信任心。要謹慎對付各方面的反映，不因少數人的流言蜚語而左右搖擺，不因下屬的小節而止信生疑，更不宜捕風捉影、無端的懷疑。

【案例連結一】

　　陳平從項羽軍中投靠劉邦，有人舉報其盜嫂受金，是反覆無常的小人。但劉邦知道陳平是治國的奇才，對其信任重用。結果，陳平六出奇計，六救劉邦於危難之間。有一次，劉邦和陳平談話。劉邦說，你看我們現在和項羽處於這樣一個膠著的狀態，誰也吃不掉誰，這樣天下何日能夠安定呢？請先生想一想有什麼辦法能夠出奇制勝，盡快結束這場戰爭。陳平說，我原來在項羽帳下當差，很了解項羽，他是一個貴族出身的人，他待人接物時按照貴族的那一套，恭恭敬敬、彬彬有禮。那些看重自己身分名譽、愛惜羽毛的人，都集結在項羽的麾下。這些人雖然對項羽忠心耿耿，但是項羽這個人多疑。我們可以使反間計，讓項羽不再信任這些人，砍掉他的左膀右臂，不就行了嗎？劉邦連連稱是，說那就請陳先生來操作這個好主意吧。並馬上撥款黃金四萬兩作為費用交給陳平，並強調「不問出入」，只要能把項羽的左右膀搞掉，愛怎麼花就怎麼花。這是劉邦對陳平的信任。陳平有了劉邦的信任，又得到了充足的經費，很快就肢解了項羽的力量，扭轉了戰爭的態勢。

【案例連結二】

　　松下幸之助善於透過用欣賞的眼光來觀察部屬優點的方式，表現了他對部下的「信而不疑」。對於部屬，松下向來都能予以充分的信任和肯定，這些，無論是對部屬積極性、責任心和潛能的調動，都有相當的作用。對於被領導者的欣賞而不是挑剔，松下有精彩的論述：「身為管理者，如果總覺得員工這也不行，那也不行，用『雞蛋裡挑骨頭』的心態來觀察部屬，不但部屬做不好事，久而久之，管理者自己也會發現周圍沒有一個可用的人了。所以當他想要分派任務時，一定覺得不放心而猶豫不決。我們知道，如果一個人動輒得咎，總是挨罵，他的情緒一定會大受挫折，信心也在不知不覺中消失殆盡，一旦整個人在精神上萎靡不振之後，就算有高超的智慧、才能，也難以發揮了。所以，管理者如果能以欣賞的眼光來觀察部屬的優點，那員工都將因受人尊重而振奮，對於上司交付的工作，也能愉快的完成。如此，不但員工能發揮驚人的工作效率，管理者還可能挖掘出優秀的人才。」這種認識和作為使松下幸之助手下的員工，大多能以飽滿的熱情盡其所能的工作。

（七）拿破崙的用人理論

馬克思曾經這樣評論過：拿破崙在歐洲人的心目中，是一位「能夠在一剎那間決定整個大陸命運，並且能夠在自己的決定中顯示出英勇果斷」的偉大人物。拿破崙在創造其事業的過程中，也悟出了一套用人的理論。拿破崙曾經用聰明和愚蠢、勤快和懶惰的組合為標準劃分了四種類型的人，並對如何用好這四種人提出了獨到的見解：

1. 既聰明又勤快的人，適合做參謀。這種人智慧的自主意識強，勤於思考，腦子敏感、胸有謀略；又勤於行動，無論大事小事都主動去做。但這種人的弱點是抓不住重點，沒有斷大事的果斷和勇氣，只能做參謀人員，為決策者出謀劃策。法國社會學家巴斯卡指出：「人類對於瑣碎事務的敏感和對於最主要事務的麻木，標誌著一種不可思議的錯誤。」

2. 聰明而懶惰的人，適合做司令員。這種人有領導者的獨特品質與風格，知識淵博，經驗豐富，對事物洞察深邃，理解透徹，善於從複雜紛繁、無序的現象和矛盾中，透視出本質所在，抓住解決問題的關鍵。有敢於承擔風險的精神和創新實踐的技能，能專注於遠景並具有遠見卓識，有很強的影響力，有眾多的追隨者，能夠借助於他人的力量成就偉大的事業。但是這種人，對一些事務性的、常規性的、瑣碎的事情卻不願意作為。

3. 愚蠢又懶惰的人，只能做士兵。這種人頭腦平滑，沒有有價值的思想和見解，沒有做好事情的智慧，連「夢」都不肯做，永遠也學不會作出自己的決定，也沒有主動做事的精神，他們滿嘴藉口，逃避困難，推卸責任，一遇到挫折就產生「向後轉」的念頭。這種人必須在別人的支使下、逼迫下才能去做事，才能付出努力的汗水。做個士兵是這種人最好的角色定位。

4. 愚蠢又勤快的人，什麼也不能讓他做。這種人智商很低，沒有深入體察事物的「神入能力」，但是卻有「滿頭大汗的傻幹」和「勞心費神的苦幹」的「自動能力」，由於這兩種能力的不匹配，他會認認真真的去做傻事。世界上最大的傻子，就是把不該做的事，認認真真的做到底。這種人的勤快勁多大，往往造成的副作用也就有多大。最笨的人是出色的完成了不值得

做的事情。管理大師彼得・杜拉克曾說：「最沒效率的人就是那些以最高的效率做最沒用的事的人。」偉大的心理學家阿德婁說：「人類最奇特的特徵之一，是那種可以把減號變成加號的人。」愚蠢又勤快的人正相反，是那種把加號變成減號的人。最聰明的領導者對於愚蠢又勤快的人的選擇就是，什麼也不讓他做。

【案例連結】

　　美國西點軍校是培養將軍的學校，在學生剛入學時，學校要向學生頒布十幾條必須遵守的條例，其中第一條就是學會懶惰。當然這裡的「懶惰」不是通常意義的「遊手好閒」、「好吃懶做」、「無所事事」，而是有更高層次上的智慧含義：做你該做的事，不要做別人該做的事。把你不想做的事，把別人能比你做得更好的事，把你沒有時間去做的事，把不能充分發揮你能力的事，都果敢的託付給下屬去做。這樣你才能集中精力和時間，謀全局，抓大事，一切盡在掌握、悠然自得。這正是一個將軍、司令員應具有的素養和品格。

（八）建立用人的責任約束機制

　　在用人的責任約束機制方面，有苛西納定律和華盛頓定律。苛西納經過多年的觀察和研究總結出了一條定律：如若實際管理人員比最佳管理人員多兩倍，工作時間就要多花兩倍，工作成本就要多花四倍；如若實際管理人員比最佳管理人員多三倍，工作時間就要多花三倍，工作成本就要多花六倍。華盛頓定律說的是：一個人敷衍了事，兩個人互相推諉，三個人則永無成事之日。

　　人與人的合作不是人力的簡單相加，而是複雜和微妙得多。在人與人的合作中，會受到很多因素的干擾，關係非常複雜和微妙。例如：兩個人之間只存在一種關係，三個人就會存在三種關係，四個人就會存在六種關係，關係種類是以幾何級數增長的。假定每一個人的能力都為一，那麼十個人的合作結果有時比十大得多，有時甚至比一還要小。因為人不是靜止的物，而更像方向不同的能量，相互推動時自然事半功倍，相互抵觸時則一事無成。

　　領導者反思苛西納定律和華盛頓定律，得到的領導智慧就是對於這種

制度性的缺陷必須透過制度的建立來加以規制。要設定目標，明確分工，詳細的職務設計能夠使大家輕易看出誰在敷衍，誰在推諉。要建立使用人才的責任制度和責任約束機制。責任越具體，人的潛力發揮得越充分，耍滑頭的人就會越少，優秀人才發揮的空間才會越大。建立在職務分工與責任制度下的人才合作就像一部不同的零組件有序配合、運轉良好的機器。一個優秀的合作結構，不僅能夠為合作夥伴的能力發揮創造良好的條件，還會產生彼此都不擁有的一種新的力量，使單個人的能力得到放大、強化和延伸。事物是相互消長、互為因果的。人們常因建設自己而造就別人，又因別人的造就而改變自己。因此，最成功的合作事業是由才能和背景不相同而又能相互配合的人合作創造出來的。

【案例連結】

　　法國工程師林格曼曾經做過「拉繩試驗」，他把被試驗者分成一人組、二人組、三人組和八人組，要求各組要盡全力拉繩，同時用靈敏度很高的測力器分別測量其拉力。得出的結論是：二人組的拉力只是單獨拉繩時二人拉力總和的百分之九十五；三人組的拉力只是單獨拉繩時三人拉力總和的百分之四十九。「拔河現象」也與這個結果驚人相似，三個人拔河的力量只相當於一個人拔河力量的二點五倍。而八個人的力量還不到一個人的四倍。

　　觀察海邊漁民抓螃蟹的過程可以發現，漁民裝螃蟹的簍子上面沒有蓋子，漁民不放蓋子螃蟹不是可以爬出去跑了嗎？漁民說爬不出來。因為只要有一隻螃蟹想往上爬，其他螃蟹便會把牠拉下來自己再往上爬，別的螃蟹再把牠拉下來自己往上爬，同樣的過程反覆進行，最後沒有一隻能爬出去的。

　　苟西納定律、華盛頓定律、「拉繩試驗」和「拔河現象」、「抓螃蟹過程」以及「三個和尚沒水喝」的典故，共同揭示和證明了社會心理學的一個原理：單個人在團隊工作中自然的會把責任悄然的分解到其他人身上，比單獨工作時付出更少的努力，這就是群性虛耗效應，也叫人才的「社會浪費」。

五、古代用人的境界

　　古代領導者總結了用人的四種境界。

（一）帝者與師處

　　從古至今，凡成功的領導者都用禮賢下士的品質吸引人才。禮賢下士首先要尊重人才的人格。因此，聖明的「帝」把人才看成是自己的老師。

【案例連結】

　　西周時代的周公雖是相不是帝，但他被譽為仁義的化身，政治才能是歷代賢明的楷模。他愛賢尊賢，在送兒子伯禽去曲阜管理魯地，告誡兒子「應慎無以周驕人」時說：「我文王之子，武王之弟，成王之叔叔，我於天下亦不賤矣。然我一沐三捉髮，一飯三吐哺，起以待士，唯恐失天下賢人。」意思是，我為了接納天下賢士，曾多次在洗澡時顧不上沐浴，手裡握著濕漉漉的髮辮出來迎接賢人，曾在吃飯時也多次放下手中的筷子，吐出嘴裡的飯，恭恭敬敬的款待賢士。正因為待賢而讓，周公時代才人才輩出、國泰民安。

（二）王者與友處

　　「士為知己者死」，人才或十年寒窗而滿腹經綸，或幾經滄桑而積蓄睿智，就是為了有朝一日得到賞識和認可，這往往是人才的最大願望。領導者與人才以朋友相處，不僅可以使領導者的事業如日中天，也會使人才感到自身價值得以實現，有了用武之地。這樣，領導者和人才就各得其所。因此，英明的「王」將人才當作自己的朋友來相處。

【案例連結】

　　法國的拿破崙是很多人崇拜的英雄，他有一句名言，叫做「替才能開路」，這樣的思想使得眾多人才雲集他的麾下，為他成就千秋大業。西元一七九八年拿破崙遠征埃及，帶一百六十七名學者專家隨軍，以便隨時向他們請教關於埃及的問題。為了保證專家在殘酷的戰爭中不受到傷害，在行軍路上讓專家走在隊伍的中間，就是在自己統治的最危急時刻也從未動搖過愛人才的觀念。「王者愛賢，賢也為王者所動。」西元一八一四年三月，由於萊比錫戰役的失利，反法同盟軍兵臨城下，首都危在旦夕，法國工程師的搖籃——法國理工大學的師生積極入伍參戰，貢獻了力量和生命。

（三）霸者與臣處

　　稱雄的霸主雖然沒有把人才看成是「師」或「友」，但也知道人才在成

就霸業中的重要性，把人才看作是臣子。《說苑》講成就霸業必須擁有人才：「絕江海者托於船，致遠道者托於乘，欲霸王者托於賢。」

【案例連結】

乾隆為了成就自己的偉業，對知識分子恩愛有加，他甚至親筆諭御：「儒林是史傳所必須寫入的，只要是經明學粹的學者，就不必拘泥於他的品級。像顧棟高這一類人，切不可使他們湮沒無聞呵！」遵乾隆皇帝旨意，清朝史館裡還特設《儒林傳》名目，來專門編寫大知識分子的學術生平。平時，乾隆對呈上的奏章，凡見到鄙視「書生」、「書氣」的議論總是予以批駁，說：「修己治人之道，備載手書，因此，『書氣』二字，尤可寶貴，沒有書氣，就成了市井俗氣。」而且還說：「我自己就天天讀書論道，因此，也不過書生！」乾隆尊重讀書人，籠絡了一大批人才，在康熙事業的基礎上又創出了更大的輝煌，史稱「康乾盛世」。

（四）亡國與役處

亡國之君把有用的人才作為奴僕相處。人才事關國家興亡，事業成敗。一個國君有賢不知，知而不用，用而不任，這是一個國家的三種不祥之兆。亡國之君不懂這個道理，他們輕視人才，蔑視人才，把人才看作是可以隨意支配和使用的奴僕，結果國亡身死。

【案例連結】

三國的袁紹就是典型代表。袁紹帳下謀士田豐，博覽多識，權略多奇，曾在朝中任侍御史，因不滿宦官專權，棄官歸家。袁紹起兵討伐董卓，田豐應其邀請，出任別駕，以圖匡救王室之志。後袁紹用田豐謀略，消滅公孫瓚，平定河北，虎據四州。建安四年，曹袁爭霸，田豐提出穩打穩扎的持久策略，袁紹執意南征而不納，但在曹操東擊劉備時，卻以兒子生病為由，拒絕田豐的奇襲許都之計，錯失良機。官渡之戰，田豐再議據險固守，分兵抄掠的疲敵策略，乃至強諫，被袁紹以為沮眾，械系牢獄。建安五年，袁紹官渡戰敗，因羞見田豐而將其殺害。許攸也曾是袁紹帳下得力謀士之一。袁紹興兵將大軍十七萬圍官渡攻曹操，在官渡之戰相持階段，曹操久守官渡城，軍力漸乏，軍糧告竭，急發使者往許昌求救措辦糧草。使者被許攸截獲，曹操催糧書信俱露。

於是許攸獻計袁紹，分析了曹操軍隊屯官渡，與自軍相持日久，許昌必定空虛，若分一軍星夜襲擊，則許昌可一舉拿下，曹操亦可擒也。如若袁紹用許攸計書必定全軍覆沒。遺憾的是忠言逆耳，袁紹生性多疑，剛愎自用，認為曹操詭計多端，此催糧書信乃誘敵之計。因許攸與曹操少時曾為好友，袁紹更是懷疑許攸暗通曹操，充當曹操奸

細，怒而欲殺之。許攸感嘆袁紹的不足為謀，於是轉投到曹操的門下。袁紹失去了一員最得力的謀士，許攸投曹操後，建議曹操作速進兵，速戰速決，兵分八路攻占鄴郡，袁紹倉皇逃跑。袁紹死後，許攸又獻計決漳河水淹冀州城，冀州城一陷，袁紹基業徹底崩潰。袁紹死也不會想到，最終敗在自己曾經的謀士手下。

Wisdom for Great Leaders

第六章
卓越領導者的用「勢」智慧

古往今來，凡成功的領導者皆能用「勢」。「勢」在《辭海》中有多種釋義，最基本的意思是指事物因所處的時間、地理位置或條件不同而表現出來的態勢或趨勢。大千世界，無「勢」不有。日月星辰之勢，在於消長明滅；山川草木之勢，在於動靜榮枯；春夏秋冬之勢，在於潤燥炎涼；國家之勢，在於存亡分合；芸芸眾生之勢，在於貧富貴賤。

「勢」有消長、逆轉，有大勢、優勢和局勢、劣勢之別。「勢」關興衰與成敗、有無與得失。領導活動與「勢」形影相隨、須臾不離，因此，掌握「勢」的發生發展規律，自覺利用「勢」所具有的巨大潛能，謀勢而動，乘勢而上，才能擔負時代的重任和歷史使命。

領導者的用「勢」智慧，體現在度勢、謀勢、乘勢、導勢、借勢、蓄勢、造勢和轉勢八個方面。

一、領導者的「度勢」智慧

古往今來，欲成大事，必須先審時度勢。度勢，就是透過敏銳、全面的觀察和分析，正確的估計「勢」的發展趨向和力度，從而抓住趨勢，把握機遇，勢宜則宜；或者讓開鋒芒，規避風險，勢不宜則止。

「度勢」關鍵在於正確判斷。這就要有辯證思維的觀察力，既看到事物的整體和全局，又不忽視事物的部分和局部；既看到事物的現在，也要看到事物的過去，更要鑒往知來，看到事物發展的脈絡和趨勢。哲學家笛卡爾說過：「走在正確方向上的人無論多麼緩慢，總比在錯誤方向上飛奔的人前進得更快。」

準確的判斷能力來自兩方面：一是權衡利弊。《孫子兵法・九變篇》云：「智者之慮，必雜於利害。雜於利，而務可信也。雜於害，而患可解也。」即擇其利而趨之，擇其弊而避之。二是爭取先機。勢不等人，勢如風雲，來也匆匆，去也匆匆，落後一步就會陷於被動，坐失良機。度勢就要審察事物發展過程中顯露出來的時機。《武侯兵法》曰：「計謀欲密，攻敵欲疾」，即度勢要深思熟慮，一旦出現時機、勢機，務求速決。

「度勢」要審視和掌握「事機」。「事機」是事物存在狀態和未來走勢的內在機理。認識「事機」就必須有敏銳的眼光。眼光不同，看問題的層次就不同。有的領導者看人看事時，重小處摳細節，常常受外來因素所困擾，被表面現象所迷惑，「一葉障目不見泰山」，認識不到「事機」，自然也就掌握不了事物未來的走勢，也就失去了對大局的清醒認識，這樣的領導就沒有工作的主動權，一步失招，步步被動。高明的領導者，「不畏浮雲遮望眼」，能透過現象看本質，從局部看全局，從表面看深處，由眼前看長遠，在複雜的局面中始終胸懷大局，也始終掌握大局。

能審視明晰局勢的變化，是一個領導者的基本智商。《武侯兵法》中認為將帥有八惡，而以「謀不能料是非」列為首端，並且在分析對敵作戰時的「機勢」時，主張要審視和掌握「事機」，不被細節纏繞而直接把握本質，迅

速的領悟事物的內在聯繫和發展規律，從而「事機作而能應」、「勢機動而能制」、「情機發而能行」，贏得「立勝」的機會。所以，度勢要具備正確的判斷能力，才能「伺機而動」、「隨機應變」、「因機而取勝」。

【案例連結】

劉備在二十八歲那年，透過冷靜的分析局勢，度出了天下大勢。他度到：（1）東漢由「治世」轉到「亂世」的端倪，清醒的認識到東漢統治已岌岌可危。（2）反抗暴政統治的徵兆已出現，天下人心思亂，盜賊蜂起到了亂世出英雄的時候。（3）到了該出手時就出手的時候。「黃巾軍」揭竿而起，又給將傾的東漢政權插了致命的一刀。東漢將出現「群龍無首」的局面，「成則王侯，敗則寇」，劉備知道自己該出手了。在以「義」為紐帶得到關羽、張飛兩個助手後，便招募鄉勇，拉起屬於自己的隊伍，走上了打拼天下的道路，最終當上蜀國的開國皇帝，實現了自己的夢想。

二、領導者的「謀勢」智慧

「勢」雖然是事物發展中的一種客觀存在，但「勢」並不會自動自覺的走到你面前來為你所用。「勢」在人謀。勢不在我，就要積極行動，想方設法去謀求。謀勢，目的在於獲取利益，勢在利在。無論是為己謀利、為民謀利、為國謀利，都離不開謀勢。

利益刺激和利益目標追求是謀勢的動力。人類的一切活動都脫不開自身的利益追求，謀勢活動也包括在其內。說到底，人們的一切智力活動，實質上就是在謀求有利之勢，實現逐利目的。利益激發人萌發欲望衝動，形成利益關心和利益認識，繼而產生對一定利益目標的持續追求，使人們在社會活動中將謀利與謀勢很好的結合起來。沒有謀利的刺激，就沒有謀勢活動的動力，謀勢和謀利是人們社會活動的動力。謀勢亦有優劣，優劣只是相對而言。不論追求什麼樣的利益，都以取得利益的大小來評價謀勢的優劣。謀勢越上乘，利益獲取得越多。孫子云：「上兵伐謀，其次伐交，再次伐兵。」孫子推崇「不戰而屈人之兵」，不付代價而獲全勝是謀勢的最高境界。

　　謀勢當謀全局之勢和長遠大勢。古人說：「善弈者謀勢，不善弈者謀子。」謀勢不謀子，統攬全局而不包攬一切。因為統攬可以從容駕馭全局，而包攬一切則可能反被全局所駕馭；謀子不謀勢，就是抓住一般事務性的、個別性的工作和問題急功近利，雖得眼前利益，卻會招致禍患與失敗。因此，一個睿智的領導者，應有大系統觀念和寬闊的眼界，善於在整個系統中為自己定位，而不滿足於一鱗半爪、一孔之見；總是緊緊盯著關乎全局的政策性、傾向性問題，關乎組織的根本性、長遠性建設問題，盡心的去「謀」；站在全局的工作高度，抓方向，抓重點，抓主要矛盾。

　　謀勢要謀發展之勢。首先，要謀發展策略。發展策略是領導者在分析所領導的單位或部門面臨的環境，即機遇和威脅，在充分考慮本單位或部門的優勢與劣勢的基礎上，進行開闊、周密的運籌，找到解決問題的辦法和突破點，並提出對本單位或部門發展的策略選擇和規劃。科學、正確、可行的發展策略可以增強領導工作的科學性、計畫性、全局性，提高工作效率。其次，要謀優化之勢。勢有優勢和劣勢之分。領導者不僅要充分利用優勢，還要善於化劣勢為優勢。優勢是一個比較的概念，不是越多越有優勢，越大越有優勢。在市場經濟條件下，優勢指的是市場優勢，有了市場需求，資源的優勢才能變成商品的優勢。要善於盤活資源，使人盡其才、物盡其用。對優勢資源不開發、不利用，原有的優勢就會喪失殆盡。對劣勢不轉化、不優化，劣勢就會上升，就會破壞發展之勢。最後，要謀穩健之勢。「勢」是運動的、變化的。一個單位或部門在一定階段或一定時期中得「勢」，並不意味著永遠得「勢」。滿足於一時之「勢」而不顧及今後之「勢」，就不能謀出可持續發展之「勢」，一旦「勢」去，則會被淘汰。因此，領導者要學會謀長勢，常補勢，因勢謀勢，穩健持續的發展。

【案例連結】

　　十九世紀前半期，普魯士已發展成為各邦國中力量最強大的一個王國，俾斯麥上台後，決心擔當起統一德意志的任務。俾斯麥看到，當時國際形勢對普魯士十分有利：俄國在克里米亞戰爭中力量遭到削弱尚未恢復元氣；而普魯士的對頭奧地利由於在這次戰爭中沒有支持俄國，相反和英法締結同盟，致使戰後奧、俄兩國關係不和，在巴爾幹的

矛盾加劇，因此奧地利這時不可能指望得到俄國的幫助。法國當時較為強大，而英國深怕拿破崙三世獨霸歐洲，於是便支持普魯士，牽制法國。法國拿破崙三世則希望普奧之間互相交戰，準備在兩敗俱傷後坐收漁利。俾斯麥認清了這種形勢，決定利用歐洲強國之間矛盾的加劇，施展外交手腕，孤立奧地利。

西元一八六三年年末，丹麥部隊開進了德意志邦聯成員國荷爾斯泰因公國和北部的石勒蘇益格公國。俾斯麥以此為藉口，先拉攏奧地利作為同盟，一方面利用其力量對丹麥作戰，另一方面又排除普魯士的後顧之憂。戰爭勝利後，普魯士占領了石勒蘇益格，把荷爾斯泰因大方的送給奧地利，奧地利人欣然受之，卻沒有想到這正是俾斯麥拋出的釣餌。和丹麥的戰爭剛剛結束，俾斯麥就從普奧周邊的國際環境開始謀勢。俾斯麥使用「借花獻佛」的外交手段，反覆向法國暗示，普魯士將同意在歐洲劃一定的領土給法國作為「賠償」。法國當然樂得保持中立。穩住了法國後，俾斯麥又和奧地利的仇家義大利結成攻守同盟，準備一南一北夾擊奧地利。至此，俾斯麥的「勢」終於謀成了，剩下的不過是和奧地利撕破臉罷了。西元一八六六年六月初，普魯士提出，奧地利管轄的荷爾斯泰因議會單方面討論這一地區未來的地位問題，破壞了普奧之間原有的協議。六月八日，俾斯麥下令派兵進入荷爾斯泰因，奧地利當然不能容忍，便於六月十七日對普魯士宣戰。俾斯麥等的就是這一天，立即同義大利一起宣布對奧作戰，很快就打敗了奧地利。

三、領導者的「乘勢」智慧

「勢」是一種潛在的資源，要使這種潛在的資源變成現實的資源，就要乘勢而上。孟子認為：「雖有智慧，不如乘勢。」乘勢，就是在一定的、有利於自己的「勢」的基礎上，抓住這個可乘之機，壯大發展之勢，因勢制勝的過程。

古今中外，許多身居高位者，無論是不甘失去昔日威風、企圖東山再起，還是要把目前的地位再提高一步，無一不是乘勢而動，利用一切有利於自己的因素就勢取勝。尤其在天下諸侯林立、相互紛爭的時代，弱肉強食，稍有不慎就可能會成「人為刀俎，我為魚肉」之勢。所以大家都小心翼翼的維護自己的利益，唯恐成為「魚肉」，同時又緊盯著天下大勢，一旦有機可乘，就適時的利用有利於自己的優勢，順勢推動事情向更有利於自己的態勢發展。

　　乘勢的核心是因勢制勝。在已取得初步或決定性勝利之勢時，應繼續前進，以壯大發展的好趨勢。《淮南子‧兵略訓》云：「善用兵者，見敵之虛，乘勝假也，追而勿舍也，迫而勿去也。」《劉伯溫百戰奇略》云：「凡與敵戰，若審知敵人有可勝之理，則宜速進兵以擒之，無有不勝。法曰：見可則進。」都說明了乘勢前進的重要性。

　　乘勢要乘天時之勢。所謂天時是指宜於做某事的時機和氣候條件，既可以是自然氣候，也可以是社會氣候。風雨霜雪、冷暖乾濕、白天黑夜、陰晴圓缺，都是可乘的自然之勢；戰爭與和平、政權的交接與更替、國家政策的令行與禁止，都是可乘的社會之勢。在諸多因素中，對時機的選擇與把握是至關重要的，可以說是乘勢的靈魂。在許多事情的處理與運作過程中，即使是一個身分顯赫、舉足輕重的人物，即使他的意見很富有科學理性、決策十分果斷正確，如果他想讓意見或決策起到更大更有力的作用或影響，也必須選擇恰當的時機，乘「勢」而發。否則，說早了沒用，說遲了徒然自誤，這就是「勢」的作用。這裡的「勢」即時機，所謂「此一時，彼一時」，同樣一件事，彼時去辦，也許無論花多大的力氣都無法辦成，而此時去辦，可能「得來全不費功夫」。一定的時機辦一定的事情，同樣的事情此時該辦就要去辦，彼時也許不可辦就不要去辦。可辦則一辦即成，不可辦則絕無辦成之望。一定的人辦一定時機的事，同樣一件事，不同的人辦會辦出不同的效果，即使能力不相上下的兩個人，這個人辦得成的某件事，另一個人卻不一定能辦成。所謂乘天時之勢，也就是要在恰當的時機由恰當的人選去辦理該辦的事情。

　　乘勢要乘地利之勢。所謂地利，是指宜於做某事的地理優勢。地利意味著憑藉的資源比他人多。古人非常注重地利，凡是要進行戰爭，都要選擇地形，尋找那些易守難攻的天然屏障，以御外來之敵；或者搶占有利的地形或制高點，形成控制戰爭全局的有利態勢，於是有「兵家常爭之地」之說；在商海的競爭中，高明的商人都注重地利，善於發現地理位置上的勢能差，把自己置於勢能落差的制高點，於是有「風水寶地」之說。領導活動作為一個過程，就有一個以什麼方式和在什麼客觀環境中進行的問題。

乘地利之勢的實質，就是把領導活動的內容與客觀有利的地理環境統一起來，這樣不僅成功的機率高，而且距離成功的目標近。相反，若領導活動的場合不佳，則效果不大，甚至帶來副作用。

乘勢要乘人和之勢。所謂人和，就是人心歸向，上下團結。人和是外勢中最重要的一環，所謂「天時不如地利，地利不如人和」。社會是人群的組合，無數個體的力量在人和的條件下匯聚起來，就會構成巨大的社會力量。人和之勢，事關事業成敗。人心、精神、士氣是人和之勢的構成因子。乘人和之勢，就是要在人心、精神、士氣已經處在有利的態勢的基礎上，繼續鼓舞人心、振奮精神、搞旺士氣。這其中最重要的是把群眾的利益和要求作為第一信號，把有利於群眾滿意、群眾支持、群眾擁護、群眾高興、群眾贊成、群眾擁護的事，作為乘勢的發力點，營造更好的人和氛圍，聚祥和之氣，為領導事業騰飛添翼。

四、領導者的「導勢」智慧

導勢，是因勢利導，即順著事情的發展趨勢加以引導，化解不利於自己的各種力量或因素，壯大有利於自己的各種力量和因素。與其待勢，不如導勢。導勢的實質就是從時、事、人等因素交互作用形成的「勢」中，導出一種可以助成「畢事功於一役」的合力，促成某件事的成功。

「勢」表征一種發展趨勢，這種趨勢對領導目標實現的影響是雙重性的，既可能是正面的積極作用，也可能是負面的消極作用。兩者相互對立、相互依存又相互轉化，誰向誰轉化，決定於雙方的力量對比。導勢就是順著「勢」的發展趨向加以引導，把有利的「勢」導向自己，把不利的「勢」導離自己，以趨利避害。導勢也是領導必備的基本功。古人說：「善戰者因其勢而利導之。」

導勢的關鍵在於因勢利導，即善於把握時機尋找和抓住有利的客觀條

件導勢。水中行舟,有順水和逆水兩種不同方向。逆水行舟,不進則退,因此往往要付出極大的力量,奮力拚搏,方可前進;而順水行舟,隨流而下,則輕鬆許多。導勢就是順其自然,不能逆著事情的發展趨勢,這看似消極,卻體現出從容鎮靜的風度、靜觀發展的耐性和細謀高招的韜略。平凡人希圖以一己之力搖旗吶喊,造成對自己有利的態勢,殊不知這樣做往往得不償失,聰明的人選擇順流而行,導勢而發。許多看起來難辦的大事,最後居然順順利利的辦成了,就是因為懂得導勢的緣故。在猝然發生的事變中,能積極利用其中便利的條件或因素,順勢引導,往往可以達到「四兩撥千斤」之功效。

激將之法也是導勢。激將法就是利用別人的自尊心和逆反心理積極的一面,用刺激性的話或反話激起他的不服輸情緒,從而鼓勵人去做原來不願意做或不敢去做的事,導致原來態勢轉化的一種方式。《孫子兵法》中的「能而示之不能」、「用而示之不用」、「近而示之遠」、「遠而示之近」、「卑而驕之」、「怒而撓之」等,在激將法中都可以得到很好的應用。激將法是一種很有力的口才技巧,能收到不同尋常的說服效果。在使用激將法時要看清楚對象、環境及條件,不能濫用。同時,運用時要掌握分寸,做過了就會使對方的自尊心受到創傷,從內心產生反感,激將就成了激怒,不僅達不到導勢的目的,還會強化原有的態勢;沒有做到位,對方無動於衷,無法激起對方的自尊心,也達不到導勢的目的。在磨刀石上磨刀,剛開始磨得不鋒利,當磨到鋒利的程度還是不停的磨下去,刀就磨掉了。激將法的妙用,如同此理。

【案例連結】

赤壁之戰前,孫權陷入猶豫不決之中。諸葛亮見孫權碧眼紫鬚,儀表堂堂,感覺其相貌非常,顏色嚴整,不可遊說,只可激將。諸葛亮用引誘控制的話語說:「曹操以百萬大軍南下,加之謀士數千人,剛剛平復荊楚之地,正要圖謀江東之地了!」諸葛亮用這種鉤箝之辭,說出了岌岌可危的形勢,導激出孫權向他請教國家安危的大計來:「若彼有吞並之意,戰與不戰,請足下為我一決。」一個豪氣萬丈、引領江東的孫權開始屈尊求教了。諸葛亮假意讓孫權選擇投降曹操,去做人臣,並且用「應當早作決斷,否則禍至無日了」的言詞直激孫權。孫權反問:「劉備為何不投降曹操?」諸葛亮用「齊國壯

士田橫」的故事直入話題，用劉備是「王室遺冑，英才蓋世，為世人仰慕」、「哪能屈居他人之下」來貶低孫權、羞辱孫權，使孫權「十分生氣」，「拂袖而去」。諸葛亮以激將的方式，把孫權的英雄氣概調動起來後，接著又抓住孫權的顧慮所在，陳述劉、吳的優勢之後也指出了曹操的劣勢：「遠來疲憊」、「日夜行進三百里」，是「強弩之末，其勢不能穿魯縞」，又加之「北方之人，不習水戰」和「荊州民眾也是被迫降附曹操」等實情，讓其自去心病。諸葛亮又斷言：「如果將軍能與劉軍同心協力，一定能夠打敗曹軍。」諸葛亮透過正面的通透分析，權衡利弊和可能發生的後果，令孫權心中大動：「先生之言，使我茅塞頓開，我已決意起兵抗曹了。」

五、領導者的「借勢」智慧

借勢就是借助某種氛圍或某種趨勢，張帆搭車，加大勢能，形成一種勢不可擋、勢如破竹的更大的新優勢和更高級的勢能形態，以更迅速的實現自己的計畫。

荀子曰：「登高而招，臂非加長也，而見者遠；順風而呼，聲非加疾也，而聞者彰。假輿馬者，非利足也，而致千里；假舟楫者，非能水也，而絕江河。君子生非異也，善假於物也。」「假於物」是什麼概念呢？中文中「假」就是「借」的意思，假於物就是善於借物。西方心理學家阿德婁也說過類似精彩的語言：「人類最奇特的特徵之一，是那種可以把減號變成加號的能力。」借勢的最大功效就是「把減號變成加號」。

「好風憑藉力，送我上青雲。」「勢」借得恰到好處，事業就會增添雙翼，欣欣向榮。一個人如果想做一番大事業，不論他如何有才幹有魄力，都不能僅僅侷限於自身的努力，必須尋找外力的幫助，把借勢作為一種成功的契機。巧借外勢，尋求一切可以借用的勢能，加強自己，這是智者走向成功的一條捷徑。凡成熟的領導者，都注意借助氣氛，以增強領導的力度，並注意把自己的決心和熱情，透過渲染氣氛變為群眾的行動，達到預期的目的。

一個領導者可借之勢很多，如借群眾希望之勢。尊重群眾的要求，利用群眾的願望，把群眾的注意力和積極性引導到事業上來，形成「眾人划

樂開大船」的做事業局面。借上級領導之勢，上級領導者有權力，有資源，比較強勢，借領導之勢，就有了精神支柱。有了履行職責的號召力和影響力，就能夠消除和化解很多不良的影響和工作阻力。借下屬之勢，下屬是領導最重要的資源和財富。傑克‧威爾許非常善於向下屬借力，在他看來，員工總是不斷有寶貴的發現，於是，他經常從員工那裡獲得解決問題的好辦法或者好技術。借合作夥伴之勢，使自己的組織和合作夥伴儲存的能量最充分的被釋放出來，被利用起來。夥伴的技術優勢、資金優勢、人才優勢、行銷網絡優勢等都可以為我所借，為我所用。借競爭對手之勢，在現代市場中，自己和競爭對手不是對立的關係，而是競合的關係。借得競爭對手的優勢壯大自己的實力，使競爭上升到一個更高的境地。最好的發展態勢往往就是在同競爭對手既競爭又合作時產生的。例如美國沃爾瑪的企業文化中有重要的一條「永遠向競爭對手學習」，借競爭對手之力獲取激勵和鬥志，從而不斷提高自己，使沃爾瑪始終處於快速發展的狀態，成為全球最具競爭力的企業。借名牌之勢，借名牌之勢就是借冕生譽，借著名牌的知名度和美譽度，以提高自己的名聲。還有新聞借勢、體育借勢、明星借勢。

　　市場經濟的優勢，也和借勢有關，如借才生財、借財生財、借殼上市、借船出海、借雞下蛋、借梯上樓等，都是人們在市場經濟實踐活動中總結出來的經典借勢良言。各地區搞的各種節慶搭台、經濟唱戲都是借勢活動。時勢造英雄，時勢之下只有善於借勢的人才會走向成功。

【案例連結一】

　　劉備曾長期寄人籬下，透過依公孫瓚、投陶謙、歸曹操、依袁紹、附劉表、與漢獻帝攀親等方式，使自己的聲望和實力逐漸提高、增強。這是劉備在勢單力薄的情形下善於借勢的具體表現。赤壁之戰將劉備善於借勢的能力表現得淋漓盡致。他先借劉表的地盤，在新野自立門戶，再以「匡扶漢室」的名義在新野與曹操對峙，巧妙的取得了荊州及周邊地區的大部分政治及經濟資源。憑藉此資源以極小的資本與東吳聯合抗曹，並在戰後透過巧取豪奪的手段借荊州、奪益州，迅速壯大為第三大軍事集團，為其稱帝建國奠定了堅實的基礎。

【案例連結二】

　　宋太祖趙匡胤原是五代時後周的大臣，他出身將門，驍勇善戰；自十幾歲投軍以來，屢建戰功，為後周兩代皇帝所倚重，被授為忠武軍節度使、殿前都指揮等高官要職，掌管禁軍。周世宗柴榮死後，七歲的兒子柴宗訓繼位，趙匡胤見皇帝年幼，自己又掌握兵權，便借後周的政局不穩及京城人心浮動的態勢，指使手下大造趙匡胤將要取得皇位的聲勢。然後利用握有重兵的部下「想當開國功臣」的大勢，在離京城二十里的陳橋驛發動兵變，逼迫幼主交出皇位，兵不血刃的滅掉後周，取得天下。

六、領導者的「蓄勢」智慧

　　蓄勢，是在對抗中或競爭中，尚不具備成就某事或形勢對己不利時，收斂鋒芒，聚積和蓄養內在力量，造成雙方在實力對比、心理狀態、輿論傾向、士氣鬥志等方面的反差，達到壯大自己實力的目的。就像水力發電廠築大壩、蓄水發電一樣，必須到一定的水量，形成很大的勢能，才放水發電。

　　孫子曰：「勝者之戰，民也；若決積水於千仞之溪者，形也。」千仞之山上的積水，一旦決口，落差巨大，衝擊力不可估量。高度積蓄起來的力量一旦發揮出來，其力量巨大。因此，蓄勢就是積蓄力量，厚積薄發，爭取主動。

　　蓄勢就要韜光養晦。韜光養晦，語意為銷聲匿跡，不自我炫耀暴露。它是一種防身術，有意隱藏自己的才能和意圖，以避免他人的注意和猜忌。時機不成熟時，聰明的領導者都善於韜光養晦，一方面隱藏鋒芒，佯弱以退，麻痺對方；一方面暗中養精蓄銳，強化內在力量，以後發制人。沒有積聚足夠強大的勢力，不要貿然行事。水不夠深，大船就不能行。

　　蓄勢就要以退為進。領導者與對手博弈，最忌諱不知退讓，或自不量力的貿然出擊。為了增大勝利的把握，退讓一步也是智慧的表現。呂尚說：「鷙鳥將擊，卑飛斂翼；猛獸將搏，弭耳俯伏；聖人將動，必有愚色。」意思是，應以曲求伸，以退圖進，解除敵人的戒備，等待時機，做關鍵性的

一戰。迂迴之中，尋找戰機。當時機一旦出現，就像狼發現羊一樣猛撲上去，一舉擒之，不費兵卒，智而取之。凡事勇往直前，往往頃刻之間便使自己灰飛煙滅；只有靜觀時變，養精蓄銳才是根本之道。

蓄勢就要靜以養心。俗話說：「定能生慧」。這句話的意思是，一個人若是心境寧靜淡定，便能夠從容思考各種疑難，從容應對多方雜務。相反，一個人心氣浮躁，就不能正確認識自己，就不能迸發出領導智慧。所以，卓越的領導者都以靜定功夫來養心蓄大智。

【案例連結一】

劉備是一個懂得韜光養晦的人。劉備被皇帝認作皇叔之後，在京城內外甚是招人矚目，劉備就潛藏蟄伏在曹操帳下，閉德隱才，竭力裝出無所事事的樣子，每天在菜園中澆水種菜，鋤地鬆土，將各種勢先積蓄起來。特別是在青梅煮酒論英雄中，當曹操把劉備所說的各個英雄都否定後，指出「今天下英雄唯使君與操耳」時，嚇得劉備竟將酒杯掉落地上，並借著驚雷掩飾過了這種驚魂之舉。因為劉備知道曹操是一世奸雄，是不能容忍能與他競爭的英雄存在的，必然盡早除之而後快。只有表現出胸無大志的樣子，才可能不引起曹操的注意，以便積蓄力量，待時機成熟時再激發，創建霸業。

【案例連結二】

曾國藩早期修身蓄勢時曾向當時著名的理學家、太常寺卿唐鑒求教，唐鑒就告訴他：「靜」字功夫是最重要的，程頤、王陽明都強調「靜」字功夫，所以能於紛紜萬變中不動心，若是不靜，見理即不明。曾國藩牢記這番話，養成了靜定的超人功夫。據說，曾有位英國顯要來拜訪曾國藩，二人談話一夜，喝茶嗑瓜子。等曾國藩離座時，那位英國顯要發現曾國藩座位下有瓜子殼圈出來的兩個腳印。這表示曾國藩坐在那裡幾個鐘頭，兩條腿沒動過。由此可見曾國藩的「靜心」蓄勢功夫有多深。

七、領導者的「造勢」智慧

造勢，是憑藉自己的智慧和力量，透過某種形式上的運作，創造出一種有利於自己的態勢、格局和趨向。

有勢借勢，無勢造勢。造勢使「勢」從無到有、由小變大，把「勢」做大做足，從而生出強大的力量。《孫子兵法・勢篇》說：「激水之疾，至

於漂石者，勢也。」意即，洶湧奔騰的水能把石塊漂浮起來，就是「勢」。又說：「善戰人之勢，如轉圓石於千仞之山者，勢也。」意思是，善於創造有利態勢的將帥指揮軍隊作戰，猶如把圓石置於萬丈高山頂上令其垂直下落，飛轉直下，勢不可擋，透過造勢得以最大限度的發揮軍隊的力量，爭取勝算。造勢就是創造實力的釋放和發揮，也是實行正確的指導方針而表現出來的能力，為競爭贏得主動，為取得勝利創造條件。造勢就是憑藉自己的智慧和力量，透過輿論、活動、概念等形式營造一種有利於增進某種事物發展的態勢、格局或趨向。

「勢」是一種推動事業發展的能量。造勢是一種力的釋放和發揮，它使「勢」從無到有、由小變大。造勢的祕訣是：在決定勝敗的關鍵問題上，創造可以造勢的機會，然後藉機創造出領導事業發展的磅　的氣勢和強大的力量。

(一) 造開局之勢

開局須有旺勢，「未成曲調先有情」，轟轟烈烈拉開架勢，扎扎實實推進工作。開局之初，要打破沉悶、僵持的局面，營造出人旺、財旺、事業旺的旺勢。使人們看到希望，受到鼓舞，對發展前景充滿信心，煥發出熱情和力量。造開局之勢要精心策劃，有明確的目標、具體的要求和承接緊湊的實施步驟。

(二) 造展局之勢

領導活動是一項持續不斷的進取活動，不僅要講「燒三把火」，還要講「點一路燈」。在開局之勢的基礎上，造出一種與以往不同的新勢，如用新的思路開拓事業，用新的口號鼓舞人，用新的目標激勵人。造展局之勢，既要抓住機遇，盡快發展，增進優勢，又要避免操之過急，做出超出自己實力的冒險行動。「殺雞取卵」和「揠苗助長」這兩個成語，說的都是那種急於得到想要的東西而違背事物發展客觀規律的行為。

（三）造策略之勢

策略就是統領性的、全局性的、決定勝敗的謀略、方案和對策。在總體全局的宏觀層面上造勢，就是策略造勢。如國慶大閱兵，展示的是國運昌濟、政通人和、軍事技術先進，造的是國家神聖不可侵犯的策略強勢。

【案例連結】

「二戰」時期，當德國軍隊兵臨莫斯科城下、蘇聯形勢異常緊張的危機關頭，恰逢蘇聯社會主義革命二十四週年紀念日。史達林力排眾議，在戰鬥極其緊張的氣氛中仍準時在莫斯科紅場舉行了聲勢浩大的閱兵式，並發表了激動人心的演說，在科學的分析了國際、國內形勢後，史達林堅定的認為蘇聯人民一定能戰勝法西斯德國。領袖泰然自若、充滿信心，讓民眾心裡有了底。此舉在蘇聯範圍內營造出了更加浩大的抗擊德軍的聲勢，奠定了徹底戰勝法西斯德國的基礎。

（四）造戰術之勢

戰術比喻解決局部問題的方法。在一時一地一事的微觀層面上造勢，就是戰術造勢。戰術的特徵是根據時機、地點靈活的創造實在的行為，以化解危機或取得局部性的勝利。

【案例連結一】

戰國時，秦國想一統天下，當時最有實力與秦國作軍事對抗的只有趙國，秦國便決定先拔除這個統一大業上的絆腳石，派大軍進攻趙國。趙王大為驚慌，忙派老將廉頗率兵抵敵。

老將廉頗經驗豐富，針對敵我實情，採用了堅壁清野的消耗策略，不與秦軍作正面對抗，慢慢消磨秦軍銳氣。秦軍雖然來勢洶洶，無奈勞軍襲遠，後繼無力，又碰上趙國軍隊的頑強抵抗，毫無戰勝良策。沒辦法，便用造聲勢招術，去趙國宣布秦軍不怕廉頗，只怕趙括，說趙括才是趙國最好的統帥。趙王輕信，不顧趙母的再三勸阻，撤回廉頗，改派只會紙上談兵的趙括去前線督師御敵。結果形成了新的格局，使趙國由強變弱。趙括雖有好記性，卻毫無用兵經驗，貿然出擊，長平一戰慘敗，三十萬士兵被坑殺，趙括自己也落個身首異處。

【案例連結二】

東漢末年的孫堅，十七歲時曾與其父一起乘船到錢塘江口，將靠岸時，碰到強盜團

伙在岸上分贓，江上許多船隻懼怕不敢前進。孫堅對他父親說：「我有辦法對付這伙強盜。」說完提刀上岸，借著地形用手向左向右直比劃，造成一種布置兵力迂迴包抄的假象。海盜見了，以為是官兵圍剿，扔下大筆財物四散逃命。

（五）造形象之勢

市場經濟條件下，競爭的焦點是形象，即員工的形象、企業的形象、產品的形象、品牌的形象等，這些都是社會及消費者對企業的評價與印象。透過宣傳、廣告等方式，在社會及消費者中營造一個深刻的、美好的形象之勢，形成知名度和美譽度，就會創造出消費信心，成為商戰的贏家。造形象之勢還特別要善於捕捉時事，策劃、組織和製造具有新聞價值的事件，吸引媒體、社會團體和消費者的興趣與關注，因事造勢，能夠一石激起千層浪。奧運是令全世界矚目的焦點，不少商家以此造「勢」，其影響力可想而知。

【案例連結】

一九九九年，蒙牛乳業成立之初，準備從借來的六百萬創業資金中拿出一半，打出知名度。選擇什麼樣的廣告方式呢？管理團隊選定了覆蓋呼和浩特大街小巷的三百塊戶外廣告。為了達到轟動效果和強烈衝擊，決定一夜之間將廣告牌全換上去，所以必須提前把廣告全部做好，並雇用大量人手，萬事俱備，只等時機——晚上十點，大部分市民睡覺後立即開始安裝。

一九九九年四月一日凌晨，三百多塊戶外廣告牌連夜安裝完畢。當所有市民早晨出門，一種「天降神兵」的震撼迎面而來，在所有綠化帶、機動車道和自行車道，到處都是戴著「紅帽子」廣告牌，上面高書金黃大字：「蒙牛乳業，創內蒙古乳業第二品牌」，蒙牛一下子名聲大噪。

二〇〇三年十月十六日清晨六點二十三分，「神州五號」返回艙順利降落在內蒙古草原，當民眾都在為這一歷史性時刻歡呼之時，一條「蒙牛乳業為之喝彩」的廣告迅速登陸媒體，距離返回艙安全著陸還不到四個小時。當天中午十二點，三十個城市的戶外廣告也都換上了「舉起你的右手喝彩」。這又是蒙牛精心策劃的一次廣告造勢活動。

（六）造和諧之勢

造和諧之勢，就是以「情」為紐帶，營造一種寬鬆、穩定、祥和的全新

家園的氛圍。在這種「勢」場裡，雖然有嚴格的分工和上下級關係，但也是友好相處、平等交流的人際關係。既有公平激烈的競爭，又有家人的溫馨親情。長輩與晚輩之間形同父子與母女；同輩之間如同兄弟與姐妹。營造出了這種和諧的人際關係，彼此之間因瑣碎事物所引起的各種各樣的矛盾就會在「大勢」中被淡化和弱化，內耗就會減少，發展勢能就會不斷增大。

【案例連結】

曾國藩把傳統文化的「義」和「情」融會貫通，成了自己造和諧之勢的重要手段。對此曾國藩也說得很明白：「軍事危急之際，同舟患難相恤，有無相濟，情也。」曾國藩與郭嵩燾、羅澤南、劉蓉同在長沙切磋學術，關係極為密切，曾互相換帖訂交。後來三人都成為湘軍中有實力、有才能、有權力的骨幹人物。曾國藩還與三人之間建立了兒女親家關係，使得和諧之勢營造得更加牢固。李鴻章是曾國藩的年侄，又與曾國藩是師生關係，曾國藩稱讚李：「有大過人處，將來建樹非凡，或竟出於藍亦未可知。」李鴻章則認為：「從前歷佐諸帥，至此如識指南針，獲益匪淺。」李鴻章的弟弟李鶴章的兒子又與曾國藩的兒子曾紀澤的女兒成婚。曾國藩與李鴻章互相扶持，相繼安內撫外，成為晚清半個世紀的政治脊骨。曾國藩就是透過這種拜把子兄弟、賢親家以及師徒關係，營造出了和諧之勢，鞏固了自己在湘軍中的核心地位，也增加了曾國藩和朝廷討價還價的籌碼。

八、領導者的「轉勢」智慧

轉勢，就是當「勢」的發展出現了對自己不利的局面或者到了策略轉折點時，尋找突破口，讓「勢」朝著有利於自己的方向轉變，讓劣勢轉變為優勢，弱勢轉變為強勢。轉勢的實質就是把事情主要的兩極拉開，擴大張力，形成壓差、勢差、動差，轉成一定的形勢、態勢、情勢，使人們隨著新勢而動。

轉勢的領導者身上最明顯的一個特質就是具有遠見，他們處在全局、策略、統領的位置，具有較一般人更為長遠的視野和眼光，跟從、追隨他的人知道要往什麼地方走，而且確實需要往那地方走。一個組織發展得越快，面臨的環境越複雜，領導者的轉勢能力就越是組織生存下去的關鍵。

改革創新就是轉勢。改革創新面對的是複雜生疏的局面、棘手險重的環境，這些局面和環境的背後有著強大的落後勢力和根深蒂固的舊思想觀念，改革創新不僅有來自於反對派的激烈反對，也有來自於一般人無意識的摩擦。用「勢」去推動改革創新，能夠收到事半功倍的成效。因為處在大勢中的人，其思想往往為「勢」所趨，人們發散狀態的注意力會迅速的被聚焦到某種目標和行為上，這時，人們的精神變得興奮，群體的熱情易於點燃，很快就會形成「勢」的高潮，反對派也會在這種泰山壓頂之勢面前有所收斂。領導者如能夠駕馭這種大勢，許多棘手的問題就會隨之解決，從而得以輕而易舉的消除改革創新事業道路上的障礙。

突破固有模式和秩序是轉勢。人不能只生活在一種環境、一種模式和一種方式下。打破既有秩序、慣性思維、習慣勢力，就必須轉勢。在模式之中難以衝破模式，在秩序之中難以擺脫秩序。透過轉勢形成一股強大的力量，把既有的事物打破，把凝固的思想打亂，改變既有的模式，動搖慣性的秩序，這在許多情況下都是很有必要的，尤其是變革時期。

劣勢變優勢是轉勢。優勢由劣勢引出，法國哲學家福柯認為：「只有在相反的方向上才能找到真理。」優勢只能誕生在劣勢的轉變中。事物總是這樣，你著眼於劣勢的轉變，優勢的累進就很明確，速度也快；你著眼於優勢的突破，劣勢的轉變就很難實現。劣勢變優勢首先要找到轉變的方向，看要做什麼；然後看制約的因素是什麼，問題找出來，就找到轉勢的起點了。在限制性的因素上下工夫，反彈也就成為可能。這樣路便走得輕鬆而理智，就容易一次次的突破劣勢，一個台階一個台階的向上邁進。

策略點上的轉變是轉勢。在客觀事物發展的過程中，由於內外矛盾運動的影響，在某一現時的瞬間，產生出特定的可能性，這種可能性可以隨著時間的推移而實現或消失，帶有轉瞬即逝和不可復返的性質。能夠抓住轉瞬即逝的機會，根據開局、展局和收局過程的內在規律性作出合乎時勢、經得起歷史考驗的正確抉擇，是領導者在轉折點上的大智慧體現。策略轉折點上的轉勢，會帶來一系列機會；質變之後可以產生一系列量的擴張。

【案例連結】

唐朝初年，薛仁杲割據一方稱王稱霸，不把李氏父子的唐軍看在眼裡。李世民剛打了敗仗，領著隊伍來到高郵，薛仁杲就派他的一員大將宗羅　領兵來攻打。李世民的部下經過一場敗仗本來窩了一肚子的火，現在看到薛仁杲也敢來欺負，火更大了，紛紛要求出兵迎戰。但是李世民並沒像一些官兵那樣沖昏頭腦，而是冷靜分析了眼前的局勢：我軍新敗，士氣不高，不宜迎戰，應當堅守堡壘，等待戰機。李世民知道，眼前遇到的只是敵人的一支先鋒，後面有無援軍尚不清楚，而且己方已無退路，如果傾巢出動，貿然進攻，很可能會元氣大傷，將由此失去爭天下的實力。李世民的度勢，比部下度得更遠，度得更為謹慎。六十多天過去後，當敵兵紛紛跑來投降的時候，李世民馬上意識到敵方的糧草將盡，當機立斷，命令部下出擊誘敵，且在戰場巧妙設下伏兵，令敵方大大出乎意料，宗羅　的士兵一下子被打得暈頭轉向，四處潰退。李世民身先士卒，率領部隊乘勝追擊，如秋風掃落葉，打得薛仁杲只好屈膝投降，李世民一下子便收編了一萬多人馬。

打鐵鑄劍，講究火候的把握。轉勢講究對劣勢變優勢起承點的把握。為將指導，既不受部下的短見所鼓噪，也不為自己的情緒所左右，一切從敵我雙方的態勢去權衡而決定，化劣勢為優勢，李世民之所以打勝仗得天下，有賴於此。

Wisdom for Great Leaders

第七章
卓越領導者的危機領導智慧

　　人類社會危機無處不在，一個國家如果沒有危機意識，遲早會出問題；一個企業如果沒有危機意識，遲早會垮掉；一個人如果沒有危機意識，必會遭到不可測的橫逆。無法應對危機的組織和領導者，是不成熟的。因此，卓越的領導者都有一種智慧，就是把危機感作為生存的第一意識，始終保持清醒的頭腦和敏銳的感知力，在心理上及實際行動上有所準備，對突如其來的危機事件做到冷靜應對、快速反應、及時處理，不僅能夠化險為夷，還能夠從中發現轉機，藉機成長。

　　卓越的領導者提升應對危機領導的智慧，必須掌握：（1）危機的概念和分類；（2）危機事件產生的原因和特點；（3）危機事件的防範；（4）危機事件的發生過程；（5）危機事件的處理藝術；（6）危機事件中的溝通；（7）危機事件中領導者的心理素養；（8）危機事件的問責制。

一、危機的特徵

（一）危機的概念

《辭海》中對「危機」一詞作出的解釋是：（1）潛伏的禍機；（2）生死成敗的緊要關頭；（3）專指「經濟危機」。

危機，在古希臘語中，指游離於生死之間的狀態。

關於「危機」，迄今為止，尚無統一的概念。國外的一些研究者給出了許多定義：

研究危機理論的先驅赫爾曼將危機定義為一種情境狀態，在這種情境下，決策主體的根本目標受到威脅，可作出決策反應的時間有限，並且它的發生也出乎決策者的意料。

另一位研究危機理論的先驅烏里爾·羅森塔認為，危機就是對一個社會系統的基本價值和行為準則架構產生嚴重威脅，並且在時間壓力和不確定性極高的情況下，必須對其作出關鍵性決策的事件。

美國學者奧蘭·揚將國際危機定義為一系列迅速發生的事件，這些事件使不穩定因素對國際體系的影響或任何體系的影響超出正常水平，增加了體系內暴力發生的可能性。

芬克認為，危機是事物的一種不穩定狀態，在危機到來時，當務之急是要採取一種有決定性的變革。

美國管理學家戴明認為，危機是一系列可傳染任何組織、阻礙組織成功的慢性病。

巴頓認為，危機是會引起潛在負面影響的具有不確定性的大事件，這種事件及其後果可能對組織及其員工、產品、服務、資產和聲譽造成巨大損害。

米特羅夫認為，危機是一個實際威脅或潛在威脅到組織整體的事件。

綜合以上的定義，本書提出，危機是組織系統運行過程中，系統內部

要素、外部環境和人為因素等多種力量，以改變或破壞系統平衡的方式演進，透過誘因的推動，迅速發生並對組織的運行產生實際威脅或潛在威脅的非常態事件。

所謂危機領導，就是在領導活動系統內部或其所處的外部環境發生了某種變化，不能按常態運行，出現了事關社會穩定乃至組織、政府、國家生死存亡的緊急事件或緊急狀態，相關領導者必須迅速作出有效決策和有效處理。危機無處不在，無法應對危機的組織是很難生存的，無法應對危機的領導者是不成熟的。

危機的表現形式多種多樣，有工業事故、環境公害、交通事故、民族矛盾、團結問題、恐怖事件等。今天的世界是充滿危機的世界，東南亞金融危機、美國「九一一」事件、日本阪神大地震、莫斯科軸承廠劇院劫持人質事件、「非典」危機、長江洪災、世界各地的一起起恐怖事件……一次又一次的重大社會危機，不禁讓我們每一個人真切的感到：危機事件就在我們身邊。正如危機管理專家米特若夫所說：「危機不再是當今社會異常的、罕見的、任意的或外圍的特徵，危機植根於當今社會的經緯之中。」《危機管理》一書的作者菲特普對《財富》五百強的高層人士的調查結果是：百分之八十的被訪者認為，現代企業不可避免的要面臨危機，就如同人不可避免的要面對死亡。

(二) 危機的類型

危機按其性質可以分為以下五種類型：

1. 經濟危機。包括宏觀經濟危機和微觀經濟危機。宏觀經濟危機是指區域性的經濟發展緩慢、停滯或衰退，經濟結構比例嚴重失調，這往往是由經濟制度、經濟體制、經濟政策等因素造成的。微觀經濟危機多指企業危機，一般是指企業在生產經營活動中發生的銷售危機、財務危機、信譽危機、安全危機、人事危機、技術危機、質量危機、生產危機等。

【案例連結】

二○○七年四月，美國第二大次級抵押貸款公司——新世紀金融破產。美國次級抵押貸款危機浮出水面。八月初，美國住房抵押貸款公司申請破產保護；八月十五日，美最大抵押貸款公司全國金融公司股價開始暴跌。因房地產危機的出現，這些公司的住房不良貸款數額升高，銀行要求追加保證金，導致資金鏈斷裂的風險加大。於是，次貸危機迅速在美國乃至全球市場蔓延開來。

大致估算，美國次級抵押債發行總規模在六千億美元以上，因其年收益率比相同信用等級債券高出百分之三十左右，受到很多投資機構的追捧，投資於次級債的金融機構成了這場危機的直接受害者。美國已有約二十家貸款機構和抵押貸款經紀公司破產。

不過，在次貸危機中受損最嚴重的卻是積極參與高風險的次貸危機相關資產投資的對沖基金。對沖基金以其高風險和高杠桿運作，以及相對較低的透明度，在次貸危機投資鏈條中起到了投行和商業銀行之間資金中轉站的作用，積聚了大量風險。危機出現後，對沖基金的風險被迅速放大。高盛集團已向對沖基金注資三十億美元；花旗集團的損失約在五百五十億～一千億美元之間；因旗下兩只投資於次級借貸貸款債券的基金陷於倒閉，美國第五大投行貝爾斯登聯席主席兼執行長斯佩克特引咎辭職。

2. 政治危機。一般涉及政體、國體以及政府合法性、國家主權等領域。政治性危機事件主要包括戰爭、政變、武裝衝突、大規模的政治變革、政府重要政策的變遷、大規模恐怖主義活動、民族分裂主義活動以及其他政治騷亂等。

3. 社會危機。這類危機主要源於人們所持的不同信仰、價值觀和態度之間的衝突，以及人們對於現行社會行為規則和體制的認同性危機，還有各種反社會心理等。如社會不安、社會騷亂、罷工、遊行示威、小規模的恐怖主義行動、對相關價值的認同危機等。社會性危機事件如果發展成為威脅政府的事件，它就轉化成了政治性危機事件。從這個意義上說，社會性危機事件與政治性危機事件具有某種關聯性。

【案例連結】

泰國「紅衫軍」二○一○年三月十四日開始在曼谷舉行反政府集會遊行，並占據市中心主要商業區，泰政局持續動盪。四月十日，泰軍警採取驅散「紅衫軍」集會示威者的行動，雙方發生衝突，導致八百多人傷亡。二十二日晚，曼谷金融街是隆路發生連環爆炸，造成八十多人傷亡。

4. 生態危機。就是由工業生產、廢棄物排放、生活垃圾以及物種生長的比例失調等原因引發的生態環境惡化。

【案例連結】

一九七二年，美國西維吉尼亞州充滿廢物礦渣的野牛水壩破裂，一百二十五人死亡，野牛礦業公司因曾將礦渣傾倒至該水壩受到六百五十四名受害者的指控，從而引發

公眾對其社會公德的懷疑，使得其生產經營每況愈下。

二〇〇五年十一月十三日，吉林省吉林市的石化公司雙苯廠胺苯生產線發生爆炸，成百噸苯流入松花江，最高檢測濃度超過安全標準一百零八倍。隨著下瀉的減緩，汙染帶從八十千尺蔓延到兩百千尺，導致松花江下游沿岸的大城市哈爾濱、佳木斯，以及松花江注入黑龍江後的沿江俄羅斯大城市哈巴羅夫斯克等面臨嚴重的城市生態危機。

5. 疫病危機。這類危機主要是源於某種流行性疾病，如二〇〇三年春季的「非典」、還有近幾年的「禽流感」等，都屬於疫病危機。

二、危機事件產生的原因和特點

(一) 危機事件的產生原因

危機事件看似偶然，令人始料不及，其實，危機事件是必然性中的偶然。透過偶然性危機事件的背後，去認識深刻的必然性，能夠使領導者把握危機事件發生的規律性，盡可能預料、避免或減輕危機事件造成的危害和損失。危機事件產生的原因，可以概括為以下幾點：

1. 複雜多變的政治環境。隨著政治、經濟全球化的日益發展，現代社會已經是十分開放的社會，國際政治風雲的任何變化，以及世界各種力量之間的矛盾和鬥爭，都可能產生連鎖反應，導致個別國家或地區突發危機事件。

【案例連結】

二〇〇九年七月五日十九點三十分許，部分人員在新疆烏魯木齊市山西巷一家醫院門前聚集，人數上千。二十點十八分許，開始出現打砸行為，暴力犯罪分子推翻道路護欄，砸碎三輛公車玻璃。二十點三十分許，暴力行為升級，暴力犯罪分子開始在解放南路、龍泉街一帶焚燒警車，毆打過路行人。約有七八百人衝向人民廣場，沿廣場向大小西門一帶有組織流竄，沿途不斷製造打砸搶燒殺事件。暴亂造成一百五十六人死亡、一千零八十人受傷，焚燒車輛兩百六十一輛，其中公車一百九十輛、計程車十餘輛，損毀商鋪兩百零三間、建築面積六千三百平方公尺，損毀民房住宅十四間、建築面積一千兩百平方公尺。

2. 優勝劣汰的激勵競爭。在市場經濟條件下，由於市場、價值規律和競爭機制的相互作用，新的偶然性和風險性越來越多。領導者如果對此缺乏認知能力和駕馭能力，作出錯誤的決策，進行不當的干預和調控，就會給一些市場主體造成競爭失利，帶來企業關停倒閉、員工失業、生活困難等重大損失。還有的生產經營者採取不正當的競爭手段牟利，不惜製造假冒偽劣產品，甚至有毒的食品，導致惡性危機事件，如二〇〇八年震驚世界的「三鹿奶粉事件」就是一個典型的案例。

3. 處理不當的群體利益。隨著經濟和社會的發展，利益主體更加多元化，不同利益群體和個體的價值追求也更加多樣化。利益各方都要為爭取自己的利益而表達意見和要求，形成個人利益和公共利益、局部利益和全局利益、短期利益和長期利益的矛盾與衝突，如果處理不好，在一定的條件和環境下就有可能引起群體性、突發性的危機事件。

4. 無法抵禦的自然災害。自然災害絕不仁慈。每次自然災害的發生，都會給國家的經濟建設和人民的生命財產造成難以估量的損失。太陽黑子的活動，必然產生聖嬰現象現象，導致海洋變化的超常，給局部地區造成水旱災害。

【案例連結】

二〇一一年三月十一日，日本當地時間十四點四十六分，日本東北部海域發生芮氏九級地震並引發海嘯，造成重大人員傷亡和財產損失。地震震中位於宮城縣以東太平洋海域，震源深度二十千尺。東京有強烈震感。地震引發的海嘯影響到太平洋沿岸的大部分地區。地震造成日本福島第一核能發電廠一至四號機組發生核洩漏事故。四月一日，日本內閣會議決定將此次地震稱為「東日本大地震」。此次大地震罹難人數高達十萬，幾座城市變成一片廢墟；洪澇、乾旱災害過後，農民顆粒無收，許多人傾家蕩產。

（二）危機事件的特點

任何危機事件都有一些明顯的特點，掌握危機事件的特點，可以避免認識上的盲點，通常危機事件具有以下特點：

1. 產生的突發性。危機事件的產生是透過一定的契機誘發的，誘因具

有一定的偶然性和不易發現的隱蔽性。因此，危機事件什麼時候發生，以什麼樣的方式發生，發生的規模、具體態勢和影響深度都是難以預測的，往往是在人們毫無準備的正常活動情況下突然發生的。從社會學及系統學的角度來講，危機的突發性質作為系統總體行為是從多個參與者的相互作用中產生的，而從系統組成部分的孤立行為中又是根本無法預測，甚至無法想像的行為。一些偶然性的、人為的因素就可能導致危機的發生。如一九九五年三月二十日，東京地鐵發生的「沙林」神經性毒氣事件的直接導火線是：奧姆真理教懷疑警方已經掌握他們製造沙林毒氣的證據，為製造混亂、阻止警察搜查，便製造了東京地鐵的沙林毒氣案。

2. 破壞的嚴重性。無論什麼性質和規模的危機事件，由於常常是在毫無準備的情況下發生，必然不同程度的給組織和個人造成巨大的破壞與損失，也會引起社會環境的惡化，甚至造成混亂和驚恐。根據世界銀行的估計，美國「九一一」恐怖襲擊事件給美國造成了兩百五十億～三百五十億美元的直接經濟損失，還造成了世界經濟增長率連續兩年在百分之一徘徊。對於企業而言，危機爆發不僅破壞了企業當前正常的生產、經營秩序，而且會破壞企業可持續發展的基礎，對企業未來的發展造成不利影響，甚至還能威脅企業的生存。美國航空業在「九一一」事件之後的很長一段時期，載客量大幅下降，企業營業利潤減少，許多大型航空公司因此而裁員。危機的破壞性，還表現在使領導者深陷於政治責難的漩渦之中。

3. 應急的緊迫性。危機爆發時來勢突然，且變化速度都很快，往往給當事者處理危機造成極大的困難。危機事件的緊迫性來自三個方面的原因：第一，危機潛伏期所繼續的危害性能量在很短的時間內被迅速釋放出來，並呈快速蔓延之勢，波及範圍越大，造成的破壞和損失就越大，因此，要求領導者必須立即採取有力的措施予以處理，反應慢和行動遲延都會帶來更大的損失；第二，危機事件之間有傳導效應，當一個危機發生時，不及時遏制，就可能引發另外一個危機，產生連鎖反應，導致更大的危機；第三，訊息技術發展使訊息傳播管道多樣化、時效高速化、範圍全球化，危機事件一旦發生，就會被迅速公開，成為公眾關注的對象和焦點，並產

生轟動效應。對於一個政府或企業而言，危機處理就是對領導者能力和企業形象的考驗。如果危機爆發時領導者反應遲緩，必然不利於在公眾面前的形象。這就要求一旦發生危機要立即化解，在危機沒有惡性演變以前加以遏制。

4. 訊息的侷限性。危機事件本身就撲朔迷離，很難迅速知道事件的性質及其起因。危機事件又環環相扣，因果循環，更難準確知道事件的發展趨勢。處理危機事件，關鍵要準確的把握各種訊息。但在訊息匱乏的條件下，由於訊息不暢、真相不明，領導者對危機事件的處理會搖擺不定，從而影響危機事件正確快速的解決。

5. 結果的兩重性。危機事件既是失敗的根源，又是成功的種子。古語有云：「禍兮，福之所倚；福兮，禍之所伏。」這句話辯證的闡述了危機的二重性：危，是危險、危害；機，是機會。危機必定產生危害的結果，這是危機的第一性質。但是危機的爆發能折射出工作中的問題，使領導者在特殊的狀態下審視自己的不足，如果能夠對症下藥，就能有效克服自己的弱點。已經發生的危機就成了避免今後危機再次發生的疫苗，並且危機處理得當，就可以危中求機，危中求利，使危機變轉機，轉危為安，變壞事成好事，形成新的發展機會，助推發展的好趨勢，這就是危機的第二性質。

三、危機事件的防範

（一）領導者要有危機意識

俗話說：天下大事，防危為先。今天的組織或企業身處競爭激烈和變化莫測的市場環境之中，各種類型的衝突和危機都有可能發生。古代還有句老話叫「凡事豫則立，不豫則廢」。面對不期而至的危機，如果領導者毫無心理和措施上的準備，必然陷入手足無措的被動與尷尬境地。可以斷言：沒有危機意識是最大的危機。一個國家缺失危機意識，遲早會出問題；一個企業缺失危機意識，遲早會垮掉；一個人缺失危機意識，必會遭到不可

測的橫逆。英特爾公司原總裁兼首席執行官、世界訊息產業巨子安德魯‧葛洛夫將其在位時取得的輝煌業績歸結於「懼者生存」四個字。「懼者生存」指的就是危機意識。在德國賓士公司董事長埃沙德‧路透的辦公室裡掛著一幅巨大的恐龍照片，照片下面寫著這樣一句警語：「在地球上消失了的，不會適應變化的龐然大物比比皆是。」有危機意識，即使不能杜絕危機的發生，也能夠把損害降到最低。領導者具有危機意識，設想種種危機的可能性，制定相應的危機處理策略，當危機出現時就能從容不迫，應付自如。在這個危機頻頻發生的時代，領導者平時必須居安思危，加強危機意識的培養，提高對環境的敏感性，提高敏銳的危機觀察能力和判斷能力，這樣才能在危機尚未來臨時，預測危機；在危機處於萌芽狀態時，發現危機；在危機帶來危害時，消除危機。

【案例連結】

美國康乃大學曾經做過一個有名的「青蛙試驗」。試驗人員把一隻健壯的青蛙投入熱水鍋中，青蛙馬上就感到了危險，拚命一縱便跳出了熱水鍋。試驗人員又把該青蛙投入冷水鍋中，然後開始慢慢加熱水鍋。開始時，青蛙自然悠哉悠哉，毫無戒備。一段時間以後，鍋裡水的溫度逐漸升高，而青蛙在緩慢的變化中卻沒有感受到危險，最後，一隻活蹦亂跳的健壯的青蛙竟活活的給煮死了。「蛙未死於沸水而死於溫水」現象道出缺少危機意識的危害性。

（二）建立危機的預警系統

對於危機的管理，最重要的是預防、預見可能發生的危機。預警系統包括警源監測、警兆識別、警情分析、警度評估、警報發布和排警建議等環節。危機的預警系統就是發現危機徵兆的「火眼金睛」。建立危機的預警系統的目的就是「使用少量錢預防，而不是花大量錢治療」。危機事件是有過程和原因的，出現之初總會有各式各樣的跡象和徵兆。建立起一套規範、全面的危機預警系統，在時機和主動性上「關口前移」，及時捕捉危機發生前的蛛絲馬跡，抓住那些初露端倪的現象，防患於未然或把問題解決在萌芽狀態，以避免事態擴大造成的損失，就顯得極其重要。（1）危機預警系統能夠對可能引起危機的各種因素和危機的表象進行嚴密的監測，

及時掌握第一手材料，充分收集各種訊息，保證對收集的訊息進行有效、真實的傳遞，便於各級領導者及時的採取防範或補救措施。從二〇〇二年十二月三日開始，上海市政府就頒布了「上海市災害性天氣預警信號發布施行規定」，從這個規定頒布以後，開始按照國際慣例來制定並發布氣象預報。根據這個規定，災難性的天氣被分成五類，即暴雨、颱風、高溫、低溫以及大霧天氣，根據這五類不同的天氣分別用紅色、黃色和黑色三種不同的顏色進行預警。在上海的外灘，有一個信號塔懸掛著風球用來預報天氣情況。（2）危機預警系統對監測到的訊息進行鑑別、分類和分析，預警的準確訊息只能從一系列看似微不足道的跡象中過濾出來。還要對未來可能發生的危機類型及其危害程度作出估計，並在必要時發出危機警報。（3）提出各種應對危機事件的預案，提前做好預防，有些危機事件就可以避免發生，即便是有些危機事件不可避免的發生了，也可以相對的縮小其規模，減少其損失，而且萬一發生某種不測也能及時有效的控制。預警系統的關鍵作用在於反應的迅速和訊息的準確。

【案例連結】

二〇〇四年十二月二十六日，東南亞和南亞遭受了地震海嘯襲擊，造成了巨大的人員傷亡和財產損失。美國地質調查局專家帕森認為，印度洋很少出現海嘯，規模如此大的海嘯更是罕見，這樣印度洋沿岸的國家放鬆了防災的準備，也未對公眾進行安全減災的教育與指導。從國家到民眾疏於防範，加劇了海嘯襲擊後的損失。這次引發海嘯的地震中心在海底，波動傳遞到海岸國家及城市至少需要一～兩個小時，如果有完備的預警系統和良好的訊息溝通管道，會有相當多的人有逃生機會。

（三）建立危機管理機構

羅伯特‧希斯說：「危機管理的核心內容是迅速的從正常情況轉移到緊急情況（或是從常態到非常態）的能力。」危機的處理能力體現在反應速度上。危機發生時，領導要處理大量的不確定性事件，應對各個方面的不同情況以及處理極其繁雜的工作，這一切都需要在極短的時間內完成，反應的時間越短，危機處理能力越強。這就要求組織內部必須建立一套制度化、系統化的危機管理和災害恢復方面的組織管理機構，這個組織機構

不僅要求自上而下的指揮和控制，也要求橫向的統一與協調，形成對危機事件的應對機制。國內外的成功的經驗是，危機管理機構具有「小核心、大範圍」的特徵。所謂的「小核心」，是指指揮中樞高度集權，位高權重、反應迅速、決策果斷、處置有力；所謂「大範圍」，是指考慮到危機所涉及的範圍和輻射的廣度，危機管理系統包括了軍隊、外交、情報、警察、消防、醫療、防化、交通、通信等職能部門。該體系能在第一時間內快速反應，堅決貫徹危機指揮中樞的決策，調動一切必要的社會資源，按照事先擬定的預案和應變方案控制、化解危機。在正常情況下，危機管理機構的作用不明顯，但危機一旦發生，危機管理機構就會馬上啟動「迅速的從正常情況轉移到緊急情況」，按照危機事件的應對預案，整合、協調各種資源、力量，周密的實施各種應急舉措，保證非常情況下各個部門的正常運轉。

（四）建立訴求管道和訴求機制

對群眾利益方面引發的危機事件，應當形成科學有效的訴求表達機制和利益協調機制、矛盾調處機制和權益保障機制。領導是一種對話活動，透過訴求管道和訴求機制相互間的對話和溝通，使挑釁性的不良情緒、不滿情緒能夠及時、和緩的釋放，就能產生「原子效應」、「避雷針效應」和壓力鍋的「泄壓效應」，危機事件也就會在萌芽或醞釀中被化解掉。

四、危機事件的發生過程

危機事件的發生，一般要經歷三個過程，即潛伏期、爆發期、恢復期。

（一）潛伏期

危機事件雖然具有突發性的特點，但它卻是各種引發危機矛盾爆發的表現，在事件達到爆發點以前，有一個累積沉澱的過程，在這個「矛盾積累型」的過程中，各種不利的訊息源正在形成，社會生活和社會交往的各個

方面都會不同程度的反映出一些衝突的跡象。雖然是以跡象出現的，但是造成危機的結構、因素已經形成，領導者若能及時關注各種徵兆和苗頭，及時採取措施，就會將危機消滅在萌芽狀態。但遺憾的是，這些跡象往往很容易被疏忽，使危機的「水下冰山」越聚越大。

（二）爆發期

在這一時期，衝突以事件形式的公開化、衝突化、直接化表現出來，事件就貼上了「危機」標識，這是危機的主要階段。潛在時期滋生危機的各種矛盾沒有被關注或者沒有被有效的解決，再加上缺乏防範與疏導措施，潛在危機就必然會升級，危機的危害每分每秒都在增大，在偶發事件的導火線下，直至全面爆發。經過劇烈衝突，達到一定程度，開始降溫，最終平息。這是危機的主要階段。爆發期也是危機最激烈、最緊迫的時期，處理的關鍵在於盡量控制其範圍和強度。

七十八歲的老漢陳伯順曾經是「三株口服液」的消費者，一九九六年九月，陳伯順的家屬認定他是喝了三株口服液才導致死亡。事情開始的時候，陳伯順的家屬曾直接找到三株公司，要求其賠償二十萬元，可三株公司拒絕了對方的賠償要求，選擇對簿公堂。經過歷時一年的調查，法院判定三株公司勝訴。而在這一年中，「三株口服液喝死一條人命」的新聞被二十多家媒體報導，在社會上造成極大的負面影響，引發了公眾對三株口服液的諸多懷疑，甚至對其產生了排斥的心理。所以，儘管三株勝訴，但是三株公司沒落的悲劇卻已經無法避免了。一九九七年三株口服液的銷售額接近兩億，而在事件發生後的一九九八年四月，三株口服液銷售額只有幾百萬元。一審判決後，三株正式員工從時五萬人減為兩萬人，直接損失四十多億元，最後不得已走上了破產的道路。結果三株集團贏了官司卻賠掉了整個公司。

（三）恢復期

突發事件被平息後，活動和秩序獲得了相對的平靜與穩定。領導者要

致力於危機後恢復正常的社會活動和各種秩序。雖然危機公開的衝突被制止了，但引起危機的深層次的問題並沒有解決。危機的背後，還有一個大大的問號，領導者應從系統的角度搜尋一切與危機有關的訊息，查找問題出現的深層次誘因和根源，以徹底根除和整治危機，確保不反彈，不留尾巴，避免類似事件的再次發生。

五、危機事件的處理藝術

（一）迅速控制事態

危機的危害是逐步加深的。危機事件在不同的發展階段具有不同的質和量，不同階段、不同質量危機的解決，其難度和損失大不一樣。一般而言，越是在危機事件的初期階段，解決的難度越小，損失也相對越小。如果你沒有極快的反應速度，不論你有多強的實力，都會招致災難，所以，對危機事件處理得越早越好。在危機面前能不能臨危不懼，沉著應對，處理好各種複雜關係和矛盾，是否具備應對危機事件和駕馭複雜事件的能力，是對領導者領導水平和領導智慧的檢驗。無論發生哪類危機事件，都會對領導者的心理施加相當大的衝擊力和壓力，很容易使領導者焦躁、恐懼或衝動。在危機事件面前，領導者切忌左顧右盼，遲疑不決；不要各自為政，推諉扯皮；更不要做一些無關痛癢的「表態」，走一些敷衍塞責的「過場」。正確的做法是：（1）進行正面教育，使大多數人有正確的認識，穩住自己隊伍的陣腳。（2）對危機事件的首要人物，予以重點控制，使其活動受到限制，以利於危機事件不擴大、不升級、不蔓延。（3）對於自然性的危機事件，要馬上組織搶險救援，不使災情加深，更不要使災情擴大，波及更多地區。（4）對重大責任事故出現的質量不合格或汙染嚴重的產品導致社會公眾利益受損時，沉默不是金，要不惜一切代價及時收回這些產品，並利用大眾傳媒告知社會公眾退回產品的方法，並給予公眾一定的精神和物質補償，表明對造成危機事件的歉意和誠意，也表明對受害者的慰

問和關注，更表明勇於承擔責任的態度和知錯就改的決心。

【案例連結】

　　一九八二年九月二十九日和三十日，在芝加哥地區發生了有人因服用美國強生公司生產的含氰化物「泰萊諾爾」錠劑而中毒死亡的事故。起先，僅三人因服用該錠劑而中毒死亡。可隨著各種消息的擴散，據稱美國各地有兩百五十人因服用該藥而得病和死亡。調查顯示各地有百分之九十四的消費者知道泰諾中毒事件。這對強生公司來說，危機真正來臨了。

　　危機事件發生後，由首席執行官吉姆‧伯克為首的七人危機管理委員會，果斷的砍出了「五板斧」，這五板斧環環相扣，招招命中要害。

　　第一板斧：抽調大批人馬立即對所有錠劑進行檢驗。經過公司各部門的聯合調查，在全部八百萬片劑的檢驗中，發現所有受汙染的錠劑只源於一批藥，總計不超過七十五錠，並且全部在芝加哥地區，不會對全美其他地區有絲毫影響，而最終的死亡人數也確定為七人，並非消息所傳的兩百五十人。

　　第二板斧：雖然受汙染的藥品只有極少數，但強生公司仍然按照公司最高危機原則，即「在遇到危機時，公司應首先考慮公眾和消費者利益」，在各地範圍內立即收回全部價值近一億美元的「泰諾」止痛膠囊。並投入五十萬美元利用各種管道和媒體通知醫院、診所、藥店、醫生停止銷售此藥。

　　第三板斧：以真誠和開放的態度與新聞媒介溝通，迅速傳播各種真實消息，無論是對企業有利的消息，還是不利的消息，他們都毫不隱瞞。

　　第四板斧：積極配合美國醫藥管理局的調查，在五天時間內對各地收回的膠囊進行抽檢，並立即向公眾公布檢查結果。

　　第五板斧：為「泰諾」止痛藥設計防汙染的新式包裝，以美國政府發布新的藥品包裝規定為契機，重返市場。一九八二年十一月十一日，強生公司舉行大規模的記者會。公司董事長伯克先生在會上首先感謝新聞界公正的對待「泰諾」事件，然後介紹該公司率先實施「藥品安全包裝新規定」，推出「泰諾」止痛膠囊防汙染新包裝，並現場播放了新包裝藥品生產過程錄影。美國各電視網、地方電視台、電台和報刊就「泰諾」膠囊重返市場的消息進行了廣泛報導，公眾也給予了積極的回應。

　　事後查明，在中毒事件中回收的八百萬粒膠囊，只有七十五粒受氰化物的汙染，而且是人為破壞。公司雖然為回收付出了一億美元的代價，但其毅然回收的決策表明了強生公司在堅守自己的信條：「公眾和顧客的利益第一。」這一決策受到輿論的廣泛讚揚，其中《華爾街周刊》曾評論說：「強生公司為了不使任何人再遇危險，寧可自己承擔巨大的損失。」

　　正是由於強生公司在「泰諾」事件發生後採取了一系列有條不紊的危機公關，從而

贏得了公眾和輿論的支持與理解。在一年的時間內，「泰諾」止痛藥又重振山河，占據了市場的領先地位，再次贏得了公眾的信任，樹立了強生公司為社會和公眾負責的企業形象。

(二) 準確找到危機事件的癥結

控制事態是危機事件處理的起始性做法，只能是「喘一口氣」。危機根本的解決依靠有效的方案和關鍵性的措施。危機事件往往發生得很突然，而且往往在歷史上從未發生過，因此，解決起來沒有現成的經驗可以借鑑，也沒有現成的模式可以套用，這就需要領導者打破思維定勢，趕緊利用控制事態後的有利時機，組織分析危機事件產生的原因，找到問題的癥結所在，據此制定出解決危機的方案和措施。這方面的重點工作是：（1）迅速弄清事實。組織力量深入現場，觀察事態的發展和群眾的情緒，掌握事件過程的全部顯露情況；廣泛聽取事件參與者、目睹者的意見、反映和要求；正面接觸事件的重要參與者，特別是有頭有臉的人物，摸清他們的心理和目的，找到對立的焦點問題和整個事件的「總開關」。（2）確定危機的性質。準確的確定危機事件的性質，是採取科學措施、妥善解決危機事件的基礎和依據。領導者組織相關人員進行充分的討論和論證，要認真分析各種現象間和現象背後的因果聯繫，透過各種現象，把握事件的本質，確定事件的性質。（3）制定處置方案。掌握了危機事件的來龍去脈和確定了事件的性質後，就要對癥施治，快速的制定針對危機特點的決策方案。方案不僅要有科學性，還要有具體的可操作性；方案既要突出主要矛盾，又要綜合配套，不能零敲碎打，不能頭疼醫頭，腳疼醫腳；要有多套備選方案，做優選和多種策應準備，這樣才能掌握處置危機事件的主動權。

(三) 果斷的解決問題

可以從以下幾方面實施解決方案，採取積極措施處理事件，果斷的解決問題。

1.周密組織。領導團體集體要有共識和統一的行動。這能夠增強公眾的

信任感，提升領導的權威。作為領導團隊中的核心人物，必須頭腦清醒，統攬全局，將自己提出的思想、目標作為共識和統一行動的基礎。領導者要親臨現場指揮，這不僅能穩住人心，充分展示領導者的膽略和勇氣，更能隨時掌握事件發展的進程及變化，從而使領導者的指揮決策減少失誤和疏漏。同時也要層層落實責任，人人承擔責任，各司其職，各負其責，防止「有人汗直冒，有人喊口號，有人看熱鬧」。

2. 抓住關鍵。問題的關鍵是主要矛盾和主要矛盾的主要方面，具有「牽一髮而動全身」的作用。如果能抓住問題的關鍵，就能使複雜的問題迎刃而解。因此，要以關鍵問題為突破口，集中資源和優勢力量予以解決。例如：社會政治性事件，就要全力控制和解決首要人物；自然災害事件，就要把著力點用在關鍵部位上，如全力控制疾病傳染源、控制造成火災的火頭和造成洪水的水源等。

3. 保證執行力。任何一種優秀的方案，都要依靠良好的執行力才能夠落實。尤其是處理突發性的危機事件，常常會遇到各種意想不到的阻力和障礙，如果在執行力上打折扣，遇到阻力和障礙就退卻，就會帶來無窮的後患，哪怕是一個環節或者一個個體的執行力疲軟，也會造成滿盤皆輸的後果。因此，處理危機的方案一經公布，就必須維護它的權威性，只能堅決貫徹，不能絲毫妥協。

4. 處理好善後工作。危機事件的善後工作做好了，後患就徹底消除了，危機事件才算圓滿解決。一方面，要採取積極的措施，解決危機給生產生活造成的實際困難，迅速恢復社會秩序、生產秩序和生活秩序；另一方面，要認真總結經驗教訓，前事不忘，後事之師。只要領導者能夠多從主觀上查找問題，並從根本上採取措施認真改進，危機事件積累起來的經驗教訓就會成為寶貴財富。任何一個危機，如果處理得當，吸取教訓，鳳凰涅槃，就可能演變成新的契機，甚至還可能躍上一個新的發展台階。《危機管理》一書的作者諾曼·奧古斯丁對危機管理的規律進行深入研究後認為，幾乎每一次危機本身既包含導致失敗的根源，也孕育著成功的種子。正如傑克·威爾許所說：「危機管理能建立一道保護層，你很少會經受兩次同樣

的災難。」對於社會政治危機事件，還要透過思想工作教育讓大多數人提高認識，分清是非，消除不安定因素，避免類似事件的再次發生。

【案例連結】

二〇〇二年十月二十三日，莫斯科時間晚上九點左右，位於莫斯科東南方的莫斯科軸承廠文化宮內有近千名觀眾正愉快的欣賞著文藝節目，突然，約四十多名車臣恐怖分子持槍闖入劇院，他們身上綁滿了子彈和炸藥。這些恐怖分子命令觀眾不得輕舉妄動，並宣布他們已被劫持為人質，人質中有不少婦女兒童，還有近七十名外籍人士。恐怖分子向俄政府提出在七天之內結束車臣戰爭，並使俄軍隊撤出車臣的條件，否則將殺死全部人質。

這一危機事件立即震驚全世界，這是繼峇里島爆炸事件後，國際恐怖分子在二〇〇二年進行的又一次大規模恐怖活動。

在此次人質危機的過程中，俄羅斯當局布置嚴密、反應快速、行動果斷。

普丁總統連夜召開安全部門緊急會議，商討如何處理危機。普丁總統取消所有活動，全天堅守在克里姆林宮辦公室，時刻關注事態的發展，並指導解救工作的進行。而俄安全部門則立即加強全俄羅斯重要地點、交通設施的安全警衛工作，防止恐怖分子趁機再製造事端。此次人質事件涉及近千人的生命，而恐怖分子又提出幾乎不可能答應的無理要求，大多數媒體及觀察家對此事的解決表示悲觀，普丁也面臨著上任後最嚴峻的一次考驗。

但普丁總統鎮定自若，他知道向恐怖分子妥協、滿足他們的要求，不僅會加劇車臣局勢的混亂，引發俄政局動盪，更會助長全世界恐怖分子用恐怖手段達到自己目的的囂張氣焰，對國際反恐事業帶來嚴重的不良影響。普丁對恐怖分子態度堅決。在恐怖分子提出要求之後，普丁總統表示：「絕不會向挑釁讓步。」與此同時，特種部隊也作了周密的部署。普丁強調，目前首要的任務是保證人質的生命安全。俄羅斯聯邦安全局局長帕特魯舍夫二十五日下午向媒體宣布，如果恐怖分子釋放人質，俄當局將保證他們的生命安全。然而，恐怖分子則威脅說如果俄當局不答應他們的條件，他們將於二十六日開始屠殺人質。在四名人質遇害之時，普丁總統果斷下令特種部隊出擊，在最佳時機擊潰恐怖分子，避免了人員更大的傷亡。普丁親自指揮的解救行動，不僅贏得了俄民眾的信賴，也得到國際社會的普遍讚揚。

六、危機事件中的溝通

危機事件中的溝通，是指以新聞媒體和公關為手段、解決危機為目的

所進行的一連串化解危機與避免危機擴大的行為過程。

對危機事件的溝通，要把握好幾個原則：（1）最好是第一時間溝通，率先對問題作出反應。（2）向公眾溝通事實的真相，溝通情況時不要躲躲閃閃，要體現出真誠。（3）勇於承擔責任。（4）對外溝通的內容不是一成不變的，應該關注事態的變化並酌情應變。（5）對外界有關危機的訊息作出及時反饋。

危機事件的溝通，總體上分為兩個維度：針對內部的溝通和針對外部的溝通。

針對內部的溝通，要突出以下幾個方面以使溝通更加有效：（1）告知組織全體人員究竟發生了什麼危機。確保員工從別處知曉情況之前由公司告知他們有關危機的情況。（2）向員工傳達特定的核心訊息，並請他們以合適的溝通方式向外界再次傳遞這些訊息。（3）確保員工對任何變化的情況都能夠及時透過恰當的管道了解到。（4）告訴員工應該做什麼、怎麼做。（5）感謝員工的支持。透過組織內部的溝通，可以樹立全員危機管理意識；可以激發員工對組織處境的同情，並透過危機增強組織內員工的責任感；可以有效避免不真實、不完整的謠言和猜測由內向外傳播；可以保持組織的有效運轉，避免員工因猜測而疏於日常的工作，減小危機的破壞程度。

針對外部的溝通管道很多，其中有媒體溝通——讓媒體良性代言；消費者的溝通——爭取消費者的理解和諒解。

與媒體溝通要把握住三個要點：（1）以我為主提供情況。（2）提供全部情況。（3）盡快提供情況。避免出現訊息「真空」，謠言四起，危機爆炸式擴散，呈現失控狀態。透過與組織外部媒體的溝通，可以為危機公關小組提供相關危機的預警訊息，從而促進企業及早做好危機預防工作；可以幫助企業危機管理小組從外圍了解公眾對危機的態度，從而作出有效的危機管理決策；可以從媒體邀請的技術專家、行業專家、公關專家對危機發表的相關評論中獲得一些外腦的支持和參照；可以透過媒體發布客觀、公正甚至帶有感情的報導以利於企業重新樹立良好的企業形象。

　　記者會是與媒體進行危機溝通的一個重要手段和管道。如果危機事件不是很嚴重，或者關注的媒體不是很多，則與個別媒體進行溝通即可。在危機事件已經達到一定關注度或者可能達到一定關注度的情況下就要召開記者會，告知危機的真實情況、危機態勢的發展、最終的解決方案等。

　　為了獲得記者會的最佳效果，記者會上除了專業技術人員之外，整個會議應盡可能不用過多的行話或者專業技術術語，即使使用，也要盡可能詳細的講解術語的含義。不與任何媒體發生爭執，即使是糾正媒體發問的錯誤觀點，也要以平和的心態進行解釋和補充，並毫無保留的告知所了解的訊息，不要認為任何事情都是理所當然的。

　　記者會的效果如何要進行調查和評估，主要包括：在記者會召開後媒體報導持續了幾天時間？透過新聞人員的報導間接影響本組織最直接的目標受眾有多少？消極報導的新聞數量是增加還是減少？關注的角度與以前相比是否有所轉變？關於危機報導的內容有多少採納了記者會上的陳述和觀點？有多少是經過與本組織的求證後發表的？組織的核心訊息是否都被媒體採用了？是否走出了公眾及媒體的視線，記者轉而報導其他方面的新聞，或者至少已經不作為重點報導推出？本組織除了危機之外的其他新聞是否也被媒體採納？

　　企業因產品質量給消費者造成財產損失和人身傷害的危機事件要與消費者溝通，企業要告知消費者他們最關心的核心問題是什麼，究竟發生了什麼事情，危機或者問題是什麼，危害性有多大，對消費者會產生什麼樣的影響等。這其中的重點是：（1）告知包括受害者在內的消費者，危機事件的發生原因，目前企業為危機所做的努力，企業將要採取的措施等。（2）表示對受害者的深切同情和親切慰問，並提出和承諾將給予因危機事件而受到傷害的消費者必要的補償。花言巧語是沒有用的，消費者也不需要企業的任何花樣表演，需要的是企業真誠的行動，補償行動是最關鍵的。（3）對於在危機事件中造成各類傷害的，企業要透過媒體刊登道歉函，並至受害者處進行慰問。（4）以消費者為中心和消費者的切身利益為中心，以消費者關注的優先順序為中心來回答有關問題。（5）要感謝消費者長期以來

的支持和忠誠，並期待著能一如既往的得到消費者的繼續支持。（6）邀請受害消費者或者其周邊具有代表性的消費者會同部分媒體召開座談會，進行深入的溝通和解釋，透過消費者之口盡快消除危機造成的非良性影響。（7）邀請忠誠消費者、具有地域代表性的消費者、媒體記者參觀工廠和生產線，使他們對企業有一個直觀的感性認識。同時提供更優質的產品和服務來回報廣大消費者和社會。

【案例連結一】

　　一九九七年八月三十一日，黛安娜王妃在法國巴黎死於一次可怕的撞車事故，結果引發了民眾對此事規模空前的震驚和不信任。英國人深深欽佩黛安娜生前對慈善事業的關愛和捐助並對王妃之死深感悲痛。而女王伊麗莎白二世在王妃去世的當天只發表了一句話的聲明：「伊麗莎白女王和王子對此事深感震驚，也深表悲痛。」聲明簡單到沒有一點的人文關懷，沒有令人信服的悲傷，就好像女王與這件事毫無關係。而且，在悲劇發生後的一次教堂布道會上，女王還鄭重要求，永遠不要在她面前提起黛安娜的名字。結果，六天之內倫敦報紙的頭版頭條都發布了民眾極大的憤慨之情，質問：「女王安在？全世界數百萬人都在哀悼，當數千萬束鮮花擺在王妃住房前時，收音機的脫口節目實際上是在談論人們對白金漢宮的「憤怒」。有些人甚至公開質問：世上是什麼樣的人，尤其為人祖母的女王，能對親人之死如此冷漠？女王低估了在這一突發事件中公眾的情感。等到她聽從了溝通顧問的建議，再向各地發布生動的、充滿感情的演講時，一切為時已晚。她的聲譽受到玷汙，民眾對君主制的支持也在一週內跌落百分之四十，這是現代史上從未有過的事情。

【案例連結二】

　　一九八九年三月二十四日，埃克森公司瓦爾迪茲號（The Exxon Valdez）油輪擱淺並泄出二十六萬七千桶共四千一百六十三萬升的油，油汙進入阿拉斯加威廉王子海峽。

　　當時，人們的第一反應是震驚，因為這種災難性事故在技術如此發達、人們如此關注環保的情況下發生，對所有人來講都是難以接受的。但是，人們也知道沒有哪個行業不存在風險。如果公司能夠採取合適的行動並及時向公眾溝通事故處理情況，就會贏得人們的理解。當時公眾急於知道：公司是否嘗試並阻止事故蔓延？公司早該預料到可能會發生這種事故，現在是否盡可能快的採取可能的補救措施？公司對發生的事故是否很在意？

　　埃克森既沒有做好上述三點，也沒有採取合適的措施來表示對事態的關注，例如派高層人員親臨現場、指定負責善後的人員，並向公眾溝通事件的原委、公司的解決辦法以及表示遺憾、情感溝通等。人們的期待隨即轉化為憤怒，進而引發了對其產品的聯合

抵制、股份被迫出售以及很多苛刻的限制和懲罰。

　　很多批評家批評埃克森公司主席勞倫斯‧洛爾聽到大批原油洩漏事故後沒有乘坐首次航班前往阿拉斯加，而面對公眾他也沒有說明危機的嚴重性。埃克森的危機管理還存在其他問題。在知曉危機的本質之後，洛爾先生應在二十四小時內在紐約建立危機管理指揮中心作為收集訊息並進行甄選的中央智囊團。他還應該建立政府聯絡辦公室，以簡要傳達公司所做的努力，並要求政府支持。

　　洛爾先生應盡快在紐約建立新聞中心作為公司權威報告、簡報及動態報告的交換中心，這樣做將保證公司對外口徑一致，避免自相矛盾。紐約的交換中心每天至少有兩次簡報對目前動態進行說明，至少有一份每日簡報由洛爾先生親自負責。另一份應是透過通信衛星轉播的，由美國埃克森領導參加的記者招待會。

　　埃克森原有危機管理計畫吹噓原油洩漏在五個小時內就將得到控制，但其最大的問題是這項計畫從未被試驗過。當油輪船體裂開時，兩天過去了還未見公司採取計畫中的根本措施。如果埃克森公司以前做過危機模擬試驗，並使全體船員熟知危機情況的嚴酷性和重要性，計畫本身的缺點在真正的危機發生之前就應該被發現了。如果及時得以掌控和修正，埃克森的計畫或許能夠實現其允諾的五個小時內解決問題，原油就不會那樣汩汩地流，就不會汙染阿拉斯加純淨的海水。埃克森的計畫沒經過驗證，其行動反應的時間太慢了，因此在危機發生的第一時間並沒有掌握第一手材料。公司被事件發生的迅速程度和嚴重程度嚇呆了。事情過去一個多月後，埃克森似乎還在危機中。

七、危機事件中領導者的心理素養

（一）將危機的感覺放在心上

　　最大的危機是沒有危機感，最大的陷阱是盲目樂觀。未來是不可預測的，而人也不是天天走好運的，正是因為這樣，我們才要將危機的感覺放在心頭，警惕危機隱患，在心理上及實際行動上有所準備，好應付突如其來的變化。外界的危機並不是最可怕的，可怕的是我們對這種危機的麻木不仁和茫然無知。最糟糕的是，在危機已經開始出現「端倪」、「苗頭」的時候，領導者還陶醉於「平安無事」的表象。有句格言叫「生於憂患，死於安樂」，先秦思想家管子也主張「以備待時」、「事無備則廢」。如果不把危機的感覺放在心頭，沒有危機準備，不要談應變，光是心理受到的衝擊就會

讓你手足無措，無法應對。把危機的感覺放在心頭，或許不能把危機事件消除，但卻能夠早準備、早預防、早發現、早處置，把損害降低，為自己找到生路。

【案例連結】

摩根史坦利總裁兼首席運營官斯科特在一次講演中說得好：「如果你等到危機開始後才去加強領導，那肯定是太遲了。」「九一一」恐怖襲擊事件中，摩根史坦利這家世貿中心最大的租戶以最小的損失渡過了這場劫難。在世貿中心工作的三千七百名員工中，僅有六人在襲擊中喪生。在前後兩架飛機先後撞向世貿雙塔的二十分鐘時間間隔內，摩根史坦利啟動了在一九九三年世貿中心受到恐怖襲擊後形成的緊急撤離方案。在第二架飛機來臨之前，他們已經撤離了大多數員工。

（二）保持冷靜

作為領導者，在危機來臨時驚慌，智力水平就會下降，就拿不出應對舉措，喪失了對抗風險的能力，還會引發集體的恐慌，產生集體的心理崩潰，使肆虐和威脅著的危機更嚴重。因此，優秀的領導者，在危機面前頭腦應該是高度冷靜的。蘇東坡在《留侯論》中如是說：「天下有大勇者，猝然臨之而不驚，無故加之而不怒。」領導者的情緒對部屬的感染力很大，即使是自己還沒有必勝的把握或還拿不出解決危機的最好方式，也要處變不驚，這樣的心理結構才能穩住隊伍，才能增加下屬的信心，使事情向好的方向轉化。

【案例連結】

二〇〇一年九月十一日，當美國受到恐怖分子襲擊的時候，布希總統正在開車前往一所小學的路上，他要在那裡和學校的師生見面，對媒體發表有關教育方面的政策講話。就在這時，紐約世貿中心發生了第一次民航飛機撞樓事件。當助手們把這個消息告訴布希後，他最初的反應是，這是一起由飛行員失誤造成的飛行事故。然後，過了不到二十分鐘，又一架波音飛機撞擊了世貿中心的南樓。這時布希總統已經走進了教室，當白宮辦公廳主任卡德把這個消息告訴總統時，布希開始意識到這是一次蓄意的攻擊事件。用他後來的話說：「他們已經向我們宣戰了，在那個時刻，我已經下定決心要進行戰爭。」但是布希卻表現得很冷靜，並沒有把內心的想法表現在臉上，而是繼續和教室裡的師生聊了一會兒，才告辭離開。可見，作為總統，布希深知處變不驚的重要性。領

導者在處理危機事件中保持冷靜還有一層含義，就是在危機被控制住後切忌盲目樂觀。危機領導有句格言：「最危險、最容易犯錯誤的時候，往往是危機看似過去，而實際上尚未過去的時候。」因為在此時，人們最容易放鬆警惕、最容易麻痺大意，因而也最容易出錯。

（三）敢於冒險決策

　　危機事件是非常規性的，發展方向、結果很難預料，讓人來不及喘氣就窒息，任何優柔寡斷都可能錯過控制事態和解決問題的最好時機。危機中最忌諱領導者用慣性思維，決策不果斷，行為按部就班、慢條斯理、四平八穩。平時，國家、組織和企業靠共同利益來維繫，但危機來臨時，命運勝於利益。決策目標必須從維護「利益共同體」切換成拯救「命運共同體」；決策方式必須從平時的「民主決策」切換為危機時的「權威決策」；決策的類型必須從常規的「確定性決策」切換為非常規的「風險性決策」。危機事件中的風險性決策不是一種標準可靠的決策，而是一種後果不確定的決策，是非程式化風險決策的極端典型。在危機過程中，領導者必須在訊息、資源的嚴重制約下，在很短的時間裡作出重大判斷和決策，這種帶有風險性的決策需要的是領導者的膽識和敢於冒險的精神。在危機面前領導者猶豫一下，就可能眼睜睜的失去了解決問題的機會，導致危機的進一步蔓延和惡化。越是危機時刻的冒險決策，越能昭示出領導者的整體素養和綜合實力。領導者必須注意平時的修養和歷練，為心理增加敢冒風險的「營養素」，一旦遭遇危機，就有可能將危機轉化為生機。

（四）勇於承擔責任

　　不敢承擔責任是最拙劣的危機處理方式，優秀的領導者絕不會因為責任的擔當問題而坐視危機惡化發展。在危機事件中，領導者承擔責任的最好展現是親臨第一線指揮。在第一線上，不僅展示出自己的膽識和勇氣，起到穩定軍心的作用，還能夠從對立思想的交鋒和不同觀點的碰撞中及時作出決策，形成強制性的統一指揮和力量凝聚，採取高壓強政策，集中優勢資源將事態迅速控制住，從而在危機的邊緣和危機的反曲點上贏得

勝利。也能夠對措施中存在的漏洞及時發現並立即彌補，對執行不力的失職人員當即進行嚴厲查處，以儆效尤。如果領導者怕擔責任、推卸責任或態度曖昧，就有可能事如決堤，一潰千里。領導者人生的輝煌也會在危機中被顛覆。事實上，在危機中，機會無所不在，這是因為任何事物自身都包含著既對立又統一的矛盾，矛盾雙方互相排斥、互相鬥爭，同時又互相依存，並依據一定的條件向自己相反的方向轉化。危機中孕育著機會，如果領導者能正視這種機會，把消除危機作為首選之責，勇敢的面對和擔當起責任，那麼危機就可能成為領導者鑄就事業和個人輝煌的切入點、機遇和條件。

【案例連結】

二○○五年三月十六日，中國百勝餐飲集團在分公司同一時間發表公開聲明，稱肯德基餐飲中的新奧爾良烤翅和新奧爾良烤雞腿堡調味料中被發現含有「蘇丹紅一號」，同時也聲稱對供應商給該公司提供違禁成分調味料的行為表示非常遺憾，並聲明已停售相關食品，重新安排調味料生產。

由於肯德基的主動認錯和積極的去承擔相關的責任，贏來了媒體和消費者的一致「掌聲」，將危機的損失降到了最低點。

二○○五年十月二十六日，多家媒體爭相報導了華南農業大學的最新科研成果：在小白鼠做實驗中證實「天綠香」可致毒，引發了眾人對肯德基「芙蓉天綠香湯」的恐懼與質疑。

就在同一天，肯德基迅速啟動「天綠香」危機事件的應對措施。當天肯德基廣東對外事務所相關工作人員立即向媒體通報了「芙蓉天綠香湯」確實含有野菜「天綠香」，與此同時廣州肯德基主動申請將產品送往有關部門進行檢驗。

十月二十七日，媒體紛紛刊發持有肯德基品牌的百勝餐飲上海總公司二十六日晚發來的聲明。聲明表示，經上海市藥品檢驗所驗證，肯德基送檢的「芙蓉天綠香湯」中，鍋含量符合標準。

二○○九年，禽流感再一次肆虐全球，肯德基又一次經受了考驗。當時，可以在許多電視台上看到肯德基的廣告宣傳片，告訴消費者肯德基是安全的，肯德基的每一個產品都是經過層層的嚴格把關才提供給消費者的，消費者可以放心食用。

八、危機事件的問責制

（一）問責制有助於規制危機

所謂「問責」，就是對違法失職造成危機事件的領導者進行責任追究。過去因為對庸官有太多的溫情和寬容，使「機關病」、「衙門病」等與平庸無為直接相關的官場「疑難雜症」得不到有效的治理。因為庸官的「不作為」，引發和滋生了許多危機因素和危機事件；因為庸官的「無力作為」，交了很多冤枉的學費；因為庸官的「亂作為」，頻頻發生違反科學規律的事情。這種「不作為」、「無力作為」、「亂作為」的庸官在造成各種危機事件和重大損失之後還能「穩坐釣魚台」，說到底都與問責制的缺失有關係。建立起問責制，回應缺失，有利於從負責人上、從制度上形成規制機制，對「不作為」、「無力作為」、「亂作為」的庸官加大責任追究力度，必定會對危機事件的發生產生遏製作用。

（二）明確職責劃分

問責制的前提是合理劃分權力和責任。權力本身所具有的支配性、強制性和腐蝕性的特性決定了領導者的行為要以責任加以約束。著名的法國管理學家法約爾指出：「人們在想到權力的時候不會不想到責任，也就是說不會不想到執行權力時的獎懲——獎勵與懲罰。責任是權力的孿生物，是權力的當然結果和必要補充。凡有權力的地方，就有責任。」黨政之間、不同層級之間、正副職之間只有權力的劃分，例如：沒有責任的界定，在這種責任模糊的狀態下出現危機事件，「問責」就沒有基礎。到底是什麼責任？是領導責任還是其他責任？是直接責任還是間接責任？這些問題沒有明確的劃分界限，再好的問責制度也只能是「繡花枕頭」，中看不中用。明確職責劃分後，崗位和部門之間以及負責人之間就形成了無縫的責任鏈，出現失職、失察、失責時，能夠從各個方面和環節上順藤摸瓜，找到具體的責任主體，進行問責追究。

（三）建立完善的問責制度體系

諾斯說：「制度在社會中起著根本性的作用。」同理，有效的制度安排

是構建問責制的核心問題。建立完善的問責制度體系，需對責任範圍、責任判斷、承擔主體、責任方式、問責的主體、問責的程式等作出明確的和具有可操作性的規定。有了完善的問責制度體系，出了問題該不該追究責任、追究哪些人、在什麼範圍、有什麼依據、到什麼程度、負什麼責任都有明確的制度規定，就能夠用「制度問責」取代現在的「權力問責」、「政策性問責」、「運動性問責」的人治色彩。這是「問責制」得以維繫活力和得以延續發展的關鍵。同時，還要加快相關立法，填補實施問責制可能遇到的法律空白，確保有法可依，更好的解決責任缺失和問責乏力的問題。這樣問責制度就得到了強化和硬化，不再是擺設的花瓶。

（四）「火線問責」和「長線問責」相結合

俗話說得好，「烈火煉真金」、「板蕩識誠臣」，對於在危機事件發生後「不作為」和「不積極作為」的領導者，或者在處置危機事件關頭有問題的領導者，一定要「火線問責」，而且要嚴法鐵律，該「下課」的負責人一定讓其以「引咎辭職」或「責令辭職」等形式「下課」，這才是符合民心民意之舉。在火線上不能熱血賁張、見義勇為，相反還敢吊兒郎當、消極怠工，這樣的領導是擔負不起重託的。相對於「火線」而言，平時就是「長線」，對平日、平時、平常狀態下萎靡不振、無所作為的領導者也要問責。平常事關危機的事，再小也都是大事，所以對此必須事事都要「較真」，都要「拷問」，都要問責跟進。「火線問責」和「長線問責」不能偏廢，甚至能夠經得起長線的緩衝和考驗更為重要。

Wisdom for Great Leaders

第八章
卓越領導者的溝通領導智慧

　　沒有溝通，就沒有世界。溝通是人們生活中必不可少的一部分，溝通也是領導者實施領導職能、實現有效領導的基本途徑。在領導活動中，領導者幾乎每時每刻都在進行各種不同的溝通。沒有做不好的領導，只有不會溝通的領導。不能有效的溝通，是領導者尋求成功的最大障礙。因此，溝通方法與藝術對於領導者來說至關重要。一個領導者只有擁有良好的溝通技巧，才可能獲得事業上的成功。

　　沒有溝通的境界，就沒有卓越的領導工作。溝通的境界往往比溝通的方式、溝通的技巧更重要。溝通的境界即：（1）溝通心；（2）溝通情；（3）溝通理；（4）溝通道；（5）溝通義；（6）溝通神。

一、溝通的要素

「溝通」在英語中為 Communication，譯成中文為「交流」、「交際」、「通信」、「傳播」、「溝通」等。英國管理學家約翰‧阿代爾在對這個詞語的詞源意義作了詳細考察後，認為它是指人們共同使用、共同具有的東西，即「共享物」。更具體的說，它意味著在精神或非物質領域內共有、分享的行為，特別是在使用言詞本身或在使用言詞的過程中表達了這一含義。任何溝通都包括兩個或兩個以上的人或地方，即 Communication 包括了使用的方式以及原來的活動本身。《大英百科全書》認為，溝通就是「用任何方法，彼此交換訊息」。《新編中文詞典》將「溝通」解釋為「使兩方能通連」；亨利‧法約爾作為第一個提出溝通作用的學者，認為溝通指的是「組織內部傳遞訊息」；西蒙認為，溝通「可視為任何一種程式，藉此程式，組織中的一成員，將其所決定意見或前提，傳達給其他有關成員」。美國主管人員訓練協會把溝通解釋為「它是人們進行的思想或情況交流，以此取得彼此的了解、信任及良好的人際關係」。

從溝通的概念上看，溝通是一種能力而不是一種本能，本能天生就會，能力需要後天的學習才能獲得。沒有人一生出來就是溝通能手。相反，溝通能力正如駕駛汽車、表演樂器、編寫程式一樣，是一種需要透過不斷的學習和實踐而獲得的技能。所以，溝通需要學習，溝通也為那些學習和實踐溝通交流的人貢獻它的力量。

溝通是組織這個機體中的血管，能不斷的給組織輸送生機和活力的養分。

領導活動的社會性決定了溝通貫穿領導活動的全過程。戴維‧平卡斯和尼克‧得波尼斯在《身在高層——世界上最卓越的領導者》一書中提出了一個公式：領導＝建立關係＝溝通。沒有溝通，就沒有領導活動。溝通是一種領導能力，更是一種領導智慧。要想成為一位卓越的領導者，一定要學會在溝通中獲得他人的鼎力相助，正所謂「能此者大道坦然，不能此者孤帆片舟」。

溝通的過程包括溝通者、溝通對象、資訊載體、溝通目標、溝通環境和反饋六個要素。

（一）溝通者（訊息源）

溝通者是指處於溝透過程的起點，並透過一定媒介，輸出訊息符號的社會組織或個人。作為訊息來源的提供者，溝通者必須掌握大量的訊息材料，並且充分了解接收者的情況，把自己的想法或思想轉換為自己和接收者雙方都能理解的訊息，選擇合適的溝通管道以利於接收者理解。溝通是開展領導活動的主要手段，是領導者投入時間精力最多的一項工作，而溝通者在溝透過程中的地位不容小覷，因此必須確定合適的溝通者。

（二）溝通對象（接收者）

溝通對象即訊息接收者，是指獲得訊息的人。溝通的意義不僅僅是對訊息的傳遞，還需要被接收者所理解。只有當溝通者和接收者對符號的意思抱有相同的或者至少是類似的理解時，才有準確的訊息溝通。作為溝通的重要部分，必須了解接收者的性格、習慣、生活背景、為人、喜歡用什麼方式溝通等內容。基於對方需求的溝通，溝通者傳遞的訊息才能被接收者理解和接受，才是有效的溝通。

【案例連結一】

「馬歇爾計畫」剛開始制定的時候，馬歇爾本人很擔心——錙銖必較的國會是否會同意拿出那麼多錢去支援歐洲。

有一天，馬歇爾接到通知，國會撥款委員會將舉行聽證會，研討馬歇爾的歐洲重建計畫。為了使「馬歇爾計畫」能順利被批准，國務院兩位專家一起做了一個通宵又一整天，起草了關於「馬歇爾計畫」的發言稿。他們搜集了全部事實，提出了一切必需的要求，並列舉了令人信服的理由，配之以大量具有權威性的具體細節作為論據，說明這一計畫可使歐洲免於浩劫，同時又對美國有利。然後他們興沖沖的帶著自己的苦幹成果回到馬歇爾處，把他們精心準備的發言稿交給了他。

馬歇爾看了一遍，半晌沉吟不語，最後他往椅背上一靠，說：「我不想用這個稿子了。」助手們大吃一驚，以為自己的稿子不符合馬歇爾的要求。馬歇爾似乎看透了他們

的心思，說：「別誤會，我看講稿寫得很好嘛。可是，你們想，聽證會想要聽的是什麼？他們想聽的是我馬歇爾將軍對這個計畫的看法，而不是你們兩位的看法。要是我去那裡念這篇發言稿，他們會明白是你們寫的。我看不帶講稿去更好些，大家以為我會先發表一篇聲明，我就說，先生們，你們要我出席聽證會，現在在我準備回答你們的問題。於是他們就向我提問，不管到時會提出什麼樣的問題，我都要用心閱讀這篇發言稿。這樣才好用你們準備的各種理由來回答他們的問題。這樣才會使他們滿意，因為委員會真正想知道的，是我本人是否了解這個計畫。」後來的事實證明了馬歇爾的這種分析是正確的，計畫終於獲得撥款委員會的支持，從而馬歇爾也就有了「財神爺」的保證。

【案例連結二】

古代有一位國王，一天晚上做了一個夢，夢見自己滿嘴的牙都掉了。於是，他就找了兩位解夢的人。國王問他們：「為什麼我會夢見自己滿口的牙全掉了呢？」第一個解夢的人就說：「皇上，夢的意思是，在您所有的親屬都死去以後，您才能死，一個都不剩。」皇上一聽，龍顏大怒，杖打了他一百大棍。第二個解夢人說：「至高無上的皇上，夢的意思是，您將是所有親屬當中最長壽的一位呀！」皇上聽了很高興，便拿出了一百枚金幣，賞給了第二位解夢的人。

（三）資訊載體（媒介）

資訊載體是指訊息傳播過程中攜帶訊息的媒介，是資訊賴以附載的物質基礎，如備忘錄、電話、電報、電腦、電視等。也可以用手勢、表情等直觀提示式的方式進行傳遞。在領導者溝通過程中，必須充分考慮到不同的接收者所具備的知識、理解能力等差異，選擇不同的訊息符號和資訊載體，保證溝通進行的有效性。資訊載體承擔著使資訊符號發揮出本身作用的角色。由於資訊載體的形式多種多樣，所以在領導者的溝通過程中要根據不同載體的作用與功能來選擇合適的資訊載體，把簡單的資訊傳輸變成積極的資訊交流，這樣才有利於雙方在資訊交換的基礎上了解彼此的需要和目標，找到最佳平衡點，實現最有效的溝通。

（四）溝通目標

任何溝通都是有目標的，溝通目標即溝通者透過溝通要達到的目的。溝通雙方都需要透過溝通滿足自己某些方面的需要。明確的溝通目標是引

導溝通順利開展的動力，是對溝通所要達到的效果的一種希望。在溝通之前領導者就應該明確自己所尋求的結果是什麼，還要清楚的了解對方的溝通訴求，並以此來與對方進行溝通，這樣就會在不損害自身利益的前提下滿足對方期待的目標，實現雙贏的溝通。

（五）溝通環境

　　溝通環境包括社會條件和心理條件兩種。社會條件即溝通發生的文化及時代背景，包括溝通者與接收者所處的社會角色、所處社會的價值取向、思維模式等。心理條件指溝通者與接收者的情緒、態度。溝通是在具體的環境中發生的，它可能涉及不同的接收者，因此領導者在制定溝通策略前，首先要確定自己了解溝通的環境。溝通環境還可分為外部環境和組織內部環境。一方面，教育、社會、法律和經濟等外部環境都將對溝通產生影響；另一方面，組織內部因素如組織結構、環境布局、和諧氛圍等也影響著溝通，良好的溝通環境能夠消除溝通者和接收者的焦慮程度和心理緊張度，提高溝通的效果。

【案例連結】

　　美國惠普公司特別注重溝通環境，惠普公司的辦公室布局採用美國少見的「敞開式大房間」，即全體人員都在一間敞廳中辦公，各部門之間只有矮屏分隔，除少量會議室、會客室外，無論哪級領導都不設單獨的辦公室，同時不稱頭銜，即使對董事長也直呼其名。這樣有利於上下左右通氣，創造無拘束和合作的氣氛。敞開辦公室的門，打破各級各部門之間無形的隔閡，製造平等的氣氛，同時也敞開了彼此合作與心靈溝通的門，在管理的架構和同事之間，可以上下公開、自由自在、誠實的溝通。過去那種單打獨鬥、個人英雄的閉門造車工作方式被彼此的認同、相互之間的融洽、協作的工作氛圍所代替，工作效率得以大大提高。

（六）反饋

　　反饋是領導溝通中的重要環節。完整的溝通必然具備完善的反饋機制。反饋即訊息傳播過程中的接收者對收到的訊息所作的反應和不斷迴旋交流的過程。反饋是現代系統控制論的一個術語，它是由麻省理工學院的

維納在其所著的《控制論》中首次引入的。在訊息溝通中，反饋過程也同樣存在。在溝通中獲得反饋訊息是溝通者的意圖和目的。沒有反饋，我們就不能確定訊息是否已經得到有效的編碼、傳遞、譯碼和理解。溝通不是一種行為，而是一種過程。領導者的溝通過程是為達到某一結果所設計的動態過程。反饋是檢驗溝通效果的再溝通。這意味著領導者在溝通的每一個階段都要積極尋求接收者對於訊息的反饋，透過不斷印證雙方的觀點，進一步改善溝通的效果。

二、溝通的類型

根據不同的劃分標準，可以把溝通劃分為不同的類型：雙向溝通和單向溝通；正式溝通和非正式溝通；言語溝通和非言語溝通；個體溝通、群體溝通、組織溝通；同文化溝通和跨文化溝通。

（一）雙向溝通和單向溝通

溝通按照是否進行反饋，可分為單向溝通和雙向溝通兩種。

1. 單向溝通

單向溝通是指訊息發送者和接收者在溝通中的地位始終不變，如作報告、發指示等。單向溝通是缺乏反饋的溝通。單向溝通具有速度快、溝通過程簡單、訊息發送者的壓力小等特點，但是接收者沒有反饋意見的機會，不能產生平等和參與感，不利於增加發送者的自信心和責任心，不利於增加接收者的自信心，不利於建立雙方的感情，有時還容易使接收者產生抗拒心理。正式溝通中多為單向溝通，這種溝通方式適合於工作任務的緊急布置、工作指示等。

2. 雙向溝通

現代領導理論的觀點不再侷限的認為領導是單向的，僅僅是上級對下級的領導。要使溝通順利而成功，溝通的過程就不僅是訊息被傳遞，還需

要被理解，理解就需要互動和反饋。因此，真正意義上的有效溝通是雙向溝通，雙向溝通才具有訊息反饋的特徵。雙向溝通是指訊息發出者和接收者在溝通中雙方地位不斷變換，如交談、協商等。雙向溝通的過程中，接收者將反饋的訊息傳遞給發送者；使得發送者知道接收者在想什麼，接收者的態度怎樣，接收者有哪些意見或建議；收到反饋訊息後，發送者就能對有關工作的要求、下達任務的目標等作出合理與否的判斷，以及作出是否需要調整的判斷。雙向溝通使接收者有參與感，有助於溝通雙方建立感情。雙向溝通的缺點是需要有充裕的時間，而且雙向溝通過程中的噪音和干擾要比單向溝通多得多。

（二）正式溝通與非正式溝通

1. 正式溝通

正式溝通一般指在組織系統內，依據組織明文規定的原則進行的訊息傳遞與交流。例如組織與組織之間的公函來往、組織內部的文件傳達、召開會議、上下級之間的定期情報交換等。正式溝通一般是經過精心謀劃而建立起來的訊息溝通管道及媒介，包括指定的訊息或指示經指揮鏈條向下傳達，意見和建議經指揮鏈條向上匯報。按照種類的不同，正式溝通又可細分為下向溝通、上向溝通、橫向溝通、外向溝通等幾種形式。正式溝通是領導者慣用和善用的溝通方式，領導者往往忽視非正式溝通的引導和管理，易產生不良後果。

2. 非正式溝通

非正式溝通是一類以社會關係為基礎，與組織內部明確的規章制度無關的溝通方式，是透過正式組織途徑以外的訊息流通程式的一種非官方的、私下的溝通。在美國，這種溝通途徑常常被稱為「葡萄藤」，用以形容它枝茂葉盛，隨意延伸。非正式溝通包括透過組織內的非正式組織進行的非正式溝通（如生日聚會、各類酒會等）以及不透過非正式組織進行的非正式溝通（如同事之間的任意交談等）。非正式溝通和正式溝通不同，它的溝通對象、時間及內容等各方面都是未經計畫和難以辨認的，是圍繞組織成

員間的社會關係而建立起來的，是一種脫離組織機構的層次次序、不受組織監督的溝通方式，主要以口頭溝通為主。例如團體成員私下交換看法、朋友聚會等。

（三）言語溝通和非言語溝通

根據資訊載體的異同，溝通可分為言語溝通和非言語溝通。

1. 言語溝通

言語是一種社會現象，是人類透過高級結構化的聲音組合，或者透過書定符號等構成的一種符號系統，同時又是運用這種符號系統來交流思想的行為。言語溝通是人們為了達到一定的目的，運用口頭語言和書面語言傳遞與接收訊息，交流思想感情的言語活動。

「語言就是力量。」精妙、高超的語言藝術魅力非凡。歷史上觸龍說趙太后，力挽狂瀾；蘇秦善辯，名揚天下；宴子使楚，口才驚人；孔明善談，舌戰群儒。美國人認為，第二次世界大戰時，他們有三種武器：一是舌頭，二是美元，三是原子彈；現在還有三種武器，一是舌頭，二是美元，三是電腦。其中排在第一位的就是指言語溝通的能力和技巧。西方哲人這樣說：「世間有一種成就可以使人很快完成偉業，並獲得世人的認識，那就是講話令人喜悅的能力。」眼睛能夠看到一個美麗的世界，嘴巴則可以描繪出一個美麗的世界，語言溝通是人類社會所特有的「最美麗的花朵」。

【案例連結】

耕柱是一代宗師墨子的得意門生，但他老是挨墨子的責罵。有一次，墨子又責備了耕柱，耕柱覺得自己非常委屈，因為在許多門生之中，大家都公認耕柱是最優秀的，卻偏偏常遭到墨子指責，讓他沒面子。一天，耕柱憤憤不平的問墨子：「老師，難道在這麼多學生當中，我竟是如此的差勁，以致要時常遭您老人家責罵嗎？」墨子聽後，毫不動肝火：「假設我現在要上太行山，依你看，我應該用良馬來拉車，還是用老牛來拖車？」耕柱答：「再笨的人也知道要用良馬來拉車。」墨子又問：「那麼，為什麼不用老牛呢？」耕柱答：「理由非常簡單，因為良馬足以擔負重任，值得驅遣。」墨子說：「你答得一點也沒錯，我之所以時常責罵你，也是因為你能夠擔負重任，值得我一再的教導與匡正啊。」

　　耕柱對墨子透過磨練對他的栽培提攜之意不理解，誤認為是刁難，「憤憤不平」中可能就會與老師產生敵意，甚至於做出不利於團隊的事情。但是耕柱透過與老師言語上的溝通，打開了心扉，化解了不堪設想的後果。

　　2. 非言語溝通

　　所謂非言語溝通是指拋開自然語言，以人自身所呈現的靜態及動態的訊息符號等輔助語言來進行訊息傳遞的表述系統。包括儀表、服飾、動作、神情、體態等多個方面。早在兩千多年前，偉大的古希臘哲學家蘇格拉底就觀察到了用肢體語言來溝通的現象，他說：「高貴和尊嚴，自卑和好強，精明和機敏，傲慢和粗俗，都能從靜止或者運動的臉部表情和身體姿勢上反映出來。」在人們的溝通過程中，高達百分之九十三的溝通是非言語的；其中百分之五十五透過臉部表情、形體姿態和手勢傳播，百分之三十八透過音調。大部分的非言語溝通不是代替語言，而是伴隨語言。美國一位教授指出：「我們用發音器官說話，但我們用整個身體交談。」約翰·根室在《回憶羅斯福》一書中寫道：「在二十分鐘的時間裡，羅斯福先生的臉上表現出詫異、好奇、故作吃驚、真正的興趣、焦急、賣弄詞藻、表示擔心、同情、堅決、幽默、堅定、尊嚴和無比的魅力。但是，他幾乎沒有說出什麼真正的東西。」說明了非言語溝通傳遞的內容比口頭表述的內容要多得多，並且如俗話所說：話多不甜。話說得越多，產生歧義、誤解的機率就越大。在大多數情況下，透過仔細觀察對方的眼睛、嘴唇，就可以感知到對方的狀態。與對方握手時，甚至可以感受到對方的感覺。非言語訊息往往比言語訊息更能打動人。因此，當別人說話時，應全神貫注的傾聽。越善於傾聽與觀察，溝通的效果就會越好。

　　非言語溝通技巧是領導活動溝通中的一個重要組成部分，透過正確解讀非言語訊息，使領導者在了解他人口頭所表達的訊息的同時能揣摩其「心思」，從而正確處理和把握相互之間的關係。所以，一個優秀的領導者應該具備解讀非言語訊息並作出適當反應的能力。

【案例連結一】

　　一九四一年十二月七日，日本海軍偷襲珍珠港得手後，儘管美軍損失慘重，太平洋

艦隊幾乎全軍覆沒，但是在美國議員之中，還有為數不少的議員反對美國向日本宣戰。

當時羅斯福已經將局勢分析得十分明朗，他明白如果不趁日軍立足未穩時發動戰爭，等到將來美國的處境會變得異常艱難。同時，他也明白那些持反對態度的人的想法。第一次世界大戰中，美國在最後階段才參戰，而且戰爭沒有在美國本土進行，美國反而因「一戰」而大發其財。所以，現在美國一旦參戰，美國經濟必受影響，同時戰爭的勝負很難預料。如果戰事對美國不利，到時如何收場？

羅斯福明白這些人的憂慮，但他以政治家的眼光覺察出這些擔憂是毫無必要的，所以美國必須參戰。那麼，怎麼能表達出他對這些人的不滿和對戰爭能夠取勝的信心呢？

在一次會議上，當大家為戰還是不戰而爭論不休時，羅斯福突然要站起來，因為他雙腿殘疾，所以平常總以車代步。當他掙扎著要從車上站起來時，兩名白宮的侍從慌忙上前想幫他一把，但讓人意想不到的是羅斯福憤怒的將他們推開。於是，在眾人驚訝的目光中，羅斯福搖搖晃晃的掙扎著，從椅子上緩緩的站了起來。然後他滿臉痛苦卻倔強的堅持站著，默默的看著周圍的人，一言不發。

電視觀眾都看到這一畫面，他們感動了，是呀，有什麼困難是不能克服的。於是，國會很快做出決議：對日宣戰。

【案例連結二】

美國鋼鐵和國民蒸餾器公司的子公司 RMI 坐落在俄亥俄州的奈爾斯，主要生產多種鈦製品。多年來，該公司的工作效率低，生產率和利潤率也上不去。

自從大吉姆‧丹尼爾到這裡擔任總經理後，情況就發生了變化。大吉姆沒有什麼特殊的管理辦法，他只是在工廠裡到處貼上如下標語：「如果你看到一個人沒有笑容，請把你的笑容分給他。」「任何事情只有做起來興致勃勃，才能取得成功。」這些標語下面都簽有名字：「大吉姆」。

公司還有一個特殊的廠徽：一張笑臉。在辦公用品上，在工廠的大門上，在廠內的板牌上，甚至在員工的安全帽上都繪有這張笑臉。這就是美國人所稱的「俄亥俄的笑容」。《華爾街日報》稱之為「純威士忌酒——柔情的口號、感情的交流和充滿微笑的混合物」。

大吉姆自己也總是滿面春風。他向人們徵詢意見，喊著員工的名字打招呼，全廠兩千名員工的名字他都能叫得出來。他還讓工會主席列席會議，讓他知道工廠的計畫是什麼。結果，只用了三年時間，工廠沒有增加一分錢的投資，生產率卻驚人的提高了近百分之八。

笑容是一種知心會意、表示友好的表情，是最有吸引力、最有價值的臉部表情，既悅己又悅人。一張笑臉激起了員工的工作熱情，從而提升了公司的生產效率。非言語溝通就是這樣簡單、直白、無障礙的傳達著溝通內容，有效的達到溝通目的。

（四）按照溝通關係性分類

根據溝通的關係差別，溝通可分為個體溝通、群體溝通和組織溝通。

1. 個體溝通

個體溝通是指溝通者用正式或非正式的形式，針對一個具體的溝通對象採取個別談心和進行個別交流的一種溝通方式。個體溝通重視和強調個人，尊重個體差異。人與人之間的個性差異是客觀存在的，不僅每個人的需要、興趣、思維習慣、行為方式和接受能力存在著差異，即使在相同的時間和空間裡，每個人對同一事物也有不同的看法和傾向，其行為方式以及所表現出來的問題也不是一個「面孔」，這種個性偏差要求溝通方式不應當也不可能強求一律，「棋盤底下千條路」，應針對不同個體的人採取不同的個體取向的溝通方法。領導者重視個體，研究個體，把握個體，扮演各種各樣的「角色」，呈現不同的風格來進行個體溝通，做到有多少個個體就有多少種溝通方法，才能夠發揮好溝通的優勢。

【案例連結一】

武則天登基後，在都門設立「銅匭」。下令任何人都可以告密，將告密信扔進「銅匭」之中，由專人取出，以此來誅殺行為不軌或對她不服的大臣。如果密奏確鑿，即可封官。虜人索元禮，因告密而得了個游擊將軍之官。於是，周興、來俊臣等紛紛效仿，競相告密索官。

周興最為機敏狡詐，透過羅織他人罪名，平步青雲，很快便擔任了刑部侍郎之職。手下特地豢養了數百名無賴，專門從事告密活動。每每想誣陷一人，便使各處都來告密，因為辭狀相同，當然使人信以為真。他還根據多年的經驗，總結出了數千字的告密經文，作為祕本傳教徒弟。

周興還製造了一系列別出心裁的刑具，每當審訊犯人，還沒開審，見到那般刑具先沒了魂，不如隨口誣供，以求速死，省得煎熬受酷刑。

壞事做多了，也有洩漏的一天。終於他被人告了一密，說是他與人串通謀反。武則天便敕令來俊臣盡速審案了結。

來俊臣深知周興的手段，要讓他招供絕不是一件容易的事情。於是設下一計，特請周興一同飲酒言歡。席間來俊臣向周興說了不少讚美話，說他堪稱唐朝第一辦案高手。然後十分誠懇的向他請教：「現在我碰到一個十分狡猾的囚犯，種種刑具都已用過，可他就是不肯招供，你說該怎麼辦呢？正飄飄然自鳴得意的周興，乘著酒興不假思索的對

他說：「這還不好辦。我告訴你一個最好的辦法：取一隻大甕，把囚犯放進甕中，然後在大甕四周架起炭火，慢慢的燒烤。我看犯人在被烤熟之前，你必已得到了口供。」

來俊臣一聽樂得拍手稱妙，當即笑著命人搬來一隻大甕，並在四周架起了炭火。周興搞不清來俊臣的名堂：「難道你要在這裡審訊那罪犯？」來俊臣這才拿出武則天的敕文，然後周興說：「請君入甕！」

效果比周興預料得還要來得快：周興在被推進大甕之前，便把來俊臣所需要的口供詳詳細細的交代清楚了。

【案例連結二】

一九四四年三月二十五日，富蘭克林‧羅斯福第四次連任美國總統。《先鋒論壇》報的一位記者採訪這位第三十二任總統，就他連任總統之事問他有何感想。羅斯福笑而不答，請記者吃一片三明治。記者覺得這是殊榮，很快就吃下去了。羅斯福又請他接連吃第二片、第三片，記者受寵若驚，雖然肚子已不需要了，但他還是硬著頭皮吃下去了。這時，羅斯福微笑著說：「現在已經不用回答您的提問了，因為您已經有了親身的感受。」

2.群體溝通

群體是兩個或兩個以上的人，為了達到共同的目標，以一定的方式聯繫在一起進行活動的人群。群體溝通指的是溝通者對兩個或兩個以上相互作用、相互依賴的個體，為了達到特定目標或謀取和諧有序的運行而進行交流的過程。現代社會是一個群體社會，群體社會囊括組織社會，群體的正式化就是組織的形態，每一個個體無一不是生活在特定的群體中，因此群體溝通在現代社會就是最為普遍的溝通類型。群體的價值和力量在於其成員思想和行為上的一致性，而這種一致性來自於群體溝通所達成的群體成員共同的情感、歸屬感和價值的認同感等。作為群體代表的領導者，必須參與群體，學會與群體溝通的能力。

【案例連結一】

美國的波音公司，在一九九四年以前遇到一些困難，總裁康迪上任後，經常邀請高級經理們到自己的家裡共進晚餐，然後在屋外圍著個大火爐，講述有關波音的故事。康迪請這些經理們把不好的故事寫下來扔到火裡燒掉，用來埋葬波音歷史上的「陰暗」面，只保留那些振奮人心的故事，從而極大地鼓舞了士氣。

【案例連結二】

十九世紀的維也納，上層婦女喜歡戴一種高檐帽。她們進戲院看戲也總是戴著帽子，擋住了後排人的視線。戲院要求她們把帽子摘下來，她們仍然置之不理。劇院經理

靈機一動，說：「女士們請注意，本劇院要求觀眾一般都要脫帽看戲，但是年老一些的女士可以不必脫帽。」

此話一出，全場的女性都自覺的把帽子脫了下來：哪個女人願意承認自己老啊！劇院經理就是利用了女性愛美、愛年輕的心理特點和情感需求，順利的說服了她們脫帽。

3. 組織溝通

組織溝通是指為和諧高效的實現組織目標，組織體系內部各部門之間、各人員之間以及組織體系與外界組織部門、各人員之間交流情報訊息、傳遞思想感情的過程。組織溝通是領導活動中最為基礎和核心的環節，因為只有有效的組織溝通，才能消除組織內部彌漫著的消極態度和對抗情緒，才能解決組織內部許多訊息扭曲、上下級關係不和諧、同事之間相互猜忌、上層決策得不到充分執行等組織發展的隱患問題，才能使組織成員的意見、建議得到充分的重視並在組織內部充分流動和共享，才能使組織成員的工作成績得到應有的評價和認可，所以組織溝通是一切管理行為的靈魂，是提升組織核心競爭力的最根本途徑。美國著名未來學家奈斯比特曾指出：「未來競爭是管理的競爭，競爭的焦點在於每個社會組織內部成員之間及其外部組織的有效溝通上。」

【案例連結】

世界著名的奇異電氣公司，突出「以人為本」的經營哲學，以良好的企業文化塑造了良好的組織溝通。企業內部的員工在任何時候都會將自己的新思想和意見毫無掩飾和過濾的反映給上層管理者。而對於公司的管理協調，奇異電氣員工習慣於使用備忘錄、布告等正式溝通管道來表明自己的看法和觀點。與此同時，通用前 CEO 傑克‧威爾許在公司管理溝通領域提出了「無邊界理念」，奇異電氣公司「將各個職能部門之間的障礙全部清除，工程、生產、行銷以及其他部門之間的訊息能夠自由流通，完全透明。」在這樣一個溝通理念的指引下，奇異電氣更為有效的使公司組織內部訊息最大程度上實現了共享。

（五）按照溝通文化分類

根據溝通的文化區別，可以將溝通分為同文化溝通和跨文化溝通。

1. 同文化溝通

　　同文化溝通是指相同文化背景的人之間的訊息、知識和情感的互相傳遞、交流和理解的行為過程。人是文化動物，同一國度、同一民族、同一環境會累積沉澱出同根的文化。溝通中用相同的文化來交心，會和溝通對象更同心。相同的文化猶如潤物的春雨，能將價值觀及情感融入到被溝通對象的內心，讓被溝通者輕鬆的理解它，產生如同磁鐵放到雜物堆裡鐵塊以最快的速度黏到磁鐵身上一樣的效果。

【案例連結一】

　　清末，在大太監李蓮英的保薦下，權勢顯赫的醇親王特意在宣武門內太平湖的府邸接見盛宣懷，向他垂詢有關電報的事宜。盛宣懷以前沒有見過醇親王，但與醇親王的門客「張師爺」過從甚密，從他那裡了解到了醇親王兩方面的情況：（1）醇親王跟恭親王不同，恭親王認為清朝要跟西洋學，醇親王則認為清朝不比洋人差；（2）醇親王雖然好武，但自認為書讀得不少，頗具文人風範。

　　盛宣懷了解情況後，就到身為帝師的工部尚書翁同龢那裡抄了些醇親王的詩稿，背熟了好幾首，以備「不時之需」。畢竟「文如其人」，盛宣懷還從醇親王的詩中悟出了一些醇親王的心思。等胸有成竹之後，盛宣懷便前去謁見醇親王。當他們談到「電報」這一名詞的時候，醇親王問：「那電報到底是怎麼回事？」「回王爺的話，電報本身並沒有什麼了不起，全靠活用，所謂『運用之妙，存乎一心』，如此而已。」醇親王聽他能引用岳武穆的話，不免另眼相看，隨即問道：「你也讀過兵書？」「在王爺面前，怎麼敢說讀過兵書？不過英法內犯，文宗顯皇帝西狩，憂國憂民，竟至於駕崩。那時如果不是王爺神武，力擒三凶，大局真不堪設想了。」盛宣懷略停了一下又說，「那時有血氣的人，誰不想洗雪國恥，宣懷也就是在那時候，自不量力的看過一兩本兵書。」盛宣懷真是三句不離醇親王的「本行」，他接著又把電報的作用描繪得神乎其神，讓醇親王也感覺飄飄然。後來，醇親王乾脆把督辦電報業的事託付給了盛宣懷。

【案例連結二】

　　有個青年想向一位老中醫求教針灸技巧，為了博得老中醫的歡心，他在登門求教之前作了認真細緻的調查了解：老中醫平時愛好書法。於是他瀏覽了一些書法方面的書籍。

　　見面之初，老中醫對他態度冷淡，但當青年人發現老中醫案几上放著書寫好的字幅時，便拿起字幅欣賞道：「老先生這幅墨寶寫得雄勁挺拔，真是好書法啊！」對老中醫的書法予以讚賞，促使老中醫升騰起愉悅感和自豪感。接著，青年人又說：「老先生，您這寫的是唐代顏真卿所創的顏體吧？」這樣，就進一步激發了老中醫的談話興趣。果然，老中醫的態度轉變了，話也多了起來。接著，青年人對所談話題著意挖掘、環環相扣，致使老中醫精神大振，談鋒甚健。終於，老中醫欣然收下了這個「懂書法」的弟子。

2. 跨文化溝通

跨文化溝通是指不同文化背景的人之間的訊息、知識和情感的互相傳遞、交流和理解的行為過程。跨文化溝通訊息的發出者是一種文化的成員，而接收者是另一種文化的成員。人是在特定的環境下生存和發展的，會因為地域、民族、種族、宗教信仰和語言不同等因素形成文化差異，這種差異表現在自我意識與空間、衣著與打扮、食品與飲食習慣、時間與時間意識、價值觀與規範、信仰與態度、思維過程與學習、工作習慣與實踐等方面，不同的文化直接決定著人的行為特徵、溝通方式、溝通風格，決定著溝通技術狀況、溝通媒介和溝通管道，因此，在不同的文化群體之間進行溝通，要避免用自己的文化和價值觀來分析和判斷周圍的一切，防止「化學成分不吻合」的文化的衝擊，這正如布萊斯・巴斯卡所說「在庇里牛斯山這邊是真理的東西，在庇里牛斯山那邊就成了謬誤。」要取得溝通的效果，就要面對和適應異文化的多樣性，就要學會培養接受和尊重不同文化的意識，多了解自己文化和其他文化的差異，克服「水土不服」的溝通障礙，提高跨文化溝通的有效性。

跨文化溝通，更多的是發生在國際間，國際間的交流首先是文化的交流。所有的國際政治外交、企業國際化經營、民間文化交流與融合，都涉及跨文化溝通的問題。在企業的國際化經營中，也有一些失敗的案例，例如被寫入哈佛 MBA 案例庫的迪士尼樂園在法國投資失敗的案例。

【案例連結】

東京迪士尼樂園開業後立即取得了巨大的成功。迪士尼公司的首席執行官邁克・艾斯納（Michael Eisner）決定在歐洲選址，再建一家新園。法國由於地處歐洲中心，其他國家公民的入境手續簡便而最後中選。來自美國的項目經理們在歐洲迪士尼樂園的建設和運營中，過於迷信他們在美國和日本取得的管理經驗，不顧法國當地的實際情況，也不重視法國員工的文化差異和合理意見。在輸出美方管理制度、管理經驗和價值觀念的過程中，美方管理人員態度傲慢，常以「老大」自居，總是站在自己的立場而不是他人的立場上理解、認識和評價事物，行事專橫跋扈。結果，只能是招致法國員工的怨恨，造成員工隊伍士氣低落，服務品質下降，挫傷遊客的來訪熱情，樂園的收入也就無法保證，連年虧損也就成為必然。

三、溝通的作用

現代社會是一個注重訊息和感情交流的社會，不懂得溝通交流，就意味著失去拓展生存的空間和學習他人的機會，也就意味著心理的自我封閉和情感交流的枯竭。許多學者都認同：較為成功的領導者用約百分之三十的工作時間進行策略和策略思考以及處理相關事物，剩下的約百分之七十的時間則用於與他人溝通。美國沃爾瑪公司總裁薩姆・沃爾頓曾說過：「如果你必須將沃爾瑪管理體制濃縮成一種思想，那可能就是溝通。因為它是我們成功的真正關鍵之一。」

溝通的作用可以概括為以下幾個方面：

（一）傳遞訊息和知識

溝通的基礎是訊息。領導活動中的確定策略、制定目標、作出決策，進行組織、指揮、協調、控制，以及上情下達，下情上達，靠的就是訊息的傳遞與交流。在領導活動的系統中，建立四通八達、暢通交流的訊息溝通網絡和方式，才能夠消除文山會海、上下不貫通的閉塞，提高系統的運行效率。可見，有效溝通訊息，協調關係，掃除相互關係中的障礙，謀求合作和支持，既是實施領導的基本條件，又是統一下屬意志、暢通政令的領導藝術。

杜拉克給管理下過這樣的定義：管理就是確定組織的宗旨與使命，並激勵員工去實現它。從中不難看出，領導者最重要的使命就是把組織的目標、願景、任務和期望等訊息準確的傳遞給每一位員工，並指引和帶領他們完成既定目標。領導者需要對員工進行任務陳述和目標陳述，告知員工我們的任務是什麼、我們要成為什麼。領導者還要在聽取員工對任務和目標的建議後，及時進行研究，將原陳述的任務和目標作出修改、完善，並再次作出及時陳述。統一員工的認識，協調員工的行動，並使員工能夠迅速而準確的接收到指令，然後按照指令行動，所有這些都要透過溝通來進行。英國管理學家威爾德說：「管理者應該具有多種能力，但最基本的能力

是有效溝通。」奇異電氣公司總裁傑克‧威爾許語：「管理就是溝通、溝通再溝通」；日本經營之神松下幸之助說：「企業管理過去是溝通，現在是溝通，未來還是溝通」；卡內基說：「無論何時，管理者應將溝通視為最重要的工作，職位越高，溝通工作越為重要。」

【案例連結】

通用公司新任 CEO 伊梅爾特在談到怎樣支配自己的有效工作時間時說：我差不多有百分之三十～百分之四十的時間跟人打交道，進行交流、溝通，在克勞頓村我們的領導發展中心裡傳播我們的企業文化，這是 CEO 非常重要的一個工作；還要用差不多百分之二十的時間訪問我們的客戶，來確保我們處理客戶的方式非常令人滿意，而且非常成功。另外用百分之十～百分之二十的時間來審查我們的業務計畫、產品計畫、財務計畫，最後剩下的時間用來跟外部溝通。伊梅爾特透過廣泛的與不同的人打交道來傳遞自己的企業文化，透過與他們交流來交換意見，從而獲取各自所需的訊息。

(二)優化領導決策

科學決策是領導全部工作內容的核心。在制定一項科學、正確的決策的過程中，無論是問題的提出、問題的認定、各種可供選擇方案的比較，都需要領導者掌握足夠的訊息並傳送與解析訊息。如果沒有充分有效的溝通，就沒有充分有效的訊息源，所以溝通是科學決策的基礎。領導者作決策必須多方面溝通，以開拓視野，集中組織成員的集體智慧，彌補認識上的侷限，保障決策的科學性。另外，溝通也有利於提升執行力。溝通無障礙，決策層的決策在傳達過程中才會以原貌展現在員工面前，形成統一的思想和統一的行動，執行力就會大大提升。透過有效的訊息溝通方式，下屬人員也可以主動與上級管理人員溝通，把基層的許多建設性意見及時反饋至高層決策者那裡，供領導者作決策和完善決策時參考。

(三)改善內外關係

領導活動的成功是天時地利人和等多種因素共同作用的結果，其中，人和即良好的人際關係是最重要的因素。一個企業或組織是由不同文化素養、不同工作性質、不同社會層次、不同表達能力和不同欣賞水平的人構

成的一種內部人際關係，這種關係還和企業或組織外部的人際關係有一個對接關係。人們就是生活在一個內外交雜、紛繁複雜的人際關係群體中。內外關係若能心意相通，大家都愉快，那就是良好的人際關係；若是出現疏遠、隔閡、誤解、分歧、衝突等問題，人際關係就陷入危機。送花的人周圍滿是鮮花，種刺的人身邊都是荊棘。建立良好的人際關係，除了基本的真誠相待以外，更重要的是理解。任何人的心底都有獲得理解的渴望。理解是人際關係和諧的祕訣。良好的溝通是實現理解的基礎。如果不能很好的溝通，就無法理解對方的意圖，而不理解對方的意圖，就沒有理解互信和有效合作的內外人際關係。相反，無論是內部關係的矛盾，還是外部關係的矛盾，哪怕是看起來很大，表面上不可調和，但只要溝通得好，都會有意想不到的好結果。良好、有效的溝通，最能夠打開對方的心門，把話說到對方的心坎裡，這就有助於增進領導層與下屬之間以及組織外部各種人員的相互了解、尊重和信任，消除誤解、情感隔閡和衝突，改善人際關係。

【案例連結一】

孔子和他的弟子周遊列國，路經一個小國，時逢大旱不雨，遍地饑荒，大家也饑餓難耐。顏回讓眾人休息，他獨自到另一個小國買回了食物，並且忍著饑餓給大家做飯。

饑腸轆轆的孔子，聞到米飯的香味，就緩步走向廚房。剛到廚房門口，就看見顏回正掀起鍋蓋，抓起了一團米飯，匆匆的塞入口中。看到這一幕，孔子心中頓生一股怒氣，想不到自己最鍾愛的弟子，竟然偷吃米飯！

當顏回端著米飯給孔子的時候，孔子正端坐在大堂裡，沉著臉生悶氣。孔子看到顏回手裡端著的米飯說到：「因為天地的恩德，我們才能生存，這飯不應該先敬我，而要先敬天地才是。」顏回說：「不，這些飯無法敬天地，我已經吃過了。」孔子生氣的質問：

「你既知道，為什麼還自行先吃？」顏回笑道：「我剛才揭開鍋蓋看飯煮熟了沒有，正巧頂上大梁有老鼠竄過，落下一片不知是塵土還是老鼠屎的東西掉在鍋裡，我怕壞了整鍋飯，趕忙一把抓起，又捨不得浪費那團飯，就順手塞進嘴裡了。」

聽到這裡，孔子恍然大悟，感嘆：原來有時連親眼所見的事情也未必就是真實的，只靠臆測就可能造成誤會。於是他欣然接過顏回捧給自己的米飯。

【案例連結二】

西元一七五四年，身為上校的華盛頓率領部下駐防亞歷山大市。當時正值維吉尼亞州議會選舉議員，有一個名叫威廉‧佩恩的人反對華盛頓所支持的候選人。據說，華盛頓與佩恩就選舉問題展開激烈爭論，說了一些冒犯佩恩的話。佩恩火冒三丈，一拳將華盛頓打倒在地。當華盛頓的部下跑上來要教訓佩恩時，華盛頓急忙阻止了他們，並勸說他們返回營地。第二天一早，華盛頓就託人帶給佩恩一張便條，約他到一家小酒館見面。佩恩料定必有一場決鬥，做好準備後趕到酒館。令他驚訝的是，等候他的不是手槍而是美酒。華盛頓站起身來，伸出手迎接他，說：「佩恩先生，人非聖賢，孰能無過。昨天確實是我不對，我不可以那樣說，不過你已然採取行動挽回了面子。如果你認為到此可以解決的話，請握住我的手，讓我們交個朋友。」從此，佩恩成為華盛頓的一個狂熱崇拜者。

（四）提高工作效率

溝通能使組織內部高、中、基層協調有效、目的明確的開展工作。在組織日常工作中，工作進程、領導指示、傳遞訊息、工作目標、工作方式方法、工作要求等因素只有透過溝通達成共識，才能使工作不折不扣的完成，才能真正提高工作效率。同時，組織外部溝通還可以使本組織與組織以外的其他組織保持有機的聯合與協調，不斷的從其他組織中取得先進經驗，以增進本組織的科學性管理。

現代企業中通常存在公司內部山頭林立，部門之間時常發生衝突、爭吵，各部門之間因溝通不暢而內耗等問題。良好的溝通氛圍，使人際關係沒有藩籬，還可以減少由人員眾多、業務繁雜、高度專業化等原因帶來的利害衝突、意見分歧、相互制約和摩擦等問題，領導者不用花過多的精力去解決一些人際關係上的矛盾，能集中精力發展事業。因此，有效的跨部門、跨職能溝通可以營造一個良好的工作氛圍，提高工作效率。

由於溝通而形成的群體意識、協同觀念、團隊精神，以及公正坦誠、寬容大度等良好品格的形成，會大大提升組織成員的素養，這不僅能促進個人的完善與發展，同時也會促進團體的完善與發展，更有助於幫助企業建立更加優秀的團隊，並不斷增加團隊的發展能量，進而大幅度提高工作效率。

（五）打通領導活動的阻力環節

溝通的目的就是要打通領導活動中的阻力環節。領導者的策略創新要落地，就要打通阻力，阻力就在中間環節。有人面對改革開放的發展形勢曾經形象的說：「現在是上邊急，下邊也急，中間有個頂門杠。」我們所進行的經濟體制改革和政治體制改革，就是要簡化機構，減少中間環節，消除職能交叉和重疊，說到底，就叫中間革命。中間革命只能減少中間環節，不能消除中間環節。因此，打通中間環節的阻力的金鑰匙是溝通。誠如俗話所說：「話不說不知，木不鑽不透。」

【案例連結】

一九四四年十二月十六日凌晨，德軍為了挽回敗局，粉碎西線盟軍的進攻計畫，發動了代號「守衛萊茵河」的反攻作戰。美軍事前的情報沒有報告阿登山區對面有如此大規模的德軍。從戰場態勢來看，德軍的進攻已在第八軍當面形成了一個突出部。艾森豪決定從南北兩翼夾擊這個突出部。這樣，進攻中的德軍將遭受兩翼打擊，甚至被合圍。為此，需要使用裝甲部隊。當時，在第八軍左翼有考特尼‧霍奇斯第九集團軍的第七裝甲師，在第八軍右翼有巴頓指揮的第三集團軍的第十裝甲師。艾森豪準備讓這兩個師援助第八軍，攻打洛希姆突出部。可是，巴頓正準備按預定作戰計畫在薩爾發起進攻，他需要這個裝甲師。布萊德雷提醒艾森豪，巴頓不會同意把他的師加強給第八軍。艾森豪堅決的說：「告訴他，不是他，而是我在指揮這場該死的戰爭！」

巴頓果然不肯，他直截了當的對布萊德雷說：「是你的失誤，而不是我，才使得我們面臨如此糟糕的局面！現在，你又想讓我的部隊拉到北面救你。」巴頓原是布萊德雷的上級，現在卻成為布萊德雷的下級，藉機大發牢騷。

艾森豪聽說後，立即讓巴頓飛抵盧森堡，當面說服巴頓：「你的行動關係到整個戰局，如果讓我選擇，我也會交出這個師。」艾森豪見巴頓還是不表態，突然對巴頓說：「喬治，還記得去年在北非突尼西亞的卡塞琳隘口戰役嗎？」

巴頓說：「當然！你剛剛晉升為四星上將，就遭受到了德國人的進攻。」

艾森豪微笑的說：「好記性。那次，是你的奮戰才擊退了隆美爾的進攻。真滑稽，兩天前我剛剛接到晉升我為五星上將的命令，卻又碰上德國人的進攻。」

巴頓笑了，回敬一句說：「這次是不是還要我為你的將星保駕？」

艾森豪誠懇的說：「準確！為什麼不再這樣呢？再保一次駕吧！」

巴頓握住艾森豪伸過來的手，同意把他的第十裝甲師加強給第八軍。艾森豪就這樣智慧的處理了突發事件和令人頭疼的部屬之間的關係，為粉碎德軍阿登反撲奠定了基

礎。

四、溝通的障礙

溝通的障礙，像人體血管裡的栓塞阻礙著血液流通一樣，阻礙著訊息的傳遞與交流。

（一）組織的溝通障礙

1. 組織機構的障礙

在領導活動中，合理的組織機構有利於訊息溝通，訊息溝通往往是依據組織系統分層次逐次傳遞的。但是，如果組織機構過於龐大，中間層次太多，各部門之間職責不清、分工不明，那麼，訊息從最高決策層傳遞到下屬單位不僅容易產生訊息的失真，而且還會浪費大量時間，影響訊息的及時性。同時，自上而下的訊息溝通，如果中間層次過多，同樣也會浪費時間，影響效率。

2. 組織關係的障礙

領導者沒有搞清自己的職權關係、職能關係和協作關係，對傳遞什麼訊息、給誰傳遞、什麼時間傳遞、採用什麼方式傳遞等含混不清，導致該收到的訊息被漏掉了，該在第一時間傳遞出去的訊息被延誤了，嚴重阻礙了訊息溝通的效率。

3. 組織氛圍的障礙

訊息溝通的順暢與否主要取決於上級與下級、領導與員工之間的全面有效的合作氛圍。如果領導者過分威嚴，給人造成難以接近的印象；或者領導者缺乏必要的同情心，不願體恤下情；亦或者領導者自視清高，不允許有負面的意見，這都容易造成下級人員的恐懼心理，影響訊息溝通的正常進行。

4. 訊息過濾的障礙

在進行訊息溝通時，各級主管部門都會花時間把接收到的訊息進行甄別，一層一層過濾。在甄選過程中，往往摻雜了大量的主觀因素，尤其是當發送的訊息涉及傳遞者本身時，由於心理方面的原因，將斷章取義的訊息上報，造成訊息失真。有的學者統計，如果一個訊息在高層領導者那裡的正確性是百分之百，到了基層訊息的接收者手裡可能只剩下百分之二十的正確性。反過來，一條訊息在基層員工那裡的正確性是百分之百，到了高層領導者那裡也只剩百分之二十。

5. 缺乏反饋

溝通必須是持續的。溝通在領導活動中表現的是循環往復、不間斷的訊息流，這個流不是簡單的重複，而是不斷的優化的過程，這就依賴於反饋的存在。我們在溝通時，只有得到對方的反饋，才能真正明白對方的觀點到底是什麼，才能夠形成互動，達到有效溝通的目的。然而，實際溝通中，人們總自覺不自覺的從自我的角度去想當然理解他人的意圖，這種單邊主義的溝通沒有充分的反饋，造成了溝通中的障礙，阻斷了溝通的往復優化循環。

（二）個人的溝通障礙

1. 個性因素所引起的障礙

溝通是人與人之間的訊息傳遞，在溝通中每個人既是訊息的發出者，又是訊息的接收者，因此，訊息溝通基本上受個人心理因素的制約。個體的性格、氣質、態度、情緒、見解等的差別，都會成為訊息溝通的障礙。

2. 知識、經驗水平的差距

在溝通中，同一條訊息往往會受到個體所具有的知識、經驗水平差距的影響，因為訊息溝通的雙方通常依據知識和經驗上的大體理解去處理訊息，如果雙方經驗水平和知識水平差距過大，就會拉大彼此理解的差距，產生溝通障礙。

3. 地位的差異

在按層次傳遞同一條訊息的溝通中，地位的差異也會形成溝通的障礙。一般說來，由上往下溝通比較快也比較容易，相反，由下向上溝通比較緩慢也比較困難。特別是當領導者居高臨下，總是習慣於帶著成見聽取下級意見，不鼓勵下級充分闡明自己的見解時，會阻礙和困擾領導者與被領導者思想和感情上的真正溝通。

4. 個體情緒不佳

溝通中發訊者和收訊者情緒不同步，會使交流雙方的心理距離拉大，向下溝通時，如果領導者用憤怒的面孔、情緒化的字眼、拉高的聲調和被領導者溝通，被領導者就會與領導者形成「心理屏障」，障礙溝通的過程。向上溝通時，被領導者往往會生出許多顧慮，如領導者會不會生氣、會不會對自己有看法以及自己會不會挨批評等。在這樣的重重顧慮中，往往導致訊息被粉飾後才傳遞，從而降低了訊息的真實度和溝通的效率。

5. 對訊息的態度不同

在溝通中，不同的成員對訊息有不同的看法，所選擇的側重點也不相同。很多員工只關心與他們的物質利益有關的訊息，而對組織目標、管理決策等方面的訊息則關心度不高，這也成了訊息溝通的障礙。領導者在溝通中不專心、不耐心、態度不友善、不真誠或總是以領導者自居等，這些都是對溝通對象缺乏尊重的表現，這些態度往往容易引起溝通對象對領導者的對抗情緒，增加溝通難度。

【案例連結】

唐玄宗時，有一位叫陸贄的名臣不但盡忠職守，而且洞察事理，他指出了上下兩情不通的原因：上司和部署各有其人為溝通的障礙。上有其六，下有其三，分別如下：

上司的六弊是：（1）好勝人。總認為自己樣樣都勝過部署，誰的官大學問也大。（2）恥聞過。聽見批評的話就不高興，卻高興發現別人的過錯。（3）逞辯解。顯得能言善辯，卻不免強詞奪理。（4）顯聰明。唯恐部署不知自己如此聰明，經常要炫耀一番。（5）厲威嚴。經常擺出一副威嚴的姿

態，與部署拉開距離，使部屬畏懼而不敢盡言。（6）態剛愎。自以為是，一味執著於自己的成見。

部署的三弊是：（1）諂諛。存心討好，報喜不報憂。（2）顧望。見風使舵，投上之所好，以致是非不分、正義不明。（3）畏懼。膽怯怕事，做得多錯得多，多一事不如少一事。

五、溝通的藝術

提高溝通的有效性，必須正確運用溝通的方式方法，注重溝通的藝術。

（一）建立並暢通溝通管道

溝通的基本問題是管道。無論是對外的溝通還是對內的溝通，都需要各種形式的溝通管道來完成。溝通在企業內部無處不在、無時不有，但溝通管道不暢通是大多數企業都存在的通病。自由開放的多種溝通管道是使有效溝通得以順利進行的重要保證。溝通管道應該使管理溝通有更快的速度、更大的訊息容量、更寬的覆蓋面積、更高的準確性和成功率。領導者要有效的進行溝通，就必須在組織內外建立各種溝通管道，這是溝通軟性管理的「硬著陸」。企業的內刊、會議、內部網站、BBS、E-mail、面談等都是組織內部溝通和交流的手段。現代電腦技術和通信技術的飛速發展，給人們的訊息溝通創造了更多的便利條件。例如：利用現代通信技術可以大大解決距離上的障礙，使身處各地的成員可以透過遠程通信會議，「面對面」的進行直接溝通。

【案例連結】

在摩托羅拉公司，每一個高級管理者都被要求與普通操作員工形成介乎於同志和兄妹之間的關係——在人格上千方百計的保持平衡。「對人保持不變的尊重」是公司的文化。最能表現摩托羅拉「對人保持不變的尊重」的文化的是它的「Open Door」，即「所有管理者辦公室的門都是絕對敞開的，任何職工在任何時候都可以直接進來，與任何級別的上司平等交流」。每個季度第一個月的一～二十一日，中層幹部都要同自己的下屬

和自己的主管進行一次關於職業發展的對話，回答「你在過去三個月裡受到尊重了嗎」等六個問題。這種對話是一對一和隨時隨地的。摩托羅拉的管理者還為每一個被管理者預備了十二條「Open Door」式表達意見和發洩不滿的途徑（即溝通方式）：（1）我建議。以書面形式提出對公司各方面的意見和建議，全面參與公司管理。（2）暢所欲言。這是一種保密的雙向溝通管道。如果員工要對真實的問題進行評論或投訴，應訴人必須在三日內對隱去姓名的投訴信給予答覆。整理完畢後由第三者按投訴人要求的方式反饋給投訴人，全過程必須在 9 天內完成。（3）總經理座談會。每週四召開座談會，大部分問題可以當場答覆，七日內對有關問題的處理結果予以反饋。（4）報紙與電視台。摩托羅拉給自己的內部報紙取名《大家庭》，公司內部設有線電視台，取名為「大家庭電視台」。（5）每日簡報。簡報可使員工方便快捷的了解公司和部門的重要事件和通知。（6）員工大會。由經理直接傳達公司的重要訊息，而且有問必答。（7）教育日。每年在這一天重溫公司文化、歷史、理念和有關規定。（8）牆報。牆報定期更換，刊登弘揚企業文化的勵志文章。（9）熱線電話。遇到任何問題都可以向這個電話反映，該熱線電話晝夜均有人值守。（10）職工委員會。職工委員會是員工與管理層直接溝通的另一個橋梁，委員會主席由員工關係部經理兼任。（11）郵件系統。摩托羅拉有自己的一套郵件系統，員工可以透過分配給自己的帳號和管理者溝通。（12）五八九信箱。當員工的意見透過以上管道無法得到充分、及時和公正的解決時，可以直接寫信給五八九信箱。此信箱鑰匙由人力資源部掌握。

　　從以上可以看出，摩托羅拉公司上級和下級之間溝通的方式和管道各種各樣，從視聽到面對面、一對一地交談。同一條訊息可以從不同的管道獲得，發出的訊息也可以從不同的管道及時得到反饋。

（二）編碼要有利於解碼

　　溝通的基本技巧是編碼。溝通編碼包括了語言和非語言的訊息，溝通是個雙向認同過程，溝通要會編碼，要用他人能夠理解和接受的方式編碼。編碼主要的技巧是：（1）發訊者的編碼要與收訊者的知識水平相適應。編碼是為了解碼。發訊者在編碼時首先要考慮你的編碼對收訊者來說是否具備相關知識，不然的話你用了一大堆專有名詞，賣弄專門術語或深奧的學術觀點，收訊者不了解、不理解，溝通就產生障礙了。（2）發訊者的編碼要與收訊者的社會文化背景相吻合。每一種社會文化都有一些與其他社會文化顯著不同的語境和意思。溝通的語言和非語言訊息，要講給別人聽或做給別人看，但每個人身上都有文化的烙印。同樣的語言和非語言訊息，在不同的社會文化背景下會有不同的理解，這對溝通有著微妙與深遠

的影響。例如：美國父母經常會把拇指放在食指和中指之間來和嬰兒們做「我拿了你的鼻子」的遊戲。這個動作在巴西指的是「祝你好運」的意思，但在俄羅斯和印度尼西亞，這卻是一個下流的動作。此外，把小指和食指舉起來而把中指和無名指彎下去的動作是德克薩斯大學長角牛隊的粉絲們常用的一個手勢，它充滿了牛仔文化的氣息。但在義大利，這卻代表著一個男人「戴綠帽」的意思。可見，你編碼很友好，但是由於社會文化背景的差異，收訊者可能會感到有敵意；你認為是直言，對方可能會感覺你講話太刺耳。每一種文化都擁有其特有的符號系統，因此，發訊者編碼時必須注意收訊者所處的社會文化、風俗、習慣和民族等背景的不同，這樣編碼才能被正確解碼，才能跨文化溝通。（3）要確保編碼在經過管道傳輸後不會產生認知上的扭曲。編碼使用符號不當、內容矛盾、溝通的媒介相互衝突、傳遞經過的環節太多、訊息過濾不好等因素都會使原編碼與收訊者接收到的編碼有偏差或被扭曲，容易使溝通雙方產生誤解，很難達到溝通的目標。因此，為了保證溝通的成功，必須保證編碼使用符號恰當，內容明確，盡可能減少傳遞的經緯線，以確保發訊者的編碼在傳輸管道中不走樣、不裂斷、不發生認知上的誤解，使溝通暢通。

【案例連結一】

有一次愛因斯坦參加朋友的晚會，有位七十多歲的老太太和他打招呼說：「愛因斯坦先生，你真了不起，得了諾貝爾獎！」愛因斯坦謙虛的回答：「哪裡，哪裡。」老太太又說：「我聽說你得諾貝爾獎的論文叫什麼相對論？」愛因斯坦說：「是的。」老太太接著問：「什麼叫相對論？」愛因斯坦用比喻的方式說：「親愛的太太，你晚上在家裡等你女兒回來，可是都半夜十二點鐘了你女兒還沒有回來，你再等十分鐘，你覺得時間長不長？」老太太回答：「時間真是太長了！」愛因斯坦又說：「如果你在紐約大歌劇院，聽歌劇『卡門』，十分鐘時間你覺得快不快？」老太太說：「真是太快了！」愛因斯坦說：「你看，兩個都是十分鐘，相對不同，這就是相對論。」老太太說：「啊！我明白了。」

如果愛因斯坦跟老太太講：時間跟空間在物理學上叫相對換算，所以時間是用運動算出來的，但是量子移動的速度在快速進行的時候，它的相對速度會緩慢，時間就會拉長。這樣的編碼，不要說老太太，就是大多數非專業人士都難以解碼，那還談什麼溝通。

【案例連結二】

　　有人請客，先來了三個人，還有幾位邀請的客人尚未到達。眼看約定的時間已過，主人焦急的說：「該來的沒有來。」三個人當中，有個人一聽主人「該來的沒有來」這句話，馬上認為那我是不該來的，起身走了。主人望著走了的客人背影，又說：「不該走的走了。」第二位客人一聽這話，認為自己是該走沒有走的，起身也走了。剩下最後一位客人指責這位主人不該這樣說話，把客人都攆走了。可是主人又說：「我不是說他們。」剩下的這位客人一聽，「不是說他們」，那不就是說我嗎，一氣之下，也起身走了。

（三）學會有效傾聽

　　溝通的基本態度是傾聽。傾聽是透過視覺、聽覺媒介，接收和理解對方的訊息、思想、情感的過程。溝通是說與聽的結合，光說不聽就犯了溝通的大忌。在溝通中，心不在焉這種聽對方談話的神態最容易傷害對方的自尊心，溝通效果自然最差。學會細心聆聽，是培養溝通藝術的另一個重要方面。傾聽不是人們平常所說的聽或聽見，而是一個在不饒舌、不多嘴的情況下，將注意力集中於當前聲音的有意識行動。傾聽具有個體主觀努力的特徵，與個體的主觀感受有關，是一種心的接納的主動行為。一個優秀的聆聽者，不但要留意對方的談話內容，更應該嘗試了解內容背後的含義。領導者與員工溝通時也要留意自己的肢體語言。亨利‧福特曾指出，成功的祕訣就是以他人的觀點來衡量問題。作為領導者應盡量去理解說話者的意圖，而且在傾聽時應客觀傾聽內容，而不迅速加以價值評判。傾聽別人說話是領導者有效溝通的重要技巧之一。領導者的成功與否在部分程度上取決於他是否是個很好的傾聽者。正如邱吉爾曾經說道：「站起來發言需要勇氣，而坐下來傾聽，需要的也是勇氣。」希臘也有句古話：「上天賦予我們一個舌頭，卻賜給我們兩隻耳朵。」說明我們聽的話要比說的話多兩倍，即少說多聽。可見，怎樣進行有效的溝通不在於如何把自己的觀念說出來，而在於如何聽出別人的心聲。要想達到溝通的目的，首先要改善傾聽技巧。

　　善於傾聽對於領導者來說尤為重要。英國學者約翰‧阿爾代說：「對於真正的交流大師來說，傾聽和講話是相互關聯的，就像一塊布的經線和緯

線一樣。當他傾聽的時候，他是站在他同伴的心靈的入口；而當他講話時，他則邀請他的聽眾站在通往他自己思想的入口。」在美國學者詹姆斯‧庫澤斯、巴里‧波斯納看來，「聽別人說話是卓越領導者的一個關鍵特點」。他們告誡領導者：「注意你的耳朵和嘴巴的使用頻率，要讓你聽的次數是說的次數的兩倍。」

【案例連結一】

美國女企業家瑪麗‧凱在《瑪麗‧凱談人的管理》一書中，曾對傾聽的影響做了如此的說明：「不善於傾聽不同的聲音，是管理者最大的疏忽。」瑪麗‧凱經營的企業能夠迅速發展成為擁有二十萬名美容顧問的化妝品公司，成功祕訣之一是她相當的重視每一個人的價值，而且很清楚員工真正需要的不是金錢、地位，他們需要的是一位真正能「傾聽」他們意見的領導者。因此，她嚴格要求自己，並且使所有的管理人員銘記這條金科玉律：傾聽，是最優先的事，絕對不可輕視傾聽的能力。

【案例連結二】

松下幸之助被稱為日本的「經營之神」，在他的管理思想裡，傾聽和溝通占有重要的地位。

松下幸之助關於管理有句名言：「企業管理過去是溝通，現在是溝通，未來還是溝通。」他的意思很明確，那就是：企業管理在什麼時候都離不開溝通。管理離不開溝通，溝通滲透於管理的各個方面。正如人體的血液循環之於人的生命一樣，如果沒有溝通，企業就會趨於死亡。

松下幸之助非常善於與員工溝通。他經常問下屬管理人員，「說說看，你對這件事是怎麼考慮的。」「要是你做的話，你會怎麼辦？」……一些年輕的管理人員開始還不太願意說，但當他們發現董事長非常尊重自己，認真的傾聽自己講話，而且常常拿筆記下自己的建議時，他們就開始認真發表自己的見解了。

聽的人顯示了對說話人的尊重，不走形式，而是毫不馬虎的、專注的傾聽，回答的人就會十分認真的暢所欲言。這是一場比認真的競賽，對於下級管理人迅速掌握經營的祕訣，是大有裨益的。

此外，松下幸之助一有時間就要到工廠去轉轉，一方面便於發現問題，另一方面有利於聽取一線工人的意見和建議——而他認為後一點更為重要。當工人向他反映意見時，他總是認真傾聽。不管對方有多囉嗦，也不管自己有多忙，他總是認真的傾聽，不住的點頭，不時的對贊成的意見表示肯定。他總是說：「不管是誰的話，總有一兩句是正確可取的。」

松下幸之助的頭腦裡，從沒有「人微言輕」的觀念，他可以認真的傾聽哪怕是最底層員工的正確意見，但他非常痛恨別人對他阿諛奉承。如果有這種情況發生，哪怕對方的地位和他差不多，他也會毫不猶豫的批駁說「你真是這樣想的嗎？你也是領導，說這樣的話合適嗎？」諸如此類的話。儘管別人當時可能會覺得難受，但以後反而更尊重松下先生的為人，並且對松下先生有什麼說什麼，不再說些應景的廢話。這無論是對松下本人還是對別人，以及對公司的發展都是有好處的。松下公司因董事長的善於溝通交流，獲益匪淺。

（四）掌握溝通的時機和場合

溝通要注意時機和場合的把握。溝通的效果受到溝通時的環境條件的制約，影響溝通的環境因素有很多，如約定俗成的溝通方式、溝通雙方的關係、社會風氣以及溝通雙方的心情等。溝通需要抓住最合適的時機，時機不成熟不能倉促行事，貽誤時機就使溝通失去了意義；溝通時要考慮對方的心情、對方說話的態度、談話的地點等，因地因時制宜地採取靈活的溝通策略。大部分日本企業領導者很注意使用這種溝通方法，他們往往是安排一個確定的時間，在一個安靜的場所進行溝通。比較好的環境、氣氛和時機可以使訊息交流雙方均能平靜的、不受干擾的探討一些問題，有利於深層次的溝通。

【案例連結】

唐太宗能夠大治天下，盛極一時，除了依靠他手下的一大批謀臣武將外，也與他賢淑溫良的妻子長孫皇后的輔佐是分不開的。長孫皇后不但知書達禮、氣度寬宏、賢淑溫柔、正直善良，還有過人的溝通機智。

一次，唐太宗回宮見到長孫皇后，猶自氣憤的說：「一定要殺掉魏 這個老頑固，才能一泄我心頭之恨！」長孫皇后柔聲問明了原由，也不說什麼，只悄悄的回到內室換上禮服，然後面容莊重的來到唐太宗面前，叩首即拜，口中直稱：「恭祝陛下！」她這一舉措弄得唐太宗滿頭霧水，不知她葫蘆裡賣的什麼藥，因而吃驚的問：「什麼事這樣慎重？」長孫皇后一本正經的回答：「臣妾聽說只有明主才會有直臣，魏 是個典型的直臣，由此可見陛下是個明君，故臣妾要來恭祝陛下。」唐太宗聽了心中一怔，覺得皇后說的甚是在理，於是滿天烏雲隨之而消，魏 也得以保住了地位和性命。

（五）塑造有利於溝通的組織文化

溝通的基本氛圍是組織文化。任何組織的溝通總是在一定背景下進行的，受到組織文化類型的影響。企業組織的精神文化直接決定著員工的行為特徵、溝通方式、溝通風格，而企業組織的物質文化則決定著企業的溝通技術狀況、溝通媒介和溝通管道。領導者要帶頭營造鼓勵所有團隊成員去思考並積極表達的文化氛圍，強化組織成員的溝通協作意識，創造機會讓員工相互交流與溝通。公司新進的員工和年輕人，通常都是滿腔熱血，他們時常會針對公司的部分情況提出各種各樣的意見，他們的初衷是好的，但是由於缺乏經驗，或者認識不夠，看法難免偏頗。作為公司的領導者，即使你知道你的員工好心提出的意見是錯誤的，也最好不要直接指出來，而應該謙虛的接受並感謝他，以後再尋找機會婉轉的讓他明白真相。這樣的鼓勵才能產生溝通的動力，使新員工和年輕人更有溝通積極性。

【案例連結】

有一位表演大師，上場前他的弟子告訴他鞋帶鬆了。大師點頭致謝，蹲下來仔細繫好。等到弟子轉身後，又蹲下來將鞋帶解鬆。有個旁觀者看到了這一切，不解的問：「大師，您為什麼又要將鞋帶解鬆呢？」大師回答道：「因為我飾演的是一位勞累的旅者，長途跋涉讓他的鞋帶鬆開，可以透過這個細節表現他的勞累憔悴。」旁觀者繼續問到：「那你為什麼不直接告訴你的弟子呢？」大師解釋道：「他能細心的發現我的鞋帶鬆了，並且熱心的告訴我。我一定要保護他這種熱情的積極性，及時的給他鼓勵，至於為什麼要將鞋帶解開，將來會有更多的機會教他表演，可以下一次溝通啊。」

六、溝通的境界

沒有溝通的境界，就沒有卓越的領導工作。溝通的境界往往比溝通的方式、溝通的技巧更重要。溝通的境界即：（1）溝通心；（2）溝通情：（3）溝通理；（4）溝通道；（5）溝通義；（6）溝通神。

（一）溝通心

溝通心是溝通的前提。有了心，人類的感情才能溝通。交人交心，與

對方的情感世界相通，這樣就容易引起共鳴，帶給人愉快的感覺，使人和人的關係變得親切、融洽，雙方就會走到一起，做共同的事業。溝通的實質就是一顆真誠的心來解密另一顆心。松下幸之助說：「偉大的事業需要一顆真誠的心與人溝通。」相反，不交心，就不會有實質性的交往。那種「猶抱琵琶半遮面」，貌合神離的溝通是達不到溝通的境界的。所以卓越的領導者，不僅要重視溝通，更要善於用「心」去溝通「心」。

溝通是心對心的呼喚。要實現有成效的溝通，首先必須敞開雙方溝通的心扉。不懂得心的交流，就是心理的自我封閉和情感的自我枯竭。溝通就是以自己的心為基點，不是在三百六十度範圍拓展，而是像奧運會的標誌那樣，在「五環」的範圍內拓展。溝通就是要贏得被溝通者的心。

溝通不是獨白，是對話，是心與心的交匯。語言是內心感情的流露，會說話是非常重要的一個能力，「一人之辯，重於九鼎之至，三寸之舌，強於百萬之師」。講究說話藝術，要像水一樣，順勢而下，抓住對方的心理，諄諄誘導；還要用好肢體語言，以「潤物細無聲」的默化功能，叩開被溝通者的心扉，達成共識和取得深度了解。溝通最忌諱居高臨下的說教，這樣就會拉大心與心的間距，促膝談心才能與被溝通者產生心靈上的共鳴。

溝通心，就要一視同仁。《周易・繫辭傳（下）》云：「君子上交不諂，下交不瀆」，意思是，君子與地位高於自己的人交往不諂媚，與地位低於自己的人相處不傲慢。按照這種道理去與人溝通，就能提高自己的德行，因而也就更容易與被溝通者形成心靈上的融通。

對別人有愛心和誠心，既能照亮別人，也能照亮自己，更能照亮成功的事業。如果缺少了彼此的關愛與信賴，人還能真誠的相處嗎？俗話說，一個人如果沒有感動對方，是因為誠意不夠，是因為不能把心真誠的交給對方，是因為沒能信任對方。愛心、誠心是最善意的表達，始終都抱著愛心和誠心去溝通，「精誠所至，金石為開」，什麼樣的溝通對象都會心動，這樣就能夠在矛盾的糾結點上「活血化瘀」並產生投桃報李的回饋行動，這就是溝通心的妙處。

【案例連結一】

劉備被曹操趕得到處奔波，好不容易安居新野小縣，又得軍師徐庶。這日，曹操派人送來徐母的書信，信中要徐庶速歸曹操。徐庶知是曹操用計，但他是孝子，執意要走。劉備頓時大哭，說道：「百善孝為先，何況是至親分離，你放心去吧，等救出你母親後，以後有機會我再向先生請教。」徐庶非常感激，想立即上路，劉備勸說徐庶小住一日，明日為先生餞行。第二天，劉備為徐庶擺酒餞行，等徐庶上馬時，劉備又要為他牽馬，將徐庶送了一程又一程，不忍分別。感動得徐庶熱淚盈眶，為報答劉備的知遇之恩，他不僅舉薦了更高的賢士諸葛亮，並發誓終生不為曹操施一計謀。徐庶的人雖然離開了，但心卻在劉備這邊，故有「身在曹營心在漢」之說。徐庶進曹營果然不為曹設一計，並且在長坂坡還救了劉備的大將趙雲之命。

【案例連結二】

沃爾瑪公司前總裁薩姆‧沃爾頓指出：「溝通是管理的濃縮。如果你必須將沃爾瑪體制濃縮成一個思想，那可能就是溝通，因為它是我們成功的真正關鍵之一。我們以許多種方式進行溝通，從星期六早晨的會議到極其簡單的電話交談，乃至衛星系統。在這樣一家大公司實現良好溝通的必要性，是無論怎樣強調也不過分的。」

在沃爾頓看來，最重要的莫過於公司與員工溝通心。沃爾頓總是不遺餘力的與他手下的經理和員工溝通心。他熱愛他們，他們也的確能感到他的心扉是向他們敞開的。

沃爾頓常會對沃爾瑪商店進行不定期的視察，並與員工們保持溝通，這使他成為深受大家敬愛的老闆，同時也使他獲得了大量的第一手訊息。沃爾頓也絕不能容忍經理不尊重自己店裡的員工。如果在與員工的溝通中他得知有這種現象發生，或是親眼所見，他就會立即召集管理層開會加以解決。因此，沃爾瑪公司裡的許多員工都從心眼裡尊重他，也喜歡與他交談，把自己的問題向他傾訴。

沃爾頓持續不斷的巡視商店，與人握手，看著別人的眼睛，設法記住眾人的名字。而且他還撰寫一些友好的個人書信，登在公司的時事通訊——《沃爾瑪世界》上。後來，他開始透過衛星系統出現在螢光幕上對著員工們談話，親切得好像他正坐在他們的起居室裡與他們聊天一樣。

沃爾頓經常在野餐會上與眾多員工聊天，大家一起暢所欲言，討論公司的現在和未來。為保持整個組織訊息管道的暢通，他還注重收集員工的想法和意見，帶領員工參加「沃爾瑪公司聯歡會」等。

【案例連結三】

有這樣一個寓言：有一天，鑰匙來到一個庫房的大門前，正看到一根鐵棒在費力的撬大門上的鎖頭，全身上下都是汗水。但是，大門上的鎖還是沒有撬開。鑰匙走過去

說：「鐵棒老兄，讓我來試試！」鑰匙鑽進鎖孔，只輕輕一轉，鎖頭就被打開了。鐵棒十分不解的問鑰匙：「為什麼我費了九牛二虎的力氣都打不開它，而你輕而易舉的就打開了？」鑰匙語重心長的說：「因為我最了解它的心。」

（二）溝通情

人是感情動物，情感是維繫人際關係的基礎，而情感來自於深層次的溝通。有的領導者不善於溝通情，只注重同意見一致的人溝通，對意見不一致的人互不往來，整天你看我特別，我看你別扭；對關係親近的人心扉大開，酒逢知己千杯少，對其他人則緊閉尊口，話不投機半句多；只進行工作上的溝通，忽視感情的交流與溝通，時間長了，人們之間的情感就會疏遠，甚至鬧不團結。在世態炎涼的地方，就是因為存在著厚厚的「情壁」，溝通終止了，結果誤解和矛盾越積越多，形成積怨，甚至「冷戰」對峙。可見，沒有溝通，感情就要枯竭；沒有情感，溝通就要堵塞。

溝通情就要提倡尊敬。人性本身就有一股希望被人肯定、被稱讚的強烈欲望，這是人和動物的最大不同點。尊敬需要普遍地存在於每一個人的心中。尊敬是溝通雙方情感、建立融洽的人際關係的前提條件。每個人都渴望獲得他人的認可，受到尊重；人都希望受到禮遇，要求他人對自己有禮貌。「你敬我一尺，我敬你一丈」，這就是溝通的妙處。

溝通情就要講究誠信。講求「誠」，以誠待人；講究「信」，「人無信不立」。誠信是指誠實信用，一言九鼎。古人云：「誠信乃做人之根本。」誠信是將素不相識的人的心連在一起的溝通橋梁。用誠信對待情感世界和生存的普遍要求，常常會發揮意想不到的效果。

溝通情就要敞開心扉。《周易》兌卦卦辭曰：「兌，亨，利貞。」就是說，開懷豁達能使人歡欣、喜悅，亨通暢達，利於堅守正道。領導者與下屬溝通，不能以自己的職務、地位、身分為依託點，而是要敞開心扉，疏通情感交流的管道。「感人心者，莫先乎情。」領導者敞開心扉，亮出真情，對方也會逐步開啟「心理門戶」。你與下屬有多少感情上的共同點，將決定你與他們溝通的程度有多深。

　　動之以情往往比曉之以理更有效果，「情」具有打動人心的功能，而「理」則是機械的。劉備深知「情」在溝通中的巨大作用，他愛哭，也會哭，透過哭來和人們進行情感上的深層次溝通。老百姓調侃，劉備的江山是「哭」出來的。

【案例連結】

　　蒙哥馬利是英國著名的、很有個性、很受人們愛戴的元帥。他說：「一支軍隊不只是集中許多個人和坦克、大炮、機關槍等而成，軍隊的力量也不是正好等於這些東西的總和，它必須超過各部分因素的總和。外加的力量，絕大部分來自於士氣和戰鬥精神、領導者和被領導者之間的信任。」

　　誰都不否認，戰爭時期士兵過著最不快樂的生活。但要是士兵知道指揮官和他們一樣生活，這種生活就較易接受一些。士兵若在前線常常見到司令，能同司令談談話，並受到重視，知道他們真正被長官所關心愛護，他們會更有勇氣。正是這些深刻的認識使得蒙哥馬利投入很多時間和精力用於視察軍隊。

　　在歐洲登陸戰的指揮過程中，蒙哥馬利慣於搭乘「輕劍」號專車到英格蘭、威爾斯和蘇格蘭各地去訪問即將參加「霸王」行動的各個部隊。視察形式不拘一格，目的卻只有一個，即讓每一個士兵都感受到司令是可以信賴的，他們要為之努力的戰爭是必勝的。自然，剛出現在隊伍面前時，他引起的只是好奇心，這些來自不同國度的士兵們交頭接耳，對他品頭論足。他微笑著，絲毫沒有要制止他們的意思，而是用近乎鼓勵的目光和藹的從每一張臉前掠過。然後，他就站在吉普車的車頭上，同官兵們作樸素簡單的談話。接下去，他走進士兵中間去和他們談心，甚至與他們一起備戰、一起生活起居。

　　德國將軍隆美爾的部隊被決定性的擊敗後，逃向了的黎波里。蒙哥馬利率第八軍深入到塔尼亞追擊敵軍達兩百多英里。時值聖誕節，為了振奮士氣，最後躍進的黎波里，蒙哥馬利命令部隊原地休息，盡最大可能過一個快樂的聖誕節。當時氣候寒冷，火雞、葡萄乾、布丁、啤酒等食品都得到埃及去訂購，蒙哥馬利發動後勤工作人員，終於使這些聖誕節傳統食品按時運到了。

　　接著，蒙哥馬利向全體官員贈送最好的禮物——聖誕文告，來祝賀大家聖誕快樂。在文告中，他引用了約克郡一位名叫赫爾的女孩寄給他的聖誕賀信中的話，並說，這代表了每位英國公民對全體官兵的祝福。文告充滿了親人般的脈脈溫情，將士們無不備感親切。

　　就這樣，蒙哥馬利鼓足了士氣，為戰爭勝利準備了最重要的條件，也為自己贏得了成功，贏得了「二戰」名將的殊榮。

（三）溝通理

溝通理是溝通的重點，也是深層次的溝通。溝通就是要表達理念，讓被溝通者接受和產生同感，溝通就是「用事實講話，憑道理服人」，溝通的過程就是思想認識與智慧的融合。

《周易・繫辭傳（上）》云：「有親則可久。」意思是，有了親和力就能立於長久。又云：「可久則賢人之德。」意思是，立於長久是賢人的德行。任何群體都需要親和力，這是群體裡人們的生理和生存的必需。心理學家證實：心理上的親和是別人接受你意見的開始，也是別人轉變態度的開始。而在這基礎之上，要把群體凝聚起來，以便滿足自己的欲望，實現自己的理想，就需要理性參與其中，理性是全體凝聚力的主要基礎。溝通理就能把人們的親和力黏結在一起，體驗共同進步的幸福滋味。

溝通理最重要的一點是要知道「理」在哪裡，然後進行疏通。溝通理，如同治水，不能「堵」，要善於「導」，要順勢而下。領導要開放心靈，積極傾聽，以海納百川的胸懷容納不同觀點、意見或分歧，這就會使不同觀點、不同政見的人走到一起。「理」溝通好了，可以互補智慧，啟發思路，創新思想。

溝通理就要把被溝通對象的所說、所想加以條理化，然後再把自己的主張加在延長線上，如此，對方很容易迎合你的「理」，這樣在不顯山不露水的情況下就把「理」傳遞給了對方。

遇到那些理智程度高的人，常常會對一件事情的可行性提出諸多的疑問，你嚴謹、細緻、充滿邏輯性的說「理」，才能說服對方；遇到那些不想講理的人或胡攪蠻纏的人，就更需要講理了。

通「情」才能達「理」，沒有溝通心和溝通情作基礎，即使有理，也未必能達到說服的目的。但是，只有心理的接近和感情的共鳴，沒有理的認知程度，溝通也不能持久。溝通缺少了「理」，一切都變得沒有意義了。溝通就是要有一個共享的「理」。

【案例連結】

唐太宗初登皇位，就開始論功行賞，房玄齡被歸為一等功，卻遭到了皇叔李神通的

反對，他說：「高祖起兵反隋時，我積極響應，並傾盡家財犒勞將士。而房玄齡拿不得刀槍、上不得馬鞍，反而官居一等，臣心裡不服氣。」

太宗聽完，當廷反駁說：「您說您領兵打仗這麼多年，有幾次是大勝過的？與竇建德交手，您全軍幾乎殆盡；與劉黑闥爭鬥，您又望見而走。房玄齡雖說未上戰場廝殺，但運籌帷幄，安定後方，位居一等實屬實至名歸！」

太宗這番話說得李神通面紅耳赤，羞愧難當。散朝後房玄齡特意去拜訪李神通，他誠懇的說：「皇叔這麼多年鞍前馬後，苦勞甚矣，要不是您當年出手相助，秦王何來今日榮耀，比起我們舞文弄墨之輩，確實功高。您要是願意，玄齡明天奏明陛下，情願把功位讓出來。」房玄齡說完，李神通由衷的感嘆：「皇帝誇讚你與世無爭，低調處事，的確不是妄言呀！」兩人原本僵化的關係迅速得到融解。這種情理交融的溝通方式對於說服那些心有怨氣或採取防範措施的被說服者，能夠收到很好的溝通效果。

（四）溝通道

「道」是天地之根、萬物之本，也就是自然規律和行為準繩。「萬物莫不遵道而貴德」，人與人的交往更應該「唯道是從」。自然界和人類社會都是變中有「常」，亂中有「理」，而左右萬事萬物變化的「常理」就是「道」。老子講：「道，可道，非常道。」道雖然說不清楚，但是它確實存在。「道」在人的思想意識的深處，「道」在人們的頭腦和心坎裡。《周易》說：「形而上者謂之道，形而下者謂之器。」形而上，無形，故謂道。老子認為「無形勝有形」。溝通也有有形與無形之分。用真善美的境界與人溝通，就是無形勝有形的溝通。真善美的溝通才能獲得他人的愉快合作。溝通「道」的目的就是求得「道合」，得到與「道」同流的人。「道合」是溝通的鮮明特徵和明確走向。道不同不相為謀。合作夥伴在一起合作，最直接的認同就是「志」相同、「道」相合。「道合」就如同行走在沙漠中遇見了甘泉。「道合」能轉化人的認識，「道合」能調解人的行為。

「道」是比形象、身體、言辭、才華、功業更為貴重的東西。有「道」者就能贏得別人的喜愛和親附。在當今這樣一個需要合作的社會中，人與人之間互動關係的底蘊就是「真」，就是袒露自己的本性，以真愛示人。人偽裝本性是一種有意識行為，時間一長，無意識中就會將假面具拿下來露出真面目。善也是人性的底色，人人都喜歡受人善待。孟子說過：「君子莫

大乎與人為善。」善待別人、幫助別人，是人們在尋求成功溝通過程中應該遵守的一條基本準則。美是人的心靈的自我完善和文明禮貌的外在形象，美使溝通過程散發出奇光異彩。與你接觸的每一個人都能從你那裡得到美好的東西，那你的溝通一定有聲有色。

　　胸中有良「道」，溝通時不要擺出救世主的姿態，言語應謙虛謹慎，以商榷建議的口吻與大家溝通，才能夠引發心理的和諧共振，提出的「道」也很容易就被採納。以「說教」的形式讓被溝通對象聽自己的「教誨」，則良「道」不僅不會被採納，反而會遭到否定或非議。

【案例連結】

　　一天，齊桓公利用政務的閒暇，在殿堂上讀書。一個叫輪扁的車輪木匠在殿堂下製作車輪，看到齊桓公正在伏案看書，就走到殿堂前，問道：「請問君王，您讀的是什麼書啊？書裡說的都是一些什麼話啊？」

　　齊桓公把輪扁叫上殿來，故意用模稜兩可的話說：「我讀的是古代聖人的書，書裡都是聖人說的話。」輪扁又問：「那敢問君王這些聖人都還活著嗎？」齊桓公笑笑說：「聖人當然不可能活著了！」輪扁說道：「既然這樣，那麼君王所讀的書裡的話，也不過是古人的糟粕罷了。」

　　齊桓公一聽這話，大聲呵斥道：「大膽輪扁，膽敢如此放肆。本王現在命你解釋清楚你剛才的話，若是能言之有理，我就饒你不死，若不然，就地正法！」輪扁不慌不忙的說道：「小人無意冒犯大王，只是從做車輪的角度來看待這個問題的。車輪的製作有的做得快，有的做得慢。製作得慢，雖然省力又舒服，但這樣做出來的車輪是不牢固的；製作得快，雖然製得多，但卻要受累，而且由於速度快木頭砍不深，做出來的車輪就可能不合卯。憑我幾十年做車輪的經驗，我認為，要做好車輪既急不得也慢不得，要慢條斯理，想到哪裡做到哪裡，這樣才能做出好車輪。」

　　齊桓公問道：「你講的這些，與我讀書有什麼關係呢？為何說我讀的都是古人的糟粕呢？」輪扁接著說道：「那麼怎樣才能不快不慢，又得心應手呢？這裡面的技巧只在我心裡，嘴上是說不清楚的。要獲得這些技巧只能從製作車輪中尋找。就像我的孩子，他想學習做車輪的技術，但是這些技術我卻不能給他說明白，因為這是說不出來的，所以他就學不到這門手藝。直到我死了，這些技藝就會跟隨我一起埋進墳墓。如此看來，古代聖人們的道理和思想也早已隨他們一同死去了。留在書中的，不過是古人的糟粕罷了。」齊桓公聽後，若有所思的點了點頭。

（五）溝通義

所謂「義」，是指一定的道德行為。人是一種社會化的動物，為了工作和生活，需要相互依存，這種相互依存的關係有的是建立在「利」的基礎上，有的是建立在「義」的基礎上。「義」是使人們之間凝結成一種美好關係的紐帶。《周易》中經常強調的「正」，即符合正道，要求人的所作所為符合包括「義」在內的社會倫理道德。無論是社會中什麼樣的關係，彼此間如能相感以「義」，關係就和順、通達，就能共處、共事。

深明大義是君子所為。孔子說過：「君子喻於義，小人喻於利」（《論語·里仁》）、「義以為質」（《論語·衛靈公》）。孟子也說過：「大人者，言不必信，行不必果，唯義所在。」對君子這樣的群體和個人，「義」是他們的興奮點、關注點，是他們能夠「共同接受的方式」。因此，與君子溝通就要曉之以大義，這才能夠加大思想上、感情上和心理上的共鳴和共振，從而收到深層次的、內在的溝通效果。

「義」應當是無所求的，無所求的溝通才真誠、純潔，才能持久。「義」就是多獻納，多助人。以「義」溝通，建立起來的人際關係群體中才可能不乏忠義之士，才可以避開那些見利忘義的勢利小人。

人與人之間失去了「義」，剩下的就只能是赤裸裸的利害關係，人也變成了一個虛偽的軀殼。凡事都講究利益得失，甚至總想從別人身上撕下一張皮變成自己的利益，只能萎縮成一個自我，懷著這樣的目的去進行溝通，就不可能有真正的友誼和朋友。利掩蓋了義，就沒有了情誼，就難以溝通，就不會投入更多的心力，更不能產生深度的配合，利盡人散，最終就像吹肥皂泡一樣，一無所有。

道德行為的基礎是人們的利害關係。通常說來，對人們有利的是義，反之是不義。在溝通中處理好利和義的統一關係，使兩者融合起來，互動起來，義利雙贏，就是溝通的精妙境界。

古往今來，許多成功的領導者率萬眾如一人，呼一聲上下應，究其原因，就是領導者和其下屬有「先乎情」、「深於義」的溝通境界。

【案例連結】

　　西元一七七六年，《獨立宣言》通過時，大陸會議正式將軍權授予華盛頓。然而這個當時僅僅是概念上的國家並無一兵一卒。華盛頓臨危授命，歷盡艱辛，從無到有締造了一支屬於新大陸的子弟兵。八年浴血，將殖民者趕下了大海，使「美國」真正成為一個名副其實的地理概念。建國者遇到一個棘手難題，對那些戰功顯赫、九死一生的將士如何安置？正義的召喚使他們身上的布衣換成軍裝，可勝利以後的美國需要的是和平建設而不是鬥爭搏殺，美國不需要維持如此龐大的武備……怎麼辦？如何使軍隊真正成為一支有益於保衛國家和平與穩定，而不沾內政色彩的安全力量？

　　對於當時的美國，要實行這個理念並不輕鬆，在此問題上，有一個人的態度舉足輕重，他就是喬治‧華盛頓。這位披堅執銳的美利堅軍隊之父，與軍方的關係最瓷實，彼此感情和信任也最深。按一般理解，雙方利益維繫無疑也是最緊密，算得上是「唇齒」或「皮毛」的共棲關係。國會靜靜的等待華盛頓的抉擇，代表們焦灼的目光也一起投向將軍……

　　在這樣一個重大的歷史時刻，華盛頓顯得異常平靜，他說：「他們該回家了！」這樣說的時候，將軍一點也沒有猶豫，但其內心卻充滿疚愧：這支剛建立起來挽救了國家的隊伍，尚未得到任何應有的犒賞，而此時財政一片空白，軍餉都發不出，更不用說安置費和退伍金。尤其是傷殘病員，也將得不到任何撫恤……這樣讓他們回家──多麼殘酷和難以啟齒的主意啊！

　　華盛頓做到了。他能夠做的，就是以個人在八年浴血中賺的全部威望和信譽，去申請大家的一份諒解和對這種正義行為的理解。

　　那一天，他步履沉重的邁下檢閱台，他要去為他的國家實現最後一個軍事目標：解散軍隊！他的目光掠過一排排熟悉的臉，掠過隨己衝鋒陷陣的累累傷痕之軀，替將士們整整衣領、撣撣塵土，他終於艱難的開口了：「國家希望你們能回家去……國家沒有惡意，但國家沒有錢。你們曾是英勇的戰士，從今以後，你們要學做一名好公民……」

　　將軍哽咽了，他不再是下達命令，而是用目光在懇求。寂靜中，士兵們垂下了頭。當他們最後一次以軍人的姿態齊刷刷的向後轉時，將軍再也忍不住了，他熱淚盈眶，趕上去緊緊擁抱每一個戰士……沒有這些人，就沒有美國的誕生，但為了新生的國家，他們必須義無反顧的離去。一個正義的理念就這樣安靜的實現了。從構思到決策，從溝通到履行，沒有吵鬧，沒有喧譁和牢騷……

（六）溝通神

　　溝通神是溝通的最高境界。溝通神是直達心靈的溝通，在此境界，溝通雙方彼此深入心靈、精神相通。人在社會中不得不注重人際交往，最好的人際關係就是處於「神交」狀態，而達到這種「神交」層次靠的就是溝通

神的技巧。

溝通神就要學會傾聽。溝通的技巧是先傾聽後表達，傾聽了別人的心聲之後，再將自己的想法因勢利導的注入到別人的心中。傾聽的首要原則是全神貫注的聽取對方的談話，特別是那些傾訴憂鬱苦難的談話更要注意傾聽，並作出適當的反應，反應並非都用語言，還要借助於好奇、驚訝等表情神態，表示你的真誠理解和同情，這不僅會增加對方的談興，更會增加雙方的「神」通。

溝通神就要溝通自我價值的實現。人作為高級動物，不僅有物質上的需要，而且有精神上和心理上的需求，都有最大的實現自我價值的追求。馬斯洛的五項需求層次理論揭示，實現自我價值是人的最高需求。與被溝通對象在這個層面上進行溝通，使其現實的自我自覺的上升到理智的「超我」，從而實現自己的最大價值，就是溝通神。

溝通神就要溝通組織的願景。願景是組織未來的圖景，是組織成員行動的精神和動力，是組織的最大自我價值。劉備三顧茅廬，諸葛亮用「三分天下」的願景與劉備進行溝通，達到了心領神會的溝通。

溝通神能夠愜意人類的靈魂，讓被溝通者體驗心靈的享受。只要達到了溝通神的境界，人的「神交」也就順理成章了。人與人達到了「神交」，就會使人與人之間的距離縮短；人與組織達到了神交，就會形成團結，構成合力。劍膽琴心是神交；風雨同舟是神交；肝膽相照是神交。世界上沒有什麼東西比神交更神聖了，世界上也沒有任何溝通比神交更有溝通層次了。《周易・繫辭傳（上）》云：「唯神也，故不疾而速，不行而至。」意思是，由於極其神妙，所以不用求快反而會迅速，不用費力跋涉，反而會達到。溝通到了「神」的通透地步，必然會產生這種「神之所為」的奇妙。

【案例連結】

秦末暴政，民不堪受。陳勝、吳廣支戍守邊境，結果誤期該斬，反正是死，無奈之中才舉兵起義。然而，雖然如此，他們也不敢明目張膽的大舉造反。也許當時人們對於秦王嬴政的積威還頗為震懾，別人為王稱帝恐

怕一時還適應不了。陳勝、吳廣二人為此也耗費了不少思慮，只恐一招走錯而毀了整盤好棋。

陳勝、吳廣是粗人，不懂多少文化，想個計策實在是費了不少的勁。他們讓人趁夜埋伏在營地的周圍，學著狐狸的聲音鳴叫，並大聲喊叫：「大楚興，陳勝王。」如此一來二去，弄得人心惶惶，陳勝出出入入也頗引人注目，總是有人指著他的背影低聲耳語，連押送他們的軍官也開始密切注意陳勝了。

接著，他們又將一小條書簡塞進魚肚，上面寫著陳勝理應順天意而為王的訊息。廟庖自集市上把魚買回來，剖開魚腹準備烹殺，自然就發現了裡面的書簡。眾人大驚，將先前夜半狐鳴之事一聯繫，驚呼陳勝為天人，陳勝的號召力在戍卒中陡增。

後來，陳勝和吳廣藉故殺掉了兩個看送他們的軍官，揭竿而起，振臂高呼：「王侯將相，寧有種乎？」眾人也跟著響應，這才掀起了歷史上第一次農民起義的大風暴。

第九章
卓越領導者「點」的領導智慧

　　「點」乃圓周運動過程中的「瞬」，無數點可以「積分」成圓。同樣，圓也可以「微分」成點。圓可以分解成線段，線可以分解成無數點；點可以連接成線，線又可以構成圓。點影響圓，改變圓，反作用於圓。世界上的一切事物，都具有「點」的屬性。即便是有方、有長、有棱、有角的事物，並且無論其長、方、棱、角、大、小、粗、精、細如何，經過無限分解，都是由「點」這個整體的最小因素組成的。所以，事物就誕生在「點」上，有了「點」，才有了點到線、點到圓的運動形式和線與圓的存在狀態。把「點」賦予領導學上的含義，並對這種含義深入探討，增廣見聞，就會豐富和發展領導智慧。

　　卓越的領導者必須深諳「點」的領導智慧，熟知：(1)「點」式領導智慧的機理；(2)發展的「制高點」；(3)開拓的「創新點」；(4)突出的「重點」；(5)矛盾的「關鍵點」；(6)主攻的「難點」；(7)多項工作的「結合點」；(8)事物性質的「基本點」；(9)利益關係的「平衡點」；(10)事物發展的「適度點」；(11)擱置「分歧點」。

一、「點」式領導智慧的機理

在領導活動中,「點」的領導智慧體現在以下幾個方面:

首先,從領導制度上看,我們實行的是集體領導與個人分工負責相結合的領導制度。按照這種制度的要求,每個領導者都要具體分管幾個「面」或幾條「線」。領導者管轄的「面」、「線」雖然是很寬泛的,但它是許多項具體工作的「點」的集合。每一項具體工作及其組成要素就是「面」、「線」的一個構成要素「點」。

其次,從領導活動的要素看,領導場產生的領導力作用於領導資源配置的過程就是領導活動。領導場是點式的,領導資源經過無限分解,也是點狀的,領導力也是作用在點上的。因此,「點」是多種領導要素的交匯處,領導活動就是由多方面、多層次、多結構的「點」狀態的領導要素所組成的。

再次,從領導活動的過程看,領導活動的動態過程是一個由連續的時空因素和互相關聯的工作內容構成的「領導活動鏈」,「點」正是領導活動鏈條上最基本、最初級的形式。領導工作沒有「點」,就沒有開始;沒有「點」,就沒有發展;沒有「點」,就沒有終結。每項領導活動都要經過形成、發展、終結的過程,一項領導活動完結了,新的領導活動又產生了,新的領導活動又遵循從形成到發展到終結的運動變化過程。領導是在這種點法則作用下做周而復始的點更替,從而推動領導活動順利開展。

最後,從領導藝術角度看,「點」也是達到領導藝術最高境界的根基。各種力量相互作用的交匯「點」,就是領導活動鏈條上的關鍵環節、要害部位,領導方法發揮最大作用、最好效果的最佳支點就在這些「關鍵環節」和「要害部位」上。領導者如能悟出這些「關鍵環節」和「要害部位」,就找到了事物的主要矛盾和矛盾的主要方面,就抓住了領導工作的「牛鼻子」。如能處理好這些「關鍵環節」、「要害部位」的矛盾和問題,就能使之成為做好全面工作的突破口、切入點,收到以小促大、以點促面,直至能用微量的

變化催生全面質的變化的顯著成效，解決全部問題也就水到渠成了。古希臘哲人阿基米德說過，給我一個支點，我可以撬起地球。「點」式領導藝術的精髓就在於抓住「關鍵環節」和「要害部位」，找到托起地球的那個槓桿的支點。

二、發展的「制高點」

所謂發展的制高點，就是指可以總攬全局、推動全局發展的居高臨下的位勢之所在。制高點是發展勢能的基礎。在領導工作中，特別是領導發展的過程中，找準了制高點，就能夠高屋建瓴、勢如破竹的帶動整體目標趨向高標準，提高整體效益和核心競爭力。找準領導發展的制高點，是有規律、有方法、有藝術的。

1. 從問題中發現發展的制高點。尋找領導發展的制高點，必須從研究發展中出現的新情況、新問題開始。尋找發展的制高點，一定要以研究中心問題為導向，找出發展面臨的關鍵問題和各種問題的交匯點，並據此給客觀事物的現狀「定格」，確定發展的制高點。

2. 從全局中把握發展的制高點。制高點從層次上看，具有全局性、方向性、策略性、前瞻性、綱領性的基本特徵，只有站在制高點上，才能從宏觀上「俯視」、「鳥瞰」，才能開闊視野，「一覽眾山小」。領導者要總攬全局、領導發展，只有站在策略全局的高度，統觀全局，長遠考慮，研究規律，從全局中把握領導發展的制高點，才能使抓發展制高點的工作既有質量，也有數量，既有深度，也有廣度。

3. 從比較中尋找發展的制高點。有比較才有鑒別，有鑒別才能尋找到領導發展的制高點。領導可以借助於 SWOT 分析法來確定發展的制高點。首先從內部分析自己所具有的發展優勢和劣勢；然後再向外看，分析外部環境所帶來的發展機遇和存在的威脅，以內部的發展優勢和外部的發展機遇進行組合，確立領導發展的制高點。

4. 從動態中捕捉發展的制高點。歷史是發展的，制高點不是一成不變的。因此，尋找領導發展的制高點，不僅需要在事物的相互聯繫中研究和確立，而且需要隨著事物發展變化不間斷的思考和研究，從動態中捕捉和確立。在事物發展過程中，各種主要矛盾、次要矛盾都將呈現出來，制高點和非制高點也會交錯出現。制高點也有一個從不顯著到顯著的發展過程，只有在動態中跟蹤研究，理清事物發展的脈絡，制高點才會浮出水面。

5. 從轉變中搶占發展的制高點。找準了發展的制高點，就找到了工作的下手處和突破口，但這還只是解決問題的開始，更重要的是實現從思維層面向運作機制和領導實踐的轉變，在轉變中搶占制高點。制高點的功能是牽動發展，從「找準」到「搶占」再到「大發展」是制高點功能實現的鏈條。這個鏈條的關鍵是在找準制高點的基礎上，必須全力以赴的組織資源和力量搶占制高點，依託制高點建立長效的發展機制，帶動事業的興旺發達。如果是企業，就要先人一步、快人一拍的把制高點形成項目化、社會化和品牌化。

【案例連結】

普丁任職總統時，把俄羅斯治理得很好，也深得俄羅斯國民的擁戴。普丁的最成功之處，就是站到了治理俄羅斯國家的「制高點」上。這個「制高點」就是俄羅斯文化中的文化——大國意識。俄羅斯人骨子裡都有一種大國意識的文化元素，普丁一上台就圍繞這個「制高點」展開。他上任伊始就寫了一篇「千年之交的俄羅斯」的文章，中心意思就是俄羅斯現在已經淪為半個國家了，要恢復俄羅斯的大國地位，哪個黨派都不要爭論了，我們一起來恢復大國意識。普丁登高一呼，加之所做的一切都是圍繞這個「制高點」展開的，把整個俄羅斯人民的意識都喚醒了，都團結起來了。這篇文章到今天也是俄羅斯的立國之作，梅德韋傑夫也堅持這個「制高點」。

三、開拓的「創新點」

所謂開拓的創新點，就是指領導者在探索未知的領導活動過程中能夠突破常規的思維和行為，以超前的意識和改革精神，提出新的見解、新的思想，制定新的發展策略等思維活動和行為活動。一個富有創新精神的領

導者，總是站在時代的前列，具有登高望遠的策略眼光、時不我待的緊迫感、不滿現狀的超前意識和奮發進取的改革精神。創新點的領導智慧正是基於這個道理，它要求領導者敢於變革陳規，轉換思維方式，善於發現並有效運用領導方法的最佳支點，創造性的做好領導工作。

創新點的特點有以下幾個：

1.創新點是發展的動力源。創新是一個民族的靈魂，在人類歷史的進步中，創新的偉大意義毋庸置疑。沒有創新，就沒有人類的今天。創新也是一個地區、一個部門加快發展的原動力。創新可以進一步理清思路，可以更好的整合現有資源，可以激發發展的活力，可以推進在加快發展中不斷解放思想、在解放思想中不斷加快發展的進程。創新雖然伴有很大風險，但是，作為領導者必須是思想解放、大膽開拓的「排頭兵」和「領頭雁」。從大量由明星企業變成流星企業的規律上看，不思進取、不求創新才是一個企業家或一個企業可能遭遇的所有風險中最大的風險。

2. 創新點是創新的突破口。矛盾的多樣性和複雜性，決定了創新必然是一個由點到面的過程，不可能一下子解決所有矛盾，這就需要選擇以哪些矛盾為突破口來實現創新。應準確的觀察舊事物的缺陷，敏銳的捕捉新事物的萌芽，提出新穎的創意，並進行周密的論證，從而得出可行的創新點來付諸實施。

3. 創新點是問題、條件和時機的統一。領導者要對組織面臨的矛盾和問題進行梳理，找出影響和制約組織發展的「瓶頸」問題作為創新的突破口，為解決其他問題提供良好的條件，掃除創新的障礙。創新是有條件的，領導者一定要把創新條件的成熟度作為創新的前提，不能片面的以問題是否需要解決為出發點。時機也決定著創新的效果，抓住了時機，可以最大限度的調動一切積極因素，支持創新、實踐創新、促進創新。錯過了時機或時機選擇得不對，人力、物力、財力都沒有準備好，尤其是人們的心理成熟度太低，就會失掉創新的條件，使創新失敗。可見，創新點是同非常嚴謹的科學性聯繫在一起的。

4.創新點來自於群眾的首創精神。群眾是創新的主體，廣大群眾長期工作生活在第一線，對實際情況最為了解，感受最為深切，往往也最先萌發解決問題的新思路、新想法。許多領導活動中的創新之舉，就是對那些原創於群眾中的新思路、新想法進行加工、提煉、昇華的結果。領導者必須尊重廣大群眾的首創精神和創新主體地位，這樣探索出來的創新點才具有廣泛而深厚的群眾基礎。同時，群眾還是領導活動的基礎主體，是創新的領導方法、手段等作用的對象，創新的領導方法、手段符合群眾的利益、意願，群眾有承受能力，贊成、擁護和支持，才能產生實際效應。

【案例連結】

三國時蜀、吳聯手抗曹，孔明到江東作幫手。周瑜不服其才，要他十天之內造出三十萬雕翎箭，誤期則斬，實為刁難。誰知孔明卻說，大戰在即，十天時間太長，只要三天就夠。周瑜說軍中無戲言，諸葛亮說：「願立軍令狀。」待軍令狀一立，周瑜暗自高興，心想諸葛亮死定了，而且是自己找死。諸葛亮立軍令狀後的第二日，方才在小船上扎起草人，趁霧氣划向對岸曹營，並大力擂鼓助威，曹兵眼見許多船隻臨近，船上人影綽綽，疑心敵人來攻，卻又礙於大霧出擊不便，只得站在岸上萬箭齊發，以阻敵軍來勢。箭中草人，自然深入而不落，時日已到，草人上布滿雕翎箭，諸葛亮這才命人掉轉船頭，回歸本營，成功的達成了任務。

周瑜按照傳統的思維方式，認為造箭要先砌鋪子（蓋工廠），再砍竹子（做箭桿），再鑄模子（做箭頭），再做膠（把箭桿和箭頭黏起來），這個流程下來，造三十萬支箭，不要說是三天，就是三十天也造不完。但是諸葛亮則按照「資源外包」、「善用借功」的創新思維，一步到位，從曹操那裡劫走了三十萬支箭，用腦子解決了用手和腳解決不了的問題。

四、突出的「重點」

所謂重點，就是大事和關鍵的問題。領導工作突出重點，就是要抓主要矛盾。沒有重點就沒有特色，沒有重點就沒有優勢。領導活動千頭萬緒，不能眉毛鬍子一起抓，要突出重點。宋代政治家司馬光說過：「居是官，當志其大，舍其細，先其急，後其緩，當專利國家而不為身謀。」突出重點，抓住重點，突破重點，既是對領導者的基本要求，也是領導者必須

掌握的工作方法和領導藝術。

1. 突出重點首先就要認知重點。認知重點是突出重點的起點。重點是就事物在某一時刻或某一特定環境下的狀態而言的，在不同時期、不同崗位，領導工作面臨的重點工作也不相同。從工作性質看，有整體重點和局部重點、大項重點和小項重點之分；從工作落實的先後順序看，又可分為長期重點和短期重點、年度重點和階段重點。領導者認知重點的思想方法要與事物的內在規律性相適應。領導者在認知重點中，要時刻保持清醒的頭腦，敏銳觀察各方面的變化，要以策略思維和發展眼光認知影響發展大局的重點，善於從宏觀形勢出現的變化、大局的高度觀察重點，認知重點，把握重點，針對重點做好工作。也要注意一些微不足道的徵候、淺顯的要素、稍縱即逝的現象，透過邏輯推理，看到事物的深層次本質和工作的重點。既然工作重點具有特定時期的屬性，它不是凝固不變的，而是隨著條件變化而變化的，那麼在不同時期工作的任務不同，工作的重點也不一樣。因此，認知重點，還要從已知的重點中預測未來的重點，這樣才能夠使自己領導的工作不斷突破原有的工作重點，建立起新的工作重點。

2. 突出重點就要處理好重點工作與非重點工作的關係。任何問題的考慮和處理必須分清主次，以重點帶一般，以一般保重點，始終貫徹「次要」為「重要」讓路，「輔助」為「中心」服務的思想，確保重點工作落到實處。同時，又要搞好全方位協調，不要忽視了非重點工作。重點工作和非重點工作既互相對立，又相互依存；既相互排斥，又相互貫通。領導者應該從實踐上深刻把握這種哲學內涵，使自己的領導工作滿盤皆贏。

3. 突出重點就要切中重點。切中重點就是從重點工作、重點環節和重點矛盾入手開展領導工作，要克服重決策、輕落實，重號召、輕指導，重唱功、輕做功的傾向，把握關鍵，研究問題，強化措施，促進落實。只有切中重點才能分清工作的主次、事務的巨細，該躬親的躬親，該授權的授權，才能從文山會海中解脫出來，不把大量的精力和寶貴的時間耗費在一些不必要的會議、沒有價值的文件上。

4. 突出重點就要布置重點和檢查重點。工作安排和工作檢查是領導者

的經常性職責，也是突出重點能不能落到實處的關鍵環節。因此，工作安排和工作檢查必須做到重點明確、責任到人。如果領導者在布置和檢查工作時或面面俱到，或只重細微，就會輕重失當，不利於下屬理解和貫徹上級意圖。領導者是居於指揮督導地位的，領導者智力上的最重要的能力，不僅表現在對於領導工作、對於組織工作的重點有深刻的認知，還表現在能夠一目了然的把工作的重點布置給下屬，成為下屬的共識和行動指南，並透過檢查督導讓下屬迅速的、有力的去實踐這些工作重點。所以，領導者布置工作有重點，就能以重點工作帶動一般工作，檢查工作抓重點，才能判斷出完成任務的質和量，促進全局工作卓有成效的發展。

【案例連結】

　　美國第三十五屆總統甘迺迪的家族有句口號：「不能甘居第二。」以這種必勝的競技心理狀態，甘迺迪投入了與尼克森競選的行列。當時，尼克森的聲譽和影響及其競爭選票的工作主要集中在名人雲集的首都華盛頓，相對而言，在各州的影響就小一些，並且對各州的選票抓得也不如華盛頓緊。於是甘迺迪投入精力從薄弱環節開始突破，把重點放在各州，一九六〇年一年內，他搭飛機飛行七萬英里，訪問了二十四個州，發表演說三百五十次，從而贏得了廣泛的聲譽，獲得了大量州民選票，一舉擊敗了實力強大的尼克森，成為美國第三十五任總統。

五、矛盾的「關鍵點」

　　領導活動中的「關鍵點」，是指在領導活動中關係全局的居關鍵部位、關鍵環節，起綱舉目張作用的重要因素。提了粽子的繩頭可以拎起一長串的粽子。圍繞「關鍵點」抓決策、抓策略、抓改革、抓發展、抓穩定，是領導者正確履行領導職能，不斷提高執政能力的重要途徑。

　　1.抓「關鍵點」就是抓事物的主要矛盾和矛盾的主要方面。領導活動是一個總體、一個全局，領導者沒有可能也沒有必要去了解和掌握它的一切方面和一切環節，而只要了解和把握它的幾個甚至一個關鍵的方面和環節就可以了。也就是說，領導者對工作不可以「滿把抓」、「抓滿把」，要抓住

「關鍵點」。「任何過程如果有多數矛盾存在的話,其中必定有一種是主要的、起著領導的、決定的作用,其他則處於次要的和服從的地位。因此,研究任何過程,如果是存在著兩個以上矛盾的複雜過程的話,就要用全力找出它的主要矛盾,抓住了這個主要矛盾,一切問題就可以迎刃而解了。領導者抓住了這些「關鍵點」,就是抓住了事物的主要矛盾或抓住了矛盾的主要方面,一旦解決了主要矛盾或矛盾的主要方面,就能從整體上把握具體,從宏觀上帶動微觀,解決全部問題也就勢如破竹、水到渠成了。

2. 抓「關鍵點」就是舉綱張目。綱就是網的總繩,綱以下為目,抓住了綱,就能把目拎起來。抓大事、攬大局,在複雜事物面前要認真分析,善於找出事關全局的關鍵問題。如果對全局工作心中無數,安排工作重點不突出,層次不分明,就會「眉毛鬍子一把抓,撿了芝麻丟了西瓜」。

3. 抓「關鍵點」就是抓中心工作。在任何一個地區內,不能同時有許多中心工作,在一定時間內只能有一個中心工作,輔以別的第二位、第三位工作。……領導人員依照每一具體地區的歷史條件和環境條件,統籌全局,正確的決定每一時期的工作重心和工作秩序,並把這種決定堅定不移的貫徹下去,務必得到一定的結果,這是一種領導藝術。工作的重心不是憑空想像出來的,而是從整體和全局的角度,根據事物發展的進程和全貌,綜合、分析、比較出來的。因此,必須在輕重緩急、全局和局部、中心與全面、重點和一般的關係中找「關鍵點」。在全局中找「關鍵點」,這是一個全方位、大視野、多角度的辯證思維過程,這就不能大小矛盾「一鍋煮」,如果陷入具體的矛盾之中,只在眼前的事物裡面打圈子,沒有宏觀上「俯視」、「鳥瞰」,就不具備開闊的視野,就很難看清矛盾的全貌和彼此之間的內在聯繫,就抓不到「關鍵點」,也就抓不住中心工作。

4. 咬住「關鍵點」不動搖是領導者的卓越才能和藝術。抓住了解決複雜矛盾的「關鍵點」,複雜的事物就會變得脈絡清楚。但是由於矛盾是複雜的,加上主、客觀等各種複雜因素的影響,對「關鍵點」的認識往往會出現干擾,產生反覆、懷疑甚至動搖。領導者的卓越才能和藝術集中的表現在:「關鍵點」一經抓住,就以「咬定青山不鬆口」的頑強意志和毅力,集

中人力、物力、財力和精力進行重點解決，一抓到底，抓出成效，獲得最終的成功。

【案例連結一】

有一個富翁得了重病，已經無藥可救，而唯一的孩子此刻又遠在異鄉。他知道自己死期將近，但又害怕貪婪的僕人侵占財產，便立下了一份令人不解的遺囑：「我的兒子僅可從財產中先選擇一項，其餘的皆送給我的僕人。」富翁死後，僕人便歡歡喜喜的拿著遺囑去尋找主人的兒子。富翁的兒子看完了遺囑，想了一想，就對僕人說：「我決定選擇一樣，就是你。」這聰明兒子立刻得到了父親所有的財產。這個故事給我們領導者的智慧是：凡事把握住關鍵點則會收到事半功倍的效果。

六、主攻的「難點」

從聯繫、變化和發展來看，領導活動就是由不同層次的「難點」所組成的運動狀態。

領導者必須擁有一個善於發現並分析、解決問題的頭腦。

1. 善於找到「難點」。找準難點是解決難點的關鍵。領導活動是一種多變數的複雜活動，難點與非難點混雜。難點是相對於非難點而言的，它們雖然是兩種不同屬性的領導行為，但他們之間是相互依存的，不僅難點與非難點的程度會不斷的變化，而且難點與非難點在一定條件下也會相互轉化。一個單位同時開展多項領導工作，其中的難點很多，有的是急於要解決的難點，有的是可以緩一緩再解決的難點。領導者要善於用比較的方法觀察問題、分析問題，在諸事物的比較中發現最突出的、具有決定全局的難點問題。「難點」也是領導活動中的突破點，要打開局面，改變面貌，就必須找到工作中的「難點」。

2. 透徹分析「難點」。透徹分析「難點」就是善於破解難點的癥結。癥結是難點形成的「結」，找不到這個「結」，就打不開這個「結」，打不開這個「結」，「難點」就不能解決。這段似乎像繞口令的話表達的就是透徹分析「難點」的重要性。透徹分析「難點」不僅要看其難易程度，更要看其性質

和影響力，這才能從問題的現象深入問題的本質，找到問題的癥結。破解了癥結，解決「難點」也就像順水行舟了。

3. 智慧解決「難點」。領導者應明白，既不是有了權力就必然能解決問題，也不是弄清了問題的原因就一定能處理好問題，解決難點問題不僅需要勇氣，更需要的是科學的方法。科學方法是通向目標的方舟。一定的難題只有靠一定的方法才能解決。面對難點，下苦功，充其量精神可嘉，因為苦工的背後往往掩蓋著笨功，要解決工作的「難點」只靠笨功是無濟於事的。領導者的高超領導藝術最集中的體現在解決「難點」的方法上。方法好，可以得到事半功倍的效果。解決難點的科學方法要求領導者要注重從事物的相互關聯中觀察處理難點問題，不僅考慮到該難點問題的本身，還要從與該難點問題直接或間接關聯的其他問題入手，尋求解決的途徑，避免頭痛醫頭，腳痛醫腳。領導活動中出現的難點，是由複雜多變的諸多領導要素造成的。在解決「難點」問題時，需要領導者的智慧和魄力，也需要借助一定的條件和機會，即領導者要善於發現和運用解決「難點」的條件和機會，透過這些特定的條件和機會扭轉困難的局面。善於解決難點的領導者，素養高，能力強，群眾威信也高。

4. 善於用「難點」來鍛鍊和培養下屬。一個成熟的領導者應該把培養人、發展人作為首要的目標。工作中的「難點」是鍛鍊和培養下屬的最好條件，「艱難困苦，玉汝於成」。領導心理學原理揭示：人都有自主的需要，有對事物控制的需要。因此，下屬領導者對自己授權範圍的事情有自我決斷、自我處理的需要，尤其是對於成熟度較高的下屬領導者更是如此。當這種自裁自決的需要被剝奪或者被侵犯時，下屬領導者的反應常常是消極的，甚至是叛逆的。按照這一原理的提示，領導要學會用「難點」來鍛鍊和培養下屬。對下屬工作中的「難點」點破不說破。這就如同場外指導和局中人的關係，局中變化萬千，場外指導儘管高明，畢竟難以窮盡局中變數。而真正高明的領導從不去窮盡每一個細節的指導，因為那是蹩腳領導者的作為，相反，自己只是拿大主意，總是給局中人留有獨立思考、獨立判斷、隨機應變的餘地。下屬解決難點的領導力，不是事無巨細指導出來

的，而是在富有挑戰性的「難點」情景下自己悟出來的。領導者的任務是為下屬創設和提供這種「難點」情景，從而讓下屬在解決問題的實踐中真真切切的去「體悟」。在「難點」情景下，領導者可能更早的看到了解決問題的思路，但高明的領導者始終不道破「天機」，而是從旁引導下屬去逼近解決問題的思路，讓下屬歷盡艱辛，經受「陣痛」，甚至是百般挫折後去恍然大悟，這樣才能促進而不是代替下屬的成長。

【案例連結】

西漢初年，由於剛剛結束秦漢、楚漢戰爭，所以國力空虛，軍無鬥志。而這時北方的匈奴卻經常騷擾漢朝邊境，燒殺擄掠，無惡不作。打吧，實在沒有力量和強大剽悍的匈奴兵作正面對抗。不打吧，邊地人民的確是受盡苦難。如若一味妥協退讓，必然民怨沸騰。急得抓耳撓腮的漢朝統治者最終選擇了和親的辦法。他們選美女王昭君嫁給老單于為妻，後來又嫁給小單于，前後共幾十年。在這期間，王昭君極盡賢德，使得匈奴、西漢邊界相對平靜了許多，而西漢政府也得以借助這個機會不斷發展壯大，終於在漢武帝的時候徹底強盛起來。

七、多項工作的「結合點」

所謂「結合點」，就是把領導活動中的縱向和橫向的多層次工作或多項工作，用「結合」的思想方法，把相關要素和資源在層次上、時空上和環節上連結起來，構造總體優勢，以實現領導活動的最佳結合效果。任何事物都處在普遍聯繫和相互作用之中，既對立又統一。矛盾雙方的共同點是「結合點」賴以存在的客觀基礎。領導智慧中有一個最普遍、最顯著、最令人矚目的特徵，就是把握「結合點」。

1. 在吃透「上情」與摸清「下情」上找「結合點」。「上情」是國家和上級的大政方針和指示精神，這是制定本地區、本部門策略目標和策略措施的依據，吃透「上情」，就是學懂弄通國家的大政方針和上級的指示，真正掌握其精神實質，努力提高政治辨別力和政治敏銳性。「下情」就是本地區、本部門的實際情況，包括民情民意等。摸清「下情」，就是透過科學的

調查與深入的分析，準確把握本地區、本部門的基本條件、比較優勢、發展潛力、制約因素以及當前和未來一定時期內的熱點和難點問題。對「下情」了解越充分，領導工作就越主動，決策就越穩妥，成功的把握就越大。領導工作中既要貫徹落實上級的要求和部署，又要結合本地區、本部門、本單位的實際。實施有效的領導的前提就是找準「上情」與「下情」的結合點。「上情」具有理論抽象的特性，提供的是工作的指導原則，缺乏直接指導實踐的可操作性。「下情」具有現實具體的特性，因此，不能機械的執行，著眼點應該按照理論聯繫實際、放在結合本地的新情況和新問題上。「上情」還具有普遍性的特點，它是從宏觀範圍的一般情況出發的，不可能包括一切個別。「上情」與「下情」的結合，不能上下一樣粗，這就違反了實事求是的基本原則，以此作出的發展定位、思路和工作措施，就會「水土不服」，失去發展特色。「上情」與「下情」結合的過程，最反對的是對「上情」教條主義的態度和脫離實際的學究式研究，也反對對「上情」淺嘗輒止或置若罔聞，抑或「上有政策、下有對策」的自由主義行為。「上情」與「下情」結合的過程，說到底，就是正確處理好一致性和創造性的辯證關係，就是求真務實、開拓創新的過程。

　　2. 在全局性和局部性上找結合點。圍繞領導活動的目標，領導活動的系統具有整體性、層次性和功能性的結構，從總體上說，要有全局性的通盤考慮，把握事物的整體格局，無論哪個層次、方面的領導者都必須有全局觀，各行各業、各地各方都要服從和服務於大局。懂得了全局性的東西，就更會使用局部性的東西。這樣才能防止在局部實踐中發生整體性和方向性失誤。地方領導者如果不能將國家大局和地方局部結合起來，就不能完成上級要求的任務，就實現不了群眾的基本要求，也就不能做好自己擔負的領導工作。在服從全局這個根本的前提下，還要注意各個局部的關係，局部是全局的一個棋子，應該將每一個局部放在恰當的位置上，配合走好全局。在全局與局部的處理關係上，曾經有三個觀點：一是局部觀點；二是全局觀點；三是統籌觀點。過分強調局部觀點，容易在處理問題時出現偏頗；把全局絕對的凌駕於局部之上，就會忽視局部的積極性，犧牲局部

的利益。統籌的觀點不同於全局的觀點，也不同於局部的觀點，它既重視全局，又照顧局部，使兩者結合起來。如果不能找到全局和局部工作的「結合點」，實際領導活動就會出現「空白點」和「斷層」。找準了全局性與局部性的「結合點」，就找到了既符合全局要求又能使本地區和部門得到快速發展的「結合點」，找到了符合長遠利益要求又能使本地區和部門的群眾得到很大現實利益的「結合點」。

3. 在原則性與靈活性上找「結合點」。從哲學範疇講，原則是對矛盾運動及其規律的正確認識和反映。原則性就是對這種認識的堅持。靈活性就是對這種認識的變通。原則性是靈活性的基礎，靈活性是原則性的保證，是為實現原則性服務的。原則性代表一種準則、一種秩序，而靈活性是一種方式、一種藝術。探討原則性與靈活性的「結合點」，實質上就是研究在什麼前提下選擇靈活性的問題。靈活性是在原則允許的範圍內的靈活，而不是違反原則的隨心所欲。靈活性的臨界值就是原則性的底線。在領導活動中，有了原則性，執行者才能夠維護政策的嚴肅性和權威性。有了靈活性，執行者才能夠避免政策實施的僵化和教條。找到原則性和靈活性的正確「結合點」，是一件很困難、很複雜的事情。它是對領導者立場、信念、目標、見識、膽識、品質、求實精神和科學態度的綜合檢驗。

4. 在同時空的多項工作上找「結合點」。在領導活動中，多數領導者都分管幾個方面或負責幾項具體工作。這些工作有的較為接近，易於統籌，有的則相對疏離，不便合併，但是這種疏離也有其內在的聯繫。領導者的責任和智慧就在於發現其中的聯繫，找到這種聯繫的「結合點」。不同的時間段，具有不同的工作任務，多項工作任務可能要求在同一時段中完成，這就為在完成任務的時間上找「結合點」提供了客觀基礎。應該把同一時段內需同時開展的工作進行歸類和排隊，統籌考量。多項不同的工作任務可能在同一空間內運作，這就是聯繫。這種聯繫要求領導者在完成任務的地點上找「結合點」，即把在同一地點開展的多項工作中找出相同相似的地方，結合起來進行。

5. 在同部門、同對象的多項工作上找結合點。領導組織中部門自成體

系，但不能自我封閉，部門與部門之間是相互影響的。跳出部門之外來思考部門問題，是一個值得推崇的思維方式。當工作任務涉及多個部門或數家單位共同承擔時，領導者就要對多個部門或數家單位進行梳理，找出為落實工作任務而相互配合、同步進行的「結合點」，從而凝聚起部門的力量，提升落實工作任務的執行力。當多項工作所要完成的任務涉及相同的工作對象時，領導者可以把由工作任務相同的執行對象承擔的多項工作結合在一起，通盤考慮、統一調度、資源共享，這樣既提高了工作效率，又降低了工作成本。

八、事物性質的「基本點」

所謂「基本點」就是決定事物性質的基本因素或工作中必須堅持的主線。

1. 堅守做官的基本點。做官的基本點，事關領導者的品格、定位、定向。做官的基本點是：增強公僕意識，淡化「官」念，特別是不能把市場經濟中的商品交換原則滲透到公務活動之中，自覺的恪守良好的道德，堅守「眼正、口正、身正、手正、腳正」的根本點，過好「名位、權力、金錢、美色、人情」的根本關。漢代馬融在其《忠經・守宰》中就闡明了這樣的道理：「在官唯明，蒞事唯平，立身唯清。」意思是，擔任官吏重要的是明辨是非，處理事情重要的是公正無私，立身為人重要的是清白無瑕。這可以說是為官、做人、處事的基本準則。為官清廉可生威信，先賢們早就說過：「公生明，廉生威。」所以，領導者絕不能因為自己的地位特殊和擁有硬權力，而給自己牟取私利，一定要在各種腐朽思想的侵蝕面前扎緊思想籬笆，不偏離「基本點」。

2. 堅守角色的基本點。走上領導崗位，要定好角色的基本點。英國文豪莎士比亞說過：「世界是一個大舞台，每個人都扮演著一種角色。」領導者走上領導崗位，進入領導團體，首先應找準自己的位置，定好基本點，

才能在領導舞台上扮演合適的角色。領導者角色的基本點，是領導者與上級、領導者與下級、領導者與領導團隊三維向度的交匯點，即領導者應做到向上級負責、向群眾負責、向所在領導團體負責的適度統一。偏離了這樣的基本點，角色就錯位了。

3. 堅守事業的基本點。領導者作為「從事於道者」，應該以「道法自然」作為按規律辦事的基本點。「自然」是人、天、地、道最本真的性質。「自然」是領導者處理人與人之間、人與社會之間以及人與自然之間關係的最基本準則。從內容看，領導者面對的工作非常廣泛；從過程看，領導者遇到的情況極為複雜。作為領導者，面對廣泛、複雜的情況，應該保持理智的思維和敏銳的判斷力，堅定不移的抓住全盤工作的基本點，尤其是當突發事件出現，外部干擾嚴重的時候，領導者應做到堅守「自然」，不失根本。「自然」也是衡量領導者所有行為價值最主要、最重要且唯一的標準。

【案例連結】

李斯出生於戰國末年，楚國人，少年時代，家境貧寒，但他不甘平庸，樹立了雄心壯志，要一展宏圖。李斯前往齊國，拜當時的著名大儒荀子為師。李斯十分勤奮，又聰明過人，同老師一起研究「帝王術」，老師荀子曾告誡李斯「物忌太盛」，教育李斯要做高尚通達之人。李斯學成之後告別荀子去了秦國，由於他才華橫溢，又善於隨機應變，很快就得到了秦王嬴政的器重，後被封為丞相，坐上了「一人之下，萬人之上」的位置。

當時秦王嬴政一統天下，這確實是大勢所趨、民心所向。幾百年來兵荒馬亂，現在好不容易出現一國強眾國弱的局面，百姓的內心中都有盼著秦國一統天下的潛在願望。

秦始皇好不容易統一了，卻二世而亡，秦國的迅速崩塌，不是大勢所趨，基本上是由於秦國的丞相李斯一念之差所導致的。李斯擁有絕世的才華與智慧，不但協助秦始皇統一，並且把國家治理得井井有條，樹立了豐功偉績。

但是李斯在聰明的一生中卻犯下了最大的錯誤：在秦始皇駕崩之後，他與趙高一起更改了秦始皇的遺詔，沒有按照秦始皇的囑託擁立大公子扶蘇為皇帝，而是擁立了昏庸的胡亥。秦二世胡亥沒有秦始皇那樣的雄韜偉略，他昏庸無能，花天酒地，重用宦官趙高。而趙高是一個雄心勃勃的野心家，他嫉賢妒能，想乾綱獨斷，最後居然陷害丞相李斯，並置他於死地。一時糊塗的李斯等於給自己掘好了墳墓！

其實，李斯當時是完全有能力阻止趙高的，即使是胡亥當上了皇帝之後，李斯也是完全有能力扭轉乾坤的。但是，他相信趙高的花言巧語，為了保全自己的位置，把國家的利益與自己的良心放到了一邊。這一念之差，不僅種下滅門慘禍的因子，更導致了秦

國的土崩瓦解，他一生的心血也付諸東流。

九、利益關係的「平衡點」

　　所謂平衡點，就是透過調整領導活動中的某些矛盾與要素，把矛盾的各方利益和意志調整到平衡狀態，最大限度的積聚資源和力量來實現共同目標。找「平衡點」是一種高難度的領導活動，它是一種工作方法，更是一種領導智慧。六標準差領導力方法論的大師彼得・潘迪就認為，六標準差領導力的精華可以用兩個詞來概括，即平衡性與靈活度。

　　1. 構建領導活動相反相成的「平衡點」。對立統一是一切事物的存在形態和事物發展變化的根本動力。任何事物內部矛盾中的對立雙方，都是因為有了其對立的方面才能存在，如果失去了對立的一面，對立的另一面就失去了存在的可能和意義。領導學理論認為，組織內部的矛盾衝突是造成和導致不安、緊張、動盪乃至分裂瓦解的重要原因之一，並將防止和化解矛盾衝突作為維繫現有組織的穩定和保證組織的連續性、有效性的主要方法之一。防止和化解矛盾衝突有價值的領導方法，就是使對立的事物復歸到相反相成的「平衡點」上。在領導活動中，有許多問題內部含有相反屬性，如進與退、錯與對、軟與硬、破與立、榮與辱、獎與懲等。處理這類對立狀態的問題，必須克服各自的片面性與排他性，在兩種不同性質的對抗因素中找出一致的東西，找出把它們聯繫在一起的東西，簡而言之，就是構建一個由此及彼的「平衡點」，用不平衡去推進平衡，例如：透過獎優罰劣，激勵先進，鞭策後進，使失衡感下生出一種求平衡的動力，使矛盾的對立方面和因素相互依存、協調一致的向前發展。

　　2. 構建領導活動相輔相成的「平衡點」。領導活動中，有些矛盾是單向包容關係，即一事物寓於他事物之中，按照他事物的要求發展變化，例如全局與局部、中央與地方、長遠利益與目前利益等，前者包含後者，又依賴後者；後者服從前者，又輔成前者，建立起它們相輔相成的關係，形成一個平衡點。領導活動中，還有些矛盾是相互包容關係，你中有我，

我中有你，如物質文明和精神文明、民主與法制等，它們有著對等的地位和作用，又有著相輔相成的關係。任何一方單獨發展或不恰當的變動，都會使問題的性質、狀態和力量發生改變，使發展走向傾斜。領導者在處理這類問題時，不能一手硬一手軟，必須找到它們相互貫通的橋梁，並在這個橋梁上建立「平衡點」，兩手抓，而且兩手都要硬，才能促成兩全其美的發展。

3. 構建領導關係強弱的「平衡點」。領導者與被領導者存在著一種博弈的關係，實現成功的領導，就必須在雙方力量之間達成某種平衡。在非理性領導者的眼裡，下屬表現強勢，領導者會倍感地位受到威脅。在理性領導者眼裡，下屬的強勢是最重要的資源而不是最大的負擔，他會運用高超的領導技巧，努力將其保持在平衡狀態，實現領導力的最大化。從領導智慧上講，領導者駕馭這樣的下屬要「忍強示弱」，限制自己同類型能力的表現，減少依靠權力指揮的領導行為，使下屬成為「自我領導者」，積極利用「例外管理」法則，只對下屬明顯偏離正確軌道的行為進行修正，引導下屬能力發揮和發展的方向，提升和擴大下屬對自身價值的認知程度，充分給下屬展示才幹的機會和空間，策動和激勵下屬挖掘自身潛能，把精英的意志和力量整合到組織目標的實現上來，從而為組織帶來巨大的、持續的生機。能力強的下屬都能充分發揮作用，彰顯出的是領導者超越下屬「強」之上的特殊本領，這就是「俄羅斯套娃」效應。領導者敢於使用比自己才能高的人，就會使一個侏儒組織變成一個巨人組織。

十、事物發展的「適度點」

「度」是辯證唯物法中的一個重要範疇，是事物發展的臨界值，即事物保持自己質的數量界限。「度」是質量互變規律最本質的規定性。領導的智慧在一定意義上講，就是對事物發展的「適度點」的拿捏程度。

1.「度」就是「中」。事物普遍具有中心和兩端三部分，不論從空間角

度看，還是從時間角度看，都是這樣。兩極的結合點，即能夠把兩極都帶動起來的那個結點、仲介，這個結點和仲介就是「中」。處世之道，以中為度，不即不離，中和為福，偏激為災；孔子把「中」的意義闡發得最深。《論語》中記載，孔子稱中為「無過不及」，為「允執其中」，為「我則異於是，無可無不可」。《中庸》記載，孔子把「中」稱為「時中」，為「執其兩端，用其中於民」。「中」也是儒家思想的基礎和核心。傳統文化中豐富的「貴中」思想，為我們今天把握「適度點」的領導者增知益智提供了重要的文化資源。

2. 過度就為害。任何事物無論是剛健柔順，泰亨或歸復，或增益，或否損，都有「中」。過度的事情就會走向它的反面。領導者頭腦狂熱過度，就會歇斯底里。過度的奢望，往往伴隨著過度的失望，從古至今都是如此。物極必反，走極端必損害領導力，從政者要戒除走極端，戒除過分。領導者必須把左右兩個極端把握住，善於平衡各種力量、各種傾向。事物發展一超過「適度點」就會轉化為他物或另一種態勢。領導活動就是這樣玄妙，怠也不成，躁也不成，不怠不躁是一種行事的「度」。優秀的領導者能夠較好的把握局勢發展的「度」和「火候」，行起事來就不會因遲緩怠惰而貽誤良機，也不會因急於求成而舉措失度。

3. 「適度點」是領導思維和行為的智慧。抓住「適度點」，就使複雜問題的處理更具有靈活性。古代有「和而不流」、「群而不黨」、「中立而不倚」的精彩論述；今天有「大事原則點，小事靈活點」，「大事講原則，小事講風格」，「有理、有利、有節」的智慧思想。「適度點」可以使領導者在處理事務上堅持內剛（原則性）同時又不失外柔（靈活性），使許多看似山窮水盡的問題變得柳暗花明。「適度點」又可以使領導者跳出「非此即彼」的「兩極思維」，不在絕對不相容的對立中思考問題，不在片面性中擺來擺去，避免像生鐵一樣思維要麼僵直、要麼脆斷，缺乏多樣性和靈活性，評人論事不是對就是錯，不是好就是壞，不是敵就是友，不是左就是右，導致可悲可笑的結局。這樣也才能保證領導者在複雜的問題面前永遠保持主動。

【案例連結】

曾國藩三十八歲就位居要職，他苦練湘軍，打仗取得了巨大勝利。可就在他做得最好的時候，也是他最失意的時候。

皇上討厭他，大臣排擠他，連他最好的朋友左宗棠也罵他虛偽。他非常苦悶，一氣之下回到了湖南老家，最嚴重的時候，甚至吐過血。

這時候，在他弟弟的引薦下，他認識了一位老道士，老道士建議他細讀《老子》、《莊子》。靜心研讀一遍之後，曾國藩深有感慨，總結出了一句話：「大柔非柔，至剛無剛。」

所謂「大柔非柔」，是說一個柔和的人，並不代表柔弱。而「至剛無剛」，是指內在剛猛的人，並不需要給人一種剛硬的感覺。也就是說，在處理和別人的關係時，一定要表現出柔和的一面，不要顯得過於剛硬。

從此，曾國藩一改以往咄咄逼人的態度，變得處處考慮別人的感受，處處考慮環境的影響。於是，他越走越順，終於進入了職場的零阻力狀態。

十一、擱置「分歧點」

面對「分歧點」，擱置是理智的表現，擱置「分歧點」也是領導智慧。

1. 擱置「分歧點」就是要求同存異。對立統一規律告訴人們，不管矛盾怎樣尖銳對立，也都會有彼此聯繫的「共同點」。也就是說，即使是「分歧點」，也要求同存異，擱置「分歧點」，就是尋求其「共同點」。求同存異，是緩和化解矛盾關鍵的一步，沒有求同，就無法存異；同理，沒有存異，就做不到求同，就無法使尖銳對立的矛盾緩和下來。而求同存異的基礎和前提則是擱置「分歧點」然後向前看，也就是不使矛盾激化而影響自己或雙方的長遠目標和基本利益。領導者在面對矛盾時應挖掘矛盾雙方的共同點，盡可能減少分歧點，切實運用好求同存異這一有效的方法手段。

2. 擱置「分歧點」就是要減少對抗。「分歧點」是對抗的前提，有了「分歧點」，在「分歧點」上較真、較勁，就會把本來可以化解的矛盾加深了，把本來簡單的問題複雜化了。矛盾一旦形成尖銳的對立，就應盡快想辦法緩和，盡可能避免對立和對抗。擱置「分歧點」，就是避免或減少矛盾對立

和對抗的有效方法和途徑，擱置「分歧點」，能夠緩和、化解積怨很深、尖銳對立的矛盾。

3. 擱置「分歧點」就是要接受時間的檢驗。在決策問題上，在表態問題上，不看條件、不分問題的性質，一味的強調態度鮮明是不恰當的，重大的決策靠頭腦一發熱就拍板決策，往往是要付出代價的。有些分歧問題，不能急於求成，需要維持現狀，等待時機加以解決，所以無法當機立斷時就必須適當沉默與擱置。擱置「分歧點」，不是被動的拖延，矛盾事物的轉化不是一蹴而就的，它要有個轉化過程，領導者也需要一個過程對其進行體驗和把握。

【案例連結一】

日本松下電器公司有一個「接受時間法」和擱置「分歧點」有異曲同工之妙。就是當有的企業領導或員工對企業的新觀念和新改變持不同意見時，不濫用組織手段強迫其改變觀點，而是允許其「保留意見」，讓人們經過一段時間的體驗，逐漸放棄舊有的成見，自然順暢的接受新觀念和新改變。因為有些矛盾會隨著時間的推移而變化，而由於認識水平或誤解產生的問題有時會隨著時間的推移而煙消雲散。即使問題依然存在，適當的沉默與擱置也會為尋求合理的解決方法提供時間的保證。

【案例連結二】

在邱吉爾身為自由黨議員（英國與德國的第一次戰爭剛開始時）時，就曾提議吸收保守黨人組織聯合政府；在戰爭中他毫無保留的與保守黨朋友一起坦率的討論戰時政策；甚至在他離職時，還極力推薦保守黨領袖巴爾弗繼任海軍大臣。邱吉爾是有名的頑固反共人物，但在第二次世界大戰的關鍵時刻，在處理對蘇關係的問題上，他以一個傑出政治家的巨大勇氣和高度靈活性，從英國人民的根本利益出發，將分歧擱置起來，毫不猶豫的與蘇聯結為盟國，使不同意識形態下的反法西斯力量在特定的歷史條件下結成了統一戰線，從而贏得了戰爭的最後勝利。

Wisdom for Great Leaders

第十章
卓越領導者「圓」的領導智慧

　　「圓」，本義是指在平面上和定點有一定距離的動點的軌跡，有時也稱軌跡所圍的部分為圓。圓，是事物存在的一種狀態。世界上的一切事物都具有或點或圓的屬性。傳統思想就將圓引申為天，《淮南子》言：「天道曰圓，道地曰方。方者主幽，圓者主明。」即是古人所謂的天圓地方的觀念，由此我們不難領略到圓的範圍的廣大、包含內容的豐富以及它顯現出的整體的完美。圓的引申義很多，通常為圓形、圓滿、整體和統一的意思，但它的象徵義卻是值得人們深入挖掘的，將這種挖掘運用到領導學上更是豐富了領導智慧。

　　卓越領導者必須具有「圓」的領導智慧，要懂得：（1）「圓」與領導活動的關係；（2）「圓」與「點」的關係；（3）「圓」與「方」的關係；（4）領導者的「圓而神」之道。

一、「圓」與領導活動的關係

在領導活動中,「圓」代表著如下幾種含義:

(一)「圓」代表全面、整體和大局觀

「圓」代表全面、整體和大局觀這一屬性,在領導學上就是全局觀和把握全局的能力。全面、整體和大局觀是領導者心智上的「圓」,要求領導者要堅持系統思考與整體性原則,反對一維思想、點狀思維與片面思維的方式。領導處事好比棋手下棋,重在謀局謀勢。有了全局觀和把握全局的能力,領導者才能總攬全局,顧全大局,統籌兼顧,增加合力,審時度勢,高屋建瓴,從容應對工作上的各種嚴峻挑戰。而要做到這一點,在於懂得系統思考,自覺的把工作對象作為多方面聯繫、多要素構成的動態體系來對待。世間萬物都是相互聯繫的,一個組織或集體往往從屬於更大系統,相互之間的聯繫常常十分複雜而緊密。這就要求領導者看待、處理問題要善於從全局著眼,以大局為重,有系統、整體的觀點。在觀察事物、分析問題上,要全面而非片面,發展而非靜止,整體而非孤立。要站在全局的高度上思考問題,進而找到局部的關鍵點和突破口,以便更好的了解全局、把握全局。這樣就能把一切重大因素統一起來考慮,把發展過程的各個階段銜接起來看待,把握住所從事工作的縱橫經緯、層次方位。

領導者缺失圓的這種智慧,思維就會呈線型,只朝一個方向,既不會拐彎,也不會擴散輻射,或總侷限於某一點、某一面。在實際的領導活動中,人們處於不同的工作崗位,從事不同的活動,難免只注意本崗、本職的事情以及本人利益,這不足為奇。而領導者如果也一葉障目,或斤斤計較局部得失,什麼虧也不願吃,什麼利都想得,甚至樹山頭、搞本位主義,後果就嚴重了。這樣的領導者就是魯迅先生曾批評的那種「咀嚼著身邊的小小悲歡,而且就看這小悲歡為全世界」的鼠目寸光的人。

【案例連結】

善於從全局觀察和處理問題是一個領導者有遠見卓識的一個重要表現。戰國時趙國的馬服君趙奢，在負責收租稅時，平原君家不肯出，趙奢以法治之，殺平原君用事者九人。平原君非常生氣，欲進行報復。趙奢便對他說：「君於趙為貴公子，今縱君家而不奉公則法削，法削則國弱，國弱則諸侯加兵，是無趙也。君安得有此富乎！以君之貴，奉公如法則上下平，上下平則國強，國強則趙固，而君為貴戚，豈輕於天下乎？」一席話把平原君說得心服口服，不但不殺他，而且還推薦他。平原君轉怒為喜的原因，主要就在於他很快明白守法的意義遠比個人利益的一點得失大得多。

（二）「圓」代表「柔」，即柔性領導

傳統的領導方式是「英雄情結」和「二元對立」的剛性領導方式，它過多的依靠強制性的權力影響力，被領導者的服從是不講條件的。在知識經濟條件下，由於被領導者文化素養、民主意識的提高和增強，對權力、命令、控制式的領導方式越來越反感，甚至有一種被貶低、被操縱的感覺。在自身價值不能被尊重的狀態下，被領導者對領導者不可能有發自內心的認同和服從。沒有被領導者的自覺追隨、服從，領導者的權威就是用權力壓服的產物，就會變成強制性、奴役性的領導，甚至是一種專制。圓的領導智慧是柔性領導方式，它更加突出領導者的「軟權力」和領導上的藝術性，主要依靠非權力影響力，即領導者的個人魅力、感召力、公信力。

與傳統的強調「服從命令聽指揮」，習慣於「指揮」大家前進，不注重激勵被領導者的動機和行為的領導方式不同，圓的領導智慧把人們從事一切工作的願望程度，看作是影響領導目標的最重要的因素之一，強調運用科學的激勵方法和高超的激勵藝術，作決策時要以被領導者「願意不願意、滿意不滿意、高興不高興」為出發點，以「察民情、知民心、順民意」為落腳點，讓大家在自覺自願的狀態下進行工作，把要求下屬、群眾做的事情變成下屬、群眾自己願意做的事情，最大限度的使其潛能變為顯能。這正是在現代民主政治條件下，領導者必須掌握的重要領導方式。

【案例連結】

春秋末年，鄭國有一位叫子產的宰相，他治理國家的方法就非常獨特。他從來不對民眾的言論加以壓制，即使是對鄭國的政治抱不滿甚至是嘲諷態度的言論。他知道「防

民之口甚於防川」的古訓，知道周歷王就是因為採用苛法「止謗」，塞住民眾的口才失了天下。

當時鄭國各地普遍設有被稱為「鄉校」的學校，在那裡培養知識分子。但是同時，鄉校也往往被那些對政治不滿的人利用，被當作政治活動場所，發洩他們的憂怨甚至是指責。這種情況如果不斷發展下去，可能會對鄭國的統治有威脅，因此一些大臣提出意見，要求關閉鄉校。

子產反駁說：「其實大可不必關閉鄉校，民眾在結束了一天的勞作之後，聚集在一起評議政治實在無可厚非，我們正可以把他們的意見當作為政的參考，得到讚賞與支持的便繼續深化實行，如有批評則加以改良，他們可以說是我們的老師啊。如果強行壓制，也許會暫時抑止他們的言論，但那正如堵塞河道一樣，水勢雖然能夠被一時堵住，不久更大的洪水就會滾滾而來，沖潰堤岸，泛濫成災。如果到了那種地步，即使是再想補救也來不及了。與其如此，倒不如平時慢慢疏通洪水，因勢利導，使之從各個水道疏散，這不是很好嗎？」

（三）「圓」是領導活動運動的規律

領導活動就是由領導場產生的領導力作用於領導資源配置的過程。領導場是由各種領導要素組成、不斷進行能量和訊息交換的互動運行著的系統，這個系統就是一個圓。領導力的作用形式也是圓，每項領導活動都是在領導力的作用下，經過形成、發展、終結的過程。舊的領導活動過程完結了，新的領導活動又產生了，新的領導活動又遵循形成、發展、終結的運動變化過程，做「周行不殆」的圓的更替，推動領導活動不斷的向前發展。

領導的思維方法是圓式的。列寧就曾說：「人的認識不是直線（也就是說，不是沿著直線進行的），而是無限近似於一串圓圈，近似於螺旋的曲線」，「每一種思想＝整個人類思想發展的大圓圈（螺旋）上的圓圈」，因為思維是客觀事物的反應，而事物就是圓點式的。

領導的工作方法也是圓式的。中文有個詞，叫做「打圓場」，說的是從中周旋打破僵局，使問題圓滿解決。領導工作中打圓場的事情就不少。做思想政治工作，解開對象的思想疙瘩，是圓的體現。調解矛盾糾紛，更要行圓，讓雙方心悅誠服。處理突發性事件，往往都是先圓場，平息事態，

再作處理，行的也是圓，最後事件解決，也就歸於圓。可以這樣說，不求圓、不思圓、不行圓，領導工作就無法開展下去。

（四）「圓」是領導決策的法則

從領導活動的具體過程來看，決策是最基本、最重要的領導活動。所謂領導決策，是指在領導工作中，為了實現某一組織目標，從提出的幾種方法或幾種行動方案中選取效益最大、損失最小的方法或方案，以期優化達成目標。它既是靜態的領導決定，又是動態的決策過程。決策作為最基本、最重要的領導職能，是決定領導職能成敗的關鍵因素，也是衡量領導者領導水平高低的重要尺度。

領導者做決策離不開圓。圓即體現在決策前要發現問題、確定目標，並發揚民主，集思廣益，進行周密的分析，講究協調性與可行性，從而確保決策的正確性與科學性。決策實施得正確與否，衡量標準就是圓——圓滿，即決策目標是否能夠圓滿實現，是否能為民眾、為社會謀福利。

領導者的決策程式本身也是一個圓。決策是按照一定的章法來進行的，先做什麼、後做什麼遵循一定的步驟和規律，思維或行為才會變得規範化、條理化。按程式作決策是科學決策的必然要求，一個健全的決策程式就是一個系統，是一個被條條框框圈好的圓。決策的後期程式包括實施及反饋調節，反饋是一項將運行方向調轉回來的環節，於是決策程式就形成了迴路，畫出一個閉合的圓環。儘管決策程式的階段劃分不盡相同，但每一個階段都是一個過程、一個體系，是整個決策程式這個大圓中的小圓、子圓。正是這些階段性的小圓構成了決策程式的大圓，而沒有這樣的大圓，小圓就會變得相互獨立，喪失任何一個小圓都會造成大圓的缺陷與不完整，自然也就不能成為真正意義上的圓了。

領導決策的圓還體現在具體行動上。圓就是要從實際出發，因地制宜、靈活的作出決策，實施行動。要根據客觀環境全方位的考慮問題、分析問題，把握住決策目標的方向；在民主討論中，面對矛盾與分歧，領導者要以實現目標為出發點，對某些問題作適當的捨棄和暫時的讓步是一種

靈活的表現；在分析決斷中，領導者要進行反覆分析和比較，審時度勢，權衡利弊，準確依據主客觀條件作出最佳選擇；在決策實施反饋階段，更要有知錯就改的氣度和作風，不固執己見，也不抱殘守缺，而要直視問題根源，即使是痛定思痛也要不斷進步、發展和創新，以收到最佳效果，收穫圓滿成果。

【案例連結】

一九五〇年代末六〇年代初，蘇聯為了改變同美國的策略平衡狀態，決定在古巴祕密部署導彈。一九六二年十月，美國 U-2 偵察機發現了古巴境內的導彈基地，甘迺迪總統立即向赫魯雪夫提出了強烈抗議，要求馬上拆除古巴境內的導彈基地發射設施。蘇聯的答覆是，這些導彈基地純屬於防禦性質。美國人堅持認為，從該基地發射的導彈，足以摧毀美國各大城市。兩國劍拔弩張，整個世界處於核災難的邊緣。

一九六二年十月十六日，美國組成了國家安全委員會執行委員會研究對策，提出了有代表性的三個方案：（1）武力空襲古巴導彈基地；（2）對古巴實行海上封鎖；（3）採取外交手段，訴諸聯合國。甘迺迪總統對這三個備選方案進行了周全詳盡的分析和思考後認為，如果空襲古巴導彈基地，不僅不能保證把古巴境內的所有導彈基地和核子武器摧毀，北約組織和美洲的盟國很難接受，而且空襲很可能造成古巴境內蘇聯技術人員的傷亡，會給莫斯科提供一個開戰的藉口，可能引起核戰爆發造成兩敗俱傷，甚至同歸於盡的惡果。如果採取外交手段，向聯合國施壓，很可能是曠日持久，毫無結果的公開爭吵，而導彈基地建設可能就在爭吵過程中乘機完成。因此，甘迺迪總統對古巴實行海上封鎖，這樣既能給蘇聯壓力，又能控制事態發展。

十月二十二日，甘迺迪發表電視講話，宣布對古巴實行海上封鎖。很快，大批美國海軍軍艦和兩萬名海軍士兵開始執行海上封鎖行動，美國在全世界各地的軍隊全部進入戒備狀態。由於海上封鎖，長途跋涉的蘇聯船隻無法將建設基地物質、導彈以及蘇式轟炸機運入古巴。赫魯雪夫意識到，封鎖拖得越久，蘇聯的損失就越大。而如果強行打破封鎖，事態擴大，危機升級，會導致美蘇開戰。於是蘇聯宣布全部撤走在古巴的導彈、飛機及其他軍用設施。隨後，美國宣布終止對古巴的海上封鎖，雙方武裝力量先後解除戒備狀態，古巴導彈危機獲得圓滿解決。

（五）「圓」是領導活動的和諧狀態

圓是一種最和諧、最完美的形式。圓既是領導活動存在的狀態，也是保持領導活動整體與和諧的手段。領導組織機構和領導體制是一個多要素、多層次、多結構而縱橫交錯的大系統，從總體上看，就是一個圓狀的

有著多種內在聯繫的相互協調的整體，裡面充滿著不斷運動變化的矛盾。而且，每一個領導組織結構和體制又都遵循著由舊到新這樣一個破圓求圓的交替過程和連環作用的圓形迴旋規律。然而，圓所包容的內部儘管複雜，但整體上卻呈現出和諧的狀態。現代領導觀認為，「領導就是協調」。過去我們習慣於依靠控制手段來實現組織或社會的安定，對於大一統的計畫經濟體制和單一化的利益主體關係來說，是合適的；但是在市場經濟條件下，影響組織、社會發展的因素越來越多，越來越錯綜複雜，社會利益主體多元化越來越突出。因此，領導者協調關係的職能、方法就顯得越來越重要，而圓是智慧與博愛、廣大與寬容、和諧與完美的統一。領導者如果能夠嫻熟的運用圓的思維和行為，以協調求穩定，以協調求發展，就能夠打造出統一和諧的領導活動新局面。

二、「圓」與「點」的關係

　　圓和點既相互獨立，又相互聯繫，兩者是相通的。圓，在幾何平面上是指圓周所圍成的形狀，空間上可呈現為球形狀態，圓象徵著事物的全部、廣大和圓滿，進而還可以引申為「統一、週期、包容、和諧、智慧、圓通」等深刻涵義。點，是相對於整體事物而言普遍存在的較小狀態，象徵事物的微小、少量、獨特和局部等。

　　圓和點是辯證統一的、互動的。宇宙之大和粒子之小，是事物存在的兩種狀態，圓即意味著大，點則標誌著小，圓和點就是以這種大與小、整體與部分、一般與特殊的關係相伴而生的。然而，圓和點又不是絕對不變的。點的運動可以構成圓的形態，圓再進行由外到內的運動又會回到點的狀態；圓是放大了的點，點是濃縮了的圓，一定意義上，圓就是點，點就是圓。圓概念和點概念合為一體即成為圓點哲學。圓與點的關係在領導活動中，通常以全局與局部、中央與地方、群體與個體、長遠與眼前等關係形式表現出來。這種關係又稱為單向包含關係，即一事物寓於他事物之中，其發展、變化也要服從於他事物的需要。兩者之間既互相依賴、互相

轉化，又有各自的相對獨立性。以全局和局部的關係為例，這一關係也是領導者經常遇到的。全局性的東西，是由它的局部構成的，不能脫離局部而存在。全局又高於局部，局部是全局的局部，對全局有著不可忽視的影響作用。同時，全局和局部又是相對而言的。在一定範圍內為全局，在更大範圍內則可能成為局部；反之，在一定範圍內為局部的東西，在相對的範圍內則可能變成全局。兩者在一定條件下可以相互轉化。如同一領導系統，相對於它的下屬而言，是全局；相對於它的上級，又是局部；相對某個領導機構而言，是全局；相對於整個社會，又是局部。從這個意義上說，任何一個地區或部門的領導都應是這兩重身分的統一。現實生活中，領導者在處理全局與局部的關係上，可以歸結為這樣三種觀點：一是局部觀點；二是全局觀點；三是統籌觀點。用前兩種觀點去處理全局與局部的關係，都有侷限性。拘泥於局部觀點，容易在處理問題時出現偏頗、失誤、左右搖擺。在改革過程中，有些地方和單位搞試驗地點，誇大局部的有利態勢，並作一廂情願的推導，結果帶來了很多負面影響，以至於使問題越積越多。全局觀點的侷限性要少一些，它強調「集中」、「統一」、「控制」、「長遠」，但這種觀點易忽視局部的積極性，犧牲局部的利益，而且對事物的有限與無限的統一缺乏辯證的把握，把全局的絕對性凌駕於一切之上。統籌觀點不同於全局觀點，也不同於局部觀念，它立足於全局與局部之上，既重視全局，又照顧局部，使兩者相輔相成。

　　圓點哲學本身作為一種方法論，給領導者指明了新的思維方式和工作方法：領導者要有全局意識，全面系統的認識問題、分析問題，注重把握全局的能力；領導者要著眼統一，力爭實現圓融，「圓」是外延，是整體，「融」是內含，指調整諸種內部條件與關係，圓涵蓋了一切，綜合了圓裡的點和圓；領導者要學會包容，以海納百川的胸懷、求同存異的態度成為一代雄才大略者、豐功偉業者；領導者要善於協調矛盾，與組織成員良好溝通，鑄就和諧團隊；領導者還要認識到事物發展變化的週期性和規律性，從而促進工作的良性循環和高效發展；領導者要靈活機變，敢於創新，銳意進取，執經達變的開展領導工作；領導者更要堅守信念，在願景的指引

下，力求短期目標的圓滿實現，以便為之後工作的順利實施打好堅實的基礎，提供不竭動力，最終收穫整體的圓滿果實。

領導活動是人類群體活動的產物，是不同層次要素互相作用、影響的系統，是一個完整的動態過程，體現著從無到有、從點到圓、從圓到點，再從有到無的圓的形成過程和運動軌跡。領導者借鑑圓點哲學中的智慧，並以它為指導思想，會獲得領導智慧的新佐料，從而使領導藝術別具特色，更加意味深長。

三、「圓」與「方」的關係

「圓」與「方」，表示兩種不同屬性的領導行為。「方」表示規範，「圓」表示技巧。在領導活動中，它們往往難以單獨奏效，只有把它們融為一體，才能克服各自的片面性和排斥性，使對立雙方發揮相互依存的聯合優勢，使兩種不同屬性的領導行為產生互補。當然，把兩種相反的行為用在多變數的、複雜的領導活動中，並不是把正反兩種行為簡單的「相加」，而是要結合。方圓關係的根本就體現在原則性與靈活性的結合程度上。凡事要講原則，在重大原則和大是大非問題上，堅定不移，始終如一，不能妥協退讓。在堅持總原則、大方向的前提下，又要非常注意策略、方式、辦法、措施的多樣性和靈活性。沒有原則性，靈活性就沒有用處；沒有靈活性，原則性也落實不了。

廣義的理解，「圓」與「方」表示的就是兩種不同屬性的行為方式。「方」是壯士立志平天下的思想氣度，是做人之根本；「圓」是聰明者適應社會、協調乾坤的行為準則，乃立世之道。凡事都在圓中預，方中立，這是古人謀事的原則，也是亙古不變的真理。世間事物都在方圓之中，而方圓是歷史和哲學的辯證。「方」是指做人的脊梁，是規矩，是準則，是框架。它規定人應該做什麼，不應該做什麼，怎樣做更規範。做人要襟懷磊落、光明正大。「圓」是處事的錦囊，是圓融，是弧線，是潤滑。它要求人能適應，

會變通，左右逢源也可偶一為之。

「圓」與「方」運用到領導藝術上，表現為兩種不同屬性的領導行為。「方」表示原則、規範，「圓」表示技巧、靈活。在領導活動中，「方」與「圓」各自登台上演主角的機會並不常見，因為領導活動的藝術性更多的體現在這種「方」與「圓」的融合上，即將兩種對立、相反的行為相互作用，共同發揮作用，聯合兩者的優勢架起一條由此及彼的橋梁，使兩者相互依存。當然，這種綜合運用並不是將兩者簡單做「加和」運算，而是一種有機的結合。也就是說，在大是大非的原則性問題上，領導者要堅定立場，始終如一，不能輕易動搖或妥協退讓；而在堅持總原則、大方向的前提下，又要非常注重策略、方式、措施、辦法的多樣性與靈活性的運用。沒有靈活，原則就無從談起；沒有規範，多樣也就失去了依託。

方以智，圓而神。為人之道，取相於錢，外圓內方，領導者亦然，圓則圓潤通達，方則方正有則。我們可以把領導者分為四種人：外方內圓的領導者，寬於律己，嚴於待人，只許州官放火不許百姓點燈，難免失信於下屬，甚至以權謀私；外圓內圓的領導者，沒有原則，沒有立場，八面玲瓏，巧舌如簧，不適合從事領導工作；外方內方的領導者，表裡如一，剛正不阿，秉公辦事，但難免過於剛硬，領導過程中不講究方式方法，肯定得罪人，領導效果也未必盡如人意；外圓內方的領導者，心裡有剛，行事圓滑，寬以待人，嚴於律己，是成功領導者的典範。可見，方過頭了，不夠靈活，圓過頭了，沒有原則性，正確把握圓與方的度，才能成為成功的領導者。

四、領導者的「圓而神」之道

「圓而神」是領導藝術的最高境界。領導藝術是獲得追隨者並調動其積極性的技能。要獲得追隨者並調動其積極性，途徑和方法很多，但能夠體現領導活動最高境界和高超水平的是「圓而神」。所謂「圓而神」，就是指

領導者把「圓」的領導藝術運用到出神入化的「非常道」程度。「圓而神」的藝術就是這種只能意會不能言傳的行事之道，看似有形，實則無形，撲朔迷離，又讓人陶醉萬分。達到這種境界的領導者，「圓」已經成為他內心思想的底蘊，指導他接人待物的行為方式。領導者「圓道」的路走得越遠，其領導水平的藝術性也就越高，接人待物乃至整個領導活動過程中的障礙和阻力就越小，也就越能夠促進領導職責的圓滿落實、領導工作的圓滿完成、領導活動的圓滿結束以及領導目標的圓滿實現。

(一) 藏巧守拙

莊子有句話：「直木先伐，甘井先竭。」藏巧守拙也是圓的智慧的另一種境界。老子講：「大贏若拙。」明代的政治家呂坤在他的《呻吟語》書中也告誡人們：「精明也要十分，只須藏在渾厚裡作用。古今得禍，精明人十居其九，未有渾厚而得禍者。」這段話的意思是，人們對精明是十分需要的，但是必須在渾厚中運用。古往今來得禍者十之有九是那些自恃聰明、外露聰明的人。內在聰明而又深藏不露的人是沒有得禍的。三國時的楊修可謂聰明絕頂，能看透別人看不透的事物，能猜透別人猜不透的東西，但正是他過分外露的聰明使他成為曹操的刀下之鬼。

藏巧守拙是領導者一種深厚的靜功，一種圓融處世的良策。最大的智慧就是不顯示出智慧，最大的謀略是別人看不出使用了謀略。

藏巧守拙看起來是一種愚笨，但它實際上是一種智慧的外延。有藏巧守拙智慧的領導者「和光同塵」，毫無圭角。即使有才華，也不自己標榜自己；即使工作做得很出色，也依然平和低調。這種不同尋常的修養，不僅能博得同事和下屬的喜歡和信任，也能得到上級領導的欣賞和重視。老子說過：「大象無形，大音稀聲，大智若愚。」這才是一個人成熟、睿智的標誌。現實生活中，歷來低調做事的人卻往往最可能出人意料的脫穎而出，道理就在這裡。

【案例連結】

　　唐朝第十七位皇帝李忱，是第十一位皇帝唐憲宗的十三子。李忱自幼笨拙木訥，與同齡的孩子相比似乎略為弱智。隨著年歲的增長，他變得更為沉默寡言。無論是天大的好事還是地大的壞事，他都無動於衷。平時游走宴集，也是一副面無表情的傻樣。在別人看來，這樣的人委實與皇帝的龍椅相距甚遠。當然，與龍椅相距甚遠的李忱，自然能在皇權排擠的刀光劍影中得以存身。

　　會昌六年（西元八四六年），唐朝第十六位皇帝唐武宗因食方士仙丹而暴斃。國不可一日無主，在選繼任皇帝的問題上，得勢的宦官們首先想到的是找一個能力弱的皇帝——這樣，才有利於宦官們繼續獨攬朝政、享受榮華富貴。於是，身為三朝皇叔，看上去很「蠢」，時年三十六歲的李忱，就被迎回長安，黃袍加身。

　　然而，李忱登基的那一天，令大明宮裡的所有人都驚呆了。在他們面前的，哪是什麼低能兒，簡直就是一個英明睿智的人。不懷好意的宦官們都被新皇帝的不凡氣度所震驚，後悔莫及。

　　唐宣宗李忱登基時，唐朝國勢已很不景氣，藩鎮割據，牛李黨爭，宦官專權，官吏貪汙，四夷不朝。他致力於改變這種狀況，先貶謫李德裕，結束牛李黨爭。宣宗勤儉治國，體貼百姓，減少賦稅，注重人才選拔，唐朝國勢有所起色，階級矛盾有所緩和，百姓日漸富裕，使暮氣沉沉的晚唐呈現出「中興」的局面。他也成為唐朝歷代帝王中一個比較有作為的皇帝，被後人稱為「小太宗」。

　　唐宣宗李忱可謂是一代逆道高手，他的裝愚守拙功夫可謂爐火純青。他自信沉著的演了三十六年戲，將愚不可及的形象深植到對手們的心中，在保全自己的同時，用「內智」成就了一番偉業。

（二）正話反說

　　反對意見往往不容易讓人接受，特別是當對方是地位比你高的領導者，不允許別人質疑他的權威，加之自尊心又很強，對於他作出的錯誤決定或做的錯事，你忠言直諫、強行硬諫很有可能打擊他的自尊心，礙於面子他還可能會硬著頭皮不承認，或引起他的逆反心理，更頑強的堅持他的錯誤決定或做的錯事。

　　運用「正話反說」的方法，就是順著對方的意圖說下去，以稱讚、禮頌的方式烘托出另外一相反的又正是勸諫的真意。這樣順水推舟，既做到忠言不逆耳，又露出揶揄、諷刺的本意，達到了勸諫的目的。

　　「正話反說」的策略，如同俗話所說「淡不可以濃」，對那些舉動昏庸，又不可正面理喻的領導者，自然的在順依順頌中把他逼入死胡同，不得不

回頭，改變自己的決定。

「正話反說」的策略，還可以避免不必要的爭端。當對方一意孤行的時候，如果你對他當頭棒喝，即使他知道自己的錯，也知道你的好心，但他能拉下面子立時接受你的意見嗎？疾聲厲色的指責，即使人家接受了，執行起來也未必那麼痛快，而且最可能起到反作用。而正話反說就可以避免這些不必要的正面交鋒，並且很容易讓他聽出你反話中的弦外之音，自然會看清自己曾經的荒唐舉動，從而對你隱晦的提醒心悅誠服的接受。這就是正話反說「圓」的領導智慧所展現出來的極致的美。

【案例連結】

一次，楚莊王得到一匹身軀高大、色澤照人的駿馬，心裡很是高興。從此，楚莊王便一心撲在這匹馬身上，不僅每日要撫弄幾次，而且還給它「衣以文繡，庇以華屋，席以露牀，啖以棗脯」。不想事與願違，這匹馬整天錦衣玉食，結果罹患了「富貴病」，不久，便因過肥而死了。楚莊王為之沮喪不已。最後，楚莊王為了表達他對愛馬的真情，決定為馬發喪，以棺槨埋之，以大夫禮葬之。

楚莊王的決定一發布，立即遭到眾臣的反對，許多忠誠之士以死相諫，但楚莊王主意已定，誰也奈何不得。正當群臣搖頭嘆息之際，突然從殿門外傳來號啕大哭之聲，楚莊王驚問是誰，左右告之是侍臣優孟。於是，楚莊王立即傳令優孟進見。問道：

「愛卿，何故大哭？」

優孟一邊擦眼淚，一邊痛心疾首般的奏請道：「堂堂一個楚幫大國，有什麼事情辦不到，有什麼東西得不到？大王將自己所愛之馬以大夫之禮下葬，不但不過分，而且規格還嫌低了。我請大王應該將愛馬以國君之禮葬之，賜以玉雕棺材，而且要所有老幼負土掩埋，並通知鄰國來唁悼。這樣讓諸侯們也好知道大王你看中馬而輕於人，這不是很明智的舉動嗎？」

優孟的話音剛落，群臣一片喧譁，以為優孟之說，十分荒唐。楚莊王聽後，卻沉默不語，細細品味優孟話中的真意。尋思良久，楚莊王才慢慢的說：「我說以大夫之禮葬之，確實太過分，但話已傳出，於之奈何？」

優孟一聽，馬上接口道：「我請大王將死馬交給廚師，用大鼎烹飪，放上薑棗、椒蘭等作料，馬肉讓群臣飽饗一頓，馬骨頭以六畜之常禮下葬。這樣，天下以及後世就不會笑話你了。」

楚莊王找到了一個台階下，群臣大吃了一頓馬肉，事情也就此了結了。

（三）善於妥協

堅者易斷，剛者易折。善於妥協是圓的領導智慧的一種特殊表現形式。領導活動中總是有些說不明、道不白的事情，為了緩解敵對情緒，為了擺脫難解的怨氣、無名的惆悵和不必要的煩惱，選擇適當的妥協就是領導者的一種大智慧。妥協是一種會心的微笑，能溫暖別人的心房；妥協也是一種真誠的姿態，能化解人的敵意。工作中有很多矛盾、困境和不幸的事件是容易解決的，只要我們善於妥協，就會有另外一番光景。從這個意義上講，妥協也是最成功的因素之一。

妥協不是委曲求全，也不是無原則的退讓。妥協是為了使自己和周圍的人及環境之間多些和諧。理性的妥協是為了實現某種目標的一種收斂，是為了更好的前進所做的力量蓄積。善於妥協的人擁有厚重的魅力。拿自己的前途和命運孤注一擲，那不是有道之智，充其量也不過是匹夫之勇。

妥協是領導意識的自我校正，自我心態的調整。妥協能夠把別人吐出的惡果及時予以化解。妥協是給自己的心靈一個休憩的港灣。善於妥協的人能夠以一顆輕鬆的心面對生活和工作，因此，生活過得很「滋潤」，工作也很自由自在。納粹德國某猶太人集中營的一位倖存者維克多·法蘭克說：「在任何特定的環境下，人們還有一種最後的自由，就是選擇自己的態度。」

妥協也是擁有好人緣的一個手段。面對生活中的各種不隨己意的事情，揮揮手，用妥協化解別人的敵對和報復，這是一種睿智的領悟。

帶刺的玫瑰既能刺傷別人，也能刺傷自己。所以，妥協也是一種自我保護的智慧。

善於妥協就要避開正面衝突。正面的衝突，會使衝突雙方在心理上、感情上蒙上怨恨的陰影，給自己日後的發展埋下陷阱和雷區。一個領導者對來自正面的衝突，不能保持冷靜的頭腦，經常作出「拍案而起」、「怒髮衝冠」的情緒化反應，只能激化矛盾，最後就會危及自身。所以，為了保護自己的生命和事業，需要以妥協的方式來避開正面衝突的智慧。領導活動

中相互之間有了不同的看法很正常，要用商量的口氣提出自己的意見和建議，不要用絕對否定的消極措辭，更不要用嘲笑的方式。消極的措辭和嘲笑的方式會使人感到惡意，引發出正面衝突。要耐心、留神的傾聽對方的意見，這既能滿足別人的自尊心，又能給自己帶來思考的機會，更能夠發現對方講話的合理成分，予以同意或贊成，這就會避免或化解傷害。

【案例連結】

明朝的王樸是同州人，是洪武十八年的進士。他本名權，王樸這個名字是明太祖朱元璋給他改的。王樸曾官授吏部給事中，因為直率進諫，總是與皇帝意見相抵，被罷了官。重新起用後，任監察御史，剛一上任就上書千言，指陳朝政，還數次與皇帝當堂爭辯，一點也不肯妥協。有一次，為了一件事王樸又與皇帝爭辯起來，王樸的言詞越來越激烈，激怒了皇帝，皇帝下令殺他。剛把王樸押到刑場，皇帝又把他叫了回來，壓了壓火氣問道：「你目無皇帝，知道悔改嗎？」王樸昂然的說：「皇上不認為我是無才能的人，才升我為御史，怎麼如此侮辱我！假使我沒有罪，為什麼殺我，有罪，又何讓我活？我今日只求速死！」皇帝更是大怒，下令立即處死。路過史館時，王樸高聲喊道：「翰林學士劉三吾記下，某年月日，皇帝殺無罪御史王樸！」曾國藩認為，王樸太不識時務了，他若為一件正義的事而死，還可以流芳百世，如文天祥等。與皇帝因為一件事爭執，不肯妥協而死，就太不值得了。

（四）忍字為上

萬事之中，忍字為上。忍是領導者能夠承受痛苦、挫折和失敗的心理素養，也是「外圓」之道的另一種表現形式。古代很早就有「小不忍則亂大謀」的生活智慧。宋朝的王安石曾經說過這樣的至理名言：「忍一時之氣，免百日之憂，一切諸煩惱，皆從不忍生。莫大之禍，起於斯須之不忍。」多一份忍耐，就少一份成功的障礙。當自己受到誤解，甚至是攻擊、侮辱、謾罵等時，能先「忍」下來，這是一種強者的心態，是智者的風範。如果一個領導者遇到誤解、攻擊、侮辱、謾罵等時氣浮心躁，一觸即跳，就沒有時間和機會去了解事情的真相，就不能找出智慧來應對挑戰。

在人生的有些路段上，不屈身就不能過去；在有些事情上，不忍讓就不會有好的結果。歷史上或今天的生活中，那些爭強好勝者，都沒有因「爭」而事事順利，相反，卻因「爭」而使自己處處碰壁。真正聰明的人，

該屈身就屈身，該忍讓就忍讓。蛟龍未遇，潛身於魚蝦之間；君子失時，拱手於小人之下。這種隱忍退縮是保全自己的上策，也是「圓」的智慧的閃光點。

有句古話很有智慧：「忍人之所不能忍，方能為人之所不能為。」領導者如果能夠做到「忍人之所不能忍」的程度，就達到了「禪」的高層境界了。

不會「忍」的領導者，生活和工作中總是充滿著爭鬥，煩惱和憤怒也總是與自己相伴，把自己和別人都逼上絕路，最終受傷害最大的還是自己。有忍的智慧的領導者，胸襟開闊，頭腦清晰，心態平穩，波瀾不驚，更不把寶貴的時間甚至生命浪費在無聊的爭鬥上。「忍」是領導者一生都要實踐的一種「圓」的理念，一種「圓」的智慧。老子說得好，為社稷主，為天下王，必然要深自收斂，忍辱受詬，最後才能達到大道無形的至高階段。

【案例連結】

唐朝的婁師德是世家公子，幾代都位列三公，他自己也在唐朝擔任重要職務。當他的弟弟要去代州當太守，上任之前向他辭行，婁師德告訴弟弟：「婁家世代受朝廷恩惠，我們倆兄弟現在都出來做官，一般人會批評我們世家公子飛揚跋扈，你出去做官，千萬要注意這一點，多多忍耐，不要為我們婁家人丟臉。」他弟弟說：「這一點我知道，就是有人向我臉上吐口水，我就自己擦掉算了。」婁師德搖搖頭說：「這樣做並不好啊！你把它擦掉，還是違其怨給人家難堪呢！有人朝你吐口水，你就讓它在臉上自己做好了。」婁師德真可謂把「忍」字訣念到了無與倫比的地步了。

（五）以迂為直

所謂「迂」，就是指曲線、繞過、間接、非正面等意思；所謂「直」，就是指直線、直達、直接、正面等意思。「以迂為直」的智慧是，不要以為只有前進才會進步，很多時候，後退也是前進所必需的。後退不是懦弱而是一種睿智的表現，是為前進準備力量和條件。在自然界中，水是最具以迂為直的智慧屬性的。水從高處向低處流，遇到堅實的阻力，不是正面直撞，而是隨勢就彎繞過去，千回百轉流向前方。這就是孫子兵法上所講的「乘其所之」。

領導活動中的「以迂為直」，就是在客觀條件不利於從正面直接實現工作目標時，就選擇一種與目標相反的做法，或選擇一條與達到目標相反的方向去實現目標。表面上看來路子是彎的，似乎是與目標背道而馳，而實際上帶來的恰恰是無阻無礙的實現目標。這裡體現的就是相反相成的辯證法思想。《資治通鑑》上曾經記載，呂尚告訴周文王：「猛禽在出擊的時候，往往將身子縮回來，將翅膀合起來；猛獸將要搏鬥的時候，往往俯伏身體；聖人將要行動的時候，常表現出一種愚蠢遲鈍的樣子。」老子也一貫強調這種「反者道之動」的智慧，他說：「將欲歙之，必固張之；將欲弱之，必固強之；將欲廢之，必固興之；將欲奪之，必固與之。」又說，「曲則全，枉則直，窪則盈，敝則新，少則得，多則惑。」西方也有句諺語與老子的話異曲同工：「你要永遠快樂，只有向痛苦裡去找。」要得到什麼東西，就要從它的反面開始，並且這種相反的舉動，恰恰可以得到你最想得到的東西。這就是「以迂為直」智慧的妙處。這種妙處的真諦就在於「以迂為直」是對天地萬物、對客觀條件和各種客觀規律的最融洽的順應。「以迂為直」的智慧，提示領導者領導活動中更多的是要用間接手段而不是用直接手段來達到目的。善於以退為進，以忍為攻，才是一個領導者深謀遠慮的智謀體現。

【案例連結】

曾國藩最早在京城做官的時候，血氣方剛，年輕氣盛，加之一路順風，平步青雲，傲氣不少，敢於硬碰硬，特別是「好與諸有大名大位者為仇」，還參劾了不少大員。無形之中給自己設置了許多障礙，埋下了許多意想不到的隱患。咸豐七年在家守制時，苦心鑽研老莊道家之經典，悟出了老子主張以迂迴的方式去達到目的的為人處世的奧祕。曾國藩懂得，塵世間許多棘手的事情既然用直接的、以強對強的有時不能行得通，或者雖然表面上行通了而實際上卻留下更大的隱患，而迂迴的、間接的、柔弱的方式也可以達到目的，戰勝強者卻不至於留下後患。從此後，曾國藩把這種上乘理念用在為人處事中，獲益匪淺。

（六）勢不用盡

「勢」有強弱之分，也有有利和不利之分。強勢與弱勢，有利之勢與不利之勢又是相互轉化的，其轉化形式不僅是漸進的，而且在兩極的狀態會

發生根本性的倒置變化。因此，聰明的領導者在得勢時，也不把「勢」用盡，防止「勢」發生質的逆轉，保持強勢狀態不被輕易動搖和顛覆。有了良好的發展態勢，或者出現了對自己有利的情勢時，要以中為度，不可不露，也不可太露。不露就失去了發展的好機會，難成功業；太露就會樹大招風，甚至招來殺身之禍。

【案例連結一】

宋代有個名將叫狄青，在軍中有很高的威望，即使是當上了樞密使，士兵們每次得到軍衣、軍糧，都會說：「這是狄家爺爺賞賜給我們的。」朝廷對此極為不滿。在中書省執掌政事的文彥博建議朝廷派狄青任兩鎮節度使，讓他離開京城。狄青向皇上陳述說：「我沒有功勞，怎麼能接受節度使這一職權呢？我沒有犯罪，為什麼要把我派到遠離京城的地方去呢？」仁宗皇帝認為他說得有道理，就將此話轉達給文彥博，並強調文彥博是個忠臣。文彥博說：「太祖難道不是周世宗的忠臣嗎？但他得了軍心，所以才發生了陳橋之變。」仁宗默語點頭。狄青對此事一直蒙在鼓裡，又親自找文彥博辯解。文彥博告訴他：「沒有別的原因，是朝廷懷疑你了。」狄青聽了此話驚恐不安。離京做了節度使後，朝廷每月兩次派遣使者去慰問。這樣一來，狄青整日憂心忡忡，不到半年就驚懼身亡了。

【案例連結二】

曾國藩對這種外圓之道則運用得游刃有餘，他經常告誡自己和部下「勢不使盡」、「弓不拉滿」。在平定了太平天國之後，曾國藩在朝廷內外的「勢」達到了巔峰之際，他懂得節制，採取了裁湘軍留淮軍的智慧之舉。不裁湘軍就會犯了官場功高蓋主的大忌，這將危及身家性命；如果把淮軍也裁了，手中就失去了底牌，就要被人任意宰割。因此他讓李鴻章按兵不動，把作為自己最大的政治之本的湘軍裁掉了。更讓人驚嘆的是，曾國藩在裁湘軍的奏摺中隻字不提個人的去留問題。曾國藩知道，如果提出自己繼續留在朝廷效力的要求，會落下戀權之嫌；如果請求解甲歸田，會留下不願繼續為朝廷效力盡忠之疑，還可能被許多湘軍將領奉為幕後領袖而招致朝廷猜忌。凡此種種，對自己都是十分不利的。曾國藩既善於從古人身上汲取智慧，又善於把所學知識與人生的經驗聯繫起來思考，因此，才表現出了大徹大悟、大智大慧的超人之舉。誠如馮夢龍所言：「處在局內的人，常留有一塊餘地，就會退進在我。這是處世的良策。」

（七）包容關愛

包容是「圓」的領導智慧，包容、大度是自古以來成偉業者的優秀心理

品質。包容體現的是領導者美好的心性，博大的胸襟，能夠放下一切的灑脫和俯仰自如的氣度。《周易》也闡釋了這樣的思想：君子應當效法大地，以寬厚的德行負載萬物。民間也有「量大福大」的智慧之語。小肚雞腸，待人刻薄，就不能成大器、立大業。有位哲人講得很精彩：「能寬容別人是一件好事，但如果能夠將別人的錯誤忘得一乾二淨，那就更好。」每個人都希望別人能寬容自己，但自己卻往往寬容不了別人。許多的不合與醜惡也都由此而生。因此，領導者必須學會寬容。「君子賢而能容罪，知而能容愚，博而能容淺，粹而能容雜。」包容是領導者的一種美德和修養。一個領導者具備了「海納百川」的寬廣胸懷和虛懷若谷的寬容精神，才能在組織內部創造友好和諧的氣氛、民主平等的環境，這不僅是工作順利開展的重要保證，而且有助於解除下屬的後顧之憂，並最大限度的調動一切可以調動的積極因素，化消極因素為積極因素，團結一切可以團結的力量，為實現共同目標而奮鬥。

包容不僅包含著理解和原諒，還顯示出一個人的氣度和力量。包容也是領導者的一種美德和修養，「宰相肚裡能撐船，將軍額頭能跑馬」這句俗語就形象的說明領導者要有寬廣的胸懷和氣量。倘若楚莊王沒有寬容的胸懷和氣量，一定要掌燈追查調戲愛妾的大臣，就不可能有戍邊中戰功顯赫的唐狡。

卓越的領導者必須要有包容關愛的量度，既要容人之才，也要容人之異，還要容人之短。容才是領導者最重要的包容。領導者的容才之量，表現在不嫉賢妒能，容得下某些方面能力比自己強的人。有能力強的下屬是正常的，對組織來說更是件好事，將有才能之士運用好了更是領導力的體現。

任何人都有長處和短處，人才亦然。不能包容人才的不同短處的領導者，看到的人才是短處多於長處，求全責備，吹毛求疵，最後的選擇往往是棄之不用；有包容胸襟的領導者看到的人才是長處多於短處，而且能短中見長，使人才得到充分使用，甚至使那些「缺點卓著」的人發揮出旁人無法企及、無法替代的作用。領導者能夠包容人才的不同短處，才能求得大

賢大慧之才，獲得大賢大慧之智。

【案例連結】

美國總統林肯在南北戰爭初期，為了保證戰爭的勝利，力求選拔沒有缺點的人任北軍的統帥。然而，事與願違，他所選拔的這些修養甚好、幾乎沒有缺點的統帥，在擁有較多的人力和物力的條件下，反而一個個被南軍的將領打敗，有一次連華盛頓都幾乎丟掉。林肯深受震動，他分析了對方將領，發現從傑克森起幾乎沒有一個不具有明顯的缺點，而同時又都具有特長。於是，林肯毅然任命酒鬼格蘭特為北軍司令。委任狀發出後，輿論大嘩。許多人哀嘆，北軍完蛋了，因為「昏君」任命了「酒鬼」。有人直接找到林肯，說格蘭特好酒貪杯，難當大任。林肯笑道：「如果我知道他喜歡什麼酒，我將送他幾桶。」然而歷史證明，林肯任用格蘭特完全正確，這一任命成了美國南北戰爭的轉折點。

（八）化敵為友

化敵為友、不計舊惡是圓通做人的一個特徵。耶穌說：「愛你的敵人。」又說，「原諒他們七十七次。」對敵人心懷仇恨，傷害不了敵人的一根寒毛，卻能夠讓自己過煉獄般的日子。有人曾經問過艾森豪的兒子，他父親是否懷恨過何人。他回答：「沒有，我父親從沒有浪費一分鐘時間去想那些他不喜歡的人。」念念不忘別人的「壞處」無異於往自己的心靈裡插刀子，搞得自己痛苦不堪。文中子《止學》云：「君子不念舊惡，舊惡害德也。小人存隙必報，必報自毀也。和而弗爭，謀之首也。」意思是，君子不計較以往的恩怨，計較以往的恩怨會損害君子的品行。小人心有隙怨一定報復，這樣只能讓自己毀滅。講和而不爭鬥，這是謀略首先要考慮的。德國的思想家叔本華在他的《悲觀論》中雖然大談生命是痛苦的旅程，可是在絕望的深淵中他還是說：「如果可能，任何人都不應心懷仇恨。」莎士比亞也說過：「仇恨的怒火，將燒傷你自己。」可見，敵意和憤怒是人的致命心態，因此，作為卓越的領導者要擺脫這種心態，學會化敵為友、不計舊惡的圓通之道。

身為領導者，難免會有人得罪你，對於那些和你有過節的人，也許你有能力憑藉手中的權力懲治他，但從用人和管人的角度看，從提升自己的形象上講，饒恕對手並為己所用，無疑是非常明智的。真正制勝之道不在

於屈人之兵，而在於化敵為友。

【案例連結一】

上官儀是唐初重臣，曾一度官任宰相。高宗李治懦弱，後期又不滿武則天獨斷專行，便祕令上官儀代他起草廢後詔書。不料被武則天發覺，便以「大逆之罪」使上官儀慘死獄中，同時抄家滅籍。上官婉兒是上官儀的孫女，為了報仇，她參與了太子李賢與大臣裴炎、駱賓王等策劃的倒武政變。但最終事情敗露，上官婉兒以為自己也將被處死，但結果完全相反：竟被武則天破例收為機要祕書。上官婉兒才華出眾，而武則天又尤為愛才，對這樣一個有天資的少女，武則天認為若用心培養她，一定會成為非常出色的人才。於是便把她留在自己身邊，並表示要用自己的力量來感化她，如果連一個十幾歲的女孩子都感化不了，又怎麼能「以道德化天下」呢？

【案例連結二】

美國總統林肯就用化敵為友的力量在歷史上寫下了永放光彩的一頁。林肯參加總統競選時，他的強敵斯坦頓為著某些原因而憎恨他。斯坦頓用盡一切辦法在公眾面前侮辱他，甚至對林肯的長相惡語相加。儘管如此，林肯當上總統後仍把斯坦頓選為參謀總長。消息傳出後，街頭巷尾一片譁然。有人明確的對他講：「恐怕你選錯人了吧！你不知道他從前如何誹謗你嗎？他一定會扯你的後腿，你要三思而後行啊！」林肯的回答很堅定：「我認識斯坦頓，我也知道他從前對我的批評，但為了國家前途，我認為他最適合這份職務。」日後證明，斯坦頓確實為國家以及林肯做了很多貢獻。當林肯遇刺身亡後，在所有對林肯的讚頌話語中，斯坦頓的話最有分量，斯坦頓說：「林肯是世人中最值得敬佩的一位，他的名字將流傳萬世。」赫登在他的《林肯傳》中寫道：「林肯從不以自己的好惡去判斷人。他總是認為他的敵人也像任何人一樣能幹。如果有人得罪他，或對他不遜，但卻是最合適的人，林肯還是會請他擔任該職位，就像對朋友一樣毫不猶豫……我想他從未因為個人的反感，或是他的政敵而撤換一個人。」領導者像水一樣能溶解萬物，化解人間恩仇，把敵人轉變成發展自己事業的同仁，這就是外圓的內蘊和至高的境界。

（九）巧妙拒絕

領導活動中經常會遇到自己能力不夠、不能勉為其難的事，如果不加拒絕，胡亂答應，就會給自己增加很多麻煩和負擔，而且到時候不能兌現諾言，不僅有失信譽和尊嚴，甚至會因此耽誤了對方的事，使對方惱怒。領導活動中也經常遇到一些需要保密、必須守口如瓶的事。如果不加拒

絕，口無遮攔，甚至可能釀成大禍。

拒絕也有直接拒絕和委婉拒絕之分。

直接的拒絕，是「潑冷水」，是「當頭棒喝」，這是領導者在極其特殊的場合下，面對特殊的對象，表達理義之怒和正義之怒的一種方式。既然是特殊的方式，就不具有普遍的應用價值。當人家滿懷熱情，帶著信任和誠摯向你提出一些要求的時候，你語氣尖刻、直接拒絕，不僅使自己顯得無風度、沒涵養、沒水平，也很容易傷了別人的心，自然也很容易失去一個朋友。直接拒絕往往不給別人留面子。人們通常很看重面子、場面和情面。面子是人人都有的自尊心和虛榮心。人們生活在人性的叢林中，給人面子得到的就是互助。給別人一個下的「台階」，實際上就是給自己增添了一個上的「台階」。否則，把自己的面子看得貴如金，受到一點傷害，就暴跳如雷；把別人的面子看得賤如紙，無視他人的面子，對方會把這看成是「奇恥大辱」，心存芥蒂，必然會找機會進行報復，這就給自己樹立了一個敵人。

委婉的拒絕別人，既能解除自己的負擔，也不讓對方難堪，也是一種圓通智慧。委婉的拒絕，就是溫和的說「不」。當別人來訪求你，不要簡單的說「不」，要注意傾聽對方的訴說或詢問，了解對方表達的想法和要求，這就給拒絕營造了一種被尊重的氛圍。聽了對方的請求，並認為應該拒絕的時候，態度要堅決，但語言要婉轉幽默，在平和的狀態下拒絕對方。這種真心說「不」的方式，既可以拒絕對方提出的不合理要求，又不傷害對方的感情。

【案例連結一】

曾有位女士對林肯說：「總統先生，您必須給我一張授銜令，委任我兒子為上校。」林肯看了她一下，女士繼續說：「我提出這一要求並不是在求您開恩，而是我有權利這樣做。因為我祖父在列星頓號航空母艦打過仗，我叔叔是布拉斯堡戰役中唯一沒有逃跑的士兵，我父親在新奧爾良作過戰，我丈夫戰死在蒙特雷。」林肯仔細聽過後說：「夫人，我想你一家為報效國家已經做得夠多了，現在是應該把這樣的機會讓給別人的時候了。」這位女士本意是懇求林肯看在其家人功勞的分上，為其兒子授銜。林肯當然明白

對方的意思，但他仍假裝糊塗巧妙的拒絕了那位女士的要求。

林肯真的是太聰明了，不但果斷的拒絕了那位女士，而且沒有讓人覺得尷尬，在轉瞬之間，就想到了應對之法，林肯的精明不得不令人佩服。

【案例連結二】

富蘭克林‧羅斯福當海軍助理部長時，有一天一位好友來訪，談話間，朋友問到了海軍在加勒比海某島建立基地的事。他的朋友說：「我只要你告訴我，我所聽到的有關基地的傳聞是否確有其事。」這是一個軍事祕密，羅斯福不便於回答，又不便於直接拒絕，他環望四周，壓低嗓子問朋友：「你能對不便外傳的事情保密嗎？」這位朋友不假思索的回答：「能！」羅斯福微笑的說：「那麼，我也能。」好友無奈的笑了一笑，表示理解。羅斯福用輕鬆的方式和幽默的語言，委婉含蓄的拒絕了朋友的要求，既堅持了不能洩漏祕密的原則立場，又沒有使朋友陷入難堪的地步，表現出了高超的拒絕智慧。在羅斯福去世多年後，這位朋友還能愉快的和人們談論這段總統軼事。

類比明理也是一種委婉的拒絕智慧。當別人，特別是你的領導者要求你做一件事實上你根本做不到的事時，你直言的回答說做不到，會讓別人或者你的領導者有失面子和尊嚴，你可以說一件與此類似難度的事件，讓別人或領導者去類比，自覺問題的難度，從而放棄不合理的要求。

（十）以柔克剛

以柔克剛是指面對咄咄逼人、氣勢洶洶的強勁對手或目前形勢對自己不利的局面，應設法避開不利條件下的正面衝突，絕不能採取以血還血、以牙還牙、魚死網破的做法。古語說「相反相因」、「相反相濟」，明清之際的哲學家方以智說：「吾嘗言天地間之至理，凡相因者，皆極相反。」以柔克剛，就是從相反的方面轉勢的計謀。欲剛守柔，欲強守弱，蘊含著深刻的辯證思想。「柔」相對於「剛」而言，自有其獨到的作用。剛烈之物，堅而不韌，強勁卻容易破碎斷裂。而柔弱的東西，隨勢變形，能屈能伸，軟而有韌性。在許多時候，尤其是在對方剛性很強的時候，以剛克剛就會很困難，而以柔的一面「反彈琵琶」，使用另外的方式等待時機，往往能夠取得意想不到的結果。柔為弱所用，可以博得人們同情，並能救弱於危難之際，柔弱的人「咬勁」特別大，他不在場面上以聲勢壓人，而是採取避強守柔的戰術，用委婉的方法達到勝利目標。因此，以柔克剛，似弱實強。

【案例連結】

　　林肯，這個從美國肯塔基州蠻荒的叢林中走出來的農夫，沒有顯赫的出身，沒有特殊的背景，甚至沒有受過正規的教育。但就是這樣一個出身寒微的普通人，憑藉自己不懈的努力，成為美國的總統，並以非凡的政治天分和滌蕩靈魂的氣魄，帶領整個國家渡過難關，維護了國家的統一。在政治道路上林肯有很多反對者，但他總能在與對手較量的過程中取得勝利，甚至原本反對他的人都為他的言語所感動。究其原因，林肯將自己偉大的個人魅力充分的運用到待人接物中，以柔克剛，隨勢而動，成功扭轉了各種不利局勢。競選總統前夕，林肯在參議院演說時，一位參議員說：「林肯先生，在你開始演講之前，我希望你記住你是一個鞋匠的兒子。」林肯轉過頭對那位傲慢的參議員說：「我非常感謝你使我想起了我的父親，他已經過世了。據我所知，我的父親以前也為你的家人做過鞋子。如果你的鞋子不合腳，我可以幫你改正它。」然後，他又對所有的參議員說：「如果你們穿的那雙鞋是我父親做的，而它們需要修理或改善，我一定盡可能幫忙。但有一件事是可以肯定的，他的手藝無人能比。」說到這裡，他流下了眼淚，所有的嘲笑都化成了真誠的掌聲。

（十一）圓方處人

　　領導活動中，按照圓與方的關係分類，人物可有四種類型：內方外方，內方外圓，內圓外圓，內圓外方。領導者和不同類型人物的交往，要用不同的交際之道。

　　1. 對內方外方的人要誠實委婉。內方外方的人往往性太直，情太真，血太熱，氣太傲。他們處世認真，稜角分明；做事投入，過於突出；活力四射，不知收斂；才華過人，忘記平衡。由於這些特點，內方外方的人往往不太討人喜歡。但是他們的優點也是很突出的，他們堅持是我的錯，我就承認，絕不東推西擋；是你的錯，就是你的錯，想賴也賴不掉。表裡如一、秉公立世，是對內方外方人的美麗評價。「不為五斗米折腰」，是內方外方人創下的可歌典故。忠心耿耿的屈原、剛直無私的包拯，是這類人物的典型代表。同內方外方類型的人交往的智慧是：一要誠實。內方外方的人不會口蜜腹劍，不會陽奉陰違，是個值得信賴、值得尊重的人物，所以要待之以誠，關心愛護。如果對他們虛偽猜忌，往往會使他們產生強烈的反感情緒，並且他們還會把這種不滿表現在臉上，使雙方之間的心理距離擴大。二要委婉。內方外方的人做事不靈活，言辭不變通，往往會使一些

人陷入難堪境地，所以和他們交往，要注意婉轉。當看到內方外方的人口無遮攔、尖銳抨擊時，要採用一個合適的方式轉移主題，或者幽上一默，讚揚一句，巧妙的加以引導。內方外方的人是心地純正、剛直無私的人，不應該因為他們曾經「刺傷」過你，就對他們計較或心存芥蒂。

2. 對內方外圓的人要有禮有節。內方外圓的人潔身自好，處世練達，唯唯諾諾，謹小慎微，既有原則性，又有靈活性，凡事權衡利害，絕不感情用事。內方外圓的人因為聰明強幹，而又鋒芒不露，喜怒不形於色，所以四平八穩，八面玲瓏，在複雜的人際、利益關係中，亦往往游刃有餘。在直來直去會傷害別人自尊心的情況下，在有稜有角會使自己陷入難堪境的的情況下，在方方正正不能達到滿意效果的情況下，內方外圓的人會採用圓滑變通的策略。內方外圓的負面表現是，明明是正確的，應該義無反顧的堅持，但因為堅持的阻力太大，就違心的裝聾作啞了；明明是錯誤的，應該理直氣壯的駁斥，但為了一己私利，就壓抑著默不作聲了。在大廈將傾之際，內方外圓的人會和內方外方的人共同構成支撐瀕危建築的梁柱。洞明世事的諸葛亮、謙虛自律的曾國藩，是內方外圓人物的典型代表。同內方外圓的人交往，一要有禮有理。內方外圓的人表面隨和，內心卻厭惡粗魯，仇視邪惡，如果想縮短同這類人的心理距離，就必須表現出你的積極、健康、向上的交往心態。無禮無理的人或恥於見人、低三下四的言行舉止，是不能得到內方外圓的人認同的。二要有節有度。內方外圓的人，不會把對他人的反感掛在臉上，有一個令你捉摸不透的內心。因此，同他們交往，要講究分寸，把握適度，不要因為他的臉上掛著微笑，就忘乎所以、得寸進尺。

3. 對內圓外圓的人要有板有眼。內圓外圓的人為人處世圓滑老到，遇到好事、露臉的事、利己的事就搶；遇到壞事、無名的事、對己無利的事就推。內圓外圓的人內心對自己並無什麼約束和戒律，也不關注人生真正的意義。該低的頭就低，該燒的香就燒，該拉的關係就拉，該糊塗的事就糊塗，該下手時就下手。在現實生活中，內圓外圓的人長於研究「人事」，偏重於個人私利，他們一般不會同情弱者，救濟窮人，甚至為了私利，還

會算計人，歪曲人。這種人的代表，當屬一些市井無賴、街頭小人。由於他們患有「軟骨病」，一般成不了大器。同內圓外圓的人交往，一要有板有眼。由於內圓外圓的人內心深處沒有必須遵守的做人規則，所以，可能幹出表面華麗亮堂、實則損人利己的事。對內圓外圓的人的兩面行為和損人利己的做法，不要愛面子，應該有板有眼的予以指正。二要有所保留和有所提防。由於內圓外圓的人不遵守「誠信」的金科玉律，因此，與內圓外圓的人合作，不要過於相信他們，並要提防他們行狡詐、欺騙的伎倆。

4. 對內圓外方的人要靈活變通。內圓外方的人張口是人民利益，閉口是黨紀國法，但肚子裡卻裝的是男盜女娼、個人私利。他們在台上慷慨激昂，一副正人君子模樣，台下卻做些亂七八糟、見不得人的醜事。這種人因為搞言行兩張皮，玩弄兩面術，所以極具欺惑性。罩著金色光環的貪官，披著華麗外衣的惡人，就是這種形態人物的典型代表。同內圓外方的人打交道，要剝下他的偽裝。內圓外方的人「金玉其外，敗絮其中」，很會包裝自己，在領導眼前、群眾面前渾身都是一派正氣，用這種「金玉」的包裝外表，掩蓋內裡的「敗絮」。因此，同內圓外方的人打交道，一要根據各個方面的訊息，分析出他們的真實內心，然後巧妙的剝開他們的外層包裝，讓其原形畢露。二要靈活變通。由於內圓外方的人嘴上一套，心裡一套，所以和他們打交道，既不能不聽他們說的，又不能完全相信他們說的。要根據當時情況靈活變通交往的方式、策略和內容，切不可太沒心計，被內圓外方的人的「精彩論述」所迷惑。

Wisdom for
Great Leaders

第十一章
卓越正職領導者的智慧

　　正職領導在領導職位中是最重要的職位。何謂正職領導？正職領導是一個表示領導地位的規定性概念，就是通常說的領導團體中的「帥」，在領導團體和全局工作中處於核心地位，起著關鍵作用，負有全面責任。正職也俗稱「一把手」。正職領導負責引領班子的方向，統一班子的思想，集中班子的智慧，組織班子的行動。正職領導必須有開闊的眼界，總攬全局，善謀大事，能從全局的高度來思考問題和解決問題。這就要求正職領導者不僅要掌握一般的領導智慧，還要擁有與正職領導者相適應的特殊領導智慧。從某種意義上說，正職領導的智慧大小，直接決定其所帶領導團體工作的成敗和所領導事業的興衰。

　　做一個卓越的正職領導者，必須擁有的智慧是：（1）把握正職領導的特徵；（2）以正職特有的思維品質進行思維和行為；（3）精於正職領導的統帥之道；（4）講究與下屬共事的藝術；（5）領導團隊成就事業。

一、正職的特徵

正職領導作為一級組織的「掌門人」，自然有著不同於組織其他成員的特徵。

（一）職權的唯一性和排他性

正職在組織中處於最高職位，是組織系統中的最高領導者，履行著最高職務，行使著最高權力。最高的職位和最高的權力具有非正職莫屬的唯一性，具有排斥他人行使這種最高權力的排他性。職權這種唯一性和排他性是正職領導的基本特徵，也是正職領導進行有效領導活動的資格和能力條件。如果沒有這種職權的唯一性和排他性，就會導致多頭領導、令出多門的現象。這樣就分散了領導權力，從而令不能行，禁不能止，使領導活動變得混亂，而且無序，這同我們所說的「一山不容二虎」是一個道理。

【案例連結】

在邱吉爾擔任英國極為重要的大臣海軍大臣伊始，他就開始進行大膽的改革，他極力造成一種臨戰氣氛，促使部內各級人員相信來自德國的進攻已迫在眉睫，並以工作狂的面目出現。但他勇於任事、雷厲風行的果斷作風與海軍部的傳統行政模式從一開始就產生了較嚴重的矛盾。海軍部不同於邱吉爾以前的任職，它的行政事務按慣例是由四位海務大臣協同海軍大臣共同處理的，海務大臣們握有較大的實際行政權力。邱吉爾認為這種局面對於即將來臨的戰爭而言是很糟糕的。他開始改變海務大臣們的職能，向他們發出強制性指令，要求他們服從海軍大臣的權威。他的改革建立了海軍大臣職權的唯一性和排他性，使以後抗擊德軍有了很好的組織體系的保證，這是因為臨戰的軍隊組織需要有極高權威式的領導。

（二）職責的全面性和重大性

責任是和職務權力相匹配的，領導者的權力，實際上是一種責任。正

職被賦予最高職權，權力與班子其他成員不一樣。顯然，擁有絕對的職權的同時，也要擔負起別人所沒有的職責。正職必須承擔和履行首要和全面的領導職責。不僅要承擔作為領導團體成員的一般職責，更重要的是還必須對全局和整體負總責，承擔整個領導活動中最高也是最重要的組織、指揮、協調、決策、用人的職責。就一個地區、一個單位來說，工作好壞、事業發展快慢乃至興衰榮辱，領導團體都要負責任，但正職的責任尤為重大，若班子工作失誤，上級「打屁股」是正職挨板子。正職領導如果不負責任，等於自動放棄了核心地位和權力。由此可以看出，正職不僅僅是一個職位上的設置，更是一個組織的代表。正職擁有更大的權力，擁有更多的資源，同樣也對整個工作負有全面責任。甘蔗沒有兩頭甜，這個道理對領導者也適用。敢負責而又會負責，是卓越的正職領導必備的素養。

（三）決策上的主導性

　　正職是管全局的，是進行決策的主導，是決策的最後拍板者，而班子其他成員是管一塊，管一部分或某一方面的工作，是決策的出謀獻策者和參與者。正職在決策中的主導作用具體表現在：（1）明確決策目標。西方有句名言：決策失誤，就是犯罪。決策目標的失誤是最根本的失誤。因此，正職要把握時代發展的要求，明確事業發展和社會組織賦予你這個地區或單位的使命，認清本地區、本單位近期、中期、長期的發展方向是什麼，提出切實可行的決策目標，主導整個決策的方向，奠定正確決策的基礎。（2）組織決策準備。正職要遵循決策成功的基本程式和基本途徑，進行分工負責，組織調研，廣泛徵求各個方面、各個層次的意見和建議，在綜合各種意見和訴求的基礎上，擬定多個備選決策方案，為提高決策水平，確保決策質量做好前期準備。（3）果敢決斷。正職在決策中的主導作用是提出議題，啟發誘導，廣開言路，提煉歸納，民主集中，果敢決斷。任何單位在決策的最後階段拍板定奪的都應是正職。特別是關係到重大發展策略和方向問題，關係到一些有分歧而又必須很快作出決斷的問題，更需要正職「拍板」作出正確的決策。（4）主持決策實施。一旦決策進入實施階段，

正職又處於指揮、督導地位。作為優秀的正職，對重大決策的實施要親自部署，抓好組織動員，分配任務，要持續不斷的從工作環境中籌集物質資源、技術資源、訊息資源和人力資源等，調動各種各樣的力量來實現預定的目標和保證決策方案的到位。同時，正職還要追蹤決策實施的實際效果，督導其不斷完善提高。

（四）領導方法上的統籌性

　　作為正職領導者，統管全面工作，不像副職分管一條線，正職所面對的組織工作錯綜複雜，既有層次性又有連貫性，哪個環節出了問題就會給整個工作造成影響，這就要求正職要統籌兼顧，不能顧此失彼。正職領導幾乎每日都處在矛盾和衝突之中，統籌不善，人際關係失去平衡就會出現矛盾，工作失去平衡就會出問題出亂子，造成損失。統籌藝術就是平衡的藝術。工作關係也好，人際關係也好，不平衡是絕對的，平衡是相對的。這頭重了，那頭就輕了。領導者就是要在這輕重之間不斷把握平衡，及時了解和處理失衡問題。在領導方法上，不能唱「單出頭」，不能搞「單打一」。任何一級領導的領導方法都不是單一的方法，而是由若干方法組成的方法系統，從領導方法本身的特性看，方法具有條件性、目的性，由於條件的限制，要實現領導系統目標，特別當目標又是一個指標體系時，靠一種方法往往是困難的，需要若干種方法統籌使用。方法統籌形成系統後，產生了系統效應。方法統籌起來使用，比單獨使用一種更能發揮其效能，還便於彌補互相之間的不足和提高可靠性。善於把各種領導方法統籌起來，把握好工作和人際關係的平衡點，才能使領導的活動更為有效。領導方法的統籌性還體現在動態上的統籌。由於領導系統的不斷發展變化，就要求領導方法應「隨時而變、因俗而動」，不斷適應新時空條件下的領導系統，在領導系統發展過程中的不同階段，應該及時採用不同的領導方法，就是在發展過程中的同一階段，由於領導系統狀態參數的漲落，領導方法也要有相應的統籌變化，這好比舵手掌握舵機，要根據實際航行情況及時調整航位，才能保證艦船航行的正確方向。

二、正職領導者的思維品質

領導者最重要的能力就是思維能力。我們正處在一個日新月異的時代，任何故步自封、裹足不前的保守思維方式都將被社會淘汰掉。發展要有新思路，改革需要新突破，領導的各項工作開展要有新舉措，這些都取決於領導者能否有思維的特質。正職領導者在領導活動中占有獨特的地位，是組織者、決策者，也是領導活動中占主導地位的思維主體。正職領導者的思維特質決定領導活動的成就，因此，正職領導者必須自覺的進行思維品質的提升和思維方式的變革，為充分發揮自身的聰明才智創造條件，同時也為創造性的領導活動創造成就性條件。領導活動對正職領導者提出的思維特質訴求，可以概括為以下十個「度」：

(一) 思維的高度

所謂思維的高度，就是高瞻遠矚。高瞻遠矚就是要善於著眼全局，從長計議。從橫向、空間上講，作為思維主體的正職領導為了達到一定的策略目標，站在全局的最高層次上思考和把握問題，就是「高瞻」；從縱向、時間的角度上講，領導要從長計議，不僅要解決眼前的現實問題，而且要關注解決長遠的未來問題，作為思維主體的正職領導，從事物發展的長遠和未來思考來把握問題，就是「遠矚」。對於領導活動中的策略決策，思維就不能急功近利，只注意眼前利益。如果把思維的重心僅放在能收到立竿見影之效的事物上，沒有長遠的打算，就會頭痛醫頭，腳痛醫腳，斤斤計較局部得失。有了思維的高度，正職領導者作策略決策，就能突破眼前利益，不為當前的現象所迷惑，善於由過去和現在推測、估計事物發展的趨勢和可能出現的結果，在了解過去、把握現在、預測未來的基礎上謀劃全局；善於從整體和全面出發去思考和發現問題，把問題和對象放在與之緊密聯繫的有機體中去分析研究，從問題和對象所固有的各個方面和各種聯繫上去把握問題、思考問題；善於把一些具體問題提到策略的高度來認識和處理。只有這樣，才能真正透徹的認識和利用環境，確立策略決策，使

領導活動在高水準上運作。

【案例連結】

　　《夢溪筆談》記載：海州知府孫冕很有經濟頭腦，他聽說發運使準備在海州設置三個鹽場，便堅決反對，並提出了許多理由。後來發運使親自來海州談鹽場設置之事，還是被孫冕頂了回去。當地百姓攔住孫冕的轎子，向他訴說設置鹽場的好處，孫冕解釋道：「你們不懂得作長遠打算。官家買鹽雖然能獲得眼前的利益，但如果鹽太多賣不出去，三十年後就會自食惡果了。」然而，孫冕的警告並沒有引起人們的重視。

　　他離任後，海州很快就建起了三個鹽場，幾十年後，當地刑事案件上升，流寇盜賊、徭役賦稅等都比過去大大增多。由於運輸、銷售不通暢，囤積的鹽日益增加，鹽場虧損負債很多，許多人都破了產。這時，百姓才開始明白，在這裡建鹽場確實是個禍患。

（二）思維的廣度

　　所謂思維的廣度，就是拓展思路，統籌兼顧。思維的廣度也就是整體思維方式，就是領導在思考和處理問題時，把整體作為自己思考、研究和解決問題的出發點和落腳點。事物的發展就是多元、多維、多變，但它們不是孤立的，而是緊密相連、相互影響的，特別是當今世界全球化，事物的發展呈現出高度分化和整體化的雙重趨勢，使思維對象的多元、多維、多變性更加突出，要求思維必須有大系統、高層次的更大覆蓋面。領導者必須破除靜止、孤立、平面的思維方式，樹立多方位、多層次、多變量的整體思維方式，它的特點是：（1）突破思維的狹隘性，全局謀劃。全面思維是透過多種多樣的思維活動，從思維的各個層次出發，多角度、多方面、多向度、多變量的系統考察事物。多從幾個角度想想，多想幾種解決的方法，防止固執己見，防止鑽牛角尖，防止專制武斷。而單一性思維則很容易導致思維及其結論的片面性，因為單向性思維就是從一個方面、一個層次或一個向度去觀察事物。要綜合有效的利用各種思維方式，達到思維的最佳效果。領導者應跨時空和地域，在較廣泛的領域進行全面思考，思路開闊，思維餘地廣大，統攬全局、規劃全局、駕馭全局，爭取全局的主動和成功，而不能只侷限於局部、部分而丟了全局和整體。就事論事，就局

部問題而論局部問題，就會顧此失彼，或只顧眼前而忘了長遠和根本。方向對了，全局性工作開展就順利；方向錯了，全局性工作就受挫折。（２）克服思維的機械性，統籌兼顧。領導者不僅要從全局性、總體性的視野思考問題和解決問題，還要意識到全局是由局部組成的，沒有局部就沒有全局，局部與全局又是相對獨立的。在比較大的範圍內是局部性的問題，在比較小的範圍內就是全局性的問題。圍繞工作重點、主要矛盾和中心工作，要優化事物結構，提高整體功能，又要抓住主要矛盾、突出策略重點，不能平均用力。既能夠準確的對問題內部的諸多複雜因素進行排序和分類，又能從中分辨出主要因素和問題的本質。不僅要把策略的重心放在全局上，還要放在那些關係全局的重要局部上。（３）重點突破。總攬全局，整體推進，既不能單出頭，唱獨角戲；也不能不分輕重緩急，眉毛鬍子一把抓，而必須抓住牽一髮而動全身的關鍵環節、影響方面、決定因素和主攻方向重點突破和推進。（４）把握聯繫。善於從事物的相互關聯中認識事物，多方向、多角度的分析問題，往往會觸類旁通。要從思維對象的左右聯繫、上下貫通、縱橫對比中抓住問題的實質。思維的橫面要寬，不能直線思維，應把問題放在一個開放的環境裡去思考。

【案例連結】

西元一○○八年，開封一場大火，北宋皇城毀於一旦。宋真宗任命晉國公丁渭主持重建全部宮室殿宇。皇城大都是磚木結構，建築材料必須從遠地透過汴水運進。丁渭深思熟慮，規劃並實施了一個至今令人拍案叫絕的施工方案，按照這一方案，挖街取土，就地燒磚，渠成引水，運送建材（本地磚瓦和外地石木），宮殿完工，渣土回填，恢復街道。這就巧妙的解決了取土之難，運輸之難，清場之難，可謂「一石三鳥」，使重建皇城事半功倍。晉國公重建皇城的施工方案運用行列式的相關知識，進行精確計算，使重建工程的各個工序在時間、空間上彼此協調、環環相扣，體現了思維的廣度的品質。

（三）思維的深度

所謂思維的深度，就是思維的系統性，就是追根溯源。作為正職領導者應當具有思維的深度，善於從深層次認識目前面對的各種突出問題，不被表面現象所迷惑，對問題的本質進行由遠到近、由表及裡、層層遞進、

步步深入的思考。就像世界著名企業家傑克‧威爾許所指出的那樣，領導人必須不斷的向更深處挖掘，必須剝掉外層而尋求問題的本質。缺乏這樣一種思維特質，不能透過現象認識事物的本質，不能把握事物發展的規律，就不可能做好領導工作，就會把事業引向歧途。

正職領導者有了思維的深度，就有了系統思考的能力，腦中就有了「全息」圖片，把思維的觸角從單面和個體拓展到各個部分和各個方面，從更高的層次、更廣闊的背景和更廣泛的關係中進行綜合和系統分析，他的著眼點不僅是眼前，更為注重的是長遠。不搞短期行為，不留「大包袱」、「大後患」。

(四)思維的強度

所謂思維的強度，就是拒絕思維懶惰，增強思維的「鈣質」。正職領導者必須具有思維的強度，獨立自主的考慮問題，不盲從於權力、威勢、經典。領導者要充當思想強者，顯現思想風骨，善於明辨是非，避免人云亦云、搖擺不定。有了這樣一種思維特質，才可能在重重迷霧中認清方向，在眾說紛紜中堅定立場，在大政方針中把握精髓，在領導工作中創出新意。而缺乏這種思維品質的人，在思維上從眾的人，就只能是別人的追隨者而不是擁有追隨者的領導者，正如明朝思想家李贄所說的那樣「尊孔子不知孔子何自可尊，所謂矮子觀場，隨人說妍，和聲而已」，這種人不可能成為一個優秀的正職領導者。作為高屋建瓴的正職領導者就要增強思維鈣質的含量，增強思維硬度，絕不在別人的思想航道上隨波逐流，相反，要成為新思維的創造者，成為領跑者。

為了增強思維的強度，正職領導者還必須虛心借助外界的聰明才智。「大智興邦，不過集眾思；大愚誤國，不過好自用。」在領導活動中，需要辨識的事物紛繁複雜，僅憑自身力量難以勝任，這就需要「內腦」與「外腦」的配合。善於借助「外腦」，即合理利用自身以外的智慧因素，如汲取下級的智慧、諮詢專家的智慧、群眾的智慧等。集眾人之智慧為領導智慧之大能是正職領導者強化思維能力的應有之義。對於領導者來說，有時

最智慧的東西不是高智商而是低姿態。身處高位而能把身段放低，去用心傾聽，才能真正領略到集思廣益的益處、群策群力的力度。要集眾人之智慧為領導之大能，就必須注意傾聽。當我們用心傾聽，就會發現，根據我們的判斷不可能成為老師的人，我們從他們身上也可以學到許許多多的東西。「三人行，必有我師。」還應該指出的是，借助「外腦」不等於放棄獨立思考，你不能完全借用別人的觀點，就好像你不能完全借用別人的眼睛一樣。如果說「內腦」是主，「外腦」是客，那麼，主人可以為客人創造賓至如歸的氛圍，讓他們無拘無束的暢所欲言、獻計獻策，卻不能讓他們代替自己當家做主。

（五）思維的韌度

　　所謂思維的韌度，就是保持彈性思維，使思維具有應變性、適應性和調適性。正職領導者要自覺順應時勢的發展變化，把事物放到一定的時空條件中去認識，不脫離具體的環境背景來觀察和考慮問題，這樣的思維才有適應性和調適性。卓越的領導者都能保持一種開放而具有彈性的思維，能夠為發展保留空間，為變化預備餘地，不讓強有力的假設變成頭腦僵化的藉口。正如明代政治家張居正所說：「韓非子言，為土木人，耳鼻欲大，口目欲小。蓋耳鼻大則可裁削使小，口目小則可開鑿使大。此可以為建制處事者之法。」領導者還要跳出「非此即彼」的兩極式思維陷阱，善於機動靈活的考慮問題。凡事只能想到相對立的兩面，是陷入兩極思維的表現。如果領導者以這樣一種思維方式去認識事物、處理問題，必定陷入僵化、拘泥，導致可悲可笑的結局。提升思維的韌度，領導者還要學會模糊思維。模糊思維是在事物性質不明確或事物之間關係不明朗、是非很難判斷時的一種思維方式。模糊思維有助於領導活動中原則性和靈活性的結合，有助於發揮領導機制，使問題解決得更圓滿。模糊思維方式主要有：（1）宜粗不宜細的思維方式。領導者對大事應該認真細緻，對一些日常性、事務性的瑣事就需要宜粗不宜細的模糊思維和模糊處理。（2）拖延與沉默的思維方式。對領導活動中重大的、原則性問題要立場堅定、態度明朗、果斷

處理，對在發展的過程中表現出曲折性和複雜性、很難一下子說清楚它的發展結果以及產生的影響的事情宜採取暫緩、拖延與沉默的思維方式，待到事物的性質明確後或進行調查研究掌握真實情況後，再拿出相應的解決思路或辦法。可見，讓思維更具有韌度，才不至於落入僵化的俗套、無所突破，才能從根本處解決問題。

（六）思維的角度

所謂思維的角度，就是站在「非我」的立場看待事物，理解問題，也就是同理心。運用同理心的人要善於推己及人，理解別人，既不能迷失自我，又不能侷限於自我，更不能總以自我為中心考慮問題。只有相互理解，才能減少人際交往中的摩擦，才有利於超越自我和推進工作的開展。不能相互理解，就切斷了自己與別人溝通的橋梁，領導活動的效能就會大受影響。要很好的相互理解，就必須多多換位，先於自我，突破自我，超越自我，包括超越身分、地位、情感和利害關係。領導者不僅要做到「己所不欲，勿施於人」，更要做到「己所欲」，先「施於人」。從正職領導追隨者的角度來看，便能夠充分體會到領導者的關心與體貼。尤其是正職領導者自身是己所欲，而非他人所欲時，就更需要這種同理心，避免因為一些不必要的問題而影響正常的領導互動。古人所謂「置其身於是非之外，而後可以折是非之中；置其身於利害之外，而後可以觀利害之變」，說的也是這方面的道理。上下級之間，正副職之間，不同部門領導之間，支持者與反對者之間，當局者與旁觀者之間，有時都需要有意識的作這樣一種超越。在盲人摸象的故事中，盲人各執一詞，誰也不能說服誰，誰也不能正確的描繪大象的模樣，關鍵就在於他們都沒能換個位置多角度的摸一摸那頭立體的大象。在現實生活中，領導者也應當避免出現盲人摸象似的錯誤，透過多角度思維增強思維的立體感，而不是以自我為中心，囿於己見。

思維的角度還包括逆向思維。逆向思維就是對傳統思維慣性的反思考，它的根本基點就是建立一個與正面相反的負面懷疑系統。世界上的事物是對立的統一，反面、對立面是事物的客觀存在。逆向思維不僅可以使

思維的選擇性增大，而且逆向思維能夠豐富工作的內容，提高工作的質量和層次。所以，善於從相反的方向發現問題，進行對策思維是領導者不同凡響的領導本領和大智慧。逆向思維具體包括：（1）從事物的高層次形態認識事物的低層次形態。（2）從事物的深層次本質認識事物的淺層次現象。這樣不僅能剝離事物表面現象，看到事物的實質，而且能聯繫事物發展的脈絡，看到事物現象的淵源和趨勢。（3）從事物的舊體認識事物的新生。（4）從事物的靜態認識事物的變化，從事物的動態看事物的規律。（5）從事物的整體認識事物的部分。（6）從事物的優勢認識事物的劣勢。（7）從事物的對稱性認識事物的不對稱性。

【案例連結】

西元一七七〇年，英國人霍克發現了澳大利亞大陸，那時澳大利亞一片荒蕪，亟待開發，於是英國掀起了開發澳洲的熱潮。可是人手不夠怎麼辦？有議員提議把囚犯拉到澳大利亞去。於是英國政府就把大批囚徒發配到那裡去開墾處女地。這是個好主意！但是英國政府沒有這麼多船運送大批的囚徒，就徵收了民間的船，誰運得多、拉得多，給錢就多。

開始，政府支付費用的方式是事前支付，即根據上船人數支付費用和糧食，私人船主為了謀取利益，就拚命裝囚犯，將囚徒的生活標準壓到最低，生存條件非常惡劣。有些船主甚至故意斷水斷食，航行時間二～三個月，囚徒死亡率超過了百分之十二，部分船隻甚至高達百分之三十七。這種事傳到英國，為了改變這種狀況，英國政府派官員隨船監督，派醫生負責醫療，對囚徒生活標準做了嚴格規定，情況卻沒有一點好轉。有些官員被賄賂，有些不接受賄賂、認真監督的官員和醫生甚至被扔進大海。後來，一位國會議員終於想到，問題的關鍵是在於支付費用的方法不對，只要改變一下思維，即把事前支付費用改變為事後根據船主的績效支付費用，就會解決這個問題。於是，政府採納了他的建議：在英國裝多少人不管，只在澳洲上岸時清點人數後支付費用，並以此核准運費及旅途花費。在這種付費的思維方式下，所有的船主打的算盤是最好一個都不死，每死一個都是自己的淨虧損。船主立刻改善了一切運送條件，千方百計讓每一個囚徒健康抵達，糧食帶夠，水帶夠，藥品帶夠，還讓每個囚犯每天必須吃兩個橘子，補充維生素 C，每天把囚犯帶到甲板上做運動，呼吸新鮮空氣。死亡率很快降到百分之一以下，運送幾百人的船隻在海上顛簸數月有時竟無一人死亡。

（七）思維的密度

　　所謂思維的密度，就是嚴謹周到，不因疏忽大意而出紕漏。正職領導者具備這種思維特質的必要性在於領導工作影響的廣泛性、深遠性。重大問題一旦疏忽大意，損失必定難以預計。尤其是部屬的工作都要根據領導的決策來進行和執行，一旦領導者在一些問題上沒有嚴謹周到，僅僅憑藉經驗而武斷下結論，不僅無法提高領導效能，還會使領導工作增加負擔，陷入困境。領導者有了思維的密度，就能夠將每一個微小的細節之處都考慮與計算在內，把自己的思路、方案建立在有根有據的基礎上，充分考慮到盤根錯節的所有相關條件，對任何問題的細枝末節都一絲不苟。差之毫釐，謬以千里。領導者雖然不能在工作中做到面面俱到，但是高密度思維成果能夠發現細節中誘發危機的端倪，並且能夠有效預防和阻止這些誘因，避免危及全局。正職領導者尤其要做到思維嚴謹周到，不出紕漏，提高自身的思想修為，讓自己的思維成果經得起推敲和實踐的檢驗。思維的密度，還包括見微知著。從具體、微觀的角度來說，正職領導要有見微知著的敏銳，當一種現象、一個問題剛剛出現苗頭的時候，就能夠敏銳的預計其發展後果，積極主動的把問題解決在萌芽狀態，而不是在「破窗效應」的作用下到了不可收拾的地步才去匆忙應對。但是，強調思維的密度並不意味著在領導工作中不冒任何風險，因為不可能凡事都四平八穩，有絕對把握。

【案例連結】

　　清末，一些官僚倡導洋務運動。他們試圖透過引進西方先進技術、設備，達到富國強兵的目的。洋務運動代表人物湖廣總督張之洞，在漢陽興辦了當時東方規模最大的鋼鐵廠——漢陽鋼鐵廠，想把它辦成世界一流的企業。然而張之洞的美妙幻夢很快就破滅了。

　　張之洞對冶煉既缺乏經驗又毫無知識，導致了許多重大的策略決策失誤。在廠址的選擇上，他不能從大系統出發來思考問題，錯誤的把廠址選在「煤鐵兩不就」的漢陽龜山腳下，原料和燃料運費很高；他還不會利用外腦的作用來彌補自己經驗和知識的缺陷，拒絕接受工程師提出的先化驗鐵砂再選高爐的建議，主觀的認為：「土地之大，何處無煤鐵？」「就按照外國的高爐設計吧」，結果鐵廠建成投產後，由於三座高爐中的兩座不適於冶煉含磷較多的鐵礦石，嚴重影響了產品質量。張之洞沒有策略思維意識和策略思維能力，又不懂鐵礦石和高爐結構之間的密切關聯性，也不聽從工程師的建議，單

憑主觀臆斷盲目決策，結果斷送了這一幼稚的民族工業。

（八）思維的亮度

　　所謂思維的亮度，就是突破定式，通透心智。有新思路才有新出路。領導者的思維要善於突破慣常的定式，不落俗套，不墨守成規，開創認識的新天地。領導活動中能夠遇到的都是新情況、新問題，需要開拓創新，思維定勢不僅無能為力，而且還會成為領導者的「思維枷鎖」，阻礙新思想的產生，使人打不開思路，也跳不出框框，難以有新發展。在現實生活中，領導者的大腦每時每刻都會處理大量訊息，有了定勢思維就會在不自覺間省去許多摸索、思考的步驟，按照以前熟悉的路徑思考問題，形成思維慣性，無法做到舉一反三、觸類旁通，思路堵塞，自然找不到解決問題的奧妙。相反，突破思維定勢，改善心智模式，在考慮問題的時候，認清世界、國家的發展變化趨勢，認清本地區、本行業的發展變化趨勢，對這些情況有清醒的認識，有總體的把握，做到心明眼亮，就能夠使長期迷茫的問題豁然開朗，從「山重水複疑無路」的盲境中走出來，看到「柳暗花明又一村」的亮色。

【案例連結】

　　一九七三年第四次中東戰爭爆發前，埃及軍隊進行了一次又一次大規模的軍事調動和演習。起初，以色列對此極為警惕，可慢慢的便產生了一種思維定勢：埃及調動軍隊不過是軍事演習。因此，在十月六日，當埃及軍隊又一次進行大規模的軍事調動向蘇伊士運河集結時，以色列軍方領導人基於以前形成的思維定勢，對這次埃及軍隊調動不以為然，未作任何防範。結果，埃及軍隊忽然向以色列發起進攻，一舉攻破以色列耗巨資修築的「巴列夫防線」，將以軍打得潰不成軍。

（九）思維的速度

　　所謂思維的速度，就是靈敏迅捷，當機果決。在領導活動中，正職領導者經常會面臨一些不期而遇的突發事件與危機情況。面對這些來得突然、來得意外的「不速之客」，正職領導者若方寸大亂，病急亂投醫，或者舉棋不定，無所作為，無疑是解決不了危機問題的。在危機面前，正職

領導者的思維必須快速反應而又不失冷靜，迅捷應對，不失時機的果斷決策，在行動中繼續收集訊息，觀察變化，調整行動方案，以取得成功。思維的速度的另一層含義就是要搶抓機遇。領導活動的拓展，社會經濟的發展，往往是與一定的機遇相聯繫的。領導者必須在開始做事前像千眼神那樣察視時機，而在進行時要像千手神那樣抓住時機。機不可失，時不再來。當斷不斷，終生遺憾。曾經聽說過一個失敗領導者的墓誌銘是：他失去了主動權，別人先實現了他的設想。要避免這種領導活動的悲哀，正職領導者就必須努力培養自己靈敏迅捷、當機果決的思維特質。

【案例連結】

有兩位企業老闆在森林裡散步，為了尋求刺激，兩個人都把運動鞋子脫了掛在肩上，當走到森林的深處時，遇到了一隻大老虎。A老闆就趕緊從肩上取下一雙運動鞋穿上。B老闆急死了，罵道：「你幹嘛呢？穿上運動鞋也跑不過老虎啊！」A老闆說：「我這時候想的不是跑得比老虎快，只要跑得比你快就好了。」當兩個人同時遇上老虎時，慢跑者必然首先遭殃，當老虎去吃B老闆時，A老闆就可以有更多的時間逃生。

（十）思維的權變度

領導者還要有思維的權變度，要在一定的時空條件中認識事物，不能脫離具體的環境背景來思考問題，應具有應變、求變的意識，超前預見。過去是現在的基礎，未來又是現在的延續和發展。根據事物內在聯繫的發展規律，透過對事物過去和現在已有狀況的系統分析，對事物發展的進程、階段、規律和結局進行超前思考，以把握和贏得未來。權變思維從一定意義上講，就是創新思維。領導活動與創新活動密切相關。領導活動面對的內外部形勢千變萬化，知識不斷更新，科技飛速發展，難點和熱點、新機遇和新挑戰不斷出現，領導者在這種背景下，切不可習慣於在書本條條中尋找依據，更不應該拘泥「典要」，要「唯變所適」。沒有創新思維，領導就不可能在層出不窮的新事物、新問題面前運籌帷幄，穩操勝券。

領導者思維的權變度，還要求領導者善於動態思維。當今社會可持續發展的節奏加快，每個國家、群體和個人都在這種急遽變動環境中生活。

現代領導者思維的一個重要特點，就是思維的靜態性轉向思維的動態性。領導者必須確立動態思維的方式，立足於社會發展的複雜性、偶發性、跳躍性，根據變動的情況及時調整行為目標和行為態度。動態思維方式是相對於靜態思維方式而言的。靜態思維是一種凝固的、死板教條的思維。這種思維方式靜止的觀察事物，看不到事物發展變化的規律，對事物發展的複雜性和突變性估計不足，忽視對事物現象進行跟蹤研究和把握，使認識和決策與實際產生落差。動態性思維方式並不排斥靜態思維方式，而是對靜態性思維方式的發展和昇華。領導可以透過以下方式做到動態思維：（1）建立起時間和空間的坐標系統。既善於對事物作縱向的歷史性思考，又善於對事物作橫向的同時性分析。在事物的前後左右對比中找出自己的長短優劣，以揚長避短，發揮優勢。（2）建立起線性和非線性的分析方式。在事物的發展過程中，有線性的常規發展，也有非線性的跨躍式發展。領導者必須善於用非線性變化的帶有規律性的訊息，激發自己動態性思維的靈感，把靜態思維和動態思維相融合，在變動性加劇、節奏性加快的時代裡，充分展示從容應對變化、遇時而勃發的領導智慧。

【案例連結】

西元前三四二年，魏國的太子申和大將龐涓率領十萬大軍，前去攻打韓國，韓國決定向齊國求救。齊國考慮到此次戰事對本國利益的長遠影響，答應了韓國的請求，於是任命田忌為大將，田嬰為副將，孫臏為軍師，領兵十萬前去攻魏救韓。

韓軍恃有援兵，拼死抵抗，雖五仗皆敗，但也使魏兵大有損耗。當韓國快要支撐不住之時，田忌和孫臏率大軍十萬殺魏都大梁而來。龐涓大吃一驚，他和孫臏師出同門，知道自己不是孫臏的對手，趕緊下令從韓國撤回軍隊。在進軍魏國途中，孫臏對田忌分析了戰前形勢，他認為論士兵素養，齊國不如魏國，魏兵素來輕視齊兵，而齊國就要利用這一點，驕敵誘敵，示之以不能，最終擊敗他們。

就這樣，齊軍和魏軍一接觸，便調頭撤回。龐涓心有餘悸，不敢窮追，只在後邊遠遠的跟著。發現齊軍已在魏國邊境上安營扎寨，占了很大一片土地，到處是齊軍的做飯爐灶，一數之下，足夠十萬士兵吃飯，龐涓嚇得直發抖，不敢輕舉妄動。第二天，龐涓帶領大軍趕到齊軍紮營的地方，數了數爐灶，只能供五萬人馬吃飯了。第三天，齊軍又後退，龐涓再追趕，他們追到齊軍紮營的地方，仔細數了數爐灶，只可供三萬人馬吃飯了。龐涓這才鬆了口氣，十分欣喜的說：「早知道齊兵膽子小，沒想到就怕成這個樣子，

我軍才追了三天，他們就逃跑過半，如此怯軍，怎敢與我作戰！」龐涓驕氣大漲，遂丟下輜重和步兵，率輕騎二萬，晝夜兼程來趕齊軍。孫臏見龐涓已入甕中就故意裝出一副潰不成軍的樣子，一路把車仗旗幟丟得到處都是，一口氣撤回齊國境，在馬陵伏下重兵，專候龐涓上鉤。

夜色蒼茫，龐涓果然率輕騎在孫臏算好的時間來到馬陵道上。前軍忽報前邊道路被樹幹亂石堵住，龐涓拍馬前去觀看，發現「龐涓死於樹下」六字，心說不好，大叫中計，只見齊軍萬箭齊發，魏軍大亂。龐涓智窮兵敗，自殺。田忌和孫臏乘勝追擊，大敗魏軍。

三、正職領導者的統帥智慧

（一）分工不分家

領導者的領導活動不是某個人孤立的進行的，更不是靠正職一人包打天下的，而是透過分工負責制，明確領導團體成員各自負責的崗位，從而使領導工作有條不紊的進行。科學分工是正職的一項十分重要的工作。所謂科學分工，就是正職把本級領導組織的職責權限按照領導團體成員的專業知識、工作經歷和經驗、工作能力、性格特點等綜合因素合理分解的行為。

正職領導副職的關鍵是，透過科學合理的分工使副職的智慧和能力充分發揮到實現組織工作目標上來。《晉書・職官志》說：「經理群務，非一才之任；照練萬物，非一智所達。」任何天才的正職領導者都無法勝任「群務」和「萬機」的壓力，他們的聰明之處就是善於透過分工給副職「授其權」，分解自己的壓力，進而達到「使眾智」、「使眾能」、「使眾為」，產生一加一大於二的效應，最全面的履行組織所承載的職責和使命，最大限度的實現組織的奮鬥目標。

科學分工，必須抓大分小。抓大，就是指正職在進行領導責權分工時，必須把重大事情、重大原則和方向的最終拍板權和處置權掌握在自己手中，以保證正職的權威有效，政令通暢，調度靈活，也避免副職責權過

大，自成體系。分小，就是將具體的工作責任以及完成責任所需要的權力分給各有關副職，讓副職在所分管的範圍內有責有權，在其位能謀其政。抓大分小，保證了「大權獨攬，小權分散」，也避免了正職事無巨細、一切包攬、獨斷專行的弊端。如果正職自恃位置特殊，只講「大權獨攬」，不講「小權分散」，事無巨細，不分主次，不分輕重緩急，什麼事都管，過多插手具體事務，下面不高興，容易推擔子，結果就會攬散了班子，攬冷了人心，攬低了自己的威信，那麼，他什麼事也管不好。

科學分工，必須量能分權。正職在進行本級領導責權分工中，必須綜合考量班子每個領導成員，根據班子成員的所學專業、年齡特點、智力優勢、氣質類型、性格特徵，分配最適宜發揮其特長的工作，使各成員在知識上、能力上、性格上相互補充，協調一致。如果不考慮班子中各成員的特長和短處，按照平均主義分配方式，隨隨便便的給副職分工，總是賦予其同等能力以下的工作，就會空耗其能力，卻做不成事；也使那些有能力的副職沒有相應的權力分工，不能盡才盡能而耽誤事。如果每一個笛孔都要求均等的機會，世界上便不會有優美的笛聲。因此，科學分工，必須凸顯量能分權。例如：對能力較強的副職多分給些責權，對能力較弱的副職則少分些職權；開拓性的工作委派給創新意識和開拓能力強的副職，人、財、物的掌管則宜委派給理智程度高和穩健性強的副職。所以，量能分權才能使副職各得其所、各司其職、各展其能，使領導團體的整體功能和智慧得到充分發揮。

科學分工，必須權責統一。領導科學理論的一條重要原理是，有職有權、責權統一是履行職責的必備條件。責大權小，勢必造成副職無法負責或無力負責。正職把權利義務統一起來，透過科學的分工，使副職各司其職、各負其責、各行其權、各得其利，把職、責、權、利有機的統一到副職身上，就會增加副職工作的主動性和責任感，以及對組織的認同感和忠誠感，副職就不會對職權範圍內的工作敷衍了事，得過且過，而會在權力和責任範圍內主動的做事，高度負責的做好工作。

科學分工，必須授權不疑。正職應該明白，副職在為正職負責，在為

正職行使權力。因此，在副職分管工作範圍內，正職一般不插手、不干擾，充分信任和依賴副職，樹立副職的權威性，讓副職覺得手中的權力不是虛的，位子不是空的，說話可以理直氣壯，辦事可以敢作敢為。這樣副職就能獨立思考，獨立工作，獨立解決矛盾，成為正職真正得心的左右手。

科學分工，必須加強協調。正職與副職是一種分工合作關係，各副職之間也是分工協作關係。沒有分工，責任不明確，就會有過失大家推，有困難大家避，矛盾不能解決，產生內耗。但是分了工並不是分家，分了工是各負其責，還必須互相協作，互相配合。正職要和副職搞好協作關係、副職與副職之間也要既分工又通力協作，互相支持不爭權，互相尊重不刁難，互相配合不拆台，唱好「將相和」，演好「群英會」，這就能使領導團體始終處於優化狀態，發揮領導團體的整體功能。

科學分工，必須適時調整。領導團體的責權分工不是一成不變的，在運作一定的時期後，要根據需要再重新調整。這種調整帶來的好處是：（1）能夠擴大副職領導的工作接觸面，拓寬視野，使副職得到多崗位的鍛鍊和培訓，提高水準，增長才幹。（2）能夠防止長期主管人、財、物等實權的副職擁權自重，我行我素，結黨營私，濫用權力牟取個人利益，滋生腐敗等。（3）能夠平衡位高權輕的那些副職的心理，讓各個副職心情舒暢，發揮工作積極性，奮力盡責。

（二）統攬不包攬

正職既為「帥」，他的職責就是統領班子，總攬全局。統攬絕不是包攬，統攬在思考問題、規劃工作時，是站在全局的高度，善於抓住並解決主要矛盾。包攬是事無巨細樣樣管，權無大小樣樣攬，管了應該由職能部門管的事，點了應該由副職點的頭，做了應該由工作人員做的事，顛倒了領導和被領導的關係。統攬是駕馭全局，包攬就會被全局所駕馭。因此，正職必須統攬而不包攬，瑣事不管，大事拍板。

統攬不包攬就要謀全局、抓大局。謀全局、抓大局，既是正職的主要職責和職能，也是正職工作突出的重點。古人云：「不謀全局者，不足以謀

一域；不謀萬世者，不足以謀一時。」就是說無論負責哪一級的正職領導者都必須胸有全局，善於從全局出發，站在大局的高度，解決全局性、策略性、方向性問題。正職的特殊地位，決定了他只有謀全局，抓大局，才能高屋建瓴，運籌帷幄，把本地區、本部門的一盤棋走活。

統攬不包攬就要議大事、抓大事。正職要把組織各個方面的工作都納入視野，不能疏忽、失察，但是需要花更多時間，下更大力氣抓的、謀的則應是大事。我們說心中有全局，不是空洞的理論，它與抓大事是緊密聯繫在一起的。所謂大事，就是在全局中處於主導地位，帶有決定性、關鍵性的事情，往往是「得一招全盤皆活，失一招全盤被動」的要事、急事、難事，是群眾關注的熱點，是政治穩定的關鍵。對正職來講，沒有全局觀念，就選不準大事；如果不抓大事，那麼全局也就成了空話。雖然眉毛鬍子一把抓，忙得不可開交，卻事倍功半，得不償失。一個優秀的一把手不在於他親自做了多少事，而在於他是否善於讓他人願意做事，並且能做事。一把手要善於從全局角度抓大事、要事，例如：考慮工作目標，制定工作規劃，一年中要有哪些改革創新，人事如何安排，錢財如何收支等。對於一些無關大局的小事、瑣事，則不可過多操心，把主要精力用在抓大事上。否則，就會陷入具體事務中不能自拔，彷彿一隻陷入迷幻狀態的貓，追著自己的尾巴無休止的運動，直到精疲力竭的倒下去，才終於弄明白原地打轉的荒唐。

統攬不包攬就要有超前意識。當今社會的特點是多變數、快節奏，新情況、新問題層出不窮，機遇與挑戰、希望與困難並存。一個領導者是不是心中有全局，是不是高明，不僅要看他在近期工作中能不能抓住主要矛盾、有效決策，而且還要看他對事物發展變化的預見能力強不強、決策有沒有提前量。美國前總統威爾遜有句名言：「我有一項永遠做不完的工作，那就是謀劃未來。」真正全局的東西，往往是富有超前性的，像發展思路、長遠規劃、預防出現傾向性問題等，都帶有強烈的超前意識。正職統攬全局就必須有策略的頭腦、敏銳的眼光，必須善於超前思維，積極主動的把握大勢、辨清走勢、審時度勢，以增強工作的預見性、前瞻性，增強對策

的超前性和決策的科學性，這樣才能履行好「率領」、「引導」的職責。

統攬就要高層次看問題。作為正職必須要站在高一兩個領導的層次上看問題，站在本級考慮問題，有時不全面，思路不開闊，問題、矛盾就難處理。全局和局部是相對而言的，一個地區或部門的全局相對於更高層次來說，又是一個局部。正職必須懂得服從和服務於全局，使整個班子成員都能擺正部門與全局的關係，把部門工作主動納入到全局工作的總目標中去，與全局的要求一致起來。切不可不顧上級的政策法令，各行其是，各自為政。這是組織原則和政治紀律所不允許的。

統攬不包攬就要抓「將」不抓「卒」。一級抓一級不僅是領導活動的原則，而且也是領導智慧。正職統攬全局，重在用將，以將使卒。如果正職越過分管副職領導，直接給基層領導發指示、下命令、布置任務，會給副職造成被動，還會讓副職產生不被正職信任的心理傾向，頻率高了必然影響班子團結。有智慧的正職都是把著力點放在用「將」上，透過讓副職領導「獨當一面」，來實現自己的「統攬全面」。

【案例連結一】

西漢有一個丞相叫丙吉，有一天他到長安城外去視察民情，走到半路就有人攔轎喊冤，查問之下原來是有人打架鬥毆致死，家屬來告狀。丙吉回答說：「不要理會，繞道而行。」走了沒多遠，發現有一頭牛躺在路上直喘氣，丙吉下轎圍著牛查看了很久，問了很多問題。人們就議論紛紛，覺得這個丞相不稱職，死了人不管，對一頭生病的牛卻那麼關心。皇帝聽到傳言之後就問丙吉為什麼這麼做，丙吉回答：「這很簡單，打架鬥毆是地方官員該管的事情，他自會按法律處置，如果他瀆職不辦，再由我來查辦他，我繞道而行沒有錯。丞相管天下大事，現在天氣還不熱，牛就躺在地上喘氣，我懷疑今年天時不利，可能有瘟疫要流行。要是瘟疫流行，我沒有及時察覺就是我丞相的失職。所以，我必須了解清楚這頭牛生病是因為吃壞了東西還是因為天時不利的原因。」一番話說得皇帝非常讚賞。

【案例連結二】

一位著名企業家在作報告，一位聽眾問：「你在事業上取得了巨大的成功，請問，對你來說，最重要的是什麼？」

企業家沒有直接回答，他拿起粉筆在黑板上畫了一個圈，只是並沒有畫圓滿，留下

一個缺口。他反問道：「這是什麼？」「零」、「圈」、「未完成的事業」、「成功」，台下的聽眾七嘴八舌的答道。

他對這些回答未置可否：「其實，這只是一個未畫完整的句號。你們問我為什麼會取得輝煌的業績，道理很簡單：我不會把事情做得很圓滿，就像畫個句號，一定要留個缺口，讓我的下屬去填滿它。」

（三）果斷不武斷

正職扮演的是領路人、掌舵人的角色。作為一個地方、一個單位的正職，站得高、看得遠、多謀善斷，應當是正職的特質。「帥不在勇而在多謀」，決斷能力是一個正職各項綜合才能的突出體現。一個正職不僅需要科學的思維、獨到的見解，還需要策略的眼光、果斷的魄力。

果斷不武斷，就要急事穩斷。社會複雜多變，矛盾層出不窮，正職在「治事」中會遇到許多錯綜複雜的問題，而且這些問題大多是難題，是突如其來的，是事前難以預料的。產生了突發、危急和疑難事件，正職要鎮定自若，沉著冷靜面對現實。處理突發事件，正職個人的智慧是有限的，而且風口浪尖上的正職很容易心焦性急，為了避免思維混亂，應召集班子成員，發揮集體領導決策的作用，並透過自己的主見、膽識和魄力導好向、掌好舵，引導大家趨利避害、擇善而從、擇優而斷，慎重而果斷的處理問題。

果斷不武斷，就要熱事冷斷。一定時期所形成的社會或單位的熱點問題，是正職決斷的中心和矛盾的焦點，也是正職最棘手的問題，讓正職領導承受著心理壓力和精神折磨。擁有決斷權的正職在熱點問題的處理上，一定要熱事冷斷。對待熱點問題，正職一定要頭腦清醒，認真分析問題的本質和發展趨勢，分清大是大非。冷靜觀察浮出水面的熱點問題的答案，使熱點問題得到妥善解決，使矛盾化解於無形。

果斷不武斷，就要剛事柔斷。正職在領導工作中，經常遇到一些容易引發問題、激化矛盾的事情。正職大權在握，群眾遇到有冤情的事，往往是帶著情緒來找正職解決，說話可能偏激甚至充滿怨聲，聽起來刺耳。正

職絕不能依靠自己的權力去強迫、去壓服，那樣只會激化彼此的矛盾。對怨聲的態度和處理方式，不僅體現正職的心胸、氣度和襟懷，還折射智慧和能力。剛事柔斷就是這種智慧和能力的體現。有時候，一個親切的動作，一句暖心的話，遠勝於一條強硬的行政命令。在怨聲的背後，潛藏的是珍貴的信任。假如失去了對所反映問題終將被解決的信心，群眾不會向領導敞開心扉、傾吐怨聲。正職一定要耐心聽，摸清群眾的思想脈搏，找準弊疾的病灶和癥結，用柔斷的新政良策，將民之所怨、所苦化為民之所喜、所樂，才利於化解矛盾、解決問題，有助於凝聚力量、促進和諧，也才能從根本上消解怨氣、減少怨聲。果斷不武斷，就要克服主觀唯心論。正職遇到事情，特別是重大問題必須有自己的看法和主見，以把握決策的方向，保證決策的正確。但是有主見不等於要主觀，有主見不能聽不進別人的意見。正職要有良好的民主作風，對一般的決策問題，只能出題目，不能設框子、定調子，保證班子成員「知無不言，言無不盡」。不僅要認真聽取不同意見，還要把反對意見作為完善決策的最好參考，以收到剛柔相得益彰的領導藝術效果。

　　果斷不武斷，就要避免強行絕斷。正職不能因為意見分歧而不決斷，也不能不顧意見分歧而強行決斷。決策分歧太大時，還是暫緩決策好，必須決策時可以尋求替代方案，實在不行時，也要多做解釋說服工作，盡量使大家的機遇意識達到同一認知水平，看問題的眼光達到同一高度，開展工作達到同一強度。

【案例連結】

　　美國總統林肯，在他上任後不久，有一次將六個幕僚召集在一起開會。林肯提出了一個重要法案，而幕僚們的看法並不統一，於是七個人便熱烈的爭論起來。林肯在仔細聽取其他六個人的意見後，仍感到自己是正確的。在最後決策的時候，六個幕僚一致反對林肯的意見，但林肯仍固執己見，他說：「雖然只有我一個人贊成但我仍要宣布，這個法案通過了。」

　　表面上看，林肯這種忽視多數人意見的做法似乎過於獨斷專行。其實，林肯已經仔細的了解了其他六個人的看法並經過深思熟慮，認定自己的方案最為合理。而其他六個人持反對意見，只是一個條件反射，有的人甚至是人云亦云，根本就沒有認真考慮過這

個方案。既然如此，自然應該力排眾議、堅持己見。

（四）到位不越位

在領導活動中，每個人都有自己特定的社會位置，或主或次，或上或下。守住了自己的位置，就是「到位」。偏離了自己的位置就是「越位」。「越位」最初是足球比賽中一種犯規的術語，它的含義是如果一方的球員越位犯規，即使進球也不能得分。後來人們把這一概念引入領導學研究領域，形容那些在工作中偏離「本位」的現象。例如：正職領導偏離「帥位」，副職領導偏離「將位」。可見，領導工作中出現「越位」現象也有多維指向：（1）上行指向的「越位」，如該正職領導講的話、做的事，副職或下屬替正職說了、做了，干擾了正職的思路或決策部署；（2）平行指向的「越位」，如作為平級的領導說了或做了該級別其他領導講的話、做的事；（3）下行指向的「越位」，上級領導干涉了本屬於下級領導職權範圍內的事。下行指向的「越位」，是正職領導者在實施領導行為的過程中產生的心理上、思維上和行為方法上的盲點。因此，能夠做到到位不越位，對於正職領導者提高領導水平和領導藝術，從而兌現職責，完成使命，具有非常重要的意義。

到位不越位，就要給副職充分履行職責的權力。副職是正職的助手，是協助正職考慮全盤工作而又負責分管某一方面或幾方面具體工作的領導者。副職不僅要對正職負責，還要對分管的工作和部門負責，沒有一定的權力，或者這種權力受到正職的越位干預，副職的威信就會降低，副職所分管的部門負責人就會不聽招呼，副職說話不靈了就無法履行其職責。分管的管不了，正職又管不過來，工作就會不可避免的「掉到地下」。這種情況下，副職的「不到位」其實是正職的「越位」造成的。所以，卓越的正職絕不應該偏離「帥位」去干預「將位」的權力，讓副職享有履行職責的充分權力，該由副職做的工作放手讓副職大膽的落實。

到位不越位，就要給副職充分唱好主角的舞台。有些正職認為，在領導活動中，自己必須唱主角，不能唱配角。一個地區、一個部門或一個單位的正職領導者，在領導舞台上是主角，是舞台的核心，副職是配角，是

烘托正職的，這是毋庸置疑的。但是，領導舞台猶如戲劇舞台，不可能時時刻刻都是主角為主，場場都是主角戲。配角在具體場次、場面中也可以轉變為主角。在領導舞台上，正職在由副職分管的部門、主持的工作中，就不是主角。正職在這些方面硬要充當主角就會出現越權越位、包辦代替。正職一旦向下越位到副職分管的工作範圍，就會像一個巨大的陀螺，在本應該屬於副職的工作舞台上瘋狂旋轉，而副職就只能給你讓地方，站在一邊看你表演，並品頭論足。因此，正職領導者要尊重副職的領導地位，給副職充分唱好主角的舞台，有說了算的用武之地。正職在副職職權內甘當配角，補台不拆台，整個領導工作就會出現好戲連台的喜人景象。

到位不越位，就要處理好決策層和執行層的關係。決策層和執行層的職能分開，是領導活動中必須遵守的一條原則。正職處於決策層的地位，是施制於人，副職處於執行層的地位，是受制於人。正職本來應該站在決策層面，觀察和思考問題，不斷提出高明的見解，成為下屬的精神寄託和依靠。可是正職一旦忘記了自己作為「一把手」的決策責任，越位到執行層，親自操刀上陣，就成為永不停歇，整天忙得團團轉的「小媳婦」，把自己搞得沒有時間放鬆和思考。這還違背了分工負責和分層次管理領導的原則，結果會導致副職的執行職能發揮不到位，不能獨當一面的工作，不能履行好副職的職責，也不能把副職的聰明才智發揮出來。所以，卓越的正職領導者，都應該按照職位和使命的要求，守住決策層的本位，比別人站得高、看得遠、想得深，遇事能拿定主意，在民主的基礎上善於集中，在眾說紛紜中能歸納出中肯的結論，保證決策的正確性，然後讓副職領導去當執行的「先鋒」，自己則當執行場外的「教練」、「裁判」，保證正確決策的全面貫徹落實。

（五）信任不放任

信任是正職任用副職的高明藝術。管仲說：「知而不能任，害霸也；任而不能信，害霸也。」這裡的「霸」指的是成就霸業，強調信任與使用具有同等重要的意義。魏徵曾針對唐太宗未盡誠信上疏說：「雖委人以重任，但

卻不能充分信任；而信任不充分，就會使人產生疑慮；人生疑慮之心，就會得過且過；既然得過且過，就不會樹立良好的節操義行；節操義行不能樹立，名教也不會興起；名教不興起，卻要與他們一起鞏固太平基業，是不會有這種事的。」魏徵將「委以重任」且必須「充分信任」的道理闡述得極為深刻。正職在工作中要把尊重信任幹部，作為激發其工作熱情和創造性的重要前提來抓，透過信任的領導方式充分調動每個人的工作積極性，放膽讓他們在職權範圍內獨立的處理問題。如果正職總是對下級抱著一種懷疑的態度，不能充分信任、放手使用，經常直接插手下級的事務，就會傷害他們的自尊心、自信心，使他們產生逆反心理和離心力，消極怠工，凡事都等正職出主意、想辦法。這樣，領導工作就開展不起來。當然，充分信任、大膽使用，絕不意味正職可以對下屬放任不管，任其所為。那樣，領導工作就會受損失。所以，正職的智慧是信任不放任。

信任不放任，就要放心不放責。放心才能產生信任。正職領導對副職領導不放心就談不上信任。正職領導對副職領導放心，表現在很多方面，如對副職領導的思想品質高度信任，不懷疑副職對自己感情不真摯，不懷疑副職對工作不盡力，不懷疑副職對班子建設不盡責；再如，對副職的領導能力高度信任，相信副職能夠勝任自己的工作，相信副職能夠履行好擔負的職責，相信副職能夠創造性的工作。但是放心並不等於放棄對副職的領導。放心是正職領導對副職領導的感情，加強對副職的領導是正職領導的職責，兩者是對立的統一，不能偏取或偏廢。透過明確的職責目標，使副職能司其職、盡其力、展其才。

信任不放任，就要指教不指責。一般情況下，領導團體的配備，都是把能力相對強的人安排在正職崗位，把能力相對弱的人安排在副職崗位。工作中正職容易瞧不起一些能力較弱的副職，稍不如意就在心理上排斥、反感，特別是當副職出現工作失誤時就埋怨指責。如果正職總找副職和下屬的短處無事生非，不僅度量顯得太小，還會在副職與自己之間設置無形的障礙，惡化人際關係。正職領導對副職工作中出現的問題不能冷嘲熱諷，但也不能等閒視之。智慧的做法是變指責為指教，以充足的依據和深

入淺出的道理幫助副職認識失誤和總結經驗教訓，在這些行動的技巧上要盡量避開副職領導所分管的系統以及副職的直接下級，讓副職自己出面去糾正自己的失誤，並錘鍊率眾能力。這樣做不僅能夠提高副職的領導水平，還能夠消除副職的反感和芥蒂，留下一片感激之情，帥旗指處，定一呼百應。

信任不放任，就要放手不放縱。放手，就是正職要放手讓副職獨立思考、獨立工作、獨立解決問題，在副職分管的工作中不亂插手，對副職處理的問題，只要沒有違背原則就不要加以否定。盡量用副職的優勢，透過能力互補、疊加，團結班子全體成員，共同搞好工作。正職領導對副職領導充分信任，副職領導就會和正職領導心往一處想、勁往一處使，像群星拱月一般凝聚在正職的周圍，「智者盡其謀，勇者竭其力，仁者播其惠，信者效其忠。」但是對副職也不能「大撒把」。為了防止副職的「不作為」或「胡作為」，必須建立監督和控制機制，使副職能夠在規定的職責、權限、範圍、目標內主動做事，負責的完成工作。這就像放風箏一樣，任憑副職這支風箏在空中翱翔，控制它的那根繩子一直在正職的手中。

四、正職領導者與下屬共事的智慧

（一）溝通不私通

溝通，是指人與人之間相互交流訊息、思想和感情的過程。對於正職領導者來說，溝通能實現與下屬對同一問題和目標的一致認可，可以取得領導與下屬之間的互相理解與體諒，可以消除人際間的許多誤解、矛盾乃至衝突。一個正職領導者能夠溝通多少下屬，就能夠領導多少下屬。私通，是出於非組織目的，為了尋求個人的利益而進行的私下聯繫。私通容易形成小宗派、「小圈子」。因此，我們強調，正職在處理與下屬的共事關係時要溝通不私通。

溝通不私通，就要搞「五湖四海」，不要搞「小圈子」。正職堅持「五

湖四海」，關係到任用幹部的質量和整個幹部隊伍團結的大問題，這就要多溝通。正職要從主觀意識上真正理解自己與下屬的關係不是尊卑關係，而是為了共同的理想和使命而走到一起來的、同舟共濟的、同志式的平等關係。正職要尊重下屬的人格和職權，要與他們始終保持互相依靠、親密無間的關係。正職要多想自己怎麼和別人搞好團結，不要等著別人來和自己團結，更不能責怪別人不和自己團結。要注意對那些與自己性格愛好不同或曾反對過自己的同事、下級的感情交流，防止造成不必要的誤會和隔閡，把大家都團結在自己的工作周圍，一起實現共同的理想、共同的目標。我們提倡溝通，反對私通。正職領導切忌在思想意識上以地域關係、老部下關係、老同學關係、裙帶關係等排親疏、畫圈子，切忌在行為上搞「先進圈子，後進班子；進不了圈子，進不了班子」那套庸俗的私通。分親疏，搞自己的「四梁八柱」，於團結不利；分親疏，容易影響形象，有損正職的威信，也會導致自己的某些下屬產生非「嫡系」的自卑心理以及因得不到正職的關懷、賞識、器重而倍感失落、失望甚至消極抵觸的情緒。所以，私通對人脈是個傷害，對領導者的事業更是破壞。

溝通不私通，就要親君子遠小人。孔子曰：「見善如不及，見不善如探湯。」是說看見善良的，努力追求，就像唯恐趕不上似的；看見邪惡，盡力避開，好像手即將伸進沸水裡似的。孔子曰：「益者三友，損者三友。友直，友諒，友多聞，益矣。友便辟，友善柔，友便佞，損矣。」就是說有益的朋友有三種，有害的朋友也有三種，和正直的人交朋友，和誠實的人交朋友，和見聞廣博的人交朋友，便受益了；和逢迎諂媚的人交朋友，和當面恭維、背後毀謗的人交朋友，和誇誇其談、華而不實的人交朋友，便有害了。正職與下屬溝通，要多多聯繫那些能夠經常指出與批評自己缺點和錯誤的人，這些人是對做好工作最有幫助的人，要有聞過則喜的氣度。同時，正職接觸面寬，朋友多，求你辦事的人也多，其中不乏為個人目的而與你親近的小人。正職一定要時時提防那些別有用心的小人，千萬別在他們面前談論別人的隱私、不是，或當著小人的面發一些牢騷，這會變成他們興風作浪或整你的材料。在溝通中親君子、遠小人，是避免錯誤的一

個重要途徑。古人道：「來說是非者，便是是非人，是非終日有，不聽自然無。」

溝通不私通，就要光明磊落，不搞「小動作」。正職領導與下屬溝通，一定要推心置腹，開誠布公，不存私念，不賣關子。在思想溝通中，和下屬坦誠相見，把自己的意見、想法向下屬和盤托出，以便下屬能及時理解和領會自己的意圖。正職還要及時了解和掌握下屬的動態和意見、意願，分析相互之間在同一問題上認識的一致程度和分歧程度，有針對性的消除分歧，求得一致。只要正職以坦蕩的君子風範和高尚的道德情操去與下屬進行心靈上的溝通，就會贏得下屬們的信賴和擁戴。搞「小動作」的人是「小心眼」，耍「小聰明」。溝通中斤斤計較，患得患失，弄虛作假，人前說人話，人後說鬼話，人鬼都不在，滿嘴說胡話，這種溝通行為是最為人們所唾棄的。

溝通不私通，並不反對正職與下屬們發展個人情感。透過溝通與下屬建立私人情感與私通是兩個本質不同的概念和行為。正職與下屬之間建立起良好的個人感情對於改善和發展相互關係大有益處。領導與下屬之間除了正常工作聯繫之外，日常生活中還會有其他方面的聯繫，也有自己的非正式群體。正職領導也不能與他們結私怨。一般情況下，工作上的衝突，不易結怨，結了也容易化解。容易發生矛盾的，往往是個人權益、個人利益上的衝突結下的私怨。私怨是易結不易解。正職要透過溝通避免與下屬結私怨，一旦結下私怨，應透過溝通及時化解。正職要與副職多溝通，大事要溝通，小事也別忘了溝通。在工作、生活乃至家屬工作、子女就業等方面對副職予以關懷和幫助，關鍵的時候，正職還要敢於說公道話，做下屬的保護人，這樣就會與副職建立起良好的私人感情，就會事事處處得到副職的配合和全力支持。

【案例連結】

楊震到東萊郡任太守，途徑昌邑縣，縣令王密是楊震擔任荊州刺史時所推薦的茂才。漢時，中央及地方長官可將有才能、有品德的人推薦給朝廷，安排一定官職，稱之為「察舉」。王密得知楊震路經本縣，專程界上迎接，並親自安排食宿，照顧得非常周

到。當晚舉主門生暢敘舊情，盡歡而散。當楊震回到邑館，正欲解衣安寢，忽聽有人輕輕敲門，開門一看，原來是王密。王密進屋後見屋中無人，從懷中掏出十斤黃金要送給楊震，並說：「學生本一介寒士，承蒙恩師提拔，方有今日，早予圖報，苦於難得機會。近日正是天賜良機，願恩師收下。」楊震對王密此舉大為不滿，毅然拒絕，並義正辭嚴的說：「昔日我因為你德才尚可，才薦你當了縣令，但你卻還不了解我，你為什麼要做這種事情呢？」王密忙解釋說：「現在是深夜，沒有別人會知道這件事情，大人受之何妨，學生下不為例便是。」楊震聽了王密的話更加生氣，對王密說：「這件事天知、神知、我知、你知，怎麼能說沒有人知道呢！入仕為官，貴在清廉，若以不為人知暗中納賄，豈不是欺世盜名！快將金子收回，如不改過，我將奏請朝廷，罷免你的官職。」王密聽了楊震的一番話，自己滿臉愧色，連聲說道：「學生知罪。」慌忙拿著金子退出了屋子。

（二）愛護不袒護

　　愛護能夠產生感情。沒有感情，正職與下屬的關係就是一種純粹的組織關係，這種關係是機械式的、鬆散的、蒼白的。正職愛護下屬，才能與下屬融洽感情，加深友誼，加深工作的「同心力」，工作起來才能「同頻共振」。就如同大地滋潤種子，種子眷戀大地一樣，熱愛下屬的正職，也會被下屬容納。當然，愛護並不是袒護，袒護是無原則的，袒護是一種虛偽，袒護會養癰遺患，袒護不是人間的真情。正職不能期待袒護下屬來贏得下屬，愛護不袒護是卓越領導者與下屬共事的明智之舉。

　　愛護不袒護，就要多關心，不姑息。卓越的領導者都懂得以關心的方式對下屬進行感情投資。正職對下屬的關心是最生動的思想政治工作。對下屬關心，就是正職在工作、進步、生活等方面能夠推己及人、雪中送炭，幫助其渡過各種各樣的難關。「必須善於愛護幹部，愛護幹部的方法是：第一，指導他們。第二，提高他們。第三，檢查他們的工作。第四，對於犯錯誤的幹部，一般應採取說服的方法，幫助他們改正錯誤。第五，照顧他們的困難。幹部有疾病、生活和家庭等困難，必須在可能限度內用心給以照顧。這些就是愛護幹部的方法。」正職如果不能關心他人，肯定攏不住人心。任何人的想法都是多方面的，既有為集體工作的願望，也有為自己的利益要求。個人有要求、有想法是正常的，要把它放到工作範圍

內去理解，放到不影響工作上去理解。想讓下屬聽從你的指揮，全身心的投入工作，就不能只靠強制和命令，還必須透過關心來激發他們的巨大潛能。只有善於關心人，對人充分理解，才能團結、調動人的積極性。但是，多關心，並不意味著護短，更不意味著對有問題的下屬姑息遷就。不姑息，就是要敢於和善於制止下屬存在的錯誤，不當老好人，更不能看笑話。當然，糾正下屬的錯誤要講方式方法，不能胡亂挑剔一番，更不能簡單粗暴，「猛火烤不出好燒餅」。所以，正職指出和糾正下屬的短處，也要從關心的層面出發，以和風細雨的方式，曉之以理，動之以情，導之以行，就會收到「隨風潛入夜，潤物細無聲」的效果。

愛護不袒護，就不要以俊遮醜。對待成績和問題的態度，是最能體現情感效應的一個重要因素。希望出成績，不出問題，是各級領導團體，特別是正職的共同願望。一個地區、一個單位工作做出了成績，是好事，值得總結經驗，但不能「以俊遮醜」、讓成績掩蓋問題，更不能將問題和矛盾搗著、蓋著，任其擴大、激化，那樣只能是自殘手臂，把「小事鬧大」、「大事鬧砸」。工作不是演戲，越化妝越現醜。正職的重要責任就在於不斷發現下屬的思想問題和工作問題，透過談心等形式，進行批評指正、監督整改，消除與下屬的一團和氣，建立一種真正和諧共事的情感環境，以此來推動事業的發展。

愛護不袒護，就要扶正祛邪。扶正祛邪是一個領導團體必須堅持的重要原則，也是正職的重要責任。在市場經濟條件下，各種社會思潮和人們的思想空前活躍，往往泥沙俱下，魚龍混雜，有時會導致正氣不張、邪氣抬頭。作為一個正職領導，必須以身作則，率先垂範，旗幟鮮明的弘揚、扶持正氣，毫不含糊的反對、抵制邪氣，這對淨化社會風氣、創造做事創業的良好環境，都有非常重要的意義。正職如果袒護歪風邪氣就無異於在自我樹敵。假如正氣得不到弘揚，歪風邪氣抬頭，正職很難激發和調動幹部、群眾的積極性做好工作，也就很難鞏固和加強執政地位。因此，正職領導對那些不擇手段損害國家利益、損害集體利益，腐敗墮落的害群之馬要毫不留情、毫不手軟的進行鬥爭。

【案例連結】

孫皎是孫權的堂弟，隨孫權征戰，屢有戰功，而且輕財仗義，善於交結，在戰爭中注意愛護老百姓，不擾民，因此歸附他的人很多。他曾因小事與甘寧爭執起來，鬧得不可開交。有人勸甘寧罷手，甘寧不服說：「臣子都是一樣的，孫皎雖然是孫家公子，怎麼可以以這種身分欺負人？我現在遇到主公這樣的英明之主，應該努力為他效命，來報答他對我的恩德，但我不能隨著世俗的觀點向孫皎這樣的貴公子屈服。」

孫權聽到這事後，給孫皎寫了一封長信，嚴厲責備他。他首先從自己談起：「自從我與曹操為敵，已經有十年了，剛開始與對方對抗時年齡還小，而現在我已經有三十歲了。孔子說『三十而立』，這不僅僅指治五經。我交給你精兵，委任你擔當大任，都督諸將於千里之外，是希望你能夠揚威於北方，並不是要你去逞個人意氣的。」然後嚴厲責備他：「最近聽說你與甘寧飲酒，因酒發作，侵犯欺凌了他，他要求呂蒙來處理這個事情。甘興霸此人雖然粗豪，有不如人意的地方，但他是一個有膽略的大丈夫。我親近他，不是對他有什麼偏私。我親近和喜愛的人物，你卻疏遠和憎恨；你所做的事情每每與我相違背，這樣能夠長久嗎？」孫權教訓他說：「只有態度恭敬而行為樸實，才可以管理老百姓；仁愛待人而寬宏大量，才可以獲得眾人的擁戴。你連這兩點都不知道，怎麼可以遠在外地都督軍隊、抵禦敵寇、救濟國難呢？你眼看著就要長大了，將來還有更大的重任，上有遠方瞻望的視線，下有部曲朝夕相從，怎麼可以任意而為，大發盛怒呢？」

最後孫權充滿感情的說：「人誰無過，貴其能改，你應該反省以前的過錯，深刻的譴責自己。所以現在煩請諸葛瑾再次傳達我的意思。臨書感愴，心悲淚下。」

孫皎接到孫權的信，上疏表達自己謝罪之意，並且主動去向甘寧賠禮道歉，他們成了好朋友。

（三）寬容不縱容

寬容不縱容，就要笑納忠直之言，冷拒奉承之語。容言納諫是領導者民主作風的體現，也是科學決策、更好開展工作的客觀要求。卓越的領導者都是求諫若渴、從諫如流的人。正職領導位高職重，要有容言的雅量，聽得進刮鼻刮臉的指責之語，容得下如針似劍的逆耳忠言，並使其入耳、入心，付諸行動。但是對於那些善體上意、順情說好話、見機獻媚詞的人則要橫眉冷拒，這些花言巧語，雖有誘人的芳香，卻有害人的劇毒。正職領導絕不能縱容這種諂媚之語的侵蝕和泛濫。

寬容不縱容，就要容有短之人但不姑息其短。有短之人，是那些難相

處的人，這種人脾氣倔強、說話衝、稜角突出。在有些正職眼裡，這些人雖然管用，但是不好用，因此，想方設法「往外趕」。其實，這種人不是「不好用」，而是有些正職領導「不會用」。人的缺點通常是與人的優點相聯繫的。卓越的領導者應該容得下有缺點的下屬，並以高超的善用之法把這種人的長處發揮到極致。正職領導應寬容有短處之人，但絕不能姑息其短，更不能當「好好先生」。要本著團結的願望，負責的精神，用真情至理幫助他們提高認識，克服缺點毛病，從而使他們心情舒暢的與人共事，兢兢業業的做好工作。

寬容不縱容，就要善用其才而不嬌寵其人。正職領導雖然是一個組織的最高領導職務，但這並不代表他的各方面才能也最高。正職領導要有這樣的智慧認識：「卿才即吾才」。嫉妒下屬的才能就是嫉妒自己的才能，壓制下屬的才能就是壓制自己的才能，用好下屬的長處就彌補了自己的短處。所以，正職領導要善於把下屬的才幹充分的運用起來，以提升領導工作的整體功能。但是常言道：「愛才者易寵，才高者易嬌。」而嬌寵是最容易毀壞一個人才的。教育是成才的搖籃，為了不寵壞人才，正職領導愛才、用才的同時，也要注意育才，要教育、引導人才正確認識自己、對待自己，不恃嬌不撒寵，幫助人才健康成才。

（四）敬重不敬奉

老副職由於工作時間比較長，情況比較熟悉，經歷比較多，有較豐富的領導工作經驗和較雄厚的群眾基礎，正職領導要敬重他們，發揮他們的作用。敬奉，是無原則的遵從，是唯唯諾諾，是遷就和附和。敬重不敬奉，更適合新正職與老副職之間的關係處理。正職一定要找到與老副職「雙贏」的均衡點。

敬重不敬奉，就要重感情不徇私情。正職要敬重老副職，當他的工作出現偏差的時候，及時幫助撥正一下；當他的工作遇到障礙的時候，出面協調一下；當他的工作出現被動的時候，出力支持一下；當他的工作出現失誤的時候，把責任先攬一下；當他的工作有成績的時候，為他報功慶功

而不爭功分功，後退一下。正職領導這樣的行為方式，能夠在自己與老副職之間建立起患難與共之交、風雨同舟之情，產生出「分不開，打不散」的聚合力。但是，正職對老副職的敬重並不能徇私情，既要在群眾中給他們面子，保護他們的積極性，又要正確把握自己的角色，在工作中敢於使用老副職，敢於給老副職分配工作，敢於督促檢查老副職的工作，做到既敬重老副職，又樹立自己在工作中的威信，保證權力的正常運行。

敬重不敬奉，就要團結不巴結。正職要加強與老副職的團結，用博大的胸襟和氣度把不同脾氣秉性、不同性格特點的老副職團結在自己的周圍，讓其心悅誠服的把你當作自己的知己和真正的核心力量，殫精竭慮的幫你做好工作。但是，團結不是曲意巴結。正職對待老副職，包括資歷最老的老副職，哪怕原來是你的老領導的老副職，也要保持在原則基礎上的團結、原則基礎上的關愛和情感禮儀上的尊重，任何時候都不能曲意討他們的喜歡，不能因礙於情面而喪失原則，尤其是當他們的意見不正確時，要耐心的說服他們，絕不能藉口照顧老副職的關係，而置原則於不顧，置國家利益、群眾利益於不顧。

敬重不敬奉，就要謙虛不謙卑。正職領導對老副職要謙虛，要虛心聽取老副職的建議和意見，讓老副職從內心感受到你對他的尊重，產生與你相處共事的親近感和信任感，從而自覺的配合和支持你的工作。但謙虛並不是謙卑，正職領導切忌因為自己年齡輕、資歷短而缺少工作的底氣，瞻前顧後，畏首畏尾。正職領導要始終把握住「一把手」的地位和責任，絕不能形成誰資格老誰說了算、誰霸道誰說了算的無主、無序狀態。正職領導必須善於把握對老副職敬重不敬奉、謙虛不謙卑的界限，該謙虛的要虛懷若谷，不該謙卑的要挺直脊梁，這樣才能保證老副職既心情舒暢，又恪守本分，齊心協力的提高工作效率。

五、領導團隊的智慧

（一）團隊建設的必然性

　　什麼是團隊？先用最古老的拆字法來定義團隊：「團」字，口字裡面一個才，好比用圍牆把有才能的人聚在一起；「隊」字，左邊一個耳，右邊一個人，意思是俯耳傾聽，強調的是交流。所以，團隊就是一群有才能的人聚在一起，相互交流，共同進退。從領導學的意義上說，團隊是指具有共同的目的、共同的業績目標，相互信任、互補技能、相互負責的兩個或兩個以上的人所組成的正式團體。正職領導者為什麼要進行團隊建設呢？這是因為：歷史的舞台，不是單打獨鬥的舞台，而是綜合能力競爭的舞台。今天更不是獨個英雄打天下的時代，而是團隊創天下的時代。沒有完美的個人，只有完美的團隊。孫悟空個人有本事大鬧天宮，結果還是被壓在五行山下五百年，後來加入了唐僧西天取經的團隊，才終成正果。可見，團隊合作和與團隊一起成長成為一種必然的需要，把自己融入團隊，才能充分享受團隊資源。大雁有一種合作的本能，它們飛行時都呈 V 形。這些雁飛行時定期變換領導者，因為為首的雁在前面開路，能幫助它兩邊的雁的飛行區域形成局部的真空，減輕飛行阻力。科學家發現，雁以這種形式飛行，要比單獨飛行多飛出百分之十二的距離。美國前總統甘迺迪說得精闢：「前進的最佳方式是與他人一道前進。」

（二）建立團隊目標

　　團隊建設，第一就是要建立起團隊的組織奮鬥目標。沒有組織奮鬥目標不是團隊，是團伙。若干人在一起，可以產生一加一大於二，也可能產生一加一小於二的結果。這就需要確立共同的目標，讓每一位團隊成員清楚團隊所要達到的目標，向共同目標看齊。有了團隊目標，不僅可以使團隊成員認識到團隊存在的價值，培養出個人對團隊存在價值的認同感，而且個人可以經常分享到團隊目標實現的快樂，可以激勵他們為實現團隊目標合作共事、共用資源、共創偉業。可見，有了統一的、清晰的目標，才能把團隊全體成員凝聚成命運的共同體。

　　建立團隊目標，也是對團隊實行目標管理。「目標管理」的概念是由管

理學家杜拉克在一九五四年其名著《管理實踐》中最先提出來的。杜拉克認為，並不是有了工作才有目標，而是相反，有了目標才有工作。所以，團隊的「使命和任務，必須轉化為目標」。確立了團隊目標後，必須對其進行有效的分解轉化成團隊成員的分目標。實行目標管理，就產生了結果導向，每個人都可以透過比較實際結果和目標來評估自己的績效，而不是由外人來評估和控制，這就達到了自我管理的境界。因此，建立團隊目標，實現了團隊成員的個體獨立性與團隊整體統一性的有機聯繫，團隊成員都朝著同一方向共同努力，團隊成員的貢獻也融為一體，產生出整體業績。

(三) 建立團隊精神

團隊精神是完成團隊目標的核心牽引力量。團隊精神就是團隊成員思想、心態的整合。團隊建設就是要以精神感召人，以精神團結人。團隊的精神包括：信守承諾、團結協作、拚搏實幹、認真負責、默默奉獻。在信守承諾的精神下，團隊成員能夠待人以誠，彼此信任，一諾千金，踐行不渝；在團結協作精神下，團隊成員在生活上會彼此關懷、相互慰藉，工作中會互相配合、互相支持，除了要保證自己手邊的工作及時有效的完成，還要為整體任務的完成而努力，這種交互行為會產生相加相乘的效果；在拚搏實幹的精神下，團隊成員會由衷的把自己的命運與團隊的前途聯繫在一起，求生存、求發展，願意為團隊的利益與目標而盡心盡力，持久的奮鬥；在認真負責的精神下，團隊成員就會自覺的以團隊的整體利益為重來約束自己的行為，認真勤勉、一絲不苟的做好自己所承擔的工作；在奉獻精神下，強化了團隊成員的集體共同意識，形成強烈的凝聚力和歸屬感，團隊成員就會作出「我為人人」的付出行為，得到「人人為我」的回報收穫。奉獻精神是一切優秀團隊的基礎。如果團隊中有的成員只取不捨、「免費搭車」，將會使團隊失去生機和活力。正職領導者要不斷的培育健康向上、對完成組織目標有利的團隊精神，並善於用團隊精神凝聚人心，用團隊精神鼓舞鬥志，用團隊精神煥發活力。透過塑造團隊精神，讓每一個團隊成員認識到他們是團隊一分子，每一個人都是這個團隊的工作夥伴和有

價值的貢獻者。

【案例連結】

　　以色列的太巴列湖和死海水質構成一樣，注入兩者的水源都從哈蒙山上黎巴嫩雪松的根部流下。太巴列湖風景秀麗，居住者和旅遊者眾多，因為它有一個出口來調節水質。死海則只有入水口沒有出水口，結果形成高濃度鹽分的湖水，沒有生命，沒有風景，無人居住。

（四）塑造團隊和諧文化

　　事成於和睦，力生於團結。成立團隊並非最難事，最難的是如何消除團隊成員之間的內耗。團隊成員都是血肉之軀，是社會性動物，他們的生存與發展既需要物質保障，又需要情感滿足。在一個團結友愛的團隊中，成員之間、上下級之間的關心、理解和尊重，會使人產生愉快而興奮的情感，令人前進的動力更足，工作的積極性更加高漲。不和諧是不團結的深層文化因素，不團結又是團隊的最大破壞力。在自然界和社會中有同樣的一個法則：破壞力大於建設力。一罈汙水放入一滴酒是汙水，一罈酒放入一滴汙水還是汙水。和諧是團結的底蘊文化，團隊建設的本質在於追求和諧。因此，搞好團隊成員的團結，消除團隊建設的破壞力，必須構建出和諧文化。

　　團隊和諧文化就是包容文化。「人上一百形形色色」。用泥捏的人還有個土性，活人哪能沒有個性。如果不包容，就必然會產生你爭我鬥的不團結，人心都是肉長的，何必那樣爭來鬥去。老是掛懷別人的壞事，不能與別人為伍，實際上深受其害的是自己的心靈，把自己搞得心神疲憊，不值得。精子和卵子不是誰戰勝誰、誰吞並誰，而是互相接納、互相融合、相輔相成才誕生了新的生命。磚連磚成牆，瓦連瓦成房。人與人沒有離心傾向才能凝聚成團隊。團隊中擁有不同才能和不同個性的人是團隊的基本構成要素。因此，我們構建的團隊和諧文化，就應該是多元化統一的悅納包容文化。團隊中的各種人都是現實中的存在，要相互讚許、認同、體諒和通力合作。你接納和包容了別人，別人也才會接納和包容你。和諧文化始

終強化這樣一條信念：我們在一起，我們是團隊。

　　構建團隊和諧文化就要搭建起有效的溝通平台，及時釋放和消除團隊及團隊成員的矛盾和問題。和諧團隊並不意味著完全消除了團隊及團隊成員之間的矛盾和問題，透過搭建有效溝通的平台，從而創造出一種能夠不斷解決矛盾和化解衝突的機制，透過這種機制，團隊成員的不滿情緒和浮躁心理能夠及時得到釋放和調節，避免抱怨和不滿情緒越積越大，直至惡性爆發。大家知道，原子核的潛在能量是無比巨大的，當它發生巨變或裂變時，其能量會釋放出來。如果造成核子武器，爆炸時會給人類帶來巨大的災難。但是，若控制其能量的釋放速度，讓其緩慢而平和的釋放出來，就可以發電，就可以為人類的生產和生活提供動力。如果讓其能量釋放得更加緩慢平和，就可能用作汽車、火車、輪船、飛機乃至一般家用電器的動力和燃料。可見，原子能的釋放越緩和對人類越有利。團隊成員長期在一起共事，免不了會發生一些摩擦，產生一些誤會和隔閡，更何況，十個指頭有長短，荷花出水有高低，團隊成員之間在理論水平、領導能力、工作經驗、興趣愛好等方面都是有差異的，而且在領導關係中所處的角色地位不同，觀察問題的角度、掌握情況的側重點、研究問題的層次也可能不同。團隊中有了矛盾和問題，不能遮遮掩掩的迴避，這樣會使矛盾和問題積重難返。只有加強溝通，將各自的矛盾和問題拿出來，推心置腹，坦誠相見，共同語言才會更多，相互間的了解才能加深，也才能真正做到大家「既共事，又共心」，矛盾和問題也就會在平緩中煙消雲散，從而實現更高層面的和諧。

(五)正職領導是團隊的教練

　　真正的領導透過隱而不顯的影響力來釋放人們的潛能、激勵人們去尋找自己的方向。團隊的領導者是教練，在運動場上，教練只在場外對運動員進行點化，幫助運動員取得好成績。團隊教練也是從這種意義上演化而來的，並成為二十世紀最具革命性的管理理念。傳統的領導方式是以指令為主，領導者站在領導場中央指手畫腳，依賴規章制度進行領導。教練的

領導方式則是以人為本，領導者創造出領導場，建立團隊成員施展才華的支持系統，使那些得天獨厚的能人都有施展自己才華的機會和環境，然後領導者從場中央邊緣化，把被領導者推向場中央，參與領導，共同決策，統一行動，在場效應的作用下，著重於激發團隊成員的潛能和做好工作的積極性、主動性、創造性。沃頓商學院的管理學教授康明斯贊同尤西姆和瓊斯的看法，認為所有的員工——即使他一名下屬也沒有，也可以是一個領導者，他們都可以進行康明斯所說的「水平式領導」，也就是在沒有上下級關係所賦予的正式權威的情況下進行領導。心理學原理告訴人們，沒有人想成為無名之輩，幾乎人人都希望被看成是一個重要人物。領導者要讓團隊成員知道：他是團隊中的一個重要人物，「無論你在哪一個位置，你都還有一個可以提升的空間」。領導者是教練，就像是佛教的點化大師，透過點化使每個團隊成員成為「明星領導」，拿出最佳表現，進而把團隊中的人力資源最有效的轉化為生產力，為團隊創造出最大的成果。誠如約翰‧馬克斯韋爾在其所著的《領導力：開發你的領導潛能》一書中所說：「能培養出領導者的領導才是領導者的最高境界」，「一個只能讓被領導者立步直趨的領導者，其能力必然是有限的，而一個能把被領導者培養成為領導的領導者，才是一個真正了不起的領導者」。

Wisdom for Great Leaders

第十二章
卓越副職領導者的智慧

　　《辭海》中將「副」字解釋為「輔佐」、「輔助」。就字面意義而言,「佐」指的是副職領導幹部的地位,「助」指的是副職領導幹部的作用。在一個部門,或者一個單位,領導團體中的副職是協助正職分管一個或幾個方面工作的領導。副職在一個單位處於承上啟下的地位,身分不同,作用特殊,既是領導者,也是執行者。履行好職責,當好副職,對於提高一個單位領導團體的工作成效非常重要。

　　卓越副職領導者的智慧主要體現在:(1)正確處理好三個關係;(2)給正職當好參謀;(3)向正職進諫的藝術;(4)適度「越權」的藝術;(5)副職也要唱好「主角」;(6)副職間的共事藝術。

一、正確處理好三個關係

　　副職是官職等級的排列次序，副職起源於何時，尚未考究，但可以推測在原始社會部落氏族形成的時候，就已經產生了相當於副職的角色。春秋戰國時期的左右丞相就已經很明顯的表示了副職的性質。他們是皇上的助手和參謀，「一人之下，萬人之上」，主要任務是輔佐皇上。到了宋代才有正式的「副」字出現，如樞密副使、副相等，以後歷代各朝都沿襲了這種有正必有副的組織形式。大至一個國家，小到一個村組，都設置有副職的領導職務。從數量上看，副職的比重遠遠大於正職，構成了金字塔和金字塔群。

　　好副職有很多標準，這個標準也有很多參照，如正職的標準、副職之間的標準、群眾的標準、副職自身的標準等。這些標準，對怎樣當好副職都有參考意義。其中，正職對好副職的理解更為重要，因為副職主要是配合正職開展工作的，沒有正職的理解、認可和支持，副職就很難做好工作。處理好副職與正職的關係，對於副職來說，具有頭等重要的意義。

（一）處理好「誰主」與「誰配」的關係

　　正職是班子的班長和帶頭人，負有領導、決策和拍板的職責，在班子中起「集中」的作用，是班子的「主角」。副職是正職的助手及政令的執行者，上要對正職負責，下要對分管工作負責。副職作為班子中的一員，是正職的參謀和助手，在班子中可按民主的程式提出自己的意見和建議，為正職決策提供參考，但不能起主導作用，是「配角」。

　　從演戲的角度講，主角是核心、是焦點；配角是主角身邊的人物，作用是把主角襯托得更加出色。從領導工作的層面上說，有主帥，就必然要有輔助他的將相。作為將相就應該找準自己的位置，對上要做好輔助功；對下要統籌管理、傳令達意，不可偏頗。因此，副職必須要有較強的「配角意識」，要找準主角、配角的結合點，主動進入「配角」位置，從全局工作和整體利益出發，穿插於正職左右，在各方面維護正職的權威，支持正

職的工作，把正職襯托得更加出色，這是副職領導的本分。

　　副職在班子中雖不居主導地位，但並不是說「配角」的位置不重要，俗話說「紅花還需綠葉扶」，正職的能力水平再高，他的精力也是有限的，工作中也會有考慮不周的地方。作為副職，最重要的就是積極主動的配合。要從工作大局出發，發揮主觀能動性和創造精神，積極主動的配合正職開展工作，敢於提出自己的意見和建議，給正職及時提醒，及時「補位」，絕不能縮手縮腳，甚至袖手旁觀，等著看「笑話」，要善於當好「二傳手」，及時出好點子，在「出大主意」上動腦子，在做「小事情」上下工夫。為正職排憂解難，不能當「事後諸葛」。正職最忌諱的就是最需要副職「參謀」的時候，副職拿不出主意，想不出辦法。

　　作為副職，甘當配角，一定要消除「低人一等」的心理。一些長期擔任副職的領導都感到副職比正職地位低，低人一等，說話不算數，面子不好看，於是怨天尤人，頹廢消沉。其實，人生的價值不在於你的職位，而在於你所完成的事業，副職是領導團體工作分工的客觀需要，是組織形式上的必要崗位，副職既不是虛職，也不是正職的附屬物。正職和副職只是組織分工的不同，沒有貴賤之分。副職必須摒棄虛榮心，具備坦蕩無私的胸懷，強化甘當人梯的意識，培養正確的對待升遷的心態和觀念，樂於當好副職。當你認真的做好本職工作時，一切相應的東西都會隨之而來。

　　作為副職，甘當配角，還要消除「正不如我」的心理。在現實生活中，有些副職喜歡孤芳自賞，不能正確的估價自己，認為自己工作能力和水平比正職高，空有一身本領，無處施展，委身副職，感到屈才，從而產生賭氣心理，或消極工作，甚至完全不履行職責，或要與正職「平起平坐」，甚至爭當核心。有了這種心理，他們就會角色錯位，自作主張，越權行事，喧賓奪主，把自己的主張強加給正職，貶低正職，看正職的笑話，不當助手當對手。這是一種嚴重的心理障礙。世上沒有沒出息的職務，只有沒出息的人。經常感嘆懷才不遇的人，往往是沒有才華的人。副職作為配角，有自己的責任空間和權力空間，絕不能違反職務分工原則，把自己的角色形象放到不恰當的位置。即使正職在某些方面不如自己，也不能恃才傲

主，更不能對正職藐視嘲笑。防止這種傾向和行為的發生，副職就要充分認識自己所處的「配角」位置和作用，增強核心意識、能級意識，準確的把正職放到主角的位置上，真正當好正職的左膀右臂、參謀助手。為了糾正正職的過失，並提升正職的威望，必要時副職要主動唱黑臉，以烘托正職的紅臉。只有如此，才能夠維護班子的團結和增強班子凝聚力，各項工作也才能順利開展，正職的今天才有可能成為副職的明天。

【案例連結】

　　春秋時代，當了三十年齊國大臣的晏嬰，是位著名的政治家。《左傳》中頗多晏嬰的記載，例如：晏嬰經常勸齊景公要愛民，但齊景公卻總是擾民。

　　有一次，齊景公強令民工造大台，鬧得齊國民不聊生，眾百姓苦不堪言。正巧晏嬰出使回來目睹了這一情景，他馬上進言齊景公不要造台，齊景公總算同意了。晏嬰卻不急於回家，而是立即趕到工地，催促民工抓緊工作，稍有懈怠，就以鞭子抽打。晏嬰罵累了、打累了，這才回家。他剛離開工地，齊景公的傳令官就到了，下令停止施工，民工解散，可以回去和家人團聚了。民工一聽此令，齊聲歡呼，好像遇到大赦一般，高高興興的趕回家去了。

　　晏嬰這樣做，是故意把「賢名」讓給君王，把「惡名」留給自己。孔子對他大為欣賞，說他既糾正了君王的過失，又使百姓感受到了君王的仁義。

(二)處理好「誰前」與「誰後」的關係

　　副職是正職的助手，而這個助手的位置是不斷變化的。有些時候需要你走在正職的前頭，有些時候又必須跟在正職的後頭。該在前頭的時候你不在前頭，正職會認為你不盡職；該在後頭的時候你不在後頭，正職會認為你出風頭。副職究竟怎樣擺正「前」與「後」的位置？從總體而言，「虛」的事情在前，「實」的事情在後；吃苦的事情在前，待遇的事情在後。「虛」的事情，主要是指給正職提建議、想辦法、出思路、拿方案等這些需要動腦筋而別人又看不到的幕後事情你要做在前；「實」的事情，主要是指出頭露面的事情，例如對下屬作指示、向上級作匯報、接見外賓或在各種禮儀場合的活動，你必須要跟在正職的後頭，就是閒暇時散個步，也要走在正職的後頭。吃苦的事情主要是指需要出力、流汗、熬夜和具體操作的事

情，正職把大框框定下來了，你就要遵照正職的指示一件一件的抓好落實；而在待遇上，你就千萬不能和正職搶鏡頭、爭彩頭了。但以上這些「前」與「後」也不是一成不變的，這就需要副職靈活應對了。在處理一些比較複雜和容易激化的矛盾時，往往需要副職先行一步，去做試探性的處理，發揮緩衝的作用，給正職留下緩衝餘地和更充裕的應變時間。例如：當遇有群眾鬧事、上訴時，你要走到正職的前頭替正職擋駕、解脫。在處理複雜問題時，正職一旦陷入困境，副職要充分發揮自己的才幹，有時要做出必要的犧牲不惜引火燒身，盡快使正職脫離窘境。當搶險救災時，你要跑到正職的前頭，邊做邊向正職做出匯報；當遭到挫折或重大失誤時，你要搶在正職的前頭，實事求是的承攬過失；當在主席台就座時，一定要緊隨正職其後等。副職應該明白，一個真正自尊的人所從事的應該是事業，而不是職位，以全部精神去從事工作，不避艱苦。副職要體諒正職的繁忙與困難，在工作中出現「難題」時及時為正職「分憂」。副職應該比正職考慮的事情更深入一些才能發揮好輔佐作用。副職應盡力向正職不擅長的方向發展，起到填空補缺的效用。副職有時候在正職沒能在場的關鍵時候挺身而出，搞好了應該歸功於一把手的領導有方、把舵正確。如此處理與正職的「前」與「後」的關係，才能得到正職的賞識和正副職的共贏。當正職的聲譽提高時，副職聲譽的提高也就到來了。

【案例連結】

清末，黎元洪在湖北時，一直位於張彪之下。張彪是張之洞的心腹，娶了張之洞心愛的婢女，人稱「丫姑爺」。但張彪嫉賢妒能，對黎元洪十分反感，加之當時報紙亦讚揚黎元洪而貶低張彪，張彪心懷不滿，常在張之洞面前進讒言，詆毀黎元洪。

張彪在進讒言的同時，還以上級的職位，百般羞辱黎元洪，想讓黎元洪不能忍受恥辱而自己離開軍隊。張彪的手法非常惡劣，曾經在軍中將黎元洪罰跪，並當著士卒的面，將黎元洪的帽子扔在地上。黎元洪卻一直不動聲色，臉上毫無怒容，張彪看他這般模樣也對他無可奈何。

張之洞任命張彪為鎮統制官，但軍事編制和部署訓練卻要黎元洪協助張彪。張彪不懂軍事，黎元洪嘔心瀝血，為之訓練。成軍之日，張之洞前往檢查，見頗有條理，就當面稱讚黎元洪，黎元洪卻稱謝說：「凡此皆張統制之部署，某不過執鞭隨其後耳，何功之有？」張彪聽了黎元洪這話，心中十分感激，二人關係逐漸融洽。

（三）處理好「誰上」與「誰下」的關係

在領導活動的層級中，正職處於上位，副職處於正職的下位。這種位差是領導團體工作分工的客觀需要，是組織形式上的必要崗位設置。副職必須摒棄虛榮心，培養正確的對待位差的心態和觀念，具備坦蕩無私的胸懷，強化甘當正職下位的意識，樂於當好副職。

為此，副職必須做到以下四點：

1. 下級服從上級。正職相對副職就是上級，副職相對正職就是下級。下級服從上級，這是上下級關係中最基本的原則。象棋中有一種走法，叫做「支士飛相，保衛老將」，一個單位的正職就是這個單位的「老將」。作為副職，一定要以正職為核心，維護正職的領導權威。副職要嚴格遵守下級服從上級的組織紀律，無條件的服從正職的決定，不能以任何藉口拒不執行，這對於保證政令的暢通是至關重要的。副職不要與正職相逆、相抗，對於正職所負的責任，不可自恃高明，亂加指責，要以寬厚的德行去輔佐正職成就事業。副職對正職要做到日常工作經常匯報，重要工作事前請示，緊急情況馬上報告。副職要明確有限權力的意識，對於正職沒有授權的，不能輕易越權、說話、表態。

2. 主動請求正職的領導。副職主動向正職請求其領導自己，比被動的順從正職的領導更高一個智慧層次。它不僅僅是一種服從的技巧，而且是一種向正職主動示好，體現對正職的尊重，變被動為主動的技巧。副職以被領導者的身分與正職的關係一般是感情成分較少，工作的成分較多。但是正職相對副職，需要尊重的心理更強，因為尊重能提高領導威信，增強領導控制力、駕馭力。副職把主動請求領導變成了自覺的意識和主動的行為，有利於滿足正職的尊重心理，加強和改善與正職之間的關係，在愉快的工作氛圍中把分管的工作做得更好，所獲得的效果要比順從領導大幾倍甚至十幾倍。

3. 把握正職的特點。一個正職一個特點，有的正職好相處，有的正職則不好相處；有的正職希望你多給他出主意、想辦法，有的正職則反感副職

在他面前多嘴多舌。像漢武帝，就因為司馬遷在他面前說了幾句老實話，竟對其處以宮刑，而劉備對他的軍師諸葛亮則是言聽計從，信任有加。這就需要副職去認真領悟揣摩正職的特點了。對於正職的特點，副職不要用自己頭腦中形成的理想化標準去評判好與壞。

4. 把握正職的禁忌。副職作為正職的下級，為正職當參謀出主意是分內的事，但切記不可炫耀自己。當正職採納了副職的意見、建議，產生了好的效果時，副職切忌在群眾中誇耀說這是你的功勞；當正職沒採納副職的意見、建議，導致決策失誤時，副職切忌在群眾中散布說是不聽你的話的結果，更要切忌在其他副職對正職產生不同看法和矛盾時，不負責任的傳閒話，甚至「添油加醋」，肆意貶低正職，加劇矛盾。

【案例連結】

蘇聯衛國戰爭期間，史達林一直以軍事強人的形象出現，唯我獨尊、一意孤行、剛愎自用，排兵布陣亦聽不進別人半點意見，即使總參謀長朱可夫元帥的建議也常常被他斥責為「胡說八道」，一不高興還撤了朱可夫的總參謀長職務。

接任總參謀長的華西列夫斯基有了前車之鑒，聰明絕頂的他為了使自己不蹈前任朱可夫的覆轍，於是就耍了點「小手腕」，居然經常讓史達林「順從」的採納自己的意見。

華西列夫斯基採取的辦法是，在史達林叼著菸斗作策略部署之前的閒暇中，就在他周圍東扯葫蘆西扯瓢的說一些不著邊際的軍事問題，既不系統，也不高深。但說著說著，史達林就靈光乍現，趕緊一二三四五的部署策略要點，居然沒有大錯。另外，在史達林召開軍事會議時（當然這種會議的目的是貫徹精神和聽溢美之詞），坐在史達林身旁的華西列夫斯基也是要發言的，但每回說到策略戰術都是語無倫次，顛三倒四，十分囉嗦，往往使與會者聽得一頭霧水。說到後面的半部分卻口齒清楚，聲音洪亮，邏輯嚴謹，不過稍具軍事常識的人都能聽出來這些都是超級廢話，結果是自然要遭到史達林呵斥。怪就怪這軍事會議「民主集中」後，由史達林拍板作出的決策常常被實際證明大都是「英明」的。

儘管華西列夫斯基久經沙場戰功赫赫，但同僚心裡瞧不起這個毫無建樹的總參謀長，認為他在這個崗位上工作很不到位，故對他多有鄙視，但華西列夫斯基總是一笑置之。其實在軍事會議上，華西列夫斯基說的前半部分根本就不希望其他人聽清楚，讓史達林一個人能聽明白就行了，然後「潤物細無聲」的作用在史達林的決策中，目的就達到了。

二、副職要給正職當好參謀

　　向正職獻計獻策，當好正職的參謀，是副職的一項重要職責。一個單位或部門，涉及各方各面的工作，而每一項工作都有其不同的特點和規律，要科學決策各方面的事情只靠正職一個人的智慧是不易做到的，尤其是在科學技術迅速發展的當今社會，正職更需要副職的謀略，從而形成和豐富領導團隊的智慧和創造力，使決策更加科學、合理，工作效率更高。

　　副職要提高參謀能力，必須掌握以下幾種方法：

（一）選準問題

　　副職要選擇重點、熱點、難點問題，向正職出謀劃策，切忌眉毛鬍子一把抓。所謂重點，就是本單位在一定時期的中心工作。副職領導要認真學習上級有關文件精神，結合本單位具體實際，積極主動的向正職提出做好中心工作的意見、建議，供決策時參考。所謂熱點，就是與廣大幹部職工的切身利益密切相關的問題。例如：幹部提拔使用問題，獎金福利問題，職稱評定問題等。對此類問題的解決，副職不能從個人的感情出發，而必須根據實際情況，實事求是的向正職提出解決問題的辦法，以免造成工作的失誤和偏差。所謂難點，就是難以解決的問題，此類問題有可能是幾任領導都不能解決或不能完全解決的問題。對此，副職領導不能「遇到困難繞道走」，而應該積極主動多做調查，從各方面了解情況，徵求意見，分析問題難解決的原因，向正職提出解決難點的對策。

（二）擺正位置

　　正職在一個單位是負責全面工作的，處於領導核心地位；副職在一個單位是負責某一方面或幾個方面工作的，處於領導的從屬地位，即正職是「司令」，副職是「將軍」。副職不能混淆了自己和正職所處的地位及所起的作用，副職向正職參謀時要注意兩點：一是副職要有全局觀念。副職在履行參謀職責時，不能受部門利益的羈絆，只考慮自己所分管部門、科室、

人員的利益或只強調部門工作的重要性，必須站在全局的角度來思考問題，否則就不利於與正職領導之間、副職領導之間的團結，不利於調動全單位人員的工作積極性。二是副職不能越位。副職向正職諫言獻策，不能強加於正職，哪怕是副職認為再好的計策，也不能強加於正職。對於決策問題，副職應該是出謀不決斷，正職沒有表態，副職先作決斷的做法，是副職越位的表現。副職必須自覺的維護正職的決斷權。

【案例連結】

　　三國時東吳的顧雍時常到民間訪察政治得失，每有好的建議，都會採用密奏的形式上報孫權，如果被採納了，就會將功勞歸功於上；如果沒有被採納則祕而不宣，就像沒這麼回事一樣。

　　這種處處維護君主權威的做法很得孫權的賞識，因而每有難題時孫權便會派中書郎前往請教顧雍。顧雍如果贊成孫權的意見，就會備下酒飯，與中書郎反覆討論，把問題研究透徹，然後再送他離開。如果不贊成孫權的意見，顧雍就會表情嚴肅，默然無語，什麼也不預備。

　　中書郎回去把情況報告給孫權，孫權說：「顧公高興，說明此事應該辦；他不發表意見，表明辦法還不穩妥，孤應該再考慮考慮。」因此，孫權每次派人諮詢，回來都不問「顧公怎麼說」，而是問「你吃飯了沒有」，由此他就可以知曉顧雍的意見了。

（三）選擇好時機

　　時機是成功的時間條件。副職要使自己的參謀作用達到最佳效果，必須選擇好參謀的時機，如果按照事情發展的經過劃分，副職的參謀時機可分為事前參謀、事中參謀、事後參謀。所謂事前參謀，即副職要在一項工作開展前主動向正職匯報情況，充分發表自己的意見，提高自己的意見在正職決策時的採納率。副職在實施事前參謀時，要把問題和方案打包，對某一問題提出的解決方案應是多個，並提出每套方案存在什麼弊端，對出現的弊端需採取什麼對策。這樣做有兩個好處：一是為正職決策提供了選擇方案的餘地；二是這樣的建議更易被正職採納。所謂事中參謀，即在執行決策過程中出現各式各樣的問題，副職要及時向正職反映，並提出解決問題的參考意見。面對問題，副職切不可視而不見、袖手旁觀，甚至看笑

話。所謂事後參謀，是指一項決策執行完了以後，副職要及時總結，把總結出來的經驗教訓向正職匯報，為今後的決策提供借鑑。需要指出的是，副職在實踐前面三種參謀形式時，不論向正職提出何種意見、建議，最好是單獨面呈。這是一種最佳的參謀方式，也是一種高明的參謀藝術，因為選擇這種方式，正職會認為，副職的意見、建議不管對錯，對自己是一種關心和尊重。而且當正職採納了自己的參謀意見以後，絕對不要出去賣弄自己的高明，這樣會弱化同正職的關係。

（四）有智有謀

副職不是正職的翻版，沒必要量著正職的腳印重複他已走過的路。要提出與正職不同的智謀，來豐富正職的智謀。智是謀之本，副職要突出參謀的智慧，副職的意見、建議要把超前性、預見性、客觀性、科學性和規範性融於一體，這是副職參謀作用發揮得如何的關鍵。這裡的超前性，是指副職對本單位特別是對自己所分管的工作要超前思考，為正職決策提供盡可能詳細的、可行的參考意見。所謂預見性，是指副職對決策的執行能夠根據發展變化的形勢，預測將會帶來哪些新情況、新問題，讓正職心中有數，以便採取配套措施加以解決。所謂客觀性，是指副職要深入實際，調查研究，不搞偏聽、偏信、偏愛，所提的意見、建議要符合本單位的實際情況。所謂科學性，是指副職對調查得來的材料要經過「去偽存真，去粗取精，由表及裡，由此及彼」的篩選、分析和研究，得出科學的結論後向正職提出意見、建議。所謂規範性，就是指副職向正職提出的建議不僅要有智慧還要符合上級的文件精神和國家的有關法律、法規。

副職的參謀藝術，除了要從正面把握以上講的「四要」，還要避免從負面走入兩個誤解。

誤解之一，當歪參謀。副職當歪參謀通常有兩種表現：一是因與正職不合，故意為正職出歪點子，使正職決策失誤。這種副職應該提高自己的素養，以大局為重，端正自己的參謀態度，誠心誠意當正職的好參謀。二是副職為了正職或個人或單位的局部利益，對上級明文規定不能辦的事，

想方設法向正職獻計，用對策對付政策，這樣做的結果是害了正職，也害了自己，更損害了整體利益。因此，副職切莫獻違背政策、法律的歪點子。

誤解之二，炫耀自己。副職在參謀中受虛榮心的驅使炫耀自己，這樣做是缺乏副職意識的表現，是很危險的。炫耀自己，就貶低了正職，時間一長就會造成正副職之間的不團結。好炫耀的人是明哲之士所輕視的，愚蠢之人所豔羨的，諂佞之徒所奉承的，同時他們也是自己所誇耀的言語的奴隸。要克服這種現象，關鍵是要有副職的角色意識，樹立全局觀念，維護正職威信，不要與正職爭名爭利，讓「聚光燈」的焦點盡可能照射在正職身上，在折射中烘托出自己的光彩。

【案例連結】

清朝的乾隆皇帝應當說是一個比較有知識和修養的皇帝了，但他同樣自恃清高、自命不凡。他幾下江南，遍遊名山古剎，所到之處不是題字就是賦詩，然而他那些詩，沒有一首是值得傳之後世的。御用文人紀曉嵐看透了他的這一弱點，便在主編《四庫全書》時，故意在顯眼的地方留下一兩處錯漏之處，上呈御覽，有心讓乾隆過「高人一等」的癮，乾隆當然發現了這些錯誤，發下諭旨加以申斥，心裡十分得意，他甚至還召見紀曉嵐，當眾指正他的謬誤，紀曉嵐乘機對乾隆的「學識」倍加讚頌，此後他一直在乾隆手下官運亨通。

像紀曉嵐這樣圓滑的人物深深懂得，沒有人喜歡別人比自己更高明，當一個人自以為處在居高臨下的境地時，他的寬容心會更多，他的權力給人帶來的私利也會更多，因而也會產生其獨特的效應。

三、向正職進諫的藝術

副職向正職進諫，是一項藝術性要求很高的工作。古人曾說過：「大疑則大悟，小疑則小悟，不疑則不悟。」身為副職，對正職的決斷和作為要有懷疑精神，發現錯誤時，就要及時進諫。由於上下級之間存在著支配和被支配、服從和被服從的關係，因此副職進諫能否被正職接受和採納，主動權和決定權基本掌握在正職手裡。在現實生活中，有時儘管副職的諫言是對的，但正職卻並不願採納或接受。這裡面原因可能很多，但副職進諫藝

術不高，不能引起正職與之共鳴，是進諫失敗的重要原因之一。因此，在向上級進諫的過程中，講究藝術十分重要。

（一）多正面闡發，少負面否定

《左傳》上講：「獻其可，替其否。」意思是說，建議用可行的去代替不該做的。此話後來演化為成語「獻可替否」。在副職向正職進諫過程中，多獻「可」少加「否」就是一種很好的進諫智慧，即要多從正面去闡發自己的觀點、看法和忠告；少從負面去否定上級的觀點、決定和做法，即使是不得不從負面去否定上級的觀點、決定和做法，也要迂迴變通。副職向正職進諫，堅持「多正面闡述，少負面否定」，從心理學角度看，它符合了正職自尊的心理需要。美國的羅賓森教授在《下決心的過程》一書中曾說過這樣一段富有啟示性的話：「人，有時很會自然的改變自己的看法。但是，如果有人說他錯了，他會惱火，更加固執己見。人有時會毫無根據地形成自己的想法，但是如果有人不同意他的想法，那反而會使他全心全意的去維護自己的想法。不是那種想法本身多麼珍貴，而是他的自尊心受到了威脅……」羅賓森的話，雖然有些絕對，但他所闡述的人人都有自尊心，人人都會自覺不自覺的維護自己的自尊心的思想卻非常有道理。正職雖然大多數思想覺悟水平都比較高，能夠從諫如流，虛心接受來自副職的批評和意見。但是，正職如同常人一樣，也有自尊心，也要維護自尊。正職作出的各項決定，一方面固然反映了他的才能和智慧；另一方面又體現了他的權威和尊嚴。一旦被副職當面頂撞和反駁，他就會覺得在面子上過不去，損傷自己的尊嚴和權威，內心產生不滿和反感，甚至把工作認知上的分歧上升為感情上的衝突，這類事情在現實生活中屢見不鮮。因此，副職在向正職進諫時，力求避免傷害正職的自尊心和權威感，堅持「多正面闡發，少負面否定」，避免正面衝突。這樣，自己的意見就容易在和諧的氛圍中被正職接受，自己與正職的關係也就不會陷入緊張狀態。

（二）多「桌下」溝通，少「桌面」亮牌

「桌下」是指非正式場合，如餐桌上、馬路上、汽車上、家裡面等。「桌面」是指正式場合，如各種工作會、研究會、學習討論會等。副職向正職進諫時，更多的要選擇在非正式場合，而少選擇在正式場合，盡量兩人私下促膝交談。這樣，正職和副職之間都有迴旋的餘地。作為副職向正職進諫，誰都不能擔保進諫內容百分之百正確。若在非正式場合溝通，由於比較隨便，正職可以「有則改之，無則加勉」，而在正式場合亮牌則不然，由於正職一般應對你所亮的意見表示態度，或者肯定你而否定自己，或者否定你而肯定自己，基本上沒有迴旋餘地。造成這種局面，往往會傷害正副職之間的關係。對比之下，多「桌下」溝通，少「桌面」亮牌的方法較為穩妥。這種進諫方式還可以保留正職的尊嚴。維護個人尊嚴，在某種意義上可以說是任何上級的一種本能。它既和一般人所具有的自尊心相聯繫，又和上級的威信、工作有聯繫。因為尊嚴和威信是上級實施領導工作的必要條件，副職對此必須有足夠的理智認知和行為的維護。

【案例連結】

楚漢相爭中，劉邦由於勢力較弱，經常吃敗仗，後被項羽圍困在滎陽。

他的大將韓信自領一軍，北上作戰，捷報頻傳，連下魏、代、趙、燕諸王國，最後又占領了齊國全境。

於是，韓信派使者來見劉邦，說：「齊人狡詐反覆，齊國又與楚為鄰，如果不設王威懾，不足以鎮撫齊地，請大王允許我暫代齊王。」劉邦一聽，勃然大怒，破口大罵。這時候，劉邦感覺自己的腳被坐在邊上的張良踩了一下。他曉得這位先生一定有重要的話要告訴自己，就打住了下面的一連串罵人的話語。

張良清楚的知道劉邦如與韓信翻臉，輕則形成劉邦、韓信、項羽三強鼎立，重則導致項羽、韓信聯合攻漢。無論出現哪一種情況，都於劉邦大大不利。於是急中生智，足踩劉邦，首先制止他別再說出更難聽的話來。

然後，張良靠近劉邦曉之以理，而劉邦是何等聰明之輩，聽了張良的話，馬上改口，仍接著剛才氣洶洶的口氣罵道：「他媽的，男子漢大丈夫，要做齊王就做真正的齊王，做什麼代齊王！」

劉邦當即下令派張良為使節，帶著印綬到齊地去，立韓信為齊王，形勢很快發生重大轉折，漢軍由劣勢向優勢轉變，逐漸對楚軍形成了包圍之勢。

（三）多肯定優點，少否定不足

　　每個人都不是那麼完美無瑕，都不可能避免犯錯誤，即使是偉人，在閃爍光芒的同時，也會暴露缺點。正職也是一樣，即使他有再多的優點，但也總是存在著不足的一面。工作和決策不可能一貫正確，當然也不可能一貫錯誤。副職進諫時，要「多肯定優點，少否定不足」，要對正職的工作、決策的優點部分給予必要肯定，然後再策略的、善意的提出其工作、決策中的不足部分，以引起正職的深思和警覺。這樣做的心理基礎也是人們自尊自重的需要。英國著名學者帕舍森和魯斯特莫吉在他們合著的《事業成功之路》一書中曾經這樣寫道：「批評之前，你最好先以表揚鋪路。切記：再好的人也不願意被指責做錯了事，為此，你應先找出批評對象的某些優點予以表揚。人們往往容易接受能看到他的優點的人的批評，如果你在批評前沒有先予讚揚，很容易激怒被批評者。」帕舍森和魯斯特莫吉的話，從人的心理上揭示出了批評要輔以表揚的重要性，對於副職如何向正職進諫有借鑑意義。

【案例連結】

　　相傳，漢朝開國皇帝劉邦，在攻破秦朝京都咸陽後，看到金碧輝煌的皇宮、花枝招展的美女，眼睛都花了。再往秦二世的龍床上一躺，更覺得飄飄然了。劉邦想在皇宮住下來，他手下的猛將樊噲氣沖沖的責問劉邦：你是想得天下，還是想當秦王？劉邦聽了大為反感，還是只顧在宮裡尋歡作樂。後來，張良對劉邦說：「夫秦為無道，故沛公得至此。夫為天下除殘賊，宜縞素為資。今始入侵，即安其樂，此所謂助桀為虐，且忠言逆耳利於行，良藥苦口利於病，願沛公聽樊噲言。」張良喻諫於褒，巧說「不」字。劉邦聽了張良的話終於移兵城外，揭開了楚漢相爭的序幕。樊噲進諫的內容應該說是正確的，為什麼沒能說服劉邦？究其原因，就在於方式不恰當和藝術不高明。苦口的「良藥」，違背了劉邦自尊自重的心理需要，使劉邦產生了「抗藥性」。相反，如果樊噲能採用「多肯定優點，少否定不足」的進諫方式，使否定有了鋪墊和陪襯，不再是赤裸裸的，就可能既陳明了

利害，又降低了劉邦對進諫內容接受的心理坡度。在這點上，張良就比樊噲有計謀，所以，劉邦聽了張良的勸告。

（四）多婉轉建議，少武斷結論

副職進諫要講究婉轉，曲則有情，婉轉之諫是一種不諫而諫。當副職向正職提意見時，不要直接去點破錯誤、失誤所在，而要用徵詢意見的方式或者打比方的方式等，向正職講明存在的問題和不足，使正職自己得出副職想要說出的正確結論。戴爾‧卡內基曾經說過：如果你僅僅提出建議，而讓別人自己去得出結論，讓他覺得這個想法是他自己的，這樣不是更聰明嗎？社會學家的研究成果已經表明，人們對於自己得出的看法，往往比別人拿給他的看法更加堅信不疑。因此，副職要想使自己的想法被正職接受，在許多時候應該僅僅提出建議，僅僅提供資料，而其中所蘊涵著的結論，最後留給正職自己去「娩出」。這樣不越俎代庖，不硬把自己的意見往正職頭腦裡塞，讓正職覺得正確結論是他自己得出的，可以說是下級向上級進諫的最高境界。既容易達到進諫的目的，又會最大限度的保護上級的自尊，從而達到上下級之間心理上的配合默契。

【案例連結】

晉文公領兵出發準備攻打衛國，公子鉏這時仰天大笑，晉文公便問他為何仰天大笑，他說：「我是笑我的鄰居啊！當他送妻子回娘家時，在路上遇到一個採桑的婦女，便按捺不住就去和採桑的婦女搭訕，可是當他回頭看自己的妻子時，發現竟然也有人正勾引著她。我正是為這件事而發笑呀！」

晉文公聽了之後，領悟他所說「螳螂捕蟬，黃雀在後」的意思，就打消了進攻衛國的念頭而班師回朝，還沒回到晉國，就聽說有敵人入侵晉國北方。

（五）多求「立竿」，少求「見影」

副職向正職進諫，勿求「立竿見影」。在向正職的進諫中，有時從內容到方式基本上都是正確的，但還是未能被上級所接受。遇到這種情況，副職就應該「立竿」而不強求立時「見影」。人們的思想表現為一個複雜的

認識過程，接受或改變一種認識，需要經過肯定、否定的思維矛盾運動，不可能像立竿見影那樣簡單而迅速。因此，副職向正職進諫，既要講究內容的正確性，方式的妥當性，又要有耐心，等待正職的認識過程，不能操之過急、求之過切。違背人們的認識規律，超越正職的覺悟程度和認識程度，強迫正職就範，正確的諫言往往也會欲速不達，甚至把事情弄糟。所以，應「多求『立竿』，少求『見影』」，使領導樂於接受你的諫言，防止產生與目的相反的結果。

四、適度「越權」的藝術

　　一般來說，越權是領導工作之大忌，更是副職工作之大忌。但是，這種大忌也具有辯證性質。在一定條件下，副職還必須超越這種大忌，適度越權。要成為一個真正優秀的副職，必須善於掌握工作中的「越權」藝術。

(一)從自身專業處「越權」

　　每個人都有自己擅長的領域，要充分發揮自己的優勢，達到最佳效果。許多副職是專業技術幹部，這種專家型的副職具有高深的專業知識和技能，這是副職比正職具有優勢的地方。副職要善於從業務上「越權」，勇於在自己負責的專業領域裡唱「主角」，在本人負責的專業領域裡履行職責，獨當一面。副職必須以高度的工作責任心和責任感，大膽從工作標準上「越權」，在自己負責的專業領域裡不斷有所創新。開拓性副職是正職所領導的事業的有力助手。任何一個正職無不希望自己的副職能夠在工作中勇挑重擔並不斷的開拓進取。相反，如果副職生怕潛越職權得罪正職，工作中一味的依賴正職，處處唯唯諾諾，縮手縮腳，這樣的副職儘管不會引起正職的敵意和反感，但由於不能擔負起責任為正職建功立業有所作為，自然難以得到正職的賞識和信任。副職要善於從自身專業處「越權」，當好業務主管，但也絕不能自認為有一技之長就恃才清高、目無正職，甚至故意排擠正職，搞自己的「獨立王國」。

（二）從替補處「越權」

副職在替補處「越權」的藝術，具體表現為「越權補台」、「越權擔責」、「越權攬過」。在正職考慮不周或者情況緊急而正職不在場的情況下，副職不但要發揮替補作用，積極主動的處理問題，而且還要根據實際情況敢於提出補充意見，幫助正職修正決策，對正職的全局工作起到拾遺補缺的作用，這是「越權補台」。天下不缺乏有才華的人，而缺乏有膽量的人，對於那些有風險或可能造成不利後果的事情，副職應當勇於承擔責任。由於正職處於各方面問題的焦點，著眼於全面考慮，有些問題不便於親自處理，或者處理不當會引起負作用。這時副職就要勇於出面「護駕」，幫助正職處理那些正職不願或不宜親自處理的「麻煩事」，這是「越權擔責」。工作中出現一些錯誤和漏洞在所難免，尤其是在正職遇到棘手難題的重要關頭，副職必須有挺身而出的勇氣和膽量，主動「越權」為正職排憂解難，這是「越權攬過」。

五、副職也要唱好「主角」

做副職的都知道自己工作應對正職負責，並在正職的領導下抓分管的工作。但副職對分管的工作又是主持者，作為副職，還應具備獨當一面的工作能力，能夠當好「主角」。副職在班子中、在決策的制定中雖然是「配角」，但在決策的執行中，就其分管的工作而言，又處於組織、指揮的地位，是「主角」。權力可以委託給別人，但責任不能，因此，這個時候副職要明確自己的職責，當好主角。當好這個「主角」，要做到以下三點：

（一）當斷則斷，獨當一面

情境理論認為，適當的領導行為應當隨著情境的轉變而轉變。當斷不斷，反受其亂。正職交代的任務，副職要認認真真的完成，要明確副職並不僅僅是一個二傳手，很多事情要親自去處理好。目前在領導團體中普遍

存在副職依賴正職的現象。一些副職認為，正職是扛大旗、抓大事者，而自己只不過是搖搖小旗、敲敲邊鼓的人。因此，他們在自己的職責範圍內當說不說、當斷不斷，事事向正職請示匯報，好像只有這樣才是不越權越位、尊重正職。這是一種錯誤的認識。步人後塵的人永遠走不出一條屬於自己的路。責任並不是由外部強加在人身上的義務，而是人需要對他關心的事作出反應，身為副職，責任比一些人想像的要重大得多。副職在領導團體中具有特殊的地位和作用，他們雖是副職，但在局部問題上是決策者；他們雖是配角，但在單項工作中是主角。在自己的職責範圍內，副職必須有魄力，大膽負責，創造性的開展工作。這就要求副職始終保持積極奮進的精神狀態，對當斷的事情果斷處理，矛盾不上交、不拖延、不推諉，不能遇到問題一籌莫展、優柔寡斷，更不能「孩子哭了抱給娘」，把什麼事都推向正職拍板定音。如果下屬遇到事情請示副職，副職事必請示正職，容易給下屬形成副職無決斷力的印象，不利於樹立副職在下屬心目中的威望，久而久之，不利於副職領導下屬展開工作。甚至會有下屬遇事直接越過副職請示正職，把副職架空。所以，在組織完成具體工作任務的過程中，副職作為「主角」，對工作中的困難和棘手的問題應以認真負責的態度加以對待，發揮主導作用，快刀斬亂麻，果敢處煩事，能解決在基層的就解決在基層，盡量把矛盾解決在自己分管工作的範圍內。這樣才能當好正職的先鋒，真正獨當一面，保證正職抓好大事。

（二）執著守信，暢通政令

副職所分管的工作，是整個組織工作的有機組成部分，而且其中的重大事項也是領導團體集體討論決定的，為了暢通政令，確保贏在執行上，副職必須執著守信，不輕易改變。古人曰：「輕諾必寡信，多易必多難。」「言多變則不信，令頻改則難從。」朝令夕改是「寡信」的重要體現，它將使部屬無所適從，亦使副手自身指揮無力，不能形成統一的目標和意志，最後必將失去部屬的信任和尊重。如果副職在困難面前沒有堅定執著的表現，下屬將會更加消極。副職只有敢於迎著困難前進，敢於戰勝困難，才

能使自己堅定信心，增強下屬克服困難的決心。

　　為了暢通政令，副職要在其位、司其職、謀其政、負其責，要經常不斷的對部屬進行督促檢查直至某項工作落實。對於工作不到家、服務不到位的下屬，副職要大膽行使職權，強化服從意識，該督察的就要督察，該催辦的就要催辦，「猴子不上樹，就要多敲兩遍鑼」。領導在指揮業務上，沒有令下屬感到畏懼的權威性和威懾力，是不容易使下屬盡職盡責的。只有堅定執著，政令才能暢通，副職所領導的團隊才能所向披靡，事業也才能夠興旺。

（三）講究方法，以誠待下

　　副職領導下級，中心是如何發揮下級的作用，調動其積極性。無論是研究分管的工作還是完成上級交辦的任務，都必須相信群眾、依靠群眾，採取群策群力、集思廣益的方法，廣泛徵求下屬的意見和建議，不能自以為是、剛愎自用。副職對下屬的領導，並不是要求其言聽計從，而是透過一定的工作方法讓下屬徹底了解應做的工作、工作的流程、應達到的目標，促使下屬充分自覺的進入工作角色，大力發揮其創造力與工作熱忱。這樣既能做好工作，又能調動下屬的積極性，有利於工作，有利於團結。

　　副職統御下屬的過程是一個與下屬心理融通的過程。副職要善於根據工作任務的性質、自己與下屬的關係區分不同類型的下屬，來確定相應的心理融通方法，實現心理接近。曾國藩說過：「馭下之道，最貴推誠，不貴權術。」在一般情況下，下屬都怕出錯，卻又不可避免的會出現差錯。當下屬出現差錯後，會產生內疚感。如果副職不講方法、不分場合一味的批評譴責，就會使下屬產生抵制情緒，作出抵觸的反應。副職與下屬是上下級的關係、工作關係，但同時又是人與人之間的平等關係。如果副職能夠對出現差錯的下屬以誠相待，既嚴肅批評，又關愛有加，把工作關係加上一層感情色彩，既會使下屬吸取錯誤的教訓，又能使自己與下屬的關係變得和諧融洽。

六、副職間的共事藝術

　　同級副手之間的關係，是同一組織內同一層級領導者之間的一種橫向人際關係。副職與同級副職關係的好壞，直接關係到作為一個統一的整體的領導工作能否順利開展。因此，副職之間的共事也要講究藝術。

（一）主動溝通，坦誠相見

　　古希臘哲學家亞里斯多德曾說：「一個生活在社會之外的人，同人不發生關係的人，不是動物就是神。如果人完全脫離了人際交往，脫離了社會，人就不再是人，而成為動物。」副職與副職之間是同級關係，這種關係具有直接、經常、密切、頻繁的特點，因而一些問題上產生分歧和矛盾的機會也就比較多，如果處理不當，就容易產生隔閡，造成內耗，給工作帶來一定的影響。如果處理得當，同級之間融洽和諧，配合默契，就會增加向心力和凝聚力，形成共同的合力，推動工作的展開，保證事業的成功。同時，副職之間又不可避免的存在著競爭關係，副手之間既是天然的「合作者」，又是潛在的「競爭者」，這種微妙的複雜關係，是自然形成、客觀存在的。作為副手，能否充分學會運用協調和溝通的技巧消除誤解和矛盾，對外取得理解和支持，確立友愛和協作的新型領導關係，對內使自己分管的部門成為一個堅強團結的戰鬥整體，已成為衡量其領導成功與否的重要因素之一。就溝通方式而言，副手可以採取兩種方式：一種是正式的溝通。即透過會議或者任務與其他副職進行交流和探討，經常主動性的聯繫，這樣既有利於工作，又有利於感情的培養。另一種就是私下的溝通，副手間融洽的人際關係有利於工作的開展，不僅是工作中的融洽，也要做到感情上的融洽，這就需要副手們在工作之餘有私下的溝通方式，如一起喝茶聊天，形成良好的氛圍，提高績效。在實際工作中，需要副職間進行思想溝通、經驗交流的地方很多，這樣也會使大家的工作思路更開闊。世界上沒有解決不了的事情，只有不會或不去溝通的人。副職間能夠充分有效的進行溝通，就能夠消除彼此之間的誤解和矛盾，彼此理解和支持，使

身心愉悅，使工作順利、事業成功。

德國詩人海涅說過：「生命不可能從謊言中開出燦爛的鮮花。」每一個副職都應該把坦誠作為溝通的基石，在與其他副職的交往和溝通中表裡如一、以誠相見，對方就能以禮相還。「投之以李，報之以桃」，乃是人之常情。在領導工作中我們常常看到這樣的情況，如果一個副職能夠處處誠實的對待其他副職，對方就能把知心話和工作中的實際情況講給他聽，推心置腹，視為知己，一道分擔困難。領導團隊中每一個副職都希望其他副職能坦誠的對待自己，但是釋放出坦誠，才能贏得坦誠。《聖經‧馬太福音》中有一句話說得好：你希望別人怎樣對待你，你就應該怎樣對待別人。副職之間都能坦誠面對，相互間就會減少猜疑、減少矛盾、減少工作中的困難和阻力，而且會形成相互信賴的關係，增加工作中的向心力和凝聚力，促進共同目標的實現。

(二) 遇事豁達，積極補位

心理學家認為，你眼中的世界是你想看到的世界；你作出的反應，不僅因為外部因素的導引，也是內心欲望驅使的結果。而禪宗也有句名言：「不是風動，不是幡動，仁者心動。」身為副職，要積極調整心態，遇事豁達。遇事豁達，就是指副職之間不應就領地、職責、權利進行爭鬥、推諉。有些工作屬於交叉性工作或邊緣性工作，既可由這個部門辦，也可由那個部門辦，而這些工作又往往很棘手，且關係重大。面對這些工作，如果副職們誰都怕擔責任，相互「踢皮球」，不僅貽誤大事，而且容易引起連鎖反應，分管領導之間相互推諉，必然導致部門間相互扯皮；部門間扯皮，必然導致部門負責同志之間的矛盾；副職之間的不和諧，又必然加劇部門間的摩擦，從而形成惡性循環，最後使全局工作受損。因此，副職要保持平和豁達的心態，把工作處理好。第一，責任交叉之處要多攬責。每一個副職對責任的主動承擔是團隊最好的凝聚。儘管每個副職分管的工作範圍是明確的，但是相互間責任交叉的地方也是不可能避免的。這時就不能互相推諉扯皮，要主動多攬責任，立足在自己的「責任區」把事情處理好。

第二，事件黏連處大方出手。實際工作中，一件事情往往需要諸多部門同時去落實。在聯合落實過程中，作為一個方面的分管領導要豁達爽快，該攬責任的就勇敢一些，該出力的就主動一些，該出錢的就大方一些，不能扭扭捏捏、瞻前顧後，生怕吃虧受累。第三，對方犯錯要諒解。副職由於分工不同，看問題的角度不同，相互之間會存在看法上和做法上的明顯差異，並且這些差異往往會對其他副職分管的工作造成不利影響。副職應該本著團結和諧、為事業發展的大局的目的，大事原則點，小事謙讓點，千萬不能從個人恩怨出發，斤斤計較，與人為難。第四，工作摩擦處諒解。由於副職的責任、權力、義務、工作範圍、工作能力、工作姿態等的有限性，決定了副職間產生摩擦是不可避免的。產生摩擦並不可怕，關鍵是看怎樣對待工作間的摩擦。作為成熟的副職，解決與其他副職工作間的摩擦是在充分諒解的基礎上去尋求共贏的解決途徑。諒解就是豁達、是本事、是覺悟，也是解決問題的辦法。反過來講，只有無能之輩、平庸之士、短視之人，才糾纏於工作間的摩擦，結果使摩擦越摩越深。

補位不僅僅侷限於副職與正職之間，副職之間也常常需要補位。這種補位的必要性來自於兩種情況：一種是正職在副職職能交叉地帶交代不清，造成的空位；另一種是副職由於遇到很多突發事件，處理不過來造成的缺位。稱職的副職都會按上級的要求抓落實，但是有時可能因精力不夠、經驗不足或工作失誤，使某項工作的落實出現死角或漏洞。這時候的副職，應該以大局為重，主動補位，把落實中的死角或漏洞抓好。副職之間積極補位也是增進感情的一個重要因素。友情能夠創造一切，仇恨能夠毀滅一切。副職之間透過互相補位建立起來的適當友情，能夠推動全局工作創造性的發展。

（三）熱心幫忙，互相尊重

聰明人都明白這樣一個道理，幫助自己的方法就是去幫助別人。每個副職都有自身的職責，履行好自身的職責是責無旁貸的義務，但對其他副職分管的工作，也要處處給予關心和支持。當需要幫助和關照時，要積極

熱心，不能事不關己高高掛起，更不能幫倒忙使人涼心。對於其他副職的暴露缺點要及時提醒，不能眼睜睜的看著其他副職「出洋相」、「栽跟頭」。工作中誰都會有缺點，今天你幫助了別人，明天你需要幫助時別人也會幫助你，所以說幫助別人也是幫助自己。再有經驗的副職，也會有迷失困惑的時候，也會有迷失困惑的地方，這時其他副職要給予及時的指點。用建議的方法指點，用身處其境的貼心話幫助查找迷失困惑的原因，這樣既可以維護個人的尊嚴，又最容易讓一個人改正錯誤。抓工作沒有一帆風順的，經常會遇到各式各樣不容易解決的棘手問題。當某一副職遇有棘手問題時，其他副職在不影響自己工作的同時，應主動幫忙，這樣不但能盡快幫助找到解決問題的辦法，而且也是提高自身能力的機會。那種抱有「只掃自家門前雪，不管他人瓦上霜」的自私自利思想的副職，或者看到其他副職陷入工作的窘境時認為正是為自己「扶正」掃一掃障礙的副職，心胸就不夠寬廣，注定成不了大器。當然，副職在關心幫助其他副職時，要注意分寸的把握。要分清哪些事情確實需要你的幫助，哪些事情你可以去幫助，避免給其他副職造成一種你要凌駕於他們之上的感覺。

心理學研究表明，人都有被重視的欲望，這種欲望一旦得到滿足，其工作熱情有增無減。副職之間互相尊重是最容易做到的事，也是最珍貴的東西。「要尊重自己，先尊重別人。」每個人總是希望別人看得起他，受到別人的尊重。副手也是有血有肉的人，也一樣希望受到其他領導的重視，這是搞好同級副職人際關係的重要條件。在副手之間，儘管由於有年齡、資歷、經驗、文化知識和能力的不同，但都要相互尊重。副職尊重的需要得到滿足，能使自己對工作充滿信心，對其他副職充滿熱情，體會到自己生活和工作在集體中的作用和價值。

（四）攬過推功，謙讓名利

攬過推功是一種凝聚人心的工作方法，一種智力資源的有效管理，一種勇於擔當的負責精神。一個善於攬過推功的人，必定是厚德載物、雅量容人、能屈能伸、大智若愚之人。任何領導者都不是完人，因此出現失誤

是完全難免的。當出現失誤之後，同級副手之間應顧全大局、攬過推功，而不應互相埋怨、互相指責、互相推卸責任。攬過推功的作用不可小視。三國時，官渡之戰剛結束，劉備率數萬人進攻許昌，結果被曹操出奇兵打得大敗。劉備領殘兵逃至漢江沿岸，處境十分狼狽，他對身邊將士說：「諸君皆有王佐之才，不幸跟隨劉備。備之命窘，累及謀君。今日身無立錐之地，誠恐有誤諸君。君等何不棄備而投明主，以取功名乎？」諸將聞聽此言，怨氣頓然消釋，並瞬間轉化為同仇敵愾之熱情。劉備攬過推功，責己之咎，因而三分天下得其一。袁紹剛愎自用、推過攬功，以至於眾叛親離，終為曹操所滅。

千百年來，不知多少能人志士倒在了追名逐利的途中，如李白那樣豪放不羈之士，在名利面前，也難免大喜大悲。謙讓是我們中華民族的傳統美德，古代就有傳為美談的「孔融讓梨」的故事。在名利面前能夠做到淡然處之，甚至把本來屬於自己的名利也能謙讓給別人，這是大智慧，是一種處世做人的高尚境界。讓出去的是名利，贏得的是良好的人脈關係。作為分管一方的副職，應該盡量維護本方的利益，但是也要本著謙讓的共事原則，尤其是在與其他副職分管的利益難以說清或不好說清的地方更應該謙讓。發現工作中的錯誤時多從自己身上找；看到工作中的成績時多往別的副職那裡想。作為副職的個人，也有七情六欲，也有利害得失。但要取之有道，絕不能因此而淡化工作觀念，強化權力、名利得失，切不可運用公共的權力來中飽私囊，更不可因為相關的利益糾葛而和其他副職間產生矛盾，激化衝突，這樣不但影響內部團結，給各個方面的工作帶來不便和麻煩，也會葬送副職發展的美好前途，最後落得個名利皆空的下場。因此，副職絕不能做爭名奪利之徒，在名位權力前要互相謙讓，保持一個副職應有的高風亮節。

Visdom for
Great Leaders

第十三章
《周易》中的領導智慧

　　《周易》作為「群經之首」、「大道之源」，閃爍著先賢聖祖的聰明才智，給全世界留下了極其寶貴的智慧財富。對於這樣一部仰觀天象、俯察地理、中通萬物、究天人之際、通古今之變的百科全書，幾千年來都被歷代帝王作為經邦濟世的寶典。從領導活動的層面來重新感悟《周易》，我發現《周易》是一個博大的領導智慧基因庫，其中匯聚的領導智慧靈光閃動、深邃無極，同樣令人嘆為觀止、心醉神馳。發掘《周易》中領導智慧的價值，會讓卓越的領導者具有更嫻熟的領導方法、更豐富的領導思想，進而使所有的領導活動更有成效。

　　《周易》尚簡，認為很多看似複雜的問題其實可以簡單化解。本章把《周易》中的領導智慧概括為十二個字：元亨利貞，剛柔幾大，位時中應。每四個字為一節，共三節，分別對應：領導力智慧，領導方法智慧，領導思想智慧。各節既簡約又有相對的獨立性，相互呼應，前後一致，構成了《周易》中的領導智慧的完整體系。當「元亨利貞」、「剛柔幾大」、「位時中應」這十二個字的靈根深扎在領導者的心田之中時，領導智慧油然而生……

一、領導力智慧

　　領導力，又稱領導能力，古今中外的偉大領導者都是借助於非凡的領導能力，創立並領導著偉大的組織，成就了偉大的基業。關於領導力，美國的成功學家戴爾・卡內基認為，領導能力就是把理想轉化為現實的能力。這樣來定義領導能力，不免過於抽象和籠統。領導能力雖然是一種統領的綜合能力，但卻有著明確的具體內容。《周易》乾卦卦辭的「元」、「亨」、「利」、「貞」就是領導力智慧的具體體現。從領導的層面講，元，就是開拓創新；亨，就是打通領導活動中間阻力環節，使領導者的策略創新落地；利，就是聚合，讓每個人的力量都作用於相同的事業，指向共同的目標；貞，就是領導者要有為人表率的人格魅力和一以貫之的堅定執行力。「元亨利貞」這四個字，正是領導力內容的具體化和深層次化，誰擁有了「元亨利貞」所賦予的智慧，誰就擁有了卓越的領導能力。

（一）「元」的領導力智慧

　　《周易》共有六十四卦，其中的第一卦是乾卦，乾卦由六根陽爻組成，卦象為天。乾卦《卦辭》曰：「乾，元亨利貞。」元、亨、利、貞這四個字是四個哲學範疇，稱為乾之四德，表達的是「元始」、「亨通」、「和諧」、「貞正」的意思。《周易》論述天道的運行規律，在於推天道以明人事，啟示人們根據對天道的認識，來認識和掌握社會治理的規律。

　　「元」為大。元是宇宙的本原。《彖》是對卦辭的解釋，統論一卦之大義。關於「元」，《彖》曰：「大哉乾元，萬物資始，乃統天。」意思是盛大無比的乾元之氣，是萬物創始化生的動力之源，這種剛健有力、生生不息的動力之源統貫於天道的整個運行過程。朱熹《周易本義》於乾《彖》云：「元，大也。」

　　「元」為始。元是天地萬象的起源。《文言》是對卦辭爻辭意蘊的進一步闡發，並著眼於人事的應用。關於「元」，乾卦《文言》說「元者，善之長也」，「乾元者，始而亨者也」。元的意思也可以解釋為開始、創始、

初始，即物生之初，生為物之本性，於人尤甚。天地初開以後萬物也創生了，這種情景就是「元」。

乾卦《象》曰：「天行健，君子以自強不息。」就是說，天道運行周而復始，永無止息，誰也不能阻擋，君子應效法天道，自立自強，不停的奮鬥下去。《周易》乾剛進取這種生生不息的精神，最突出的體現在「元」上。那麼「元」到底是一種什麼精神呢？「元」就是開拓進取、勇於創新的精神。它既是一種品格，又是一種膽魄，還是一種才識，是三者的統一。「元」作為一種品格，就是一種富有好奇、懷疑、探索、求實、自信的心態。「元」作為一種膽魄，就是「敢說前人沒有說過的話，敢走前人沒有走過的路，敢創前人沒有開創的新事業」的膽略和氣魄。一個富有創新精神的領導者，總是站在時代的前列，具有登高望遠的策略眼光，時不我待的緊迫感，不滿現狀的超前意識和突破常規的改革精神。「元」作為一種才識，就是具有開拓性思維和從經驗、事實、材料中提煉出創新思想的能力。「元」的精神，就是品格、膽魄與才識兼備。領導者如何才能秉持「元」的精神，提升自己的領導力呢？

1. 觀念創新。人生的改變，源於觀念；事業的發展，也源於觀念。觀念創新是一切創新的源泉，新的觀念，創造新的事業，帶來新的命運。一個新觀念，就是最「神奇」的領導力，也是領導活動中的決定性因素。觀念的創新是領導多年理論涵養和實踐經驗的累積沉澱產生的智慧火花。創新意識是觀念創新的基礎。創新意識是指人們根據社會發展的需要，引起創造以前不曾有的事物或思想的動機，並在創造中表現出自己的意向、願望和設想。它是人們進行創造活動的出發點和內在動力，是創新性觀念和創造力產生的前提。領導觀念是領導者對其領導活動過程中領導行為及後果的本質的認識和反映。領導觀念是領導者行為的指導，決定著領導的策略決策和後果。領導活動中領導者就是借助於新觀念這種「神奇的力量」來確立目標和發展策略的。

2. 思維創新。思維及思維方式是人類所特有的一種精神活動，它是在表象、概念的基礎上進行分析、綜合、判斷、推理等認識活動的過程。領導

思維是指在領導活動中領導者為實現領導目標而進行的理性思維活動。思維能力，既是領導者的領導力，更是領導者的領導智慧。整個領導活動突出的表現在領導思維上。思維創新是創造性領導者所必須具備的，培養創造性領導者的起點是思維創新的培養和開發。突破原有的思維定勢，進行創新思考，是領導者成功的法寶。美國著名心理學專家丹尼爾·高曼曾說：「要想在事業上有所成就，將以有無創造性思維的力量來論成敗。」領導者思維方式是多樣性的，有策略思維、整體思維、系統思維、定性思維、定量思維、靜態思維、動態思維、正向思維、逆向思維、換位思維、模糊思維、共贏思維等。這些思維方式不是在偶然的機會中激發出來的，而是領導者透過有意識的認知變成潛意識的自覺才能達到運用之妙的。領導活動就是用思考的力量來改造世界。沒有思維就沒有遠見和目標，沒有遠見和目標就沒有領導活動。只要領導者能夠有意識的按照上述的思維特徵和思維方式來鍛鍊自己多角度、多維度、多種類分析、思考問題的方法，創新思維就會逐漸的扎根於領導者的頭腦之中，領導者就會自覺的以創新的眼光安排、設計領導活動。

3. 理論創新。理論是指導實踐的，創新的理論才能指導創新的實踐活動。理論不斷創新，行為才能與時俱進。「訊息大爆炸」的現代社會，新舊事物更替速度倍增，可以說一日千變。組織發展在不同時期、不同階段面對的環境和任務、策略重點都不同，不知道理論的創新，老是沉迷於以往的金科玉律，讓慣常的理論思維奪走你創新的決心，就會喪失發展的根本，不失敗那是不可能的。無論是社會還是理論，改變是必然的，也是必要的。社會改變了，理論必須改變，並且理論要發揮對社會實踐的指導作用，必須先於實踐的變化而變化。今天，領導活動面對的內外部形勢千變萬化，知識不斷更新，科技不斷發展，市場競爭日趨激烈，難點和熱點、新機遇和新挑戰不斷出現，不創新理論，領導就會在層出不窮的新事物、新問題面前一片茫然、舉步維艱。古今中外，無數事例都深刻的表明，善不善於理論創新、有沒有創新理論及能不能在此基礎上作出正確的策略決策，關係到領導活動的得失成敗。所以，在新的時代，我們的理論也必須

順應形勢的需要，不斷創新，以此推動社會的進步和個人的發展。

4. 方法創新。方法是進行理論和實踐活動的控制方式、規則和藝術。領導既是一門科學，也是一門藝術，領導藝術就是領導方法的運用之妙。整個領導活動就是把領導科學融入到領導方法中去，透過領導方法的靈活運用，把領導科學揭示的規律性的東西豐富多彩的貫徹到領導活動的全過程中去。領導科學闡發的規律性的東西，是事物內在的本質聯繫，具有相對的恆定性，而表現規律的方法則具有多變性。把領導科學與領導方法進行完美的結合是每個領導者所追求的。方法作為進行理論和實踐活動的控制方式、規則和藝術，若不合時宜也一樣會被淘汰。方法的本質就是創新。作為一種方法不可能完美無缺，也不可能不受限制的應用於各個領域和各個方面。在特定的環境下，你用這種方法做對了一件事，並不意味著你永遠都可以沿襲這一方法。沒有創新的方法只能是重複傳統，而重複傳統等於零。新方法與新事業具有深層次的關聯。唯有方法創新才能脫穎而出，才能發展事業。方法創新就會促進理論和實踐活動的創新。方法創新與理論和實踐創新活動有著相輔相成和相互轉化的關係。一個創新的方法可能給傳統的理論帶來一次大衝擊，引發理論研究的覺醒和頓悟。如電子方法的發明和在管理中的應用，就催生了電子商務和電子政務理論，也創新了商務和政務的實踐活動過程和內容。從另一個角度講，管理方法的創新，就是管理理論創新的重要組成部分。要認真審視「過去完成時」的方法。在領導活動新的過程、新的高峰、新的挑戰面前，在借鑑過去方法的同時，必須根據新的環境和要求創新方法。領導者的使命永遠是開拓創新，方法創新就是其中的重要部分。領導者必須不斷思索新的領導方法來達到新的領導目標。

5. 手段創新。手段是領導者實現領導任務、目標的有力武器。有些手段具有一般性特點，有久遠甚至永恆的實用價值，但有些手段具有明顯的時代特點。時代發展了，那些具有時代特點的手段就落伍了，就需要根據時代的要求進行手段創新。領導活動始終都是關注績效的，不斷更新手段是提高績效的保證。從手段的創新中尋求領導效能的提高，是領導者必

須具備的能力和素養。領導活動的目標具有層次性、多樣性和變動性，同時，一個目標也可以對應多種手段。用一種或幾種僵化的手段對應領導活動的目標，或領導活動的目標變動了而手段落後，領導活動就沒有生機。因此，當一種或幾種手段低效或者是無效時就應該及時進行創新。手段的融合運用也是一種創新。單一的手段往往效果有限，而將各種手段相互融合併同時使用，其產生的領導績效就可能放大許多倍。具體實施對下屬的激勵時，不僅要物質激勵手段與精神激勵手段並用，物質手段還要把工資獎金激勵、年薪激勵和產權激勵等手段並用。精神激勵要把榜樣激勵、感情激勵並用，感情激勵又要把尊重激勵、讚譽激勵、榮譽激勵、逆反激勵等手段並用。這樣綜合運用激勵手段，才會激勵組織成員的熱情和潛能，使小貓變成老虎。

6. 格局創新。格局就是一種布局，一種「場」。格局創新就是創造一種發展的「場」，形成一種銳不可當的發展「勢」。格局創新，就是一種創造，就是一種開拓，就是一種偉業。格局創新，關鍵在開好局上。好的開始就是成功的一半，開局不僅僅是一個格局的始端，而且開局本身就是一種創新，它意味著一種新的突破就要誕生。所以，開好局也是一種革命性的變革。在改革開放過程中，為了形成「示範效應」和「拉動效應」，改革的總體格局是：東部率先，中部崛起，西部開發，東北振興。為了產生發展的「破窗效應」，不少城市避開老區空間格局和傳統體制的束縛，在新的區域建設經濟技術開發區，不僅創新了空間發展的格局，還創造了新的產業和新的體制機制發展的新格局。

【案例連結】

西元前二二一年，秦並六國後，諸侯割據稱雄的時代結束，中央集權的漢族統一國家得以建立。秦王嬴政自稱「始皇帝」，意为「第一位皇帝」。

秦統一後，實行的各種政策和措施，有的不僅影響至以後兩千年的封建社會，而且及於現在。秦始皇採取的各種統一措施和制度，對當時的歷史發展來說，是一種大膽的革新，他不僅改變割據狀態的政治和文化，從而使封建的社會經濟順利的向前發展，而且在很多方面改變了秦國固有的歷史傳統。如秦國以前一直被中原諸國視為西方落後地區，秦孝公也曾為此而苦惱，而秦的主要的統治地區只是關中。到秦始皇時期，其國土

竟達到空前廣大的程度，面臨這種局面，秦始皇以秦國制度為基礎，創建各種制度。他把全國分成三十六個郡縣，官位由朝廷任命，隨時可以調動。他還將舊貴族遷至首府咸陽，以利於監管。除此以外，秦始皇還進行了「書同文」、「車同軌」的改革。他修馳道、通水陸、通險阻，並按秦制統一全國度量衡、貨幣及車寬。秦始皇的對外政策也是強有力的。為了防止外族入侵，他下令把分散在北部邊界上的城牆連起來，形成一道巨大的高牆，這就是今天的萬里長城。秦始皇的一系列新舉措，很大一部分被後人所繼承。在秦國歷史上，繼秦穆公、商鞅以後，秦始皇是對秦國發展有重要作用的人物。

（二）「亨」的領導力智慧

「亨」，是乾卦卦辭的第二字，是「通」的意思。乾卦《文言》：「亨者，嘉之會也。」亨的天道層面的含義是萬物之通，人事層面就是嘉美薈萃，井然有序。亨，在六十四卦中，除了單獨使用之外，經常和「吉」字聯用為「吉亨」，表示吉利、通順的意思。

相反相成是《周易》的一種智慧。泰卦是天地相通。泰卦卦象是乾下坤上，天在下，地在上，這在表面上看似乎違背了自然規律，其實不然，它是上上卦。天屬陽，地屬陰，陽氣是上升的，地氣是下降的，結果兩者能相交，相交則相通，相通則亨。泰就是平安亨通的意思。《序卦傳》說：「履而泰，然後安，故受之以泰。泰者，通也。」泰《卦辭》曰：「小往大來，吉亨。」陰為小，陽為大，陰者衰而往，陽者盛而來，陰陽交合，既吉祥又順通，大吉大利。所以，泰《彖》解釋說，泰「則是天地交而萬物通也，上下交而其志同也」。這就是說，天地之間溝通了，萬物就會通達，自然界才會呈現出風調雨順、魚水交融、繁花似錦、碩果累累的景象。人與人之間溝通有方，交往順暢了，人緣就會亨通，就會出現相互信任與理解、志同道合、政通人和、國泰民安的局面。

相反，否卦是天地不交。否卦卦象乾上坤下，好像符合正常的自然秩序原則，但是，否卦是六十四卦中的下下卦。因為陽氣上升，陰氣下降，結果不相交，陰陽不合，阻滯閉塞。所以，否《彖》解釋說，「天地不交而萬物不通，上下不交而天下無邦」。就是說，天與地不交，上與下不交，必然會出現天災人禍。

　　人類社會中君處臣下，表面上看不符合儒家的等級觀念，但領導者做到亨通，就要屈尊就下。領導者能夠深入民間，就會影響別人，形成領導系統結構不同部分之間的親和力和聚合力，消除上下級之間的隔閡和對立，才有可能體察民意，交流思想，使下情上達、上情下達，上下交和，萬事亨通。古人有句老話「國將興，聽於民」講的也正是這個道理。

　　溝通是亨通的手段，沒有溝通，就沒有世界；沒有溝通，就沒有領導工作，溝通才能使工作上下貫通。會溝通是卓越的領導者共有的特質。溝通的基礎是訊息，領導活動中的確定策略、制定目標、作出決策，進行組織、指揮、協調、控制，以及上情下達、下情上達，靠的就是訊息的傳遞與交流。在領導活動的系統中，建立四通八達、暢通交流的訊息溝通網絡和方式，才能夠消除文山會海、上下不貫通的閉塞，提高系統的運行效率。可見，有效溝通訊息，協調關係，掃除相互關係中的障礙，謀求合作和支持，既是實施領導的基本條件，又是統一下屬意志、暢通政令的領導藝術。

　　溝通的目的就是要打通領導活動中間阻力環節。領導者的策略創新要落地，就要打通阻力，阻力就在中間環節。有人面對改革開放的發展形勢曾經形象的說：現在是上邊急，下邊也急，中間有個頂門杠。我們所進行的經濟體制改革和政治體制改革，就是要簡化機構，減少中間環節，消除職能交叉和重疊，說到底，就叫中間革命。中間革命只能減少中間環節，不能消除中間環節。因此，打通中間環節的阻力，還要靠溝通的「亨」。

（三）「利」的領導力智慧

　　《周易》乾卦中「利」字的義訓與在別處略有不同，「利」單獨成義。「利」不是利益的利，而是「宜、順利」，引義為「和」。《周易·文言傳》云：「利者，義之和也。」意思是，利就是道義的和諧。又云：「利物，足以和義。」意思是，普利萬物，足以和諧道義。孔穎達《周易正義》引《子夏傳》云；「利，和也。」《周易》提出了「大和」的思想，認為「乾道變化，各正性命，保和大和，乃利貞。首出庶物，萬國咸寧」。意思是，天道在變

化，萬物生成也就有各自的性命，常存常合，才利於正固。出而為萬物之首，君主尊臨百姓，天下各諸侯邦國，全部安寧太平。

「保和大和」就是把自然界和社會看成是一個統一的整體，適用於自然界的原則也同樣適用於人類社會，其根本主旨就是透過人的主觀努力，加以保和之功，不斷的進行調控使之長久保持，來造就一種符合人所期望的萬物繁庶、天人合一的良好局面。

《周易》把「大和」作為和諧的最高境界，揭示了陰陽協調、剛柔互濟、雙向互補、動態平衡是事物發展的活力源泉。把「天人合一」作為和諧的最高目標，追求自然、人與社會之間的和諧統一。因為天人之間具有內在的統一性；天人之間具有相成、互補性。如《周易》釋乾卦曰：「天行健，君子以自強不息。」釋坤卦曰：「地勢坤，君子以厚德載物。」這表明「天之道」與「民之故」是存在著內在統一性的，人們透過認識和效法天道，就可以引申出人事應遵循的法則。如《繫辭傳下》云：「天地設位，聖人成能。」意思是，天地有設定的位置，聖人有成就天地化生萬物的功能。強調人在自然面前要發揮主觀能動性，參贊天地的大化流行，才能凸顯天人合一的境界。

「保和大和」，還要求人與人之間的關係也要和諧。《序卦傳》云：「物不可以終否，故受之以同人。」意思是，要想突破閉塞的不利局面，人和人之間必須緊密合作，只有同舟共濟，才能天下大同。

「和」才能把領導的「元」所創新的策略在良好的人脈支撐的基礎上得到落實。因為人力不是靜止的力，而是方向各異的運動力，相互推動時，其利斷金，事半功倍；相互抵觸時，內耗抵消，則一事無成。領導力求「和」的主要目的不只是致力於減少或避免人力的內耗，更是把個人的能力轉化為統一化的能力，把個人的優勢轉化為組織的優勢。讓每個人的力都作用於相同的事業，都指向共同的目標。

領導者要做到「和」，必須從「零和博弈」的遊戲思維走向「共贏」的思維。零和遊戲是指一項遊戲中，遊戲者有輸有贏，一方所贏，正是另一

方所輸，遊戲總的成績為零。而「共贏」則是像物流產業那樣尋找「第三方利潤」，分享「第三方利潤」。

「和」是領導者的常勝之道。小勝靠智，大勝靠德，常勝靠和。可持續發展的事業，不是靠英雄單打獨鬥，而是靠團隊建設，團隊建設的底蘊就是「和」文化。社會的舞台是綜合資源和綜合能量競爭的舞台，團隊合作成為一種必然的需要，把自己融入到團隊中，充分享受團隊資源，依託團隊的力量，才能最大限度的實現個人的價值，實現自我的成功，並最終達到團隊共同成功的目的。

一個和諧的團隊的特徵是：只有尊重，沒有鄙視；只有信任，沒有猜疑；只有理解，沒有抱怨；只有幫助，沒有責難；只有主動充分及時的溝通，沒有被動和有意的疏離及有意的迴避。正是這些特徵幫助每一位團隊成員都獲得成長和完善。一個團隊最可怕的是團隊成員彼此間的猜忌、疑慮和不信任。對領導來說，這是最傷神的，而對團隊成員來說，這則是最可怕的。摩洛哥有句箴言：「記仇如同手握熱炭，雖然能隨時報復，但燙得厲害、傷害最深的人還是自己。」

拳頭只有在緊握的時候，才能將力量發揮到最大，一個團隊也是如此。跟上時代，使自己的才幹得到表現的機會，就只有加入到團隊中來。一個人不可能完美，但團隊可以。每一個團隊成員，除了要保證自己手邊的工作及時有效的完成，還要為整體任務的完成而努力。在團隊工作中，每一位團隊成員個人的才能和團隊一起成長。有時候需要團隊成員犧牲掉自己的工作來成全整個團隊的整體利益。在一個團隊之中，任何時候，團隊的整體利益都是高於員工的個人利益的。有時候，一部分團隊成員需要幫助另一部分團隊成員，以提高團隊的整體績效。這些都是建立在「和」的靈魂的基礎上的。

領導團體是由不同的領導者組成的群體，每個領導者又有著各自不同的生活經歷、不同的興趣愛好、不同的文化背景和性格，這些不同的人組合成一個領導團體。領導團體成員如果能像茂草的根系那樣緊密的連接成一個整體，事業就一定會發達，前途也一定會輝煌。

在領導團體裡營造和諧的人際關係，形成同舟共濟的領導團隊，對於每一個領導成員來說，都是無法迴避但又需要正確對待的問題。具體來說，要講究「五和」：（1）和事。事業是領導活動的主線，總體事業目標反映共同心願。和事是「和」的核心，就是將總體事業分解，人人有事做，事事有人做，透過事業各環節的和合，達成人的和諧。（2）和能。和能是力量的源泉。領導團體成員之間以及領導和下屬之間按照擇優的原則，取長補短，能量疊加，聚合裂變，在和合之中獲得與之當量的能量。（3）和信。領導與領導、領導與被領導者之間相互信任，親密無間，是和諧的基礎。和信緣於彼此的一種默契，一種彼此的至誠。領導互相猜忌，窩裡鬥智，只會「耗」得心灰意冷，大傷元氣。（4）和音。領導團體集體決定的事項，必須一個口徑對外，不能有雜音。和音是領導者個人品質和領導團體尊嚴的體現，能實現領導團隊威信的增值。雜音比沒有聲音危害更大，因為當領導團體出現雜音時，最和諧的東西也就變成了最不和諧的東西。（5）和譽。和譽就是視組織和事業為生命的共同體，組織和事業興我榮，組織和事業衰我恥。和譽，使榮耀的光環與團隊共享，這是領導者的一種人格、一種境界、一種成熟。領導者達到了和譽的程度，才能把使命感融入到團隊成員的血液裡、生命中。

【案例連結】

鮑叔牙自青年時即與管仲交，知道管仲是一個賢能之人。後來由於齊襄公在位時，荒淫無道，隨意誅殺，人人自危，紛逃國外。公子糾由管仲輔佐逃往魯國；公子小白則由鮑叔牙輔佐逃往莒國。不久，齊國內亂，襄公被殺，國內無君。公子糾和小白都率兵回國爭位。兩方相遇，管仲一箭射中小白身上的銅製衣帶鉤，小白趁勢詐死，騙過了管仲和魯軍，兼程直入臨淄，賴高傒等重臣的擁戴，得立為國君，是為齊桓公。這時，魯莊公率魯軍護送公子糾行至乾時，齊桓公率軍迎戰，大敗魯軍。

魯國囚送管仲回齊國。鮑叔牙先見桓公賀喜說：「管仲天下奇才，齊國得到他，豈不可賀。」桓公切齒道：「我恨不得食其肉，寢其皮，焉能用他！」鮑叔牙正色勸說道：「難得的是臣下忠於其主啊！如果您重用了管仲，以他的加倍

忠心和才能，可以替您射得天下，豈射鉤可比呢？」桓公點頭稱是。一日，齊桓公欲拜叔牙為相，鮑叔牙誠懇的辭謝說：「主公如果只想管理好齊國，有高傒和我就夠了。如想建樹王霸天下的功業，那非用管仲不可！」桓公沉吟說：「那我得先試探一下他的學問再說。」叔牙搖搖頭說：「非常的人，必須以非常的禮節相待才行。」齊桓公即命人擇定吉日良辰，用「郊迎」的大禮，親自迎接管仲並同車進城。桓公與管仲一連談論三日三夜，句句投機，即拜管仲為相國，且尊稱為「仲父」，言聽計從，專任不疑，常囑左右：「國家大政，先稟仲父；有所裁決，任憑仲父。」近臣易牙想內外用事，單怕管仲，於是進讒說：「現在什麼事都由仲父發號施令，齊國人懷疑好像沒有君王了。」桓公當即訓斥道：「我和仲父比如身軀與手足，只有充分信賴仲父，我才能成為一個完好的國君！」桓公在管仲的謀劃下，使齊國很快富強起來。

（四）「貞」的領導力智慧

在《周易》六十四卦中，有一百多處提到「貞」。貞在《周易》中有兩層含義：一是「正」，二是「一」。《繫辭下注》云：「貞者，正也，一也……盡會通之變而不累於吉凶者，其唯貞者乎。」

「正」是「貞」的精髓。《卦辭》曰：「需，有孚，光亨，貞吉。」有孚是有誠信，光亨是廣大光明、亨通順遂，貞吉是守持正固、吉祥如意。關於「貞」是「正」，見諸多學者的論述，如孔穎達《周易正義》：「需道光明，物得亨通於正則吉，故云光亨貞吉也。」司馬光《溫公易說》：「居正待時，然後吉也。用邪求益，宜其凶也。」程頤《易傳》：「有孚則光明而能亨通，得真正而吉也。」朱熹《周易本義》：「有所待而能有信，則光亨矣。若又得正則吉。」「正」就是德高，領導者德高才能服眾，誠如師卦《卦辭》所云：「貞，丈人吉，無咎。」意思是，守持正道，以賢明中正者為統帥，是吉祥的，沒有災禍。

「一」是「貞」的重要含義。「一」就是固守。不累於吉凶的祕訣就是「守一」。乾卦《文言傳》曰：「貞者，事之幹也。」意思是，貞是天人諸事之本。又說：「貞固，足以幹事。」意思是，正固守本，足以成就事業。孔穎達疏：

「貞固足以幹事者，言君子能堅固貞正，令物得成，事皆幹濟。」程頤《易傳》：「貞固所以能幹事也。」這裡的「固」和「一」是相通的。老子說：「王侯得一而為天下貞。萬變雖殊，可以執一御也。」因為「夫少者多之所宗，一者眾之所歸……天下之動必歸乎一」，萬物只有遵循「一」，才能保持自己應有的存在之方，調動一切潛力，最大程度的實現自己的功用。「一」就是領導者制定的政策要一以貫之，不能「初一、十五不一樣」；制定的目標、任務不輕易改變，「咬定青山不放鬆」。

「一」與「正」是互補關係。有了「正」，「一」才能有正確的固守方向；有了「一」，「正」才能持久的存在。「貞」是萬物正因，「貞」才能成為萬物之成。

「貞」是領導者的人格魅力。「貞」中「正」的實質就是「德」，領導者的「正」，就是領導者的人格魅力。人格魅力，簡而言之，就是脫離了權力控制和利益驅動的號召力和感染力。人格魅力是領導者最重要的非權力影響因素。富有人格魅力的領導者，以自身的人格、品德、學識和工作態度等潛移默化的影響下屬，對下屬的工作予以指導和鼓勵，讓下屬能從自己身上學習更多有用的經驗和資源。事業的成功必須以領導者品德上的堅貞為前提。領導者要想做事業，要想立於不敗之地，就必須行得正、站得直，做事光明磊落，成為為人表率的典範。領導者在領導活動中彰顯出人格的力量，就會對被領導者產生感染力和帶動力，把自己的成功變成團隊的成功。

領導者要培養和擴大自己的人格的影響力。影響力大的領導者才會產生巨大的領導力。在有權利控制和利益驅動的條件下的屈從或服從，只是一種口服心不服，或者敢怒而不敢言的消極服從。一個人之所以心悅誠服的為他的領導或組織努力工作、奮鬥，絕大多數的原因，是他們擁有一位具有一種罕見的人格特質的卓越領導者。權力只能在組織內部有影響力，但領導者的個人魅力卻對組織內外都能產生巨大的影響力。在領導活動中，一流的領導者處處展現出魅力領導的風采，他的個人魅力逼人，像磁鐵般吸引了大家的心，促使大家義無反顧的去實現組織目標。提升領導力

的最快方法就是提升領導者的人格魅力。

蒙哥馬利講：「將軍走在前線，士氣才會出現。」這就叫表率作用。被領導者就是看著領導者的背影行事的。領導者一方面要觀民生，根據民情、民俗等具體情況來設教，以正其道；另一方面，透過民生反過來「觀我生」，觀自己的心聖潔不聖潔、虔誠不虔誠。領導者的一舉一動都被人們關注，應特別重視樹立自己的形象，以為人表率的美德感化屬下，才能像風行地上那樣，被下屬恭敬仰慕和效法同行。

「貞」也是領導者的執行力。執行力簡單的說，就是把決策、策略轉化為結果的能力。《執行》一書的作者拉里‧博西迪和拉姆‧查蘭說：「執行應該成為一家公司策略目標的重要組成部分，它是目標與結果之間不可缺少的一環。」一個英明的決策、一個偉大的策略能否得到落實，最重要的不僅在於領導者的周密策劃，而且在於他和他所領導的團隊的執行。「貞」中的「一」，就是這種執行上的力。

領導者「一」的執行力表現在：策略、政策和目標一旦制定，就「一」以貫之，要「咬定青山不放鬆」，堅定不移的貫徹執行，不達目的不罷休。策略、政策和目標的頻繁調整，調掉的就是組織成員的奮鬥力量。政策一旦發表，就要保持它的連續性，如果政策「初一、十五不一樣」，就和沒有政策一個樣。政策不明，不能正本清源，指南定向，「何以為治」？

領導者「一」的執行力，還表現在一言既出，號令如山，不可動搖。領導者，特別是「一把手」必須有自己的主見，絕不能「豆腐塊的腦袋」、「刮旋風的思想」，聽到議論就輕易的更改施政方案。領導發布的指示、命令必須有權威性，不能朝令夕改。已經定下的東西，堅決貫徹執行，絕不半途而廢。這樣才能率領大家一條心的朝著既定的目標奔去。假如令如戲言，那就會造成執而不行、行而不力的局面，甚至還會損毀領導的威嚴，事業也就無振興可言。

團隊成員「貞」的執行力表現在：始終如「一」的抱有保證完成任務的心態，不找任何藉口，戰勝一切艱難險阻，完成自己承擔的職責和任務，

不折不扣的實現組織的決策和策略目標。萬眾一心，事業的成功就有希望。

【案例連結】

　　明朝著名將領史可法是一位民族英雄。當時的明朝已經奄奄一息，史可法任南京兵部尚書，並參與朝廷決策。史可法整頓軍隊，帶兵軍紀嚴明，對於擾害百姓的官吏非常憤恨，懲辦了一些坑害老百姓的官兵，取消私設關卡，禁止軍人販賣私鹽。同時他還設立「禮賢館」，接待來投效的人才，舉薦選拔人才，為朝廷所用。史可法與士兵們同甘共苦，士兵沒有吃飽，他絕不動碗筷；士兵們輪流休息，他卻仍然堅持工作；前方軍餉供應不足，他在每餐只限一菜一飯的情況下，便免去葷菜，經常食素。史可法有高尚的人格感召力，使得人人心悅誠服，上下融洽，願意跟著這樣的領導走，願意為這樣的領導犧牲。

　　後來在著名的揚州保衛戰中，史可法面對強敵，對全軍講話時說：「這幾日軍情非常緊急，淮安已經失守。揚州為江北重鎮，如有閃失，南京難保，切望大家一致努力，不分晝夜，嚴密防守。如有膽敢造謠生事、惑亂人心者，定要按軍法治罪！」他還宣布臨陣軍令說：「上陣不利，守城；守城不利，巷戰；巷戰不利，短接；短接不利，自盡！」聽此話後，感恩於平日裡史可法的寬以待人和他的忠貞，將士們同仇敵愾，奮勇抗戰，誓死保衛揚州。清軍遇到空前的抵抗，死傷嚴重。被史可法收留的叛將，曾表決心「披犀甲，操吳戈，氣之雄，騰天河，驚廣野，捐愛戚，志之決，頭非恤。我心赤，我血碧，長城雖壞，白虹貫日。」也在揚州保衛戰中壯烈犧牲。

二、領導方法智慧

　　卓越的領導者不光要有智慧的領導力，還要掌握和運用高超的領導方法。領導方法是指領導活動中，領導主體為了實現領導活動的目標所運用的各種手段、辦法和行為方式的總和。領導方法是領導者正確決策和掌握領導工作主動權的重要基礎，領導方法的好壞能夠強化或減弱領導能力，進而影響到領導效能的高低。《周易‧繫辭傳（下）》云：「君子知微知彰，知柔知剛，萬夫之望。」意思是，君子如果既能見細知巨，又能柔能剛，那是完全符合萬民的期望與景仰的。這裡所說的「四知」，從領導活動層面解讀就是領導方法的智慧。領悟「四知」的智慧，你就會因陰陽交變而知「剛」、「柔」相濟，因微彰相依而知「幾」、「大」互補。柔中含剛，剛中有

柔，剛柔相濟，不偏不倚；微能精益求精，彰能大略駕雄才，小能隱形吞身，大能乘雲騰霧；「剛柔幾大」相互包容，相互激發，相互轉化而又相互促生，這正是領導者理想化的領導方法。因此，深入思索和挖掘《周易》中提出的「四知」所蘊含的領導方法智慧，並能運用之妙，存乎一心，就會將自己的領導生涯推向更高的境界。

（一）「剛」的領導方法智慧

「剛」與「柔」相對應，剛柔是《周易》的基本概念，如《雜卦傳》「乾剛坤柔」。「剛」與「柔」表達天地萬物和卦爻之對立統一的兩個方面，性質與陰陽略同，層次不一樣，陰陽的對象抽象無形，剛柔對象具體有形。六十四卦的展開，就是剛柔相摩相蕩、相易相應、相推相濟的哲學。

1.「剛」是《周易》之魂。在《周易》中，「剛」代表著堅硬、正直、強盛、上升、前行，還代表人的光明磊落、堅韌不拔、無私欲的品格。（唐）孔穎達在其《周易正義》中云：「人之為德，須備剛柔。就剛柔之中，剛為德長。」整個《周易》中都蕩漾著「陽尊而陰卑」、「陽正而陰邪」、「陽強而陰弱」、「陽生而陰滅」、「陽實而陰虛」等剛魂健魄的思想。

2.「剛」就是剛健有為。《周易》的乾卦之龍，由潛而見，繼而由躍而飛的升騰過程，鼓勵人們果敢行健，孜孜追求。乾卦《象》曰：「天行健，君子以自強不息。」其意思是，天道行健，運行周而復始，永不止息，君子應當效法天道，剛健有為，自強不息。天體的運行不捨晝夜，不誤分秒，從來沒有停止過，這種意志就是最大的「剛」。可見，「剛」就是「生生不已，新新不停」的生命創新精神和人類昂然不朽的創造活動。孔子有句名言：「發憤忘食，樂以忘憂，不知老之將至。」朱熹也說過：「聖賢千言萬語，無非只說此事，須是策勵此心，勇猛奮發，拔出心肝與他去做，如兩邊擂起戰鼓⋯⋯如此，方做得功夫。」

3.「剛」就是強韌品格。乾德「剛健而不陷」，即使再大的困頓，都「義不困窮」，保持赴難而無懼的強韌品格，始終堅信否極泰來，哪怕是艱難險阻也挺然向前。「剛」是戰勝險阻的主宰。意志力就是剛的強韌品格的體

現。那些永載史冊的偉大成就無不源於堅強如鋼的意志力。正是這種意志力，使他們看透了人生的本質，選擇了正確的前進方向，任何艱難險阻都無法使他們停滯不前。

領導者有責任對興風作浪的邪惡勢力和小人採取斷然措施。在原則問題上，必須以強硬的態度立威。對違反原則的事情、不合理的要求要「剛」，堅決否決。無理取鬧者本身就不得人心，要抓住其色屬內荏的弱點，抓住對方語言上的漏洞，揮起剛的「殺威棒」，奮力抨擊，伸張正義，使有理處處行得通，無理步步走不動。相反，當剛不剛，則紛擾延續過久，等邪惡勢力形成氣候，釀成禍亂再去處理，那一切就太晚了。

歪理邪說如同病菌，侵入人的心靈，渙散人的精神，錯亂人的理智。歪理邪說的要害在「歪」在「邪」，它就像藏在洞裡的老鼠，最怕陽光和正氣。正氣是戰勝歪理邪說的猛藥，正氣就是孟子說的「其為氣也，至大至剛」。治理歪理邪說就要「剛」，用雄辯的剛言揭穿歪理邪說的真面目。弘揚了正氣，歪理邪說就會遭到人們的反駁和冷眼。

要剛敢果決制裁小人。凌駕於君子之上的小人是領導事業中最具破壞性的因素，是這種邪惡勢力的典型代表。「魔高一尺，道高一丈」是剛長的神態，對歪風邪氣、對玩世不恭故意搗亂者就是要「剛」，「快刀下去無立木」，產生巨大的震撼力和威懾力。領導者有了令邪惡勢力和小人感到畏懼的陽剛之力，就能號召所有的人果敢的與小人決斷。小人陰險奸巧、詭計多端，在清除歪風邪氣和小人時要講究策略，做好萬全準備，這樣就會君子道長、小人道消，從而創造出領導事業的光明之境。

領導隊伍中的個別不法之徒，是成功路上的礁石，是使事業失敗的禍根，對此，領導者必須要「剛」，施用刑罰，鏟除不良分子，阻止罪惡的蔓延和清除惡劣的影響。雖然治理應以教化為主，但是教化並不是萬能的，必須輔之以刑罰。當然，施用刑罰也要當寬則寬，當猛則猛，既不能過剛流於殘暴，也不能過柔容忍姑息，要守持中道，使不法之徒遷善改過、心悅誠服，這樣才有利於斷案決獄。

作為「剛」的另一面的「柔」，雖然感化力強，但也有侷限性。對於那些失去良心、失去理智的人是無濟於事的。這些人就像「陀螺」，不用鞭抽，就不能自立。「剛」，就是領導者解決這些人的「鞭子」和「抽力」。

【案例連結一】

諸葛亮與司馬懿在街亭對戰，馬謖自告奮勇要出兵守街亭。諸葛亮心中雖有擔心，但馬謖表示願立軍令狀，若失敗就處死全家，諸葛亮才勉強同意他出兵，指派王平將軍隨行，並交代在安置完營寨後須立刻回報，有事要與王平商量，馬謖一一答應。可是軍隊到了街亭，馬謖執意扎兵在山上，完全不聽王平的建議，而且沒有遵守約定將安營的陣圖送回本部。等到司馬懿派兵進攻街亭，圍兵在山下切斷糧食及水的供應，使得馬謖兵敗如山倒，重要據點街亭失守。事後諸葛不顧他人的求情和與馬謖的個人情誼，為維持軍紀而揮淚斬馬謖，並自請處分降職三等。

紀律是一切制度的基石。一個卓越的領導者必須是自律的人，而且也是以鋼鐵意志堅持和執行團隊紀律的人。火爐面前人人平等，誰摸燙誰，摸哪燙哪。

【案例連結二】

在清末的湘軍中有這樣一位人物，名叫彭玉麟，民間稱之為「彭打鐵」。此人剛介絕俗，治軍嚴厲。有一次，江寧有個秀才之妻被時任兩江總督李鴻章的遠親弟弟誘入家中，不放人。秀才狀告不成，反成痴。「彭打鐵」知道後，讓秀才寫了狀紙。他立即拿著狀紙拜見李鴻章，故意問道：「假使有人誘姦百姓的妻子，應當如何處置？」李鴻章道：「當殺！」彭又道：「假使有官吏誘占百姓的妻子，法律應當如何處置？」李鴻章又道：「當殺！」彭將狀紙呈給李看，說：「公能執行法律，今天的事就算罷了，否則當上奏朝廷。」李求情道：「緩其死可以嗎？」彭答道：「其他都遵命，這件事不敢答應。」後李鴻章的弟弟被逼飲下鶴頂紅而死，彭玉麟於是謝罪而去。可見彭玉麟堅持原則，伸張正義，剛嚴雄辯。領導者就要有原則、有魄力，對惡勢力要高舉「殺威棒」，鐵腕除惡人。

（二）「柔」的領導方法智慧

「柔」是陰的基本屬性，是「剛」的對立面。「柔」與「剛」構成了《周易》兩大支柱「陰」和「陽」的具體屬性。因此。緊隨乾卦之後，《周易》又設坤卦，闡明了陰柔之道。「柔」的組成要素主要有以下幾個：

1.順。就是順承，這是「柔」的核心思想。《周易》中的坤卦是六十四卦中純陰之卦，全面闡明了陰柔之道。坤卦《彖》曰：「至哉坤元，萬物滋

生，乃順承天，坤厚載物，德合無疆。含弘光大，品物咸亨。」意思是，配合得極好啊！生命成形起點的坤因元氣，萬物因你得到了形體，你順從和承接了天的功能。大地厚實，承載萬物，品德與天合拍。無限廣大包含養育一切，各類事物都在地的懷抱中順利成長。坤的德性為柔，就是謙順、包容之道，就是根據客觀形勢的需要，做出一定的讓步，理順主體與客觀對象的關係，以求得亨通順達。柔只可順剛，不可秉剛，秉剛則逆，就會產生危害。順也是溫和安撫的統治方法。

2. 慎。就是謹慎。巽卦卦辭：「巽，小亨，利有攸往，利見大人。」意思是，柔慎謙順者可致亨通，利於前往進見偉大的人物。巽卦闡述了陰柔的慎順之功能可幫助陽剛的茁壯成長，並且利用柔的慎所具有的緩止作用能削弱過於強盛的陽剛之力，能達到大畜卦上九「何天之衢」（意思是，何等暢達的青天大路）那樣的亨通順達。

3. 靜。就是安安靜靜，平平穩穩。靜的柔道主要體現在兩個方面：一是以柔制剛。就是以柔的順從止退之靜來規制剛健奮進之動。晉卦雖然專講前進發展之道，但也處處體現柔對剛的制約。晉六三：「眾允，悔亡。」意思是，前進必須得到眾人的信允，做到如此，就必須不急不躁，耐心細緻的做好工作；晉六五：「悔亡，失得勿恤，往吉無不利。」以柔來克制剛猛妄進，使之悔亡，失而復得，勿需擔憂，可以繼續前進。二是以柔蓄剛。剛的動力來源於柔的謙順止靜。大畜卦，有「蓄聚」、「蓄止」、「蓄養」之意。大畜初九「有厲，利已。」意為初九之陽勢單力薄，很難有所創新，應以柔制止，蓄力待時。

《周易》推崇以柔和之道治事的領導智慧，具體體現在以下幾個方面：

1. 以不爭求爭。「柔」還賦予領導者這樣一種智慧：對手太強時，不要與之爭鋒，暫時退卻，積蓄力量。老子曰：「天下柔弱，莫過於水」，「水善利萬物而不爭」。萬物都需要水的滋潤才有生命，而水向下流，遇到阻力，不認為是阻擋力量太強大，而是自己水平不夠，於是就回過頭來提升自己，超越阻力後再繼續下流。不爭，有讓的精神，故能成其大，天下莫有與之爭鋒者。

2. 以靜制動。靜也是柔。寧靜能夠主宰躁動。在複雜的政治較量中，領導者要用虛靜的態度觀察事態的發展變化，細察每一情節和人事。含蓄而不炫耀，收斂而言行謹慎，就是一種靜。這種靜具有外柔內剛、外圓內方的性質，是一種制動的靜。以靜制動形成的領導局面是：領導在上寂靜無為，部屬在下努力工作。這就是蘇洵「一忍可以抵百勇，一靜可以制百動」的寫照。現在領導活動中流行的「熱問題，冷處理」，就是恬靜的智慧。

3. 以感化代替高壓。領導下屬不能採用強硬手段去壓服，而應採用柔性手段去心服。作為領導者，寬厚的心胸是十分重要的。領導活動中剛並不等於強，柔並不等於弱。不露鋒芒的柔韌比顯山露水的暴力更具威懾力。漢光武帝說：「吾理天下，亦欲以柔道行之。」拿破崙說過「世界上只有兩種可怕的力量，即刀槍和思想」，最終總是思想戰勝刀槍。

【案例連結】

漢高祖劉邦初定天下時，民生凋敝，百廢待興。北方的匈奴屢屢進犯邊關，燒殺劫掠，蠶食土地，弄得高祖皇帝焦頭爛額。尤其是遭受冒頓「白登之圍」後，朝野上下對匈奴普遍懷有畏懼心理，匈奴更加肆無忌憚，邊關百姓叫苦連天。

劉邦召關內侯劉敬商議對策，劉敬分析：「天下剛剛平定，將士常年拼戰已十分疲勞，若興師動眾進行征伐，征服匈奴不太可能實現。」

「不動用武力，難道可以使用文治教化的辦法嗎？」劉邦憂慮的說，「這些匈奴人素來強暴凶悍，禮儀不興，怎麼可能吃這一套呢？」

「陛下說得一點也不錯，匈奴王冒頓，脾氣暴烈，像豺狼般凶殘，確實沒辦法和他大談仁義道德。」劉敬話鋒一轉，「但是，仍然有辦法使他歸順，而且他的子子孫孫也不會冒犯邊境，這可是一個長治久安的計畫，不知道陛下是否認同呢？」

能一勞永逸解決問題，劉邦當然十分高興，忙揮手示意快快說下去。「皇上如希望匈奴臣服，唯有實行和親政策，化仇敵為親戚。」劉敬一邊說，一邊察看高祖臉色，繼續說，「若陛下肯忍痛割愛，將公主遣嫁給匈奴大王冒頓，招他為婿，他一定歡喜感動不已，冊立公主為后，將來生下孩子，自然就是王位繼承人。陛下利用這種翁婿關係，逢年過節時贈與珠寶金銀，即使是凶猛的老虎也可變成陛下的坐騎啊！」

劉邦有些不高興，大聲說：「堂堂大國之君，怎麼可以把冰清玉潔的公主配給周身羊臊的野蠻人呢？豈不讓天下人笑話！」轉念一想，他還是接受了這一計策。

（三）「幾」的領導方法智慧

「幾」也是《周易》中一個極其重要的概念。「幾」作為《周易》的基本範疇，貫穿於《易傳》特別是《繫辭》的體系之中。《繫辭傳（上）》云：「夫易，聖人之所以極深而研幾也。唯深也，故能通天下之志；唯幾也，故能成天下之務。」意思是，《易經》是聖人用來深入探究事物微妙原理的書。由於它深刻，所以能和天下人的旨意相通；由於它微妙，所以能成就天下事務。在《周易》中，「幾」的含義是：

1.「幾」就是徵兆。《繫辭傳（下）》說：「幾者，動之微，吉凶之先見者也。」意思是，所謂「幾」就是事之方萌，有象無形，欲動未動的狀態，未來發展的趨勢，它是預示吉凶的徵兆。可見，「幾」就是指事物發展的端倪、兆頭。

2.「幾」也是「機」。屯卦六三：「即鹿無虞，唯入於林中，君子幾不如舍，往吝。」此爻的意思是虞人是富於獵獸經驗的人，鹿被追趕跑進樹林裡，沒有虞人來領導就很難打到，所以聰明人就要見機而返，如果再追進去，不僅白費力氣，說不定還會遇到危險。這裡的「幾」就是「機」。《繫辭傳（下）》又說：「君子見幾而作，不俟終日。」其意是，君子一旦發現時態的徵兆，就立即行動，絕不等到明天。所以，「幾」也是未形之契機，抓住則成勢，錯過則莫追。

3.「幾」還是物之細。「幾」指細小的環節、枝節或情節。幾雖然微不足道，但世間萬物皆出於幾，又皆入於幾。小是大之源，輕是重之端。在大政方針正確的前提下，細節決定成敗。美國管理學家湯瑪斯‧彼得斯說：「獲勝者之所以取得成功，不在於他們的聰明，而在於這一事實：企業的每一細小方面都要比一般略高一籌。」

「知幾」很難，《繫辭傳（下）》云：「知幾其神乎？」意思是，能夠知道事件細微徵兆的不是很深妙嗎？「知幾」和「見機而作」很重要，《繫辭》云：「探賾所隱，鉤深致遠，以定天下之吉凶。」就是說，探討奧祕索取幽隱，創根究底，高瞻遠矚，就能測定天下的吉凶禍福。自然季節的變化，總是先從一縷微風或一滴細雨開始的。天地玄機其實盡藏於「蟻動葉搖擺」和「草色遙看近卻無」之間。領導者看問題也應該學會這種見微知著的「知

幾」能力。

「知幾」，就是要知道「天下難事，必做於易；天下大事，必做於細」，深入體察細微處的變化及其趨勢。領導活動要大處著眼，小處著手。在日常領導中，只有注意必要的細節，才能深入了解領導過程中的細微處。只注意結論或結果，而忽視細節，這是領導者應該謹慎避免的事情。

「知幾」，就要知道細節決定成敗的道理。「世界級的競爭，就是細節競爭」。從細節入手把工作做細，並形成一種管理文化，會具有強大的競爭威力。

「知幾」，就需要領導者具備對訊息的卓越鑑別力，對先兆和機遇的出色感悟力。壞事剛出現，傾向剛露頭，風起青萍之末，還沒有形成氣候時，就把它解決了；新事物剛萌芽，新思想剛形成，「小荷才露尖尖角」，就能預見它的趨勢與結果，加以扶持，把好事光大。在一定意義上說，一個卓越的領導者，可以不擁有淵博的知識，可以不是善於宣傳的鼓動家，甚至可以連超常的勤奮都沒有，但他一定要有敏銳的頭腦，能夠捕捉壞苗頭和解決壞苗頭，發現好苗頭和催生好苗頭。

「知幾」，就是要知道領導工作都是具體的，細密的事情有時恰恰是大事、要事的切入點、突破口，應該細察之、深思之、慎處之。領導也要重視具體抓，抓具體。

「知幾」，是領導者明察秋毫的本領。領導者心存高遠的時候，不要忽略眼下的每一個細節。要能從身邊的小事、別人未注意的細節中見常人所未見；能在常人司空見慣的大量重複現象中發現規律，在視若無睹的問題中發現價值所在，找出真知灼見。

「知幾」才能止錯、止惡於初犯和未顯之際。易經初九：「不遠復，無祇悔，元吉。」意思是，剛起步行走不遠就返回正道，必然不會有災禍和悔恨，至為吉祥。這一爻是告訴人們，對於錯事和惡事不要等發展到嚴重地步才發現、才去糾正，而是要防微杜漸，有及早發現的慧眼和及早糾正的能力，從而將一系列可能對領導活動產生破壞影響的事件「察於未萌，止

於未發」。

【案例連結】

西元一四八五年在波斯沃斯戰役中，里奇蒙德伯爵亨利帶領的軍隊正迎面撲來，國王理查三世準備拼死一戰了。這場戰鬥決定著誰將統治英國。

戰鬥進行的當天早上，理查派馬夫去備好自己最喜歡的戰馬。

「快點給牠釘蹄。」馬夫對鐵匠說：「國王希望騎著牠打頭陣。」

「你得等等，我前幾天給國王全軍的馬都釘了蹄，現在我得找點鐵片來。」鐵匠回答道。

「我等不及了，敵人正在不斷前進，我們必須在戰場上迎擊敵兵，有什麼就用什麼吧。」馬夫不耐煩的說。

鐵匠埋頭工作，從一根鐵條上弄下四個馬蹄，把它們砸平、整形後固定在馬蹄上，然後開始釘釘子。釘了三個蹄後，他發現沒有釘子來釘第四個蹄了。「我需要一兩個釘子，需要一點時間來砸出兩個。」

「我告訴過你我等不及了，我聽見軍號了。你能不能湊合湊合？」馬夫急切的說。

「我能把馬蹄釘上，但不能像其他幾個那樣牢固。」

「能不能掛住？」馬夫問。

「應該能，但是我沒有把握。」

「那好吧，就這樣，快點，要不然國王會怪罪到我們頭上的。」馬夫叫道。

兩軍交上了鋒，理查國王就在軍隊的陣中，他衝鋒陷陣，鞭策士兵迎戰敵人。遠遠的他看見戰場另一頭幾個自己的士兵退卻了。如果別人看到他們這樣，也會後退的，所以理查策馬揚鞭衝向那個缺口，召喚士兵調頭戰鬥。

他還沒有走到一半，一隻馬蹄掉了，戰馬跌翻在地，理查也被掀在地上。國王還沒有抓住韁繩，驚恐的畜牲跳起來就逃走了。理查環顧四周，他的士兵們紛紛撤退，亨利的軍隊包圍了上來。

他在空中揮舞寶劍，「馬！」他喊道，「一匹馬，我的國家傾覆就是因為這一匹馬。」

他沒有馬騎了，他的軍隊也已經分崩離析，士兵們自顧不暇，不一會，亨利的士兵俘獲了查理，戰鬥結束了。

一位美國學者維納，根據這個故事編了一則民謠。這則民謠寓意深刻，被人們廣為傳唱——

釘子缺，蹄鐵卸；

蹄鐵卸，戰馬蹶；

戰馬蹶，戰士絕；

戰士絕，戰事折；

戰事折，國家滅。

（四）「大」的領導方法智慧

《周易》以大為善，以大為美。《周易》中的「大」包括以下四層含義：

1. 規模廣。「囊括無外謂之大」，與小相對應。乾《彖》曰：「大哉乾元，萬物資始，乃統天。」其中「大哉乾元」就是盛大的乾元之氣。坤《彖》傳云：「含弘光大，品物咸亨。」其中的「含」就是無所不容，「弘」就是無所不有，「光」就是無所不著，「大」就是無所不達。

2. 程度深。《周易》中的程度深主要是指包容性大。坤卦六二「直、方、大」，就是講人的胸襟要像大地那樣直方、博大、德合無疆。這實際上在講人的包容性要大。因為包容性大，才可以提供一定的活動空間，使行為主體根據客觀環境的變化，宜進則進，宜退則退，可縱橫馳騁，亦可退縮自守。

3. 性質重要。就是事情的重點、大要。明夷九三：「得其大首」。擒獲了元凶禍首，「乃大得」。泰《卦辭》曰：「泰，小往大來，吉亨。」意思是，小的已經過去，大的即將到來，吉利。《繫辭傳（下）》云：「《易》之為書也，廣大悉備，有天道焉，有人道焉，有道地焉。」這句話在思維上是指廣大悉備的天道、道地、人道的性質重要的宏觀思考。

4. 氣勢磅　。就是聲勢、氣勢浩大。豐卦《彖》云：「豐，大也，明以動，故『豐』。『王假之』，尚大也。『勿憂，宜日中』，宜照天下也。」意思是，豐就是盛大，道德光明而後施於行動，所以能獲豐大結果。恰如有德君王可以達到豐大境界，說明君王崇尚宏大的美德；不必憂慮，宜於像太陽正居中天一樣保持豐盛的光輝，表明宜於讓盛德之光遍照天下。此卦主要是講「尚大」的思想，強調只有內在充分壯大，才能彪炳事業。大過卦陽勝陰，略有過溢，《彖》仍云：「大過之時大矣哉」，意思是，雖然陽剛極為過分，但只要能堅守正道，根據不同的場合具體辯證的加以運用，就會

充分體現出它的偉大功效。這是提倡「立非常之大事，興百世之大功，成絕俗之大德」，必做「大過」之事，說明了氣勢浩大的作用。

卓越的領導者必須「知大」。領導者的要訣在於抓綱要，務根本，而避免事務纏身和事必躬親。凡事必須從更大的範圍和更廣闊的背景考慮問題，而不侷限在一個狹小範圍就事論事。「知大」，就要宏觀的看待事物，看到事物的層次，看到事物的本質，及時調整策略，正確把握對全局起決定作用的中心工作的發展方向。決策方向的失誤是最大的失誤。在錯誤的方向下，任何努力和付出，都只能是「南轅北轍」的慘淡結局。

「知大」，在領導實踐上就是統攬全局，謀劃決策，組織協調，選賢任能，推動全局的能力。「知大」就是一種從大系統出發思考問題的科學思維方式、思維方法，體現的是謀劃全局的「大」能力。「知大」，領導者就要有全局性的策略思維，策略思維就是一種大時空、寬視野和根本性的思維。高瞻遠矚、深謀遠慮的策略家善於從大處著眼，小處著手，以遠看近，看清看遠再行，不能為眼前利益去走布局上的「廢棋」或「死局」，也不能「醫得眼前瘡，剜卻心頭肉」。這是完全不同於那些目光短淺、只顧及眼前利害的庸俗事務家的根本區別。有人在評價美國一位總統時說：「有些領導能看到森林，有些卻只能看到樹木，而那名總統呢？天哪，他是個只能看到樹葉的人。」

「知大」，領導者就要知道自己和組織的願景和奮鬥目標。成功的祕訣是抓住願景和目標不放。組織的願景和目標能夠滿足下屬們依賴、信任和指引方向的心理需求，領導者熟知組織的願景和奮鬥目標，才能夠承擔起負責人、引路人的重任。領導者不一定要保證自己在每一件事情上的決策都是成功的，但一定要保證自己在組織願景和奮鬥目標等關鍵的、重大問題上的決策和方向把握是成功的。

領導活動過程的影響因素是多元、多維、多變的，但它們不是孤立的，而是緊密相連、相互影響，使領導活動呈現出高度分化和整體化的雙重趨勢。領導者必須有大系統、高層次、更大覆蓋面的駕馭能力。駕馭全局的能力就是領導在思考和處理問題時，把全局作為自己思考、研究和解

決問題的出發點和落腳點，從更大的範圍和更廣的層面推動全局的能力。

　　領導者要會抓大放小。抓大放小，就是抓住全局、抓住中心、抓住重點、抓住關鍵，在大事、大原則、大方向上做好安排，而對那些非全局、非中心、非重點、非關鍵的問題和事放心、放手、放權，由下屬去想、去管、去做。威廉‧詹姆斯說：「成功的藝術就是清醒的知道該忽略什麼的藝術。」不要被不重要的人和事過量打擾。做事要化繁為簡，從關鍵處入手，抓住大的放下小的。抓大放小是著眼於全局的宏觀策略。抓大和放小從邏輯關係上看，大離不開小，小積累成大，大事和小事是互相聯繫、不可分割的整體。抓大事、謀大計、攬全局是領導職責所繫。作為領導要學會超脫、從繁忙工作中解脫出來，真正抓好那些事關全局的大事，準確把握本單位的工作重點和發展方向，找準那些對全局影響最大、最具決定意義的關鍵環節，重點突破、重點解決。抓大離不開放小，把那些與大事關係不大的雞毛蒜皮的小事，那些具體的論證、部署、落實工作放下，交由下屬去做，以免干擾全局和方向。放小是抓大的必要條件，把小的放開，大的才有靈活生長的空間。領導者抓大放小，大的才能帶動小的，收到「牽一髮而動全身」的功效。

【案例連結】

　　一九一八年夏天，第一次世界大戰還沒有結束。當時年僅三十六歲的海軍助理部長羅斯福奉命到歐洲視察美軍。視察前，他首先訪問協約國軍總司令部。這是一個十六世紀的古城堡，淹沒在園林之中，大門口只有一位士兵站崗。一位少校軍官引他進入古堡大廳。一位白髮蒼蒼的老頭坐在落地玻璃前的安樂椅上正在全神貫注的閱讀小說。少校向羅斯福輕鬆介紹說：這就是協約國軍總司令斐迪南‧福熙元帥。一位統率四百萬大軍的元帥，正在指揮大大小小上百個戰場作戰的總司令如此安閒恬靜！羅斯福大吃一驚，他急不可耐的詢問：「元帥，您這總司令部共有多少人？」福熙順口答道：「兩個上校，三個少校，十個士兵。」羅斯福正在疑惑不解時，福熙解釋道：「我們統帥部只考慮重大策略決策，不需要冗雜人員。作為統帥，最主要的是擺脫瑣碎小事干擾。我最關心的只有兩件事：一件是方圓三千尺以上地區的得失，一件是各兵團後備兵力的變化。」

三、領導思想智慧

　　領導是基於思想的活動。領導思想智慧是領導能力智慧和領導方法智慧的延續和昇華。領導能力和領導方法要不斷的改進和創新，這種改進和創新是一個不斷探索的過程，它需要領導思想智慧的指引。《周易》提出了「位時中應」的思想智慧，教人深刻的掌握陰陽變化的規律，用來指導主體的行為，使之確定自己的合理定位，與時偕行，堅守中正之道，應乎天，應乎人的神化境界。「位時中應」的領導思想智慧很神奇，你的地位越高，它的作用越大；你面對的時機越關鍵，它的察時價值就越突出；你遇到的問題正反越複雜，它的中正功效就越神妙；你的工作越變化，它的應變作用就越明顯。領會了《周易》「位時中應」的博大精深的領導思想智慧，就會倍增領導者的領導能力，完善領導者的領導方法，並最終把我們的領導活動從「有界領導」發展成「無界領導」，從「自在狀態」昇華到「自為狀態」，亦即從「必然王國」進入到「自由王國」。

(一)「位」的領導思想智慧

　　《周易》中，「位」字多見，關於「位」的思想也是博大精深的。「位」主要有以下三層含義：

　　1. 方位。就是方向，位置。《繫辭傳（上）》：「天地設位而易行乎其中矣。」意思是，天和地都有自己的本位，易道就運行在其中了。《繫辭傳（下）》：「天地設位，聖人成能。」意思是，天地有設定的位置，聖人有成就事業的能力。《說卦傳》：「天地定位。」意思是，天上地下有確定的位置。這裡所說的「位」，就是指方位。

　　2. 職位。就是統治地位。《繫辭傳（下）》：「聖人之大寶曰位，何以守位曰仁。」意思是，聖人最大的寶物，是權力地位。怎樣守住權位呢？就是施行仁政。鼎《象》說：「木上有火，鼎。君子以正位凝命。」意思是，木上燒著火焰，象徵「鼎器」在烹煮，故稱鼎卦。君子因此效法鼎象端正居位而嚴守使命。艮《象傳》：「兼山，艮。君子以思不出其位。」意思是，兩山並立，象徵抑止，故稱艮卦。君子因此所思所慮也抑止在適當場合，不可超越自己所處的地位。這裡講到的「位」，就是專指職位。

3. 爻所處之位。《易經》每卦六爻，由陰陽爻組成，陰陽爻各有其位。一、三、五爻位為陽位，二、四、六爻為陰位。陽爻居陽位，陰爻居陰位，這叫當位；反之，叫失位。當位叫「正」，失位叫「失正」。在六爻位中，二、五爻位尤其重要。它們分別居下卦上卦中間的位置，稱「中位」。如果陰爻居二位，陽爻居五位，則又中又正，稱「中正」。吉凶、得失、否泰、損善、行止、成敗都與卦體、上下爻、隔位爻的作用牽制有關。

《繫辭傳（下）》卦象的爻位的基本特點是：二多譽，三多凶，四多懼，五多功。易學家黃壽祺解釋：初位象徵事物發端萌芽，主於潛藏勿用；二位象徵事物嶄露頭角，主於適當進取；三位象徵事物功業小成，主於慎物其凶；四位象徵事物新進高層，主於警懼審時；五位象徵事物圓滿成功，終於處盛戒界；上位象徵事物發展終盡，主於物極必反。

「位」是事物發生發展的空間條件。「位」也是領導者治政的正當性和合法性標誌，有「位」才能有為，有位就位才能以合法的權力去履行社會職責。「得位而王天下」，「位」的大小關係到領導者權力的大小和領導的力度。是否有位，如何得位，怎樣排位，怎樣守位，是領導者必須處理好的問題。

事物在不同的時間有不同的時勢，在不同的空間（地點、地位、位置）也會有不同的位勢。龍困淺水遭蝦戲，虎落平陽被犬欺，地勢不同，不能發揮威力。同一品種，換換地方就發生變化，桔生江南為桔，生於江北為枳。古人講良禽擇木而棲，良臣擇主而仕，就是講位勢。一個人要想充分發揮才幹，就要選擇或調整位勢。或者趨生，找到能容納你成長的優化環境；或者避克，適當避開對你克制太過的環境。

卓越的領導者都懂得從生態位法則中汲取智慧。「生態位」是指一切生物都生活在自己的「生態位」上。每個物種在某個生態因子的軸上，都有一個能夠生存的範圍，範圍的兩端是該物種生存的耐受極限。能夠生存的範圍的跨度稱為生態幅，又稱生態位。從生態位法則中，我們能領悟到許多領導智慧。（1）生態位是競爭產生的土壤，也是競爭的最敏感地帶。只有生態位重疊的生命系統才產生爭奪生態位的競爭。競爭的實質就是爭奪最

適宜自己成長的生態區。（2）組織（企業）的生態位是由自然環境和社會環境組成的「生態環境」決定的。組織（企業）活動是在自然環境下的一種社會活動，這種活動的範圍和程度，即生態位，受到自然和社會資源的制約。所以，組織（企業）的競爭實質上是爭奪稀有生態資源的競爭。（3）錯開生態位是弱者的明智選擇。錯開強勢生態位，可以使弱項變強項。西方有句諺語：誰都希望自己能由羊變成狼，由狼變成獅子。但你只能是一隻羊的時候，就不要硬充獅子。這時羊的選擇就是錯開直接的競爭，找到適合自己的生態位來生存和發展。狼在山中是弱者，牠就選擇在草原上稱王。（4）獲得新的生態位是強者的發展策略。定位也是確定發展策略。組織（企業）隨著外部環境的變化及時的透過內環境的再造，利用自己的優勢確定新的生態位，擴大自己的生存和發展空間，就是確定新的發展策略。《周易》艮卦六四：「艮其身，無咎。」意思是，抑止全身不使妄動，就不會受災害。《象》曰：「艮其身，止諸躬也。」意思是，抑止全身不使妄動，自己抑止自己，司守本位。這裡的「本位」，就是生態位。這一爻強調的就是「不超越自己的生態位」這條規律。在領導活動中不掌握生態位，該止不止，該行不行，就會造成危險的局面。

卓越的領導者都能找準自己的位置。人生中最重要、最根本之道就是要找到屬於自己的位置。找不到或找不準自己位置的人生，是最尷尬的人生，也是最茫然的人生和最失敗的人生。每個人都有自己特定的社會位置，或高或低，或大或小，或主或次。生旦淨末丑，都可以透過不同方式演繹自己與眾不同的人生。主角是核心、是焦點；配角是主角身邊的人物，穿插左右，作用是把主角襯托得更加出色。有主帥，就必然要有輔助他的將相。作為將相就應該找準自己的位置。對上要做好輔助功；對下要統籌管理、傳令達意，不可偏頗。無論你是天才，還是普通的凡人，如果找不到自己的位置，不知道自己是誰，一切都會徒勞無益。

【案例連結】

豪斯是美國總統威爾遜的助理，一天總統單獨召見他商量一個問題，而這個問題正是豪斯早已深思熟慮的問題，他侃侃而談，眉飛色舞，他為自己能夠醞釀出如此高明的

計畫而格外得意，並不斷的對總統強調：「這可是我精心研究的，您採納我的建議絕對沒錯。」可是總統卻苦笑著說：「在我願意聽廢話的時候，我會再次請您來的。」豪斯一聽此話，認為總統根本不贊成自己的建議，只好悻悻的離去。

幾天後，在白宮的一次宴會上，豪斯驚訝的發現，威爾遜總統把他數天前的建議作為自己的見解公布於眾。栽了跟頭的豪斯立刻明白了，參謀助手不是決策者，也無法取代決策者的地位和作用。決策者喜歡那些既會出謀劃策，又能擺正自己位置的維護上司顏面的助手。如果助手在決策者面前居功自傲，無疑是難於收到好的效果的。

吃一塹，長一智。後來豪斯奉命到法國進行外交斡旋，出發前，威爾遜總統原則上同意了豪斯的計畫，但態度相當謹慎，留有餘地。豪斯到達巴黎後，就寄回了他與法國外長的談話記錄。記錄中豪斯把自己建議的經總統初步同意的方案，說成是「威爾遜總統的創建」，並讚揚威爾遜總統的「天才勇氣和先見之明」。當總統看完談話記錄，就毫不猶豫的正式批准了該方案。

為此，豪斯深有體會的說：「其實我的建議充其量是一粒樹種子，要長成參天大樹，必須有土壤、水分、空氣和陽光，公允的說，只有總統才有這些條件，才能將樹種變成參天大樹。我只不過是把種子移到了威爾遜的心中。」

(二)「時」的領導思想智慧

「時」是指事物發生、發展的時間條件。「時」在《周易》中是個非常重要的概念，在《周易》思想體系中占有極其重要的地位。「時」在周易中具體講有以下三種含義：

1. 天文學上的時。天文學上的「時」，就是指時令、天時、四時（時間本身）。無妄卦《象》云：「天下雷行，物與無妄，先王以茂對時育萬物。」意思是，天威下達雷屬風行，萬物不敢妄動妄求。先王辦事，就好像四時使萬物茂盛一樣，不妄動妄求的養育萬物。其中的「四時」之序就是指天文學上的春夏暖熱，秋冬涼寒。

2. 巫學意義上的時。巫學上的「時」，是指時定、命定。《繫辭傳（上）》云：「天垂象，見吉凶，聖人象之。」意思是，天上出現的景象，能夠預示吉凶，聖人就取以為卦象。頭一個「象」是指事物本來面目，後一個「象」是人們認識的反映形式。巫學認為，天象指日月星辰、風雲雷雨，本為自然之象，卻能顯示人間的禍福吉凶。聖人力求找到其間的聯繫，從而由天象測人事。古經源於巫占，所以視著草等為靈異之物，認為借之即可實現

人與神靈及相關事物之感通，而得出時定、命定的非理性的巫學認識，這是主觀唯心論的認識，是不可取的。

3. 文化哲學意義的時。文化哲學意義上的「時」，就是指「時機」、「時勢」。時機、時勢就是發展的條件，時機、時勢一過，條件就失去了，必須不失時機的作出相應舉措。《周易》貴時，意在「推天道而明人事」，指導人們對環境和時機做清醒的把握。艮卦《象》云：「艮，止也。時止則止，時行則行。動靜不失其時，其道光明。」艮，抑止之意。這句話的意思是，該止的時候就止，該行的時候就行。無論行止，都要適當而不喪失時機，把握好這一原則，前途就會光明。這段話主要是強調人的主體行為必須適應客觀存在的狀態，當動而不動，謂之失時，當靜而妄動，也是失時。適時則吉，失時則凶。這裡的「時」，就是指「時機」、「時務」、「時代」等文化哲學意義上的「時」。我們通常研究的「時」，就是文化哲學意義上的「時」。

「時」具有一維性，是最寶貴的財富。蘇軾說：「來而不可失者時也，蹈而不可失者機也。」機會是事業發展與成功最好的外部條件。要當好領導，從某種意義上說就是要清楚如何認識時機，如何利用時機，如何抓住時機，把時機發揮到最大價值，使領導活動取得更好的效能。

搶抓機遇是卓越領導者的特有意識。一切事物的發展過程都有常規，有常規就有異象，就是「偶爾」。這個「偶爾」在工作中、事業中就是獲取成果的一種時機。這種時機既和風險交織在一起，又具有轉瞬即逝的性質。大凡成功的領導，無不慧眼辨機，他們在機遇中看到風險，更在風險中逮住機遇。從機會中開採自己想要的「黃金」，並實現由少到多的「量」的擴展。蘇格拉底說：「最有希望的成功者，並不是才幹出眾的，而是那些最善於利用每一時機去發掘開拓的人。」

時機的出現，是必然中的偶然，共性中的個性，只有善於捕捉才能抓到。優秀的領導者不是讓「好心人」送來機會，而是主動把握機會，征服機會，讓機會成為服務於他的奴僕。有一句極富哲理的話：「機遇只給那些有準備的人準備著。」有一句格言也說得同樣好：「幸運之神會光顧世界上的

每一個人。但如果她發現這個人並沒有準備好要迎接她時，她就會從大門裡走進來，然後從窗子裡飛出去。」卓越的領導者，每一分每一秒都在做最有生命力的事情。

卓越領導者最善於抓住轉折點的時機，轉折點即機會。轉折點上的「時」，具有加倍的正向發展速度和負向的衰落速度。國外有一本書叫《十倍速時代》。書中提出了一個概念——「策略轉折點」，在局勢發展到「臨界點」時，領導者能夠順勢順潮而導，就會實現由少到多和「量」的擴增；領導者如果不明時勢，不順時勢，就會出現由多到少和「量」的巨減。增減離差是「十倍速」。卓越領導者就是依照對客觀發展規律的認識，特別是對事物發展出現的轉折點的認知，隨時而行，順時應變，開創時代的新局面。

【案例連結】

西元一八一五年二月二十六日，拿破崙從流放地——厄爾巴島逃出，回到法國。法國人民歡呼雀躍，歐洲封建君主和英國統治階級對拿破崙東山再起深感恐懼，立即組織由英、俄、普、奧、意五國反法同盟向法國進攻。

戰爭迫在眉睫，拿破崙認為只要能擊敗反法同盟的主力英、普二軍就能瓦解反法同盟，因此他決心取得主動。六月十五日，他出其不意開赴比利時時，打敗了布呂歇爾領導的普魯士軍隊。隨後，他命令騎兵將領格魯希追擊普軍。他說：「格魯希，你的任務就是將可惡的普魯士人趕回老家，最好提著布呂歇爾的腦袋來見我，其他的事就由我來做好了。」「是！將軍！」格魯希堅定的回答。

六月十八日，法軍向英軍發動了猛烈的進攻，由於威靈頓進行了周密的部署，雙方傷亡都很嚴重，戰鬥處於膠著狀態，援軍成了決定勝負的關鍵。

遺憾的是率先出現的竟是普魯士軍隊。原來，格魯希由於行動緩慢使布呂歇爾逃脫，面對遙遙傳來的槍炮聲，布呂歇爾立即命令部隊開赴戰場，而格魯希卻無動於衷。當手下的將領向他建議放棄追擊普軍轉而支援拿破崙將軍時，格魯希竟說：「軍人以服從命令為天職，將軍只授予我追擊布呂歇爾的權利，沒有授予我改變計畫的權利，你們懂嗎？」就這樣，格魯希無視將領們的苦苦哀求和遠處傳來的越來越激烈的槍炮聲，白白將有利的戰機送給了普軍，致使拿破崙在英普軍隊的夾擊下寡不敵眾，大敗而歸。

「滑鐵盧」一役，拿破崙失敗的關鍵原因在於援軍未能及時趕到。試想如果格魯希率領的法軍再敏捷一些，那麼在關鍵時刻出現的就是格魯希率領的法軍而不是普魯士軍隊，這次戰役的勝負之數恐怕就要重論，整個歐洲的歷史大概也需要重寫了。

（三）「中」的領導思想智慧

《周易》中包含著大量的「用中」思想，一些卦辭、爻辭中有一系列與「中」有關的概念，如「正中」、「時中」、「大中」、「中道」、「中行」、「剛中」、「柔中」、「居中」、「持中」、「守中」等。在泰、益、變、夬四卦爻辭中曾經五次提到「中行」，即「按中道而行」。

《周易》貴「中」，主要表現在對中卦二、五爻的重視上，二爻和五爻都稱為中爻，二爻是下卦的中爻，五爻是上卦的中爻。一般來說，爻居中都好，不居中都不如居中好。如坤六五：「黃裳，元吉。」意思是，穿土黃色裙褲，大為吉祥。坤《文言傳》稱道六五爻：「君子『黃中』通理，正位居體，美在其中矣，而暢於四肢，發於事業，美之至也。」意思是，君子的美德好比穿著黃裳，色調中和，通達事理，地位雖高，但又恭順得體。這種內在的美德，暢通於全身，若用於事業上，則可以達到至高的境界。這一爻是告誡身居高位的人，要保持中和，不以高臨下，而是待人謙和，就會得到別人的信任和幫助，從而使所從事的事業獲得巨大成功。

《周易》貴「中」，更貴「中正」。如果陰爻居二位，陽爻居五位，則既中又正，稱「中正」，如需卦九五《象》云：「酒食貞吉，以中正也。」「中正」也稱「正中」。這段話的意思是，喝酒吃飯守正道可獲吉祥，說明處於中位，處境優容。告誡人們，即使可以享受美酒佳餚放心的等待，也仍要提高警覺，堅持中正的原則，才會有好的結果。

《周易》中雖然已經包含「中」的概念和思想，但是蘊藏在象裡不易被人發現和理解，孔子作《易傳》將其發掘出來了。孔子把「中」的意義闡發得最深。《論語》中記載，孔子稱「中」為「無過不及」，為「允執其中」，為「我則異於是，無可無不可」。《中庸》記載，孔子把「中」稱為「時中」，為「執其兩端，用其中於民」。「中」也是儒家思想的基礎和核心。傳統文化中豐富的「貴中」思想，為我們今天的領導者增知益智提供了重要的文化資源。

「中」是大道，「中」就是「中庸」。歷史上和今天都有人反對孔子的中

庸思想，說：「中庸之道，就是『和事佬』。」這是天大的誤解。「和事佬」
是「鄉愿」，孔子在《論語》中說：「鄉愿，德之賊也。」意思是，道德中最
敗壞的就是「鄉愿」，也就是「和事佬」。大家都知道，孔子是用畢生精力
來倡導道德的，他把「和事佬」這種鄉愿視為「德之賊」，可見，「和事佬」
和中庸之道是不能畫等號的。那麼，「中庸」的本義是什麼？簡而言之，就
是合情合理，就是恰到好處。

　　「中」是植物、動物包括人的最佳生長和健康狀態，「中」也是領導者圓
的智慧的最高境界。「忠」字造得非常有智慧，是「心」頭上放著一個「中」
字，是在時時刻刻提醒人們心裡要始終銘記「執中」和「守中」。為什麼呢？
因為「中」者，自然適度也，即按照自然法則使事物各得其所。「中」在哲
學意義上，就是質量互變規律上的「度」。所以「中」有著非常深奧的辯證
法思想，深刻反映了東方哲學的精華所在。能夠達到「執中」、「守中」這種
境界的領導者都是充滿智慧的卓越領導者。

　　執中，就是處理事務不偏不倚，不慍不火，恰到好處。「執中」這一詞
語，據有關資料考證，最早見諸堯給舜傳授統治術的時候。當時，堯對舜
說了四個字：「允執其中」。在人的本性中有一種追求極端的自然傾向，體
現在做事情上不是太過就是不及。「過」與「不及」只能在一維的兩個方向
上運動，視野小，阻力大，不代表事物的主流和發展趨勢。領導活動中的
「過」，就是超越常理，冒進蠻幹；「不及」就是本來按照常理就可以做成的
事，卻不去爭取。退縮不前，坐失良機。「太過」或「不及」在古代聖賢眼
裡都是「大惡」。「執中」是一種最重要的領導方式，它的內涵極為深遠。
盛極而衰是自然界的法則，防止衰期的到來，就要避免追求極盛。落實到
具體的領導工作中，就是強調不要片面，不要偏激，不要太趨向和執著於
某一端，因為片面、偏激和拘泥於一端必有災。大過卦特別提出「過涉滅
頂」的警告，即凡事做過了頭，甚至可以導致滅頂之災。

　　「執中」是領導者高難度的藝術。「中」的本義是不偏不倚，就是要避
免「過」與「不及」這兩個極端化、片面化、絕對化的思維和行為。事物普
遍具有中心和兩端三部分，不論從空間角度看，還是從時間角度看，都是

這樣。西方哲學界有句很經典的話:「真理存在於二者之中。」「執中」說得通透一些,就是盡量在兩種相反的矛盾因子中找到兩極的結合點,即連接兩極的、能夠把兩極都帶動起來的那個結點、仲介,做到「執其兩端,用其中」,這才能多維多向的開展活動,空間的迴旋餘地大,化解阻力的因素多,使領導活動達到一個更高的狀態。

「守中」,就是以中為度,不即不離。人生的玄妙之處在於:怠也不成,躁也不成,不怠不躁是一種立世和行事的尺寸。這種尺寸度就是「中」。「守中」是一種很高的境界。老子說:「多言數窮,不如守中。」這句話的意思是,說得再多,說來說去不如守住一個「中」字。「守中」的核心是順其自然的守「度」,用動態的眼光注視著周圍的各種聯繫和變化,根據變化的情況調整「度」的「刻度」,保持重心,保持平衡,以使自己處在最好的位置上。西晉時期的李密寫了一曲「半字歌」,道出了「守中」的絕妙:「看破浮雲過半,半字受用無邊。飲酒半酣正好,花開半時偏妍。半帆張扇免顛,馬放半鞭穩便。」領導者掌握了「守中」的真諦,在領導活動中就不會因遲緩怠惰而貽誤良機,也不會因急於求成而舉措失度。

「守中」不僅是哲學上和個人修養上的一種體悟,更是避禍消災的重要法門。「守中」就要用圓融、隱忍、大度的胸懷來對人,這樣就會給自己贏得更大的生存空間和更廣泛的人際關係。領悟「守中」奧妙的領導者,一生就會過得瀟灑、坦然。

「中」的領導思想帶給卓越領導者的最大智慧,就是要有一分為三的思維和行為。一分為三的思維,是「守中」智慧的進一步體現。《周易》講:剛過必悔,柔過必吝。凡事做過了頭,出現了錯誤,便會生悔,即悔必吝。乾卦上九:「亢龍有悔。」飛騰到了極限的地步,呈現不勝負荷的態勢,就會造成後悔莫及的後果。履卦九二:「履道坦坦,幽人貞吉。」意思是,走在平坦的道路上,仍如同隱居的人一樣,安逸寧靜,堅守中正原則,可以獲得吉祥。有中才有正,有中必有三。堅持一分為三的思維和行為就是「中」的領導思想智慧。

一分為三,把「中」作矛盾轉化點,使領導思維和行為不走極端。哲學

上講，事物在時間和空間裡運行，看不到就是右傾，看過了就是左傾，看得正好就是「中」。世間萬物概括為兩個字，即「道」和「度」。道是指方向性、原則性的東西，度就是分寸尺度。做事把握好大的方向和合適的「度」就是一分為三的思維，就是領導者的智慧。

一分為三，出理論智慧。赫茲伯格的二因子論就是建立在一分為三的基礎上，將傳統的不滿意—滿意的認識，區分為不滿意—沒有不滿意—滿意，創新了激勵理論。

一分為三，出實踐智慧。物流產業就是改變了過去「買賤賣貴」才產生利潤的思維，透過整合物流，產生了可以共同分享的「第三方利潤。」一分為三，才能找到雙贏、共贏的利益結合點。

一分為三，使複雜問題的處理更具有靈活性。聯合國常任理事國投票設贊成票、反對票和棄權票，波斯灣戰爭大多數國家主張打。

【案例連結】

北宋時，馬軍副都指揮使張旻奉命訓練軍隊，但是他在訓練中對士兵太過嚴厲殘酷，結果激起了士兵叛變。叛變平息以後，皇上召集大臣們商議處理此事。

有的大臣主張馬上撤換張旻以平息眾怒，也有大臣主張把所有參與叛變的士兵全部抓起來。王旦不同意以上兩種意見。王旦當時擔任朝廷宰相之職，位高權重，他朝夕惕厲，處理任何一件事都十分謹慎小心、細緻周到，同時他又勇於承擔責任。皇上十分器重這樣一位有勇知方的大臣，長期讓他擔任宰相，國家大小事情都特別放心的交付他辦。有一次王旦奏事完畢退下，皇上目送他離去，情不自禁的說道：「能為朕致太平者，必是此人。」

面對處置張旻的意見分歧，王旦說：「張旻本來就是因為過於嚴苛才激起事變，現在我們對哪一邊嚴厲處分都不妥當。如果嚴厲處罰張旻，那麼將帥以後還怎麼服眾？如果馬上逮捕叛變的士兵，不僅興師動眾，而且整個京城都會震驚。陛下幾次都想將張旻調任樞密院的文職，不如下達任命，把他的兵權解除了，叛變的士兵也就會安心了。」

皇上一邊點頭一邊讚嘆說：「王旦善於處理大事，不愧是當宰相的奇才呀！」

王旦的方法可謂是抓住了問題的關鍵，他懂得過猶不及的危害，因而一紙調令就舉重若輕的把所有的問題都解決了。事情做過頭與沒有做到一樣不好，只有不偏不倚的「中」才是至境。

（四）「應」的領導思想智慧

「應」，就是交相互動。在《周易》中，「應」表達了以下三層意思：

1.「應」的第一層意思是指上下卦爻的呼應關係。《易緯·乾鑿度》：「三畫以下為地，四畫以上為天。」「易氣從下生，故動於地之下則應乎天之下，動於地之中則應乎天之中，動於地之上則應乎天之上。」這兩段話的意思是，在卦的六爻中，初爻與四爻，二爻與五爻，三爻與上爻之間有一種交相互動的呼應關係，故稱「應」。從自然界的法則上看，同性相斥，異性相應，所以「應」講究的是陰陽相「應」。若以陰應陰，以陽應陽，或者以柔應柔，以剛應剛，沒有相「應」，也稱「敵應」。例如既濟卦就都陰陽有應，相反，艮卦就柔應柔、剛應剛，即全無應，因此，艮《象》曰：「上下敵應，不向與也。」意思是，上下二體的爻位都是剛與剛的對立或柔與柔的對立，各自孤立，彼此隔絕，互不交往。

2.「應」的第二層意思是應乎天，應乎人。恆《彖》曰：「恆，久也。剛上而柔下，雷風相與。巽而動，剛柔皆應，恆。」意思是，恆，就是恆久。陽剛居於上，陰柔居於下。雷厲風行，兩者常是相輔相成而不停的活動，既能謙虛的順從，同時又能積極的行動，剛柔相濟，所以本卦取名為恆卦。剛柔有序，上下順應，此即天地恆久之道。天道如此，人道亦然。《周易·彖傳》云：「觀乎天文，以察時變；觀乎人文，以化成天下。」意思是，上觀天之文飾，可以察知時間（四季交替）的變動；下觀人類文明，可以推行教化庶民促使天下昌明。這種乎天，應乎人，用文明化成天下的思想具體展現在「相應」、「感應」、「因應」、「順應」的內容中。

3.「應」的第三層意思是「位」、「時」、「應」、「中」。「位」、「時」、「中」是《周易》指導人的行為的三個重要概念，事物要保持完善的狀態，它的運行就必須在恰當的位勢、恰當的時間。「恰當」的重要因素就是「中」，而正是「應」，才使「位」、「時」與「中」妙合無間。

「相應」，就是事物同類呼應，各得其序，不相逾越，相聚和諧。「相應」也就是事物因果變化的機理形成的內在呼應、秩序、增勢、和諧循環過

程。「相應」是領導系統的互動,「相應」是領導內部外部環境的資源整合。在領導活動中同類異類「相應」和諧,領導資源才能充分整合和得到優化配置與利用。

「因應」就是按道理、按規律去行事。「因應」的實質,就是「因道而行」。領導活動必須按照系統的運動規律使各個環節相互「因應」運行,系統才會暢通。領導活動不是靠領導者個人獨自完成,而是需要借助於兩個助力:一個是天,一個是人。孔子說:「天之所助者順也,人之所助者信也。」天所幫助的是因應客觀規律的人,人所幫助的是因應誠信的人。「因應」並不是要人們消極被動,不思進取,成為自然規律的奴隸,正相反,「因應」是要人們正確認識客觀規律和自己的條件,擺正自己的位子,在條件成熟的情況下把握因應規律,及時進取。

「感應」是主體與客體的互動關係。感是主體,應是客體。領導者要以自己內心的至誠深入民間,體察民情,以自己的聰明才智和良好的德行感乎民心,民意、民力就會因「感」而「應」,領導者與被領導者達到協調並濟、互動互補,所領導的事業就會如日中天。

「順應」,就是順從時代的潮流和時勢。大有《象》說:「其德剛健而文明,應乎天而時行,是以元亨。」「應乎天而時行」,就是順應時代發展的潮流。有成就的卓越領導者,都是順應時代的潮流和天下大勢而動的人。在人類社會發展的時代潮流和大勢面前,「順應」才能長久,才能持之以恆。「順以動」是一個通貫天人的普遍法則。領導者必須遵循「順天應人」的最高行為準則,與變革為伍,與時代合拍,才能萬事順遂,吉祥亨通。領導活動中會因為宏觀、微觀環境,內部、外部因素的變化而發生陽長陰消、陰長陽消的勢變,在不利的態勢下,領導者要順應時勢,及時退避,不能知進而不知退。「順應」時勢,就不要固執,會彎曲是使領導者處於金字塔頂的智慧。

超越管理的決策遠見：
帶領團隊翻盤爛牌，卓越領導者的智慧

作　　者：陳樹文

發 行 人：黃振庭

出 版 者：沐燁文化事業有限公司

發 行 者：沐燁文化事業有限公司

E - m a i l：sonbookservice@gmail.com

粉 絲 頁：https://www.facebook.com/sonbookss/

網　　址：https://sonbook.net/

地　　址：台北市中正區重慶南路一段六十一號八樓 815 室

Rm. 815, 8F., No.61, Sec. 1, Chongqing S. Rd., Zhongzheng Dist., Taipei City 100, Taiwan

電　　話：(02)2370-3310

傳　　真：(02)2388-1990

印　　刷：京峯數位服務有限公司

律師顧問：廣華律師事務所 張珮琦律師

國家圖書館出版品預行編目資料

超越管理的決策遠見：帶領團隊翻盤爛牌，卓越領導者的智慧 / 陳樹文 著 . -- 第一版 . -- 臺北市：沐燁文化事業有限公司 , 2024.03
面；　公分
POD 版
ISBN 978-626-7372-24-1(平裝)
1.CST: 領導者 2.CST: 組織管理 3.CST: 職場成功法
494.2　113002126

定　　價：550 元

發行日期：2024 年 03 月第一版

◎本書以 POD 印製

電子書購買

臉書

爽讀 APP

獨家贈品

親愛的讀者歡迎您選購到您喜愛的書，為了感謝您，我們提供了一份禮品，爽讀 app 的電子書無償使用三個月，近萬本書免費提供您享受閱讀的樂趣。

ios 系統

安卓系統

讀者贈品

請先依照自己的手機型號掃描安裝 APP 註冊，再掃描「讀者贈品」，複製優惠碼至 APP 內兌換

優惠碼(兌換期限2025/12/30)
READERKUTRA86NWK

爽讀 APP

- 多元書種、萬卷書籍，電子書飽讀服務引領閱讀新浪潮！
- AI 語音助您閱讀，萬本好書任您挑選
- 領取限時優惠碼，三個月沉浸在書海中
- 固定月費無限暢讀，輕鬆打造專屬閱讀時光

不用留下個人資料，只需行動電話認證，不會有任何騷擾或詐騙電話。

4.0 工業革命

劉雲

Industry

物聯網時代的智慧製造創新

從互聯到新工業革命

【物聯網與智慧技術，為工業革命注入新的生命力】

◎想像十幾年後的生活，由新技術驅動的創新與變革
◎描述德國與美國在工業革命新浪潮中的角色與競爭
◎未來工廠的願景，從人工勞動到智慧自動化的轉型

探索工業 4.0 的起源，從歷史小鎮到網紅養成的旅程！

目錄

CONTENTS

工業革命 4.0 物聯網

**從互聯到
新工業革命**

前言

　　一六八五年，按照古人出生就算一歲，過了年就兩歲的習慣，四十五週歲的蒲松齡已經結結實實地算是年近半百了。躺在病榻上，他已不敢計算自幼被譽為神童的自己是第多少次科舉落第。還能再參加科舉考試嗎？心灰意冷的他開始每天在門口擺攤，半臥半躺，聽路過或者慕名探訪的人講述奇聞軼事。一年多以後，蒲松齡終於打起精神並站了起來，在大門貼上「年年失望年年望，事事難成事事成」，再次踏上科舉征途。那個時候，他所不知道的是，今後還要歷經的十幾次科舉考試他依舊名落孫山，有時失敗的理由甚至讓人難以理解：卷面格式不對、抄寫違規……似乎霉運總是環繞著這位幾百年一出的奇才。但是他一直力爭保持每天聽人講故事的習慣，持續了二十多年。他把聽過的故事加以整理和潤色，並經過了大量的再創作，終於在七十六歲離世之前留下一本曠世「閒書」——《聊齋誌異》。

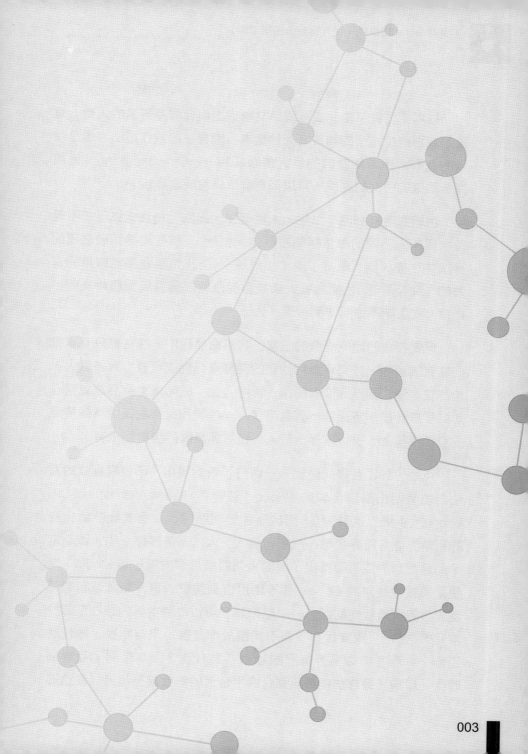

這本「閒書」使他成為清朝文學史上與曹雪芹齊名的人物，遠遠超過那些中進士的同輩。而他這本「閒書」的創作方法，也是今天的互聯網所帶給我們的巨大創新紅利——Crowdsourcing（目前尚無準確的中文對應詞，可以稱為群眾外包或者眾包）。

　　創新需要紅利嗎？需要，太需要了，因為，創新太難了！不是每次與前人不同的做法都能被稱作「創新」，那些碰得頭破血流的嘗試往往被稱為「亂搞」或「沒經驗」。但正是那些鳳毛麟角的有效的「突發奇想」，推動著人類社會從原始部落發展到農耕文明，從第一次工業革命又走到今天。

　　但是在我們剛剛經歷的三次工業革命歷程中，往往也只有專家們才有話語權，才有可能把他們的突發奇想變成現實；大多數人，也許在泡澡、健身房或者睡前「思考人生」的時候會突然感覺自己想到了些什麼，不過睡一覺就忘了——牛頓和萊布尼茲能為微積分的發明權爭上一爭，換作一般人，也許連發聲的機會都沒有。

　　可是，到了互聯網時代，一切有了新的變化。不會寫程式的賈伯斯能發明出風靡全球的 iPhone（被譽為 Re-invention of the Cell Phone，手機二次發明），開啟了移動網路時代；程式設計師出身的馬斯克能夠跨界金融、汽車和航太三大「毫無關係」的領域；電子商務起家的亞馬遜推出了改變人們閱讀習慣的電子書 Kindle；明明是搞搜索引擎的 Google 卻不斷用自動駕駛汽車、熱氣球和智慧型眼鏡等刷新我們的觀念……越來越多可以改變世界的想法來源於本行業之外，「改變世界」將不拘囿於你是誰、來自哪裡、做什麼工作——而在於你是否有好的 idea！為什麼？因為來到了互聯網時代。以前，讓想法能夠落到合適平台上的難度甚至超過《麥迪遜

之橋》中法蘭西絲卡和羅伯在麥迪遜橋畔邂逅的難度（是的，創新的實現比遭遇浪漫還難）。而現在，互聯網就像一台自動播種機，把散落各地的種子填到它們應屬的坑裡面，只要種籽好，就一定能開花結果。把靈光一現的想法發布在網路上，就有機會「拉幫結派」，找一群「臭味相投」的人一起把想像變成現實（例如募資網站）；雖然我們會受到自身專業知識的限制，但網路上存在著大量各個領域的行家，有力的出力，有錢的出錢，有地方的出地方（育成中心），「一切皆有可能」。

人類學會使用工具，用了幾千年；工業革命把農民從土地中解放出來，用了幾百年；互聯網時代大門的開啟只用了短短幾十年；而今天的社會在大數據、物聯網和雲端計算的推動下，更是幾年就來一個大轉身……人類覺得力不從心了嗎？覺得「趕不上車」了嗎？現在看來，似乎並不是由一兩個標示性的發明引領著社會的前進，而是因社會的前進推動著層出不窮的新事物的產生。這隻「看不見的手」，曾經被歸功於雷公電母，又逐漸轉移到精英階級，最後落回了大眾手中，神奇的事物一一被醞釀出來，非專業領域的專業智慧嶄露頭角。

我在課堂上和同學們分享這些感受之後，得到很多同學的熱情回饋，使我覺得應該把這些體會分享給更多的人。仔細思考後，我決定寫一本薄而通俗的書，一本不是專注於學術研究，而是更多專注於對互聯時代與新工業革命大潮的理解與體會的書。從二○○○年到今天，我們團隊這十多年來一直圍繞物聯網、無線感測網路和雲端計算做研究，從南到北，從地下煤礦到航空，從陸地到海洋，從山林到城市，其中既有難以歷數的艱辛，也充滿不可名狀的探索

未知的喜悦。我跟團隊成員說了寫這樣一本書的想法之後，大家都很積極，在吳陳沭博士的帶領下，我們軟體學院的博士生尹祖偉、錢堃、鄭月、劉慈航，碩士生肖賀、金語澤、辛曉哲、楊超凡等同學紛紛提供了在新工業革命浪潮下，對他們自己重點思考和擅長的小領域的許多看法供我參考。於是我就開始了本書的寫作，一邊寫一邊和吳陳沭、錢堃、尹祖偉三個人討論。寫作過程本身也是一次再理解的過程。為了提高書的易讀性，我選了網上一些有意思的圖，也有一些是我設計的。必須感謝碩士生劉桐彤、王常旭、肖賀和金語澤的協助，把這些圖以理工視角進行了美化。此外還要特別感謝新聞學院的碩士生劉稚亞，她的加入不僅提升了本書貢獻者們的平均顏值和平均健美度，還為本書的文字提供了很多修訂意見，大為提高了可讀性。

感謝出版社派出了強大陣容，在本書的編輯、出版和發行等各個環節均給予了大力支持，尤其是本書的責任編輯張民師妹，不斷與我探討書的定位等諸多細節，為提高本書的整體質量提供了許多幫助，在此一併表示感謝。

本書的寫作使得原本就很忙碌的工作計劃雪上加霜，之所以能堅持下來，與家人的支持密不可分。我想藉此機會感謝瑤老師多次和我進行的關於新工業革命的有益的探討，還有家裡的兩個小朋友 Cherry 和 Walter，總是在誇我是特別聰明的人之後，又突然拋出來一些令我瞠目結舌的問題。這些探討和問題，經常從不同視角給我提供了探尋謎底的源泉和思路。

客心已百念，

孤遊重千里。

江暗雨欲來，

浪白風初起。

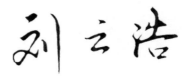

工業革命 4.0 物聯網

導言
登上物聯網的小船

從互聯到
新工業革命

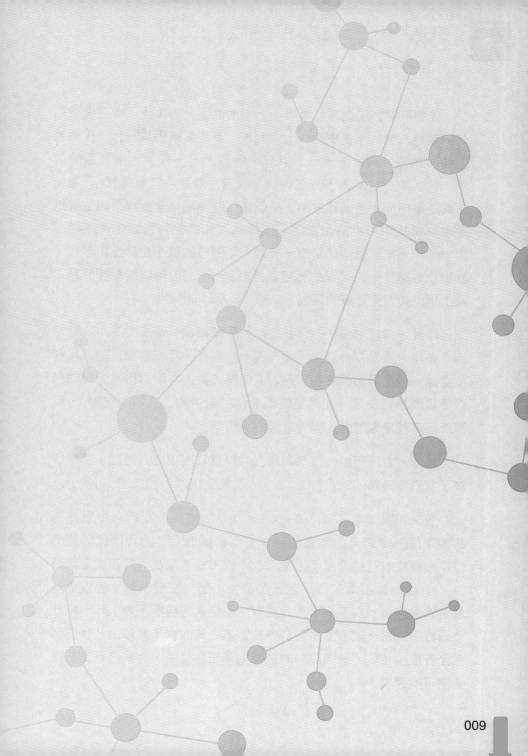

如果要評選工業革命發展史上那些最偉大的年代，有三個時期是一定要入選的。首先是一七六九年，瓦特製造出第一台真正意義上的蒸汽機。其次是一八六九年，世界上第一條流水生產線的應用，使人類正式進入了分工明確、大量生產的「電氣時代」，電能被廣泛應用於生產過程當中。這個誕生在美國辛辛那提市的生產線是由一家屠宰場打造出來的，比廣為人知的福特汽車生產線早了四十四年。第三個時期是自一九六九年開啟的電子資訊技術年代，典型代表是第一台可程式化邏輯控制器（PLC，可以簡單理解為工業上用於控制生產線的電腦）Modicon 084 的問世。

　　從此，資訊技術把人類引上了互聯網的「奇幻之路」，短短四十多年，人類社會發生了翻天覆地的變化。互聯網真正的成就在於透過一個簡潔的協議（TCP/IP）使得人與人之間可以不受時間和空間限制進行交互。如果把時間看作宇宙中的「第四度空間」，互聯網簡直就是地球上人與人之間的「蟲洞」。

　　隨後，這三個以一百年為跨度的特殊時期被後人總結，並提煉成了我們今天熟知的「工業 1.0」、「工業 2.0」和「工業 3.0」時代。

　　今天再談論起工業 1.0、2.0 和 3.0 的時代，我們心中更多的是對那段光輝歲月的懷舊和祭奠。而根據取名字的連續性，我們似乎很快或者已經迎來了工業 4.0 時代（或者稱為「第四次工業革命」）。新一輪工業革命是否正在發生，是無法妄斷的。但以史為鑑，過去的每一次工業革命，從開始到結束都經歷了幾十年，因此無論接下來這一波浪潮是否最終被定義為第四次工業革命，我們都完全有理由相信，一場深刻的技術變革正在發生，而我們正處在這場變革的開端。

　　在這場變革到來之際，不得不先提一下物聯網：這是一個看似簡單實則難解的概念。有人說，物聯網從誕生之際，就像一個欲拒還迎的神祕女郎，戴著一層薄薄的面紗，我們天天與她相見，卻始終無法猜透她的內心。1998 年物聯網被初次提及，起先並不受什麼關注，然而就是這麼一個不起眼的理論，卻能曲徑通幽，漸漸地落英繽紛，亂花迷眼。如果說傳統的互聯網使用者瀏覽網站時靠的是點擊按鈕，從一個頁面跳轉到另一個頁面，有意識地跟網站發生交互行為之後留下行為資訊，那麼物聯網就是在使用者還沒意識到的情況下完成資訊的互換，也許這才是馬克・維瑟（Mark Weiser）在一九八八年提出的不可見計算（Invisible Computing）的真正內涵。今天，我們的現代文明，從智慧家庭、電子醫療、車載控制到智慧城市、物流運輸、工業自動化……幾乎沒有哪個領域不涉及物聯網。但物聯網究竟能帶給我們什麼，能顛覆哪些領域，這個問題依然難以簡單地回答。

　　物聯網的概念是如此地具有革命性，乃至它默默等待了二十年，就是為了讓技術的腳步跟得上它的步伐。就像卷積神經網路作為深度學習算法的一個分支在一九六〇年代就已出現，但是人工智慧領域對此的應用卻是這兩年才吸引大眾眼球，真正作為標示性產物的事件則是一場被稱為「人狗」之戰的圍棋對決[1]。同理，物聯網被賦予的力量也足夠帶領人類走向一個新的紀元——工業 4.0 時代，但是，這背後真正的推手是什麼？

1　二〇一六年三月，Google 開發的圍棋人工智慧程序 AlphaGO（被網友戲稱為「阿爾法狗」）與世界圍棋冠軍、職業九段選手李世石進行人機大戰，最終 AlphaGO 以 4：1 獲勝。

想想這樣一個場景：某天的清晨，你從長長的睡夢中醒來，窗簾自動拉開，安全系統關閉，咖啡機開始煮你愛喝的日晒耶加雪菲。電視機打開，播放的是你感興趣的節目，同時冰箱提醒牛奶還有一天就要過期。在工業 4.0 的世界，到處都充滿了隱形的按鈕，當使用者改變自身狀態或者進入某一特定場景便會自動觸發相應的按鈕。小到手錶、信用卡，大到汽車、道路甚至整個城市，它們都能感知人類的行為並作出相應的舉動。

　　在這個偉大時代到來之際，讓我們搭乘物聯網的小船，搖曳在工業 4.0 的大海上，看看這深不可測的大海到底會給我們帶來什麼樣的驚喜吧。也許在浪花擊打和搖搖晃晃之中你還會感到恐懼或者震驚，但是只要抓緊船身就好——物聯網的小船豈是說翻就翻的？

第一章
工業 4.0 的「網紅」養成
之路

一七六九年，蒸汽機出現；一八六九年，電氣動力開始取代蒸汽動力；一九六九年，互聯網登場……歷史的發展看起來正遵循著某種神祕的規律，下一個轉折點會是當下的網路正紅「工業 4.0」嗎？

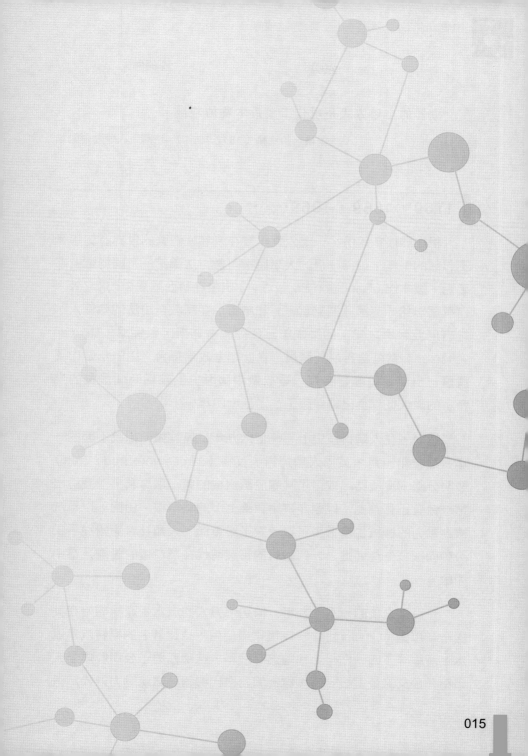

機器的生產方式是現代工業最本質的特徵。

——保爾·拉法格（1842-1911），法國工人運動運動家

1769，1869，1969……

相比於很多年份，一七六九年實在是卷帙浩繁的世界歷史中毫不起眼的一年，值得一提的大事屈指可數：法國第一帝國締造者拿破崙·波拿巴（Napoléon Bonaparte）出生在科西嘉島；千里之外，自撰墓志銘「美國《獨立宣言》和維吉尼亞宗教自由法的執筆人、維吉尼亞大學之父」的美國第三任總統湯馬斯·傑佛遜（Thomas Jefferson）當選維吉尼亞議員，從此走上政治舞台；這一年是中國農曆己丑年，乾隆皇帝在「爭取做中國歷史上掌權時間最長的皇帝」的偉大征程上已經健康工作了三十四年……

然而，在人類科技史上，一七六九年是無論如何都繞不開的一年。這一年一月，英國人詹姆斯·瓦特（James von Breda Watt）發明分離式冷凝器，取得了其關於蒸汽機的第一項專利，並製造出第一台真正意義上（但還非實用意義上）的蒸汽機。由此，以蒸汽機為動力的機械生產帶來了第一次工業革命，人類社會開始從手工勞動向機械生產邁進，一個嶄新的工業時代在蒸汽機的隆隆巨響中開啟。

一百年之後的一八六九年，輸送帶方式的流水生產線開始在美國辛辛那提（Cincinnati）一家屠宰廠使用，這比著名的福特汽車流水生產線早了四十四年。往前追尋三年，德國西門子公司製成了人類第一台交流發電機。隨後電器開始取代機器，電氣動力取代蒸汽

動力，再加上流水生產線帶來的勞動分工，以電氣化為主要標示的第二次工業革命開始促進大規模生產，社會面貌隨之發生了翻天覆地的變化，西方先進、東方落後的世界格局逐漸確立。

兩百年之後的一九六九年，世界上第一塊可程式編碼邏輯控制器 Modicon 084 問世，這標示著繼蒸汽技術革命和電氣技術革命之後人類科技文明的又一次騰飛。電子和資訊技術的發明與應用導致了產品和生產的高度自動化，這就是自一九四〇、五〇年代開始迄今已持續半個多世紀的第三次工業革命。這次工業革命規模巨大，影響深遠，將人類帶入史無前例的資訊化時代。圖 1-1 顯示了歷次工業革命的進程。

同樣在一九六九年，還發生了一件劃時代的事件。

那時，冷戰的陰雲還籠罩著全世界。東西方陣營都對彼此的發展心存戒懼，華盛頓方甚至擔心蘇聯會不會從北極繞道空襲美國本土。這份擔心並非空穴來風：一九五七年十月四日，蘇聯發射了第一顆人造衛星 Sputnik-1，這顆衛星重約八十公斤，差不多每天都要在美國人的頭頂上飛過一次。

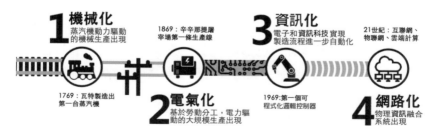

圖 1-1　歷次工業革命

在此插個題外話，當時毛澤東在一次公開場合火上加油說：「美國人有什麼了不起？蘇聯把人造衛星拋上了天，美國人哪怕拋個山藥蛋上去給我看看。」

雖然不知道山藥蛋長什麼樣，但是每天出門散步仰望天空時都會像吃了蒼蠅般難受的時任美國總統艾森豪正式向國會提出要建立國防高等研究計劃署 DARPA（Defense Advanced Research Projects Agency，這個機構在開始的時候也經常被稱為 ARPA），希望透過這個機構的努力，確保不再發生毫無準備地看著蘇聯的衛星上天這種讓美國人尷尬的事。

他說：「我今天並不打算對危險的軍備競賽做出判斷。然而，有一件事是非常清楚的——不管他們現在怎樣，美國必須對他們喊停。」

反正當時的美國最不缺的就是錢。

國會給 DARPA 的開張賀禮是五百二十萬美元的撥款，兩億美元的項目總預算。當時把兩億美元花在國防上是什麼概念呢？同一時期，歐洲普遍正在戰後重建，食品定量供給，而中國正處於「大躍進」時代……

美國人認真起來連自己都怕，沒過幾年，全球第一個封包交換（packet switch）網路——美國高等研究計劃署網路（ARPANET，Advanced Research Projects Agency Network，音譯為阿帕網）誕生了，其第一條穩定連接於一九六九年十一月二十一日建立，兩週後包含四個節點的阿帕網雛形建成。

　　說到阿帕網，很多人都還比較陌生。阿帕網就是全球互聯網（Internet）的始祖，後來被稱為互聯網之父並獲得圖靈獎[2]的文頓‧瑟夫（Vinton Cerf）等人都曾參與了阿帕網的研發設計（圖 1-2）。

圖 1-2　一九九四年慶祝阿帕網建成二十五週年
（從左到右：Jon Postel，Steve Crocker，Vinton Cerf）

　　阿帕網誕生之後，應用範圍並不廣泛，主要是由於當時大部分電腦還互不兼容。於是，如何在軟體和硬體不同的電腦之間實現互聯成為當時人們追求的目標。一九七四年，文頓‧瑟夫和同事正式發表了第一份 TCP 協議的詳細說明。在這份「互聯網實驗報告」中，他們提出了「傳輸控制協議」（TCP）和「網路間協議」（IP，

2　圖靈獎（ACM Turing Award）是國際電腦協會（ACM）於一九六六年設立的獎項，
　　專門獎勵對電腦事業作出重要貢獻的個人。其名稱取自電腦科學的先驅、英國
　　科學家艾倫‧圖靈（Alan M‧Turing），這個獎的設立目的之一是紀念這位現代
　　電腦科學的奠基者。獲獎者必須在電腦領域做出持久而重大的先進性的技術貢
　　獻。圖靈獎是電腦界最負盛名的獎項，有「電腦界諾貝爾獎」之稱。

Internet Protocol），也就是我們沿用至今的互聯網發展的基石——TCP/IP 網路協議。「萬物互聯」的時代從此拉開了序幕。

今天，互聯網在生產生活中的意義之重大、影響之深遠不言而喻，不妨用網上流行的一個笑話來描述（請注意我是多麼自然地用「網上」流行的事物來舉例佐證）：

——「你覺得 Wi-Fi 到底對人體有沒有傷害呢？」

——「我覺得肯定有啊，一旦沒有 Wi-Fi 就渾身都不舒服。」

「枯藤老樹昏鴉，晚飯有魚有蝦，空調 Wi-Fi 西瓜，杰倫同款沙發。」——互聯網幾乎成為與人們衣食住行同樣不可或缺的必需品。比如手機，儘管我們依然用它來打電話，但這幾乎已是最不被在意的功能，上網才是我們使用它的主要目的（賈伯斯主導推出的真正意義的上網智慧型手機 iPhone 被譽為 Re-Invention of the Cellphone，即手機的二次發明）。對於今天我們所熱烈討論的工業 4.0、工業互聯網甚至由此可能帶來的新工業革命，如果非要說有一個奠定基礎的「幕後推手」的話，則非互聯網莫屬。無論是德國所提出的「工業 4.0」戰略還是美國所倡導的「工業互聯網」的說法，本質上都是要將「互聯網革命」的果實融合到「工業革命」的成果之中。

上面的三個年份隱藏著很容易發現的數學規律，有心的讀者可以自行推導。如若按照上述歷史的進程，下一次工業革命怎麼也得發生在二〇六九年前後才能不傷害「數字美感強迫症患者」。但是如果真的這樣，歷史未免也過於乏味了。況且根據電腦領域的金科玉律——摩爾定律，事物的發展也確實是越來越快的。從人類社會

生產力的發展來看，一八○○年以前，西方經濟人均收入翻一倍需要花費八百年；而得益於大約兩百年前發生的工業革命，在之後的一百五十年裡已足足增長了十三倍。

實際上，完全等不到二○六九年，距第一次工業革命兩百四十七年之後的今天，新工業革命之勢已經如隱隱的春雷，如微現的晨曦，或許聽不明，或許看不清，但分明已經可以確切地感受到了。

天祐的工業小鎮

積體電路上可容納的電晶體（晶體管）數目約每十八個月便會增加一倍。

——戈登・摩爾（Gordon Earle Moore, 1929-），英特爾公司聯合創始人 [3]

歷史走到了新的轉折點，大家都在說，新一輪工業革命即將來襲。

通常，所謂「革命」，抑或任何其他歷史事件，都應該是後人書寫賦予的，有些甚至是事後許多年才有定論。因此，第四次工業革命是否正在發生，嚴格地講，是誰也無法妄斷的。但正如

---

3 一九七五年，摩爾在 IEEE 國際電子組件大會上提交了一篇論文，根據當時的實際情況對摩爾定律進行了修正，把「每年增加一倍」改為「每兩年增加一倍」，而現在普遍流行的說法是「每十八個月增加一倍」。但一九九七年九月，摩爾在接受一次採訪時聲明，他從來沒有說過「每十八個月增加一倍」，而且 SEMATECH 聯盟的路線是跟隨二十四個月的週期。

《權力遊戲》中反覆被提及的讖語般的台詞「凜冬將至」（Winter is coming）一樣，當大家都在這麼說的時候，我們是可以大膽期待同時細心準備迎接未來的。事實上，歷史上的每一次工業革命從開始到結束都經歷了幾十年的時間。因此無論接下來這一波浪潮是否最終被定義為第四次工業革命，我們都完全有理由相信，一場深刻的技術變革正在發生，而我們正處在這場變革的開端！

的確，近年來全球工業正處在這一場公認的重大技術變革之中，各國政府和工業界也在致力於研究、制定和實施各自的應對之道，以確保若干年後能立於不敗之地。關於這一場變革，德國稱之為「工業 4.0」，美國稱之為「工業互聯網」，中國政府則提出「中國製造 2025」，「從中國製造到中國智造」。此外類似的概念還有荷蘭的「智慧型工廠」、英國的「高價值製造業」、法國的「未來工廠」等。這些內涵尚不十分明確的概念「忽如一夜春風」般充滿了全世界，各國政要、各類機構、各方民眾，無不在紛紛暢想和談論未來製造業的景象。人類歷史上從未有任何時候像今天這樣資訊透明到全球可以共同討論未來。新工業革命已經撲面而來，勢不可當！

資訊之所以如此透明，其根本就在於互聯網這一關鍵推手和核心要素，使得人類的知識網路化，從而能夠展開對這樣一場未知的變革進行透明、透徹的探討。如果第四次工業革命真的如期而至，那麼，這將是人類歷史上光輝燦爛的一筆：

人類第一次成功地在事前預測了一次革命，而不是像以往一樣事後才意識到是一場革命。

革命的破冰號角首先在德國漢諾威（Hannover）吹響。

　　漢諾威是萊納河畔的一座小鎮，它原來的名字 Honovere 翻譯過來就是「高高的河岸」。曾經，這只是一個漁夫和擺渡者生活的小村莊，之後迅速成長為小市場聚落，而後取得城市權，並賣給了韋爾夫家族。一八六六年被普魯士吞併後開始迅速工業化，新城區新工廠的建成使其成為重要的交通樞紐。然而第二次世界大戰以後，整個城市的三分之二被轟炸成為廢墟，戰後的漢諾威徹底被打成白癡，工業體系全毀，因此決定從「會展城市」這一定位開始重建。

　　一九四七年八月十六日，漢諾威展覽公司以一百二十萬馬克資金註冊成立。在殘垣斷壁、缺少基本吃穿用度且經濟頹喪的幽靈徘徊不去的情況下，一九四七年八月十八日至九月七日舉辦的展覽會可謂是「破釜沈舟」之舉。一方面，「德國製造」需要得到外界認可和大量出口；另一方面，漢諾威市政府也要讓企業家、工人和政治家看到經濟的復甦，給他們打一針強心劑。

　　不得不說，這管「強心劑」造成了巨大的作用。幾乎所有人在此前都懷疑漢諾威無法與被稱為「博覽會之城」的萊比錫相比。出人意料的是，這次展會不僅圓滿成功，而且獲得了爆炸性的成效。作為一次臨危舉辦的展覽，我們不妨看看其令人顫抖的數據：在二十一天的展期中，來自總計五十三個國家的七十三萬六千名觀眾參觀了展覽會，一千三百家參展商在總計三萬平方公尺的展館內展出了他們的產品，簽訂的訂單及商業合約多達一千九百三十四份，總計金額三千一百六十萬美元左右。

　　三千一百六十萬美元在當時是什麼概念呢？根據「馬歇爾計劃」，一九四八年至一九四九年，德國總共從美國獲得資金援助

五億一千萬美元——三千一百六十萬美元可以重建十六分之一個德國。

第一屆「工業博覽會」之後，漢諾威一鼓作氣，在接下來的幾年裡上演了一部部「逆襲」傳奇，漢諾威工業博覽會逐步成為德國經濟奇蹟的標示：一九四八年，第一個電話通訊在展覽會和紐約之間建立；一九五〇年，擁有了第一個國外展商參展，並更名為「德國工業博覽會」（Deutsche Industrie-Messe）；一九六一年，官方正式採用「漢諾威工業博覽會」（Hannover-Messe）這一名稱，將其迅速打造為國際技術和工業的交流平台；一九八六年，CeBIT 資訊及通訊技術博覽會從漢諾威工業博覽會中分出，自此這兩個展會都成為展覽界的旗艦和新風尚的開創者。今天，漢諾威已成為世界最著名的會展城市之一，每年的展覽都會吸引全球超過兩百五十萬的觀眾前往參觀，參展商超過兩萬五千家，淨展出面積達到一百六十多萬平方公尺，僅漢諾威工業博覽會的展出面積就超過四十萬平方公尺。

漢諾威工業博覽會的巨大成功如有神助，以致人們深信其必有希臘神話中主管集市與交易的赫爾墨斯神相助，因此德國漢諾威展覽公司以赫爾墨斯的側頭像作為公司的標示（圖 1-3），直到今天。

如今，漢諾威的繁華程度從幾年前的一則新聞中可以略窺一二。

二〇一一年新年的前幾天，漢諾威市長親自對睡在商店、超市走廊裡的流浪漢進行慰問，並向他們派發新年紅包。

在攝影機前，這個剛上任不久，還在鞏固人心階段的市長問一

名流浪漢：「你最需要什麼？我們一定盡力滿足你。」

流浪漢很不耐煩地說：「你們每年都帶著記者問同樣的問題，但是我們最需要的不是麵包、棉被和關心，而是安寧！夜晚睡覺時，不會被沒完沒了大大小小的汽車喇叭聲吵得難以入眠，我渴望只有星光在頭頂上的寧靜夜色。」

圖 1-3　赫爾墨斯神作為漢諾威工業博覽會的 LOGO

且不說這個流浪漢當時是否被第歐根尼附體，但是相比於數量眾多的一過晚上十點就街上沒人的歐洲其他城市，漢諾威確實當之無愧為「工業會展第一城」。

工業 4.0 的概念誕生於此，也就不足為奇了。

工業 4.0 三教父

天時地利，「工業 4.0」這顆閃亮的新星已經呼之欲出。那麼，這個即將顛覆整個工業界的概念最終花落誰家？

歷史再一次證明了用功讀書的重要性：三位均擁有博士頭銜的教授——孔翰寧（Henning Kagermann）、沃夫岡・瓦爾斯特（Wolfgang Wahlster）和沃爾夫迪特爾・盧卡斯（Wolf-Dieter Lukas）於二〇一一年在漢諾威博覽會首次提出了「工業 4.0」的倡議——《物聯網與工業4.0革命》，並由此被譽為「工業4.0三教父」（圖 1-4）。

圖 1-4　Wolfgang Wahlster（左）、Henning Kagermann（中）、Wolf-Dieter Lukas（右）三位教授在漢諾威工業博覽會上提出「工業 4.0」（圖片：Acatech/Steffen Weigelt）

三人中最為大眾熟悉的當屬 Henning Kagermann，他甚至有個很對得起中國讀者的中文名叫孔翰寧。當然，相比於他的名字，更

令人印象深刻的恐怕是他那一頭「怒髮衝冠」的愛因斯坦式捲髮。事實上，孔翰寧也的確是一位科班出身的物理學家。一九七五年，孔翰寧在德國第一所工業大學——布倫瑞克工業大學獲得理論物理博士學位（在此兩百年之前的一七七七年，人類科學史上最閃耀的明星之一——卡爾・弗里德里希・高斯就出生於布倫瑞克，並且於一七九二年至一七九五年在這所大學上學）。之後孔翰寧博士順利取得教職，並在五年後成為布倫瑞克工業大學的物理和計算機教授。如果不出意外，孔翰寧教授接下來的人生應該是教學研究雙肩挑，發論文做項目兩不誤，最後桃李滿天下光榮退休。

然而，一九八二年，三十五歲的優秀青年孔翰寧被 SAP[4] 聯合創始人哈索・普拉特納（Hasso Plattner）相中，從此開啟了在 SAP 的截然不同的彪悍人生。孔翰寧從一進入 SAP 開始就幾乎是被作為接班人角色培養，十年不到就進入公司董事會，剛過知天命之年成為聯席 CEO，二〇〇三年起更是獨掌 CEO 大權——至此，他躋身於布倫瑞克工業大學傑出校友之列，常常和該校最著名的畢業生高斯同學排列在一起。

二〇〇九年從 SAP 光榮退休，年過花甲的孔翰寧並沒有立刻去享受含飴弄孫樂享天年的生活，而是走馬上任德國國家科學和工程院（acatech）院長，兩年後和另外兩位兄弟一起提出了工業 4.0 的倡議，再度為他一帆風順的學術生涯添磚加瓦。

4　SAP 公司是歐洲最大的軟體企業，總部設於德國沃爾多夫。SAP 有三個主要業務部門：商業軟體（如 ERP）開發，資訊技術諮詢和培訓。SAP 的全稱是 Systems Applications and Products in Data Processing，同時也是 SAP 公司的產品——企業管理解決方案的軟體名稱。

與孔翰寧類似，Wolfgang Wahlster 也是位「怒髮沖『光』」的教授。不過與孔翰寧相比，Wahlster 教授是位「專一」得多的學者，這一點從他的個人履歷上可以窺見。他上學時對德國漢堡大學情有獨鍾，在那裡從大學計算機系一直唸到博士畢業，是純正的「三堡」人士；畢業後很快拿到了薩爾蘭大學（Saarland University）的教職，並在那裡醉心研究，從一而終至今不動搖。期間甚至還無情拒絕了卡爾斯魯厄大學以及他的母校漢堡大學的正教授職位；自 1988 年德國人工智慧研究中心（DFKI）成立以來，Wahlster 教授就擔任科學總監，八年後升任中心主任和 CEO，之後又堅守崗位至今不動搖。不過 Wahlster 教授絕不是呆板無趣的「理工男」，他不僅把自己的這些經歷詳細列在個人主頁上，還精心點綴了一番自己的空間：貼滿了其在不同場合的大頭照，憨萌指數爆表。

　　Wahlster 教授專注人工智慧和物聯網領域幾十年，學術造詣頗深，出版過 14 部學術書刊，可謂著作等身。他在全球範圍內也名望頗高，在美國、日本、新加坡、義大利、比利時和捷克等國家的研究機構均有顧問委員會委員等學術兼職。憑藉如此精深的電腦科學積累和全球化的視野，也就難怪 Wahlster 教授能夠看到未來工業的核心就在於資訊物理系統（Cyber Physical System，CPS）——這正是工業 4.0 祕籍的首要祕訣。

　　Wolf-Dieter　Lukas 教授同樣擁有物理學博士學位。不過 Lukas 雖也被稱為教授（柏林工業大學名譽教授），但其從政熱情甚過前兩位同僚。Lukas 是德國聯邦教育與研究部（BMBF）的四朝元老，早年跟隨老部長 Jürgen Rüttgers 發布了德國第一部互聯網法律條

例。2005 年，前任部長 Edelgard Bulmahn 在離任前夕將其提拔為聯邦教育部八大司之一的關鍵技術司司長，負責關鍵創新技術研究——正是在這一職位上，Lukas 與上面兩位教授一起聯手打造了「工業 4.0」概念。

所以，現如今各大媒體裡常說的「三位德國教授」，就是以上提及的全球最大的商業解決方案供應商 SAP 曾經的領頭羊、時任德國國家科學與工程院院長的 Henning Kagermann，為人工智慧和物聯網奉獻一生的電腦教授 Wolfgang Wahlster，德國聯邦教育和研究部的高級官員 Wolf-Dieter Lukas。不難發現，儘管「工業 4.0」的初次亮相來自三位擁有教授頭銜的好友，但其「產官學」屬性是與生俱來的，在醞釀之初就早已注定。所以到二〇一二年，「工業 4.0」羽翼一豐滿，就飛離三位「教父」之手，轉而由德國工程院、弗勞恩霍夫協會、西門子公司等德國學術界和產業界接手，組成了工業 4.0 工作小組，並於當年十月向德國總理梅克爾提交了未來計劃「工業 4.0」報告草案。該草案被德國聯邦政府納為《高技術戰略 2020》的核心部分，獲得政府投資兩億歐元，梅克爾還親自為此站台。二〇一三年四月的漢諾威工業博覽會上，由「產官學」組成的德國「工業 4.0 工作組」發表了《德國工業 4.0 戰略計劃實施建議》，正式公布了工業 4.0 的說法。自此，這一概念不僅上升為德國國家戰略和國家法律，在很短時間內得到來自政府、企業、協會、研究院所的廣泛認同，還迅速地衝出德國，走向世界，面向未來。

全世界彷彿都如夢初醒了。

世界各地的廠商都開始不約而同爭先恐後地宣示他們的產品符

合所謂「工業 4.0」的理念，似乎各條生產線都在為工業 4.0 儲備多年蓄勢待發。頗令人感慨的是，一百五十年前在第二次工業革命中製成世界上第一台發電機的西門子公司，在一百五十年後的工業 4.0 戰略計劃中依然扮演著主導角色。一時間，街頭巷尾的咖啡店裡，白天黑夜的創業沙龍中，「指點江山」的網路、社群媒體上，人們熱烈地議論工業的未來和物聯網的前景，全世界的空氣都充滿了走進新時代的氣氛。

今天，在漢諾威打響「革命第一槍」的工業 4.0 概念已經在全球範圍內漸成燎原之勢。這不禁讓我們想起六年前（指二〇〇七年）的漢諾威工業博覽會，當時主辦方想增加一場 IT-based Service 主題展，竟被業界一致看衰，最後落得了撤展的下場……可見，即使是科學技術的發展，有時候也難免和股市一樣變幻莫測，起伏跌宕。就像最先提出狹義相對論的法國大數學家亨利·龐加萊（Jules Henri Poincaré, 1854-1912），早在一八九七年，他就發表了有關狹義相對論的文章 The Relativity of Space（《空間的相對性》）。一八九八年，龐加萊又發表《時間的測量》一文，提出了光速不變性假設。然而在當時並沒有引起業界足夠的重視，隨著愛因斯坦（Albert Einstein, 1879-1955）的 E=MC2 以及隨後閔考斯基時空模型的誕生，狹義相對論才逐漸被人們所接受，並進入大眾的視線。

歷史的進步總是一波三折。如今，作為「網紅」的工業 4.0 其實只是在正確的時間選擇了正確的平台，是天時地利人和的共同結果。

這同時也說明了，新一波以網路為核心的工業升級浪潮實是大

勢所趨，即使不是「工業 4.0」，也會有「工業 X」或「工業＋＋」
等出現，並成為「浪尖風口上起飛的那頭豬」。

工業革命 4.0 物聯網

第二章
當漢諾威遇到波士頓

　　德國的工業化道路就像他們的虎式坦克般穩重，美
國的工業化道路卻另闢蹊徑從互聯網入手。

從互聯到
新工業革命

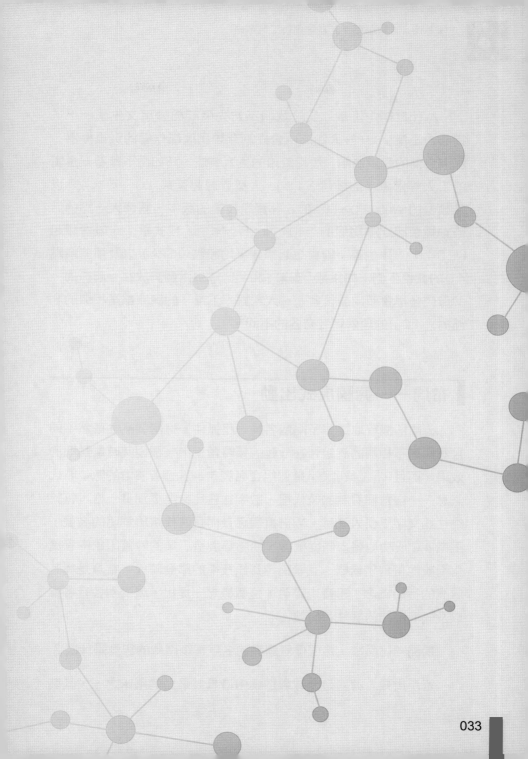

為什麼叫「工業 4.0」？我們不妨先隔著面紗望文生義一下。提起「工業」，一般人腦海中會立刻浮現出匡噹作響的沉重機器、膩滿設備的厚重油脂、煙霧滾滾的巨大鍋爐、汗如雨下戴著安全帽的工人等景象。而談起「4.0」，大概會想起藍芽 4.0、安卓 4.0 以及類似的 Web 2.0、HTML 5 等資訊技術的版本，腦洞大一點的話恐怕還會想起夢魘般的「404 Not Found」，「程式猿」一般會想起 NET 4.0，「學生黨」則會想起學業平均績點（GPA）以及那些績點 4.0 的資優生們。如果把「工業」和「4.0」這兩個詞放在一起抓周，父母們多半會傾向於後者——大家對「工業」的認識都是相似的，而對「4.0」的理解則各有各的不同。

布局——德國虎式出動

德國卻機智地選擇了兩個名詞一起抓住。這兩個品性截然不同且看似毫不相關的詞組合在一起，頓時營造出一種極其時髦熱門的效果。而且，「工業 4.0」這個組合名詞自身就透著濃濃的數位時代氣息——在這個看臉的時代裡，數字往往比文字更別具一格，符號往往比文字更引人注目。巧借這個應景而且時代烙印鮮明的名號，工業 4.0 成功地將人們從機器、油脂等製造工業的陳舊印象中春風化雨般地帶到了軟體、互聯網等資訊技術的摩登時代，當真是極其漂亮的行銷概念！事實也證明，這個概念一提出，就受到各行各業以及政府部門的關注和討論。

揭開神祕面紗，這個優雅漂亮的名字背後隱藏的究竟是什麼？

眾所周知，德國是全球製造業中最具競爭力的國家之一，其裝

備製造行業全球領先。這是德國在創新製造技術方面的研究、開發和生產，以及在複雜工業過程管理方面高度專業化使然。

官方對工業 4.0 的解釋是，「工業 4.0 包括將資訊物理系統（Cyber Physical System, CPS）技術一體化應用於製造業和物流行業，以及在工業生產過程中使用物聯網和服務技術」。

這種一體化的充分融合，從橫向來看，能實現價值鏈上企業間的集成；從縱向來看，能實現網路化製造系統的集成。此外，端到端的工程數位化集成也有助於打造工業產品和服務全面交叉滲透的「智慧型工廠」和「智慧型生產」，從而推進生產或服務模式由集中式控制向分散式控制轉變，實現高度靈活的個性化和數位化生產及服務，最終使生產更智慧，更高效，更快速，更經濟。圖 2-1 為工業 4.0 的智慧型工廠示意圖。

圖 2-1　工業 4.0 的智慧型工廠

我知道上面說的有點繞，沒關係，我們舉個例子。

假設你現在出門買鞋。剛走進鞋店，你的數據就被採集並分析

出來：你喜歡踢足球，運動頻率一週三次左右，右腳踝受過傷，所以需要額外做得更柔軟些……接著你選擇好鞋帶的樣式、鞋面的顏色，印上你喜歡的圖形或文字，很快，一雙為你量身訂製的鞋子就被 3D 列印出來了。

穿上新鞋，你打算去理髮。工業 4.0 世界中的理髮店裡早已見不到穿著緊身褲、留著非主流髮型、洗頭的時候問你要什麼價位洗髮精的 Kevin 老師（理髮師）了，取而代之的是智慧型理髮機──一坐上去，它就會根據你的身高、年齡、膚色、臉型和穿衣風格幫你推薦一款最適合你的髮型，當然你也可以無視它的這些建議，自主選擇不同的顏色和樣式，一切就像在玩「模擬市民」。

理完髮，你想起出門前答應兒子要給他的樂高買幾個配件──這樣可以使他的超級英雄看起來更酷；而你的小女兒則要求你給她的玩具屋加一個家用健身房──最近她癡迷養成遊戲，並把她的「模擬屋」建成了現代職業女性的風格，需要健身房和家庭影院。

玩具家具和玩具配件的可選種類向來少得可憐（而且還必須滿足孩子們的審美，雖然你一直抱怨這種審美是遺傳自他們的媽媽），但是這在工業 4.0 的世界裡完全不是問題。你來到了玩具店，先從門口的電子顯示器中選擇玩具的風格類型──從洛可可風格到星際迷航樣式應有盡有，點擊即可下載。你分別為孩子們挑選了美國隊長的盾牌和帶遊泳池的健身房，調整大小、尺寸、材質和顏色，然後輕擊「合成」按鈕，一張取貨牌從機器下端掉出。二十分鐘後，你憑藉取貨牌從 3D 列印窗口拿到了自己的訂製玩具。

你會說，上面的這個故事是我腦洞大開的胡言亂語，現實根本

不可能達到這個程度，工業 4.0 時代真的有這麼神奇？

其實我說的這些都是根據老大們提出的構想改編的。

還記得前面提到的那個著名德國小鎮漢諾威嗎？它有兩個全球規模最大的高端展覽，其中一個是宣布了「工業 4.0」概念的漢諾威工業展，另一個則是漢諾威消費電子、資訊及通訊博覽會。

以「數位經濟」為主題的二〇一五年資訊技術博覽會上就發生了兩件事。

第一件事是馬雲在開幕式上演示了螞蟻金服的 Smile to Pay 掃臉支付技術（這招太狠了，從此連剁手都無法拯救「買買買」的心了），並且當場為德國總理梅克爾網購了一九四八年漢諾威紀念郵票，技驚四座。

第二件事是前面提到的軟體企業 SAP 公司全球執行董事會成員及全球管理委員會成員陸凱德（Bernd Leukert）講給中國副總理馬凱聽的一個 SAP 與中國瀋陽新松機器人股份有限公司合作的「中國工業 4.0」的故事。故事的標題叫「一個機器人的『看病記』」，大致內容是這樣的：

在未來，工業場景中的每一台機器人身上都會安裝很多感應器，將機器人的壓力、溫度和振動頻率等各種各樣的指標數據採集並傳輸到 SAP 的雲端，並在雲端進行數據分析和預測，比如預測機器人的哪個零件損壞等。

在展會現場，陸凱德展示了一個能夠展現所有機器人運行狀況的介面。這時候，他發現有台位置在漢諾威的機器人顯示故障（真

的不是事先安排好的嗎），於是點擊進去瞭解到機器人發生了一些異常。接著他透過一個 3D 影片的指引，知道了具體損壞的零件，這需要專業的工程師去更換它。然而公司內部人力資源系統卻顯示沒有匹配處理此類問題的專業工程師。這可如何是好？不用擔心，SAP 的商業網路（Business Networks）可以發揮其全球互聯的優勢，最終在地球的某處找到了一名合適的工程師把機器人修好了。

就藉著這麼一個充滿老套感的故事，SAP 充分展示了推行工業 4.0 的滿滿誠意和前衛精神，當然也順帶為其商業網路產品線抓住了眼球，做足了廣告。不過，當我們從技術角度以管窺豹時，就能瞭解工業 4.0 的主要願景和關鍵技術：這是一個由物聯網、互聯網、雲端計算等技術連接起來的網路化、分布式智慧型生產系統。在該系統中，機器或產品將具有自行組織、自行強化、自行配置和自行診斷的智慧（圖 2-2）。

介紹了這麼多，聰明的你一定發現了一個問題：怎麼自始至終都是德國人呀？世界各地其他國家呢？怎麼都沒有反應？

其實，德國人之所以大肆宣傳工業 4.0，目的還有一個——為了確保德國未來的工業地位，其隱含的危機感也是明顯的，即就目前形勢判斷，德國核心工業地位已經或者將要不保。

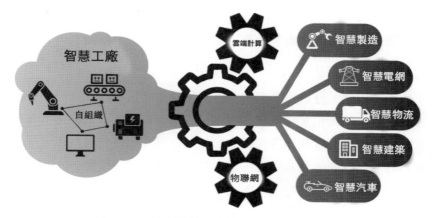

圖 2-2　物聯網等技術支撐的智慧型生產系統

　　這對於包括德國在內的西方國家來說絕非危言聳聽。得益於前兩次工業革命，西方國家在全球政治和經濟中舉足輕重，主導地位不言而喻。這種東西方對峙的格局在近幾十年來逐漸被打破，第三世界國家崛起，形成同樣具有全球決定性力量的政治和經濟勢力。在經濟和政治全球化的形勢下，西方國家已經不復當年的雄霸天下。在工業領域，德國機械設備製造業聯合會的一份統計數據表明，過去二十年間，西方主要工業大國的製造業占比均在走下坡路。許多人開始唱衰工業尤其是製造業，認為未來屬於第三產業即服務業。這是因為在製造全球化的趨勢下，越來越多的工業製造被遷移到成本更低的地方生產。以汽車工業為例，一輛所謂的「德國」汽車，可能是由在亞洲、歐洲或美洲製造的零件組成，甚至可能直接在相應的市場地區完成組裝。未來，隨著人口紅利逐漸減弱，傳統的工業製造大國必須思考如何在保證產品質量和可靠性的同時創新產品功用，增加產品附加價值，革新產品服務，以保證在新一輪的產業革命中屹立不倒。而德國在汽車工業、飛機製造和醫

療技術等產業分支內的經驗證明，透過互聯網和其他網路以及軟體、電子與環境的結合，生產出全新的產品和服務，是最有效的嘗試。

與此同時，歷次的工業革命使得工業生產過程以及產品本身的複雜性也在不斷增加。傳統的設備、方法、結構、過程乃至商業模式不足以適應和控制這種複雜性，從而這種複雜性會反過來倒逼工業界尋求一種新的商業模式，以取得全球性的競爭優勢。

因此，在這種形勢下，德國提出工業 4.0 既十分自然又絕非巧合。

眼看這個世界的發展趨勢就要由「心機 Boy」德國引領，這時候高空傳來美國人的一聲冷笑：居然敢動搖朕的地位！

▌出征——美國隊長的實力

二〇〇〇年，互聯網的概念剛剛在中國興起，經大陸資訊產業部批准，中國互聯網路資訊中心（CNNIC）終於推出了中文域名試驗系統，我們之中的絕大部分人剛剛開始享受網路帶來的巨大便利，沈浸在欣喜當中。

這時候，美國一家針對全球企業增長的諮詢公司卻開創性地在一份報告中提出了「工業互聯網」這個概念——用以指代複雜物理機器和網路化感應器及軟體的集成。這個含義和今天為大眾所熟知的工業互聯網並沒有本質的衝突，只是後來的內涵更豐富了。

這家公司就是弗若斯特沙利文（Frost & Sullivan）公司。

弗若斯特沙利文公司並不是專業的互聯網公司，也不是專業的製造業，它的主要業務是 IPO 過程中的行業顧問（主要是港股，也有部分美股和 A 股），但是業界名聲並不響亮，處於「行內人知道，行外人不知道也沒必要知道」的地位。

工業互聯網這個概念的提出為弗若斯特沙利文公司帶來了在工業製造領域的話語權，公司還順水推舟設立了「製造領袖獎」，每年在五星級酒店開開全球峰會，頒頒獎，這獎還頗受國際認可，二○一六年奇異（GE）公司就很高興地領了這個獎。

奇異公司確實當之無愧為「製造業領袖」，就是它在美國打響了「工業互聯網」第一炮。二○一二年十一月二十六日，奇異公司發布了白皮書《工業互聯網：打破智慧與機器的邊界》，正式提出「工業互聯網」的概念，旨在提高工業生產的效率，提升產品和服務的市場競爭力。

二○一四年三月，奇異公司聯合 AT&T、Cisco、Intel 和 IBM 公司在美國波士頓聯合發起成立了工業互聯網聯盟（Industrial Internet Consortium，IIC）。官方說法，這個聯盟的成立是「為了推進工業互聯網技術的發展、應用和推廣，特別是在技術、標準和產業化等方面制定前瞻性策略」，當然，其實「質」在於它們都瞄準了工業互聯網這塊大餅，想要搶占主要市場占比。

范德比大學工程學教授兼軟體系統研究院院長 Janos Sztipanovits 對於成立 IIC 的意義作了如下闡述：「我們正處於網路世界和物理世界交匯，歷經重大技術變革的重要時期。這場技術變

革具有廣泛影響，能夠帶來實實在在的利益，不僅可以造福於任何組織，而且還能造福於全人類。學術界和工業界均理解為工業互聯網確定和建立新基礎、共同框架和標準的必要性，並期望 IIC 確保這些工作能夠匯聚成一個緊密結合的整體。」

這五家巨頭組成的「工業互聯網戰隊」各有所長，以下分別簡單介紹一下它們的技能點以及「打怪」時的主要分工（圖 2-3）。

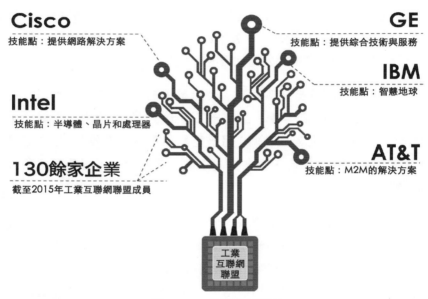

圖 2-3　工業互聯網戰隊

① **IT 供應商思科（Cisco）**。技能點：提供網路解決方案。這家取名為舊金山（San Francisco）詞尾的美國 IT 企業龍頭老大提出了萬物互聯（Internet of Everything，IoE），這也正是物聯網的概念。不得不說，這個知識產權概念的提出為聯盟自己掌控

解決方案鋪平了前進的道路。因此思科的主要分工是提供互聯網得以發展的基石：交換器、路由器、伺服器以及 VPN 和防火牆等。多八卦一句，二○一三年六月中旬，思科被愛德華・斯諾登（Edward Joseph Snowden）曝出參與美國的棱鏡計劃，據說美國國家安全局曾經透過思科路由器監控過中國的網路和電腦。

② **電信營運商 AT&T**。技能點：機器到機器（Machine to Machine，M2M）的解決方案。在通訊網路營運企業的眼中，所有的鏈接物除了人就是物體了，因此介入到工業領域一直是 AT&T 的理想。

③ **國際商業機器股份有限公司 IBM**。技能點：智慧地球（Smart Planet）。阿基米德說過：「給我一個支點，我就能撬動地球。」對於 IBM 來說，這個支點就是智慧的系統。

「深藍」是 IBM 公司生產的一台超級國際西洋棋電腦，重一千兩百七十公斤，有三十二個大腦（微處理器），每秒可以計算兩億步，其名字源自其雛形電腦「沈思」（Deep Thought）及 IBM 的暱稱「巨藍」（Big Blue）。一九九七年五月十一日，「深藍」在正常時限的比賽中首次擊敗了等級分排名世界第一的大師蓋瑞・卡斯帕洛夫。機器的勝利代表國際西洋棋歷史的新時代，也象徵著智慧系統的發展。

④ **半導體公司英特爾（Intel）**。技能點：半導體、晶片和處理器。這家「摩爾定律」的搖籃近年來除了勤勤懇懇為各大手機、電腦等智慧型設備商提供晶片服務之外似乎並沒有什麼大動作。但是據說 IIC 的對手工業 4.0 研究院 CPS 中心曾經邀請來自哈

佛的實習生對 Intel 的物聯網晶片布局進行過研究。從哈佛實習生跟蹤研究的結果來看，Intel 一直在物聯網晶片上進行標準化努力，可見其野心並不在於眼前小利，而是心懷「詩和遠方」。

⑤**最後出場的是聯盟幫主和戰隊隊長——奇異公司 GE（General Electric Company）**。技能點：提供綜合技術與服務，產業鏈涵蓋面廣。從愛迪生時代開始，奇異公司就一直以科技領先者的形象出現在世人面前。一八九六年，道瓊斯工業指數設立，奇異公司是當時榜上的十二家公司之一，時至今日，它是唯一一個仍在指數成分股的公司，可見其在製造業中的江湖地位。作為聯盟發起者，GE 提供了一個叫 Predix 的平台，其落腳點是軟體，看得出來 GE 期望未來轉型為一家系統軟體公司。目前，GE 成立了 GE Digital 公司，專注於 Predix 平台的開發和營運，而該平台也被 GE 等同於工業互聯網應用平台。

好了，我們總結一下（敲黑板）。Cisco 作為物聯網連接交換設備的廠家，大力推動 IoE 的概念，關注物聯網發展理所當然；AT&T 一直關注 M2M 的應用，這是所謂電信營運商口中 ICT 應用的基本技術；IBM 作為智慧地球和智慧城市（Smart City）的提出者，期望找到驅動智慧地球的新動力；Intel 在移動網路領域沒有形成類似於在 PC 領域的影響力，考慮新的領域（諸如工業）戰略布局是一個合理的選擇；GE 自己本來就有大量的工業設備，把這些設備連接網路並提供預測性維護，是內在產品服務需要。

這五家物聯網相關的企業發起工業互聯網聯盟，成立「戰隊」實在是水到渠成。

　　從技能點上來看，戰隊的五個成員基本上代表了有意願並有利益關聯的五家物聯網概念關注者，它們正在不斷「打怪升級」。例如，該聯盟準備集合共同資源，開發一些試驗台（Testbed），用以驗證工業互聯網相關的創新技術、應用、產品和服務等。目前已經推出包括用於手持設備資產定位與追蹤的 Track & Trace 試驗台，探索智慧型微電網的 Microgrid 通訊與控制試驗台，以及面向軟體定義的工業互聯網基礎網路架構服務的 INFINITE，提供工廠環境仿真及決策流程可視化的 FOVI 試驗台等技術原型。看起來，這個戰隊距離攻下工業互聯網這個終極 BOSS 好像已經不遠了。

　　截至二○一五年年初，該聯盟成員已經達到一百三十餘家，連西門子、華為等號稱要自己做工業互聯網平台的企業也未能抵禦該組織的誘惑，而工業互聯網所主導的技術變革也如火如荼，成為美國「製造業回歸」的中流砥柱。

　　其實不缺乏運行產業聯盟的企業，但真正運行成功的產業聯盟卻非常少。原因很多，其中參與企業自身創新能力弱與國際視野局限性大是一方面，缺乏一個良好的利益共享機制，無法發揮每個企業獨特所長，也是產業聯盟難以落地的重要原因。一個好的「戰隊」最關鍵的是發揮規模效應，各司其職和揚長避短。合作固然重要，但是也要懂得分工：眼耳口鼻舌各司其職，就是分工；五指握緊成拳，就是合作。但是，五指要能互用無礙，拳掌要能舒展自如，才能成為一個五官健全、身體正常的人。

　　在軍事作戰上，也有「分進合擊」戰術，經由不同的路線分別向目標包圍，才能一舉殲滅敵人。所以，合作時要全力以赴，分工時更要做恰當的安排。商場如戰場，如何借鑑學習美國工業互聯網

聯盟運行機制，這是需要我們深入思考的問題。

　　將敵軍對我軍的戰略上的分進合擊，改為我軍對敵軍的戰役或戰鬥上的分進合擊。

——《中國革命戰爭的戰略問題》第五章第六節

以上就是美國人提出的工業互聯網的發展歷程，這與德國人提出的工業 4.0 可謂一對遠隔重洋的孿生概念。

▌站隊——德國人還是美國人

如果要問這對「孿生兄弟」有何差異，首當其衝是生長環境和文化背景的不同。工業 4.0 誕生在傳統工業大國德國，側重點更在於生產與製造過程的智慧化、數位化。而工業互聯網源自資訊通訊產業遙遙領先的美國，更偏重藉助互聯網技術改善生產設備和產品服務。

此外，從這兩個國家提出相應概念的背景和動機而言，工業 4.0 可以算是對技術革新趨勢的一種被動適應，以保證在數位化道路上不被阻截性超車；而工業互聯網則更多的是主動出擊，希望保持和推動數位化的列車高速前進。換句話說，工業互聯網和工業 4.0 可以算是對未來網路化工業革命的兩種不同角度的看法：工業互聯網是 top-down，工業 4.0 是 bottom-up。工業 4.0 是以工業生產設備為核心的 CPS 為出發點，推進數據融合和服務共享，從而推及工業生產過程以及產品服務等；而工業互聯網則是從物聯網、

雲端計算、大數據分析等資訊技術的角度出發,將之應用於工業領域,改造工業生產的產品服務和管理過程等,進而倒逼底層的機器生產設備變革。圖 2-4 顯示了工業 4.0 與工業互聯網的參考架構。

當然,這些所謂的區別其實都無足輕重,因為作為一場技術變革,二者在核心理念和願景上是英雄所見略同的。不管以何種形式到來,不管最終被歷史如何描述,物聯網、大數據、雲端計算等技術在工業領域的深入應用是大勢所趨,逆之則亡。

將來,這種差別也會越來越小。二○一六年三月,工業 4.0 平台(Plattform Industrie 4.0)和工業互聯網聯盟(Industrial Internet Consortium, IIC)的代表在瑞士蘇黎世會面,初步達成了合作意向,取得了工業 4.0 參考架構模型(RAMI 4.0)和工業互聯網參考架構(IIRA)的一致性。

此次會議還得到以下結論:雙方就這兩種模型的互補性達成共識;以初稿對應圖來反映兩種元素之間的直接關係;構建清晰的路線圖,以確保未來的相互操作性。其他可能實現的議題包括在 IIC 測試平台和 I4.0 測試設備基礎設施,以及工業互聯網標準化、架構和業務成果等領域開展合作。

你看,未來就是這麼一個強強聯合、強者愈強的「馬太」世界。

凡有的,還要加給他,叫他有餘;凡沒有的,連他所有的也要奪去。

——《馬太福音》第 13 章第 12 節

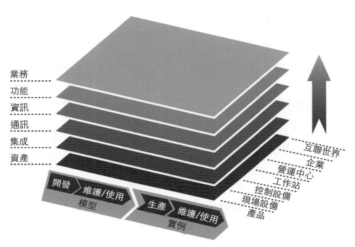

(a)工業4.0的參考架構

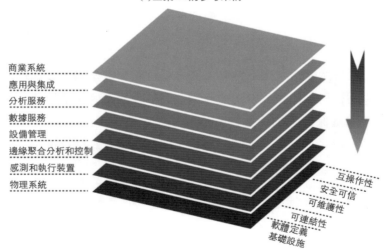

(b) 工業互聯網的參考架構

圖 2-4　工業 4.0 與工業互聯網的參考架構

縱觀過去的三次工業革命，從技術創新的角度可以視作兩波主

要的創新浪潮:「工業革命」(Industrial Revolution)和「互聯網革命」(Internet Revolution)。第一波創新浪潮綿延一百五十餘年,涵蓋了第一次和第二次工業革命,極大地改善了人們的生產水平和生活條件,狠狠地甩掉了賈平凹在《秦腔》中所描繪的「交通基本靠走,治安基本靠狗,通訊基本靠吼,娛樂基本靠手」的社會現實,更是徹底改變了「取暖基本靠抖,挖掘基本靠手,耕地基本靠牛,照明基本靠油」的農耕狀況。第二波浪潮伴隨著第三次工業革命,前後大約只有五十年,卻同樣讓世界發生了翻天覆地的深刻變革,特別是電腦和互聯網的發展,實現了人和機器對話、機器和機器對話、人和人透過機器對話、人與環境透過機器對話甚至人和未知的太空對話。

儘管互聯網發展快速,使得今天人們似乎又再次陷入「娛樂基本靠手」的「手機黨」抑或「低頭族」時代,但更多地,工業革命製造的全球性工業系統以及互聯網革命創造的開放式計算和通訊系統,正在以某種不易察覺的運行軌跡碰撞、接軌和融合,醞釀更為猛烈的第三波創新浪潮(圖 2-5)。

圖 2-5　工業互聯網創新浪潮源自工業革命和互聯網革命

　　這一波正在不知不覺發生的創新浪潮，也拍上了東方的海岸，並造成了巨大的迴響。

　　二〇一五年五月，中國正式發布《中國製造 2025》規劃，作為中國工業未來十年的發展綱領和頂層設計，旨在將中國從一個「製造大國」轉型為「製造強國」。這個規劃可以看作與工業 4.0、工業互聯網同時代的東方巨響。

　　在這裡，不得不誇一下中國人取名字的創意。前面説過，數字並不只是數字符號，它還是一種特殊語言，有很多表達效果。很多東西加上數字以後就會顯得很權威，很有説服力，並且更容易朗朗

上口。舉個例子，我們大家都習慣說什麼「二八定律」，其實這只是一種數量關係，真的是二八還是三七或者四六都不重要，重要的是它比原名「帕雷托法則」表現出來的衝擊力要強多了。

現在你已經知道，「工業 4.0」跟「工業互聯網」其實體現的是同一種理念，但為什麼前者就比後者「紅」得多，道理就在於此。你想，既然叫 4.0，那就是說過去有 1.0、2.0 和 3.0，未來說不定也會進化成 5.0，雖然工業革命是否發生到第四個階段我們不得而知，但是這個概念的提出就產生了一種正在進行時的效果，產生了超出數字本身的效果，既好記，也給人們留下了想像的空間。

所以我們來看「中國製造 2025」，這是一個開門見山的命名，時間、地點、事件三要素都清楚明白。如果說工業 4.0 或者工業互聯網都是要在全球範圍內推動工業升級，中國製造 2025 則更多地結合了中國的國情，立足於中國的現狀，是自帶了鮮明「姓氏」的。從這個意義上講，「中國製造 2025」比之於工業 4.0 和工業互聯網，其目標更明確，內涵更確切，路線也相對更清晰，不得不點個讚（圖 2-6）。

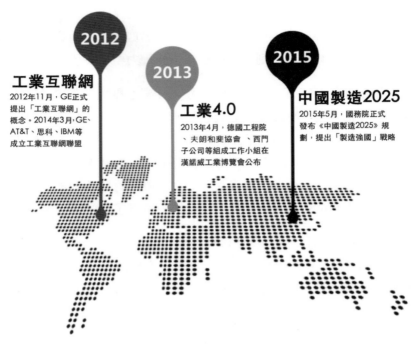

圖 2-6 中國製造 2025 與工業互聯網和工業 4.0

　　這份規劃的全文在網路上很容易獲得，有興趣的讀者可以自行研讀，這裡不再贅述。總體上，在這一場競速之中，中國面臨著不容小覷的挑戰，也擁抱了不可限量的機遇。或許中國依靠資訊技術、市場空間和人才隊伍等優勢拉動工業發展，能夠跨越在工業 2.0、工業 3.0 時代落下的差距，實現超車。

　　當前，不僅中國，處於世界工業第一梯隊的美、日、法等已開發國家都打起十二萬分的精神，舉著「再工業化」、「再興戰略」、「工業復興」等類似大旗，實行工業轉型升級，確保戰略地位，避免被洗牌出局。當然目前還沒有哪個國家或企業真正達到了工業

4.0 階段，即使是首推工業 4.0 並為此建立全球僅有的高科技未來工廠的西門子公司，也只敢自稱其未來工廠為「工業 3.5」。對於今天，我們或許可以俏皮地說，全球各工業大國，如果不是處在工業 4.0 的道路上，就是處在去往工業 4.0 的道路上。

對於這一條道路及其所通往的未來，工業 4.0 更傾向於對結果（第四次工業革命）的概括，而工業互聯網則更多是這場革命的契機、手段和產物。因此作為一本側重技術的書籍，本書更多時候採用工業互聯網一詞，但其所指代的內涵首先不等同於德國所提出的工業 4.0 的說法，同時也並不局限於 GE 所提的 Industrial Internet 或者 Industrial Internet of Things。

工業互聯網的前世今生都已說完，擦擦黑板，拿出粉筆，我們要開始說技術了，你做好準備了嗎？

從互聯到
新工業革命

第三章
互聯與智慧：工業革命升級技能點

　　你也許知道摩爾定律，可是你聽說過吉爾德定律嗎？梅特卡夫定律呢？後兩者同摩爾定律一起將我們帶入了萬物互聯、人工智慧的時代，在這個時代裡，數位化漫山遍野，網路化在上面「野蠻」生長，結出智慧化的果實。

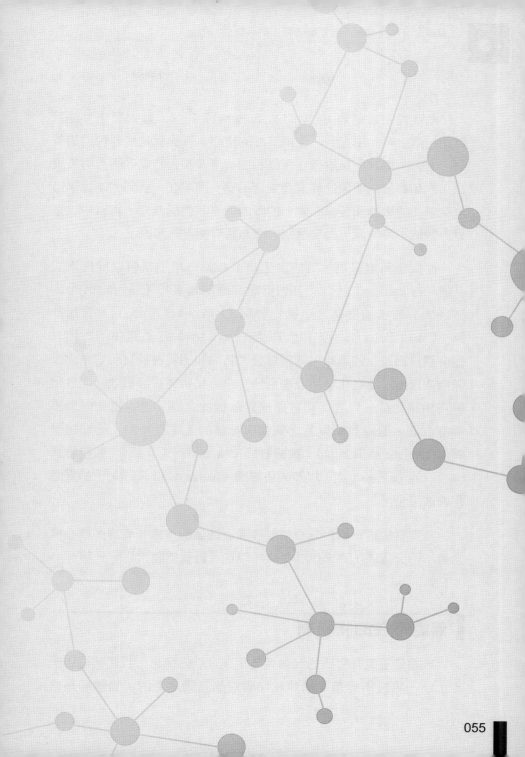

尤瓦爾‧哈拉瑞（Yuval Noah Harari）在《人類大歷史：從野獸到扮演上帝》中提到，工業革命的核心，其實就是能源轉換的革命。過去，能源所指對像往往是石油、煤炭和天然氣等不可再生資源，人類終日為能源的耗盡而惴惴不安。而現在，我們的能源來自無窮無盡的數據和資訊，唯一的限制就是我們的無知。可以說，這世界缺的不是能源，而是讓我們能夠駕馭能源的知識。

從技術角度來看，第四次工業革命是一場工業領域從嵌入式系統（Embedded System）到資訊物理融合系統（Cyber Physical System）的技術變革，透過物聯網（Internet of Things）、雲端計算（Cloud Computing）和大數據（Big Data）在工業中的應用，促成基於網路化的革命。其關鍵技術特點和困難在於實現智慧化設備自知自治、泛在化網路互聯互通、中心化數據實時實效、開放化服務相輔相成，建立能夠在連線對象彼此之間、連線對象與外部環境之間、連線對象與人之間共享智慧的工業互聯網，形成物聯網（Network of Things）、數據聯網（Network of Data）、服務聯網（Network of Services）以及人員聯網（Network of People）的網路化開放平台。

其實對於這一場尚未發生就被廣泛議論的革命，有許多核心概念還不十分清晰，亦未達成共識。現在，讓我們開始逐一分解。

無處不在的物聯網

無論是工業互聯網的願景還是工業 4.0 的構想，我們都可以確定，這一場技術變革是構建在物聯網的基礎之上的。物聯網是這

一場技術變革的核心動力和基礎依託。國際上在議論工業互聯網時，「工業互聯網（Industrial Internet）」和「工業物聯網（Industrial Internet of Things）」是不加嚴格區分而是交替使用的，所以大家不要被中文的字面不同搞糊塗了。計算科學進入到人透過網路化的設備感知世界並與自然交互這個階段，CPS（美國自然科學基金委員會提出）、Smart Planet（IBM 公司提出）和物聯網（歐盟國家和亞洲較多使用），這些指的都是萬物互聯理念下的技術與未來。

物聯網（Internet of Things，IoT），直接或間接將所有真實的物體連線。透過物聯網可以對機器、設備、人員進行集中管理、控制，也可以對家庭設備、汽車進行遙控，以及搜索人和物的位置、防丟和防盜等，同時透過收集細微的數據，聚集成大數據，完成重新設計道路以減少車禍與壅擠塞車、都市更新、災害預測與犯罪防治、流行病控制等社會的重大改變。

「為山九仞，非一日之功。」物聯網經過十幾年的發展，在未來工業中扮演核心角色是技術發展的必然。在我們進一步解釋這個「必然」之前，不妨先回頭看看電腦的歷史。

首先是領域裡的「鎮界三定律」，摩爾定律、吉爾德定律和梅特卡夫定律，它們分別與計算性能、網路頻寬和網路規模三個方面相關（圖 3-1）。其中最著名的當然是家喻戶曉且久經考驗的摩爾定律。前面說過，摩爾定律以其最初的提出者英特爾公司的創始人戈登·摩爾（Gordon Moore）命名，印象模糊的讀者可以往前翻翻書複習一下定義。

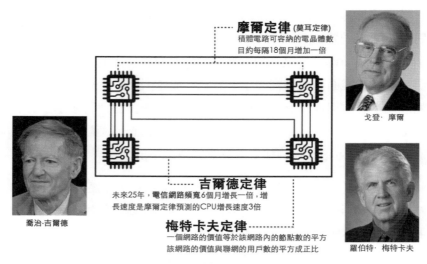

圖 3-1　計算科學三定律

與摩爾定律類似的還有一個叫「貝爾定律」（Bell's Law）：微處理器的價格和體積每十八個月減少一半。該定律是摩爾定律「微處理器的速度每十八個月翻一倍」的補充，這意味著同等價位的微處理器的速度會越變越快，而同等速度的微處理器則會越來越便宜。

再來看吉爾德定律。其提出者喬治‧吉爾德（George Gilder）是數位時代三大思想家之一（另外兩位分別是尼古拉斯‧尼葛洛龐帝（Nicholas Negroponte）和馬歇爾‧麥克魯漢（Marshall McLuhan）），同時也是作家、經濟學家和未來學家。一九八○年代，吉爾德是供應學派經濟學的代表人物；一九九○年代，他是新經濟的推手。他寫過一本非常轟動的書，叫《通信革命》。這本書讓比爾蓋茲深省，帶動了兆美元股票價值，也讓他被冠以「瘋狂喬

治王」之稱號。

「瘋狂喬治王」原指英國國王喬治三世。歷史上記載他原本是英明仁慈的一國之主，在位期間甚至戰勝了拿破崙，但執政後期突然染發怪病、舉止瘋狂、被迫退位。當然寫在紙上的歷史不能完全相信，這一點全世界相通。我們先不去質疑喬治三世是否真的瘋了，先來看看當代的這位「喬治王」都做過哪些光輝事蹟。

一九九〇年代中期，喬治・吉爾德開始熱烈擁抱光纖技術、無線通訊技術以及各種變革通訊產業的新技術，為他們搖旗吶喊，引導了無數的資金進入這個不斷升溫的領域。《通信革命》就是他革命理論的集大成者，可稱為二十年前的「風雲第一書」。全書共分：新的「光」、新的通訊技術、應對豐富的頻寬、通訊世界的凱歌和「光」的意義共五大部分，既富有技術內涵，還詩情畫意，幾乎每一部分都可以很快抓住讀者的注意力。

一九九六年七月，依據《通信革命》書中的論點，吉爾德公開預測高通（Qualcomm）公司的 CDMA 技術將成為標準，其未來不可限量。一年之後，高通股票一直飆升二十七倍。同樣的故事發生在 JDS Uniphase，這個專注於光纖網路的設備公司最早於一九九七年六月進入吉爾德的報告，此後，股票一直高昇三十八倍之多。其他股票如 Broadcom、Applied Micro Circuits、Level 3 和 Terayon 等也一樣神奇。

一時間，喬治・吉爾德的個人寫作月刊《吉爾德技術報告》（The Gilder Technology Report）洛陽紙貴，華爾街股票分析師人手一份。《華爾街日報》宣稱：「吉爾德的隻字片語就能影響股價」。

他還就技術產業發展趨勢問題，與比爾蓋茲、英特爾的安迪·葛洛夫，以及乙太網發明人梅特卡夫等展開過一次次論戰，每一次都大獲全勝。

他同時還是一個非常有人格魅力的人，時而深奧，時而幽默；時而講解玄妙的理論，時而信手拈來趣聞軼事；時而富有啟蒙，時而讓你暈眩。他侃侃而談關於網路本身，關於網路對經濟、社會和日常生活的影響，他是當時華爾街的「國民老公」，所有人為之瘋狂。

轉折點來自二〇〇〇年的互聯網泡沫。

由蓋瑞·溫尼克（Gary Winnick）集資成立的環球電訊（Global Crossing），被吉爾德看好並捧為最值得投資的股票。二〇〇〇年互聯網泡沫開始破滅，到了二〇〇一年中，面對質疑，吉爾德還極力辯解：「如果環球電訊會破產，我就把自己的房子都賣掉。」他預測兩家電信公司（環球電訊和 360networks）「將會角逐全球王者寶座，但在一個數以兆美元計的大市場中，不會出現輸家。」

失去對未來世界的掌控，吉爾德陷入瘋狂。但是那些年月，有誰不瘋？整個世界都瘋了。在中國亦不例外，在房價平均不高於兩千元人民幣的年代，就有住在數據局樓上的大媽把自己的房子賣出幾十萬元人民幣一平米的宇宙中心價，只是因為一個 DOT COM 公司需要一個網路機房炒作點擊率。

到了二〇〇二年一月二十八日，環球電訊依照美國破產規則第十一章申請破產保護，創下美國電信產業最大破產事件，同時也是美國歷史上第四大破產紀錄。此時公司股票價值僅剩十二億五千萬

美元，與高峰期的四百八十億美元相差天淵。那年我在念博士，大家對這個事情都不能理解和接受。有一個很有意思的笑話：說兄弟倆各自得到兩千美元遺產，哥哥是個懶鬼，每天買了啤酒「開爬梯」（指 Party），空啤酒罐子扔得到處都是；弟弟拿錢買了環球電信和 MCI 以及北方電訊的股票。沒想到幾年之後，弟弟的股票價值還不如哥哥的空酒罐子賣的錢多。

股市的慘跌也讓吉爾德血本無歸。房子被抵押，曾經眾星捧月的演講沒人來聽，他的報告依然出版，但是訂閱量下滑得慘不忍睹。有一天他失魂落魄地走在路上，迎面遇到一個認出他的股票分析員。「你究竟是個惡棍還是弱智？」那位分析員大聲指責道。

曾經，我是最好的股票推薦者。當然，後來，我就成了最差的。過去兩年內，我推薦的股票起碼下跌了百分之九十以上，如果它們現在還活著的話。

——喬治‧吉爾德

在投資者們追隨吉爾德而大發其財的日子裡，他們更多以沈默表達感激，但是在損失慘重時，過去大豐收的記憶就煙消雲散。僅僅記住吉爾德今天的慘敗是不公平的，在他的推薦記錄中，更多的歷程是輝煌。吉爾德能夠成為投資者的「教主」，也不是依靠鼓吹理論，而是來自實踐。如果有哪支股票能夠躋身於他的 Telecosm Technologies 名單，這家公司的股價就會扶搖直上。後來，你已經搞不清楚究竟是吉爾德的推薦推動了股票還是他準確地預測到了該公司的發展潛力。他與投資銀行的分析師不同，他推薦股票從來不是以價位作為主要指標，而是不管價格如何，重點評述該公司的技

術和產品是否具有發展潛力。投資者只有自己比較他推薦前後的股價走勢才能衡量他的準確性。

當一個未來學家是一件危險的事情，因為未來總有著一種「頑皮」的習性，喜歡沿著你預測之外的方向發展；當一位披著未來學家外衣的股票推薦者更是危險百倍，因為股市有著一種更「骯髒」的習性，喜歡跌宕起伏，總有下跌的一刻把你的成就消滅殆盡。

吉爾德如是，十五年後寫貨幣戰爭的宋鴻兵也如是。

言歸正傳，吉爾德定律（Gilder's Law）指的是，在未來二十五年，基幹網的頻寬每六個月增長一倍，其增長速度是摩爾定律預測的 CPU 增長速度的三倍。這一事實表明頻寬的增加早已不存在什麼技術上的障礙，只取決於使用者的需求——需求日漸強烈，頻寬也會相應增加，而上網的費用自然也會下降。會有那麼一天，人們因為每時每刻都生活在網路的包圍中而逐漸忘卻「上網」之類的字眼。

梅特卡夫定律則是羅伯特‧梅特卡夫（Robert Metcalfe）在一九八〇年提出、一九九三年被正式規範定義的。這位出生於布魯克林的史丹佛資優生是乙太網的發明人，其創立的 3Com 公司為 IBM 生產了世界上第一塊網卡。他和賈伯斯一樣，後來被自己創立的公司和自己找來的 CEO 趕出公司管理層，與賈伯斯不同的是，他沒能王者歸來，而是眼睜睜看著 3Com 公司走到窮途末路。圖 3-2 就是老帥哥梅特卡夫獲得美國國家科技獎（National Medal of Technology）的場景，這個獎的含金量在美國差不多相當於諾貝爾獎。憑著這個獎，梅特卡夫被趕出自己創辦的公司之後還能去德州

大學奧斯汀分校穩穩地當了個教授。梅特卡夫定律指出，網路的價值與網路使用者數量的平方成正比。即網路的價值 $V=K\times N^2$（K 為價值係數，N 為使用者數量）。

　　這個定律後來被許多人質疑，因為它認為所有網路節點都是對等的，而忽略了不同節點和連接之間的差異性。舉個通俗的例子，你和李遠哲李老先生是忘年之交，同時家裡湊巧也有一位親戚老李大名叫李遠哲，這個定律的問題在於它把「李老師」和「老李」這兩個人以及「你認識李老師」和「你認識老李」這兩件事都等同視之。

圖 3-2　羅伯特‧梅特卡夫獲得美國國家科技獎（圖片源於網路）

梅特卡夫定律提出三十多年以來，學術界對其有不同的觀點，但一直並沒有特別好的實證。但到了今天，這條定律突然煥發出旺盛的生命力，最重要的原因是「抱上了互聯網老大們的大腿」。二〇一四年，梅特卡夫教授自己發表了一篇文章，用 Facebook 的數據對梅特卡夫定律做驗證，發現 Facebook 的收入和其使用者數的平方成正比。隨後，中國有學者亦採用相同的方法，驗證了騰訊的收入和其使用者數的平方成正比，圖 3-3 展示了梅特卡夫定律的擬合結果。

　　互聯網是開放的，但並不平等。互聯網經濟的一個重要特徵就是贏者通吃，這一特徵進一步被今天的創業大眾總結成一條互聯網行業的鐵律，叫做「數一數二，不三不四」。梅特卡夫定律告訴我們網路的價值與使用者數的平方成正比，這意味著使用者數相差不多會導致網路價值相差很多。進一步地，落後者未來獲得新使用者、新資源的機會都要比領先者小得多。梅特卡夫定律加劇了互聯網的馬太效應。因此，投資者往往會極為重視互聯網企業的行業地位，他們會願意付出高溢價來購買領先者的股權。

　　這也就是我們常掛在嘴邊的「使用者為王」。

　　多說一句，很多實體企業宣稱轉型互聯網會特別容易獲得資本的認可，這是因為，與互聯網創業企業不同，實體企業已經積累了相當的客戶資源。市場往往相信其在傳統產業中的使用者可以順利地從線下導入到線上，因而願意為這樣的企業支付溢價。二〇一五年的「O2O（Online-To-Offline）熱」也由此而引發。當然，資本的認可並不完全等於市場的認可。熱度過去之後，還是要看產品。

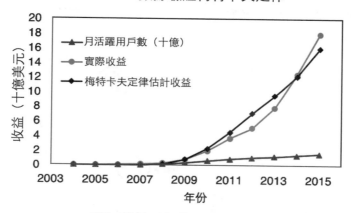

Facebook數據驗證梅特卡夫定律

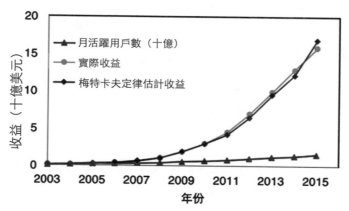

騰訊數據驗證梅特卡夫定律

圖 3-3　Facebook 數據和騰訊數據驗證梅特卡夫定律

　　以上三條定律都指向了同一個結論——我們正處在並將長期處在一個萬物互聯的時代，接入網路的設備達到了史無前例的規模（圖 3-4）。據思科公司估計，二〇一五年全球已經有超過一百五十億產品接入互聯網；到二〇二〇年，這個數字至少達到

三百億。我們現在確實是身處一個前所未有的時代：無處不在的設備，無時無刻的網路，產生著無可估計的數據，也蘊藏了無可比擬的價值。

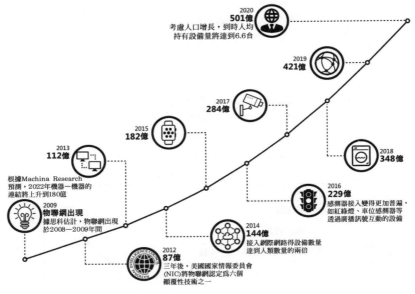

圖 3-4　互聯設備增長

　　光是將全球絕大部分設備都接入互聯網，事情就很需要點想像力了。如果再將數據、服務等也作為連線對象考慮，事情恐怕就超乎想像了！

　　雖然超乎想像，但並非不切實際。物聯網正在將這些想像轉變為未來世界的現實。

不是人工智慧的智慧

當我們談論未來世界的模樣時，特別是談論未來工業的前景時，還是不能免俗地提到「智慧」二字。不過不同語境下的智慧使用的英文詞是不一樣的，談到智慧型工業、智慧型電網，使用的往往是 Smart 這個詞，而人工智慧則使用 Artificial Intelligence（簡稱 AI）。為了大家理解方便，我們先來說說人工智慧。

自從 Google 的 AlphaGo 戰勝了世界冠軍李世石之後，「人工智慧」這個詞瞬間在全世界範圍內掀起了軒然大波，隨之而來的還有關於未來的各種討論，似乎用不了幾年人類就會被邪惡的科學家造出來的機器人滅族。

只能說，大家想多了。

其實人工智慧突出的是機器的反應方式能夠類似人的智慧。而且近半個世紀以來，人工智慧的發展歷程很坎坷，機器能否有智慧一直是一個有爭議的課題。許多科學家並不認同目前機器的「智慧」是真的智慧，因為畢竟電腦所能完成的任務（即使是以遠高於人類的效率完成）都是人類預先定義好的，並沒有超出人類自身的認知範疇或者能力限制。

這是由於存在一些無法克服的基礎性障礙。

障礙之一是電腦的運算能力。早年的電腦有限的記憶體和處理速度幾乎沒法解決任何實際的 AI 問題。例如，羅斯・奎廉（Ross Quillian）在自然語言方面的研究結果只能用一個含二十個單字的詞彙表進行演示，因為那個時候記憶體只能容納這麼多。

計算被一個稱為計算複雜度（Complexity）的概念制約著。除了一些最簡單的情況，要想解決很大一部分可以被稱作「智慧」的問題，都需要指數時間才能解決，就是我們常說的 NP 難，處理對象集合稍微大那麼一點，需要的時間就近乎無限長了。這就類似棋盤上擺米粒的橋段，據說古時候一個下棋贏了國王的大臣要求的獎勵是在棋盤第一個格子擺一粒米，以後每個格子米的數量翻倍，結果國王發現全國的米都用上也無法擺滿那個區區六十四格的棋盤。簡言之，大部分問題都算不過來。

其二是電腦對真實世界的感知能力。到目前為止，人類研究的人工智慧在「智力」上已經很高，但卻依然無法像人類一樣感知世界。哪怕是當今「學霸」的人工智慧系統，其感知現實世界的能力都很難和一位年邁老人相比。人們早期曾經有個錯覺，以為如果人工智慧解決了比較困難的問題（比如邏輯和代數運算），就可以輕鬆解決容易的問題（比如環境識別）。後來發現真相卻頗有哲學意味，那些所謂的困難問題是對人類而言困難的問題，而對於人工智慧來說，「困難的問題是簡單的，簡單的問題是困難的」。這個問題也被莫拉維克抽象為一個悖論（Moravec's Paradox）：對電腦而言，實現邏輯推理等人類高級智慧只需要相對很少的計算能力，而實現感知、運動等人類低等級智慧卻需要巨大的計算資源。

其三是推理和邏輯框架。一般性的智慧型系統其實是一種基於知識的系統，常識問題是其核心之一，比如如何進行清晰的常識表達以及如何運用這些常識進行推理。然而，即使擁有龐大的知識庫，人工智慧也無法像人類一樣，在沒有老師的情況下還能自行推理並進行聯想學習。所以人工智慧要模擬人的智慧，其難點不在於

人腦所進行的各種必然性推理（數學證明之類的東西），而是最能體現人的能動性和創造性的不確定性推理。而人類的這種常識推理往往具有非單調性、非協調性和容錯性等。舉個例子，知識庫可能是不協調的、有矛盾的，但這種不協調對於人類進行合理的推理行為影響甚微，對電腦進行推理的影響卻巨大。近年來邏輯學家和電腦科學家發展出一些非經典的邏輯，比如非單調邏輯（Non-monotonic Logic）和次協調邏輯（Paraconsistent Logic）等，就是試圖解決這一問題。

> 人的頭腦不是一個要被填滿的容器，而是一支需要被點燃的火把。

——德謨克里特

這幾方面說白了，就是裝備差（運算能力有限）、技能少（新的算法還沒開發）、經驗值低（沒有足夠的數據），想打怪練級發現打不過（「智慧」問題都太複雜）。

有些時候困擾大牌專家的問題聽起來都讓外行人非常不理解。舉個例子，一個經常玩大老二的撲克牌愛好者，有時候也會忽然出一些昏招，比如忘了還有一個二沒出，而出 A 最後導致全盤失敗，但是這個人的偶爾失誤通常是可以理解的失誤；可是一個一直運行良好的人工智慧程序就不一樣了，它的失誤就可能直接把自己的智商降成比初學者還不如，瞬間成為一個完全的傻子。這個人工智慧「強健性」問題，就導致了人工智慧和人類智慧的巨大鴻溝。

雖然單個計算設備的智慧十分有限，但資訊的網路化卻真槍實

彈地在發現貨真價實的新知識。進入 Web 2.0 時代以來，人們深深跌入一個碎片化閱讀的時代，但另一方面，我們也能感受到網路化的資訊所帶來的喜悅。這種喜悅來自於網路化蘊含的巨大能量——人類的知識和能力透過網路的管道連接到一起，以計算的方式聚合成一體，將突破這些知識和能力的總和。

這不禁讓人想起一個思想實驗：無數隻猴子在無數台打字機上隨機地打字，如果持續無限長的時間，那麼在某一個時刻，牠們會打出莎士比亞的著作。這就是「無限猴子定理」，也叫「猴子和打字機」實驗，本意是用來闡釋「無窮」的本質。就跟薛丁格不明生死的貓、缸體大腦等其他著名的思想實驗一樣，在三維空間裡，八成我們沒辦法驗證猴子們究竟能不能打出莎士比亞作品。

但人類還是發現了開外掛的方法。

大家都知道，有一種遊戲外掛是可以讓你的角色二十四小時掛網然後可以實現按鍵的自動輸入（打怪或者搶寶物），你只要預先錄製好連續按鍵動作，再透過指定某些按鍵的組合來觸發，就可以模擬真人重覆進行按鍵的輸入。有時候掛上一晚比自己辛辛苦苦打一星期的收穫還要大。

二〇〇八年，華盛頓大學結構蛋白科學家 David Baker 設計開發出一款名為 Foldit 的在線蛋白質折疊遊戲，這款 Foldit 遊戲讓玩家用各種氨基酸自由隨意組裝蛋白，最終拼湊出目標蛋白的完整結構（圖 3-5）。

藉助全世界幾十萬普通玩家的群體智慧，David Baker 迅速攻克了許多蛋白結構未解之謎，其中一個蛋白結構據説曾困擾科學

研究者十五年之久。這個與愛滋病毒相關的蛋白結構，竟然在短短十天內被 Foldit 的大量業餘使用者輕易破解。有趣的是，David Baker 也頗具玩世不恭的精神，不僅大膽把「多人連線遊戲」（Multiplayer Online Game）直接放在論文的標題中發表到全世界最權威也最具名望的科學期刊《自然》雜誌上，更是光明正大地在論文作者欄大書特書「超過五萬七千位 Foldit 玩家」——他們所屬的機構則是「全世界」（Worldwide），簡直相當於直接告訴伺服器「我開了外掛」。

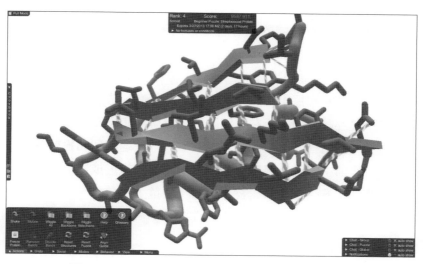

圖 3-5　在線蛋白質折疊遊戲 Foldit（圖片來源網路）

Foldit 完成蛋白結構突破的方式就是使用了近幾年炙手可熱的眾包（Crowdsourcing）思想，利用零散的非專業使用者完成大規模複雜的專業性感知或計算任務。在 Foldit 這個例子裡面，絕大多數參與玩家不具有蛋白質研究的任何知識，甚至不知道蛋白質結構

為何物，就像遊戲外掛並不知道自己操作的那幾個鍵是什麼意義一樣，但最終卻恰恰是這些使用者的參與完成了資深蛋白質專家尚且需要花費畢生精力才可能攻克甚至無法攻克的科學難題。

更不可思議的是，這些新攻克的結果不僅超出了所有參與者所具備的知識總和，甚至超出了人類認識的邊界——發現了新的知識！而完成這樣一個巨大飛躍，倚靠的並不只是一位聰明絕頂的科學家、一個高級的算法或者一台超群的電腦，而是一個將大量使用者的知識聯合到一起的網路化平台。

其實，工業互聯網的核心就是透過資訊網路使原本割裂的工業數據實現流通，從而變成一個「智慧型網路」。我們可以概括為「感、聯、知、控」四大環節：首先，複雜多樣的工業生產實體智慧地識別、感知和採集生產相關數據，即「感」環節；之後，這些工業數據在互聯互通的泛在化網路上進行傳輸和匯聚，即「聯」環節；再次，對這些網路化的工業大數據進行快速處理和實效分析，即「知」環節；最後，將數據分析所得到的資訊形成開放式服務，從而回饋到工業生產，即「控」環節。根據上述特點，我們定義工業互聯網為「三網四層」結構（圖 3-6）。

圖 3-6　工業互聯網「三網四層」結構

　　從下到上，我們依次來看。首先是智慧感知層。這是指複雜多樣的工業生產實體（如機器、機組、物料以及生產人員等）實現對於自身狀態、環境資訊和其他實體的識別、感知和交互協作，從而實現不同生產實體之間的深度協同。這一層是打通物理世界和數位世界的橋樑，是資訊物理融合的核心。

　　第二是網路互聯層。多元連線對象組成的異構複雜網路之間形成彼此互聯互通的泛在化網路，使得所有連線對象可以隨時隨地接入網路，實現資訊和數據在不同連線對象、不同生產環節和不同生產部門之間的高效傳輸和流通。網路化是第四次工業革命的主要特

徵，網路互聯則是奠定數據和服務等不同層的關鍵基礎。

第三是數據分析層。網路化的數據有些在傳輸過程中被即時處理，更多的則是匯聚到中心節點後被集中處理。數據分析層負責工業大數據的存儲、處理、建模、挖掘和優化等方面，為面對工業生產應用的服務提供數據支撐和決策依據。

最後是開放服務層。基於工業大數據的分析結果形成的決策依據，透過多種面向工業生產應用的開放式、共享型的標準化服務，被工業生產部門調用和實施，回饋到工業生產的各個環節，從而實現對工業生產的控制和調節，形成工業生產的創新生態體系。

以上四層中，智慧型感知層往下對接複雜多樣的工業生產實體，連接物理世界；開放服務層向上對接工業綜合應用，回饋工業生產。這四層之間既相互獨立又彼此補充、相互滲透，各層均離不開網路的支持。

上述四個層次在數據處理和任務執行角度分別對應了「感、聯、知、控」四個環節，從網路角度出發，形成了實體網路、數據網路和服務網路的三重聯網。

首先，實體網路（Networks of Entities）。不同工業生產實體（不僅僅是機器設備，還包括生產物料和生產人員等）彼此之間形成互聯互通的網路，按照特定的通訊方式實現彼此之間的交流和協作。

其次，數據網路（Networks of Data）。來自不同實體和不同生產環節的數據均可以訪問和傳輸，從而也可以匯聚到數據中心。網

路化的數據真正形成了工業大數據。

最後，服務網路（Networks of Services）。面向工業生產的服務被標準化以後成為開放式的接口，可以被不同生產環節、不同部門甚至不同企業訪問和請求。

很多 AI 的頂尖成就已被應用在一般的程式中，不過通常沒有被稱為 AI。這是因為，一旦變得足夠有用和普遍，它就不再被稱為 AI 了。

——Nick Bostrom，瑞士哲學家，牛津大學人類未來學院創始人

正如大衛・溫伯格（David Weinberger）在《知識的邊界》（Too Big To Know）一書中所描繪：「當知識變得網路化之後，房間裡最聰明的那個，已經不是站在屋子前面給我們上課的那位，也不是房間裡所有人的群體智慧。房間裡最聰明的，是房間本身：是容納了其中所有的人與思想，並把他們與外界相連接的這個網。」儘管這個網路中的知識輸入都是人類本身的智慧（而非機器的智慧），但是這些知識網路化之後所足以支撐發現的新知識，卻超出了其中任何一個個體自身的認知極限。換言之，網路化的知識能突破單一知識本身的邊界，網路化的人能打破單個個體原本的思想極限，網路化的機器能衝破單個機器原有的能力。通俗一點比方，滴水三千匯作駭浪滔天，全真七子擺出天罡北斗陣，紅黃藍三原色幻化出色彩萬千，這正是互聯化的魅力與能量。在這種情況下，人們最應該關心的恐怕不僅是知識本身，而是容納這些知識的容器——網路。如果有一天一群猴子真的能複製出來一部莎士比亞的著作，那一定是倚靠了一個強大無比的網路計算系統。

所以我們大膽地預言，未來的世界一定是一個智慧而互聯的世界，數位化漫山遍野，網路化在上面野蠻生長，從而結出智慧化的果實。

　　互聯和智慧，是工業互聯網最基本的要求和最重要的特徵。工業互聯網要使得已有的製造機器、生產設備和機械機組等更加智慧（Intelligent），建立開放性的網路平台，讓生產過程的各類機器以及價值鏈上的所有環節互聯化（Connected），從而達到整個生產與服務的智慧化（Smart）。三個臭皮匠能不能抵上一個諸葛亮不好說，但三百個三千個三萬個臭皮匠擰成一股繩的話，諸葛亮也斷然不敢小覷。

　　不過話說回來，即便我們信心滿滿，也總難免有時疑慮重重。人類每一次面臨跨時代的嶄新技術都免不了患得患失。前面提到了三大鎮界定律，最後我們再用一條不完全是定律的定律來結束本節。這條定律來自阿瑟·克拉克（Arthur Clarke）。克拉克以撰寫科幻小說聞名，與以撒·艾西莫夫（Isaac Asimov）和羅伯特·海萊恩（Robert Heinlein）並稱為 20 世紀三大科幻小說家。克拉克的作品曾多次獲得雨果獎和星雲獎雙獎，不知道克拉克的人，也許看過或者聽說過他所著的《2001：太空漫遊》（圖 3-7）。這部科幻小說的經典所翻拍的電影也被奉為科幻題材電影的扛鼎之作。書中克拉克的三句名言，也被不成文地稱為了「克拉克三大定律」。其中的第三定律講到，任何足夠先進的技術，初看都與魔法無異——這大概是三十多年前人們看互聯網、十多年前人們看物聯網，以及今天人們看工業 4.0 的一個略帶誇張但也符合實情的描述。而其第一定律更加耐人尋味，它是這樣說的：「一位學界耆宿，如果他說某

件事情是可能的,幾乎可以肯定他是對的;而當他說某件事情不可能時,他很可能犯了錯」。

圖 3-7　電影《2001:太空漫遊》海報(一九六八年)

工業革命 4.0 物聯網

第四章
不食人間煙火的未來工廠

從互聯到
新工業革命

　　富士康如何擺脫「血汗工廠」的稱號？爆炸事件可以預測和避免嗎？為什麼機器有時候可以輕而易舉幫我們解開千古難題，有時候又「笨」得如同一隻猩猩？人類使用機器的正確姿勢是什麼？

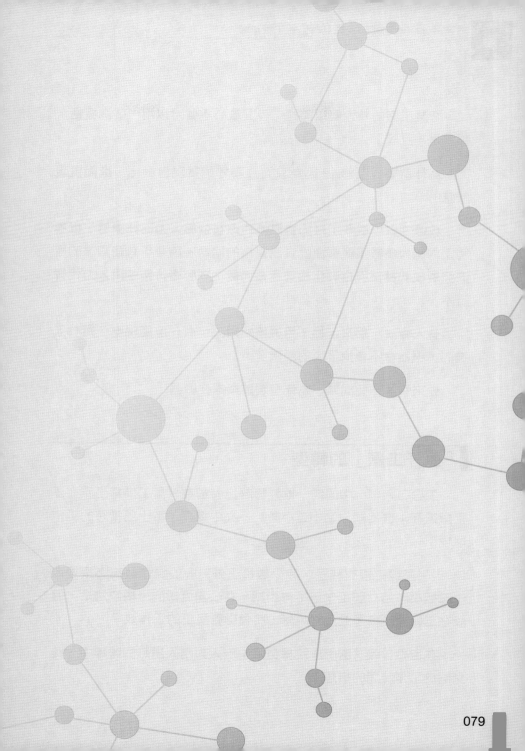

智慧工廠的特性難以盡述，但其核心本質可以用一個詞概括，那就是「互聯」。

　　為什麼要「互聯」？因為只有互聯才能實現自動化，進而實現智慧。

　　放眼望去，很多工廠的資訊流通還在依靠人力而非機器。世界範圍內絕大多數工廠都面臨資訊孤島的問題。前些年有些國家的經濟發展模式甚至與自動化趨勢背道而馳：在製造行業中用人力代替資本。

　　有人會說，那又怎樣？用機器和用人，有什麼區別嗎？還有人擔心，機器會不會搶了人的飯碗？

　　先來看第一個問題，為什麼製造業需要機器。

「血汗工廠」的轉型

　　二〇〇六年，中國第一財經日報記者曾在《員工揭富士康血汗工廠黑幕：機器罰你站十二小時》一文中揭露了富士康當時的工作環境：

　　「生產線上沒有椅子，除少數員工外，一般操作員都必須連續十二個小時站立著工作，不得說話。在公司流傳的一種說法是，假設在工廠裡設椅子並允許說話，將會影響員工的工作效率。」

　　在世界日報《富士康跳樓員工：一人頂兩人用》的報導中，提到關於工作時間的描述：

「小麗說，員工手冊規定每工作兩個小時就可以休息十分鐘，但是很多時候都不能按規定休息，往往是除了中午休息一小時外，一天就只有十分鐘的時間上洗手間。有的部門甚至長期要加班三個小時。小林表示，金融危機後，富士康為了壓縮人力成本，普遍存在一個人要做兩個人工作的現象，一提起上班，整個人就沒勁了。」

一位不願透露姓名的富士康員工曾經如此形容他們的生活：「幹得比驢累，吃得比豬差，起得比雞早，裝得比孫子乖，看上去比誰都好，五年後比誰都老。」

富士康，全名富士康國際控股有限公司（Foxconn International Holdings Limited），一九七四年在台灣成立，一九八八年開始在深圳設廠，為鴻海集團持股超過百分之七十的子公司。現有員工六十多萬，二〇〇九年營收為新台幣一兆四千兩百多億（約合四百四十五億美元），二〇〇八年出口總額占全中國大陸的百分之三點九，分公司與工廠分布於世界各地。

站在富士康招工處旁邊的樓上往下望，上千名少男少女擠滿了幾個籃球場大小的空地。他們都渴望去富士康做「作業員」。僅在深圳龍華園區，就有三十二萬這樣的作業員，不遠處的觀瀾園區還有十萬。他們每天的工作就是在生產線上重覆同樣的裝配工作，絕大多數工作都不需要什麼技能。進入工廠後，他們就開始過著機器般的生活，沒有交流，夜以繼日地加班、孤立、疏離。

二〇一〇年一月至五月二十七日，短短不到半年間，有十二名富士康員工跳樓。

「血汗工廠」的悲劇令人唏噓，也剛好回答了前面的問題：如果可以不需藉助人力親自操作機器，而利用動物以外的其他裝置元件或能源，來達成人類所期盼執行的工作，也許就可以避免悲劇的發生了。

自動控制（Automation Control）理論應運而生，它指的是在無人參與的情況下，利用控制裝置使被控對象或過程自動地按預定規律運行。可以說，自動控制技術有利於將人類從複雜、危險和繁瑣的勞動環境中解放出來並大大提高控制效率。

機器取代人力不僅可以把人類從流水化的枯燥工作中解放出來，更重要的是，這也符合先進生產力的發展趨勢。

身為世界工廠的中國，隨著近年來經濟的快速發展以及嚴格的人口控制，勞動力不再便宜，生產成本快速飆漲。但是其他勞動力密集國家如越南、緬甸、柬埔寨等地的基礎建設與人口素質，與中國還存在著或大或小的差距。

因為有著這樣的斷層，使得生產廠商無法繼續循著雁行理論，再度將廠房移到更有成本優勢的地方，進行技術轉移。只有用機器人取代人力，實現工廠的自動化控制生產，才能夠維持低成本，創造高利潤。

二○一一年七月二十九日，富士康科技集團董事長郭台銘在深圳出席員工聯歡晚會時對媒體表示，目前富士康有一萬台機器人，明年將達到三十萬台，三年後機器人的使用規模將達到一百萬台。未來富士康將增加生產線上的機器人數量，以完成簡單重覆的工作，取代工人。

到了二〇一五年七月，富士康自動化技術發展委員會總經理戴佳鵬稱，富士康已有五萬台可操作的工業機器人。這些能夠執行包括沖壓、印刷、打磨、包裝和測試在內的二十多項生產任務的機器人主要是為了替代「3D」職位的員工，即骯髒（dirty）、危險（dangerous）和無聊（dull）的工作。

「既是出於安全性考慮，也有人力短缺的因素」，郭台銘在發布會上強調，富士康的目標是至二〇二〇年，其中國工廠達到百分之三十的自動化水平，就此告別「血汗工廠」的身份。

如果把自動控制水平比作遊戲中的物理裝備，那麼資訊管理水準就是魔法等級。要想打贏 BOSS，不僅要有加防加攻的先鋒盾和聖劍，更要有能瞬間移動、補血的魔法技能。

同理，智慧工廠並不單單關注底層的自動化設備，還注重資訊化的建設，讓底層設備與上層的資訊系統相融合，達到數據資訊系統間的交互與響應。

也就是真正把「人」從工廠中解放出來，不僅不需要製作，甚至也不需要看管。

聽起來很美好，但是現在製造企業資訊化往往存在著以下困難：

- 首先是生產過程不透明。這主要體現在不能隨時瞭解生產現場中在製品、人員、設備和物料等製造資源和加工任務狀態的動態變化。

- 第二是生產過程複雜關鍵數據難採集。由於產品結構和加工

工藝的複雜性，造成生產過程中包含了高溫、高壓和高輻射等一系列惡劣條件，生產環境複雜多變使關鍵數據難以準確採集。

- 第三是現場各種標準不統一。且不說不同廠商的生產總線不易統一，就是傳得過去也可能無法讀出來。我自己就曾經歷過同一間醫院裡連在一個區域網路上的不同機器之間的數據都沒法互相讀取這麼不可思議的事，而且這個醫院還是個即使排上一夜的隊也未必能掛上號的著名醫院。

- 第四是製造過程資訊的真實性差。現場數據資訊過多依賴人工錄入，這往往增加了出錯的機率。

所以製造企業迫切需要對製造過程進行資訊化與自動化的融合，這也正是智慧工廠的首要任務——打通資訊化與自動化之間的「任督二脈」。

具體怎麼做？還是那兩個字，「互聯」。從物理上的互聯，邏輯上的互聯，到數據上的互聯，相互操作上的互聯。

更重要的是，資訊化管理水平的提高並不僅僅是為了減少 CD（cooldown）時間，有時候，還可以拯救鮮活的生命。

中國消防人員的逆行

二〇一五年八月十二日，一個再普通不過的夏天。夜色正濃，很多人難耐暑意，早已沉沉睡去。

　　突然，天津濱海新區傳來一聲巨響，過了不到一分鐘，又是一陣地動山搖，比先前更巨大的爆炸聲炸裂了整個天空，一時間，火光衝天，蘑菇雲騰空而起。

　　這就是震驚全中國的八一二天津濱海新區爆炸案，這起事故共造成一百六十五人遇難，八人失蹤，七百九十八人受傷（傷情較重五十八人、輕傷七百四十人），直接經濟損失六十八・六六億元人民幣。

　　彼時，不到半年的時間，中國各地已經發生了四起不同程度的化工爆炸案：

　　二〇一五年七月十六日，山東日照石大科技石化公司發生爆炸；

　　二〇一五年五月二十五日，江西贛州泰普化工廠發生爆炸；

　　二〇一五年四月二十一日，江蘇南京揚子石化廠發生爆炸；

　　二〇一五年四月六日，福建漳州 PX 項目爆炸。

　　在中國，死亡三十人以上，重傷一百人以上，直接經濟損失一億元人民幣以上，就被劃分為「特別重大事故」等級。

　　天津濱海新區這起「特大事故」的原因為何？

　　根據事故調查組出具的事故責任說明書中顯示，其直接原因是「天災」。當時瑞海公司危險品倉庫運抵區南側貨櫃內的硝化棉由於濕潤劑散失而出現局部乾燥，在高溫（天氣）等因素的作用下加速分解放熱，積熱自燃；引起相鄰貨櫃內的硝化棉和其他危險化學品長時間大面積燃燒，導致堆放於運抵區的硝酸銨等危險化學品發生

爆炸。

天災難以避免，卻可以防患於未然，監管不當降低了這個防患於未然的可能性。瑞海公司的危險化學品倉庫之所以能建立在人員稠密的居民區附近，是在規劃國土部門的幫助下非法取得了規劃許可。瑞海公司經過審核的圖紙中寫的是「普通貨物」，但實際上設計圖紙中寫的是「危險貨物」，暗度陳倉地騙取了規劃許可，進一步往下施工建設。調查組認定，瑞海公司嚴重違反有關法律法規，是造成事故發生的主體責任單位。同時，有關部門存在有法不依、執法不嚴、監管不力、履職不到位等問題。

此外，八一二天津爆炸事故還反映出了一個被我們長期忽略的問題：因資訊不暢導致的救援不當。

一百六十五人遇難名單中，參與救援處置的公安現役消防人員有二十四人、天津港消防人員七十五人、公安民警十一人，事故企業、周邊企業員工和周邊居民五十五人。

為什麼會造成這麼多消防員犧牲？

事故調查組技術組組長杜蘭萍回應道，首先，企業違規超量存儲易燃易爆劇毒危險化學品，遠遠超過了企業的設計能力，尤其是其嚴重違規，在運抵區內存儲了危險性極高的物質——硝酸銨，硝酸銨不允許存儲，應是直取直運。

其次，消防人員到場之後，向現場人員瞭解情況。現場人員卻不能提供準確的資訊，尤其是沒有告知現場存有大量的硝酸銨，造成指揮員不能夠對火場的現狀做出充分的危險預估。

　　第三，從監視影片中和事後消防員供述中得知，爆炸前，火災一直呈穩定燃燒狀態。在毫無徵兆的情況下，極短的時間間隔內，連續發生兩次大的爆炸。雖然消防員已經撤離到最初發生火災的運抵區外圍，但是仍然處於爆炸的中心區內，猝不及防，所以造成了重大的人員傷亡。

　　不知道企業違規——不知道現場有硝酸銨——不知道爆炸已經發生。一切的一切，都是因為資訊的孤立和傳遞滯後。

　　其實日常生活中也不乏因連接不暢而造成麻煩的例子。二〇一六年的七月，我帶著家裡人去著名的照相館照相。為了盡量不排隊，我這個放暑假的人挑了一個工作日的上午。服務台告訴我一個全家福可以選擇大師、名師或者是高級照相師，價格不一。考慮到價格差距不大，而我們的要求也不高，我就問：「您看選擇哪個能快點呢？」。前台：「我們這邊只有兩人負責登記，我可不知道她那邊接了幾張單。我這裡接了三個都是名師的，高級的剛才來了一大群好像是預約的，不知道是幾批人，每個照幾組。」我：「那麻煩您查一下？」前台：「哎喲這可怎麼查呀，樓上三台電腦，樓下只有我們兩人，這些電腦又都沒連著……」費了五分鐘口舌，我乾脆樓上樓下跑了十分鐘，搞清楚高級和名師在二樓各有一套照片處理系統，目前各排著三組人，三樓大師排隊的只有一組，但是有三個預約，不過大師今天來了兩個同時開拍，而且預約的有兩組人未按時到達，還有一組是婚紗特別費時間，不過目前化妝的新娘子不滿意好像要重新畫，我看了一眼新娘子估計這要畫好了還是相當需要時間的。於是果斷定了大師，果然，上到三樓等了幾分鐘，就輪到我們了——預約的還在路上，化妝的還在等新換的化妝師。

話說，互聯到底是有多難的一件事啊？看起來，既有「挾泰山以超北海」（我不能，是誠不能也）的部分，而更多的是「為長者折枝」（我不能，是不為也，非不能也）吧。

智慧從深度互聯開始

受益於雲端計算、大數據和移動應用等技術的興起，企業的生產運行方式也發生了改變。不僅傳統依靠人力控制的工廠正逐漸被自動控制取代，大量無序、冗餘、殘缺的資訊也可以被快速整合監測，這也就是我們常說的資訊化管理。

說到資訊化管理，一般後面都會跟著兩個看起來很專業的縮寫：ERP 和 MES。ERP（Enterprise Resource Planning）是現代企業標配的企業資源計劃系統，而 MES（Manufacturing Execution System）是跟自動控制有關的製造執行系統。

這兩個專業名詞到底指的是什麼？ERP 系統就是讓企業對資訊進行有效整合和有效傳遞，並對企業資源在購、存、產、銷、人、財、物等方面優化配置和合理利用。MES 系統則是對訂單下達到產品完成的生產過程的管理優化。所以廣義上講，MES 應該是 ERP 系統的子集，在 ERP 系統的管轄範圍內運作。但殘酷的現實則是，許多企業只有 ERP，沒有完整的 MES，或者 MES 並沒有和 ERP 連接起來（圖 4-1）。ERP 和 MES 像兩座孤島，之間透過脆弱的鎖鏈橋連接（可能是不完整的資訊傳遞管道，更多的是人工報表的方式）。

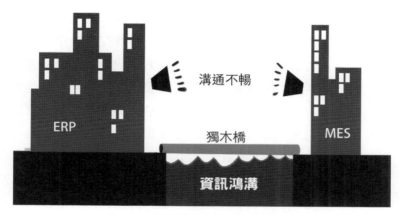

圖 4-1　傳統工業生產存在資訊鴻溝

簡單說，在工業 3.0 時代，我們缺少兩類連接：高度自動化的機器設備及生產原料之間和製造生產系統與資訊管理系統之間。現在，我們要把工業生產從現狀升級到工業 4.0，至少要建設和打通三個「互聯」：

(1)　**生產製造設備之間的互聯**。生產製造設備之間高度互聯是工業自動化的進階階段。自動控制系統不僅能按照既定控制流程完成產品從下單到出廠的過程，同時能根據實際的生產條件和生產環境進行智慧型協作。機器崛起（the rise of machines）是工業 4.0 的一個酷炫代表。機器將比從前更智慧化，這體現在機器之間可以更高效地互相配合，機器與人員之間也可以更方便地協同配合。某些情況下，機器成為輔助人工作的一部分；在另一些情況下，人反過來成為支援機器工作的一部分。

(2)　**生產製造系統和資訊管理系統之間的互聯**。製造系統和資

訊系統之間的隔閡是當前工業領域的深深隱患，不治將恐深。生產製造和資訊系統的脫節，導致在原料採購、生產需求、財務預算和工期控制等各方面的步調不齊和協調無力，靈活的生產控制幾乎不可能實現。生產過程一旦出現一些計劃外的變動，前線生產系統可能根據實際狀態採取相應的措施，但管理系統並不知道，導致生產和管理「驢唇對不上馬嘴」。事實上，工業領域現狀遠不止這兩座孤島，設計、採購、製造、財務和辦公等系統也是彼此脫鉤，各自為營。例如，建造一座火力電廠，設計部門畫好圖紙，採購和財務部門卻無法從圖紙上自動得到物料表，而只能根據火力電廠的規模憑藉經驗進行預算。採購多了還只是浪費，一旦關鍵物料少了，可能直接導致工程延期，不能按時交付──由此給項目帶來的損失是巨大而難以預計的！由此可見，雖然許多企業資訊化標籤的確有之，但可能每一個子系統都是不同的公司（在不同時期）開發的，根本談不上彼此之間的互聯。只有讓這些資訊孤峰連成一片山脈，才能顯現工業互聯網的威猛功力。

(3) **生產設備和生產物料之間的互聯**。智慧工廠內的互聯無處不在。即使是生產物料、生產過程中的半成品和生產設備之間也有順暢的資訊管道。生產物料或者過程產品具有「自知性」，知道自身的產品屬性，並且藉助網路連接可以和生產設備對話。為什麼需要這樣的連接？為了靈活可控的生產。以皮帶加工廠為例。使用者胖瘦不同，皮帶長度需求不同。現在的皮帶廠商為了解決這個問題，採取了一種不得不說很巧妙的折衷辦法：冗餘打孔。但終究還是

免不了有時候要自己動手裁剪皮帶的尷尬。如果生產設備和生產物料之間能通訊，則情況大有不同。一條尚未打孔的皮帶進來，其自帶資訊提示這是給大腹便便的老王的，要長！於是機器裁減了精確的長度；下一條過來，顯示這是給瘦骨嶙峋的小李的，需要短！於是機器穩妥地打出了合適的孔。如此一來，即使是大量生產的非訂製產品，每一件也都具備唯一的標識，是獨立可識別的，包含了其自身獨一份的產品製造資訊以及使用資訊等。特別是，即便尚在製造過程中的一件產品，也能夠知悉其自身的製造過程。換言之，在一些特定的環節，一件產品可以參與自身的製造過程，而不是完全依靠外部力量打造（圖 4-2）。

這些互聯的技術實現方式多種多樣，可能是物聯網，也可能透過 Wi-Fi，甚至就是一個 RFID（Radio Frequency Identification）標籤或者一個延遲容忍網路（Delay Tolerant Network，DTN）模式的網路體系。製造機器、機器人、運輸機、倉儲系統及產品線等製造資源將不僅是自動化的，而且是能夠根據環境條件自主調整和自我配置的。同時，智慧工廠不僅是單一的一座工廠——那就喪失了工業 4.0 的所有意義——而是會跨越不同的企業的價值網路之上，形成製造過程和產品之間端對端的工程集成。生產力進步導致工業生產系統複雜度不斷升高，而智慧工廠正是力圖使得這種複雜性對於企業員工而言可管可控。在智慧型工廠中，在產品設計、配置、訂單、計劃、生產、經營及回收等不同的環節都需要並且也能夠考慮與使用者相關或產品相關的特徵。這使得生產過程高度靈活，在產品生命週期的任何一個環節，都可以進行便捷、迅速的調整。

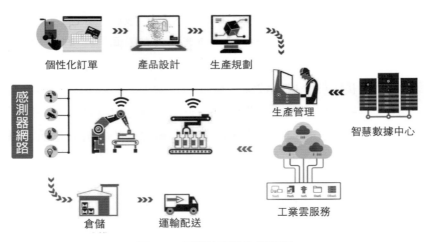

圖 4-2　互聯的工業生產流程

　　在「互聯」的作用下，傳統工業將被重新定義，機器、設備、物料、人員等生產對象將以前所未有的程度連接在一起，從物理對象連接，到人機連接再到數據和服務連接，形成一個全新的網路化工業平台。這個平台將滲透到工業生產的研發、設計、生產、銷售乃至服務等各個環節，成為企業提升效率和創造價值的推動力。

　　使用機器人的優點真是數不勝數，機器操作能使生產速度變快、出錯變少、更加精準。機器也完全不會粗心、不會偷懶、不會疲勞、沒有情緒，不會自殺。更讓老闆開心的是，他們不必支薪，也不必負擔可觀的員工福利、勞工保險和老年退休金等人事成本。更不必擔心職場環境的安全與否，也不會被投訴。

　　那麼，機器會不會搶了人的飯碗呢？

　　關於這一點，Google 聯合創始人謝爾蓋・布林（Sergey Brin）

表示：「機器在過去一個世紀以來就在不斷取代人力，這樣的趨勢未來也會繼續，因此並不認為在短期內對勞動力的需求會消失。」其實人力需求將會轉移至更多全新領域，因為人類的慾望無窮，總是想要擁有更多的產品、娛樂、創意或各式各樣的事物。在短期內，工作機會並不會消失，只是從一個地方轉移到另外一個地方。長期來看人們也會有更多的時間從事娛樂活動和創造性的勞動（圖4-3）。

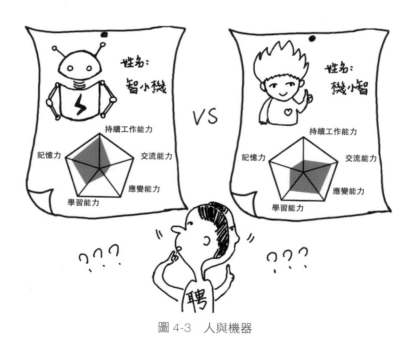

圖 4-3　人與機器

也許，當機器能夠替代人類的一切活動時，我們就會把更多注意力放在活動本身，追求它們的內在價值。

什麼？機器會不會有獨立思想？

即便我們人類大部分都還沒有獨立思想，何必要去擔心機器有沒有獨立的思想呢。

第五章
一大波智慧型產品正在靠近

一件普普通通的產品，一旦刻上個人的、私有的和獨特的印跡，其價值就大不相同，彷彿一件量產之物一下子就成了世上的孤本，這也許就是智慧型產品最動人的地方。

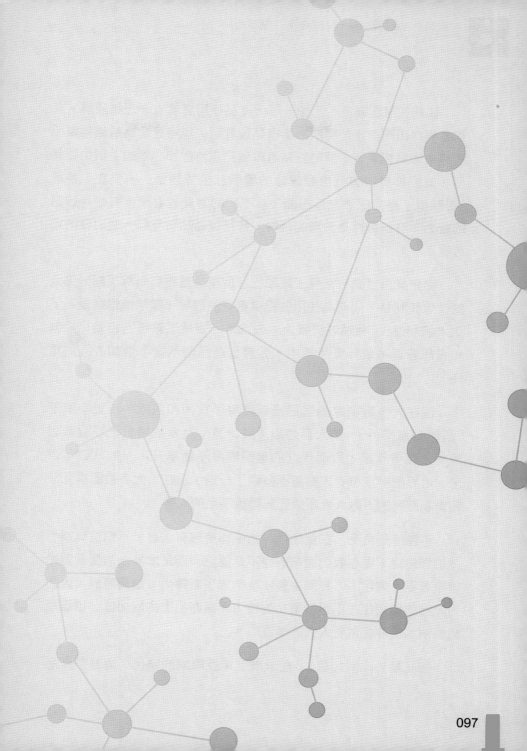

說起智慧型產品，恐怕一千個產品使用者就有一千種理解。背包客覺得出門能定位導航的手機是智慧型，寵物迷認為給貓狗戴個藍芽項圈是智慧型，運動狂熱者戴個監測步數和心率的手環也智慧型，減肥族覺得有個自動記錄的體脂計很智慧型……現在，各種「智慧型」產品已然充斥市面，在不同的消費者看來，有些是智慧的魅力，有些卻像是愚蠢的玩物。智慧型產品有沒有一個明確的定義呢？

從企業角度講，智慧工廠和智慧型產品最終都是為了創造更大的價值和利益，同時為使用者提供更好的體驗（當然這也還是為了更大的利益）。利潤等於收入減去成本，智慧工廠透過自動化控制和資訊管理系統降低了成本，智慧型產品則承擔了增加收入的重任。

現在大多數國家的居民已經擺脫了貧困和飢餓，狄更斯筆下「飢餓到處橫行」、廣大百姓以「桑葉草」為食的情景已經很難想像。一百多年來，取而代之的是肥胖率不斷攀升。一九八〇年以來，世界肥胖症患者人數差不多翻了一倍。現在，大多數國家死於超重和肥胖的人數大大超過死於體重不足的人數。

不僅僅是食品，衣食住行在如今都是應有盡有，不怕沒有貨，就怕你沒錢。擺在我們面前的也不是匱乏，而是太多！消費者開始嚷嚷著要「剁手」，「極簡主義」反倒成了新時尚，這個時候，人們對產品的選擇往往不再看重功能性，而是產品上的附加值，也正是這些附加值才會激發人們的購買慾。

哪些屬於「附加值」？在未來工業互聯網的時代，智慧型產品

的附加值主要來自以下三個核心能力：計算、連線和感知。

以智慧型手機為例（這也是大家最熟悉的）。手機是電信融合的樞紐，更是集照相機、GPS、音樂播放器和遊戲機等多種功能於一身的工具，只要裝上了特定的應用，它就可以把一切都連結起來，成為你進入全世界知識寶庫的大門。此外，它還在無時無刻地記錄你的路徑、瞭解你的習慣、分析你的數據，透過算法幫你做出最優選擇。當然這一切記錄都是透過攝影機、麥克風、陀螺儀、光線感應器和指紋觸控板等多種感應器感知得來的。

非嚴格意義地講，在「計算、上網、感知」中，只有計算和上網能力的是電腦，只有計算和感知能力的是感應器，而只具備感知和連線能力的則是諸如攝影機等設備。對於真正的智慧型設備來說，這三個能力缺一不可。據此，我們可以總結出三條鑑別產品智慧與否的有力規則：

(1) 任何產品若不同時具備計算、上網和感知這三個能力，則不可稱為智慧型產品；

(2) 從市面上任舉一款智慧型產品，皆不出這個特性；

(3) 如果有「智慧型產品」違背了這個特性，請參照上述第一條。

重新拿起你的手機，摸摸你戴的手環，如果你現在正在路上看這本書，看看你周圍有沒有人開著賽格威（平衡車）「呼嘯而過」。現在，你已經比大多數消費者更為理性，更不容易被商家哄騙，一衝動就去買了個「智慧型」掃地機器人，然後在某日早晨發現它非常努力的把狗拉的大便均勻地塗在地板上。

目前我們所見的多是消費級別的智慧型產品，對於工業互聯網革命下的工業級別智慧型產品，這三個能力同樣適用。由此，就引出了未來工業時代智慧型產品的第一個趨勢：資訊變現。

吃的是資訊，擠出來的是價值

　　工業互聯網時代的一個重要產品特徵是，資訊技術不再僅僅是工業生產線和生產管理過程的組成部分，同時還直接成為工業產品的一部分。甚至在智慧型產品中，看不見的「資訊」部分的價值將反超看得見的「工業」部分的價值。產品中集成的嵌入式感應器、處理器以及網路通訊模塊，存儲在雲端的產品數據、使用者數據以及基於這些數據開發的創新應用等，都極大地提升了產品本身的功用、性能和價值。智慧型產品就像新時代的奶牛，「吃的是資訊，擠的是價值」（圖 5-1）。

圖 5-1　新時代的「奶牛」:「吃的是資訊，擠的是價值」

先看我們常見的運動手環。小小的手環上首先集成了加速度感應器和基本的處理單元，以記錄使用者的運動數據。但如果僅止於此，不是說這款產品價值不高，而是不太可能會有使用者願意購買它。因此，我們所見到的手環都還至少包括了以下功能：數據透過藍芽等通訊接口自動同步到智慧型手機上，智慧型手機上匹配了相應的 App 來實現對使用者運動數據的記錄、分析、管理和分享等。更進一步，將大量使用者的數據連接到雲端，或者開放給其他社交網路產品，還可以開發出排行榜、公益運動等一系列對使用者頗具吸引力的應用。這樣一來，一款名為運動手環的產品就不再是簡簡單單的一個手環了：不僅它自身的價值增加了，對使用者而言，產品的吸引力和使用黏性也增加了。商家賣的、使用者買的都不僅僅是一個看得見的手環，而是背後看不見的資訊價值。

類似的產品已經大量湧現，相同的產品思路大行其道。這些產品掙脫了傳統印象中單純的軟體或者硬體的限制，往往是從底層硬體到頂層應用縱向高度集成的新形態產品。與其把這些產品稱為「智慧型硬體」，我們更願意稱其為智聯件（Smartware），以區別於傳統的硬體或軟體。對於這些智聯件產品，網路和感知數據在其中扮演了重要的角色，由此企業才能創造新的服務，獲取額外的價值利益。大量的使用者數據透過網路聚合到一起，進行集中的大數據處理與分析，才有可能從中發現市場的規律和使用者的需求，從而提供有吸引力的產品服務，並制定合理的生產策略。

再看遠一點，智慧型產品不僅是感知了使用者數據，它同時也能感知自身、監控自身。智慧型產品從工業生產線製造完成後，產品首先清楚自身的運行參數，即知道在什麼參數下產品性能最佳，

在什麼條件下應該停止工作。比如一款只能在零下十度以上環境工作的設備，突然遇到北極寒流來襲，溫度驟降到零下二十度，如果該設備是智慧型的，則可以在設備凍壞之前自動停止工作或者提醒其使用者。其次，智慧型產品能監控自身的運行狀況，知道什麼情況下產品出了故障。更進一步，出故障的產品可以嘗試自我修復，或者自動連線主動報修。這種自感知、自監控的特性，我們稱之為智慧型產品的自知性和自治性。

這一點現在聽起來還頗需要一些想像力。但仔細思索一番，其實已經在悄然發生。回想從前使用鬧鐘，如果有一天鬧鐘突然不響了，你很難在第一時間確定是自己忘記設定鬧鐘了，還是鬧鐘電池耗盡了，或是鬧鐘壞了。對比現在，絕大多數的智慧型產品在低電量時都會以友善的方式反覆提醒使用者，還會主動切換入低功耗模式以節省電量，有些甚至可以主動尋求充電（自動回充功能）。

固然不可思議，但岩漿在地下運行，熔岩即將噴發，我們所設想的甚至超乎這設想的智慧型產品終將來臨——而資訊技術，是一隻看不見的手，是徘徊在未來工業時代上空的「魔法師」。

> 寧可相信自己是一個麻瓜，不相信世上並無魔法。
>
> ——哈利波特的粉絲們

打造你的私人王國

工業互聯網的另一個顛覆，是個性化訂製時代終於要來臨了。

訂製化與個性化是極其自然且充滿人道主義情懷的事情。而訂製化則恰恰是讓工業產品「人文氣息濃厚」的重要方式。

對於一個普通的產品，一旦刻上個人的、私有的和獨特的印跡，其價值就大不相同，彷彿一件量產之物一下子就成了世上的孤本。二〇〇九年，網路上曾有一篇講述平凡世界裡的凡人奮鬥故事的故事，標題叫《我奮鬥了十八年才和你坐在一起喝咖啡》，轟動一時。這個故事如果放在今天的上下文裡，我們更希望這杯咖啡是為主角偏愛的口味和他當時的心情量身訂製的。蘋果公司深諳此理，雖然不能提供完全的自由訂製，但從 iPhone 5s 開始不斷推出新的產品配色方案，於是大量追求時髦的使用者毫不猶豫爭相購買新色產品（比如所謂的土豪金），以顯示其與眾不同，普羅大眾「求異」心理可見一斑。

史無前例的多元選擇時代被構建了起來，「相同尺寸」不再適合所有人（圖 5-2）。

圖 5-2 「相同尺寸」不再適合所有人（圖片來源網路）

包容差異和尊重個性是人類文明進步的一大標示，滿足個性化

需求則是社會生產力進步的長期訴求。事實上，從第三次工業革命開始，個性訂製這個詞就不再陌生。第三次工業革命解決了「規模化」訂製生產難題，滿足了許多企業大客戶的訂製需求。近年來，隨著 3D 列印（也就是增量製造）的不斷發展，「個性化」一詞成為各大商家的賣點。

我第一次見到 3D 列印機時著實被震驚：一盆靜止不動的液態樹脂，雷射像閃電一樣跟蹤其中的形狀，原料盆中產生出各種形狀，彷彿有一種魔法從空中變出了各式東西。這簡直就是《星際迷航》裡的那個擁有神奇能量技術的「複製器」。

但直到現在，「個性化」訂製生產依然「道阻且長」。按照傳統的生產線生產模式，標準化的流程注定是規模化量產。訂製化生產難就難在實現個性化，不只是規模高達一萬的訂單可以接受訂製，數量只有一個的訂單也可以訂製，並且定價不應高出太多。然而個性化又幾乎與量產天生矛盾，如果為一個（而非一款）私人訂製的產品打造一套生產線過程，則意味著生產成本無限擴大。試想，即便是今天，如果你擁有一輛高檔訂製的轎車（無疑你為此花費巨大），很可能你的轎車就如同可怕的定時炸彈，令周圍所有的車輛都避猶不及──對於非標準化的零件，你造得起，別人還賠不起呢！

不過，在工業互聯網的嘹亮號角下，人們已經可以聽見個性化訂製生產的序曲了。蘋果公司開始為使用者提供在平板電腦等產品上鑴刻姓名等資訊的服務，NIKE 的服裝也可以訂製使用者的個性化資訊。當年看電視每次看到 Oreo 餅乾「扭一扭、舔一舔、泡一泡」的廣告，我都忍不住會心一笑，餅乾泡牛奶的創意吃法也因

此印象深刻。今天，Oreo 餅乾再次升級，提供「花樣表情自造工廠」，可以將自己珍藏的表情或者心上人的臉譜印在餅乾上，同時還有多種餅皮可選，開啟了餅乾界的訂製化（圖 5-3）。

圖 5-3　Oreo 花樣表情製造工廠

　　從規模化訂製生產到個性化訂製生產，第四次工業革命將對此交出一份答卷。個性化量產（這個詞組看起來矛盾得令人嚮往）是第四次工業革命要實現的關鍵轉變。一旦開啟智慧工廠模式，生產資料、生產設備與產品等所有的生產元素之間可以相互配合和協同，設備能夠自治生產，製造過程高度模組化和分散化，由此才有可能完成個性化訂製產品的量產。

當有一天，我們坐在圖書館或者咖啡廳裡，在自己匠心獨「制」的筆記型電腦上敲擊完一篇或婉約或豪放的文字，移動根據個人手形 3D 數據量身設計的「人體工學」滑鼠，輕輕點擊推送，然後拿起從硬體到軟體都是私人訂製的手機，把剛剛推送的文章分享出去，再附加一句淡淡的感慨「我就是我，是顏色不一樣的煙火」——這大約是工業互聯網將帶給我們的體驗，並且我們不必為此付出昂貴的代價。三十一年前，我在中關村郵局排了一個長隊之後才終於花了四元一角錢打了北京到合肥的十幾秒長途電話，確認暫時失聯半個月的家人已平安到達；在互聯網發達的今天，還有誰會為了和異地的朋友聊一會兒天而付出那麼高昂的代價呢？

▌華山論劍：網路與數據

　　在金庸先生的武俠小說裡，出過風清揚、袁承志這些頂尖高手的華山劍派分為劍宗和氣宗，咱們東施效顰來模仿一下這個說法，把工業互聯網實現個性化訂製這一雄偉目標的路子分成「網宗」和「數宗」（圖 5-4）。

第一派——「網宗」

　　「網宗」的頂級招式在於網路化的智慧工廠。智慧工廠中，生產線上的機器不再是執行固定動作的「死機器」，而是可以根據具體生產任務靈活調節的「活機器」。這是因為生產原料和產品本身都是網路化的對象，能夠和生產機器對話。製造過程中的產品就已經攜帶了最終成品的訂製屬性資訊，在生產過程中可以告訴生產機

器該對它做什麼特定的動作以滿足訂製要求，最終出來的成品自然也包含了訂製使用者的識別資訊。

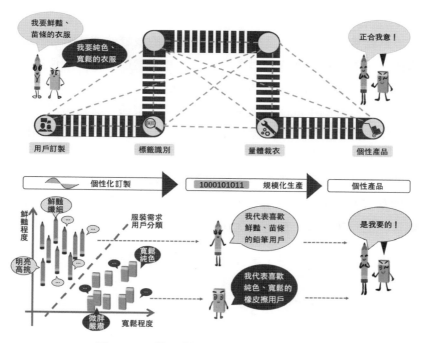

圖 5-4　工業互聯網個性訂製：網宗與數宗

我們在上一小節已經描述過智慧工廠的這一特性。溫故而知新，再舉一個服裝加工的例子。

青島除了有啤酒之外，也是紡織業的聖地。人們常說的「上青天」便是對當時中國三大紡織工業基地——上海、青島和天津的簡稱。

在這片紡織業的優渥土地上誕生出伴隨著工業 4.0 成長起來的

訂製化服裝廠也不足為奇。紅領集團就是其中一例。它搭建了一個全球服裝訂製供應商平台，透過這個平台，消費者可以自由輸入自己的體型數據和個性化需求，最後拿到屬於自己的 DIY 服裝。

具體是怎麼做到的？過去，訂製服裝的裁縫做法無法在制式成衣的工業生產線上實施，最主要的是不知道當前製作的這件衣服是為誰訂製、屬性幾何，於是只好標準化幾種不同尺碼。網路化之後，一件衣服的半成品到達生產線上的某一環節，機器可以立即透過這半成品上的識別標籤讀到這件衣服的訂製資訊，從而控制機器或者通知員工訂製規格處理。由於訂製資訊是自動識別、記錄和傳遞的，制式成衣產品線的效率幾乎不受影響，但出來的衣服卻能有量體裁衣的效果。正是所有生產對象的網路化以及它們相互之間通暢無阻的資訊交換，使得靈活可控的生產變得現實可行。

網路化大招，這是工業互聯網的第一記絕殺。

第二派——「數宗」

「數宗」的絕世祕笈在於中心化的海量數據。個性化訂製難，規模化訂製卻沒那麼難，那有無可能讓每一次個性化訂製都變成規模化訂製？

這就是「數宗」的魅力。世界上有一個愛吃綠豆沙月餅的人，就一定有另外一個、十個、百個同樣愛吃綠豆沙月餅的人。世界上有一個左腿比右腿長的人，就一定有另外一個、另外一批右腿比左腿短的人。為一個人生產一件左邊褲腿比右邊褲腿長十公分的褲子，那是個性化訂製；為百千萬個人生產百千萬件左邊褲腿比右邊

褲腿長十公分的褲子，就是標準化生產了。

「數宗」的機巧之處就在於，生產廠商看似為你一個人訂製了一樣唯你獨有的產品，但實際上是為一波和你一樣惺惺相惜或「臭味相投」的人生產了一批全球限量的產品；雖然廠商實際上並非為你一人訂製了全球唯一的產品，但在你看來就是為你獨家設計的！所以「數宗」的祕訣就在於，「欲練神功，數據集中」。將世界上千姿百態的需求全都匯聚到一起，分成千百種不同的群體，為每一個群體訂製投其所好的產品，實際上就達到了為其中每一個人個性化訂製的效果。

數據化大招，這是工業互聯網「隱而不察」的又一必殺技！

和華山派的劍宗和氣宗類似，其實工業互聯網的「網宗」和「數宗」不必真的爭鬥，亦無是非之分，它們都是個性化訂製的內力外功。若非要比擬，倒可比作倚天屠龍二方神器：武林至尊，寶刀「數宗」，號令天下，莫敢不從，「網宗」不出，誰與爭鋒！

工業互聯網創造了這麼多大招，又是智慧工廠又是智慧型產品的，歸根到底都是為了創造更高的效益。效益來自兩方面：提升產品價值，降低生產成本。智慧型產品的資訊變現、個性訂製都毋庸置疑地大幅增加了產品價值，但也絕不要忽視了工業互聯網帶來的成本效益。GE 在其工業互聯網報告中指出，工業互聯網技術創新直接應用於各行各業，可以帶來三十二兆三億美元的經濟效益。到二○二五年，隨著工業互聯網在更多領域內的應用擴大，其創造的經濟價值將達到八十兆美元，約為全球經濟總量的二分之一。這個比重讓人震驚，但絕非 GE 突發奇想說的數字。GE 的調研報告顯

示，一旦工業互聯網能夠取得哪怕百分之一的效率提升，其能節約的價值都是驚人的。在商用航空領域，節約百分之一的燃料可以為未來十五年節省三百億美元的支出；如果全球燃氣電廠能效提高百分之一，可以節省六百六十億美元；全球鐵路運輸網的運行效率如果提升百分之一，可以在能源支出上節約兩百七十億美元；在油氣探勘與開發中，如果資本利用效率提升百分之一，可以減少或推遲九百億美元的資本支出（圖 5-5）。而這些，都還只是工業互聯網在各行各業應用的冰山一角。

透過加強製造機器、優化生產供應鏈、發現使用者需求、創新產品服務，工業互聯網可以帶來巨大的產品價值增幅。傳統的工業機器設備透過資訊物理系統得到增強，實現智慧化，不止提高生產效率，同時可以減少維護成本和管理成本，降低人工開銷。基於靈活生產的策略，生產計劃可以面對市場需求，因此庫房管理成本將大幅降低。諸如此類，有誇張的言論甚至預言工業互聯網可以降低四成以上的成本，因此「消滅淘寶只需要十年」。當然，我們很難用一個具體的數字去衡量工業互聯網能帶來多大的成本降低，畢竟不同行業、不同企業製造成本比重差別很大。但整體上，藉助資訊通訊技術的優勢，工業互聯網不僅能實現產品高質，員工高薪，同時將大幅縮減企業生產成本。

行業		環節	1% 效率提升帶來的未來十五年效益增長
油氣		探勘開發	900 億美元
鐵路		鐵路運輸	270 億美元
醫療		系統流程	630 億美元
電力		燃氣發電	660 億美元
航空		商用航運	300 億美元

圖 5-5　關鍵工業領域百分之一效率提升的巨大能量（資料來源：GE）

南山薈萃：別落了其他技術

　　工業互聯網現在做的兩件事，一是智慧工廠，二是智慧型產品，恰好分別處在工業生態的兩端（企業生產和終端消費），是工業互聯網「兩手抓」的革命任務，而且「兩手都要硬」（圖 5-6）。其實，促成工業互聯網的多數元素並非全新事物，而是近幾年甚至十幾年前就已經出現了，但這些舊有的東西放在一起就有了新鮮的活力：感應器技術實現智慧型設備自知自治；網路通訊技術實現泛在網路互聯互通；大數據技術實現中心數據實時實效；雲端計算和雲服務技術實現開放服務相輔相成。

這些技術就像畫家手中的畫筆，可以讓我們用全部想像力來把未來成真。

從現在開始，我們都是設計師。

為了讓作為設計師的你可以充分利用手中的工具創造出更偉大的藝術品，我覺得還是有必要囉嗦幾句，再詳細介紹一下工業領域的其他相關技術。「工欲善其事，必先利其器」，在你迫不及待躍躍欲試習得十八般武藝之前，先花上幾分鐘瞭解一下各大掌門的情況吧。

圖 5-6　工業互聯網也要「雙肩挑」

（1）門派：感應器

- 入派裝備：Adafruit 的廉價 Arduino 工具包、Weller Wes51 銲接台、sparkfun 數位萬用表。

● 門派介紹：

感應器的誕生源於人類對物理世界和未知領域的資訊來源、種類和數量等需求不斷增加。在感應器誕生前的漫長歷史發展歲月裡，人類只能透過數千萬年進化發展出來的視覺、聽覺、嗅覺等方式感知周圍環境。然而，依靠人類對物理世界的本能感知已遠遠不能滿足資訊時代的發展要求。例如在油氣開採中，人類既不能感知一線油田環境中空氣的複雜成分，更不能辨別某一氣體成分含量的微小變化。

那麼，感應器到底是什麼？國際上認可的第一個感應器是一八六一年發明的。對感應器的定義為「能夠感受規定的被測量並按照一定規律轉換成可用的輸出信號的器件和裝置」。簡單說，感應器一般由敏感元件、轉換元件和基本電路組成。敏感元件用於直接感受被測（物理）量，轉換元件將敏感元件的輸出轉換成電路參量（如電壓、電感等），基本電路將電路參數轉換成電量輸出。

在感應器上增加通訊功能，就有了感應器網路（Sensor Network）的概念，物聯網最初的興起，也是傳感網的理念深入人心而促成的。如果想把感應器大規模應用於工業互聯網，目前面臨的最大問題就是實用性，特別是尺寸、價格、移動性和續航能力等方面。十年前，感應器網路的節點大概有滑鼠那麼大；電池容量有限，不能長時間工作；身價也很高，最簡單的測量溫度濕度的網路感應器節點的單個價格高達上百美元。如今，瘦身成功的感應器可以像紐扣一樣小，可以透過無線通訊連接，部署方式更為靈活。此外，感應器的電池技術也有了顯著進步，能夠在諸如極寒、極熱和潮濕等極端環境中持續更長時間，價格也降低到只有十年前的十分

之一（圖 5-7）。

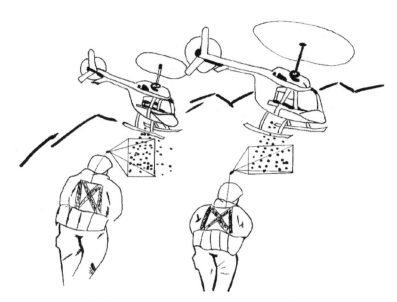

圖 5-7　智慧塵埃（Smartdust）系統利用大量從空中拋散的
無線節點感知戰場

　　不過在未來工廠裡面，實現廣泛感知也未必就一定要大規模部署感應器。受群智感知思想的啟發，近年來學術界提出了不依賴於特定類型設備的非感應器感知（Sensorless Sensing）技術，進一步拓展了感知維度和感知範圍，同時降低了感知成本，從廣義眾包的視角為普適感知應用提供了一種新的視角和可能性。

　　在工業互聯網中，感應器位於現實物理世界和虛擬資訊世界之間，扮演著直接聯繫兩個世界的角色。感應器可以為工業設備提供實時的觀測數據，以便工業設備根據實際狀況調整執行策略。作為工業互聯網的數據源，感應器可以應用於多種工業子領域。比如在

數位油田中，感應器可以實時監測包含空氣成分、水流動態和地震狀況在內的多種數據，並據此控制油井運作，保障油井工人安全；在智慧型電網中，感應器可以在配電網實時監控電力網損和盜竊事件；在高級製造中，不同「性格」的感應器（溫度型、濕度型和壓強型等）可以在製造工廠實時監測生產設備狀況，還可以用包括影片、射頻在內的多種監控手段來監測生產人員狀況，以保證生產設備正常運行，生產人員安全工作。

在工業生產中，感應器的價值不僅僅限於監測單個設備或單個人員。透過將如同塵埃般無處不在的感應器連接起來，就可以把所有檢測到的數據收集起來，從而感知更加全面且精細的工業生產動態。

有點想像力的同學也會發現，這不僅限於工業生產領域，如果將工業各階段（如生產、物流、銷售、售後等）的設備連接起來，就能獲得整個工業價值鏈的圖景，在某種意義上就具備了「大局觀」。

不過要想將設備連接起來，還需要利用網路通訊技術。

（2）門派：網路通訊

- 入派裝備：一台電腦；以及去一家可以免費上網的咖啡店買杯咖啡。

- 門派介紹：

其實網路通訊技術最重要的技能就四點：尋址能力、統一標準、通訊協議以及網路安全。

①尋址能力。

尋址能力是指泛在網路中，所有接入網路的設備需要統一且能夠唯一識別的地址，目前最常用的是 IPv4 協議。IPv4 採用 32 位地址，最多可容納約四十三億設備同時接入網路，這在互聯網發展初期能夠滿足設備尋址需求。但隨著網路規模的不斷增大，IPv4 資源即將枯竭。二〇一一年二月，互聯網頂層注冊機構 IANA 已將其全部地址空間分配完畢，這些地址空間也將在未來十年間被各區域互聯網分配管理機構分配殆盡。

IPv6 的出現解決了地址資源枯竭的問題。IPv6 使用 128 位地址，可容納約 3.4×1038 的設備。相比之下，地球上的沙子也不過只有大約 7.5×1018 粒。從地址資源的角度來看，「讓每一粒沙子都有自己的 ID」在物聯網時代是完全可以做到的。

②統一標準。

統一標準統一了什麼？由於泛在網路包含了各種各樣的通訊設備，這些設備具有各自不同的任務，因此對通訊網路的性能有不同的需求。例如，生產網路需要實時監測生產環境，因此對網路的實時性要求較高；業務網路則需要同時處理大量訂單，因此要求網路具有高併發性。需求不同，使得工業互聯網的各部分子網採用不同的協議標準，從而阻礙了不同部分間的數據和資訊交流。統一標準要求工業互聯網不同子網在邊緣遵守單一、公共的標準，包括統一的基本架構原則、接口和數據格式，以便在各個子網之間能夠互通有無。

③通訊協議。

在工業互聯網中，根據不同的需求，應使用不同的網路連接方式。有線網作為工業互聯網的骨架，連接了不同區域子網和終端控制中心。無線網則是連接眾多智慧型設備的主要方式。根據應用領域對網路涵蓋範圍和通訊頻寬來區分，一般將無線網路分為廣域網、局域網和個域網。無線廣域網連接信號可以涵蓋整個城市甚至國家，主要包括 2G、3G 和 4G 網路。無線區域網在一個局部區域內為使用者提供可訪問互聯網等上層網路的無線連接。無線個域網在更小的範圍內（約為十公尺）以自組織模式在使用者之間建立用於相互通訊的無線連接，典型技術如藍芽技術和紅外傳輸技術等。

以數位油田為例，大型油田按功能分為不同區域，包括採油廠、探勘院、集輸廠、數據中心、倉庫、處理站、生活區等。這些區域的中心設施透過有線骨幹網相連，以確保通訊速率和通訊質量。對於油井區，根據油井分布的疏密、遠近程度採用 LTE、無線自組織 Mesh 網路等技術收集數據和分發指令，並透過骨幹網路與中央控制室和數據中心相連；對於油井內感應器，可以形成無線傳感網，採用 ZigBee 等協議進行通訊；對於移動數據接入、車載設備、影像監控設備等移動性的遠程通訊設備，視需求情況可以接入 LTE 網路或者無線自組織 Mesh 網路等進行通訊（圖 5-8）。

④網路安全。

在物聯網時代，每個人穿戴多種類型的感應器，連接進多個網路，一舉一動都被監測。如何保證敏感資訊不被破壞、不被洩露、不被濫用成為物聯網面臨的重大挑戰。而在工業互聯網中，接入的設備、流通的數據都更為敏感，網路安全問題也就更為嚴峻。你也許從來都沒有想到，如果工業系統僅僅簡單地接入網路，一個高中

生駭客就可能透過寫幾行代碼，侵入自來水廠的供水設備，進而影響到你所喝的水的水質。說這話的依據是，二〇一二年，美國水資源部門將其 SCADA 網路接入互聯網，卻幾乎沒有採取保護和隔離措施。

為瞭解決工業互聯網的安全問題，其具體實現應滿足以下兩個條件：第一，將安全性作為關鍵設計原則。在工業互聯網中，簡單地、滯後地為系統增加安全特性還不夠。所有關於系統安全性的事務都要從系統設計之初開始考慮。第二，為了在高度網路化的、開放的、異質的工業互聯網中提供高度的機密性、完整性和有效性等安全特性，需要開發和實現專門的資訊安全技術、架構和標準。

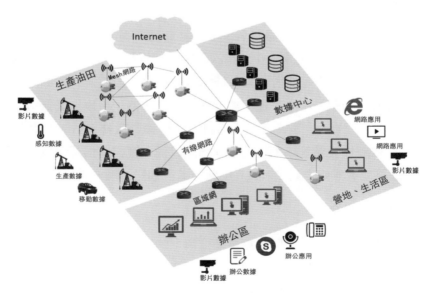

圖 5-8　數位油田網路架構示意圖

（3）門派：大數據

- 入派裝備：一張高等數學沒有被當記錄的成績單、一台電腦、一套你喜歡的語言——流行語 Python、通用語 Java、懶人必備 Fortran，或者 R（相比於 Matlab、Java 和 C，R 是個高富帥）。

- 門派介紹：

泛在網路將工業設備連接起來，從而獲取了豐富的工業數據。大數據的重要性於此不再贅述，這裡主要講講處理這些數據的三個主要步驟：數據篩選、數據存儲和數據分析。

接入工業互聯網的設備製造了大量數據，然而並不是所有的數據都具有潛在的使用價值。大數據又被稱為「數位宇宙」，在真實的宇宙中，大部分空間都是虛空。同樣，「數位宇宙」中的大部分數據也是沒有實際使用價值的。據統計，在二○一三年全世界產生的數據中，僅有百分之二十二的數據具有潛在的分析價值。這一價值稀疏的特性在工業大數據中也存在。面對從成百上千的設備中收集上來的數據，工業公司很容易迷失方向。

為了從大數據中「挖」出「寶藏」，我們需要問自己五個問題：目標數據是否容易獲取？是否能給公司和社會帶來改善？是否實時有效？是否能對大量產品使用者產生影響？是否對分析其他重要數據有幫助？數據篩選可以在不同階段完成，在下層，可以選擇部署目標相關的感應器；在上層，可以根據實際需要靈活地選取和組合數據。

數據存儲，即對大規模海量數據進行有效的存儲。數據庫系統

以及其後發展起來的各種大量存儲技術，包括網路化存儲（如數據中心），已廣泛應用於 IT、金融、電信、商務等行業。面對大量資訊，如何有效地組織和查詢數據是核心問題。數據倉庫是針對大數據的一種存儲方式，能夠在統一模式下組織多異質數據源，並可以為決策提供支持。在數據倉庫中，數據可以以主題的形式分類保存，同時可以從歷史的角度提供匯總資訊。

數據分析，這是為工業公司直接產生效益的步驟。對於已收集到的豐富的數據，可以運用計算領域成熟的數據處理和分析技術進行分析，如自然語言處理、運籌學理論、統計分析、機器學習、數據挖掘、專家系統等，最終提煉出有價值的資訊。

補充一點，數據分析的重要性可以用近年來這一職位的平均薪資水平衡量：根據 Robert Half Technology 公布的 2016 Salary Guide，大數據工程師的平均年薪約為 129,500 至 183,500 美元，遠超過很多傳統高薪行業從業者的平均年薪。

（4）門派：雲端計算和雲服務

- 入派裝備：去亞馬遜雲平台注冊一個免費帳號，更專業一點的可以選擇 Spark 或 OpenStack，自行搭建雲端計算和存儲平台。

- 門派介紹：

如果説上面介紹的感應器、網路通訊和大數據技術是針對單個企業的工業互聯網化轉型，雲端計算和雲服務技術則是針對整個工業產業的升級改造。眾所周知，每個企業的生存都離不開上下遊和

合作企業，這些企業構成了完整的產業鏈。在傳統工業模式中，產業鏈內企業互相提供實體產品，從而實現整個鏈條的運轉。相比之下，工業互聯網最重要的創新之處在於服務網的建立。「隨時隨地設計，隨時隨地製造」理念指導下的工業服務網包括參與廠商、服務架構、商業模型以及服務本身，允許服務供應商透過網路提供服務。服務網將單個工廠連接成完整的增值網路，更有效地組織工業活動。

工業領域的服務網和資訊技術領域的雲端計算殊途同歸。後者的定義為「允許隨時、便捷、按需訪問共享可配置資源的模型」。這些資源，包括網路、服務器、存儲、應用、服務等，可以快速地提供和釋放，僅需要極小的管理開銷和服務供應商交互。簡而言之，主流雲端計算是在網路這個分布式環境中按需提供高度可靠的計算服務。

將雲端計算應用於工業互聯網的方法有兩種，其一，就是將資訊領域的雲端計算技術直接應用到工業互聯網中；其二，發展「雲製造」，即雲端計算在工業領域的對應版本。

雲端計算技術的直接應用主要集中在業務流程管理方面，如人力資源、客戶關係管理、企業資源計劃等。雲端計算使得這些功能即付即用，並且可以快捷地調整需求，靈活地制定方案。這方面已經存在 Saleforce 和 Model Metrics 等著名的平台及服務供應商。

雲製造則源於工業互聯網的工業生產背景。在雲製造中，分布的資源被封裝在雲服務中並被集中管理。客戶可以根據需求使用雲服務，這些服務涵蓋了產品設計、製造、測試、管理以及產品生命

週期中的所有階段。雲製造服務平台則負責搜索、智慧匹配、推薦和執行服務。建立在工業互聯網上的雲服務系統架構包含三層：虛擬服務層、全局服務層和應用層。這三層面向工業領域中的不同對象，虛擬服務層用於認證、虛擬化以及包裝工業資源，面向具有工業資源的供應商；全局服務層用於敏捷動態的組織服務，面向提供服務的企業；應用層則作為終端使用者和工業雲資源的交互接口，面向終端服務使用者。在雲製造的背景下，透過靈活地組織各個企業間的服務，我們才能夠實現產品的個性化訂製。

傳感網、網路通訊、大數據、雲端計算……過去，世界上最大的計算設備僅服務於政府、大型公司和研究實驗室，而現在，你只需要一台電腦就可以進入到這個工業帝國，打造屬於你自己的那件藝術品。

作為一名偽藝術愛好者，我在西班牙和法國參觀畢卡索（Pablo Picasso）故居和紀念館，受到的震撼並不來自於那些我沒有看懂的畫作，而是掛在牆上的那句話：畫家的工作間是一個實驗室。如果不能深刻理解這句話，就無法理解畢卡索後期的每一幅作品，其實都是一個藝術科學的實驗。在未來的工業世界，我們也許更應該把「工人」稱呼為「藝術家」，工廠，是他們嘗試將設計思想付諸實踐的實驗室。

一個參觀者曾向畢卡索抱怨無法理解那些作品畫的是什麼，畢卡索微笑著請他到畫室外喝咖啡，「您覺得樹上這鳥叫得好聽嗎？」「太好聽了，簡直是天籟之音！」「我也這麼認為，那您聽懂它叫的是什麼了嗎？」（圖 5-9）。

圖 5-9　畢卡索的鳥叫邏輯

工業革命 4.0 物聯網

第六章
你能想像十年後的生活嗎

從互聯到
新工業革命

　　不管是無人機還是自動駕駛，不管是人工智慧醫生還是公共自行車，技術的進步正在改變人類的認知方式。那麼，是我們推動了科技，還是科技在改變我們？

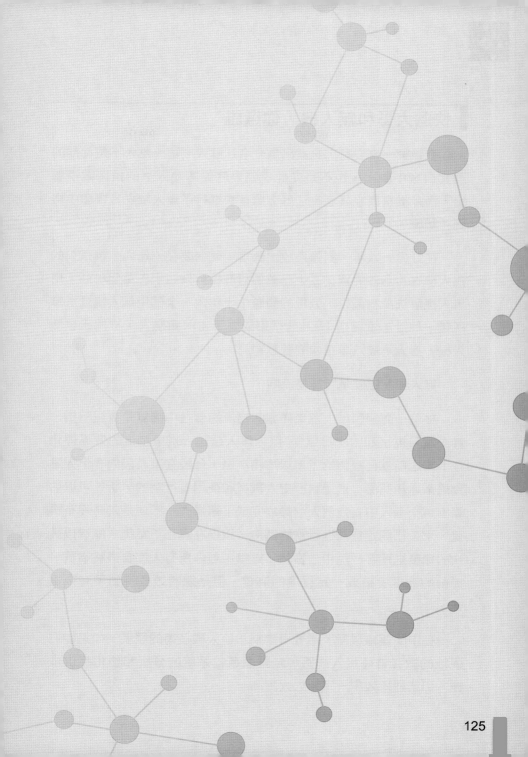

快遞大哥和無人機，你選誰

劉強東一直沒有忘記自己是一名江蘇人。這一點，不是從他的英文口音中聽出，也不是從他「娶妻就娶本地人」的婚嫁觀中看出，而是從京東在其老家江蘇宿遷首次進行了無人機送貨實驗中得到了驗證。

在二○一六年，劉強東放出豪言，聲稱要在一年內，讓京東的無人機送貨涵蓋範圍從二十三萬個村莊擴展到四十二萬個村莊，用無人機解決農村最後一公里的問題；十年內，全部用無人快遞汽車送貨。他壯志凌雲道：「為此京東成立了 JDX 實驗室，專門研發無人機、無人駕駛汽車在內的智慧物流。」

無人機配送就是智慧物流嗎？

在電子商務領域，京東商城的物流速度在中國算是首屈一指，其「當日達」和「次日達」，至今無人超越。京東物流的效率優化在下單之前就已經開始了。以冰箱為例，假設在某時段內有十人瀏覽過某冰箱商品，透過對歷史大數據和使用者行為的分析，可以估算出這十個人中有幾個人會最終完成下單操作，即便是當時沒有購買，京東已開始提前進行貨物調度，以便在真正下單後，能夠以最快的速度送達客戶家中。當然，這其中並非所有人都會最終購買，提前的調度會造成一定程度的浪費，但是總體效益得到了有效提升。

在中間運輸環節，隨著車聯網和無人機技術的發展，如果能把運輸的數據實時接入網路，為整個運輸系統的分析和優化提供依據，那麼運送效率一定會大大提高。

其實物聯網（Internet of Things）的概念，最早就是搞物流的人提出來的。美國人最早意識到科技進步對於物流的影響巨大而深遠。圖 6-1 顯示了二〇〇四年國際物流與外包經費支出，從物流占GDP 的比例就可以看出來。中國的物流成本占比居然比世界平均值還要高出一倍！

	人口（億）	GDP（萬億）	物流費用（十億）	物流 GDP 占比	外包物流費用（十億）	外包物流佔比
美國	4	11	939	9%	77	8.2%
歐洲	5	10	900	9%	68	7.5%
亞太	6	5	600	12%	30	5.0%
中國	13	1	230	23%	5	2.2%
全球	61	31	3500	11%	197	5.6%

圖 6-1　二〇〇四年國際物流與外包經費支出

（數據來源：Armstrong & Associates, Cass Information Monetary Fund, Mercer Management Consulting, Organization for Economic Cooperation and Development, The World Bank Group, Robert W. Baird & Co. Estimates (J.Langley,2004)）

在港口運輸領域，德國的漢堡港作為歐洲第二大港口，有著一億四千萬噸的吞吐能力（圖 6-2）。港口最大的痛點，即貨櫃到港之後，如何合理地安排卡車的運輸，把貨物快速運走。如果這個問題解決不了，就會導致很多貨櫃積壓在港口，對客戶、貨物本身都有很大的影響。當然，要解決這個問題有一系列環節需要協調，

包括貨物卸載，運輸調度、卡車與輪船的交互，卡車與卡車之間的交互，以及一些易變質貨物對運輸時間的嚴格要求等。漢堡港安裝了大量的道路感應器用於交通監測，透過雷達和自動識別系統來定位航運船舶，透過智慧型貨櫃對貨物狀態進行監測，藉助大量的數位指示信號和各類移動應用為司機提供實時的交通和停泊資訊，從而大幅提升了港口的運轉效率。

圖 6-2　歐洲第二大港口 - 漢堡港（圖片源於網路）

航空運輸領域大家最為熟知的環節就是等待行李分揀的漫長過程了，更可怕的是如果行李被分揀到錯誤的航班，那就只能祈禱遇到一場浪漫的邂逅了。

在中國海南航空，來自北京清華大學的研究團隊將物聯網技術與航空行李業務結合，透過在航空行李條中嵌入無源射頻識別（RFID）標籤（圖 6-3），並對射頻信號進行解析，實現了精準的行李目標定位以及從行李託運、傳送、分揀直至裝機運輸的全生命週期管理，大幅提升了機場的運轉效率，降低了分揀誤差率。其中使

用的基於差分增強全像圖（Differential Augmented Hologram）的實時定位技術，定位精度已提升至毫米級，居世界領先地位。而這樣的技術突破，也將會給物流和製造等行業帶來全新的資訊視角（圖6-4）。

但是不得不說，現如今，有無人機的地方就有關注度。京東透過「無人機」這張牌，在工業 4.0 的時代，搭著「智慧物流」的理念，成功地登上了頭條。

但物流並不止局限於運輸環節，倉儲和最終交付同樣重要。所謂「智慧物流」，其真正所向，是指透過物聯網技術實現更加細粒度的狀態監控。

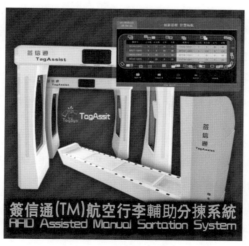

圖 6-3　清華大學研發的 RFID 行李分揀系統

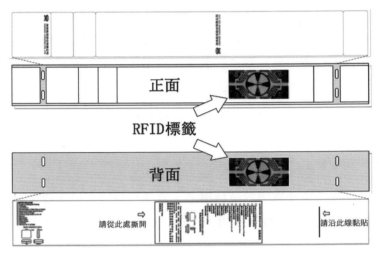

圖 6-4　RFID 行李條

　　貨物、設備和人，所有的狀態資訊不再以孤島形式存在，而是透過移動網路的數據通道，匯總到雲端的數據中心，再藉助大數據技術完成實時處理和優化分析，提升系統的智慧水準。對於物流業而言，倉儲、中間運輸和最終交付在內的整個價值鏈都將因此而受益。

　　說完運輸，我們回頭來看倉儲管理。在倉儲管理中，訂單的快速履行是一個數十億美元的市場。傳統的做法要麼追求高度的自動化，但是這種方法的環境適應能力較差；要麼依賴人力收集貨物，這種方法雖然適應性很強，但是不夠高效。

　　來自亞馬遜公司的機器人解決方案 Kiva Systems，採用了一種全新的方式。在我們的印象裡的倉庫，肯定是貨物整齊地擺放在固定的貨架上，但是在 Kiva Systems 的倉庫裡，你看到的只有移動

的貨架和站立在固定出口的工人。

移動的貨架？沒錯！當顧客在網站將購物車裡的商品完成下單後，新的訂單就會下達到指定的倉庫，系統還會檢索到相應的貨物存放在哪些貨架上，之後下達履行指令，機器人搬運工就會來到貨架下面，「扛起」便走，奔向集合地點，工人所需要做的，只是從「自動」來到眼前的貨架上取下貨物即可（圖 6-5）。當然，每個機器人都擁有一定的環境適應能力，知道自己怎麼到達目標地點，相互見面了還會「打招呼」，以防止相互碰撞。

圖 6-5　亞馬遜的 Kiva Systems 倉庫機器人系統（圖片源於網路）

想像一下，當你站在這樣的倉庫，滿眼全是忙碌的機器人兄弟，他們高效協作，又不知疲倦，是不是會有種來到未來世界的感覺。

高效率的倉儲管理，永遠是沒有最好只有更好。也難怪行業專家對亞馬遜的商業內涵評價是：披著零售外衣的物流公司。

最後，我們不得不提一下快遞業之父 UPS 聯合包裹服務公司，這個成立於一九〇七年的「老字號」就如同生物進化一般與時俱進，不斷進行自我調整。UPS 平均每年投資十多億美元建設技術基礎設施。除在亞特蘭大設立了全球數據中心，UPS 還建設了長達五十萬英里的 UPSnet 全球電子數據通訊網路。

十多年前，我去參觀過 UPS 的分揀場地和綜合調度系統，其精細分揀、資訊互通和高度自動化讓我非常震憾。如今，UPS 的技術觸手已經從小型手提式裝置伸到了用特別設計的包裹遞送車輛，並連結了全球電腦及通訊系統。

舉個例子，幾乎每個穿深色制服的 UPS 送貨司機會隨身配備一個小小的 DIAD（Delivery Information Acquisition Device，交貨資訊採集裝備）寫字板，透過無線數據傳輸系統，在讀取資訊的同時將數據傳輸到 UPS 的數據網路中。當收貨人在電子寫字板上簽收貨物時，所有的資訊會即時傳到 UPS 龐大的電子追蹤系統中，與此同時發貨人就可以在網上查到這些資訊，並且可以看到收貨人的簽名。透過 DIAD，還可以將道路交通情況和什麼地方有客戶需要上門收貨等資訊傳達到司機。即便有幾十年的地面運輸經驗，UPS 還是依靠全球定位系統，結合派送貨物的數量來規劃每個司機的送貨線路。工廠方面，貨物從進入倉庫到分揀一直到全部運出，只有寥寥幾個工人，已實現了相當全面的自動化和資訊化。

▍把醫生放進口袋

要問這個世界上最神祕的部門是什麼，你可能會答：中情局

CIA 吧。

當然，也有人說是「有關部門」。

我給出的答案是一個位處美國加州舊金山灣區某處的實驗室。該實驗室的機密程度堪比 CIA，在其中工作的人，都是各大高科技公司、大學和研究院的頂級專家，不分國籍，不分膚色，不分語種。

這個實驗室就是號稱要改變世界，誕生了 Google 眼鏡和無人駕駛汽車的 Google X（官方的寫法是 Google[x]）。它只有兩處地點，一處位於 Google 總部園區，作後勤用，另一處不知道具體地點，供機器人使用。正如 Google 的工程師與科學家所說，它只孕育那些成功率只有百萬分之一的科學實驗，這需要巨額的資金、長期的信心，以及「摔壞東西」的意願。

這個黑科技集結號的創辦可以追溯到二〇〇五年，當時的 Google 聯合創始人賴利‧佩吉（Larry Page）首次與史丹佛大學的塞巴斯蒂安‧杜倫（Sebastian Thrun）在無人駕駛車大賽（Darpa Grand Challenge）上碰面，杜倫正帶著他的研究生努力讓一部自動駕駛汽車完成莫哈維沙漠中的七英里障礙賽。

杜倫是一個對學術界的發展失去了信心的 Crazy Scientist，他認為大學裡的教授們熱衷於寫論文而非發明創造實在是一件不可思議的事情。大賽上他和佩吉一見如故，相見恨晚，於是毅然辭職，加入了 Google。

他於二〇〇九年初在 Google 開始了自動駕駛汽車項目。佩吉

給了他一個目標：打造一部可以在加州高速公路以及曲折的城市街道上能無差錯行駛一千英里的自動汽車。杜倫和他的十二人團隊在十五個月內達到了這一目標。他們的汽車成功地穿梭在洛杉磯和矽谷的壅擠塞車的街道上，以及舊金山奧克蘭海灣大橋的下面（在那裡汽車無法接收 GPS 信號）。

由於進展超出預期，杜倫、佩吉和謝爾蓋·布林開始討論將這個項目拓展為一個完備的實驗室。

在杜倫看來，企業實驗室就像操練場，適合那些執迷於科技幻想的人，並能實現人才流動。他自己曾認真地考慮過將這個新的事業部稱為 Google 研究院（Google Research Institute），但又覺得這個名字太土，最後想出了 [x] 這麼一個後綴。他説，X 就是個「符號」：一個可以在以後賦值的變量。

繼無人駕駛汽車之後，Google 眼鏡是 Google X 的第二個項目。巴巴克·帕爾維茲（Babak Parviz），這位華盛頓大學電子系教授，憑藉自己一篇關於隱形眼鏡內置電路的論文吸引了布林和佩吉的注意。他在論文中寫到，這個設備可以在佩戴者的眼睛中投射影像。總之，透過杜倫的實驗室，任何腦洞大開的想法都有成為現實的可能。第一部 Google 眼鏡是一個重達十磅（相當於四·五公斤）的頭戴式顯示設備，後面還連著許多電線，一直連到佩戴者腰部繫著的一個盒子上（圖 6-6）。

美國人顯然無法接受自己成為「大頭娃娃」，經過不斷地迭代，最新的 Google 眼鏡的重量終於和普通眼鏡相當，而且看著也比較正常。二〇一四年七月十五日，Google 還宣布將與瑞士諾華

製藥（Novartis）合作，進一步開發智慧型隱形眼鏡。

在一般人眼裡，Google 眼鏡能用到的地方可能就是像《名偵探柯南》裡那樣實現偷拍和追蹤，但它真正的意義是對一些基礎領域的改變。

比如說，醫療行業。

在對人體健康的漫長探索中，人類的醫療方式經歷了兩個階段。

Project Glass
Google眼鏡

Driverless Car
全自動駕駛汽車

Project Wing
無人機

Project Loon
空中熱氣球基地台

Makani
高空風力發電機

Flux
建築協同設計軟體

圖 6-6　Google X 項目

第一個階段是以中醫為代表的傳統醫學，主要透過「望、聞、問、切」的方法，醫生根據經驗，對病人的外在病症進行分析，來解決身體的疾病問題。雖然中醫的歷史作用不可忽略，但是因為沒有量化的標準，對醫生的個人經驗又高度依賴，因此很難大規模傳播。

第二個階段則是以西方醫學為代表的現代醫療，藉助各種醫療

設備，透過對身體各項指標的測量，按照一定的診療標準，結合醫生自己的判斷，給出治療方案。雖然現代醫學對於人類整體健康水平的提高居功至偉，但是仍然不夠完善。比如，目前針對各種疾病的診療方案，其統計意義都是沒有問題的，但是人體畢竟是個複雜系統，個體差異性必然存在，因此在面對這種差異性的時候，醫生的經驗判斷尤為關鍵。

所以現在醫生所做的事，說穿了，不過是個手工活。見多識廣，經驗豐富，診斷才更為可靠。另一方面，病人和醫生的聯繫，借用工業界的說法，是「故障驅動型」的，也就是有病才去進行治療，很少有人能夠請得起私人醫生，全天候地對身體情況進行分析判斷，及時發現身體可能出現的問題。

伴隨著 Google 眼鏡這種類似產品的出現與不斷完善，工業 4.0 時代的醫療也將進入一個新階段（圖 6-7）。

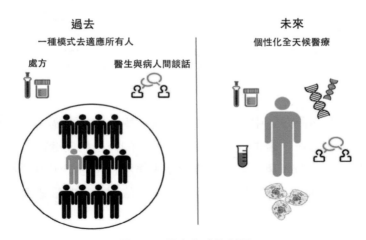

圖 6-7　醫療方式的變遷

　　首先，是增強體驗。二〇一四年九月，Wearable Intelligence（WI）開發了可穿戴設備軟體，該軟體能將數據即時呈現在醫療和能源行業工作人員眼前。WI 稱自己的技術能在 Google Glass 上顯示任何類型的臨床數據，包括直接從電子健康記錄系統獲取的數據。它還能實時顯示重要器官數據流（如病人的心率）、警報資訊、意外情況和錯誤通知。在醫院中，可穿戴設備能向醫生顯示病人名單、房間號碼、病人姓名、主要症狀、責任醫師和實驗數據等資訊。病人的實驗結果出來後，系統還能向醫生推送資訊。另一個基於 Google 眼鏡的有趣的應用程序是用於記錄手術過程。在醫院，醫生帶著 Google 眼鏡為患者看病，以第一人稱視野將手術操作畫面呈現給學生，實現醫療教育（圖 6-8）。

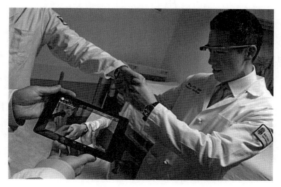

圖 6-8　Google 眼鏡用於醫療教育：醫生看見什麼，學生就看見什麼

　　其次，是數據化。在過去，儘管大量的醫療資訊系統中積累了海量的醫療資訊，但是這些資訊通常都是以手寫文本等非結構化數據的形式存在的，無法直接拿來使用。而現在，隨著機器翻譯技術的成熟，這些文本數據也可以「流入」大數據分析平台的數據池，就像自然語言處理技術的語料庫一樣，為大數據時代的虛擬醫生提

升訓練樣本。

根據市場諮詢公司 Marketsand Markets 的報告顯示，全球醫療領域的自然語言處理業務在二〇一五年的規模是十億美元，而這一市場到二〇二〇年將上升至二十六億七千萬美元。

然後，透過利用各類可穿戴設備、膠囊機器人和可植入晶片等設備，就能夠為人體建立一個完整的身體感應系統，感知各項身體指標，包括動態、靜態的生命體態特徵，以及行為習慣、生活方式等，並將其接入網路，在身體之外的虛擬網路空間，以數位化的方式對身體狀態進行全像的呈現。在此基礎上，大數據技術還可以基於大規模人群數據，來識別整體趨勢和個體差異，並透過分析個人歷史數據來發現異常，向使用者提供科學的指導意見。

多說一句，大數據技術的完善也讓「中醫黨」們看到了希望：儘管中醫現在從生物醫學角度還很難回答「為什麼」，但是藉助大數據的理念與技術方法，卻可以從對人的健康狀態整體調節的角度很好地回答「是什麼」，利用大數據的手段說不定可以解釋中醫背後隱含的深刻規律。比如說，我母親動不動就說我不能吃三個以上荔枝或者是幾個橘子，經常當著我孩子的面不顧我好不容易樹立起的權威隨時按住我剝荔枝的手，理由就是「會上火」（這真的挺讓人「上火」）。但是，誰又知道「上火」究竟是個什麼鬼？

再有就是私人訂製化。前面提到 Google 與諾華製藥聯手開發智慧型隱形眼鏡，可以幫助糖尿病患者對病情進行私人訂製管理。這種眼鏡包含一塊低功率的微晶片以及一個幾乎看不見的、像髮絲一樣細的電子電路，這種隱形眼鏡是透過眼球表面的淚液隨時檢測

糖尿病患者的血糖水平。

透過對人體數據的分析，過去只有透過醫院才能進行健康診斷的情況將會被改變，結合大數據分析技術，就像在製造領域發生的變革一樣，將能夠給海量患者提供個性化的醫療服務。而以醫院為中心的醫療服務模式，也將逐漸轉變為以病人為中心的模式，這將會大幅提高病人的滿意度。在未來，你的各項身體指標將在雲端平台進行實時的分析，然後，你的「隨身醫生」便會及時給出科學的醫療建議。

整體而言，Google 眼鏡或是同類的升級產品正以三種最不可思議的方式，改變醫學的未來：

①增強外科手術中的現實感；

②電子醫療記錄及床邊護理；

③自動化個人健康護理。

密西根大學的一位教授更是在一次學術研討會中提出了一個讓我大吃一驚的「魔幻構想」，他說：「我們乾脆打造一個三百年的研究計劃，在全世界無縫監控五百億人從生到死每時每刻的所有生理資訊。有多少人此後還能生出新疾病呢？五百億樣本，總有一個適合你！」仔細想一想，還真有一定可行性（那醫生豈不是失業了）。

從 Google 總部出發，大約走上半英里遠，兩幢不起眼的雙層紅磚建築中就坐落著 Google X。它的正門有一座噴泉，還有幾排公司準備的自行車，供員工前往總部。在其中一間建築中，會議室的窗戶全部使用磨砂玻璃。一部搭載了自動駕駛技術的賽車就停在大

廳裡。這部車實際上沒辦法開;只是個愚人節當天想出來的玩笑。走廊中的一些白板上畫著好幾代書呆子們的幻想:太空電梯。

太空電梯、懸滑板、隱形傳輸⋯⋯這些項目相繼夭折,畢竟,改變世界不是一件那麼容易的事,哪怕是 Google 眼鏡,現在也是傷痕累累,找不到行之有效的商業模式。但是對於 Google 來說,「失敗」更像是一種過程或者方法,它正在用自己天馬行空般的想像力,從「原子」的緯度重新設計未來人們生存的方式。

隨時待命的修護師

海恩法則是飛機渦輪機的發明者德國人帕布斯・海恩提出的一個在航空界關於飛行安全的法則,該法則指出:每一起嚴重事故的背後,必然有二十九次輕微事故、三百起未遂先兆以及一千起事故隱患(圖 6-9)。

圖 6-9　海恩法則

今天,我們已經能夠製造出各種用途的大型設備,如噴射式飛機的渦輪機組等。這些龐然大物的製造過程十分複雜,因此在產品交付之後必須進行經常性的維護檢修,保障其穩定,一旦出現異常,則損失巨大。以商業航空為例,時至今日,大家在乘坐飛機

時，還會經常遇到因設備故障導致航班延誤或取消的情況。且無論多小心，也可能會有空難之類的事情發生，為無數家庭蒙上消之不散的陰影。

設備問題的處理，傳統的應對是「反應式」的，也就是發現故障再進行處理。就像處理人體的健康問題一樣，大病大治，小病小治，對症下藥。《鶡冠子・世賢第十六》曾記載這樣的故事，魏文王曾求教於名醫扁鵲，問其兄弟三人誰的醫術最高明。扁鵲認為自己的醫術最弱，因為其大哥的醫術，在病症沒有表現出來之前，就能化解於無形（上醫治未病）。其二哥的醫術，在病狀初起之時，症狀尚不明顯，就能藥到病除（中醫治欲病），而自己處理的都是重症患者（下醫治已病），與其兩位兄長的境界相比，自是遜色不少。

如同扁鵲對醫術的分級，對於設備檢修方法，同樣可以分為故障式（大故障能夠處理）、狀態式（小問題及時發現）和預測式（預測故障發生的趨勢）。過去，我們最多只能做到狀態式，對於預測式方法是「渴」望而不可及，但在未來的「智聯世界」，有些改變正在逐步發生。

物聯網和大數據技術的發展為人類實現了與設備之間的無界溝通，每個設備不再是冷冰冰的機器，而是一個能夠透過網路連接，實時傳輸內部數據的網路節點。設備在交付使用之後，提供商可以提供持續的運行狀態監測服務，透過對設備數據的分析，為設備運行和故障檢修提供優化的作業安排。

這將會改變未來的行業生態：設備生廠商會轉變為服務提供

商，負責設備的安裝和維護，形成自己的封閉循環業務鏈條，而營運商將購買透明化的設備服務，只需要關心對終端客戶的服務優化，無須再關心設備的維護和檢修等後台業務。

傳統的設備維護，受限於 GPS 和海量數據處理技術的停滯落後，既無法獲得設備全方位的內部實時數據，也不易對複雜設備的內部數據進行快速準確的分析，使得設備維護水平始終停滯不前。如今，互聯網時代催生的雲端計算和大數據處理技術，成功地解決了海量數據的存儲和處理，並可根據業務需要進行計算能力的彈性分配。與此同時，在感應器插上了通訊的翅膀之後，物聯網技術也是一飛衝天，可以說是「只有想不到，沒有感不到」。

在風力發電領域，作為一名負責發電機組維修的工作人員，未來的工作可能是這樣的：你把工作車停泊在遼闊的大草原上，正在欣賞著無邊的風景（圖 6-10），就在這時，系統發來資訊，提示在未來的某個時刻，你附近的某個發電設備由於零件老化的原因，設備發生故障的機率已超出警戒線，必須對部分模組進行替換處理。系統同時已經根據你所處的位置規劃好了路線，希望你能夠即刻驅車前往；與此同時，用於替換的設備已經在運輸的途中，將與你幾乎同時到達指定地點。而將要進行維修的發電設備也已經提前進行了規劃，預設了停轉時間，以便配合維修工作的開展，整個過程將實現無縫銜接。

圖 6-10　風力發電（圖片源於網路）

過去，由於突發性的故障問題導致的航班延誤事件，也會隨著工業 4.0 時代的到來而大量減少。內置感應器和通訊網路的互聯會讓大數據分析平台獲得設備內部的實時數據，一方面與歷史故障數據進行模式匹配，另一方面與同批次的設備進行橫向對比。由此，異常點將會被及時發現，並提前對航班計劃進行調整。

為了應對突發的設備故障問題，公司往往需要準備大量的配件庫存。而在未來，這種情況同樣會大幅改善。預測性維護時代的到來，將有可能造就零庫存的業界神話。據 SAP 公司介紹，一家生產飛機零件的大公司在採用其提供的預測性維修系統後，庫存費用節省了兩百萬美元，在生產流程方面縮短了百分之二十五的時間，降低了百分之三十的組裝庫存水平，並減少了百分之四十的加班費用。

中國的東方航空公司已經進行了嘗試。他們使用工業互聯網平台蒐集了五百多台 CFM56 發動機的高壓渦輪葉片保修數據，結合遠程診斷紀錄和第三方數據，建立了葉片損傷分析預測模型。從

前，需要把微型攝影機伸入發動機內進行檢查。現在，只要根據數據分析平台上的結果就可以預測發動機的運行情況，訂製科學的重覆檢查間隔，從而提升營運效率。

從資產的被動式維護，到主動式自檢，再到營運的全局優化配置，技術的進步將改變人類的認知方式，並將最終改變人類世界的運行規則。

是我們推動了科技，還是科技在改變我們？不管是哪一種，你已經離不開它了。

工業革命 4.0 物聯網

結語
開啟智慧的革命

從互聯到
新工業革命

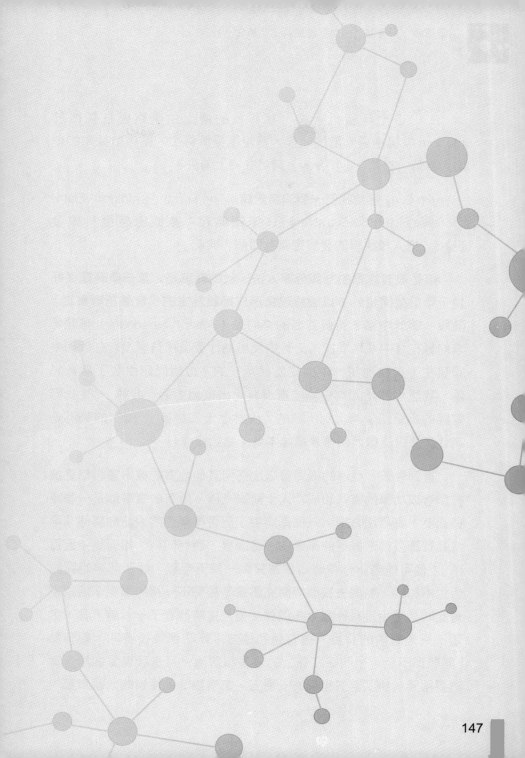

二〇〇七年接近春節，我和我的博士生李默還在鬱悶於 Infocom 投稿通通淪陷的時候，聽說圖靈獎得主、關係數據庫的創始人吉姆‧格雷（Jim Gray）突然在海上消失。

Jim Gray 留給我們一個演講記錄，The Fourth Paradigm：Data-Intensive Scientific Discovery（《第四典範：數據密集型科學發現》），把人類科學的發展定義為四個「典範」。

這是很有意思的一個分類方法。我的理解是，第一典範是從好幾千年前就開始的，以記錄現象形成經驗為主的「實驗指導實踐」階段。關於中國，有個著名的李約瑟（Joseph Needham）難題，李約瑟在《中國科學技術史》中反思為什麼現代科學沒有在近代中國發生，直白地說，中國是怎麼落後的？這個問題引發了無數討論，我想也許是因為中國一直沒有走出這個「第一典範」。從我們宣揚的「紀昌學箭」到所謂的「少林七十二絕技」，強調的都不是為什麼要這麼做而僅僅是結論本身（結語圖 1）。

直到今天，亞洲的機場書店比任何其他地方的機場書店都更加充斥著成功學的書籍和成功人士演講光碟。所有的故事都是一個類似節奏。打個比方吧，一個剛剛中了五百萬樂透的人給你講他花兩塊錢買那張帶來好運的樂透的心路歷程，題目叫做「如何能中五百萬」！他可能告訴你當時口袋裡只剩一塊五毛錢，想了想連吃頓飽飯也不夠的。到底去買個燒餅充飢還是做點不一樣的事呢？話說主角此時其實也沒有什麼太多選擇。但是這時他看了一首詩，嗯，生活不只是眼前的苟且，還有詩和遠方。好吧那就投資吧，頗有點「開門郎不至，出門採紅蓮」的浪漫和冒險。可是發現買個樂透竟然要兩元，拚了老底也只有一塊五，怎麼辦？此處省略六個章節，

總之經過了借錢失敗、搶錢反而被搶、撿錢碰到假幣、最後終於辦了假身份證貸到五毛錢小額款之後，買到了那張寶貴的兩元樂透。故事到此就結束了，只剩一個尾聲，反正是中了五萬了。當你要照辦的時候會發現講者提到的這些困難還真是不容易克服，而且他確實沒有撒謊。但關鍵是即使你都克服了，真正困難在於：買到了兩元樂透就中了五百萬嗎？誰真的信了就「圖樣圖森破」（too young, too simple）。以上狀況幾乎適合所有「武功祕籍」。

結語圖 1　江湖祕訣之如何練成絕世輕功

西方國家在幾百年前就開始利用模型歸納總結現象，這就成了「第二典範」，我認為叫做「理論指導實踐」。比如牛頓三定律，這是最有代表意義的。所以現代戰爭沒有人強調每個戰士得有多高的武功了，短短幾個月的訓練就可以保證絕大部分普通人成為一名合格的士兵，不必像射鵰英雄傳裡的裘千仞一樣既要根骨清奇還要手插熱砂二十年不輟。十九世紀的英國透過蒸汽機帶領整個歐洲進入了機器取代手工的時代。在工廠中，工人開始按照生產線分工各司

其職，並用整齊劃一的動作提高效率。每一個工廠都是一個整體，索霍工廠中，博爾頓甚至不允許齒輪和鐵錘的聲音不一致。在機器的幫助下，在數千萬次由正確理論所指導的可重覆的簡單動作（或者叫勞動）之下，鐵路、火車、電報機、鍋爐、電話和汽車等相繼問世，科技與經濟實現騰飛。

艾倫・圖靈的天才貢獻，使得真正意義的電腦在六、七十年前出現，人類科學發展走進了「第三典範」——「計算指導實踐」，對複雜現象進行模擬仿真，推演出越來越多複雜的現象。二十年前美國就宣布以後不再試爆真的核子武器了，有計算模擬與仿真就夠了。

Jim Gray 預言在二〇〇七年之後不久的將來，隨著數據量的高速增長，電腦將不僅僅能做模擬仿真，還能進行分析總結，得到理論。也就是人類科學的「第四典範」——「大數據指導實踐」。

網路在這個典範裡扮演了一個什麼角色呢？具體而言，Internet 或者 Internet of Things 扮演了什麼角色呢？

協作。人與人的，人與機器的，機器與機器的，有意識的和無意識的。作家丹尼爾・科伊爾（Daniel Coyle）曾提出一個「一萬小時定律」，該定律指的是，要想成為某個領域的專家，至少需要經過一萬小時的積累。但現在，一個偉大創新從誕生到落地也許不需要某個專家的一萬小時，而是一萬個人的一小時，甚至是，成千上萬人的一分鐘。我們前面提到的 Foldit 就是一個很好例子。換句話說，這種協作將逐步超越有形的而到達智慧的層面：廣義地說，所謂的智慧，也沒有什麼不能用數據來表達和使用的！

　　普普藝術（Popular Art）領袖安迪・沃荷曾說過：「未來，每個人都有機會當上十五分鐘的名人」。這個「未來」就在眼前，「出名」似乎變得越來越容易，可能是一段有趣的影片，可能是一篇辛辣點評，也可能僅僅是一兩句流行的段子。因為廣泛的互聯（Internet of Everything），彙集了無數「明星」的網路越來越成為一個整體，所有人的精華都凝聚在此：既有二十年的匠心獨運，也有幾分鐘的靈光一現。就像凱文・凱利曾利用蜂巢思維比喻人類的協作帶來的群體的智慧，網路會自動幫我們篩選出最有用、最精華的部分，而這種群眾外包（Crowdsourcing）的協作方式就是網路最大的魅力所在。何況，廣義的 Crowdsourcing 不僅僅局限於人或者使用者，設備、能量，甚至是各種貌似無用的噪音數據，都可以深度協作。互聯超越時間和空間，超越物理和虛擬之間的界限，讓協作無所不在。

　　仔細想想，幾乎所有行業都可以搭上網路的順風車，這種事先不被目標束縛的協作方式必將盛行於更多的領域。非專業化人士的「靈光一現」將會迅速地被大數據計算捕捉下來，透過網路擴散，發揮其長尾效應。而未來的分工也不再是特定的「什麼人做什麼事」，也許是「什麼時間做什麼事」，抑或是「什麼場景做什麼事」，甚至「不經意間就做成了那個事」。

　　工業革命，把農民從土地中解放出來；而網路，把人的創造力從固有的領域中釋放出來。非專業人士的專業智慧，也將精神抖擻地走向前台。那麼我們將要面對的，豈止是一場說來就來的新工業革命呢？因為互聯，專業與非專業的智慧在大數據平台上融為一體，人類的智慧革命，從此開啟。

參考文獻

〔1〕吉爾德。通訊革命〔M〕.上海：上海世紀出版集團，2003。

〔2〕李約瑟。中國科學技術史〔M〕.北京：科學出版社，1990。

〔3〕哈拉瑞。人類簡史：從動物到上帝〔M〕.台灣：天下文化，2011。

〔4〕漢森。殺戮與文化〔M〕.北京：社會科學文獻出版社，2015。

〔5〕克里斯坦森。創新者的窘境〔M〕.北京：中信出版社，2010。

〔6〕霍布斯鮑姆。霍布斯鮑姆年代四部曲·革命的年代（1789—1848）〔M〕.北京：中信出版社，2014。

〔7〕霍布斯鮑姆。霍布斯鮑姆年代四部曲·資本的年代（1848—1875）〔M〕.北京：中信出版社，2014。

〔8〕霍布斯鮑姆。霍布斯鮑姆年代四部曲·帝國的年代（1875—1914）〔M〕.北京：中信出版社，2014。

〔9〕霍布斯鮑姆。霍布斯鮑姆年代四部曲·極端的年代（1914—1991）〔M〕.北京：中信出版社，2014。

〔10〕哈耶。通往奴役之路〔M〕.北京：中國社會科學出版社，1997。

〔11〕康德。純粹理性批判〔M〕.北京：人民出版社，2004。

〔12〕叔本華。作為意志和表象的世界〔M〕.北京：商務印書館，1982。

〔13〕劉雲浩。物聯網導論〔M〕.2 版·北京：科學出版社，2013。

〔14〕舍恩伯格，庫克耶。大數據時代：生活、工作與思維的大變革〔M〕.盛楊燕，周濤，譯，杭州：浙江人民出版社，2012。

〔15〕科爾曼，雷瑟爾森，李維斯特，等。算法導論（原書第 3 版）〔M〕.北京：機械工業出版社，2012。

〔16〕周志華。機器學習〔M〕.北京：清華大學出版社，2016。

〔17〕徐恪，王勇，李沁。賽博新經濟：「互聯網＋」的新經濟時代〔M〕.北京：清華大學出版社，2016。

〔18〕楊錚，吳陳沭，劉雲浩。位置計算：無線網路定位與可定位性〔M〕.北京：清華大學出版社，2014。

〔19〕森德勒。工業 4.0：即將來襲的第四次工業革命〔M〕.鄧敏，李現民，譯·北京：機械工業出版社，2014。

〔20〕KUROSE J F, ROSS K W. Computer Networking: a Top-Down Approach [M]. Boston: Addison Wesley, 2007.

〔21〕ILYAS M, MAHGOUB I. Smart Dust: Sensor Network Applications, Architecture and Design [M]. Boca Raton: CRC press, 2016.

〔22〕ALASDAIR G. Industry 4.0: The Industrial Internet of Things [M]. New York: Apress, 2016.

〔23〕BRYNJOLFSSON E, MCAFEE A. The Second Machine Age: Work, Progress, and Prosperity in a Time of Brilliant Technologies [M]. New York: WW Norton &; Company, 2014.

〔24〕WEINBERGER D. Rethinking Knowledge Now That the Facts Aren't the Facts, Experts Are Everywhere, and the Smartest Person in the Room Is the Room [M]. New York: Basic Books, 2012.

〔25〕Industrie 4.0 Working Group. Recommendations for Implementing the Strategic Initiative INDUSTRIE 4.0. Final Report [R]. GE, 2013.

〔26〕EVANS P C, ANNUNZIATA M. Industrial Internet: Pushing the Boundaries of Minds and Machines [R]. GE, 2012.

〔27〕DAUGHERTY P, BANERJEE P, NEGM W, et al. Driving Unconventional Growth through the Industrial Internet of Things [C]. New York: Accenture, 2014.

〔28〕ZUEHLKE D. Smart Factory-Towards a Factory-of-Things. Annual Reviews in Control [J], 2010, 34(1): 129-138.

〔29〕MACDOUGALL W. Industrie 4.0: Smart Manufacturing for the Future [R]. Germany Trade &; Invest, 2014.

〔30〕ADOLPHS P, BEDENBENDER H, DIRZUS D, et al. Reference Architecture Model Industrie 4.0 (RAMI 4.0) [R]. ZVEI and VDI, Status Report, 2015.

〔31〕Industrial Internet Consortium. The Industrial Internet Reference Architecture Technical Paper [R]. Retrieved in April, 2016.

〔32〕SADEGHI A R, WACHSMANN C, WAIDNER M. Security and Privacy Challenges in Industrial Internet of Things [C]. In Proceedings of the 52nd ACM/ EDAC/IEEE Design Automation Conference (DAC) 2015.

〔33〕O'HALLORAN D, KVOCHKO E. Industrial Internet of Things: Unleashing the Potential of Connected Products and Services[R]. World Economic Forum, 2015.

〔34〕WEISER M. The Computer for the 21st Century [J]. Scientific American, 1991, 265(3): 94-104.

〔35〕HOWE J. The Rise of Crowdsourcing [J]. Wired Magazine, 2006, 14(6): 1-4.

〔36〕ANHAI D, RAMAKRISHNAN R, HALEVY A Y. Crowdsourcing Systems on the World-Wide Web [J]. Communications of the ACM, 2011, 54(4): 86-96.

〔37〕WU C S, YANG Z, LIU Y H. Smartphones Based Crowdsourcing for Indoor Localization [J]. IEEE Transactions on Mobile Computing (TMC), 2015, 14: 444-457.

〔38〕ZHANG X L, YANG Z, SUN W, et al. Incentives for Mobile Crowd Sensing: A Survey [J]. IEEE Communications Surveys and Tutorials, 2016, 18: 54-67.

〔39〕AGUAYO D, BICKET J, BISWAS S, et al. Link-level Measurements from an 802.11b Mesh Network [C]. In Proceedings of the ACM SIGCOMM 2004.

〔40〕BICKET J, AGUAYO D, BISWAS S, et al. Architecture and Evaluation of an Unplanned 802.11b Mesh Network [C]. In Proceedings of the ACM MobiCom 2005.

〔41〕LIU Y H, MAO X F, HE Y, et al. City See: Not Only a Wireless Sensor Network [J]. IEEE Network, 2013, 27(5): 42-47.

〔42〕LIU Y H, HE Y, LI M, et al. Does Wireless Sensor Network Scale? A Measurement Study on GreenOrbs [J]. IEEE Transactions on Parallel and Distributed Systems (TPDS), 2013, 24(10): 1983-1993.

〔43〕SZEWCZYK R, MAINWARING A, POLASTRE J, et al. An Analysis of a Large Scale Habitat Monitoring Application [C]. In Proceedings of the ACM SenSys 2004.

〔44〕YANG Z, WU C S, ZHOU Z M, et al. Mobility Increases Localizability: A Survey on Wireless Indoor Localization Using Inertial Sensors [J]. ACM Computing Surveys, 2015, 47(54).

〔45〕SHANGGUAN L F, YANG Z, LIU A X, et al. Relative Localization of RFID

Tags Using Spatial-Temporal Phase Profiling [C]. In Proceedings of the USENIX NSDI 2015.

〔46〕YANG L, CHEN Y K, LI X Y, et al. Tagoram: Real-Time Tracking of Mobile RFID Tags to Millimeter-Level Accuracy Using COTS Devices [C]. In Proceedings of the ACM MobiCom 2014.

〔47〕WANG H, LAI T TT, CHOUDHURY R R. MoLe: Motion Leaks through Smartwatch Sensors [C]. In Proceedings of the ACM MobiCom 2015.

〔48〕YANG L, LI Y, LIN Q Z, et al. Making Sense of Mechanical Vibration Period with Sub-millisecond Accuracy Using Backscatter Signals [C]. In Proceedings of the ACM MobiCom 2016.

〔49〕GEORGIEV P, LANE N D, RACHURI K K, et al. LEO: Scheduling Sensor Inference Algorithms across Heterogeneous Mobile Processors and Network Resources [C]. In Proceedings of the ACM MobiCom 2016.

〔50〕ZHANG P, HU P, PASIKANTI V, et al. EkhoNet: High Speed Ultra Low-Power Backscatter for Next Generation Sensors [C]. In Proceedings of the ACM MobiCom 2014.

〔51〕ZHOU Z M, WU C S, YANG Z, LIU Y H. Sensorless Sensing with Wi-Fi [J]. Tsinghua Science and Technology, 2015, 20(1): 1-6.

〔52〕YANG Z, ZHOU Z M, LIU Y H. From RSSI to CSI: Indoor Localization via Channel Response [J]. ACM Computing Surveys, 2014, 46(2).

〔53〕ADIB F, KATABI D. See Through Walls with Wi-Fi [C]. In Proceedings of the ACM SIGCOMM 2013.

〔54〕WEI T，ZHANG X Y. mTrack: High-Precision Passive Tracking Using Millimeter Wave Radios [C]. In Proceedings of the ACM MobiCom 2015.

〔55〕WEI T, ZHANG X Y. Gyro in the Air: Tracking 3D Orientation of Batteryless Internet-of-Things [C]. In Proceedings of the ACM MobiCom 2016.

〔56〕KELLOGG B, PARKS A, GOLLAKOTA S, et al. Wi-Fi Backscatter: Internet Connectivity for RF-Powered Devices [C]. In Proceedings of the ACM SIGCOMM 2014.

〔57〕IYER V, TALLA V, KELLOGG B, et al. Inter-Technology Backscatter:

Towards Internet Connectivity for Implanted Devices [C]. In Proceedings of the ACM SIGCOMM 2016.

〔58〕GUPTA A, MACDAVID R, BIRKNER R，et al. An Industrial-Scale Software Defined Internet Exchange Point [C]. In Proceedings of the USENIX NSDI 2016.

〔59〕CZYZ J, ALLMAN M, ZHANG J, et al. Measuring IPv6 Adoption [C]. In Proceedings of the ACM SIGCOMM 2014.

〔60〕ZHU Y, ZHOU X, ZHANG Z, et al. Cutting the Cord: a Robust Wireless Facilities Network for Data Centers [C]. In Proceedings of the ACM MobiCom 2014.

〔61〕ZHENG L, JOE-WONG C, TAN C W, et al. How to Bid the Cloud [C]. In Proceedings of the ACM SIGCOMM 2015.

〔62〕BHAUMIK S, CHANDRABOSE S P, JATAPROLU M K, et al. CloudIQ: a Framework for Processing Base Stations in a Data Center [C]. In Proceedings of the ACM MobiCom 2012.

〔63〕POPA L, YALAGANDULA P, BANERJEE S, et al. Elastic Switch: Practical Work-Conserving Bandwidth Guarantees for Cloud Computing [C]. In Proceedings of the ACM SIGCOMM 2013.

〔64〕PATEL P, BANSAL D, YUAN L H, et al. Ananta: Cloud Scale Load Balancing [C]. In Proceedings of the ACM SIGCOMM 2013.

國家圖書館出版品預行編目資料

工業革命 4.0：物聯網時代的智慧製造創新，從互聯到新工業革命 / 劉雲浩 著 . -- 第一版 . -- 臺北市：沐燁文化事業有限公司 , 2024.05
面；　公分
POD 版
ISBN 978-626-7372-46-3(平裝)
1.CST: 工業革命 2.CST: 網際網路 3.CST: 技術發展
555.29　　113005344

電子書購買　　爽讀 APP

工業革命 4.0：物聯網時代的智慧製造創新，從互聯到新工業革命

臉書

作　　者：劉雲浩
發 行 人：黃振庭
出 版 者：沐燁文化事業有限公司
發 行 者：沐燁文化事業有限公司
E - m a i l：sonbookservice@gmail.com
粉 絲 頁：https://www.facebook.com/sonbookss/
網　　址：https://sonbook.net/
地　　址：台北市中正區重慶南路一段六十一號八樓 815 室
Rm. 815, 8F., No.61, Sec. 1, Chongqing S. Rd., Zhongzheng Dist., Taipei City 100, Taiwan
電　　話：(02) 2370-3310　　　傳　　真：(02) 2388-1990
印　　刷：京峯數位服務有限公司
律師顧問：廣華律師事務所 張珮琦律師

-版權聲明

定　　價：280 元
發行日期：2024 年 05 月第一版
◎本書以 POD 印製

獨家贈品

親愛的讀者歡迎您選購到您喜愛的書，為了感謝您，我們提供了一份禮品，爽讀 app 的電子書無償使用三個月，近萬本書免費提供您享受閱讀的樂趣。

ios 系統

安卓系統

讀者贈品

請先依照自己的手機型號掃描安裝 APP 註冊，再掃描「讀者贈品」，複製優惠碼至 APP 內兌換

優惠碼（兌換期限 2025/12/30）
READERKUTRA86NWK

爽讀 APP

📘 多元書種、萬卷書籍，電子書飽讀服務引領閱讀新浪潮！

🎧 AI 語音助您閱讀，萬本好書任您挑選

🔍 領取限時優惠碼，三個月沉浸在書海中

🔔 固定月費無限暢讀，輕鬆打造專屬閱讀時光

不用留下個人資料，只需行動電話認證，不會有任何騷擾或詐騙電話。